U0387492

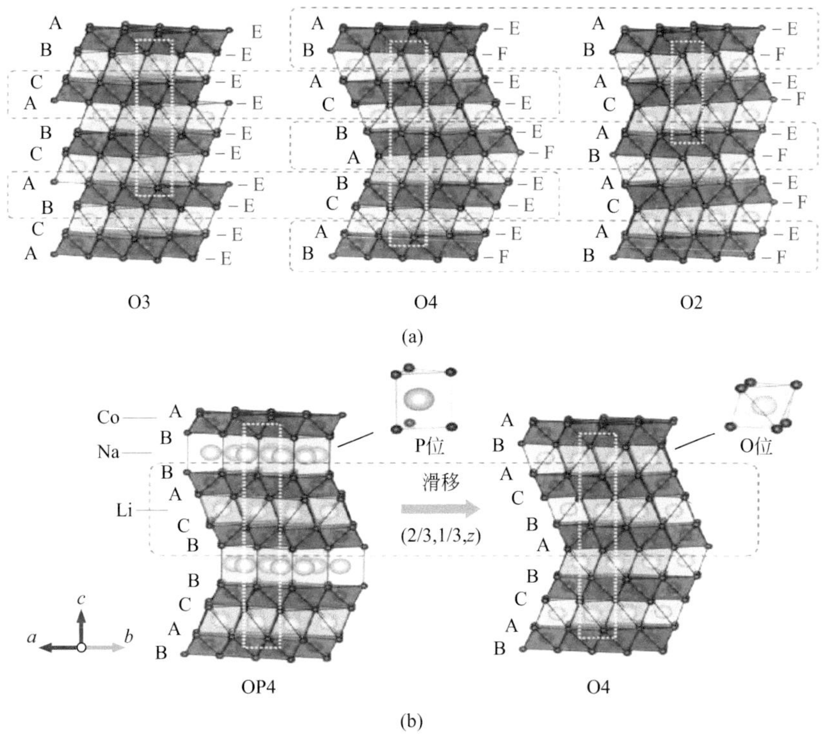

彩图1 （图2-2 多晶型$LiCoO_2$晶体结构示意图：O2-、O3-和O4- $LiCoO_2$[6]，第015页）

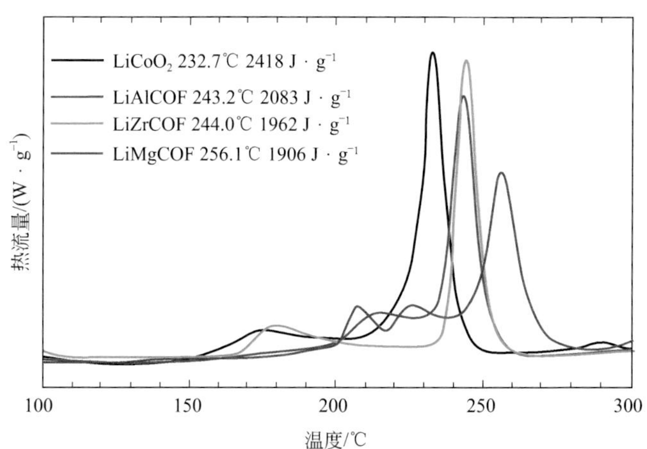

彩图2 （图2-11 $LiCoO_2$、LiMgCOF、LiAlCOF和LiZrCOF电极充电至4.5V脱锂状态DSC测试结果[14]，第020页）

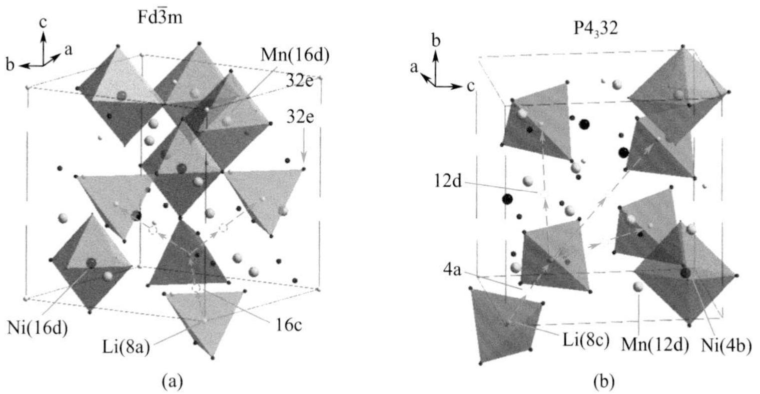

彩图3 （图2-38 $LiNi_{0.5}Mn_{1.5}O_4$两种空间结构及锂离子扩散通道，第040页）

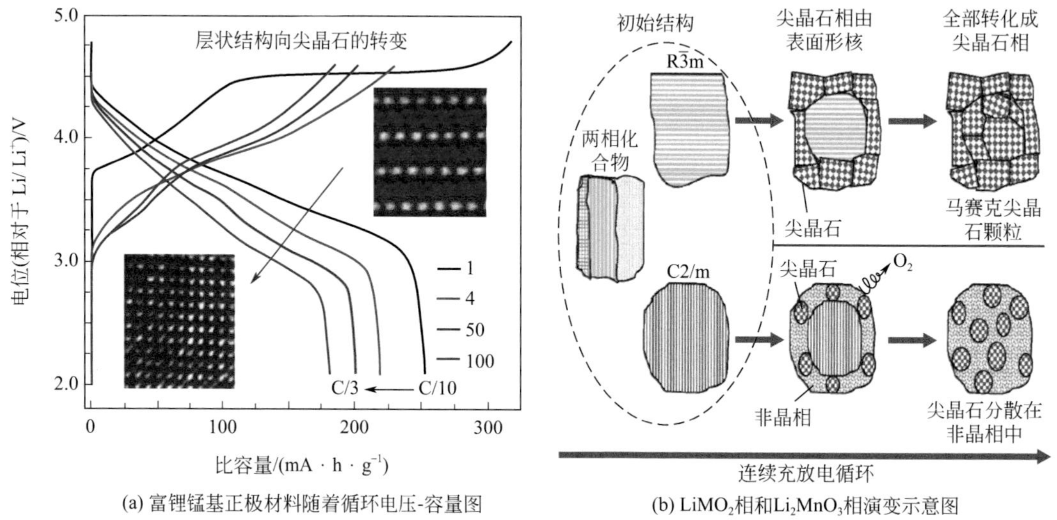

(a) 富锂锰基正极材料随着循环电压-容量图　(b) $LiMO_2$相和Li_2MnO_3相演变示意图

彩图4　（图2-27　富锂锰基正极材料循环电压–容量图及$LiMO_2$相和Li_2MnO_3相演变示意图[43]，第033页）

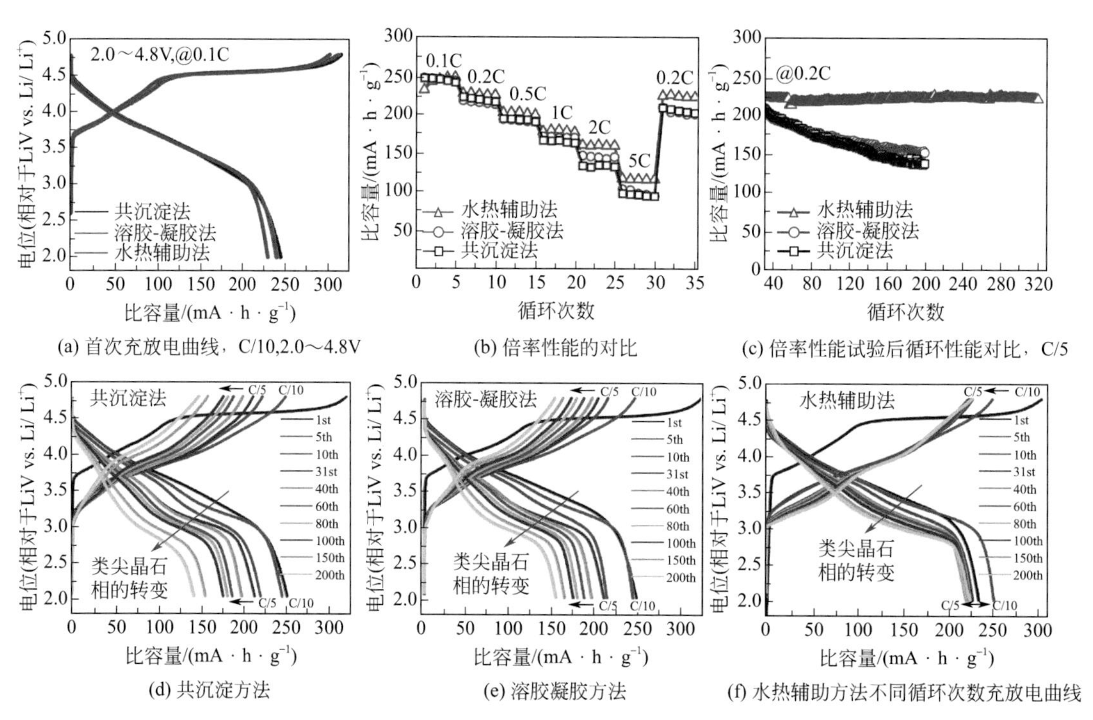

(a) 首次充放电曲线，C/10,2.0～4.8V　(b) 倍率性能的对比　(c) 倍率性能试验后循环性能对比，C/5

(d) 共沉淀方法　(e) 溶胶凝胶方法　(f) 水热辅助方法不同循环次数充放电曲线

彩图5　（图2-28　不同方法制备的富锂材料充放电曲线[59]，第034页）

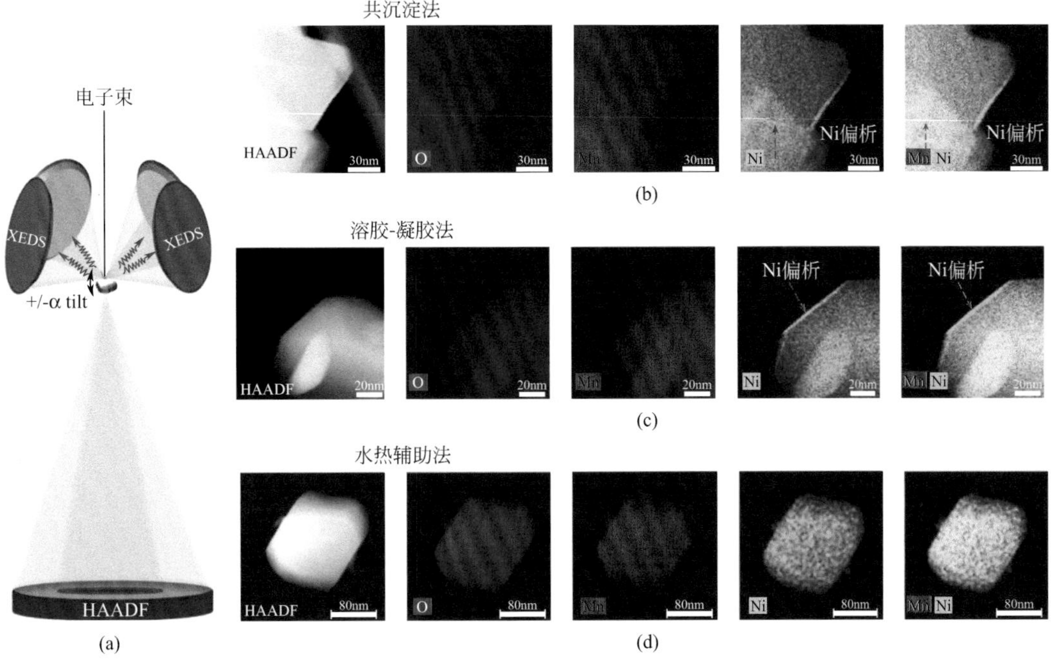

彩图6 （图2-29 由不同方法制备材料的HAADF和XEDS图像[59]，第035页）

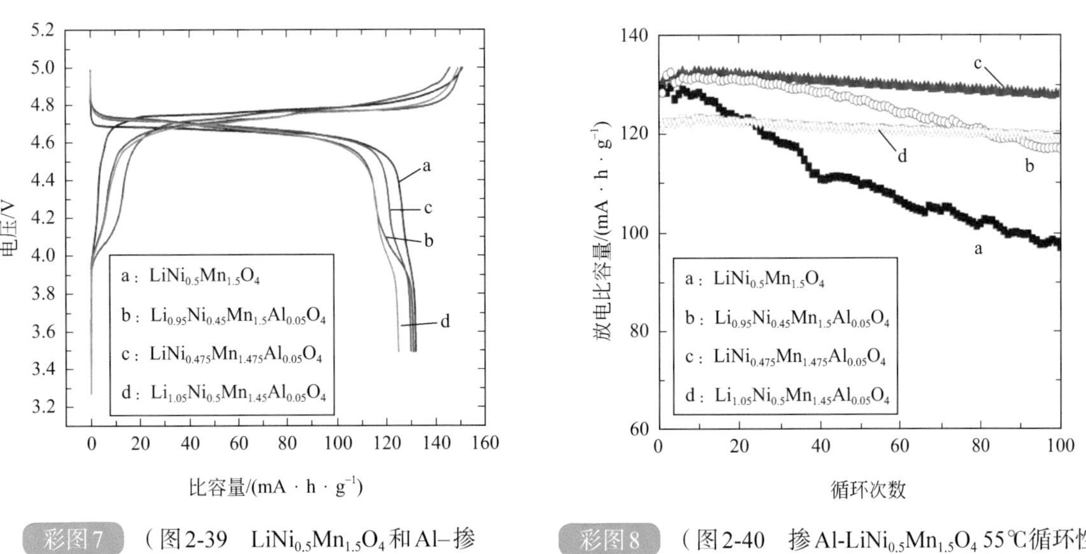

彩图7 （图2-39 $LiNi_{0.5}Mn_{1.5}O_4$和Al–掺杂样品首次充放电曲线[71]，第041页）

彩图8 （图2-40 掺Al-$LiNi_{0.5}Mn_{1.5}O_4$ 55℃循环性能[71]，第041页）

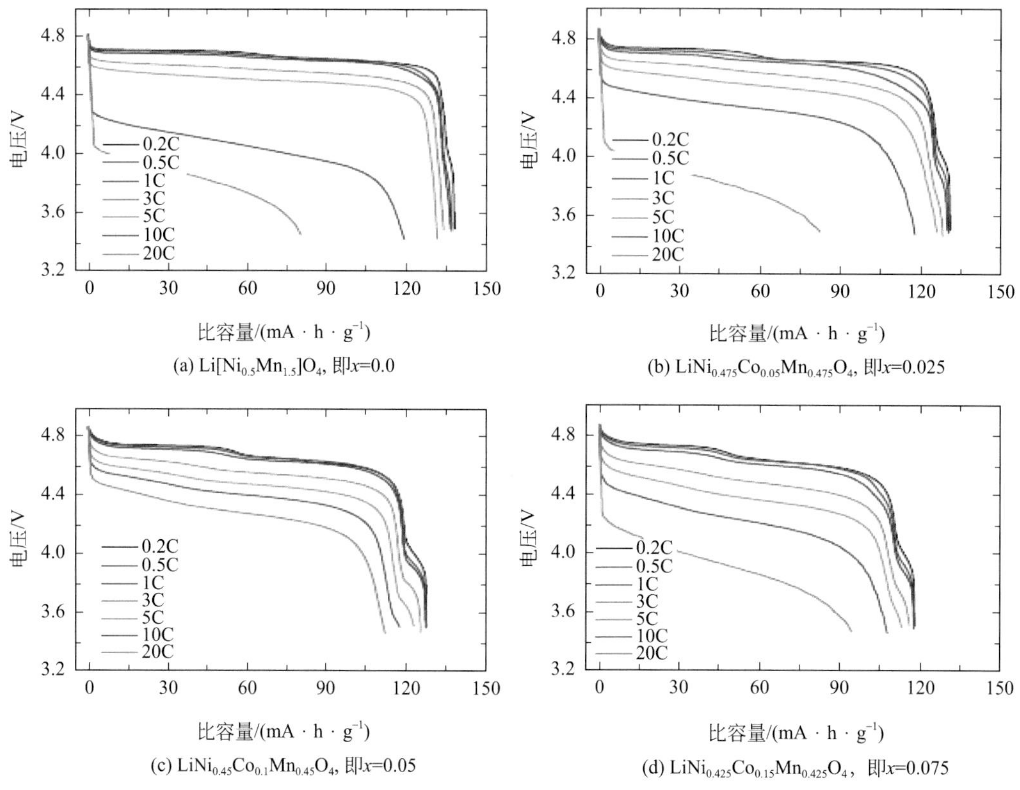

(a) $Li[Ni_{0.5}Mn_{1.5}]O_4$, 即x=0.0

(b) $LiNi_{0.475}Co_{0.05}Mn_{0.475}O_4$, 即$x$=0.025

(c) $LiNi_{0.45}Co_{0.1}Mn_{0.45}O_4$, 即$x$=0.05

(d) $LiNi_{0.425}Co_{0.15}Mn_{0.425}O_4$，即$x$=0.075

彩图9 （图2-41　共沉淀法制备系列$LiNi_{0.5-x}Co_{2x}Mn_{1.5-x}O_4$（$x$=0.0 ～ 0.075）材料的倍率性能，3.5 ～ 4.9V[72]，第042页）

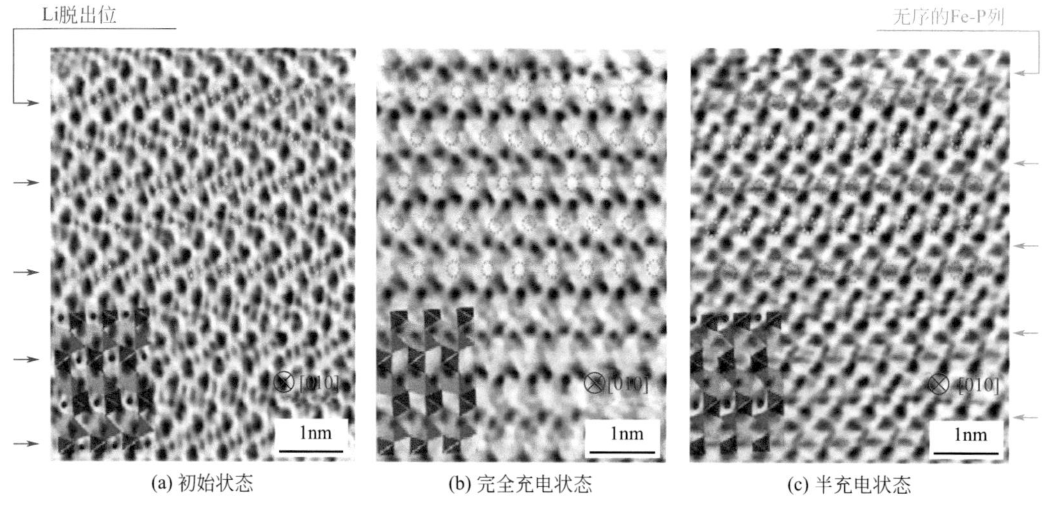

(a) 初始状态　(b) 完全充电状态　(c) 半充电状态

彩图10 （图2-44　不同充电状态下$LiFePO_4$沿[010]方向的ABF像[80]，第045页）

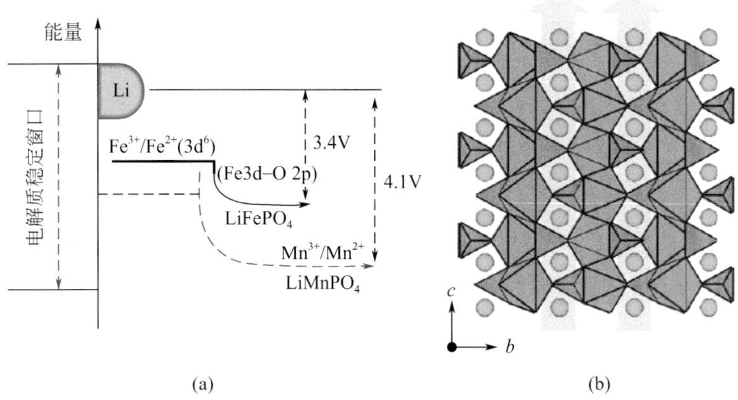

彩图11 [图2-46 （a）$M^{2+/3+}$氧化还原能级图（相对于Li/Li^+）；（b）$LiFePO_4$结构，FeO_6八面体–棕色，PO_4四面体–橙色，一维Li离子（绿色球）扩散通道，第046页]

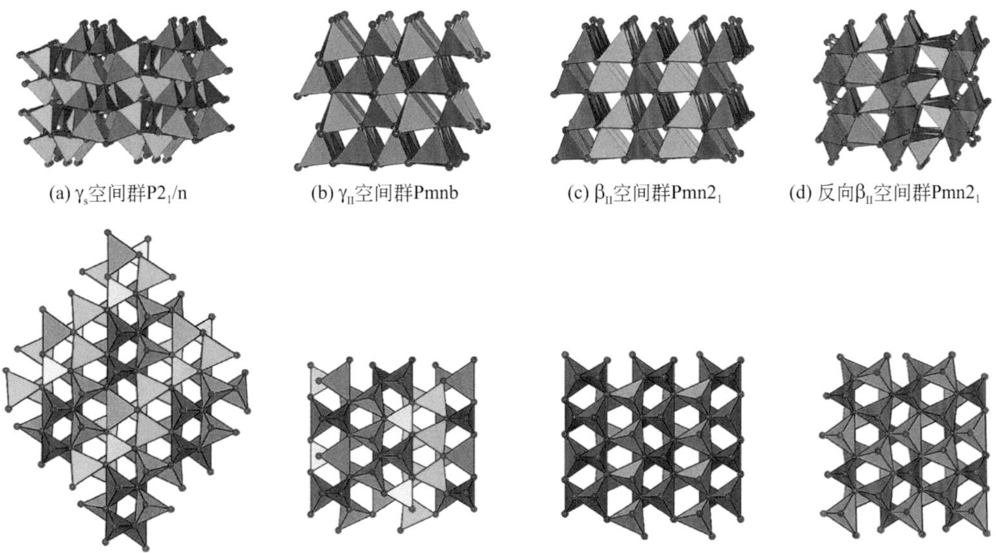

彩图12 （图2-52 Li_2FeSiO_4结构示意图[103]，第052页）

SiO_4（蓝色）；FeO_4（棕色）；LiO_4（绿色）；氧离子（红色）

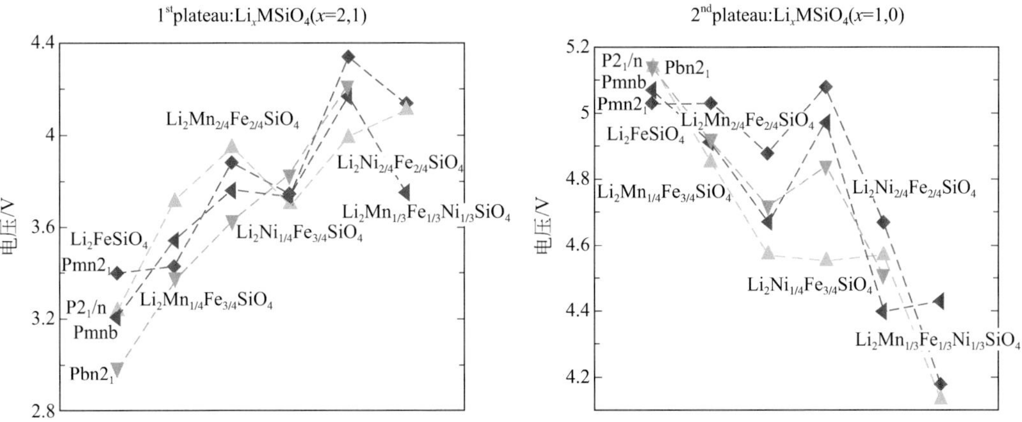

彩图13 （图2-60 不同过渡金属离子对不同结构的Li_2FeSiO_4脱锂平台电压的影响[119]，第058页）

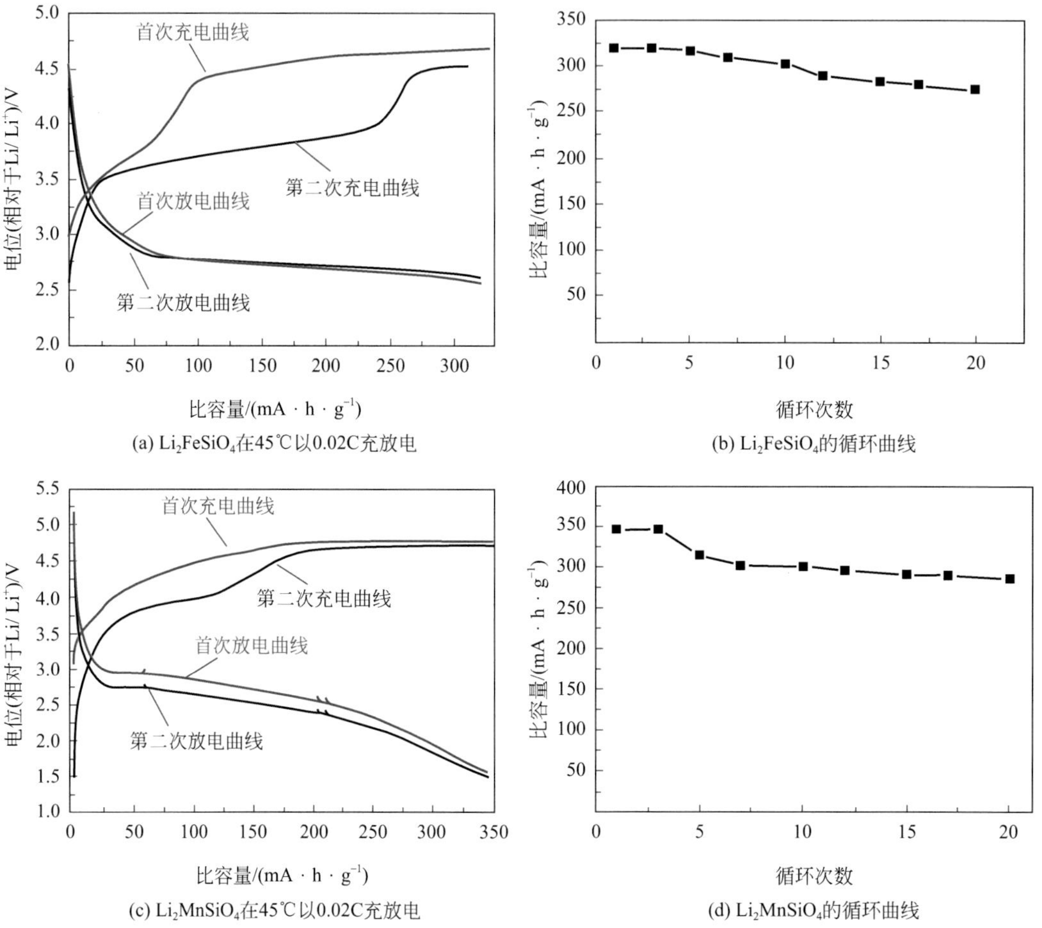

(a) Li_2FeSiO_4在45℃以0.02C充放电

(b) Li_2FeSiO_4的循环曲线

(c) Li_2MnSiO_4在45℃以0.02C充放电

(d) Li_2MnSiO_4的循环曲线

彩图14 （图2-57　Li_2FeSiO_4和Li_2MnSiO_4的充放电曲线和循环曲线[116]，第056页）

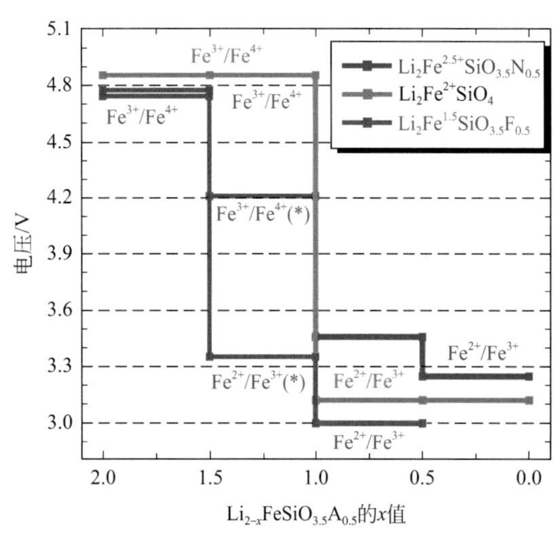

彩图15 （图2-59　计算Li_2FeSiO_4（绿色），$Li_2FeSiO_{3.5}N_{0.5}$（蓝色）和$Li_{1.5}FeSiO_{3.5}F_{0.5}$（红色）的电压平台[118]，第057页）

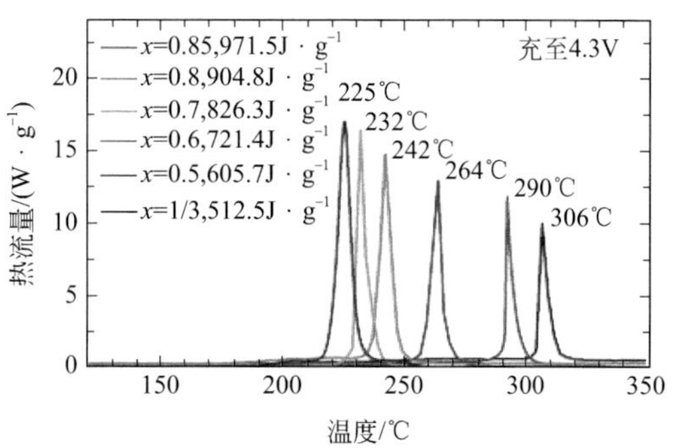

彩图16 （图3-13　$Li_{1-\delta}[Ni_xCo_yMn_z]O_2$材料（$x$=1/3、0.5、0.6、0.7、0.8、0.85）DSC结果[4]，第078页）

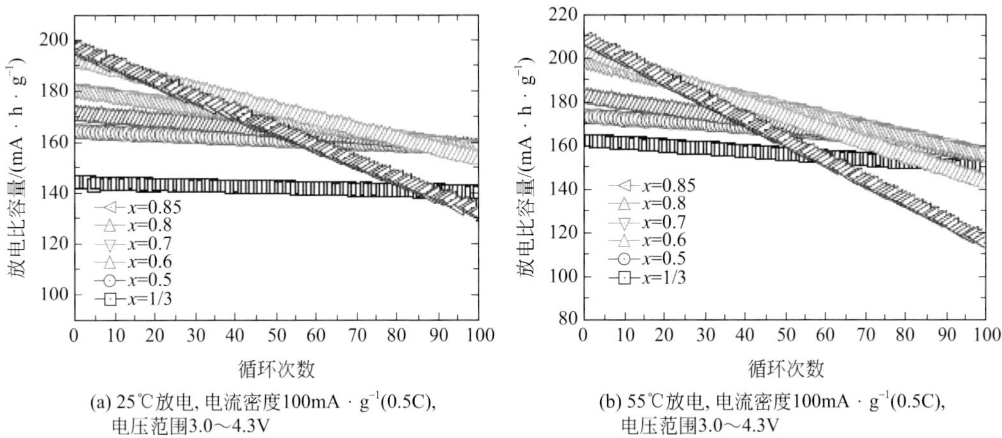

(a) 25℃放电，电流密度100mA · g^{-1}(0.5C)，电压范围3.0～4.3V

(b) 55℃放电，电流密度100mA · g^{-1}(0.5C)，电压范围3.0～4.3V

彩图17 （图3-3 Li/Li[$Ni_xCo_yMn_z$]O_2（x = 1/3、0.5、0.6、0.7、0.8和0.85）电池放电比容量–循环次数[4]，第071页）

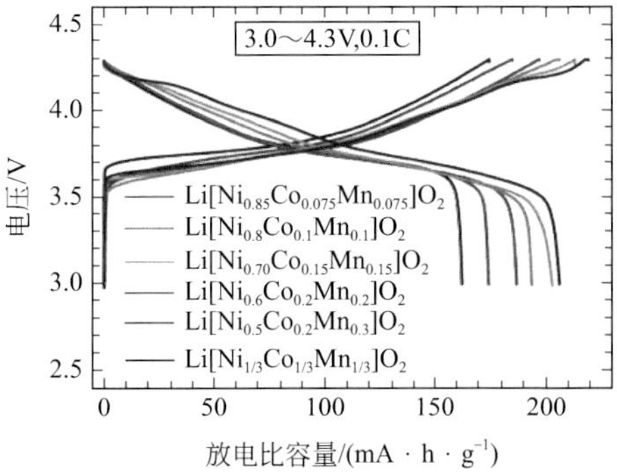

(a) Li/Li[$Ni_xCo_yMn_z$]O_2 (x=1/3、0.5、0.6、0.7、0.8和0.85)首次充放电曲线和相应的微分容量-电压曲线

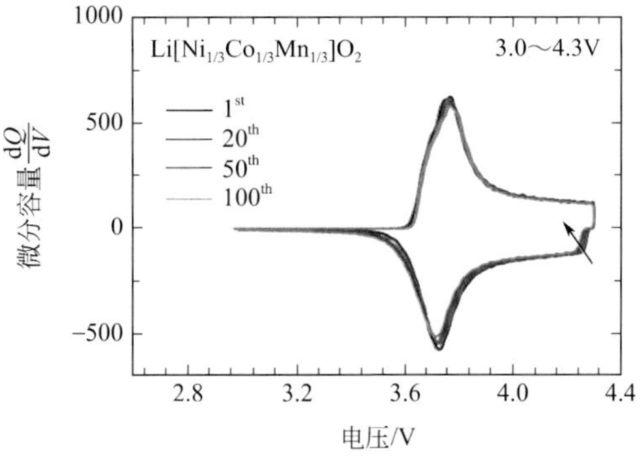

(b) x=1/3的微分容量-电压曲线

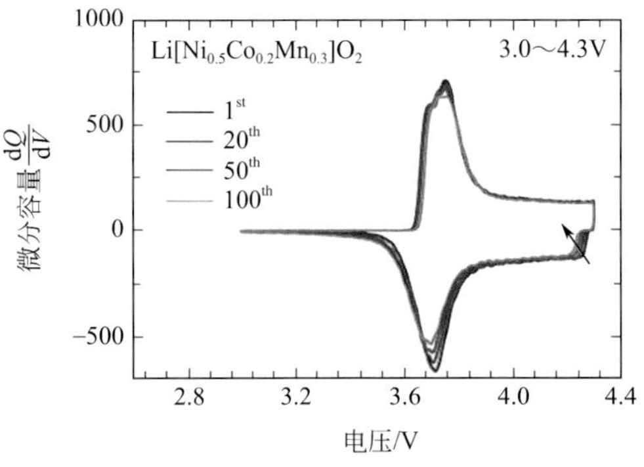

(c) x=0.5的微分容量-电压曲线

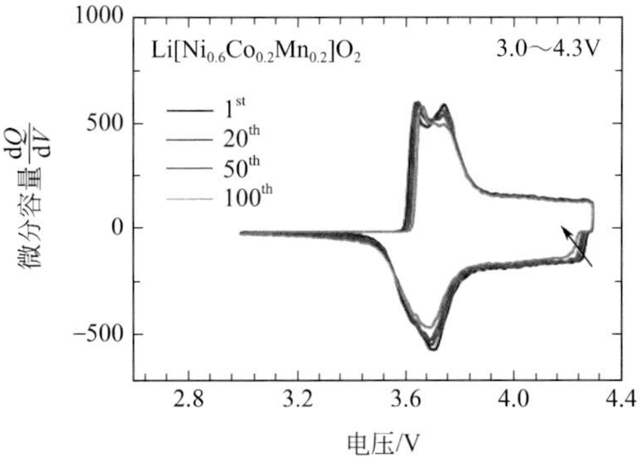

(d) x=0.6的微分容量-电压曲线

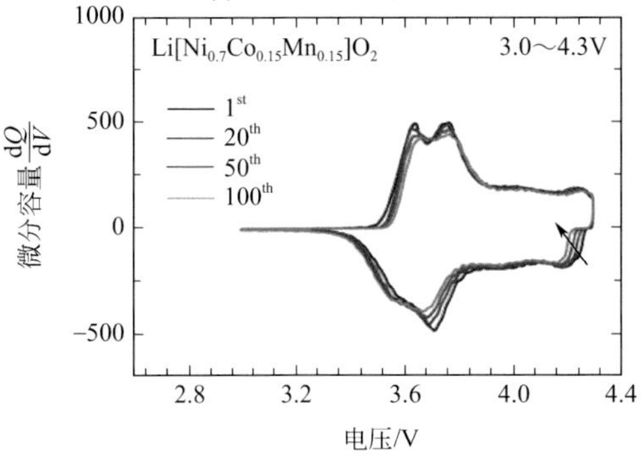

(e) x=0.7的微分容量-电压曲线

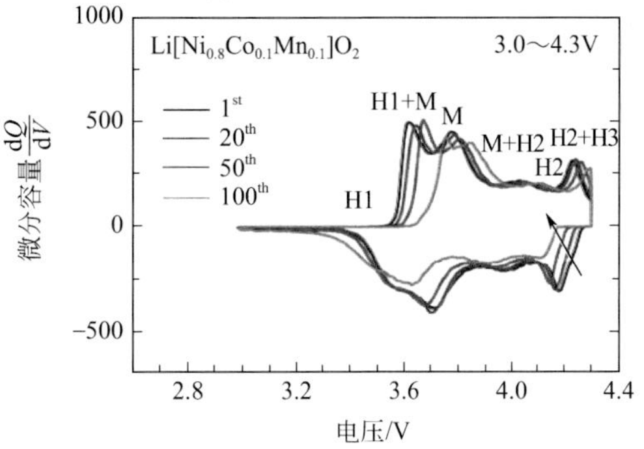

(f) x=0.8的微分容量-电压曲线

彩图18 （图3-12 Li/Li[$Ni_xCo_yMn_z$]O_2首次充放电曲线和相应的微分容量–电压曲线[4][充放电电流密度20mA · g^{-1}（0.1C），25℃，电压范围3.0 ～ 4.3V]，第077页）

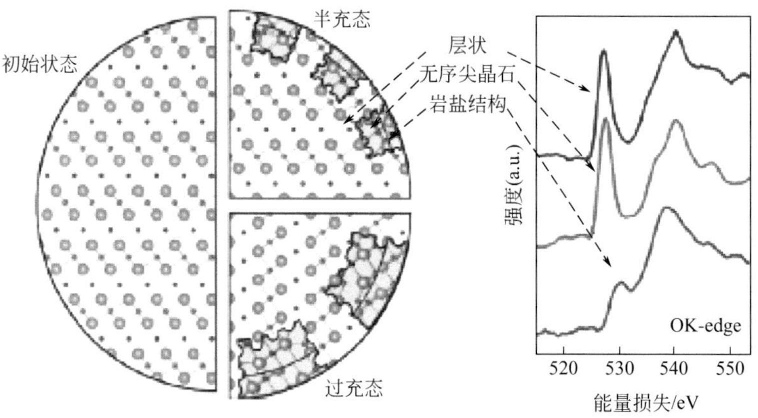

彩图19 （图3-14 NCA在充电过程中结构变化示意图[25]，第079页）

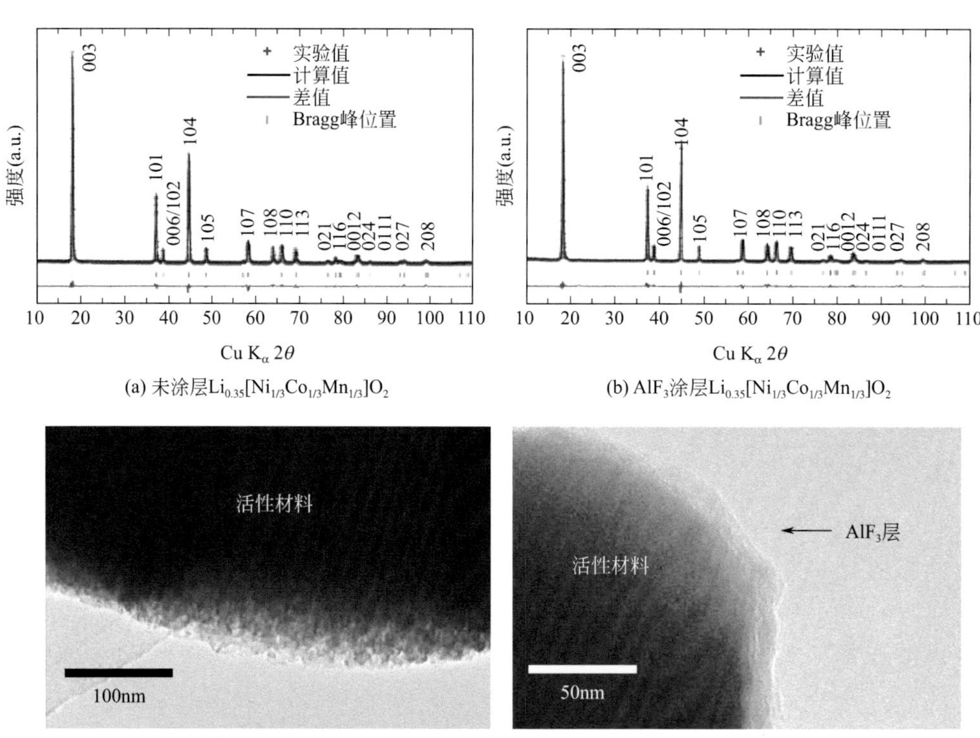

彩图20 （图3-24 化学脱锂后Rietveld精修XRD图[34]，第083页）

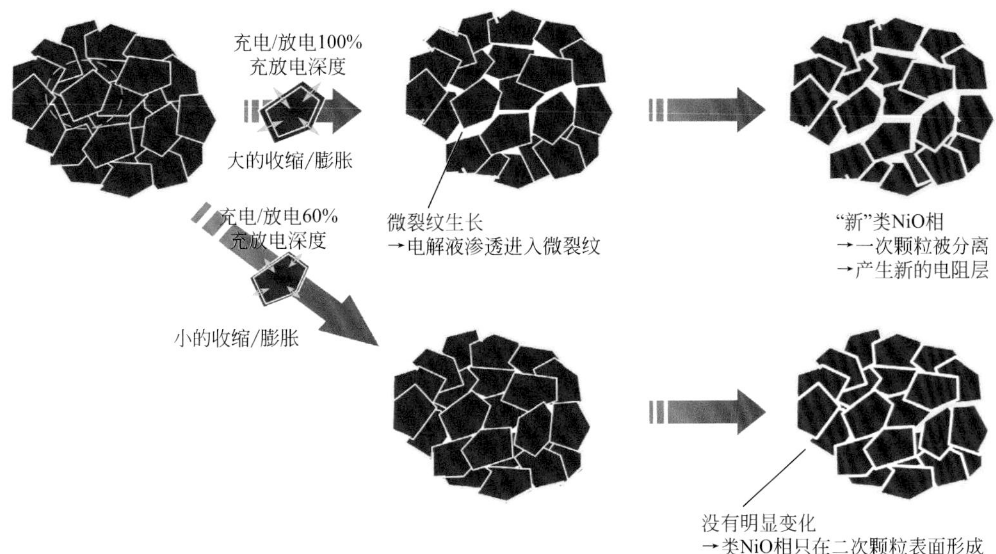

彩图21 （图3-29 在循环过程中NCA颗粒分解的示意图[39]，第087页）

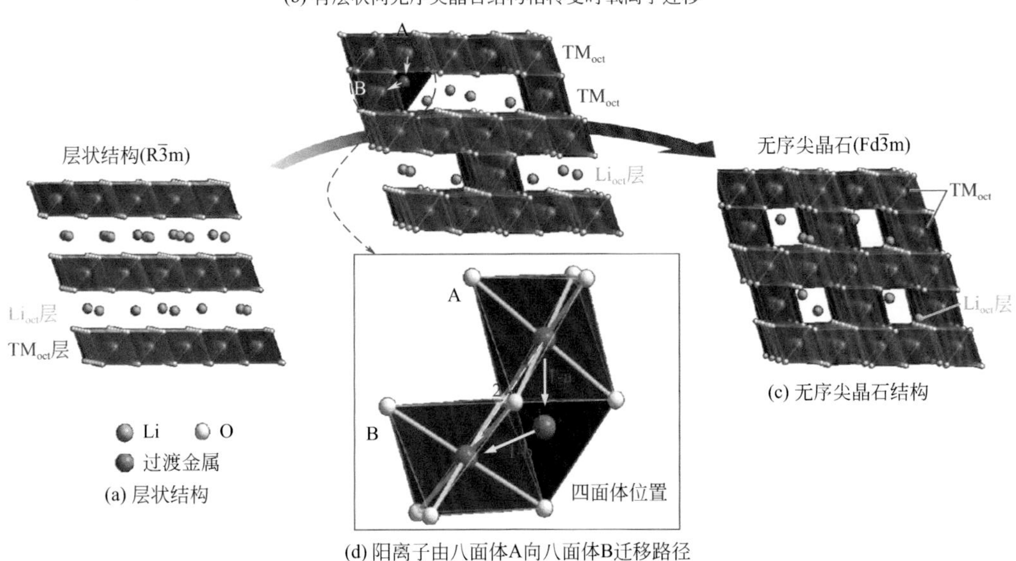

彩图22 （图3-31 加热过程中充电态$Li_xNi_{0.8}Co_{0.15}Al_{0.05}O_2$相转变[40]，第089页）

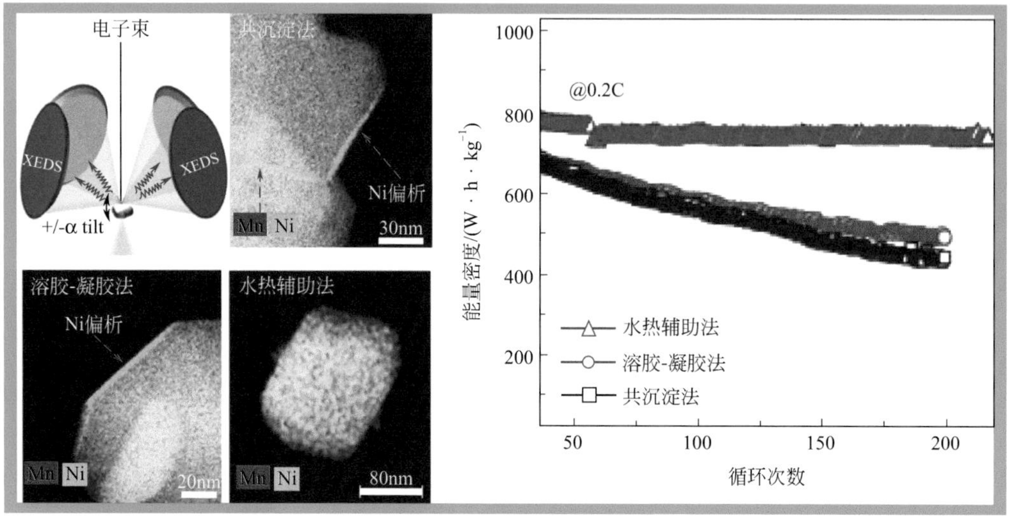

彩图23 （图3-32　不同合成方法制备的材料元素分布及能量密度循环图[4]，第092页）

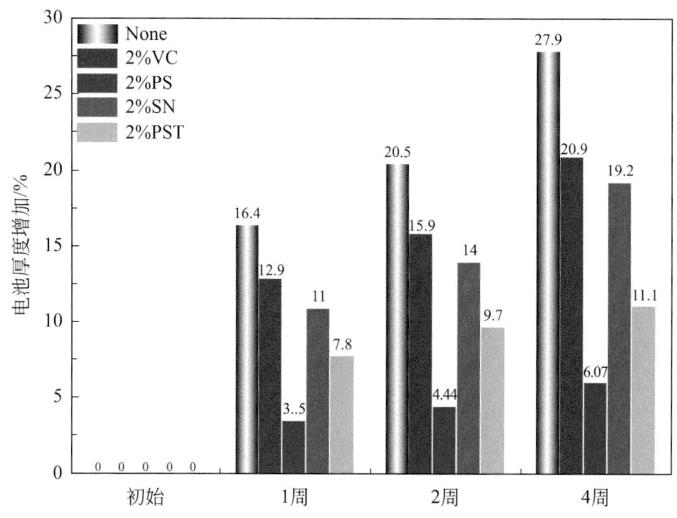

彩图24 （图3-33　60℃储存后软包全电池厚度变化[49]，第093页）

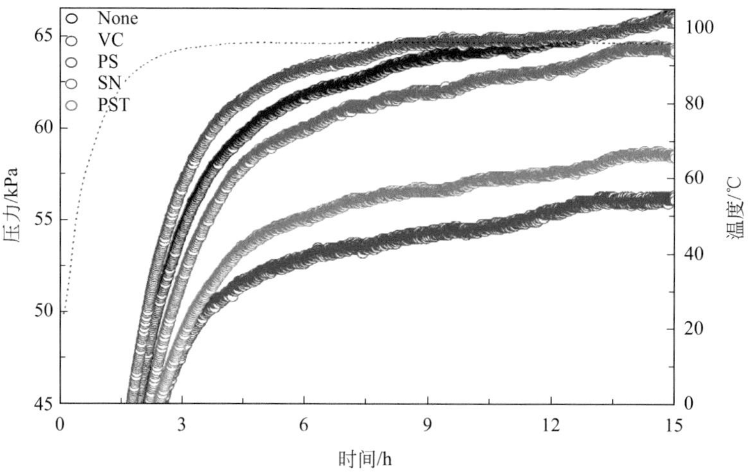

彩图25 （图3-35　原位检测100%SOC NCM622电池内压[49]，第094页）

(a) 形貌

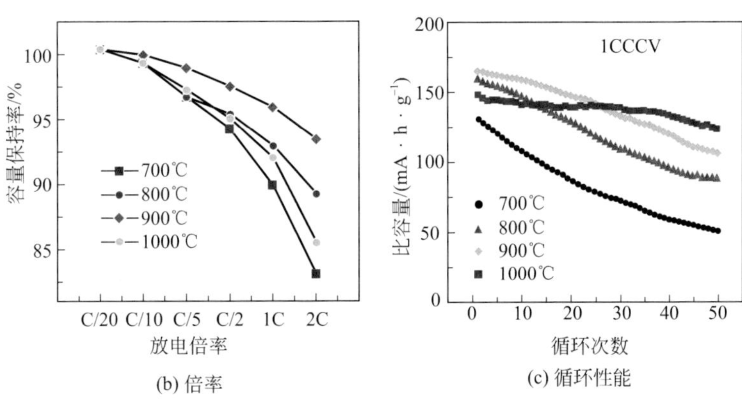

(b) 倍率 (c) 循环性能

彩图26 （图6-1　采用改进的Pechini方法制备的$LiNi_{1/3}Co_{1/3}Mn_{1/3}O_2$材料[5]，第162页）

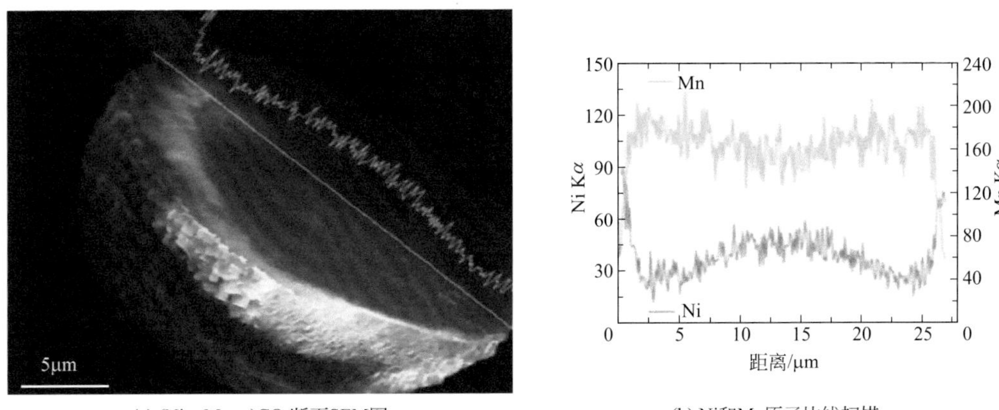

(a) $(Ni_{0.25}Mn_{0.75})CO_3$断面SEM图 (b) Ni和Mn原子比线扫描

彩图27 （图6-4　单颗粒元素分析[8]，第165页）

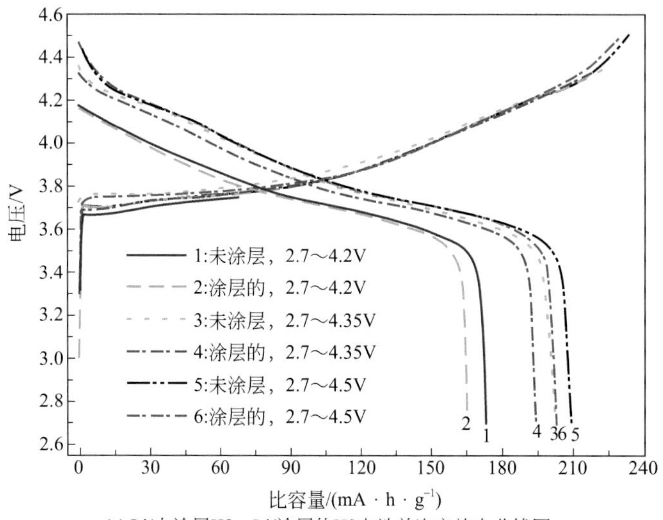

(a) Li/未涂层H8、Li/涂层的H8电池首次充放电曲线图

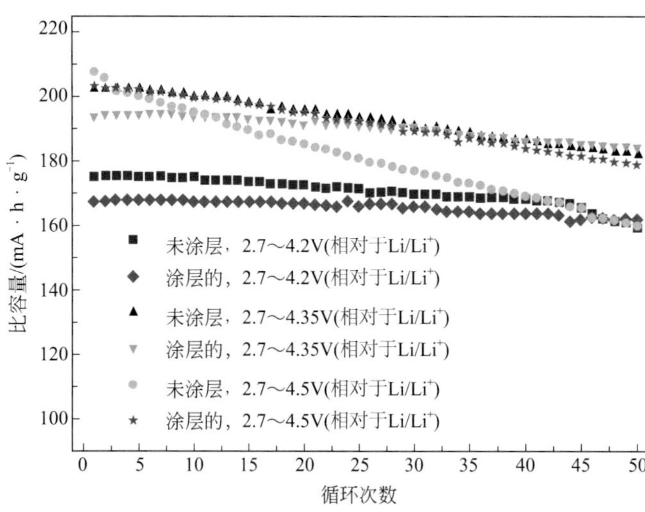

(b) Li/未涂层H8、Li/涂层的H8电池循环性能

彩图28 （图6-2　Li/未涂层–H8、Li/涂层的–H8电池首次充放电曲线和循环性能[8]，第163页）

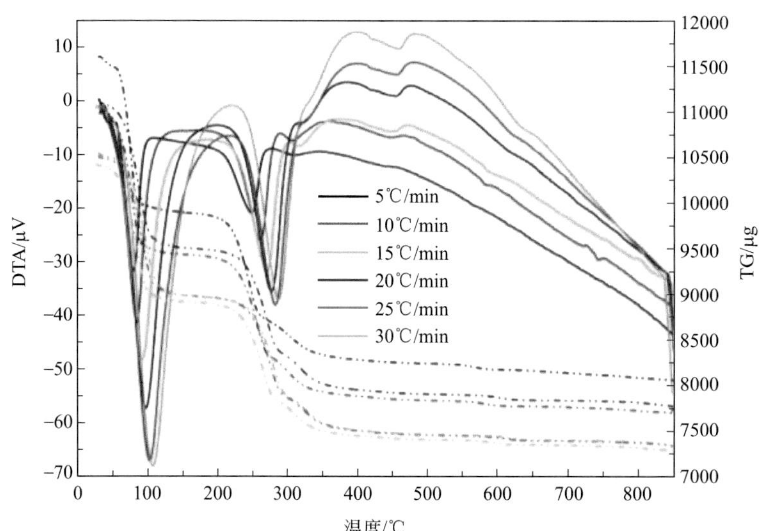

彩图29 （图6-12　不同扫描速率的LiOH+NCA$(OH)_2$的热重/差热（TG/DTA）分析图，第181页）

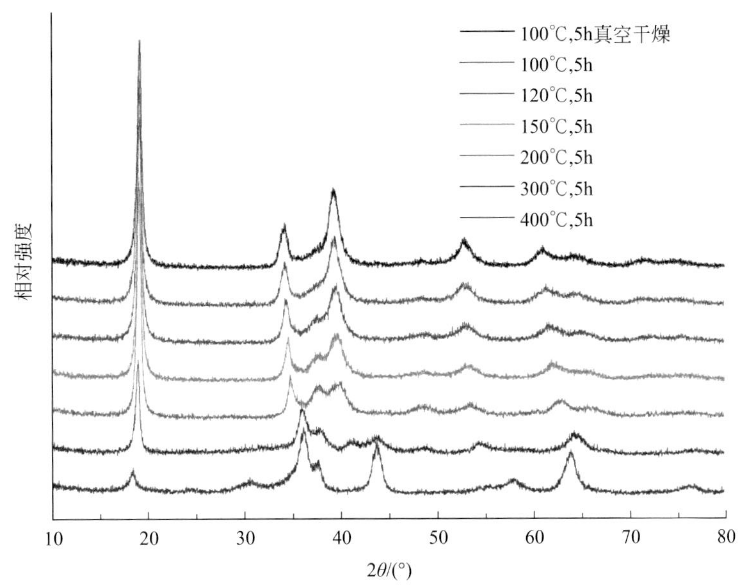

彩图30 （图7-50 不同温度处理后的三元前驱体XRD，第232页）

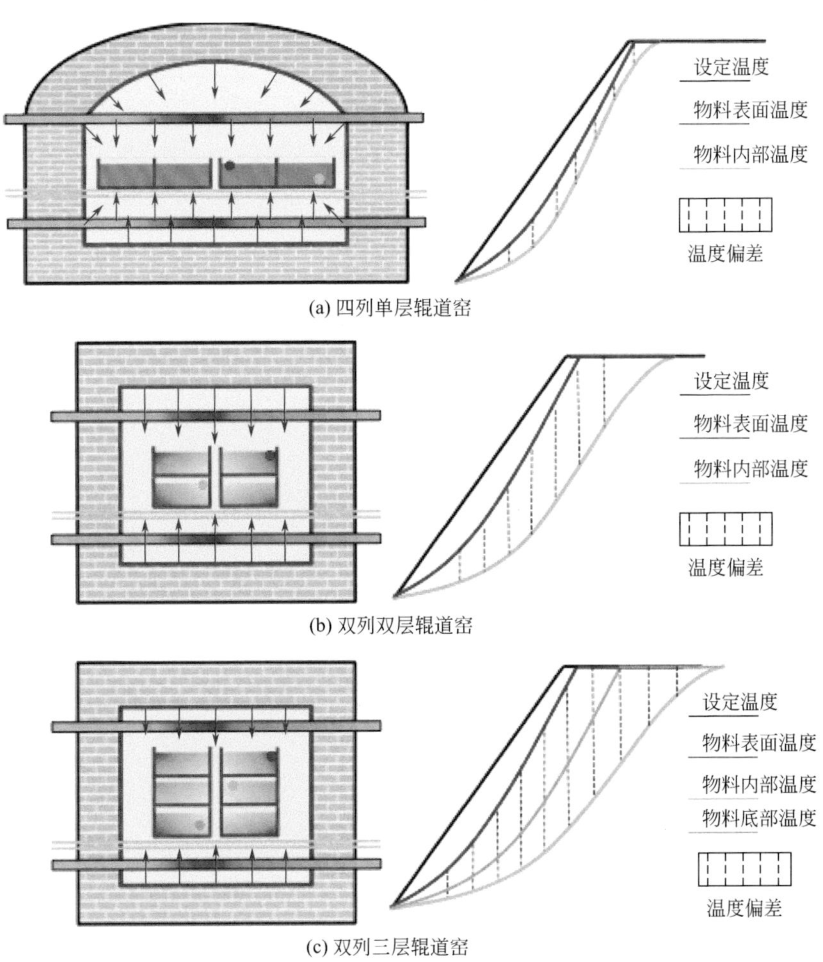

彩图31 （图8-22 几种辊道窑温度偏差对比示意图，第257页）

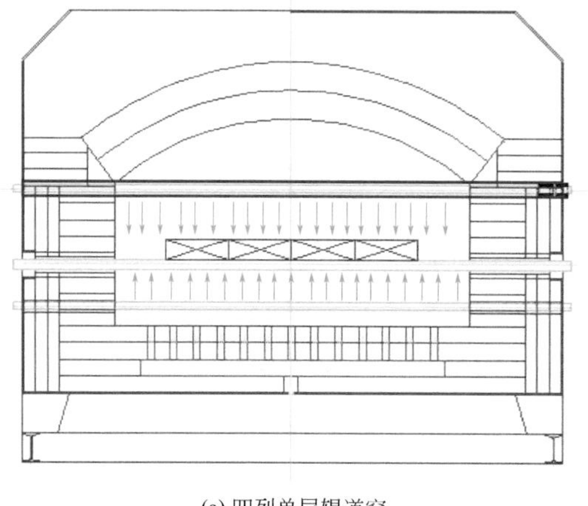

(a) 四列单层辊道窑

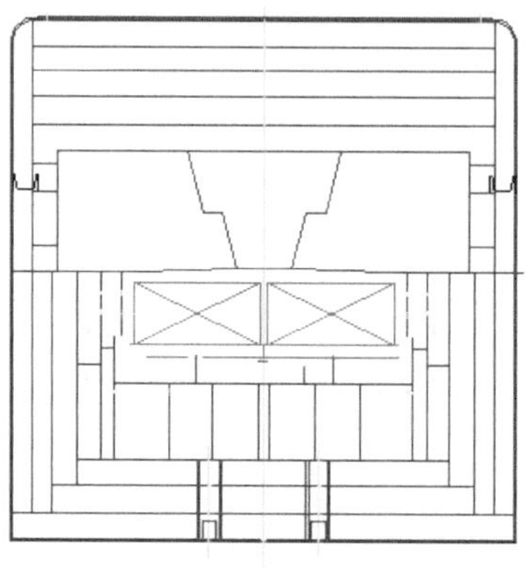

(b) 两列双层推板窑

彩图32 （图8-25　辊道窑和推板窑结构对比图[11]，第261页）

(a) 陶瓷颚式破碎机

(b) 陶瓷对辊机

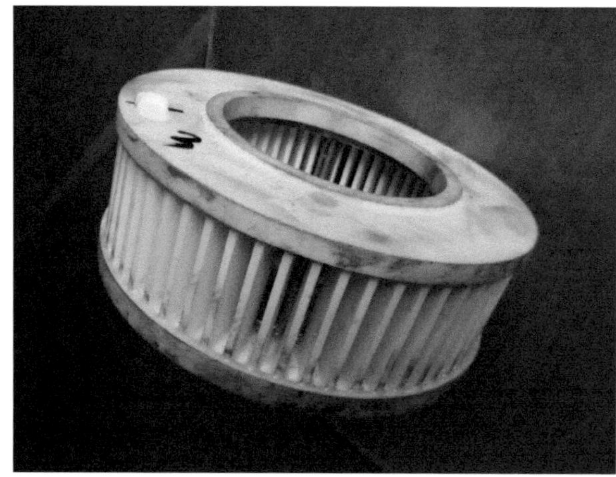

(c) 气流粉碎机陶瓷分级轮

(d) O型循环式气流磨的陶瓷腔体

彩图33 （图8-44　破碎设备的陶瓷部件，第281页）

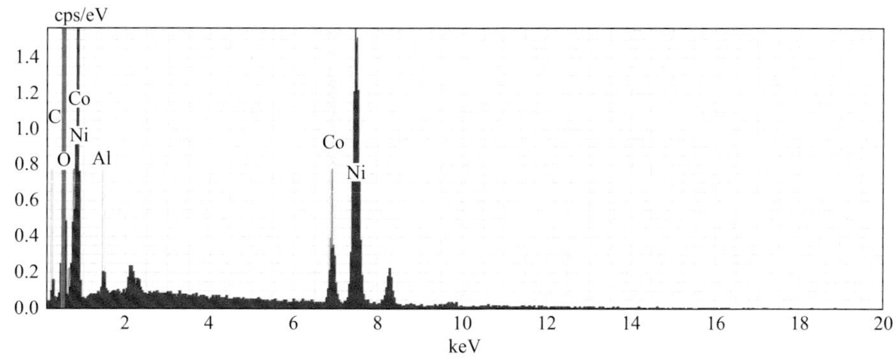

彩图34 （图9-12　深圳市天骄科技开发有限公司生产的NCA样品的能谱图，第319页）

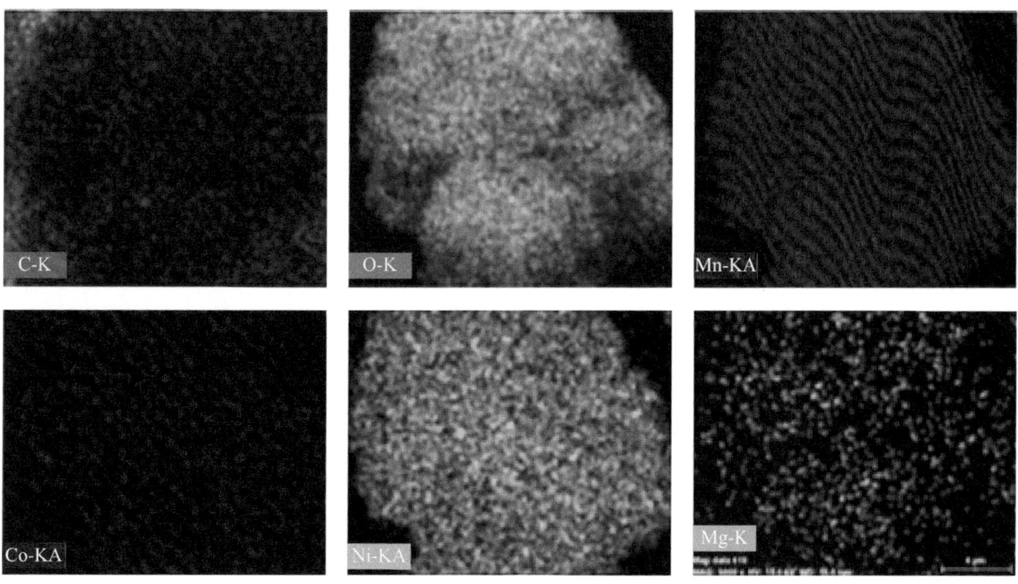

彩图35 （图9-13　深圳市天骄科技开发有限公司生产的NCM掺Mg样品的元素面分布图，第320页）

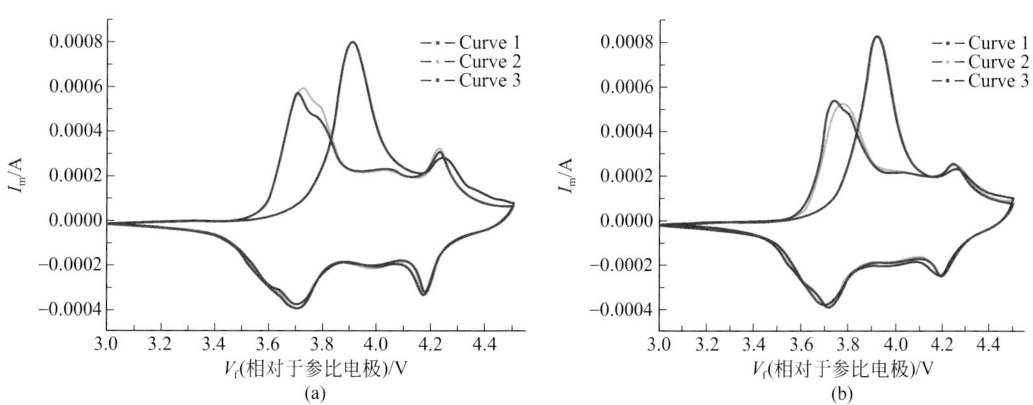

彩图36 （图9-20 （a）Li/pristine-H8、（b）Li/coated-H8的循环伏安曲线扫描速度0.05 mV · s^{-1}，3 ～ 4.5V，第339页）

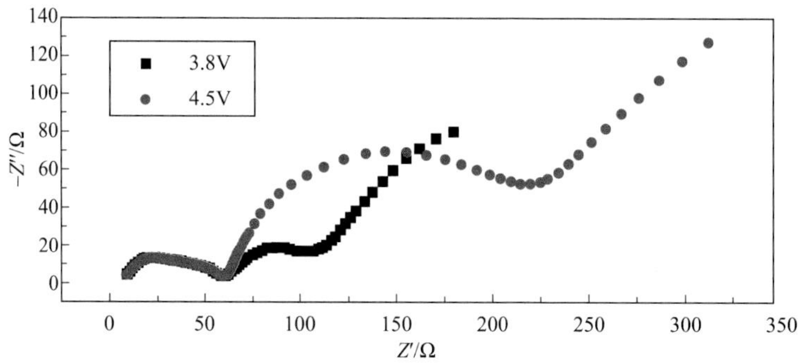

彩图37 （图9-22 Li/Li($Ni_{1/3}Co_{1/3}Mn_{1/3}$)O_2交流阻抗图谱，第340页）

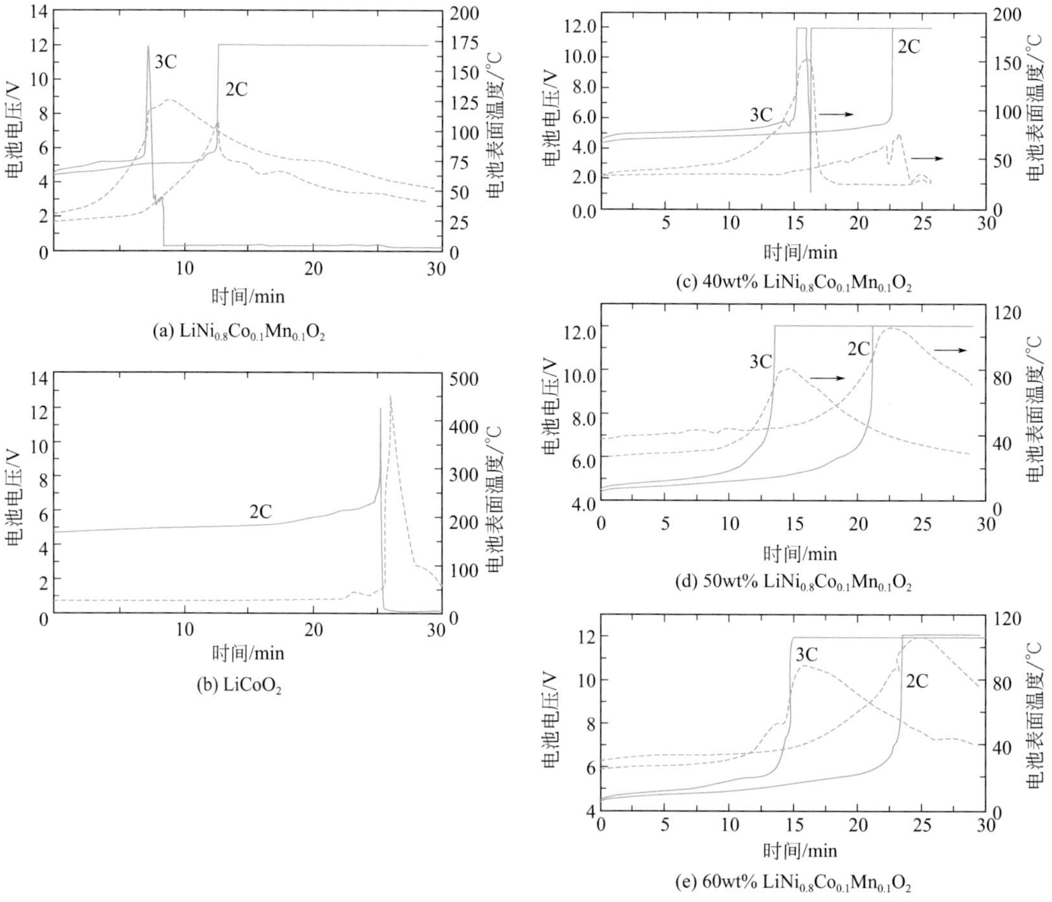

(a) $LiNi_{0.8}Co_{0.1}Mn_{0.1}O_2$

(b) $LiCoO_2$

(c) 40wt% $LiNi_{0.8}Co_{0.1}Mn_{0.1}O_2$

(d) 50wt% $LiNi_{0.8}Co_{0.1}Mn_{0.1}O_2$

(e) 60wt% $LiNi_{0.8}Co_{0.1}Mn_{0.1}O_2$

彩图38 （图10-19 $LiNi_{0.8}Co_{0.1}Mn_{0.1}O_2$与$LiCoO_2$混合材料的12V过充性能曲线，第367页）

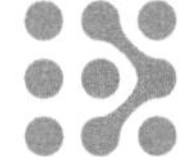

锂离子电池三元材料
——工艺技术及生产应用

Nickel Cobalt Manganese Based Cathode Materials for Li-ion Batteries Technology Production and Application

王伟东　仇卫华　丁倩倩　等编著

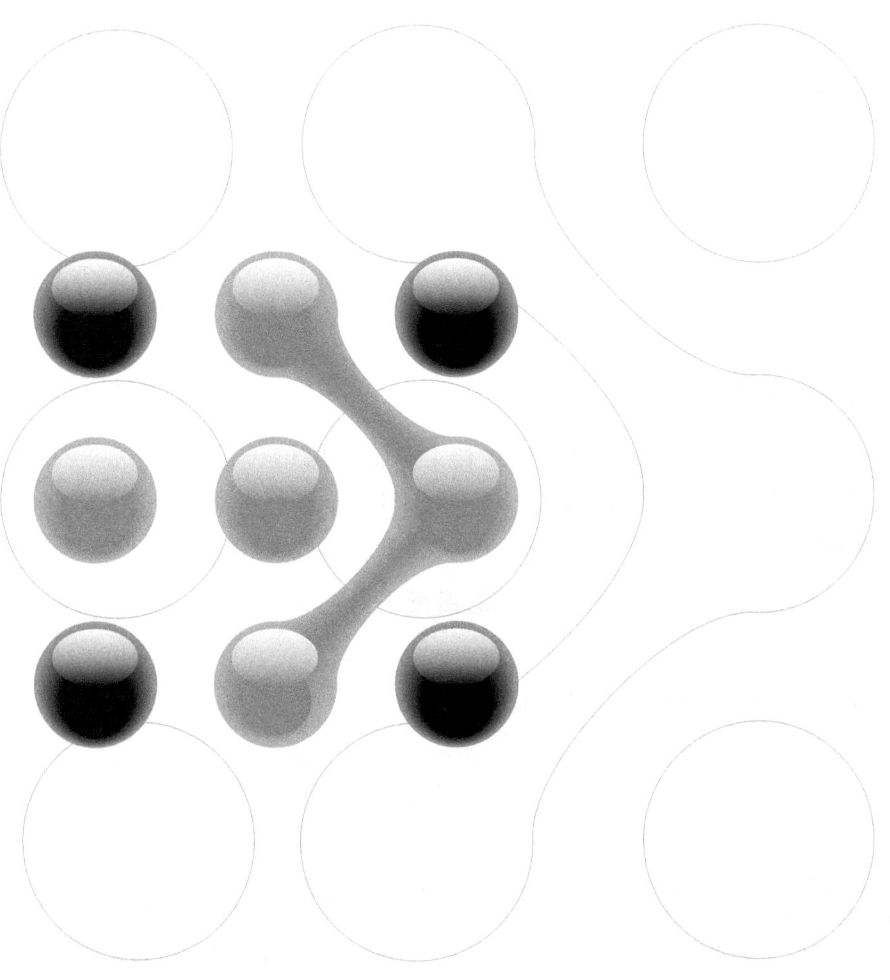

化学工业出版社

·北京·

《锂离子电池三元材料——工艺技术及生产应用》是国内第一条自主设计制造的锂电池三元材料生产线、国内首家三元材料企业十年来专注于三元材料产业化的成果总结。

本书将实际经验与合成理论相结合，总结了三元材料制造各个环节的基本原理和工艺特点，并对三元材料的市场前景进行了详细分析。具体内容包括三元材料的特点、三元材料合成理论和研发方向；三元材料相关金属资源；三元材料前驱体制备、成品煅烧和粉体制备；三元材料关键技术指标控制优化；三元材料检测方法；三元材料应用技术、应用领域、市场前景和专利分析。

《锂离子电池三元材料——工艺技术及生产应用》既有丰富具体的实践内容，又有相适应的理论分析，是从事新能源汽车、锂离子电池、锂离子电池正极材料以及正极材料相关原材料和矿产资源投资开发、行业研究人员的重要参考书；更是从事正极材料产品研发、设计、生产、销售的技术人员、管理人员、教学人员、分析检测人员、相关研究生和本科生的工具书。

图书在版编目（CIP）数据

锂离子电池三元材料：工艺技术及生产应用/王伟东，仇卫华，丁倩倩等编著. —北京：化学工业出版社，2015.3（2022.11重印）
ISBN 978-7-122-23091-1

Ⅰ.①锂… Ⅱ.①王…②仇…③丁… Ⅲ.①锂离子电池-材料 Ⅳ.①TM912

中国版本图书馆CIP数据核字（2015）第035498号

责任编辑：宋湘玲　　加工编辑：刘砚哲
责任校对：边　涛　　装帧设计：王晓宇

出版发行：化学工业出版社（北京市东城区青年湖南街13号　邮政编码100011）
印　　装：北京建宏印刷有限公司
787mm×1092mm　1/16　印张26½　彩插8　字数656千字　2022年11月北京第1版第8次印刷

购书咨询：010-64518888（传真：010-64519686）　售后服务：010-64518899
网　　址：http://www.cip.com.cn
凡购买本书，如有缺损质量问题，本社销售中心负责调换。

定　　价：198.00元

前 言

FOREWORD

三元系正极材料历经多年在3C数码电池、电动自行车等动力电池体系历练，能量密度不断提高，产品性能不断完善，可以更好地帮助车企达成延长续航里程的目标。近年来美国特斯拉纯电动车成功使用日本松下制造的镍钴铝酸锂（NCA）圆柱电池体系，只是三元材料广泛应用于电动车动力电池的第一步。随着电动汽车产业的迅速发展，三元材料会不断拓展市场份额，有望成为电动汽车动力电池的首选正极材料体系。

三元材料的迅速发展在国内外带动了一大批相关产业群。包括相关矿产资源、金属盐类、正极材料生产、电池加工企业、电池后续应用企业。据统计，2013年全球三元材料销售量近5万吨，带动上下游近百亿美元产值。

目前国内外还没有专门系统介绍三元材料技术及市场应用方面的书籍。笔者把自己十年来专注于三元材料产业化的实际经验和合成理论、工艺技术、制造装备、检验方法、资源消耗、应用技术、市场分析和预测等相结合，阐述了三元材料的技术现状和应用前景。

《锂离子电池三元材料——工艺技术及生产应用》总结了三元材料制造各个环节的基本原理和工艺特点。具体内容包括三元材料的特点、合成理论和研发方向；三元材料相关金属资源；三元材料前驱体制备、成品、煅烧和粉体制备；三元材料关键技术指标控制优化；三元材料检测方法；三元材料应用技术、应用领域、市场前景和专利分析。

本书既有丰富具体和全面的实践内容，又有相适应的理论分析，是从事新能源汽车、锂离子电池、锂离子电池正极材料以及正极材料相关原材料和矿产资源投资开发、行业研究人员的重要参考书，更是从事正极材料产品研发、设计、生产、销售的技术人员、管理人员、教学人员、分析检测人员、研究生、本科生的工具书。

国内三元材料近年来快速发展的主要问题是研发投入、技术、工艺和装备水平与国外差距较大；在产品性能不能满足电动汽车动力电池要求的同时低端产品却产能过剩。笔者希望通过总结十年来国内三元材料行业的技术实践，推动三元材料行业产业升级。

全书由王伟东策划、构思和组织编写。

本书编写人员有国内三元材料制造技术专家、学者和多年从事三元材料研发的高级工程师。深圳市天骄科技开发有限公司研究院的研发人员参与了资料收集和整理工作。具体各章节内容及编写人员是，第1～3章、第6章由仇卫华编写；第4章由王伟东编写；第5～第7章由丁倩倩编写；第8章由王海涛、丁倩倩编写；第9章由仇卫华、丁倩倩、张芳编写；第10章由丁倩倩、仇卫华、王伟东编写；第11章由张芳编写；第12章由余碧涛编写。

尹春鹏绘制了工艺流程图和设备结构图，提供了部分前驱体反应设备、干燥设备和自动控制的编写资料。关豪元为成品制备工艺、三元材料关键指标控制，金属资源回收提供了资料和数据。张祥为电池制作工艺和电池检测部分提供了资料。杨凯为前驱体制备工艺提供了部分数据和资料。段小刚为三元材料合成理论和三元材料混合使用提供了部分数据和资料。钟毅为成品制备设备提供了部分资料。张芳为本书做了大量的资料整理工作。

感谢李建刚、陈光森、王庆生多年来对天骄科技三元材料研发、应用等方面给予的支持和帮助。

三元材料制造还是一个新型行业，近年来规模迅速扩大，工艺装备技术和市场应用日新月异，本书很多资料收集还不够完善，对于实际生产的经验总结不够全面，书中不足之处，敬请有关专家与广大读者批评指正。

编著者

二〇一五年一月于深圳大鹏湾

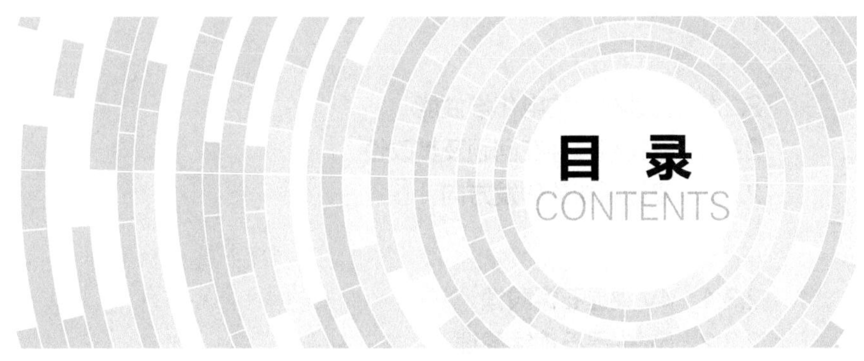

目 录
CONTENTS

3 三元正极材料的性能

4 三元材料的应用领域和市场预测

6 三元材料合成方法

7 前驱体制备工艺及设备

10 三元材料使用建议

11 国内外主要三元材料企业

12 三元材料专利分析

附录Ⅰ 三元材料相关化学滴定方法

附录Ⅱ 软包电池和圆柱电池制作工序

1

概 述

1.1 锂离子电池工作原理及基本组成

随着能源危机和环境污染等问题的日益突出，开发可持续发展新能源，建设低碳社会成为当务之急。锂离子电池作为一种新型高能绿色电池备受关注。锂离子电池首先由日本Sony公司在1990年研制成功并实现商品化，它是在二次锂电池的基础上发展起来的。它既保持了锂电池高电压、高容量的主要优点，又具有循环寿命长、安全性能好的显著特点，在便携式电子设备、电动汽车、空间技术、国防工业等多方面展示了广阔的应用前景和潜在的巨大经济效益，迅速成为近年广为关注的研究热点。

1.1.1 锂离子电池工作原理

锂离子电池充放电原理如图1-1所示（以炭为负极，$LiCoO_2$为正极）。

电极反应如下：

正极：

$$LiCoO_2 \rightleftharpoons Li_{1-x}CoO_2 + xLi^+ + xe^- \qquad (1\text{-}1)$$

负极：

$$6C + xLi^+ + xe^- \rightleftharpoons Li_xC_6 \qquad (1\text{-}2)$$

总反应：

$$6C + LiCoO_2 \rightleftharpoons Li_{1-x}CoO_2 + Li_xC_6 \qquad (1\text{-}3)$$

在电池充电过程中，Li^+从正极脱出，释放一个电子，Co^{3+}氧化为Co^{4+}；Li^+经过电解质嵌入炭负极，同时电子的补偿电荷从外电路转移到负极，维持电荷平衡；电池放电时，电子从负极流经外部电路到达正极，在电池内部，Li^+向正极迁移，嵌入到正极，并由外电路得到一个电子，Co^{4+}还原为Co^{3+}。

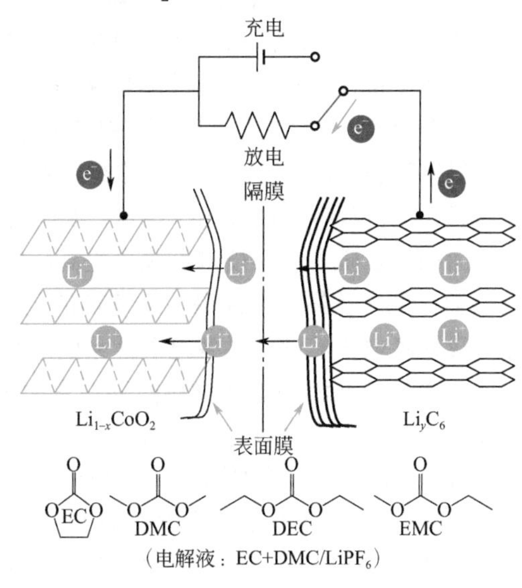

图1-1 锂离子电池工作原理图[1]

1.1.2 锂离子电池组成

锂离子电池主要由正极、负极、隔膜、电解液和外包装组成。作为锂离子电池的主要材料（正极、负极、电解质和隔膜）的选择需要有一定的原则。

1.1.2.1 锂离子电池正极材料

锂离子电池正极材料是二次锂离子电池的重要组成部分，它不仅作为电极材料参与电化学反应，还要作为锂离子源。在设计和选取锂离子电池正极材料时，要综合考虑比能量、循环性能、安全性、成本及其对环境的影响。理想的锂离子电池正极材料应该满足以下条件[2]：

① 比容量大，这就要求正极材料要有低的相对分子质量，且其宿主结构中能插入大量的Li^+；

② 工作电压高，这就要求体系放电反应的Gibbs自由能负值要大；

③ 充放电的高倍率性能好，这就要求锂离子在电极材料内部和表面具有高的扩散速率；

④ 循环寿命长，要求Li^+嵌入/脱出过程中材料的结构变化要尽可能地小；

⑤ 安全性好，要求材料具有较高的化学稳定性和热稳定性；

⑥ 容易制备，对环境友好，价格便宜。

锂离子电池正极材料一般为含锂的过渡族金属氧化物或聚阴离子化合物。因为过渡金属往往具有多种价态，可以保持锂离子嵌入和脱出过程中的电中性；另外，嵌锂化合物具有相对于锂的较高的电极电势，可以保证电池有较高的开路电压。一般来说，相对于锂的电势，过渡金属氧化物大于过渡金属硫化物。在过渡金属氧化物中，相对于锂的电势顺序为：3d过渡金属氧化物＞4d过渡金属氧化物＞5d过渡金属氧化物；而在3d过渡金属氧化物中，尤以含Co、Ni、Mn元素的锂金属氧化物为主。目前商品化的锂离子电池中正极普遍采用插锂化合物，如$LiCoO_2$，其理论比容量274mA·h·g^{-1}，实际比容量在145mA·h·g^{-1}左右；$Li(NiCoMn)O_2$三元材料，理论比容量与$LiCoO_2$相近，但实际比容量根据组分的差异而不同；$LiMn_2O_4$材料，理论比容量148mA·h·g^{-1}，实际比容量115mA·h·g^{-1}左右；$LiFePO_4$材料，理论比容量170mA·h·g^{-1}，实际比容量可达150mA·h·g^{-1}左右。

目前，正极材料的主要发展思路是在$LiCoO_2$、$LiMn_2O_4$、$LiFePO_4$等材料的基础上，发展相关的各类衍生材料[3]。例如在3C产品中用的高电压$LiCoO_2$和高电压三元材料就是通过掺杂、包覆等手段提高其高电压下的结构稳定性。对于$LiMn_2O_4$通过掺杂提高其结构稳定性，改善高温性能，或者提高其工作电压。另外通过调整材料微观结构、控制材料形貌、粒度分布、比表面积、杂质含量等技术手段来提高材料的综合性能，如倍率性能、循环性能、压实密度、电化学、化学及热稳定性等。最迫切的仍然是提高材料的能量密度，其关键是提高正极材料的容量或者电压，例如对多电子体系的研究和5V正极材料的研究。目前的研究现状是这两者都要求电解质及相关辅助材料能够在宽的电位范围工作。同时对于层状材料来讲，能量密度的提高意味着安全性问题将更加突出，因此下一代高能量密度锂离子电池正极材料的发展除了改进自身的结构稳定性外，与高电压电解质技术的进步也密切相关。

如图1-2给出不同正极材料的电压和比容量范围，1V和4.7V左右的虚线代表电解液可以稳定工作的电压范围。对于工作电压高于4.7V的正极，在普通电解液中是不稳定的，需要对电解液进行改进，提高其抗氧化能力。

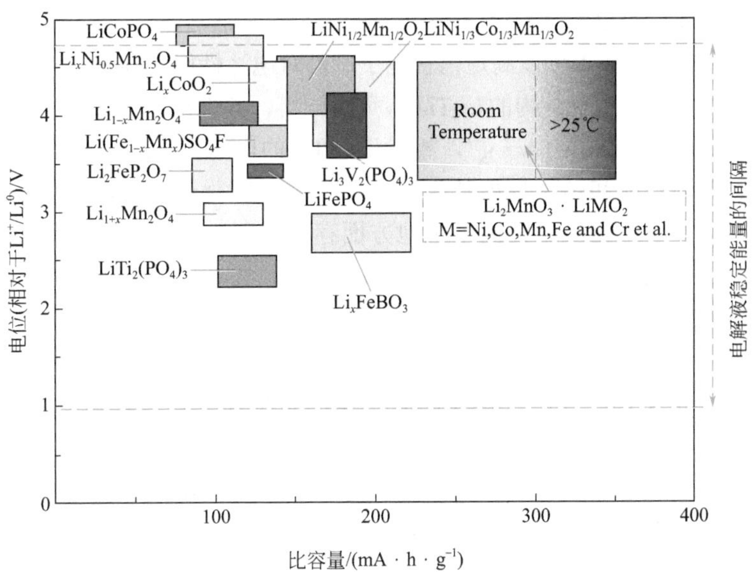

图 1-2 **锂离子电池主要正极材料电压和比容量图**[4]

1.1.2.2 锂离子电池负极材料

负极材料也是锂离子电池的主要组成部分。理想的负极材料应满足以下几个条件[5]：

① 嵌脱Li反应具有低的氧化还原电位，以满足锂离子电池具有较高的输出电压；

② Li嵌入脱出的过程中，电极电位变化较小，以保证充放电时电压波动小；

③ 嵌脱Li过程中结构稳定性和化学稳定性好，以使电池具有较高的循环寿命和安全性；

④ 具有高的可逆比容量；

⑤ 良好的锂离子和电子导电性，以获得较高的充放电倍率和低温充放电性能；

⑥ 嵌Li电位如果在1.2V（相对于Li^+/Li）以下，负极表面应能生成致密稳定的固体电解质膜（SEI），从而防止电解质在负极表面持续还原，不可逆消耗来自正极的Li；

⑦ 制备工艺简单，易于规模化，制造和使用成本低；

⑧ 资源丰富，环境友好。

根据负极与锂反应的机理可以把众多的负极材料分为三大类：插入反应电极、合金反应电极和转换反应电极。其中插入反应电极主要是指碳负极、TiO_2基负极材料；合金反应电极具体是指锡或硅基的合金及化合物；最后一类转换反应电极具体是指通过转换反应而对锂有活性的金属氧化物、金属硫化物、金属氢化物、金属氮化物、金属磷化物、金属氟化物等。目前负极主要集中在碳负极、钛酸锂以及硅基等合金类材料[6]，采用传统的碳负极可以基本满足消费电子、动力电池、储能电池的要求，采用钛酸锂作为负极可以满足电池高功率密度、长循环寿命的要求，采用合金类负极材料有望进一步提高电池的能量密度。

目前商品化的锂离子电池负极有两类。一类为碳材料，如天然石墨、人工合成石墨、中间相碳微球（MCMB）等。碳材料嵌锂过程形成锂碳层状化合物Li_xC_6，当x=1时，其理论比容量为372mA · h · g^{-1}，实际比容量一般可以达到300mA · h · g^{-1}以上，碳材料的主要嵌锂电位在0.5V（相对于Li/Li^+）以下。与天然石墨相比，MCMB电化学性能比较优越，主要原因是颗粒的外表面均为石墨结构的边缘面，反应活性均匀，易于形成稳定的SEI膜，有利于Li的嵌入脱嵌。目前市场上的改性天然石墨，是对天然石墨颗粒球形化、表面氧化（包括氟化）、表面包覆软碳和硬碳材料以及其他表面修饰等。相对于天然石墨，改性后天然石墨的电化学性能也有了较大的提高，基本可以满足消费电子产品对电池性能的要求。

除此还有一种具有尖晶石结构的$Li_4Ti_5O_{12}$负极材料，其理论比容量为175mA·h·g^{-1}，实际比容量一般可以达到160mA·h·g^{-1}，相对于Li/Li^+的电压为1.5V。虽然$Li_4Ti_5O_{12}$工作电压较高，但是由于循环性能和倍率性能特别优异，相对于碳材料而言具有安全性方面的优势，因此这种材料在动力型和储能型锂离子电池方面存在着不可替代的应用需求。但是$Li_4Ti_5O_{12}$在应用时也面临一个问题，是在使用时嵌锂态$Li_7Ti_5O_{12}$与电解液发生化学反应会导致胀气，这是目前这类材料要解决的主要问题。

下一代高容量负极材料包括Si负极、Sn基合金。然而合金类负极材料面临的问题是其高容量伴随的高体积变化，为解决体积膨胀带来的材料粉化问题，常采用合金与碳的复合材料，因此合金类负极材料在实际电池中的容量发挥也受到了限制。复合材料的使用能在一定程度上提高现有锂离子电池的能量密度（如20%～30%，与高能量正极材料匹配达到300W·h·kg^{-1}），但目前还达不到理论预期。

1.1.2.3 锂离子电池电解质

锂离子电池液体电解质一般由非水有机溶剂和电解质锂盐两部分组成。电解质的作用是在电池内部正负极之间形成良好的离子导电通道。非水溶液电解质使用在锂离子电池体系时应该满足下述条件：

① 电导率高，一般在$3\times10^{-3}\sim2\times10^{-2}$S·$cm^{-1}$；

② 热稳定性好，在较宽的温度范围内不发生分解反应；

③ 电化学窗口宽，在0～4.5V（相对于Li/Li^+）范围内应是稳定的；

④ 化学稳定性高，不与正极、负极、集流体、隔膜、黏结剂等发生反应；

⑤ 对离子具有较好的溶剂化性能；

⑥ 没有毒性，蒸气压低，使用安全；

⑦ 能够尽量促进电极可逆反应的进行；

⑧ 制备容易、成本低。

在上述因素中，化学稳定性、安全性以及反应速率为主要因素。

锂离子电池有机电解液由高纯有机溶剂、电解质锂盐和必要的添加剂组成。目前常用的有机溶剂有碳酸乙烯酯（EC）[7]，它具有比较高的分子对称性、较高的熔点、较高的离子电导率、较好的界面性质、能够形成稳定的SEI膜，解决了石墨负极的溶剂共嵌入问题。但EC的高熔点使它不能单独使用，需要加入共溶剂。这些共溶剂主要包括碳酸丙烯酯（PC）和一些具有低黏度、低沸点、低介电常数的链状碳酸酯，如二甲基碳酸酯（DMC），它能与EC以任意比例互溶，得到的混合溶剂以一种协同效应的方式集合了两种溶剂的优势，具有高的锂盐解离能力、高的抗氧化性、低的黏度。除此，还有很多其他的链状碳酸酯（如DEC、EMC等）也渐渐被应用于锂离子电池中，其性能与DMC相似。目前，常用的锂离子电池电解质溶剂主要是由EC和一种或几种链状碳酸酯混合而成。有时为提高循环效率也添加一些醚类，如DME，但它的抗氧化性较差。

目前商业上应用的锂盐是$LiPF_6$，$LiPF_6$单一的性质并不是最优的，但其综合性能最有优势。$LiPF_6$在常用有机溶剂中具有比较适中的离子迁移数、适中的解离常数、较好的抗氧化性能[大约5.1V(相对于Li^+/Li)]和良好的铝箔钝化能力，使其能够与各种正负极材料匹配。但是

$LiPF_6$也有其缺点，限制了它在很多体系中的应用。首先，$LiPF_6$是化学和热力学不稳定的，即使在室温下也会发生如下反应：$LiPF_6(s) \longrightarrow LiF(s)+PF_5(g)$，该反应的气相产物$PF_5$会使反应向右移动，在高温下分解尤其严重。$PF_5$是很强的路易斯酸，很容易进攻有机溶剂中氧原子上的孤对电子，导致溶剂的开环聚合和醚键裂解。其次，$LiPF_6$对水比较敏感，痕量水的存在就会导致$LiPF_6$的分解，这也是$LiPF_6$难以制备和提纯的主要原因。其分解产物主要是HF和LiF，其中LiF的存在会导致界面电阻的增大，影响锂离子电池的循环寿命。HF的存在会腐蚀电极材料，腐蚀集流体，严重影响电池的电化学性能。

针对$LiPF_6$存在的一些问题，目前寻找能够替代$LiPF_6$的新型锂盐主要包括以下三类化合物[7]：① 以C为中心原子的锂盐，如$LiC(CF_3SO_2)_3$和$LiCH(CF_3SO_2)_2$等，$LiC(CF_3SO_2)_3$的热稳定性比较好，$LiCH(CF_3SO_2)_2$的电化学性能比较稳定；② 以N为中心原子的锂盐，如$LiN(CF_3SO_2)_2$，由于阴离子电荷的高度离域分散，该盐在有机电解液中极易解离，其电导率与$LiPF_6$相当，也能在负极表面形成均匀的钝化膜，但是其从3.6V左右开始就对正极集流体铝箔有很强的腐蚀作用；③ 以B为中心原子的锂盐，如双草酸硼酸锂（LiBOB），其分解温度为320℃，同时其具有电化学稳定性高、分解电压＞4.5V等优点，但其还原电位较高[约1.8V(相对于Li^+/Li)]。LiFNFSI，该盐在220℃下不分解，具有较高的电导率，高温60℃条件下，在石墨/$LiCoO_2$电池中表现出较好的循环性能，有希望获得应用。

除了盐和溶剂的研究，在电解液中一类重要的研究是添加剂的研究。添加剂的特点是用量少但是能显著改善电解液某一方面的性能。不同添加剂有不同的作用，按功能分，有阻燃添加剂、成膜添加剂，还有些添加剂可以提高电解液的电导率、提高电池的循环效率等。目前研究的功能添加剂，主要有提高电池安全性的阻燃添加剂、耐过充添加剂，针对高电压电池的高电压电解液等，也有针对如气胀等问题研究的特殊添加剂。

常见的成膜添加剂有碳酸亚乙烯酯、亚硫酸丙烯酯和亚硫酸乙烯酯等。阻燃添加剂的加入能够在一定程度上提高电解液的安全性。目前常用的阻燃添加剂有磷酸三甲酯（TMP）、磷酸三乙酯（TEP）等磷酸酯，二氟乙酸甲酯（MFA）、二氟乙酸乙酯（EFA）等氟代碳酸酯和离子液体等。过充保护添加剂有邻位和对位的二甲氧基取代苯、丁基二茂铁和联苯等。

目前开发高电压正极材料是发展高能量密度锂离子电池的重要途径之一。常规电解液在高电压下容易与正极材料表面发生副反应，影响高电压正极材料性能的发挥，因此，高电压电解液引起了人们广泛的关注。砜类溶剂、腈类溶剂和离子液体等[8]新型溶剂都有可能作为高压电解液溶剂，但各有优缺点。腈类溶剂具有较宽的电化学稳定窗口，是较有发展前途的新型有机溶剂。以砜官能团，—SO_2有机溶剂为基础的具有不同分子结构的砜类溶剂，其电化学窗口能扩展到5.0～5.9V（相对于Li/Li^+）。乙基甲基砜（EMS）电化学窗口能达到5.9V。在高电压电解液添加剂方面研究较多的是膦基添加剂如TPPA、三异丙基乙磺酰（五氟苯基）膦（TPFPP）、三磷酸六氟异丙基酯（HFIP）等；硼基添加剂如LiBOB和LiDFOB，都能一定程度上改善电池高电压性能。

1.1.2.4 锂离子电池隔膜

对锂离子电池隔膜的要求：在电解液中具有良好的化学稳定性及一定的机械强度，并能耐受电极活性物质的氧化和还原作用，耐受电解液的腐蚀；隔膜对电解质离子运动的阻力要小，这样电池内阻就能相应减小，电池在大电流放电时能量损耗减小，这就需要有一定的孔径和孔隙率；应是电子的良好绝缘体，并能阻挡从电极上脱落物质微粒和枝晶的生长；热稳定性和自动关断保护性能好。当然还要材料来源丰富，价格低廉。

对锂离子电池隔膜的主要性能要求还有：厚度均匀性、力学性能（包括拉伸强度和抗穿刺强度）、透气性能、理化性能（包括润湿性、化学稳定性、热稳定性、安全性）等四大性能指标。

锂电池隔膜材料根据不同的物理、化学特性，可以分为：织造膜、无纺布、微孔膜、复合膜、隔膜纸、碾压膜等几类。由于聚烯烃材料具有优异的力学性能、化学稳定性和相对廉价的特点，至今商品化锂电池隔膜材料仍主要采用聚乙烯（PE）、聚丙烯（PP）等聚烯烃微孔膜。目前为了提高动力电池的安全性，在聚烯烃微孔膜的基础上制备功能性复合隔膜，如陶瓷隔膜等。陶瓷隔膜是采用纳米级三氧化二铝产品涂布到湿法聚丙烯、聚乙烯微孔电池膜表面；应用微凹版涂布机或狭缝式涂布机涂布干燥后，经过辊压处理，使得这种陶瓷涂料与锂离子微孔隔离基膜紧密结合。涂布的隔膜，与正极材料和负极材料卷绕叠加后，加注电解液，应用于锂离子电池中具有良好的纵向/横向延伸及高的穿刺强度，无微短路形成，在锂离子电池中可形成高的电解液饱液量，可以多添加3%～10%的电解液。这种隔膜的使用显著地提高了动力锂离子电池的耐高温性、安全性和耐电磁干扰性，同时延长了锂离子电池的寿命和循环次数，提高充放电倍率。除此，新材料隔膜也在研发中，如聚酰亚胺隔膜、凝胶聚合物电解质隔膜等。

世界锂电池隔膜材料前三大隔膜生产商是日本Asahi（旭化成）、美国Celgard和日本Tonen（东燃化学），Tonen推出熔点高达170℃的湿法PE锂电池隔膜。采用特殊处理的基体材料，可以极大地提高隔膜的性能，从而满足锂电池一些特殊的用途。

除此锂离子电池中还有铝箔和铜箔分别作为正、负极的集流体材料，为将正负极粉体材料制备成极片并有较好的导电性，还需要有黏结剂和导电剂。一般黏结剂有聚偏氟乙烯（PVDF），导电剂有乙炔黑和石墨，现在也有采用纳米碳管和石墨烯作为导电剂的。外包装有不锈钢壳和铝塑复合膜两种。

1.2 相关术语

为了加强对锂离子电池电化学行为的了解，下面介绍一些锂离子电池中涉及的常用的术语[9]。

1.2.1 电池的电压

（1）电池电动势

电化学电池充放电过程实际上是通过化学反应而实现的，Gibbs自由能的变化与电池体系的电势之间存在如下关系：

$$\Delta G^{\ominus}=-nFE^{\ominus}\text{（标准状态下）} \tag{1-4}$$

式中，n为电极反应中转移电子的物质的量；F为法拉第常数，F=96500C/mol（或F=26.8A·h/mol）；$E^{\ominus}$为标准电势，当放电电流趋于零时，输出电压等于电池电势$E^{\ominus}$。

式（1-4）为化学能转变为电能的最高限度，为改善电池的性能提供了理论依据。

非标准状况下为：

$$\Delta G=-nFE(E<E^{\ominus})$$ （1-5）

（2）理论电压$E^{\ominus}$

$$\Delta G^{\ominus}=-nFE^{\ominus}$$ （1-6）

正极（还原电位）+负极（氧化电位）=标准电池电动势。

理论电压是电池电压的最高限度，不同材料组成的电池理论电压是不同的。除此，电池电压还包括以下几种：

（3）开路电压E_{ocv}

开路电压是指电池没有负荷时正负极两端的电压，开路电压小于电池电动势。

（4）工作电压E_{cc}

工作电压是指电池有负荷时正负极两端的电压，它是电池工作时实际输出的电压，其大小随电流大小和放电程度不同而变化。工作电压低于开路电压，因为电流流过电池内部时，必须克服极化电阻和欧姆电阻所造成的阻力。$E_{cc}=E_{ocv}-IR_i$。电池工作电压会受放电制度、环境温度的影响。

（5）终止电压

终止电压是指电池充电或放电时，所规定的最高充电电压或最低放电电压。终止电压的设定与不同材料组成的电池有关，如对于C/$LiFePO_4$电池的工作电压在3.4V左右，所以它的充放电终止电压一般定为4V和2.7V。而C/$LiMn_2O_4$电池的工作电压一般在4V左右，所以它的充放电终止电压一般定为4.3V和3.3V。

1.2.2 电池的容量和比容量

1.2.2.1 容量

电池的容量是指在一定的放电条件下可以从电池获得的电量，单位常用安培小时（A·h）表示。电池的容量又有理论容量、实际容量和额定容量之分。

（1）理论容量（C_0）

理论容量是假设活性物质全部参加电池的反应所给出的电量。它是根据活性物质的量按照法拉第定律计算求得的。实际电池放出的容量只是理论容量的一部分。

法拉第定律指出：电极上参加反应的物质的量与通过的电量成正比，即1mol的活性物质参加电池的成流反应，所释放出的电量为F（96500C或26.8A·h）。因此活性材料的理论容量计算公式如下：

$$C_0=\frac{m}{M}\times n_e\times 26.8\text{A}\cdot\text{h}=\frac{m}{K}C$$ （1-7）

式中，m为活性物质完全反应时的质量；M为活性物质的摩尔质量；n_e为电极反应时的得失电子数；K为活性物质的电化当量。对于$LiCoO_2$、$LiMn_2O_4$、$LiFePO_4$，其理论容量都为26.8A·h·mol^{-1}。

（2）实际容量（C）

实际容量是指在一定的放电条件（如0.2C）下，电池实际放出的电量。电池在不同放电制度下所给出的电量也不相同，这种未标明放电制度下的电池实际容量通常用标称容量来表示。标称容量只能是实际容量的一种近似表示方法。电池的放电电流强度、温度和终止电压，称为电池的放电制度。放电制度不同，容量不同。

计算方法如下：

恒电流放电时
$$C=It \tag{1-8}$$

恒电阻放电时
$$C=\int_0^t I\mathrm{d}t=\frac{1}{R}\int_0^t V\mathrm{d}t \tag{1-9}$$

近似计算公式为：
$$C=\frac{V_{平}}{R}t \tag{1-10}$$

式中，I为放电电流；R为放电电阻；t为放电至终止电压的时间，h；$V_{平}$为电池的平均放电电压。

（3）额定容量（$C_{额}$）

额定容量是指设计和制造电池时，规定或保证电池在一定的放电条件下应该放出的最低限度的电量。额定容量是制造厂标明的安时容量，作为验收电池质量的重要技术指标的依据。不同电池系列所规定的额定容量技术标准也有所不同，是根据电池的性能和用途来规定的。通常情况下，实际的容量比厂家保证的容量高出5%～15%。

1.2.2.2 比容量

为了对不同的电池进行比较，常常引入比容量这个概念。比容量是指单位质量或单位体积的电池（或活性材料）所给出的容量，分别称为质量比容量（$A\cdot h\cdot kg^{-1}$）或体积比容量（$A\cdot h\cdot m^{-3}$）。

例如：计算$LiCoO_2$材料理论比容量。

根据公式（1-7）

式中，n=1；$M_{LiCoO_2}=98g\cdot mol^{-1}$；

$C_0=26.8\times1000/98=274mA\cdot h\cdot g^{-1}$。

1.2.3 电池的能量和比能量

电池的能量是指电池在一定放电条件下对外做功所输出的电能，其单位通常用瓦时（W·h）表示。

1.2.3.1 理论能量

假设电池在放电过程中始终处于平衡状态，其放电电压保持电动势（$E^{\ominus}$）的数值，而且活性物质的利用率为100%，即放电容量为理论容量，则在此条件下电池所输出的能量为理论能量W_0，即：

$$W_0=C_0E^{\ominus} \tag{1-11}$$

也就是可逆电池在恒温恒压下所做的最大功：

$$W_0=-\Delta G^{\ominus}=nFE^{\ominus} \tag{1-12}$$

1.2.3.2 理论比能量

理论比能量是指单位质量或单位体积的电池所给出的能量，也称为能量密度，常用

$W \cdot h \cdot kg^{-1}$或$W \cdot h \cdot L^{-1}$表示。比能量也分为理论比能量和实际比能量。

电池的理论质量比能量可以根据正、负极两种活性物质的理论质量比容量和电池的电动势计算出来。如果电解质参加电池的成流反应，还需要加上电解质的理论用量。设正负极活性物质的电化当量分别为K_+、K_-($g \cdot A^{-1} \cdot h^{-1}$)，电池的电动势为$E^{\ominus}$，则电池的理论质量比能量（$W \cdot h \cdot kg^{-1}$）为：

$$W'_0=E^{\ominus}/(K_++K_-) \tag{1-13}$$

实际能量是电池放电时实际输出的能量。它在数值上等于电池实际容量与电池平均工作电压的乘积：

$$W=CV_{平} \tag{1-14}$$

由于活性物质不可能完全被利用，而且电池的工作电压永远小于电动势，所以电池的实际能量总是小于理论能量。

例：请计算$C_6/LiMn_2O_4$和$C_6/LiCoO_2$电池的理论比容量和理论比能量。

$LiMn_2O_4$的摩尔质量=181g/mol，$LiCoO_2$的摩尔质量=98g/mol，[Li]C_6=72g/mol，Li=7g/mol

1000g$LiMn_2O_4$理论容量=26.8$A \cdot h \cdot mol^{-1}$×1×1000g/（181$g \cdot mol^{-1}$）=148$A \cdot h$；即$LiMn_2O_4$的理论质量比容量为148$mA \cdot h \cdot g^{-1}$；每安时电量需要6.76g活性材料。

同理算得$LiCoO_2$的理论质量比容量为274$mA \cdot h \cdot g^{-1}$；每安时电量需要3.65g活性材料；

[Li]C_6的理论质量比容量为372$mA \cdot h \cdot g^{-1}$；每安时电量需要2.69g活性材料。

电池的理论比容量：

根据上面计算，$C_6/LiMn_2O_4$电池：每安时电量需要9.45g正负极活性材料，比容量为0.106$A \cdot h \cdot g^{-1}$。

$C_6/LiCoO_2$电池：每安时电量需要6.34g正负极活性材料，比容量为0.159$A \cdot h \cdot g^{-1}$。

电池的理论比能量：

$C_6/LiMn_2O_4$电池：

0.106$A \cdot h \cdot g^{-1}$×1kg×4.0V=424$W \cdot h$，即该电池理论质量比能量为424$W \cdot h \cdot kg^{-1}$；

同理可得$C_6/LiCoO_2$电池理论质量比能量为604$W \cdot h \cdot kg^{-1}$。

实际电池的比能量远低于理论比能量，因为电池中还包含有电解质、隔膜、外包装等，另外对于层状化合物，由于Li全部从正极材料中脱出会使结构完全塌陷，所以得失电子数只能在0.5～0.7之间，这样实际比容量和比能量都低于理论值。

1.2.4 电池的功率和比功率

电池的功率是指在一定的放电制度下，单位时间内电池输出的能量，单位为瓦（W）或千瓦（kW）。而单位质量或单位体积的电池输出的功率为比功率，单位为$W \cdot kg^{-1}$或$W \cdot L^{-1}$。

理论上电池的功率可以表示为：

$$P_0=\frac{W_0}{t}=\frac{C_0E^{\ominus}}{t}=\frac{ItE^{\ominus}}{t}=IE^{\ominus} \tag{1-15}$$

式中，t为放电时间；C_0为电池的理论容量；I为恒定的电流；$E^{\ominus}$为电动势。

而电池的实际功率：

$$P=IV=I(E^{\ominus}-IR_{内})=IE^{\ominus}-I^2R_{内} \tag{1-16}$$

式中，$I^2R_{内}$是消耗于电池全内阻的功率，这部分功率对负载是无用的。

1.2.5 充放电速率

充放电速率一般用小时率或倍率表示。小时率是指电池以一定的电流放完其额定容量所需要的小时数。而倍率是指电池在规定的时间内放出其额定容量时所需要的电流值。倍率通常以字母C表示，如果是0.2倍率也叫0.2C。小时率和倍率互为倒数，C=1/h，例如，对于额定容量为5A·h的电池，以0.1C放电，则10h可以放完5A·h的额定容量，因此也叫10小时率放电。对于额定容量为5A·h的电池，以0.5A电流放电，则放电倍率是0.1C。

但在材料的测试过程中，如何规定倍率并不十分统一。有人以材料的理论比容量为基准，例如，对于$LiCoO_2$的理论比容量是274mA·h·g^{-1}，那么，1C倍率放电的电流就是274mA·g^{-1}。但也有人根据材料实际释放的比容量进行计算，例如$LiCoO_2$的1C倍率放电的电流可能设为135mA·g^{-1}，电流的设定上不很统一。所以在写出倍率后，一定要给出实际的充放电电流值。

1.2.6 放电深度

放电深度常用DOD（depth of discharge）表示，是放电程度的一种度量，它体现参与反应的活性材料所占的比例。

1.2.7 库仑效率

在一定的充放电条件下，放电释放出来电荷与充电时充入的电荷的百分比，叫库仑效率，也叫充放电效率。影响库仑效率的因素很多，如电解质的分解，电极界面的钝化，电极活性材料的结构、形态、导电性的变化都会影响库仑效率。

1.2.8 电池内阻

电池内阻包括欧姆电阻（R_{Ω}）和极化电阻（R_f）两部分。欧姆电阻由电极材料、电解液、隔膜、集流体的电阻以及各部件之间的接触电阻组成。极化电阻是指进行电化学反应时由于极化引起的电阻。极化电阻包括电化学极化和浓差极化引起的电阻。

为比较相同系列不同型号的电池的内阻，引入比电阻R'_i，即单位容量下的电池内阻：

$$R'_i=R_i/C \tag{1-17}$$

式中，C为电池容量，A·h。

1.2.9 电池寿命

对于二次锂离子电池来说，电池寿命包括循环寿命和搁置寿命。循环寿命是指电池在某一定条件下（如某一电压范围、充放电倍率、环境温度）进行充放电，当放电比容量达到一个规定值时（如初始值的80%）的循环次数。搁置寿命是指在某一特定环境下，没有负载时电池放置后达到所规定指标所需的时间。搁置寿命常用来评价一次电池，对于二次电池，常测试其在高温条件下的存储性能。在指电池在开路状态，某一温度（如80℃）、湿度条件下存放一定时间后的电池性能，主要测其容量保持率和容量恢复率，检测其气涨情况等。存储时发生的容量下降的现象叫电池的自放电。自放电速率是单位时间内容量降低的百分数。

参考文献

[1] Yoo Hyun Deog，Markevich Elena，Gregory Salitra，Daniel Sharon，Doron Aurbach. On the challenge of developing advanced technologies for electrochemical energy storage and conversion. Materials Today，2014，17（3）：110-121.

[2] 吴宇平. 锂离子电池——应用与实践. 第2版. 北京：化学工业出版社，2012.

[3] 马璨，吕迎春，李泓. 锂离子电池基础科学问题（Ⅶ）——正极材料. 储能科学与技术，2014，3（1）：53-65.

[4] Yu Haijun，Zhou Haoshen. High-Energy Cathode Materials（Li_2MnO_3-$LiMO_2$）for Lithium-Ion Batteries. The Journal of Physical Chemistry Letters，Perspective，2013（4）：1268.

[5] Zhou H H，Ci L C，Liu C Y. Progress in studies of the electrode materials for Li ion batteries. Progress in Chemistry，1998，10（1）：85-92.

[6] 罗飞，褚赓，黄杰，孙洋，李泓. 锂离子电池基础科学问题（Ⅷ）——负极材料. 储能科学与技术，2014，3（2）：146-163.

[7] 刘亚利，吴娇杨，李泓. 锂离子电池基础科学问题（Ⅸ）——非水液体电解质材料. 储能科学与技术，2014，3（3）：262-282.

[8] 张玲玲，马玉林，杜春雨，尹鸽平. 锂离子电池高电压电解液. 化学进展，2014，26（4）：553-559.

[9] 杨军，解晶莹，王久林. 化学电源测试原理与技术. 北京：化学工业出社，2006.

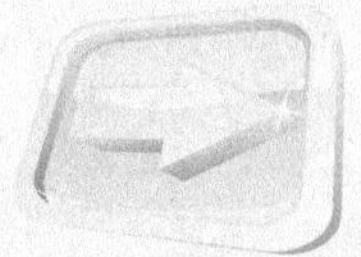

2

锂离子电池正极材料简介

目前已经实用化的锂离子电池正极材料可以根据其结构大致分成三大类：第一类是具有六方层状结构的锂金属氧化物$LiMO_2$(M=Co，Ni，Mn)，属（$R\bar{3}m$）空间群，其代表材料主要为钴酸锂（$LiCoO_2$）和三元镍钴锰（NCM）酸锂、镍钴铝（NCA）酸锂材料（NCM：$LiNi_xCo_yMn_zO_2$，$x+y+z=1$和NCA：$LiNi_xCo_yAl_zO_2$，$x+y+z=1$）；第二类是具有$Fd\bar{3}m$空间群的尖晶石结构材料，其代表材料主要有4V级的$LiMn_2O_4$；第三类是具有聚阴离子结构的化合物，其代表材料主要有橄榄石结构的磷酸亚铁锂$LiFePO_4$。

目前正在研究和小批量生产的层状材料有高容量的富锂锰基材料，可表示为$xLi_2MnO_3\cdot(1-x)LiMn_yM_{1-y}O_2$，其中M表示除Mn之外的一种或两种金属离子。该材料有较高的放电比容量，0.2C倍率下可以放出250mA·h·g^{-1}的比容量。5V级尖晶石材料，代表材料有$LiMn_{1.5}Ni_{0.5}O_4$材料。聚阴离子材料，主要有磷酸盐和硅酸盐类的材料，代表材料有$LiFe_xMn_{1-x}PO_4$、$LiVPO_4F$、Li_2FeSiO_4等。

常见锂离子电池正极材料及其性能见表2-1。

表2-1　常见锂离子电池正极材料及其性能[1]

中文名称	磷酸亚铁锂	锰酸锂	钴酸锂	三元镍钴锰
化学式	$LiFePO_4$	$LiMn_2O_4$	$LiCoO_2$	$Li(Ni_xCo_yMn_z)O_2$
晶体结构	橄榄石结构	尖晶石	层状	层状
空间点群	Pmnb	$Fd\bar{3}m$	$R\bar{3}m$	$R\bar{3}m$
晶胞参数/Å	a=4.692，b=10.332，c=6.011	$a=b=c$=8.231	a=2.82，c=14.06	—
锂离子表观扩散系数/($cm^2\cdot s^{-1}$)	$1.8\times10^{-16}\sim2.2\times10^{-14}$	$10^{-14}\sim10^{-12}$	$10^{-12}\sim10^{-11}$	$10^{-11}\sim10^{-10}$
理论密度/($g\cdot cm^{-3}$)	3.6	4.2	5.1	—
振实密度/($g\cdot cm^{-3}$)	0.80～1.10	2.20～2.40	2.80～3.00	2.60～2.80
压实密度/($g\cdot cm^{-3}$)	2.20～2.30	>3.00	3.60～4.20	>3.40
理论比容量/($mA\cdot h\cdot g^{-1}$)	170	148	274	273～285

续表

中文名称	磷酸亚铁锂	锰酸锂	钴酸锂	三元镍钴锰
实际比容量/(mA·h·g^{-1})	130～140	100～120	135～150	155～220
相应电池电芯的质量比能量/(W·h·kg^{-1})	130～160	130～180	180～240	180～240
平均电压/V	3.4	3.8	3.7	3.6
电压范围/V	3.2～3.7	3.0～4.3	3.0～4.5	2.5～4.6
循环性/次	2000～6000	500～2000	500～1000	800～2000
环保性	无毒	无毒	钴有放射性	镍、钴有毒
安全性能	好	良好	差	尚好
适用温度/℃	–20～75	>50快速衰退	–20～55	–20～55
价格/(万元·t^{-1})	15～20	9～15	26～30	15.5～16.5
主要应用领域	电动汽车及大规模储能	电动工具、电动自行车、电动汽车及储能	传统3C电子产品	3C电子产品、电动工具、电动自行车、电动汽车及大规模储能

2.1 层状正极材料

2.1.1 $LiCoO_2$正极材料

1958年Johnston等[2]首先合成了$LiCoO_2$材料，1980年K.Mizushima等[3]首次报道了$LiCoO_2$的电化学性能和可能的实际应用。1991年Sony公司[4]首次报道了$LiCoO_2$和碳材料可以分别用作商品二次锂离子电池的正、负极材料。

2.1.1.1 $LiCoO_2$的结构特征及电化学性能

$LiCoO_2$具有多种晶型，早期报道中认为$LiCoO_2$可以表现出两种类型的层状结构：O3和O2。通过高温固相反应可以得到的O3结构的$LiCoO_2$，O3结构的$LiCoO_2$是热力学稳定的，它由LiO_6和CoO_6两个正八面体共边组成。O3-$LiCoO_2$具有α-$NaFeO_2$型层状结构，属于六方晶系，具有$R\bar{3}m$空间群，a_1=2.8166Å，c_1=14.0452Å。Li^+和过渡金属离子交替占据3a位（000）和3b（00 1/2）位，O^{2-}位于6c（0 0 z）。其中6c位置上的O为立方密堆积，3b位置的金属离子和3a位置的Li分别占据其八面体空隙，在（111）晶面上呈层状排列。O2类型的$LiCoO_2$是亚稳态的，它由Delmas等[5]首先合成出来，是由P2-$Na_{0.70}CoO_2$相通过Na^+/Li^+离子交换制备的。在O2结构中，LiO_6正八面体与CoO_6正八面体不仅共边还共面。示意图见图2-1。在亚稳态的O2-$LiCoO_2$和O1-$LiCoO_2$中O沿（001）方向的排布式分别为ABACABAC…和ABAB…[1]。

最近Naoaki Yabuuchi等[6]报道多晶型$LiCoO_2$还有O4结构，O4-$LiCoO_2$作为$LiCoO_2$的第三种晶型是通过在水溶液介质中采用离子交换的方法制备的，他们通过同步X射线衍射，中子衍射，X射线吸收光谱表征了O4-$LiCoO_2$结构。结构表征表明，O4-$LiCoO_2$具有O3和O3-

$LiCoO_2$共生结构。三种$LiCoO_2$多晶型结构由紧密堆积的CoO_2层形成。它由共角CoO_6正八面体组成，但氧离子的堆积是不同的：O4相由O3和O2交替组成。示意图见图2-2。

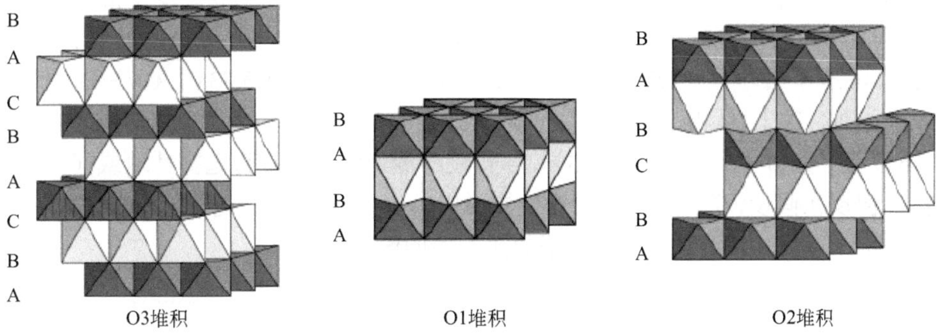

图2-1 Li_xCoO_2的O3，O2和O1的CoO_6与LiO_6的堆砌方式。暗色的是CoO_6八面体[5]

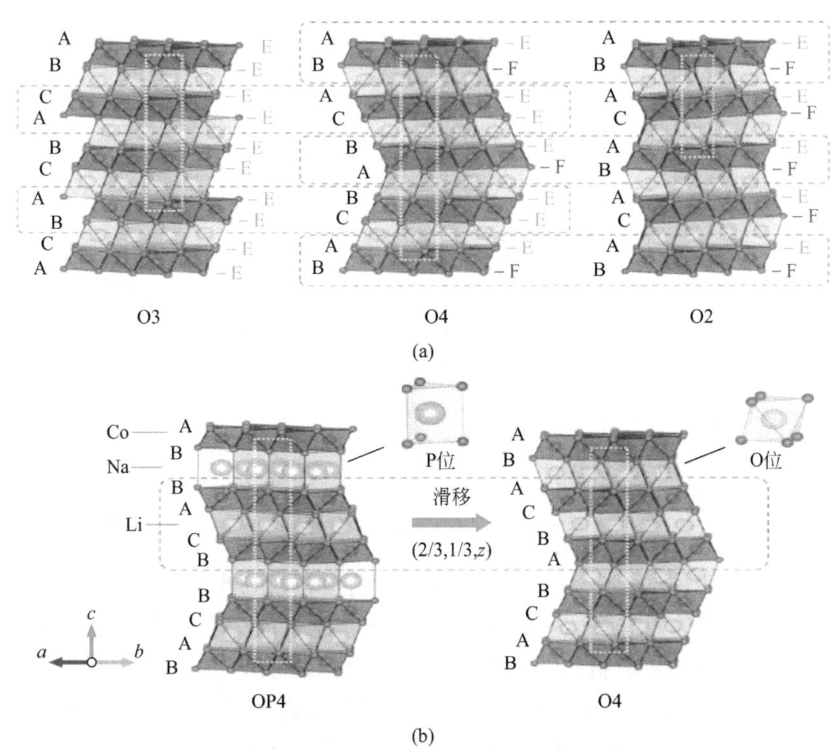

图2-2 多晶型$LiCoO_2$晶体结构示意图：O2-、O3-和O4- $LiCoO_2$[6]（见彩图1）

（a）O4相通过OP4型[Li，Na]CoO_2离子交换方法制备；（b）Na离子在三角棱位置（P–位），Li离子在八面体位置（O–位）。离子交换之后一侧Li离子（LiO_6八面体位置）与CoO_6八面体共面（标志为“F”）；对于O3相，Li离子（LiO_6八面体位置）与CoO_6八面体仅仅共棱（标志为“E”）

在不同的层状结构中，电化学循环过程中随着Li含量的不断变化都会发生Co和O阵列的重排，导致新相的出现。图2-3给出不同晶型$LiCoO_2$恒电流充放电曲线和它们的微分图。当电池被充电到4.8V时几乎所有的锂离子都能从O3-$LiCoO_2$中脱出。大约80%的锂离子可以再插入到O3相中。以20mA·g^{-1}的电流充放电可以得到约220mA·h·g^{-1}的可逆比容量，O3-$LiCoO_2$在这三种晶型的$LiCoO_2$中可逆比容量最高。O3-$LiCoO_2$有2个电压平台，大约在3.9V

和4.5V，在4.15V的小峰大约对应$Li_{0.5}CoO_2$的组分。这些小峰的出现伴随着单斜相的出现，这是由于在$Li_{0.5}CoO_2$中Li/空位有序化造成的。具有扭曲八面体的单斜相被标示为O′3相。对于O2相可以观察到几组电压平台，这是由于CoO_2层发生了滑移造成复杂的相变。通过图2-3的电化学数据没有发现O4相发生明显的相转变。从图2-3（b）可以明显看出3种晶型的$LiCoO_2$最低电压平台不同，O3相在3.9V，O2相要低0.17V，在3.73V，O4相的电压平台在O2和O3相之间。对于O4相，锂离子位于两个不同的位置：2a位置（共面，共棱位，类似于O2）和2b位置（共棱位置，类似于O3）。尽管还不清楚锂离子是否选择性地或同时从2a和2b位置脱出，但现在假设锂离子同时从2个位置脱出。因此，O4相的电压平台在O2、O3相之间的中间电压这个区域。不过这个假设还需要进一步的研究来证明。

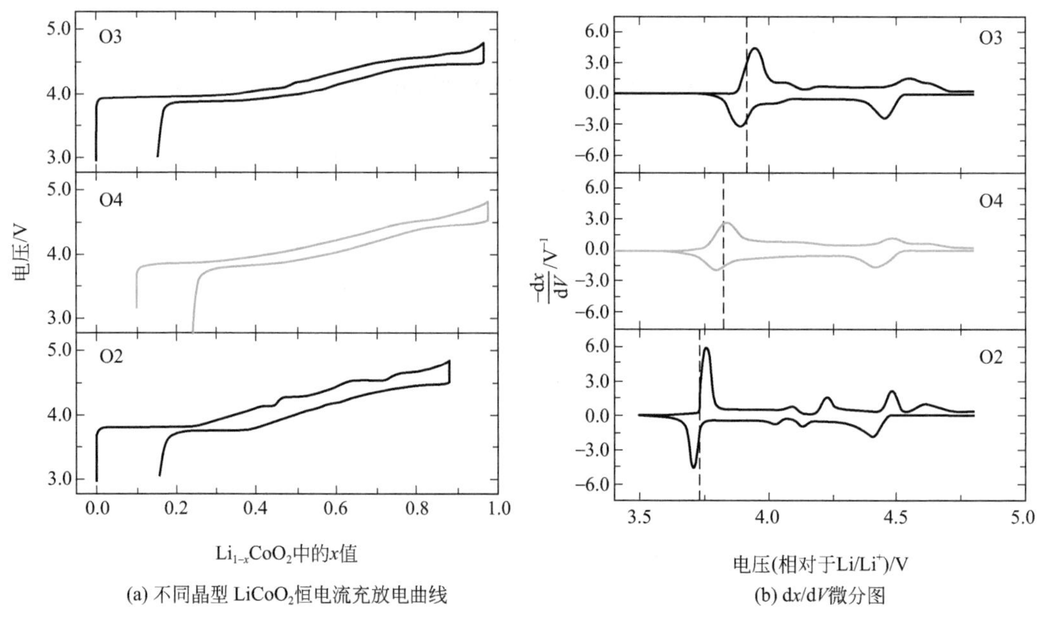

(a) 不同晶型 $LiCoO_2$恒电流充放电曲线

(b) dx/dV微分图

图2-3 不同晶型$LiCoO_2$恒电流充放电曲线和dx/dV微分图[6]

目前研究及工业应用的$LiCoO_2$主要是O3结构的材料，它也是研究最深入的锂离子电池正极材料，它的理论容量为274mA·h·g^{-1}，具有电化学性能稳定，易于合成等优点，是目前商品化锂离子电池主要的正极材料。对于商品化的O3-$LiCoO_2$，在充放电过程中，由于Li^+在键合强的CoO_2层间进行二维运动，因此锂离子扩散能力较强，室温时Li^+扩散系数在10^{-11}～10^{-12}cm^2·s^{-1}之间。Li^+的扩散活化能与$Li_{1-x}CoO_2$中的x密切相关，在不同充放电状态下，其锂离子扩散系数可以变化几个数量级[7]。随着锂离子的脱出，$Li_{1-x}CoO_2$的c轴先变长再缩短，发生3个明显相变[8,9]，第一个相变（H1→H2）发生在x=0.07～0.25范围内，随着锂离子的脱出，相邻O原子层间的静电斥力作用增强，导致c轴膨胀，层间距不断增大。这会引起电子能带的分散，导致价带和导带重叠，材料电导率迅速提高。另外两个相变发生在x=0.5左右。首先是锂离子的有序–无序转变，接着发生六方相到单斜相的转变。如果继续脱锂，材料结构极不稳定而发生塌陷。2012年，Lu等[10]通过球差矫正ABF-STEM技术首次在脱锂态O3结构的$Li_{1-x}CoO_2$中直接观察到O2结构，认为在$0.07 \leqslant x \leqslant 0.25$过程中O3向O2转变，$0.25 \leqslant x \leqslant 0.43$过程中O2向O1转变，在$0.43 \leqslant x \leqslant 0.52$过程中O2向O1转变完成。构建了O1、O2和O3三个相在电化学循环过程中的有效转换关系。如图2-4所示。

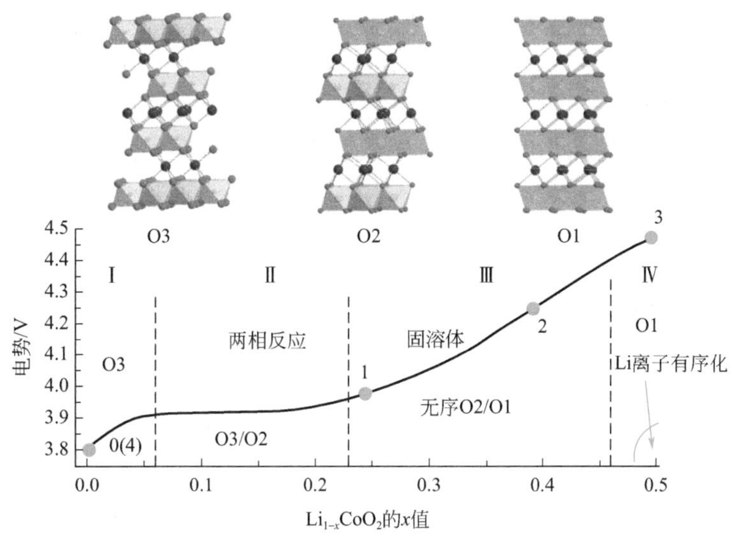

图2-4　$Li_{1-x}CoO_2$（$0 \leqslant x \leqslant 0.50$）纳米颗粒相图[10]

0—原始$LiCoO_2$；1—充电到3.9V；2—充电到4.2V；
3—充电到4.5V，4—返回到3.0V

2.1.1.2　$LiCoO_2$的问题及改性

（1）高脱锂状态$LiCoO_2$的问题

目前$LiCoO_2$主要应用领域为传统3C电子产品。为了在更小的空间释放出更高的能量，$LiCoO_2$正朝着高电压（4.5V相对于Li/Li^+），高压实密度（4.1g·cm^{-3}）的方向发展。高电压下能将更多的锂离子从晶体结构中可脱出，比容量可以达到180mA·h·g^{-1}左右，但锂的大量脱出会因为结构的破坏而影响电池的循环性能和安全性能。在高电压充放电条件下，$LiCoO_2$循环性能变差，容量衰减快的原因主要是高脱锂状态材料发生相变、晶格失氧，造成结构不稳定性；材料与电解液发生反应，造成Co的溶解等因素造成的。电池的循环性能变差，热稳定性变差，限制了$LiCoO_2$在大型锂离子电池中的应用。

（2）$LiCoO_2$的改性

目前广泛采用对$LiCoO_2$掺杂、包覆的方法改进材料的结构稳定性和表面状态，大大提高了$LiCoO_2$在高电压下的电化学性能。通过掺杂Mg、Al、Zr、Ti等元素，包覆ZrO_2、Al_2O_3、SiO_2等氧化物，使$LiCoO_2$充电截止电压可以提高到4.5V（相对于Li^+/Li），并有较好的电化学性能。

J.R.Dahn小组[11]的研究认为，清洁的$LiCoO_2$表面对于高电压下$LiCoO_2$材料的稳定性是非常重要的，清洁表面$LiCoO_2$电池充电至4.5V可以释放出180mA·h·g^{-1}的比容量，并有较好的循环性能。表面不清洁的$LiCoO_2$充电至4.4V或4.5V时，其循环保持率变差，变差的原因是由于循环过程中$LiPF_6$基电解液和材料表面吸附的水和杂质反应导致电池阻抗的升高造成的。表面杂质可能含有Li_2CO_3，Li_2CO_3在4.2V以下是稳定的，4.2～4.5V Li_2CO_3分解，这样会使电池的阻抗增加，导致循环性能下降。降低电池的阻抗可以通过对材料表面进行改性。他们通过采用ZrO_2、Al_2O_3、SiO_2等金属氧化物对$LiCoO_2$进行包覆；通过研磨或加热到550℃以上进行热处理改善表面状态；通过在电解液中添加正极成膜剂双草酸硼酸锂（LiBOB），都提高了电池的循环性能。图2-5给出涂层和不同电解液对电池循环性能的影响。由图2-5（a）可见，三种材料包覆后的$LiCoO_2$的循环性能有很大提高，但ZrO_2包覆使电池容量有所降低。由图2-5（b）可见，经800℃处理的样品并采用LiBOB作为电解质盐的电池虽然初始容量较低，但有最好的循环性能。图2-6给出经研磨和热处理材料与未处理材料循环性能的对比。材料处理后组装的电池有好的循环性能，说明材料的表面状态对电池循环性能的影响是很大的。

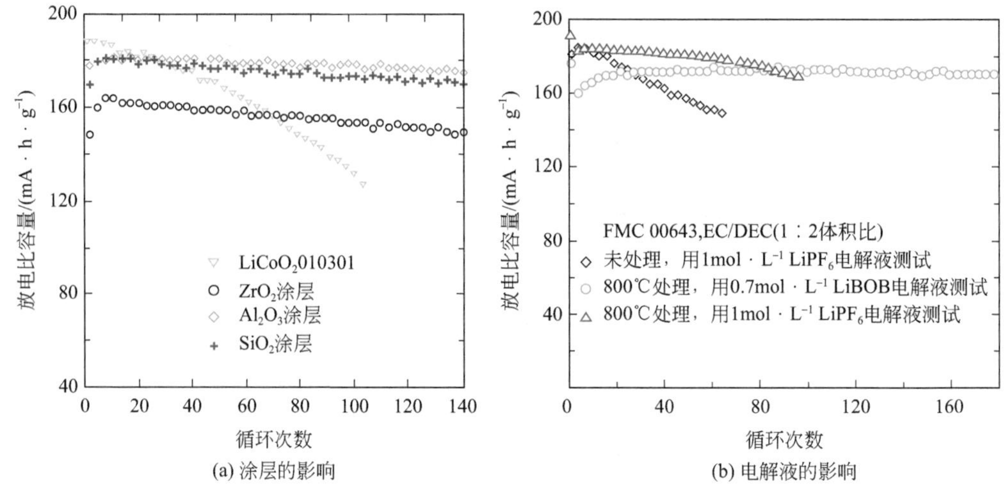

图2-5 比容量–循环对比图[11]

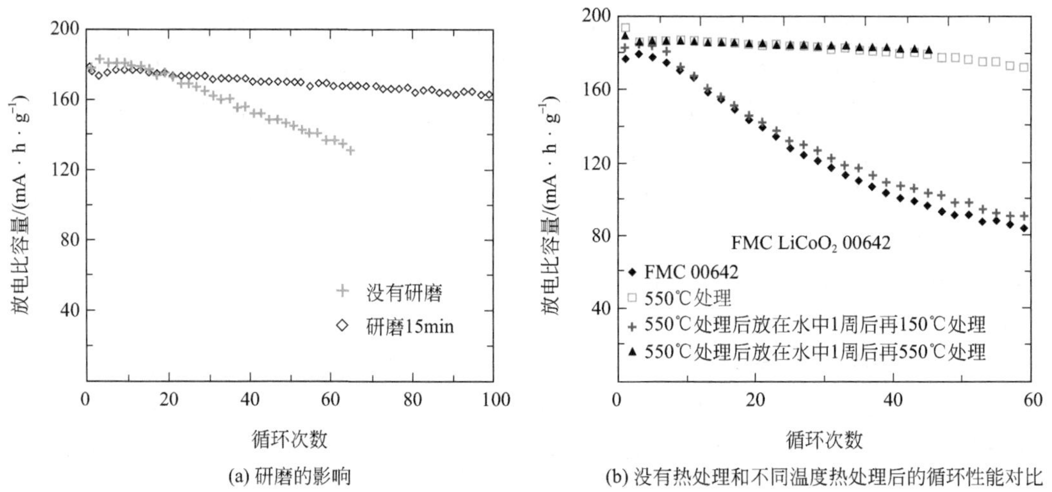

图2-6 比容量–循环对比图[11]

对于包覆可以提高材料性能主要有两种观点：一种观点认为包覆后的材料在颗粒表面形成了一种物理阻挡层，可以防止Co^{3+}在电解液中的溶解；另一种观点[7]认为，包覆材料Al_2O_3与$LiPF_6$基电解质之间发生自发反应，在$LiCoO_2$颗粒表面的SEI膜中生成的固体酸AlF_3/Al_2O_3和AlF_3/Li_3AlF_6提高了电解质的酸度，这有助于腐蚀清除$LiCoO_2$颗粒表面绝缘杂质、提高$LiCoO_2$颗粒表面SEI膜中离子电导率，及与基体材料$LiCoO_2$形成表面固溶体，提高$LiCoO_2$的循环稳定性和热稳定性，抑制充电至高电位时氧气的析出。固体酸的形成有利于改善$LiCoO_2$材料的结构稳定性（包括循环稳定性和热稳定性）以及倍率性能。如图2-7所示。

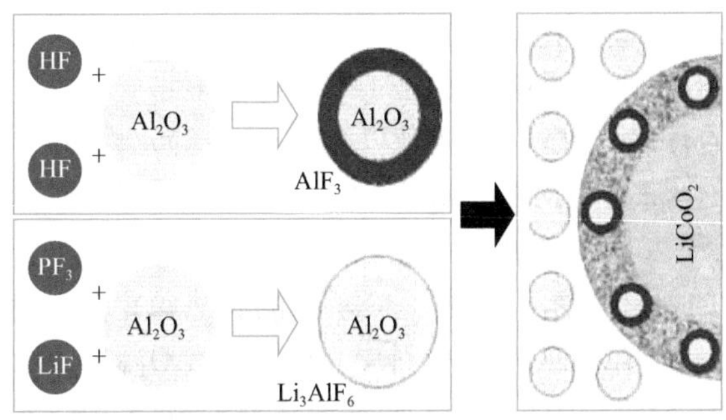

图2-7 固体酸在$LiPF_6$基电解液中的$LiCoO_2$颗粒表面及附近的形成示意图[7]

L.Dahéron等[12]采用XPS研究了Al_2O_3对$LiCoO_2$表面的包覆层，结果表明包覆层限制了高电压条件下钴在电解液中的溶解，主要是因为在Al_2O_3涂层和$LiCoO_2$颗粒界面形成了一层$LiCo_{1-x}Al_xO_2$固溶体，这层固溶体起到一个物理屏障的作用，由于这层固溶体的反应活性低于$LiCoO_2$，因此防止了钴在电解液中的溶解，提高了$LiCoO_2$在高电压条件下的循环稳定性。如图2-8所示。

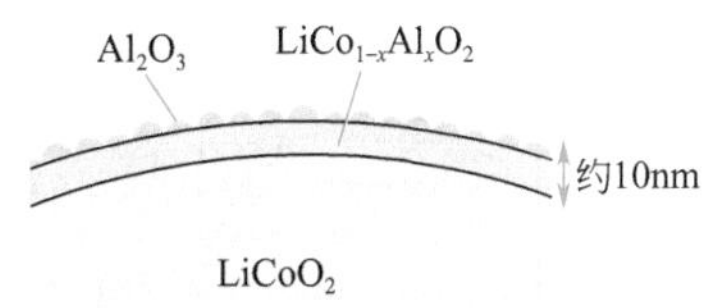

图2-8 Al_2O_3涂层和$LiCoO_2$颗粒界面形成一层$LiCo_{1-x}Al_xO_2$固溶体的示意图[12]

Yoongu Kim等[13]采用Lipon（lithium phosphorus oxynitride）包覆$LiCoO_2$，Lipon涂层是锂离子导体，1nm的包覆层降低了界面电子导电性，从而降低了电极反应活性，使其耐高电压性能得到改进。图2-9给出了包覆和未包覆$LiCoO_2$材料在3～4.4V循环43次后的形貌图，由图2-9（a）可见，未包覆样品发生明显粉化。包覆样品高电压循环性能得到提高，43次放电比容量保持率由原来的65%提高到90%。但是当涂层过厚，会造成界面电阻增大而降低倍率性能。

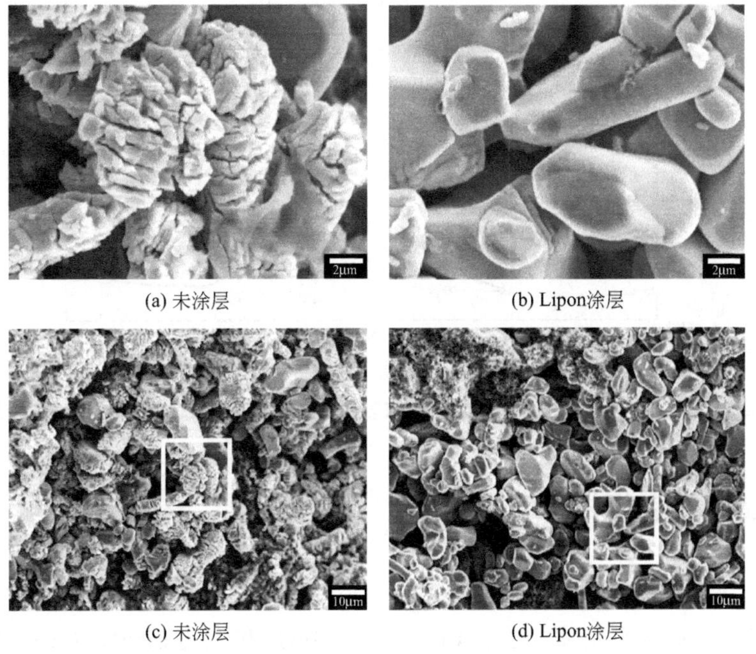

(a) 未涂层　(b) Lipon涂层

(c) 未涂层　(d) Lipon涂层

图2-9 $LiCoO_2$在3 ~ 4.4V循环43次后SEM图[13]

涂层的$LiCoO_2$电极与未涂层电极相比，显示了好的循环性能，其电化学性能的改进主要是由于涂层抑制了Co的溶解和由于应力造成的局部不均匀性。

在掺杂方面较成功的有Mn掺杂、Al掺杂以及Ti、Mg等元素的共掺杂。Yang-Kook Sun小组[14]通过固相法合成了金属离子M(M=Mg，Al，Zr)和F离子共同掺杂的$LiM_{0.05}Co_{0.95}O_{1.95}F_{0.05}$正极材料，XRD测试结果表明金属离子Mg、Al、Zr和负离子F分别占据了Co和O的位置。共掺杂材料显示了稳定的循环性能，改进了倍率性能和热稳定性。除此，F的掺杂稳定了正极表面，抑制了Co的溶解。在这些掺杂材料中$LiM_{0.05}Co_{0.95}O_{1.95}F_{0.05}$显示了最好的电化学性能和热稳定性，当充电到4.5V时，0.2C放电比容量达到185mA·h·g^{-1}，3C放电比容量仍有156mA·h·g^{-1}（见图2-10）。由图2-11可见，掺杂后放热峰温度提高，放出的热量值减少；另外，在60℃存放7天，Co的溶解从60mg·kg^{-1}降为15mg·kg^{-1}。

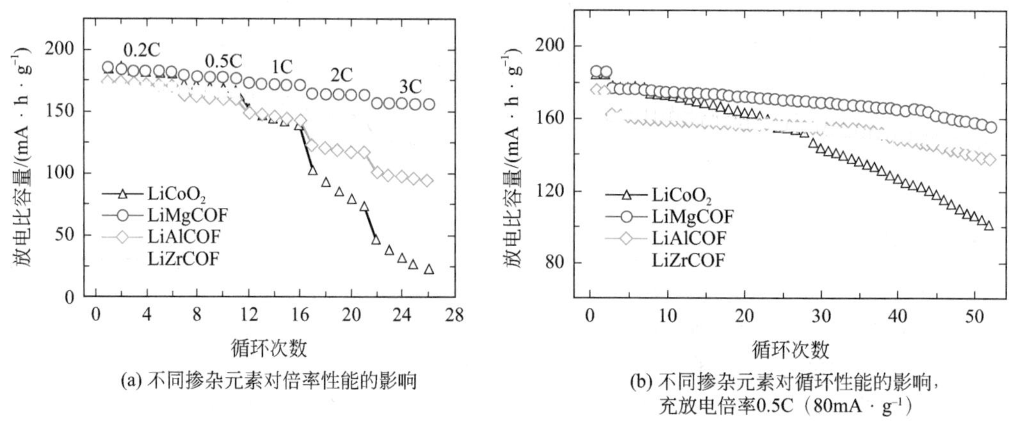

图2-10 Li/$LiCoO_2$、LiMgCOF、LiAlCOF和LiZrCOF电池在3.0 ~ 4.5V间循环[14]

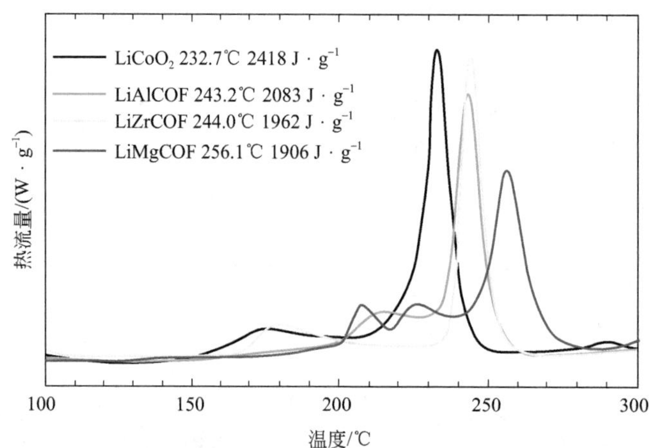

图2-11 $LiCoO_2$、LiMgCOF、LiAlCOF和LiZrCOF电极充电至4.5V脱锂状态DSC测试结果[14]（见彩图2）

2.1.2 $LiNiO_2$正极材料

2.1.2.1 $LiNiO_2$的结构特征

$LiNiO_2$具有两种结构变体：立方$LiNiO_2$（Fm3m）和六方$LiNiO_2$（$R\bar{3}m$）结构。六方$LiNiO_2$化合物具有与O3-$LiCoO_2$相同的层状结构，只有六方结构的$LiNiO_2$（$R\bar{3}m$）化合物才

有电化学活性。具有六方结构的$LiNiO_2$（$R\bar{3}m$），其中的氧离子在三维空间作紧密堆积，占据晶格的6c位置，镍离子和锂离子填充于氧离子围成的八面体空隙中，二者相互交替隔层排列，分别占据3b位和3a位（见图2-12），如果把镍离子和锂离子与其周围的6个紧邻氧离子看作是NiO_6八面体和LiO_6八面体，那么，也就可以把$LiNiO_2$晶体看作由NiO_6八面体层和LiO_6八面体层交替堆垛而成。C.Delmas等[18]将NiO_6八面体层和LiO_6八面体层分别称为主晶层（Slab）和间晶层（Interslab）。由于Ni^{3+}外层是7个d电子，在O八面体场的作用下，d电子轨道发生分裂，使NiO_6八面体扭曲，形成2个长的Ni—O键（2.09Å）和4个短的Ni—O键（1.91Å）。$LiNiO_2$理论可逆比容量为275mA·h·g^{-1}，与$LiCoO_2$接近，但它的可逆比容量可以达到180mA·h·g^{-1}以上，Li^+在$LiNiO_2$中的扩散系数为$10^{-11}cm^2 \cdot s^{-1}$左右。它相对金属锂的脱嵌电位与钴酸锂接近，在3.8V左右。Ni资源远比Co丰富便宜，对环境污染也较小。但到目前为止，纯的$LiNiO_2$仍没有实现商业化应用，没有实现商业化的原因是因为它本身还存在许多问题，如合成计量比$LiNiO_2$化合物所需要的制备条件十分苛刻，材料性能的重现性差。研究表明主要原因在于Ni^{2+}极易占据锂的位置，阻止锂离子扩散，使可逆比容量降低。另外，$LiNiO_2$热稳定性差，较高温度下容易发生分解反应，使镍由+3价变成+2价，电极材料的可逆比容量也随之急剧下降。充/放电时活性材料结构变化带来的比容量衰减（循环性能较差）问题也比较突出，其主要原因是由于Ni^{2+}与Li^+的混排效应和大量脱锂后的结构塌陷所至。$LiNiO_2$过充时带来的安全性能问题也影响到$LiNiO_2$的应用。

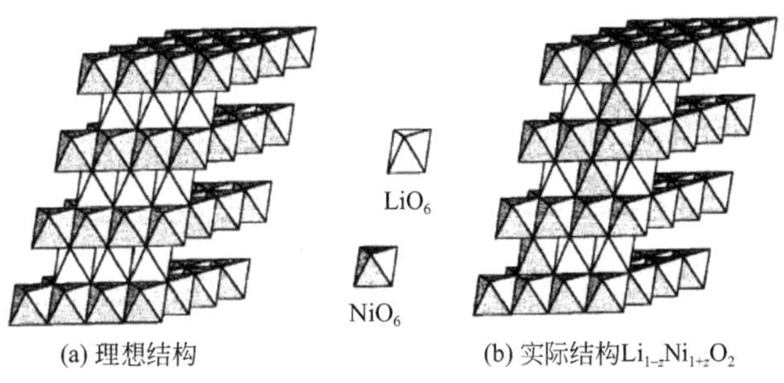

(a) 理想结构　(b) 实际结构$Li_{1-z}Ni_{1+z}O_2$

图2-12　$LiNiO_2$理想和实际结构图[18]

$LiNiO_2$存在的各种问题都与$LiNiO_2$本身的结构有关[15,16]，与合成条件也有很大关系[17]。化学计量比的$LiNiO_2$很难合成的原因主要是因为Ni^{2+}氧化成为Ni^{3+}存在较大势垒，残余的Ni^{2+}会进入3a位置占据Li^+的位置，形成非化学计量化合物$Li_{1-x}Ni_{1+x}O_2$，高温下，由于锂盐挥发导致缺锂也会促进非化学计量化合物$Li_{1-x}Ni_{1+x}O_2$的形成。

2.1.2.2　$LiNiO_2$的电化学性能

$LiNiO_2$理论比容量为275mA·h·g^{-1}，但由于结构的限制，仅有部分锂离子可以可逆地嵌/脱。锂的过分脱出会导致结构的破坏，并由此引起容量的衰减和安全性问题。Delmas[18]用恒电流充放电方法研究了Li/$LiNiO_2$脱嵌锂的反应机理，见图2-13。林传刚[17]也用循环伏安的方法研究了不同电压下Li/$LiNiO_2$脱嵌锂的反应机理，见图2-14。由图2-13和图2-14可见$Li_{1-x}NiO_2$的嵌脱Li时有四对氧化还原峰，他们认为反应是由三个单相反应组成的局部规整（topotactic）反应[六方（$0.25 \geqslant x \geqslant 0$）$\longleftrightarrow$单斜（$0.55 \geqslant x \geqslant 0.25$）$\longleftrightarrow$六方($0.75 \geqslant x \geqslant 0.55$)]及两个六方相反应之间组成（$1.0 \geqslant x \geqslant 0.75$）。在单相反应区[$NiO_2$]层间距缓慢连续增加，电极的可逆性比较好，但进一步氧化[NiO_2]层间距突然减少0.3Å从而导致容量衰减，另外，由图2-13还可见，电池首轮不可逆容量较大。C.Delmas等[19]认为由于在制备过程中不可避免Ni^{2+}的存在，其中一半Ni^{2+}位于[NiO_2]层，另一半位于锂离子的（3a）位置（即发生“阳离子混合效应”），即有$[Li_{1-z}Ni_z^{(2+)}][Ni_{1-z}^{(3+)}Ni_z^{(2+)}]O_2$。在首次脱锂的开始，仅$NiO_2$层中的$Ni^{2+}$氧化为$Ni^{3+}$，因此在下次放电时$Li^+$在嵌入时并不受到限制。而当大量的$Li^+$脱出

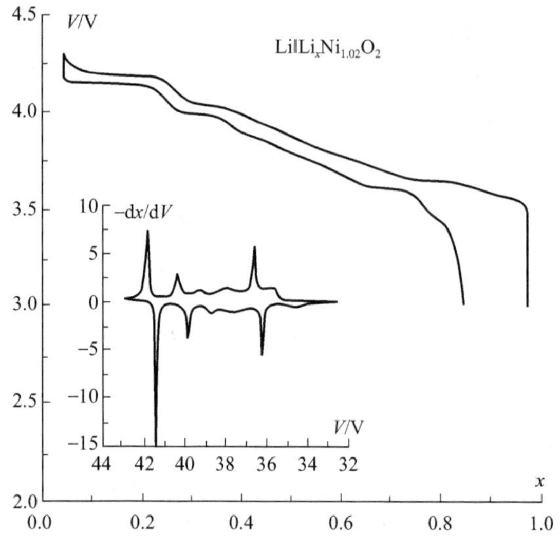

图2-13 Li||Li_xNiO_2电池首轮恒电流充放电曲线及相应的微分曲线[18]

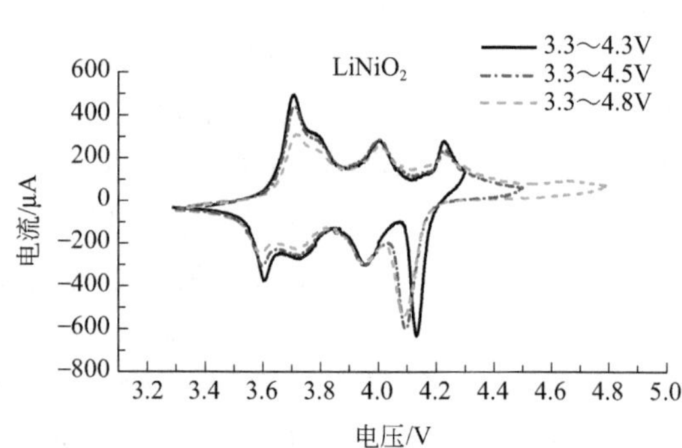

图2-14 不同电压范围Li||/Li_xNiO_2电池循环伏安曲线，扫描速率0.02mV · s^{-1}[17]

时，（3a）位置上额外引入的Ni^{2+}氧化为Ni^{3+}导致层间结构的塌陷，结果使Ni离子周围的六个Li^+很难再嵌入，进而导致Li^+的扩散困难和极化的急剧增大。因为被氧化为3价的过量2价镍在下一次放电中不易被还原为2价，从而使锂在塌陷区域的再插入十分困难。因此，过量二价镍周围的锂位置仍为空的，这样就造成了下一次充放电循环开始的容量损失。另外，一旦获得初次不可逆容量之后，进一步的锂脱/嵌只发生在锂3a位置上而与过量镍周围的空位无关。同样，文献[20]认为层中的镍和层间的过量镍同时氧化，而且在第一周充电的开始层间镍周围的锂优先脱出。正是由于层间的过量镍的不可逆氧化和周围锂的优先脱出造成了层间的塌陷，从而引起初始不可逆容量损失。该文献还通过中子衍射研究了$LiCo_xNi_{1-x}O_2$体系中Ni^{2+}的占位情况，结果表明锂位置（3a）上过量的Ni^{2+}随Co掺杂量的增加而线性减少。这个结果与文献[17]的首轮不可逆容量随Co掺杂的增加而线性减少的结果是一致的。

2.1.2.3 $LiNiO_2$的合成方法

计量比$LiNiO_2$化合物所需要的苛刻的制备条件一直是阻碍其实现商业化应用的主要因素之一。对于$LiNiO_2$来说，它的主要缺点在于它倾向于形成非计量比的$Li_{1-x}Ni_{1+x}O_2$。这是因为稳定的Ni^{2+}倾向于占据Li^+的位置而形成（$Li_{1-x}Ni_x^{2+}$）$_{间晶层}$（$Ni_x^{2+}Ni_{1-x}^{3+}$）$_{主晶层}$$O_2$非计量比化合物。实际上，计量比$LiNiO_2$的合成几乎是难以实现的，而其真实表达式应为$Li_{1-x}Ni_xO_2$（$0\leqslant x\leqslant 0.20$）[19,21]，而且$x$的值强烈依赖于具体的实验条件，正是这种偏离计量比导致了材料的初容量及循环性能的急剧恶化。

为了制备出性能优良的计量比$LiNiO_2$化合物，研究者们尝试采用各种含锂原材料（LiOH，Li_2CO_3，$LiNO_3$等）及含镍原材料[$NiCO_3$，$Ni(NO_3)_2$，$Ni(OH)_2$，NiO，γ-NiOOH等]和多种合成工艺来研究$LiNiO_2$的制备条件。从原料选择看，反应体系主要有碳酸盐体系、硝酸盐体系以及氢氧化物体系等，比较而言，从降低反应温度以稳定Ni^{3+}的角度出发，应选用化学活性大的Li_2O、LiOH、$LiNO_3$作为锂源，低温煅烧的NiO和$Ni(OH)_2$作为镍源。但是，合成温度也不应低于合成出具有2D结构所要求的700℃。从制备方法上看，常用的方法大致可以分为高温固相反应和被称之为“软化学路径”的低温合成方法，后者主要包括sol-gel法、

共沉淀法和水热反应法等。

对于$LiNiO_2$的合成来说，煅烧温度以及煅烧气氛是合成中最关键的两个影响因素。由于$Ni^{2+} \longrightarrow Ni^{3+}$的氧化十分困难，而在$O_2$气氛下，可以抑制不稳定的$Ni^{3+}$向稳定的$Ni^{2+}$的转化。另外，相对高的氧分压也可以抑制高温下$LiNiO_2$的再分解。许多研究者对比了在空气/氧气条件下合成的$LiNiO_2$及其掺杂化合物的性能，结果表明在O_2气氛下合成$LiNiO_2$的性能明显优于在空气气氛下合成$LiNiO_2$的性能。

对于合成温度，一般认为，750℃时在氧气气氛下可以满足$Ni^{2+} \longrightarrow Ni^{3+}$的氧化和$LiNiO_2$完整晶型的形成，许多研究者也在这个温度下获得了较好性能的产物。有文献认为在720℃时发生六方相向立方相的转变，并提出最佳合成温度应为700℃。Delmas等人也在700℃合成出最接近理想计量比的$Li_{1-x}Ni_{1+x}O_2$（$0.02 \geqslant x \geqslant 0.015$）化合物。当合成反应温度>850℃时，$LiNiO_2$开始分解：

$$(1+x)LiNiO_2 \longrightarrow Li_{1-x}Ni_{1+x}O_2 + xLi_2O + 0.5xO_2$$

从反应可以看出$LiNiO_2$的分解依赖于氧分压，而且过量锂可以补偿由于高温蒸发导致的贫锂现象。如图2-15所示。

相比之下，液相法可以相对有效地控制计量比，减少反应时间及采用较低的反应温度，从而获得性能优良的材料。

Delmas等[19]在进行系统研究之后认为，由于$Ni^{2+} \longrightarrow Ni^{3+}$的氧化十分困难，以及高温下$Li_2O$的蒸发，形成贫锂化合物，因此，无论怎样优化合成条件，都无法避免Ni^{2+}的存在，都或多或少会存在Ni^{2+}与Li^+的"阳离子混合效应"，改进的结果只是降低了"阳离子混合效应"。

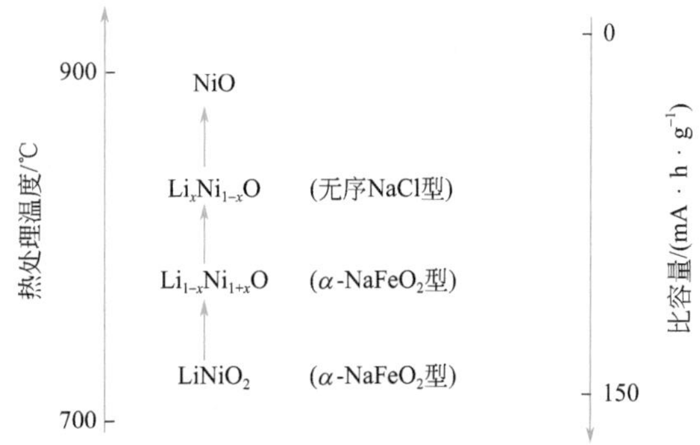

图2-15 Li-Ni-O三元化合物的热处理温度与可逆比容量的关系图

相比而言，从降低反应温度和提高材料均一性的角度看，软化学路径具有明显的优势。从促进Ni^{2+}向Ni^{3+}转化的角度出发，采用溶液技术通过前驱体β-$Ni_{1-x}Co_xOOH$在低温下（400℃）合成了$LiNi_{1-x}Co_xO_2$。这种方法的优点在于前驱体中的Ni已经为三价了，因此不需要长时间的高温加热来使Ni^{2+}向Ni^{3+}转化。无论是高温固相反应还是"软化学路径"的低温合成方法，从掺杂结果来看，过渡金属离子部分代替Ni的掺杂有效地改善了$LiNi_{1-y}M_yO_2$的电化学性能。

2.1.2.4 $LiNiO_2$材料存在问题及材料改性

在高充电电压条件下，锂的过分脱出时会导致$LiNiO_2$结构的破坏，并由此引起容量的衰减和安全性问题。$LiNiO_2$在过充时的安全性能差也是制约其商业化进程的主要原因之一。通过DSC研究$LiNiO_2$在电解质中的热行为发现，$LiNiO_2$和$Li_{3/4}NiO_2$即使与电解质共同加热（0 ～ 300℃）时也是稳定的。但随着$LiNiO_2$中Li^+的逐渐减少，放热反应逐渐增加，$Li_{1/2}NiO_2$在180℃出现了较为温和的放热反应峰，但当Li_xNiO_2中$x < 0.25$时，在约185 ～ 200℃时出现显著的放热反应峰，这个放热过程是脱锂Li_xNiO_2材料的分解反应和电解液的氧化反应共同影响的结果，而不仅仅是Li_xNiO_2材料本身的分解反应所致。在电池过充的情况下有大量的NiO_2形成，不稳定的四价镍会发生分解反应，反应结果形成产物NiO并释放出O_2。

因此，为了尽可能提高比容量和容量保持能力，使大量锂脱出后仍能保持结构的稳定，降低首轮不可逆容量，人们进行了大量的掺杂研究工作。对于$LiNi_{1-y}M_yO_2$（$0<y<1$）掺杂化合物来说，有以下几点需要考虑：① 固溶程度；② 微结构范围上的均一性；③ 掺杂离子对结构中三价Ni的稳定作用。$LiNi_{1-y}M_yO_2$的固溶程度依赖于$LiNiO_2$和$LiMO_2$在相结构上的差异。从常见的几种掺杂元素（M=Co，Mn，Al，Fe，Ti，Ga，Mg等）来看，只有Co与$LiNiO_2$是全程固溶的，形成$LiNi_{1-x}Co_xO_2$化合物。但材料的微观均一性很难获得，而且较难检测出其微观结构组成上的波动。从理论上讲，提高反应温度有利于获得结构均一的材料，但在高温条件下会发生Ni^{3+}的部分还原和Li的损失。

（1）Co掺杂

研究最多的掺杂化合物为$LiNi_{1-x}Co_xO_2$，人们发现适量的Co^{3+}的引入明显提高了其电化学性能，主要是由于$Ni_{1-t}Co_tO_2$层中的Co^{3+}阻止了Li空位序列形成的超结构，从而稳定了六方结构，由图2-16可见，Co的掺杂抑制了$LiNiO_2$的相变（与图2-14相比）。Co^{3+}引入后减少了Ni^{2+}/Li^+的混排，使其结构更接近理想的2D结构，从而使锂几乎可以完全再嵌入，因而增大了电池容量，高于4.6V以后的峰应该是Co^{3+}的氧化。更重要的是引入Co^{3+}后，$LiNi_{1-x}Co_xO_2$的晶胞体积在充放电过程中的体积变化非常小，这对容量保持能力的提高是有利的[17,21]。

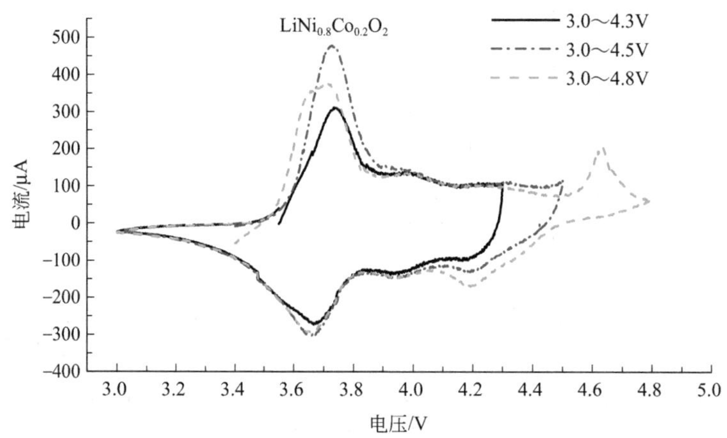

图2-16 $Li/LiNi_{0.8}Co_{0.2}O_2$不同电压扫描范围的慢速循环伏安线图，扫描速率0.02mV/s[17]

（2）Mn的掺杂

Y-K Sun等[22]研究了Mn掺杂对$LiNiO_2$性能的影响。他们采用共沉淀的方法制备了Li（$Ni_{1-x}Mn_x$）O_2（$0.1\leqslant x\leqslant 0.5$）的前驱体，优化了合成工艺。电化学实验结果表明，不同组分样品中Li（$Ni_{0.9}Mn_{0.1}$）O_2中Ni^{2+}在锂层为6.7%，具有最低的阳离子混排，并展示了最好的高倍率性能，见图2-17。

（3）Al的掺杂

Al的掺杂也可以很好改进$LiNiO_2$的性能。Ohzuku等[23]合成的$LiNi_{3/4}Al_{1/4}O_2$在2.5～4.5V充放电时，材料的核心结构并未破坏，而且其脱锂化合物$Li_{1/4}Ni_{3/4}Al_{1/4}O_2$的层间距仍保持了4.8Å，并未出现$Li_xNiO_2$的层间距突然塌陷的现象，显示了良好的循环性能的潜力。用0.25mol的Al^{3+}替代$LiNiO_2$中Ni^{3+}，产物$LiNi_{3/4}Al_{1/4}O_2$在保持了$LiNiO_2$的高电压、高容量的特性，同时显著抑制了放热反应，$LiNi_{3/4}Al_{1/4}O_2$的全充电状态（$Li_{0.31}Ni_{3/4}Al_{1/4}O_2$）的DSC图中几乎观察不到明显的放热反应峰。Ohzuku认为Al^{3+}掺杂限制了Li^+的脱出量，从而避免了Li^+过量脱出，而且Al^{3+}的存在明显稳定了脱锂状态的结构，使之更安全。

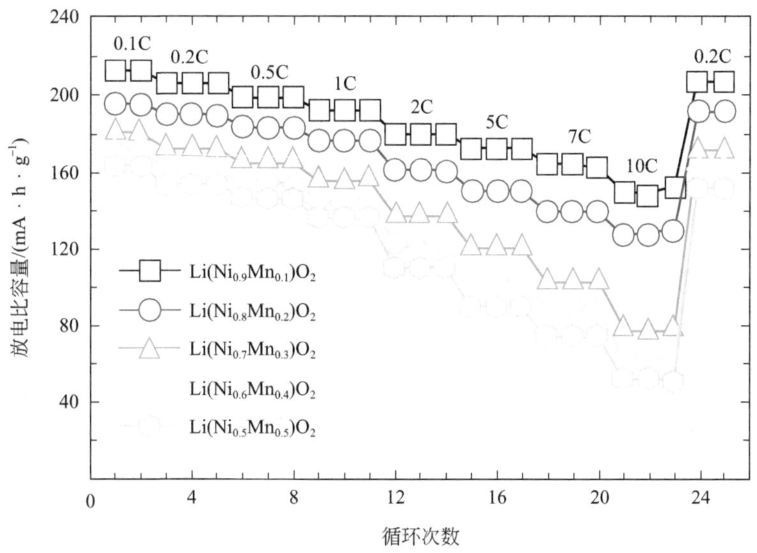

图2-17 Li（$Ni_{1-x}Mn_x$）O_2（0.1≤x≤0.5）电极在2.7 ~ 4.3V电压范围内，用0.2C充电，不同倍率放电[22]

（4）Mg、Ti掺杂

Gao Yuan等[24]合成的三元掺杂化合物$LiNi_{1-x}Ti_{x/2}Mg_{x/2}O_2$（充电到4.5V）在DSC扫描曲线中的放热反应峰几乎完全消失，他们认为$LiNi_{1-x}Ti_{x/2}Mg_{x/2}O_2$在两个方面提高了Li离子电池的安全性能：① 阴极材料本身在整个充电过程中与电解质的接触都是稳定的；② 这些电极材料在充电末尾时电压急剧上升，即使在过充时也不能使锂进一步脱出，从而阻止了锂的过量脱出和在阳极上的沉积。

C.Pouillerie[25]制备了$LiNi_{1-x}Mg_xO_2$，Mg的掺杂也很好地提高了$LiNiO_2$的电化学性能。

除了用一种金属离子替代Ni离子的掺杂，另外还可两种或以上金属离子的掺杂，以及用F^-取代部分的O^{2-}以改善其电化学循环性能。除此表面包覆也是改进$LiNiO_2$材料的一条路径。

C.Delmas小组[26]对$LiNiO_2$和Li（Ni、Al）O_2在不同脱锂态的热稳定性进行了研究。研究表明，随着Li含量的减少，深度脱锂的$LiNiO_2$和Li（Ni、Al）O_2稳定性降低。也就是说随着Li的脱出，不稳定的Ni^{4+}的在高温下趋于还原形成Ni^{3+}，并伴随着失氧过程，采用Al掺杂，可以在一个宽的温度范围起到一个稳定结构的作用。

掺杂Al可以提高$LiNiO_2$材料的稳定性主要原因是，采用Al掺杂，可以降低伪尖晶石（pseudo-spinel）相形成的动力学，并在一个宽的温度范围起到一个稳定伪尖晶石相结构的作用。在热降解过程中层状结构向伪尖晶石相转变，这就意味着阳离子在主晶层的八面体位置和间晶层的四面体位置之间迁移，见图2-18。这是在热传输的第一阶段Ni或Al的假设路径。当升高温度形成伪尖晶石相时，在四面体环境下，Al^{3+}更稳定，所以可能优先于Ni离子由主晶层迁移到间晶层。事实上，由于Ni^{4+} d^6电子排布，低自旋的Ni^{4+}在四面体场是不稳定的，这就需要低自旋转为高自旋，Ni^{3+}（d^7）迁移到四面体位置。相比之下，Al^{3+}在中间四面体位置是稳定的，这就使得阳离子重整形成伪尖晶石相更困难，也就降低了伪尖晶石相形成的动力学。随着Al掺杂量的增加，Al掺杂伪尖晶石相稳定性增加。事实上，在形成NiO相时，也一定涉及四面体位置，尽管只是局部结构重整。

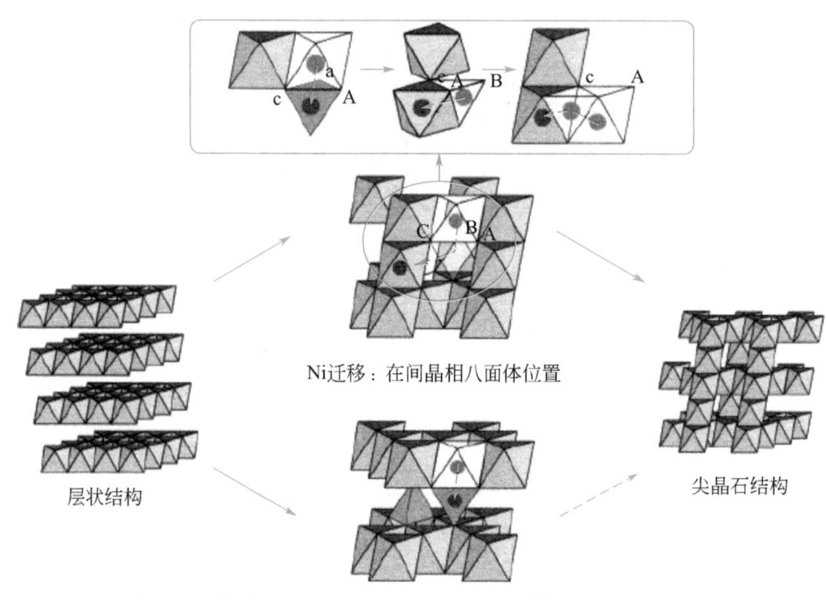

图2-18 **Ni或Al离子由层状向尖晶石转变的假设路径。在Al迁移的情况，Al在四面体位置的中间结构是稳定的，因而在更高温度下才能形成伪尖晶石相**[26]

2.1.3 层状$LiMnO_2$材料

层状$LiMnO_2$相对于其他正极材料，具有无毒、成本低、能量密度和理论容量高（285mA·h·g^{-1}）等优点。1996年Armstrong等[27]首次报道了从α-$NaMnO_2$出发，采用离子交换法制备出层状$LiMnO_2$。该正极材料的首次放电比容量超过270mA·h·g^{-1}，达到理论值的95%，它被认为是最具有发展潜力的正极材料之一，但由于它合成困难，循环稳定性不好，目前纯$LiMnO_2$还没有商业化。

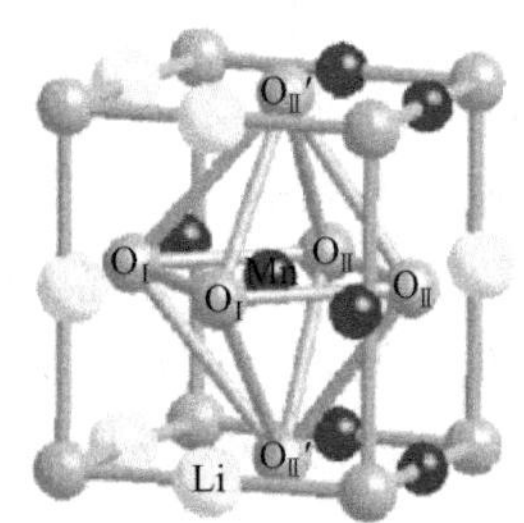

(a) 正交$LiMnO_2$

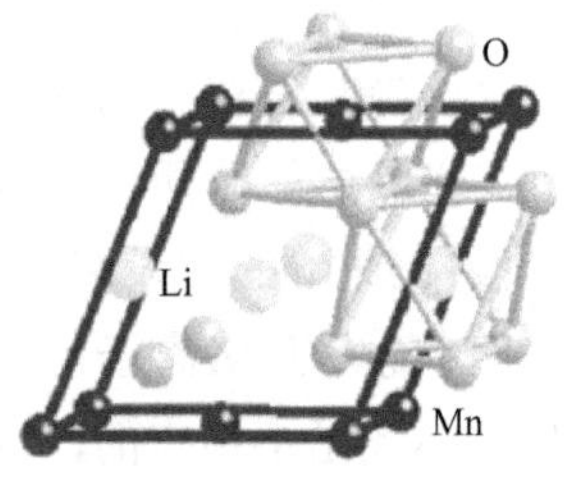

(b) 单斜$LiMnO_2$

图2-19 **正交$LiMnO_2$和单斜$LiMnO_2$的结构**[28]

2.1.3.1 层状$LiMnO_2$的结构特征

层状$LiMnO_2$有正交$LiMnO_2$、单斜$LiMnO_2$两种晶型，如图2-19所示。正交$LiMnO_2$为β-$NaMnO_2$型结构，属于Pmnm空间群，其晶格参数：a=0.2805nm，b=0.5757nm，c=0.4572nm，Z=2。在正交$LiMnO_2$晶格中，LiO_6八面体和MnO_6八面体呈波纹形交互排列，而且Mn^{3+}向锂层迁移所引起的Jahn-Teller畸变效应使得MnO_6八面体骨架被拉长14%左右。单斜$LiMnO_2$为α-$NaFeO_2$型结构，与$LiCoO_2$和$LiNiO_2$结构相似，属于C2/m空间群，其晶格参数：a=0.5439nm，b=0.2809nm，c=0.5395nm，Z=2[28]。层状$LiMnO_2$实际是一种被Mn^{3+}的J–T效应扭曲了的菱方结构，是热力学上不稳定的，因此很难直接合成。层状$LiMnO_2$主要由单斜相$NaMnO_2$经过离子交换反应制备。

2.1.3.2 $LiMnO_2$的电化学性能及存在问题

单斜相$LiMnO_2$首次充电比容量可达270mA·h·g^{-1}，整个容量分布在3V和4V两个平台上（见图2-20），电压相差1V左右。A.Robert Armstrong[29]等人采用中子衍射和核磁共振研究发现在电化学循环过程中$LiMnO_2$发生了由层状向尖晶石转变的过程。这是由于层状$LiMnO_2$具有的O3结构和锂化尖晶石$Li_2Mn_2O_4$的结构极其相似，具有相同的氧原子密堆积排列方式，仅在阳离子排列方面稍有差异。因此，在充放电循环过程中，层状$LiMnO_2$正极材料会转化为更加稳定的锂化尖晶石$Li_2Mn_2O_4$，从而造成可逆容量的迅速衰减。对于单斜层状结构的$LiMnO_2$，在充放电循环过程中，其结构会向菱形结构转变，这会引起电极材料的体积变化，同样会使得可逆容量大幅降低。

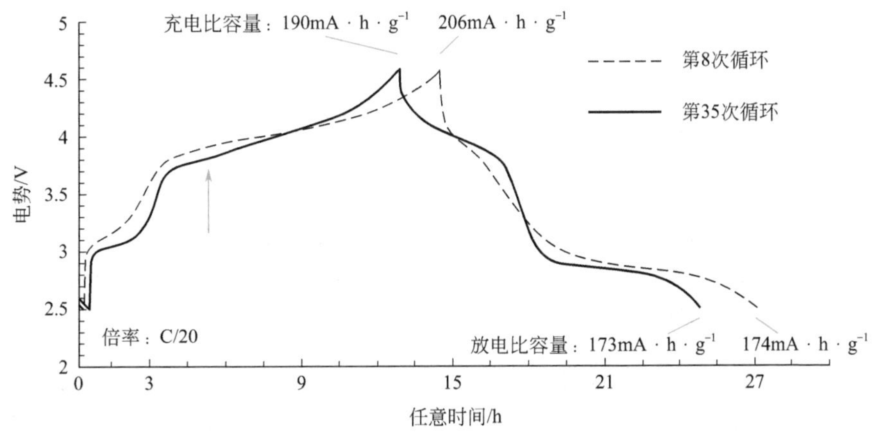

图2-20 **第8次和第35次循环恒电流充放电曲线，倍率C/20[29]**

2.1.3.3 $LiMnO_2$的改性

层状锰酸锂为克服结构不稳定的缺点，一般可采用掺杂改性的方法来抑制层状$LiMnO_2$向尖晶石相转变。目前发现掺杂Al、Co、Ni、Cr、V、Ti、Mo、Nb、Mg、Zn、Pd等元素有助于层状$LiMnO_2$的结构稳定。

2001年，Ohzuku[30]首次制备出一种新型正极材料$LiNi_{1/2}Mn_{1/2}O_2$（a=2.89Å和c=14.30Å），并指出其工作电压高（2.5～4.5V），可逆容量高（200mA·h·g^{-1}）、循环性能优异以及安全性好。但是，由于Ni^{2+}与Li^+半径相近，因此实际合成的材料中存在8%～10%的Ni^{2+}和Li^+混排。阳离子混排的存在极大地影响了Li^+的扩散，恶化了材料的倍率性能，混排程度的大小主要依赖于合成工艺。为了减小离子混排程度，2006年，Kang等[31]通过离子交换法合成了离子混排度小的正极材料$LiNi_{1/2}Mn_{1/2}O_2$，与固相法得到的材料相比，倍率性能得到了显著的改善，在6C（1C=280mA·g^{-1}）放电条件下，材料的放电比容量可达183mA·h·g^{-1}。此外，G.Bruce小组[32]，通过离子交换法在$LiMnO_2$中引入一定量的Co掺杂，也能显著改善该材料的倍率性能。Li/Na离子交换采用LiBr分别在乙醇（80℃）和已醇（160℃）中进行。在乙醇中制备的Co摩尔分数为2.5%的材料有最好的性能。在2.4～4.6V之间，30℃时以C/8进行充放电，放电比容量可以达到200mA·h·g^{-1}，每次循环衰减0.08%。对比两种方法制备的Co掺杂$LiMnO_2$发现，在乙醇中制备的材料有较多的氧空位，过渡金属氧化态较高，这说明进行离子交换时采用不同溶剂和温度造成材料缺陷结构的差异，对循环性能有重要影响。性能改变的原因主要是由于Co的引入提高材料的电子导电性和降低了离子混排度，随后对其充放电机理以及改性也进行了大量的研究，见图2-21。

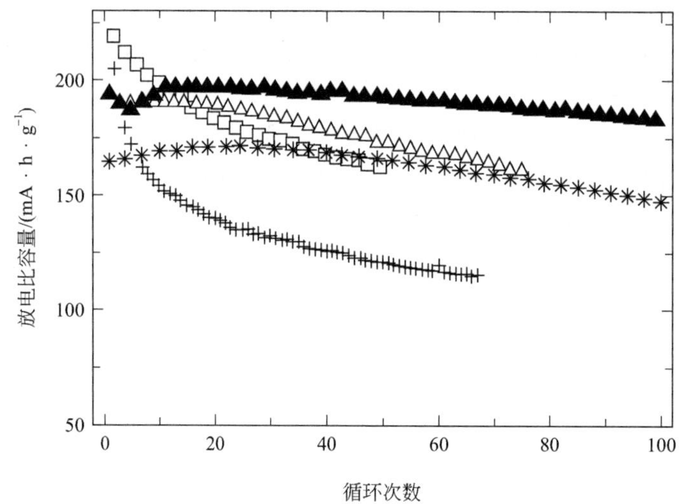

图2-21 层状$Li_xMn_{1-y}Co_yO_2$放电循环曲线[32]（倍率25mA · g^{-1}，电压范围2.4 ~ 4.6V）

□—10%Co在己醇中制备；✳—10%Co在乙醇中制备；△—2.5%Co在己醇中制备；

▲—2.5%Co在乙醇中制备；+—$LiMn_{1.95}Co_{0.05}O_4$高温固相法制备

在层状材料的改性中，除了制备二元$LiCo_xNi_{1-x}O_2$，$LiMn_xNi_{1-x}O_2$等材料，Liu[33]在1999年提出不同组分的三元层状Li（Ni，Co，Mn）O_2材料，NCM比分别为721、622和523，虽然性能并不是很好，但相对于纯的组分已有较大改进。2001年由Ohzuku和Makimura[34]同时提出了Li（$Ni_{1/3}Co_{1/3}Mn_{1/3}$）O_2材料，Li（$Ni_{1/3}Co_{1/3}Mn_{1/3}$）O_2三元材料放电比容量高，循环性能好，可以弥补$LiNiO_2$和$LiMnO_2$的不足，并且比$LiCoO_2$价格低廉，已成为目前最具有发展前景的新型锂离子电池正极材料之一。为了降低材料的成本，可以降低其中钴的含量，因此关于各种配比的层状Li（Ni，Co，Mn）O_2材料的研究越来越多。一些研究对Li（Ni，Co，Mn）O_2材料进行掺杂改性，如掺杂Al，Mg，Zr，等元素。此外，关于Li（Ni，Co，Mn）O_2材料的结构计算、元素反应价态变化等的研究也为这种材料的发展提供了理论依据。有关三元材料的研究将放在第3章进行详细讨论。

2.2 高容量富锂材料

对于具有$R\bar{3}m$结构的正极材料，理论比容量最高只有280mA · h · g^{-1}左右，而且由于完全脱锂态会造成材料结构的破坏，一般只能可逆脱出大约0.65个锂，若要脱出更多的锂就需要有更稳定的结构。1999年K.Numata[35]报道了通过配置过量的Li，合成了固溶体$Li(Co_{1-x}Li_{x/3}Mn_{2x/3})O_2$材料，此材料具备$LiCoO_2$和$Li_2MnO_3$两种层状结构，2004年Johnson C.S.等人[36]报道了xLi_2MnO_3 ·（1-x）$LiMn_{0.5}Ni_{0.5}O_2$材料，在2～5V电压范围内可以释放出250mA · h · g^{-1}的比容量，充电电压降为4.6V时，也可释放出200mA · h · g^{-1}的容量。高的比容量主要是由于这种材料中含有更多的锂，而且Li_2MnO_3在材料中起到稳定结构的作用。

2.2.1 富锂材料的结构特征

富锂正极材料$x\mathrm{Li_2MnO_3}\cdot(1\text{-}x)\mathrm{LiMO_2}$(M=Ni，Co，Mn)由$\mathrm{Li_2MnO_3}$和$\mathrm{LiMO_2}$两种组分按不同比例复合而成。这两组分的结构类似于$\alpha$-$\mathrm{NaFeO_2}$层状构型，属六方晶系，R$\bar{3}$m空间群，Li原子占据岩盐结构的3a位置，Li和过渡金属M随机占据3b位，氧原子占据6c位，而其过渡金属层是由Li和过渡金属M组成的[37]。理想的$\mathrm{LiMO_2}$和$\mathrm{Li_2MnO_3}$的层状结构如图2-22、图2-23[38]所示。$\mathrm{LiMO_2}$(M=Ni，Co，Mn)的结构具有与$\mathrm{LiCoO_2}$相同的α-$\mathrm{NaFeO_2}$构型，属六方晶系，R$\bar{3}$m空间点阵群，而$\mathrm{Li_2MnO_3}$具有与α-$\mathrm{NaFeO_2}$类似的层状结构，结构中氧离子呈立方紧密堆积，$\mathrm{Li^+}$占据α-$\mathrm{NaFeO_2}$中的$\mathrm{Na^+}$位，$\mathrm{Fe^{3+}}$的位置分别被1/3的$\mathrm{Li^+}$和2/3的$\mathrm{Mn^{4+}}$占据，形成了$\mathrm{LiMn_2}$层[39]。$\mathrm{Li_2MnO_3}$是由$\mathrm{LiMn_2}$层、氧层、锂层、氧层、$\mathrm{LiMn_2}$层等重复系列组成。过渡金属层中的排列顺序如图2-23（b），Li占据原子网点S1，并被6个Mn原子（S2）包围[38]。在$\mathrm{LiMn_2}$层中的$\mathrm{Li^+}$和$\mathrm{Mn^{4+}}$形成$\sqrt{3}\times\sqrt{3}$的$\mathrm{LiMn_6}$超晶格，这种超晶格使其对称性降低，从六方晶系变为单斜晶系，C2/m空间点阵群。由于富锂正极材料组成的复杂性，目前对于其结构和脱嵌锂机制的认识仍存在分歧[40,41]。

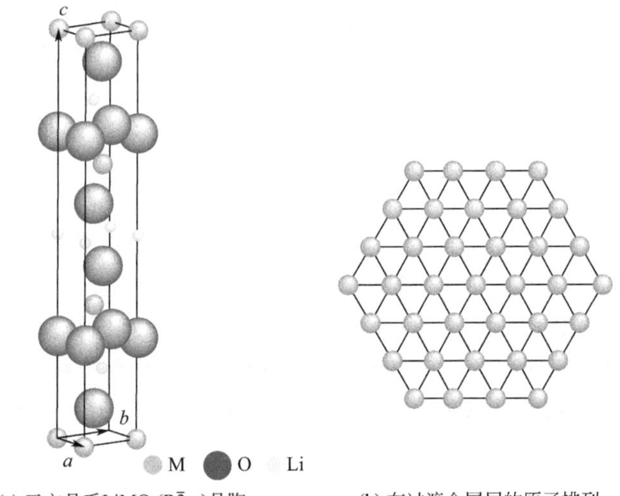

(a) 三方晶系$\mathrm{LiMO_2}$(R$\bar{3}$m)晶胞　　(b) 在过渡金属层的原子排列

图2-22 $\mathrm{LiMO_2}$（R3m）的结构示意图[38]（见彩图）

（晶胞参数$a=b=2.8873$Å，$c=14.2901$Å，$\alpha=\beta=90°$，$\gamma=120°$）

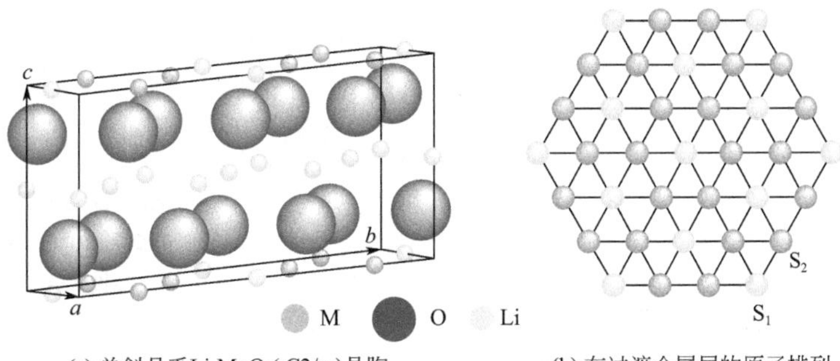

(a) 单斜晶系$\mathrm{Li_2MnO_3}$(C2/m)晶胞　　(b) 在过渡金属层的原子排列

图2-23 $\mathrm{Li_2MnO_3}$的（C2/m）结构示意图[38]（见彩图）

（晶胞参数$a=4.937$Å，$b=8.532$Å，$c=5.030$Å，$R=\gamma=90°$，$\beta=109.46°$）

一种观点认为它是两相结构[42～45]，D.P.Abraham，Gu，Wen，Bareño J等课题组利用XRD、HRTEM、MAS NMR和XAS等研究手段对$Li[Li_x(MnM)_{1-x}]O_2$的结构进行研究分析，认为$Li[Li_x(MnM)_{1-x}]O_2$是由六方晶系$LiMO_2$（$R\overline{3}m$空间群）和单斜晶系Li_2MnO_3（C2/m空间群）两相层状结构组成的复合材料，存在类Li_2MnO_3和$LiMO_2$结构微区，该材料过渡金属层中Li和过渡金属离子的排布倾向于近程有序，是具有短程有序的伪二元纳米复合结构，不是无序随机排列或者均匀分布形成固溶体材料。$Li[Li_x(MnM)_{1-x}]O_2$具有较高的比容量归因于单斜相Li_2MnO_3在深度脱嵌状态下能稳定材料的结构，在高充电电压下释放出更高比容量。

另一种观点认为它是一个固溶体相[46,38,47]，Lu，K.A.Jarvis等课题组认为$Li[Li_x(MnM)_{1-x}]O_2$是由Li_2MnO_3和$LiMO_2$形成的固溶体材料。Lu等人从材料的XRD数据分析超晶格峰和晶格参数随着组成的变化呈线性关系，认为该材料是固溶体材料。K.A.Jarvis等人首次使用衍射扫面透射电镜（D-STEM）研究层状结构并证实了$Li[Li_{0.2}Ni_{0.2}Mn_{0.6}]O_2$不是$R\overline{3}m$结构；并且结合像差校正高角度环形暗场扫面透射电镜（HAADF-STEM）模拟、HAADF–STEM图像和纳米光束选区衍射证实了$Li[Li_{0.2}Ni_{0.2}Mn_{0.6}]O_2$为单斜相（C2/m），不存在$Li_2MnO_3$和$LiMO_2$结构微区分离，形成固溶体材料；同时，他们指出虽然在$Li[Li_{0.2}Ni_{0.2}Mn_{0.6}]O_2$中没有出现相分离，但是$Li[Li_x(MnM)_{1-x}]O_2$中其他组分尤其是少量锂过量会导致在过渡金属层中$Li^+$和$Mn^{4+}$的有序性降低，有可能出现相分离。总之，富锂层状锰基氧化物正极材料的结构复杂，人们对其结构的认识和结构与电化学性能的之间的关系仍然存在争议，对其结构仍需做进一步探索。

2.2.2 富锂材料的电化学性能

由图2-24可以看出首次充电曲线分成两段，在4.4V以下充电电压呈上升状态，对应着$LiMO_2$中Li^+的脱出，相应的过渡金属Ni^{2+}氧化为Ni^{4+}，Co^{3+}氧化为Co^{4+}；这与传统的层状正极材料的脱嵌锂机理一致。同时Li_2MnO_3的过渡金属层中位于八面体位置的Li扩散到$LiMO_2$中Li层的四面体位置以补充脱出的Li离子[39]（这个现象已被实验[48]和计算[49]证明）。从这个角度讲，Li_2MO_3可以作为低锂状态时的锂源。除此，Li_2MO_3还具有保持结构稳定的作用。当充

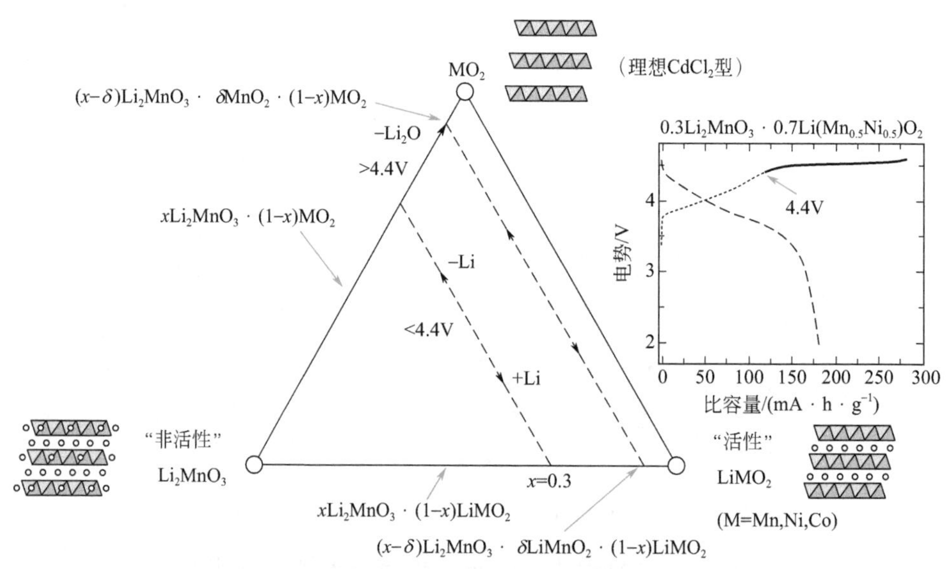

图2-24 $xLi_2MnO_3\cdot(1-x)LiMO_2$电极电化学反应路径的组分示意图和首次充放电电压容量图[39]

电电位高于4.5V时，来自Li_2MnO_3中的Li继续脱出，脱出后得到的MnO_2和MO_2都具有强氧化能力，如同高氧化状态的Ni^{4+}会导致颗粒表面氧原子缺失一样，富锂正极材料的电极表面也会有O_2析出，结果首次充电结束后净脱出为Li_2O[7]。Yabuuchi等[50]认为在脱锂过程中可能伴随Mn向Li层的扩散。在随后的嵌锂过程中，脱出的Li_2O不能回到材料中（不包括表面反应），且一般认为过渡金属层中的锂空位将无法被再次填充，使得富锂相材料在半电池的测试中首周循环的效率较低。

高容量富锂锰基正极材料在小倍率（0.1C或0.05C）时放电比容量高（＞250mA·h·g^{-1}），但倍率性能不理想。该材料在0.5C条件下放电比容量约200mA·h·g^{-1}，1C时放电比容量仅为180mA·h·g^{-1}，3C时放电比容量为150mA·h·g^{-1}或者更低，限制了其在大功率设备上的应用。

2.2.3 富锂材料存在问题及其改性

在研究中发现富锂锰基正极材料$Li_{1+x}M_{1-x}O_2$除了结构复杂，充放电机理也存在争议，其首放效率、倍率性能、高温性能、全电池性能、长期循环性能和充放电循环过程放电电压平台衰减方面也存在诸多问题需要解决。因此在实际应用中，需要对材料进行各种改性，以保持材料结构稳定，容量、电压稳定，抑制材料与电解液之间的副反应以及提高材料的电子电导率和离子电导率以提高其倍率性能。目前已经提出了多种改性方法，包括表面包覆改性、表面酸处理、预循环处理等。

Han Shaojie等[51]通过将富锂正极材料$Li_{1.143}Mn_{0.544}Ni_{0.136}Co_{0.136}O_2$在40%$Na_2S_2O_8$水溶液中浸泡，然后经300℃退火处理，电化学性能得到明显改善，初始放电容量从257mA·h·g^{-1}增加到285mA·h·g^{-1}，在2～4.6V电压范围，首次库仑效率从85.4%增加到93.2%，同时还提高了倍率性能。通过ICP，HRTEM，SEM，XRD，XPS，EIS和电化学测量研究了表面处理后尖晶石相形成的机制，揭示了电化学性能提高的机理。结果表明经$Na_2S_2O_8$氧化处理后，Li^+能从Li_2MO_3中脱出，晶格氧形成$O^{2-}{}_2$形式，并保留在Li_2MO_3区域，而不是被氧化成氧气从颗粒表面逸出，当升高温度进行热处理后，$O^{2-}{}_2$转变成O_2从颗粒表面脱出，增加了氧空位并诱导结构发生重排，导致颗粒表面发生相转变，由层状（$R\bar{3}m$或C2/m）相转变为尖晶石（Fd3m）相。同时还发现，随退火温度增加尖晶石相增加，并且内部结构LiM_2O_4尖晶石到M_3O_4型尖晶石同时发生。表面形成尖晶石相使结构更稳定。

对于表面改性常用表面包覆物质有：金属氧化物（Al_2O_3、TiO_2、ZnO、ZrO_2、SiO_2、CeO_2等），磷酸盐类（$AlPO_4$、Li-Ni-PO_4、$CoPO_4$等），氟化物（AlF_3），碳，金属单质（Al、Ag等），电聚合物（PPy等）。Wu Y.等[52]通过用Al_2O_3、CeO_2、ZrO_2、ZnO和$AlPO_4$对及F^-对$(1-z)Li[Li_{1/3}Mn_{2/3}]O_2 \cdot zLi[Mn_{0.5-y}Ni_{0.5-y}Co_{2y}]O_2$进行表面改性，循环性能得到改进。其中$AlPO_4$表面改性材料首次不可逆容量最小仅为22mA·h·$g^{-1}$，首次充放电效率为92.2%，$Al_2O_3$表面改性材料首次放电比容量最高为285mA·h·$g^{-1}$，且具有很好的循环稳定性（图2-25）。另外从图也可以看出，随着Co含量的增加，放电比容量降低。研究表明：对正极材料表面改性，将首次充电过程中部分氧空位仍保留在晶格中，有效地降低了首次不可逆容量并且提高了放电比容量。

Kang S-H等[53]通过Li-Ni-PO_4对$0.5Li_2MnO_3 \cdot 0.5LiNi_{0.44}Co_{0.25}Mn_{0.31}O_2$进行表面改性，在2.0～4.6V条件下，C/11时放电比容量为250mA·h·g^{-1}，C/2时放电比容量为220mA·h·g^{-1}，1C时

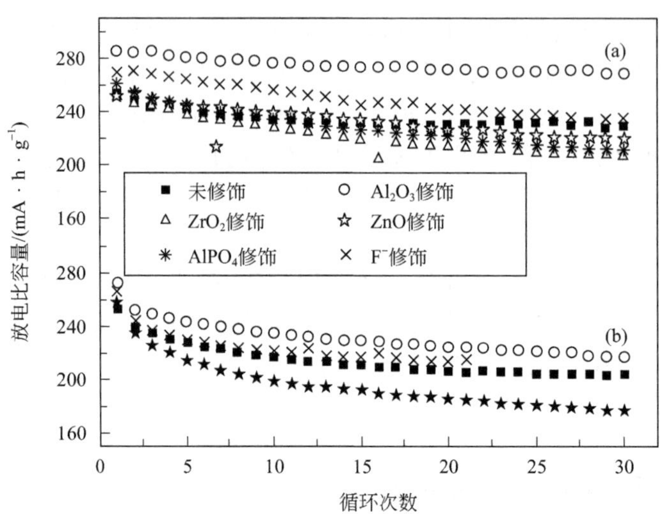

图2-25 用3%的Al_2O_3、CeO_2、ZrO_2、ZnO、$AlPO_4$和0.05原子F^-表面修饰前后（1-z）$Li[Li_{1/3}Mn_{2/3}]O_2$-$z$$Li[Mn_{0.5-y}Ni_{0.5-y}Co_{2y}]O_2$样品循环性能对比[52]

（a）y=1/6，z=0.4；（b）y=1/3，z=0.4

放电比容量为200mA·h·g^{-1}。结果表明Li-Ni-PO_4不仅保护正极材料在高电压下的层状结构，且在材料的表面反应形成$Li_{3-x}Ni_{x/2}PO_4$。$Li_{3-x}Ni_{x/2}PO_4$是锂离子的良导体，从而显著提高了材料的倍率性能。

Wang Q.等[54]通过$AlPO_4$和Al_2O_3，$CoPO_4$和Al_2O_3对$Li[Li_{0.2}Mn_{0.54}Ni_{0.13}Co_{0.13}]O_2$进行双层包覆，结果表明：材料经过双层包覆处理后具有较低的首次不可逆容量26mA·h·g^{-1}和高放电比容量300mA·h·g^{-1}；并且降低了电荷转移阻抗，实现在2C条件下比容量达到210mA·h·g^{-1}。表面包覆改性后，第一周充电后材料中的氧空位保留率提高了，可以降低其首周不可逆容量，提高材料的循环性能；酸处理主要是通过H^+-Li^+离子交换或者溶解刻蚀的方式进行，在酸性环境中，H^+和Li^+之间会发生交换现象，表面的Li_2MnO_3被活化，可以提高其首周效率；经过在含F溶液中钝化的材料，其表面结构破坏程度要小于酸处理的样品，材料的首周效率和循环性能可以得到较大提高；预循环处理有效地减少和延缓了表层材料结构的破坏，提高了效率和循环性[1]。

为了提高富锂材料循环性能，除了表面处理，也采用掺杂改性提高材料结构稳定性。常用的掺杂离子有Mg^{2+}、Al^{3+}、Cr^{3+}、Mo^{6+}、Ti^{4+}、Na^+和F^-等。掺杂改性主要是由于部分掺杂元素在循环过程中迁移到锂层，抑制了Mn向锂层的迁移从而提高了材料的结构稳定性和循环稳定性。

除了包覆、掺杂改性，Li_2MnO_3与$LiMO_2$的比例也会影响材料的循环性能。

Idemoto等[55]研究$x$$Li(Li_{1/3}Mn_{2/3})O_2$–(1-$x$)$Li(Mn_{1/3}Ni_{1/3}Co_{1/3})O_2$正极材料发现，当$x$=0.2和$x \geqslant 0.3$时材料的电化学性能极不相同。当$x \geqslant 0.3$时，材料有较好的循环性能（见图2-26）。中子衍射数据表明x=0.2时Li分布在2b和4g位；$x \geqslant 0.3$时Li分布在2b位，Mn分布在4g位置。对分布函数（pair distribution function）PDF和扩展X射线吸收精细结构（EXAFS）分析局部区域结构发现，$LiMn_6$和$LiMn_5Ni$的有序可能是造成电化学性能差异的原因。

对于富锂正极材料来讲通过对材料的掺杂和表面处理可以较好地提高材料的首轮效率、循环性能等，但对循环过程放电电压平台降低的问题却很难改进。这个问题是目前富锂材料的主要研发方向。

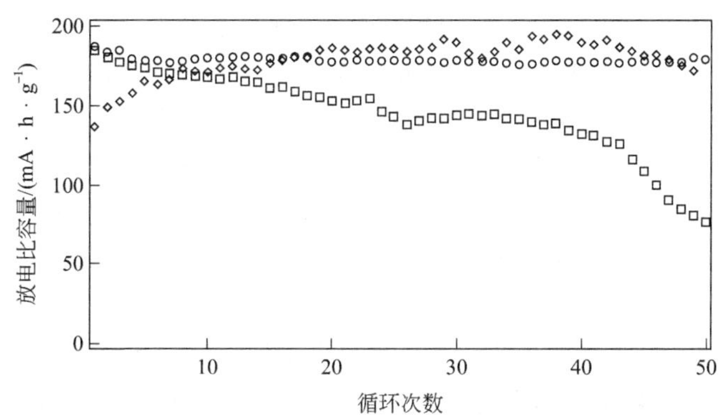

图2-26 xLi($Li_{1/3}Mn_{2/3}$)O_2-(1–x)Li($Mn_{1/3}Ni_{1/3}Co_{1/3}$)O_2 材料循环性能[55]

□—x=0.2，○—x=0.3，◇—x=0.6；

[温度25℃，电流密度20mA · g^{-1}，电压范围：2.5 ～ 4.6V(相对于Li/Li$^+$)]

2.2.4 富锂材料的研发方向

富锂材料在循环过程电压平台发生明显的下降，使其能量密度下降。造成电压降的原因与材料基本结构变化之间的关系等问题还不十分清楚，这是阻碍富锂材料商业化的主要障碍。

Gu等[43]认为循环过程电压降主要是由于层状结构向尖晶石结构转变和颗粒出现裂纹造成的。他们利用扫描透射电镜高角度环形暗场（HAADF）发现富锂锰基正极材料材料中$LiMO_2$相和Li_2MnO_3相是随机排布的，一个纳米颗粒上可以同时存在这两种相，并利用球差校正扫描透射电子显微镜（a-STEM）和能谱分析（EDS）对300次循环后的电极进行测试分析，发现$LiMO_2$相和Li_2MnO_3相均存在层状结构向尖晶石结构转变的情况。Li_2MnO_3在首次充电到4.5V电压平台时，Li和O脱出同时产生很大的晶格应力，晶格常数发生改变，STEM发现颗粒存在晶格扭曲、出现空洞和裂纹，随着循环的进行由表面向内部演变，具体见图2-27。研究者普遍认为这是由于在循环过程中Mn、Ni进入Li层，导致材料向尖晶石结构进行转变，这可能是使放电平台下降的主要原因。

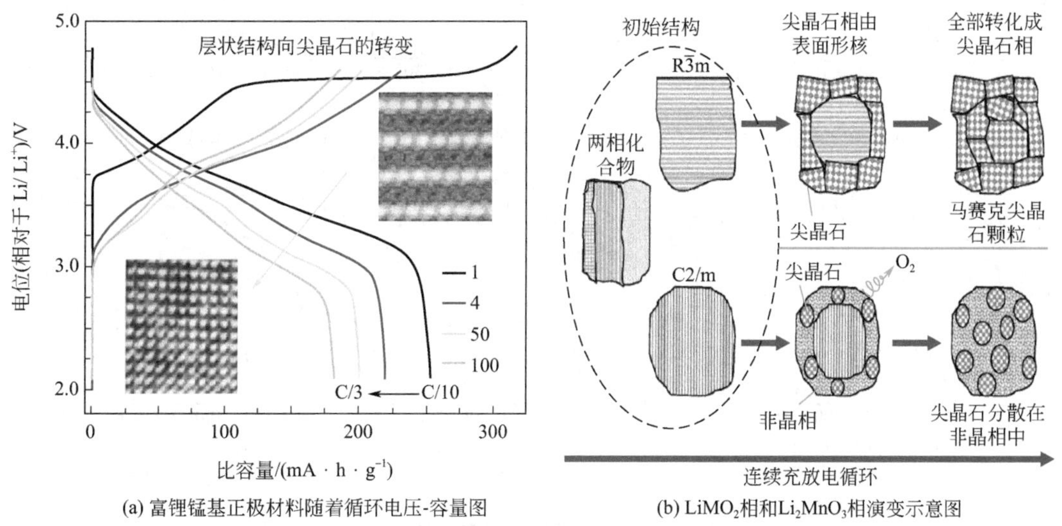

(a) 富锂锰基正极材料随着循环电压-容量图 (b) $LiMO_2$相和Li_2MnO_3相演变示意图

图2-27 富锂锰基正极材料循环电压-容量图及$LiMO_2$相和Li_2MnO_3相演变示意图[43]（见彩图4）

但是，也有些研究认为表面尖晶石的存在对富锂材料的电化学性能是有利的。如Sun等人[56]研究发现，用AlF_3对富锂材料进行表面包覆，可以诱导在富锂材料表面形成部分尖晶石相，这样可以有效地提高其倍率性能。Wu等人[57]通过在富锂材料表面生长一层尖晶石相，形成尖晶石/层状异质结构可以显著提高电极的倍率性能和循环稳定性，这表明表面存在的尖晶石相对富锂材料的电化学性能是有利的。Boulineau等人[58]的研究也表明，首次充电过程在表层形成的尖晶石相在随后的循环过程并没有增加，意味着尖晶石相可能不是造成富锂材料电压衰退的主要原因。

Ji–Guang Zhang[59]小组研究发现，元素分布不均匀可能是电化学性能不佳的原因。他们采用三种不同制备方法制备的$Li[Li_{0.2}Ni_{0.2}M_{0.6}]O_2$材料，有着不同的电化学性能，在循环过程中，采用水热辅助法制备的材料相对于溶胶凝胶和共沉淀法制备的材料有更小的电压降和更好的容量保持率，见图2-28。通过XEDS分析发现（图2-29），采用共沉淀和溶胶凝胶法制备的$Li[Li_{0.2}Ni_{0.2}M_{0.6}]O_2$材料，在颗粒表面Ni的分布十分不均匀，有Ni富集现象，这是造成电压衰减的重要因素。相反，采用水热辅助方法制备材料表面Ni分布较少，在原子级别上各元素能均匀分布，大大改善了循环过程电压下降和提高了循环性能，这证明在元素均匀分布和材料的稳定性方面一定存在直接关系，说明通过改进材料原子水平的均匀分布改进了循环过程中电压降和能量衰减的问题。降低Ni在颗粒表面的富集，因而降低了在高电压条件下高活性Ni^{4+}与电解液的反应。这保持了电极/电解液界面在脱嵌锂时的稳定性。Kim D[60]的工作也证明在高锰化合物中，保持Mn的平均氧化态大于+3价，Ni和Mn的相互作用是非常重要的。Ni分布不均匀造成Ni-Mn相互作用减弱，导致Mn^{4+}容易还原，因而造成电压平台的下降。如果Ni离子能均匀分布，会加强Ni-Mn离子的相互作用，稳定材料的结构。因此，合成条件对于改善材料性能也是非常重要。

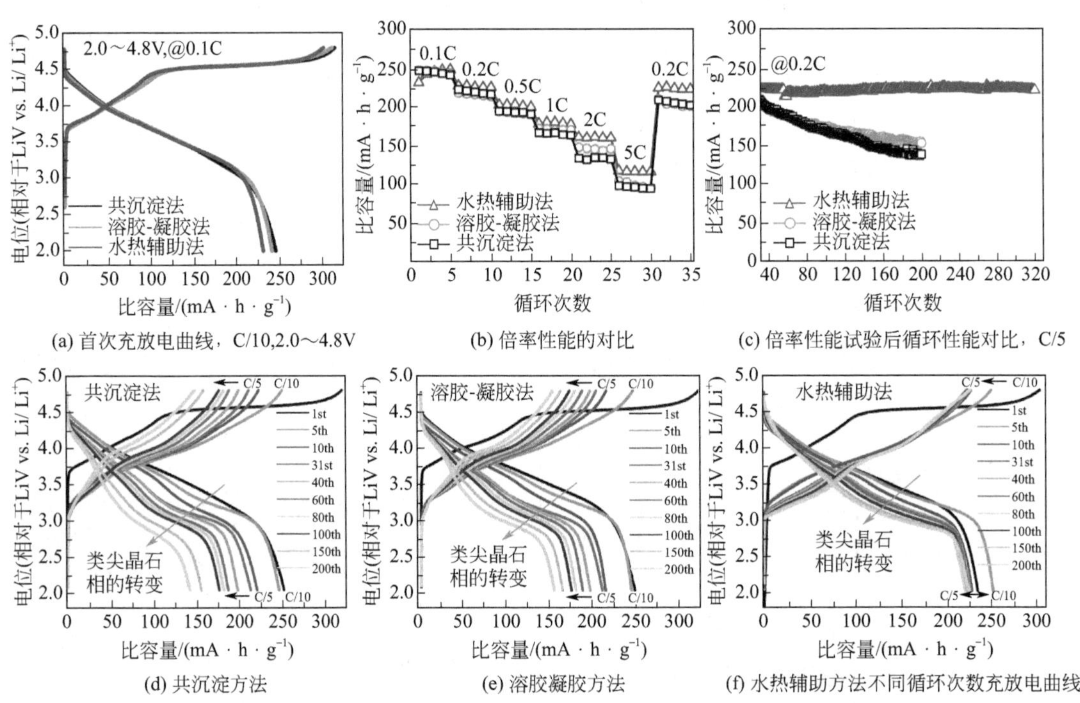

图2-28 不同方法制备的富锂材料充放电曲线[59]（见彩图5）

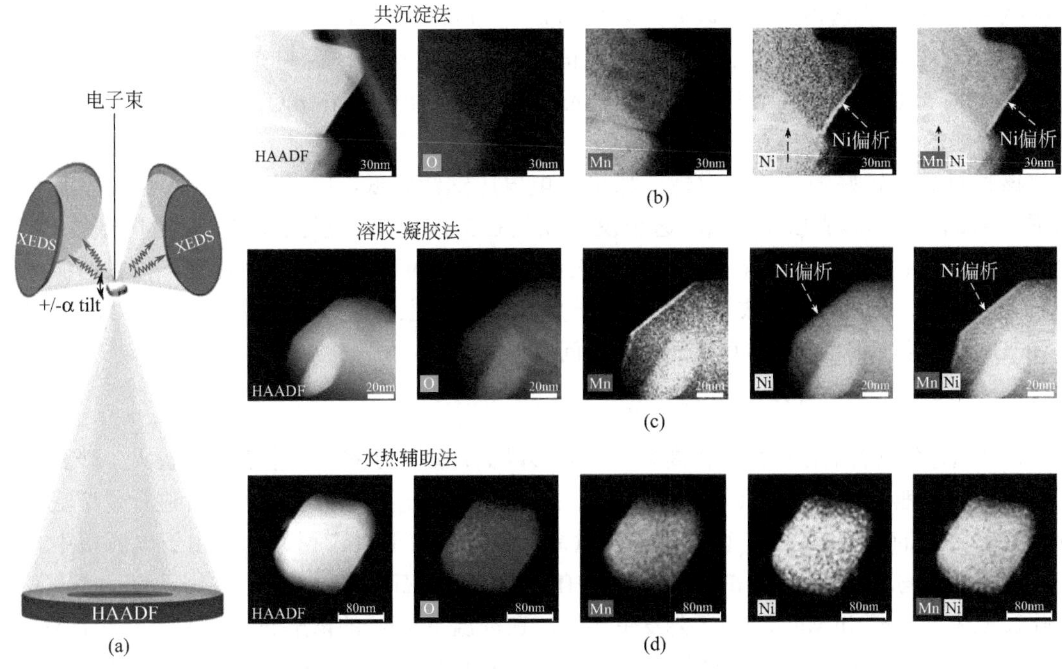

图2-29 由不同方法制备材料的HAADF和XEDS图像[59]（见彩图6）

由图2-28可见，水热辅助方法并没有从根本上改变循环过程的电压降问题，只是有所改善。因此，需要进行深入研究是什么因素引起电压降，并有针对性地进行抑制循环过程中电压降的研究。

2.3 尖晶石锰酸锂

2.3.1 4V尖晶石锰酸锂

$LiMn_2O_4$原料因其储存丰富、价格低廉、极易合成等优点被誉为动力型锂离子电池正极材料最理想的正极材料之一。

2.3.1.1 $LiMn_2O_4$的结构特征与电化学性能

$LiMn_2O_4$的结构如图2-30所示。尖晶石型的$Li_xMn_2O_4$属于$Fd\bar{3}m$空间群，氧原子为面心立方密堆积，锰占据1/2八面体空隙16d位置，而锂占据1/8四面体8a位置。空的四面体和八面体通过共面与共边相互联结，形成三维的锂离子扩散通道。锂离子在尖晶石中的化学扩散系数在$10^{-14}\sim10^{-12}m^2\cdot s^{-1}$。$LiMn_2O_4$理论容量为$148mA\cdot h\cdot g^{-1}$，可逆容量一般可达

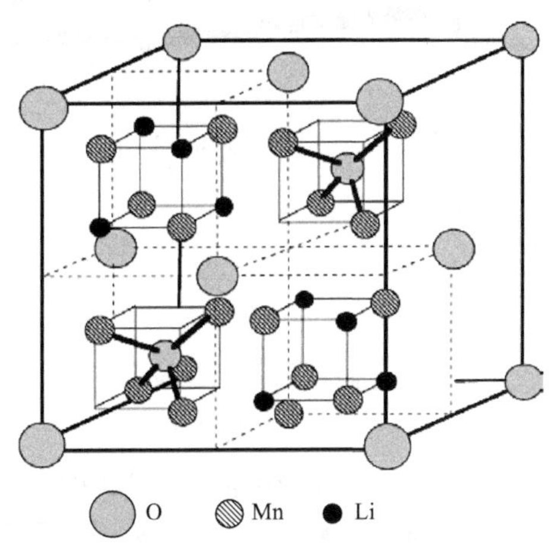

图2-30 $LiMn_2O_4$结构示意图

$140mA \cdot h \cdot g^{-1}$。充放电过程可以分为4个区域：在$0 < x < 0.1$时，$Li^+$嵌入到单相A（$\gamma$-$MnO_2$）中；在$0.1 < x < 0.5$时，形成A和B（$Li_{0.5}Mn_2O_4$）两相共存区，对应充放电曲线的高压平台（约4.15V）；$x>0.5$时，随着Li^+的进一步嵌入便会形成新相C（$LiMn_2O_4$）和B相共存，对应于充放电曲线的低压平台（4.03 ～ 3.9V）。

该材料具有较好的结构稳定性。如果放电电压继续降低，Li^+还可以嵌入到尖晶石空的八面体16c位置，形成$Li_2Mn_2O_4$，这个反应发生在3.0V左右。当Li^+在3V电压区嵌入/脱出时，由于Mn^{3+}的Jahn–Teller效应引起尖晶石结构由立方对称向四方对称转变，材料的循环性能恶化。因此，$LiMn_2O_4$的放电截止电压一般在3.0V以上。除了对放电电压有特殊要求外，$LiMn_2O_4$的高温循环性能和储存性能也存在问题[7]。

2.3.1.2 $LiMn_2O_4$存在问题及改性

$LiMn_2O_4$在充放电过程特别在高温下（55℃以上）锰酸锂的比容量衰减比较大，严重阻碍了锰酸锂作为锂离子电池正极材料的应用。为探究$LiMn_2O_4$衰减机理，研究者进行了广泛的研究。目前公认的引起$LiMn_2O_4$循环过程容量衰减主要是由于Mn^{3+}引起的。由于电解质中含有少量的水分，与电解质中的$LiPF_6$反应生成HF，导致尖晶石$LiMn_2O_4$发生歧化反应。Mn^{3+}发生歧化反应生成Mn^{4+}和Mn^{2+}，Mn^{2+}会发生溶解，在高温下Mn^{2+}的溶解速率加大，造成$LiMn_2O_4$结构破坏；充电过程中Mn^{2+}迁移到负极，沉积在负极表面造成电池短路；另一个原因是尖晶石$LiMn_2O_4$在充放电循环过程中发生Jahn–Teller效应，即：由于Mn的平均价态低于+3.5时，发生晶体结构扭曲，由立方晶系向四方晶系发生转变，导致晶格发生畸变，使电极极化效应增强，从而引起比容量衰减。

储存或循环后的尖晶石颗粒表面锰的氧化态比内部锰的氧化态低，即表面含有更多的Mn^{3+}。因此，在放电过程中，尖晶石颗粒表面会形成$Li_2Mn_2O_4$，或形成Mn的平均化合价低于+3.5的缺陷尖晶石相，引起结构不稳定，造成容量损失。普通的$LiMn_2O_4$只在4.2V放电平台出现容量衰减，但当尖晶石缺氧时在4.0V和4.2V平台会同时出现容量衰减，并且氧的缺陷越多，电池的容量衰减越快。此外，在尖晶石结构中氧的缺陷也会削弱金属原子和氧原子之间的键能，导致锰的溶解加剧。而引起尖晶石锰酸锂循环过程中氧缺陷主要来自两个方面：其一，高温条件下锰酸锂对电解液有一定的催化作用，可以引起电解液的催化氧化，其本身溶解失去氧；其二，合成条件造成尖晶石中氧相对于标准化学计量数不足。

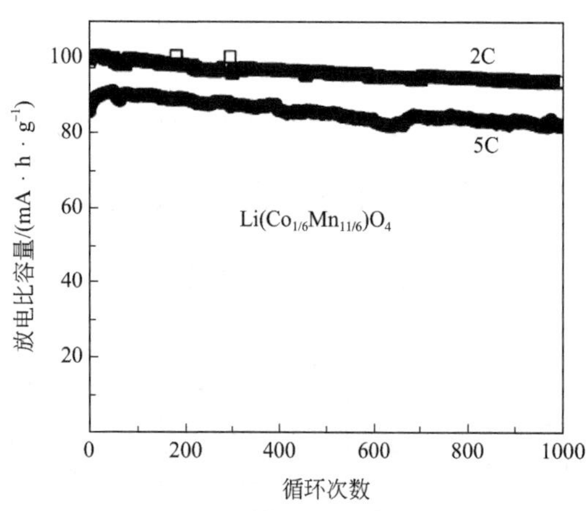

图2-31 Li（$Co_{1/6}Mn_{11/6}$）O_4/Li以2C和5C（$1C=120mA \cdot h \cdot g^{-1}$）倍率容量–循环图[61]

电压范围3.5 ～ 4.3V，室温（24℃）

为了改善$LiMn_2O_4$的高温循环性能与储存性能，人们也尝试了多种元素的掺杂和包覆，经过表面改性的$LiMn_2O_4$将是最有希望应用于动力型锂离子电池的正极材料之一。

（1）掺杂改性

通过掺杂可以改进材料的高温稳定性和倍率性能；掺杂元素包括：Zn，Ce，La，Al，Sm，Co，Ti，Cr，Cr–V；Cr–Co，Cr–Al，Co–Al，F^-，Br^-，PO_4^{3-}掺杂可以不同程度地改进$LiMn_2O_4$的高温循环性能和倍率性能。

A.Sakunthala等[61]研究了$Co_{1/6}$，（$Co_{1/12}Cr_{1/12}$），（$Co_{1/12}Al_{1/12}$），（$Cr_{1/12}Al_{1/12}$）掺杂对$LiMn_2O_4$电化学性能的影响。通过实验表明在上述掺杂元素中，Co的掺杂得到最好的效果，当$LiMn_2O_4$以2C和5C进行充放电，循环1000次容量保持率在94%（图2-31）。Co掺杂能有效改进$LiMn_2O_4$电化学性能的主要原因是由于Co^{3+}的核外6个电子排在低能量的t2g轨道上，它的配位场稳定化能较高，因而稳定了结构，提高了电化学循环稳定性。

S.H.Ye等[62]通过水热法对$LiMn_2O_4$进行PO_4^{3-}的掺杂，PO_4^{3-}：$LiMn_2O_4$物质的量之比为1.5%。掺杂后的材料有一个好的倍率性能，当以20C（1C=148mA·h·g^{-1}）倍率进行放电时，比容量仍可保持在94mA·h·g^{-1}（图2-32）。通过交流阻抗实验分析结果表明掺杂后的材料锂离子扩散系数增大，电荷转移电阻减小，这主要是由于掺杂后$LiMn_2O_4$的晶胞体积增大。

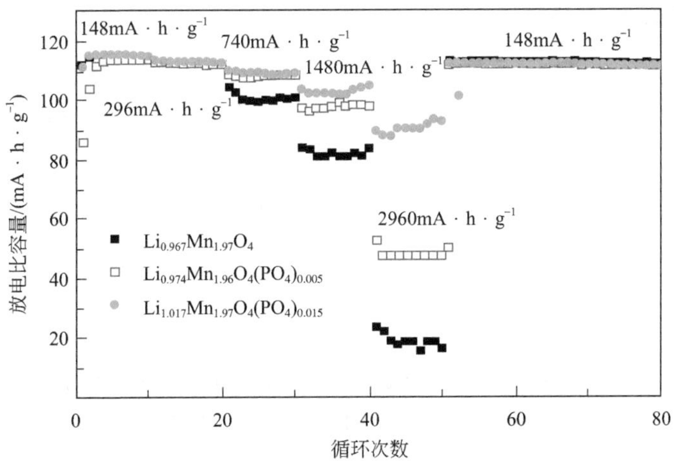

图2-32 不同倍率条件下放电比容量–循环次数对比[62]

3.0～4.35V（相对于Li^+/Li）

Lilong Xiong等[63]研究了Ti掺杂$LiMn_2O_4$的结构和电化学性能。通过X射线电子能谱和XRD的分析表明掺杂的Ti^{4+}替代Mn^{4+}有利于提高材料的循环性能和倍率性能。量子力学第一原理的计算表明，随Ti掺杂量的增加晶格能增加，这也表明Ti掺杂增强了尖晶石结构的稳定性。恒电流充放电的结果表明，$LiMn_{1.97}Ti_{0.03}O_4$在0.5C可以释放出135.7mA·h·g^{-1}的比容量，70次循环后$LiMn_{1.97}Ti_{0.03}O_4$容量保持率由未掺杂的84.6%提高到95.0%。除此，充放电倍率增加到12C时，放电比容量也由82mA·h·g^{-1}增加到107mA·h·g^{-1}，循环保持率和倍率性能的提高与Ti掺杂后提高了结构稳定性Ti—O键能662kJ·mol^{-1}，而Mn—O键能402kJ·mol^{-1}，锂离子扩散系数提高一个数量级和低的电荷转移电阻相关。

Ki-Soo Lee[64]采用共沉淀的方法制备了球形尖晶石$Li_{1.05}M_{0.05}Mn_{1.9}O_4$(M=Ni，Mg，Al)，XRD检测的结果表明$Li_{1.05}M_{0.05}Mn_{1.9}O_4$(M=Ni，Mg，Al）具有$Fd\bar{3}m$结构并有很好的结晶性；掺杂后材料的的热稳定性得到改进（图2-33），掺Al后放热温度提高将近30℃，并且放热量有所减少；提高了高温电化学循环性能，尤其

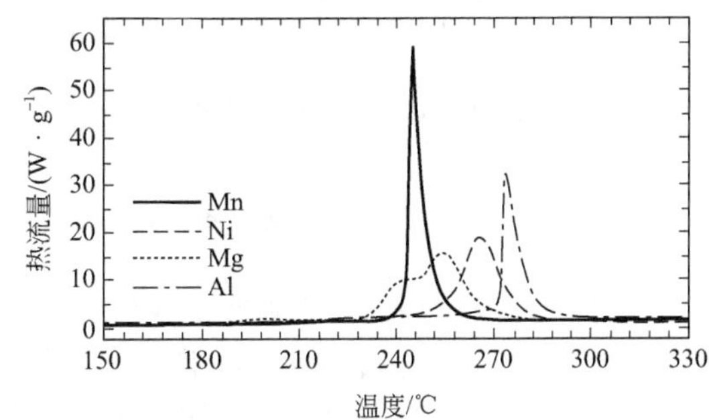

图2-33 $Li_{1.05}M_{0.05}Mn_{1.9}O_4$DSC曲线[64]

是$Li_{1.05}Al_{0.05}Mn_{1.9}O_4$在55℃有一个非常好的循环性能，在100次循环时有91%的容量保持率。

（2）表面改性

电化学反应发生在电极表面，通过表面改性可以改进材料的电化学性能；包覆元素包括：Al_2O_3、AlF_3、La_2O_3、Cr_2O_3、TiO_2、ZrO_2、SiO_2、NiO、CeO_2等。

D.Arumugam[65,66]研究了CeO_2、La_2O_3包覆层对$LiMn_2O_4$性能的改进，采用XRD、SEM、TEM、XPS和电化学实验对包覆材料进行了研究，研究结果表明20nm厚的涂层，降低了材料界面阻抗和电子传输阻抗，提高了电池的高温循环性能和倍率性能。如图2-34、图2-35所示。

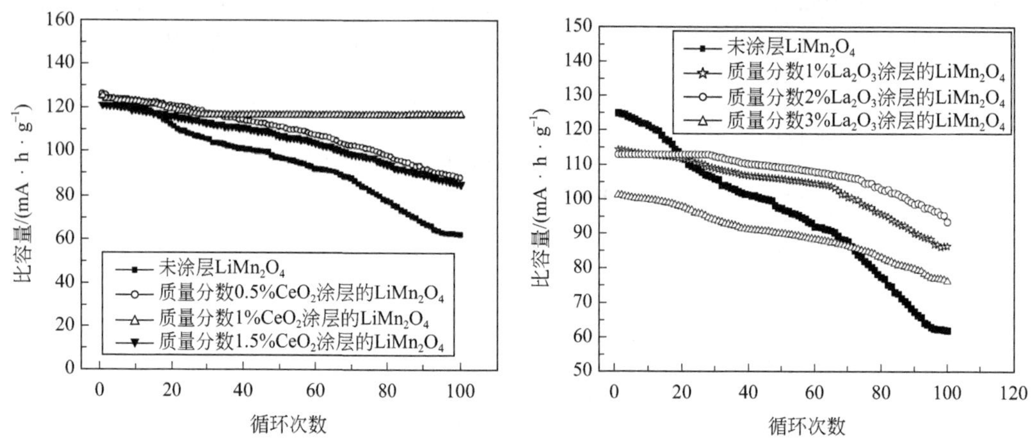

图2-34 $LiMn_2O_4$与不同含量CeO_2、La_2O_3涂层$LiMn_2O_4$循环性能对比[65,66]

（60℃条件下，0.5C倍率，3.0～4.5V电压）

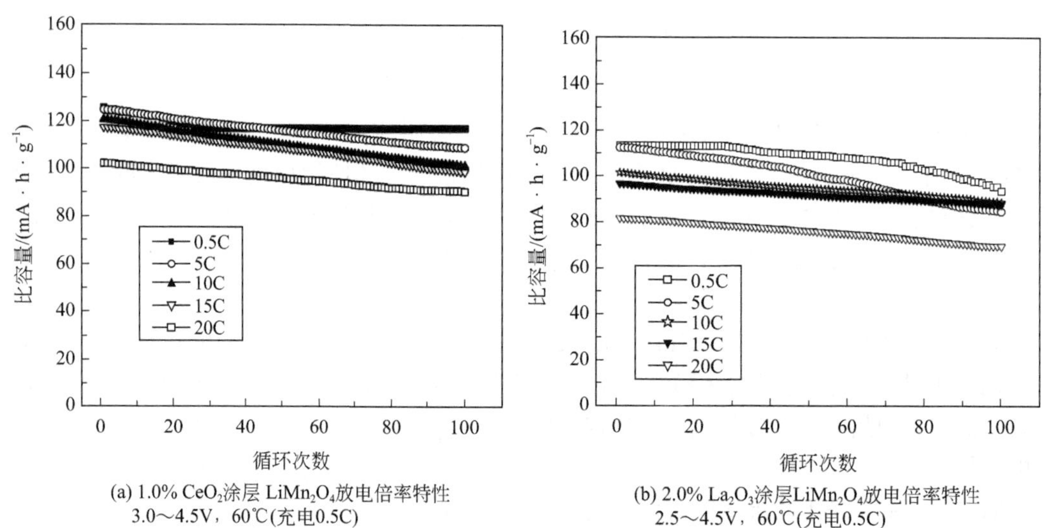

图2-35 $LiMn_2O_4$与不同含量CeO_2、La_2O_3涂层$LiMn_2O_4$倍率性能对比[65,66]

Yang-Kook Sun小组[67]研究了AlF_3涂层对$Li_{1.1}Al_{0.05}Mn_{1.85}O_4$电化学性能的影响（图2-36），$AlF_3$涂层改进了$Li_{1.1}Al_{0.05}Mn_{1.85}O_4$循环性能和倍率性能以及热稳定性，这是由于$AlF_3$涂层抑制了$LiPF_6$的分解，循环过程中HF的降低减少了$Mn^{3+}$的溶解。

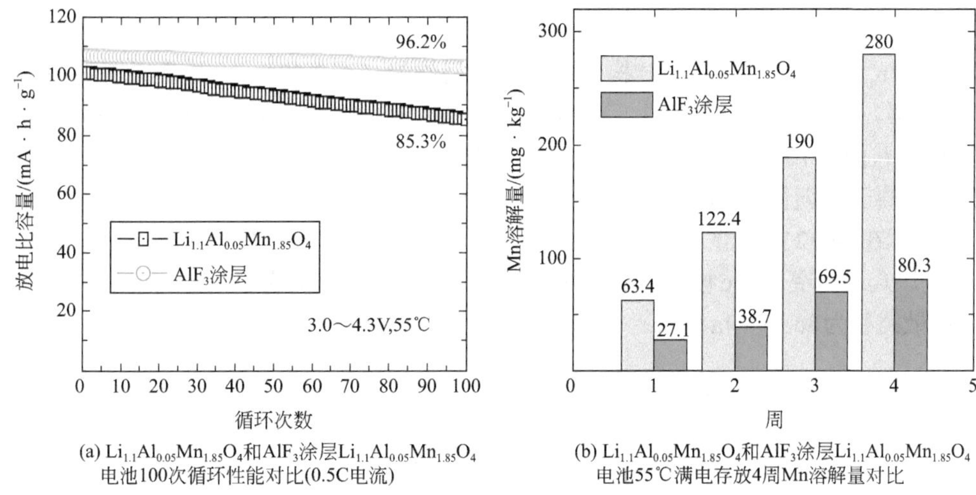

(a) $Li_{1.1}Al_{0.05}Mn_{1.85}O_4$和$AlF_3$涂层$Li_{1.1}Al_{0.05}Mn_{1.85}O_4$电池100次循环性能对比(0.5C电流)

(b) $Li_{1.1}Al_{0.05}Mn_{1.85}O_4$和$AlF_3$涂层$Li_{1.1}Al_{0.05}Mn_{1.85}O_4$电池55℃满电存放4周Mn溶解量对比

图2-36 AlF_3涂层对$Li_{1.1}Al_{0.05}Mn_{1.85}O_4$电化学性能的影响[67]

C.Y.Ouyang通过理论计算解释了涂层可以改善$LiMn_2O_4$性能的机理[68]，他认为，在$LiMn_2O_4$中，Li和MnO沿（001）方向交替排列，以Li终止态能量较低，是稳定状态；在$LiMn_2O_4$表面（001）面，由于Mn与O是5配位，对称性降低，使Mn的e_g轨道分裂，所以表面Mn是以Mn^{3+}形式存在，造成$LiMn_2O_4$性能变差；Al_2O_3涂层后表面Mn的氧化态升高，使表面Mn^{3+}减少，因此改善了$LiMn_2O_4$的性能；其他氧化物或有机物涂层有同等作用。

2.3.2 5V尖晶石镍锰酸锂

为了解决尖晶石$LiMn_2O_4$高温性能差的问题，Ohzuku[69]1999年报道了不同的过渡金属掺杂的$LiM_xMn_{2-x}O_4$（M=V，Cr，Fe，Co，Ni，Cu，Zn等）材料。研究结果表明当x=0.5左右时，这类尖晶石材料都有一个更高的工作电压。除了Ti和Zn以外，其余材料的电压均在5V左右，如图2-37所示。$LiNi_{0.5}Mn_{1.5}O_4$对应于Ni^{2+}/Ni^{3+}和Ni^{3+}/Ni^{4+}的两个电压平台都处于4.7V左右，电压差别很小，$LiNi_{0.5}Mn_{1.5}O_4$在放电比容量以及循环性能方面都较其他几种材料优秀，其理论放电比容量为146.7mA·h·g^{-1}，比能量可以达到650W·h·kg^{-1}，高于4V级的$LiMn_2O_4$和$LiCoO_2$，如果能找到与之匹配的电解液，这类材料有着很好的应用前景。

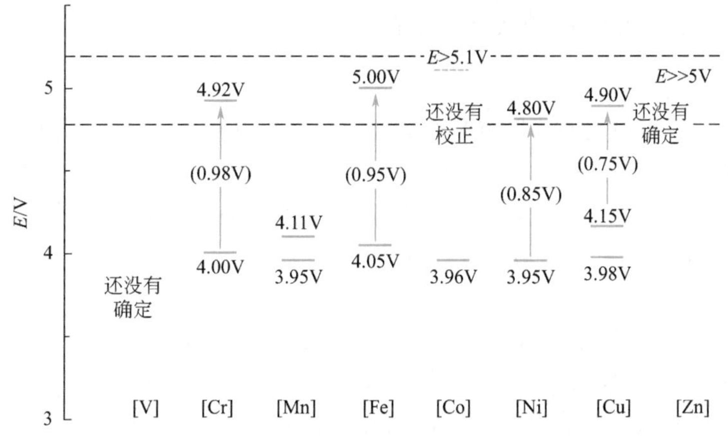

图2-37 采用慢速扫描循环伏安估计的氧化还原电位$LiM_xMn_{2-x}O_4$[69]

2.3.2.1 $LiNi_{0.5}Mn_{1.5}O_4$的结构特征及电化学性能

$LiNi_{0.5}Mn_{1.5}O_4$为立方尖晶石结构，有两种空间结构（图2-38），一种是无序尖晶石结构，$Fd\bar{3}m$空间群，另一种是有序结构，为$P4_332$空间群。在无序尖晶石结构中，过渡金属离子是随机分布在八面体16d位置，氧原子占据立方堆积四面体的32e位置，锂离子占据四面体的8a位置。Li离子在四面体8a位置移动，经过一个空置的八面体位置（16c），Li的扩散路径是8a⟶16c。在$P4_332$空间群，镍占4b位，Mn占12d位，氧原子占据8c和24e位置，锂离子占据8c位置。八面体空位16c被分裂成有序的4a和12d位置，比例为1 ∶ 3，锂离子沿两个路径扩散，扩散路径为8c⟶4a和8c⟶12d。

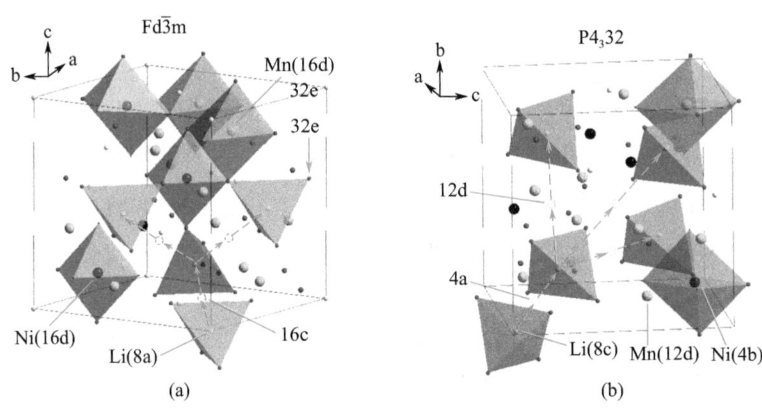

图2-38 $LiNi_{0.5}Mn_{1.5}O_4$两种空间结构及锂离子扩散通道（见彩图3）

$LiNi_{0.5}Mn_{1.5}O_4$具体属于$P4_332$型还是$Fd\bar{3}m$型是由热处理过程中温度和气氛等条件共同决定的。当合成温度>715℃时，会由于失氧生成$LiNi_{0.5}Mn_{1.5}O_{4-\delta}$，由于失氧，也常会有NiO或$Li_yNi_{1-y}O$杂质出现。将高温得到的$Fd\bar{3}m$型材料在低温或氧气下退火，又可以将其转变成$P4_332$型材料。

$LiNi_{0.5}Mn_{1.5}O_4$高的工作电压带来的高能量，充放电过程中稳定的结构都能满足当今电子产品和电动汽车对锂电池提出的高能量密度和更好的安全性的要求。另外，具有尖晶石结构的$LiNi_{0.5}Mn_{1.5}O_4$有着3维的锂离子扩散通道，因此有较好的功率密度。所以近年来$LiNi_{0.5}Mn_{1.5}O_4$材料的研发引起业界广泛的重视。由于5V基材料对电解液的要求较高，所以5V材料的应用也有待于电解液性能的进一步提高。

2.3.2.2 $LiNi_{0.5}Mn_{1.5}O_4$存在的问题及改性

4V级$LiMn_2O_4$一个很大的问题就是在高温下（50～60℃）循环性能不好。$LiNi_{0.5}Mn_{1.5}O_4$在高温下的表现要优于$LiMn_2O_4$。但当电解液中有痕量水存在时，产生的HF能够与活性物质中的过渡金属离子反应造成其溶解，尤其在高温下溶解反应会加速，影响了电池的循环性能。一般通过掺杂和表面包覆的方法对其进行改性。

（1）掺杂改性

许多元素都能掺杂到$LiNi_{0.5}Mn_{1.5}O_4$晶格中，并影响其结构、锂嵌入/脱出过程中结构的稳定性及循环性能等。Si Hyoung Oh[70]对比了Cr、Al、Zr掺杂对$LiNi_{0.5}Mn_{1.5}O_4$性能的影响，研究表明Cr掺杂的材料有更好的电化学性能，这主要是由于掺Cr提高了材料的电子电导率，并且由于Cr—O键能比Mn—O和Ni—O键能都强，使其具有了更好的化学和结构稳定性。

C.H.Chen[71]等人研究了Al掺杂对$Li_{1+x}Ni_{0.5}Mn_{1.5}O_4$性能的影响。C.H.Chen等人以丙烯酸热聚合的方法制备了$LiNi_{0.5}Mn_{1.5}O_4$及三种不同Li含量的Al掺杂的样品，他们对这些样品结构表征发现，虽然热处理过程完全相同，但掺杂会造成晶体结构的变化。未掺杂的样品属于$P4_332$空间群结构，而Al掺杂的样品均为$Fd\bar{3}m$空间群结构。通过首次充放电曲线（图2-39）可以看出，未掺杂的样品几乎没有4V平台，这是具有$P4_332$结构$LiNi_{0.5}Mn_{1.5}O_4$的特征，而三个掺Al样品在4V区域均有一个小平台，说明掺Al后的材料具有$Fd\bar{3}m$结构。掺Al后，循环性能也得到提高。$Li_{1.05}Ni_{0.5}Mn_{1.45}Al_{0.05}O_4$在55℃下其100次循环容量保持率达98%（图2-40）。另外，$LiNi_{0.475}Mn_{1.475}Al_{0.05}O_4$有最好的综合性能，10C仍保持114mA·h·$g^{-1}$的比容量。说明Al同时取代Ni和Mn是最佳的掺杂方式。

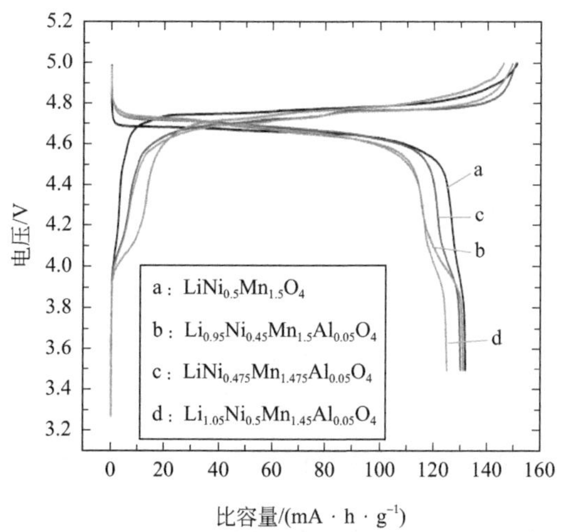

图2-39 $LiNi_{0.5}Mn_{1.5}O_4$和Al–掺杂样品首次充放电曲线[71]（见彩图7）

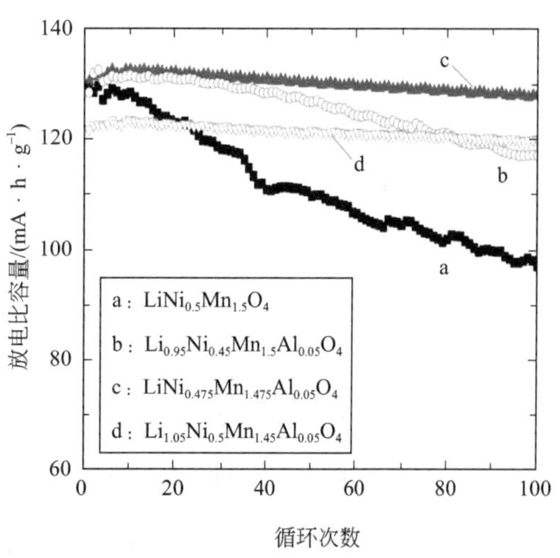

图2-40 掺Al-$LiNi_{0.5}Mn_{1.5}O_4$ 55℃循环性能[71]（见彩图8）

Sun Yang-Kook小组[72]通过共沉淀法制备了系列$LiNi_{0.5-x}Co_{2x}Mn_{1.5-x}O_4$（$x$=0.0～0.075）材料，研究结果表明Co替代一定量的Ni^{2+}和Mn^{4+}后，由于存在Mn^{3+}/Mn^{4+}混合价态，提高了材料的电子电导，电子电导由未掺杂样品的1.91×10^{-6}S·cm^{-1}提高到6.46×10^{-6}S·cm^{-1}（x=0.05），因此大大提高了电池的倍率性能（图2-41），另外由于Co的掺杂，其结构的稳定性也得到一定提高。100次的循环保持率也由90%提高到99%。由图2-41可以看出，当x=0.05时材料有着最好的倍率性能，以20C倍率放电时，比容量仍可保持0.2C放电比容量的87%以上。

Oh Sung-Woo[73]研究了负离子F^-掺杂对$LiNi_{0.5}Mn_{1.5}O_4$电化学性能的影响。氟掺杂有效地提高了材料的倍率性能，降低了Mn和Ni的溶解。除此，还有进行Mo、Ru等元素的掺杂也取得了较好的结果。

（2）包覆改性

由于电化学反应发生在电极与电解质界面，材料表面的性能对电池性能影响也很大。通过包覆可以保护正极材料免受HF的侵蚀。到目前为止，对$LiNi_{0.5}Mn_{1.5}O_4$的表面改性主要包括ZnO、Al_2O_3、Bi_2O_3、Li_3PO_4、SiO_2等。

Shi Jin Yi等[74]通过溶胶–凝胶法，采用$AlPO_4$对$LiNi_{0.5}Mn_{1.5}O_4$进行表面修饰。实验结果表明，与未包覆的$LiNi_{0.5}Mn_{1.5}O_4$相比，1%$AlPO_4$（质量分数）包覆后的$LiNi_{0.5}Mn_{1.5}O_4$具有更小的界面电荷传输阻抗、更高的锂离子扩散系数；在高温下具有更好的充放电可逆性和更稳定

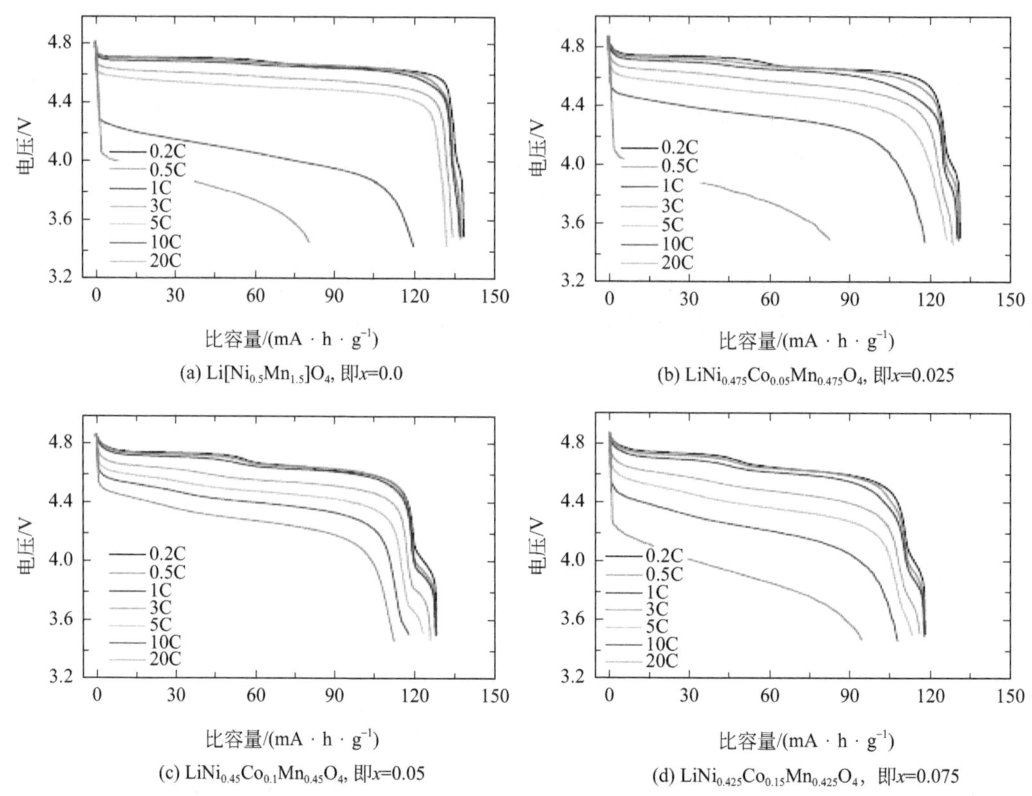

(a) $Li[Ni_{0.5}Mn_{1.5}]O_4$, 即x=0.0
(b) $LiNi_{0.475}Co_{0.05}Mn_{0.475}O_4$, 即$x$=0.025
(c) $LiNi_{0.45}Co_{0.1}Mn_{0.45}O_4$, 即$x$=0.05
(d) $LiNi_{0.425}Co_{0.15}Mn_{0.425}O_4$，即$x$=0.075

图2-41 **共沉淀法制备系列$LiNi_{0.5-x}Co_{2x}Mn_{1.5-x}O_4$（$x$=0.0 ~ 0.075）材料的倍率性能，3.5 ~ 4.9V**[72]（见彩图9）

的循环性能。两者的首次放电比容量分别为133mA · h · g^{-1}和130mA · h · g^{-1}，首轮库伦效率分别为77.3%和87.8%。在55℃下，经过30次充放电循环后两者的容量保持率分别为86.5%和99.2%。由此可见，包覆后材料的放电比容量有所下降，但其电化学稳定性尤其是高温下的电化学性能得到了明显的改善。这主要是因为$AlPO_4$包覆层减少了电极表面与电解液的直接接触面积，抑制了电解液的分解及副反应的发生。

Wu[75]等人报道了ZrP_2O_7和ZrO_2包覆的$LiNi_{0.5}Mn_{1.5}O_4$尖晶石，发现在55℃下的循环性能比未包覆的样品有明显的提高。ZrO_2包覆还能通过抑制活性物质表面的反应活性来提高$LiNi_{0.5}Mn_{1.5}O_4$的热稳定性。

综上所述，5V级正极材料目前还处于研发和小批量生产阶段，针对其高温循环稳定性、倍率性能、与电解液的匹配等方面还有大量的工作要做。

2.3.2.3 $LiNi_{0.5}Mn_{1.5}O_4$研发方向

为了提高$LiNi_{0.5}Mn_{1.5}O_4$的性能，除了采用表面处理和体相掺杂外，作为新产品研发工作还应该考虑如何采用更简单的制备工艺制备出性能优良的$LiNi_{0.5}Mn_{1.5}O_4$。

（1）简化前驱体制备工艺

采用不同的方法得到的$LiNi_{0.5}Mn_{1.5}O_4$在纯度、组分、粒径和形貌等方面各有不同，电化学性能也有所不同，可以根据具体的需求来设定制备工艺。

在前驱体众多制备方法中，共沉淀法具有易处理和均匀性好的特点，是工业界常用的制备方法。但影响共沉淀前驱体性能的因素很多，如pH值的控制，氨水浓度等，制备工艺较为复杂。Zhang[76]通过简化共沉淀工艺，制备出性能更优的前驱体。他们采用过渡金属硝酸盐作为原料，采用碳酸盐沉淀法，不用氨水，不用控制pH值，制备出球形$(Ni_{0.25}Mn_{0.75})CO_3$后经500℃煅烧3h，得到的氧化物$(Ni_{0.25}Mn_{0.75})_3O_4$与$Li_2CO_3$均匀混合后，在850℃煅烧18h降温至600℃恒温8h得到高性能$LiNi_{0.5}Mn_{1.5}O_4$材料。与传统方法制备的材料相比，比表面由$2.83m^2 \cdot g^{-1}$降低为$2.23m^2 \cdot g^{-1}$，颗粒密度（pellet density）由$2.56g \cdot cm^{-3}$增加至$2.95g \cdot cm^{-3}$。更重要的是提高了材料的倍率性能和循环性能。图2-42给出两种不同方法制备的$LiNi_{0.5}Mn_{1.5}O_4$材料倍率性能和循环性能对比。

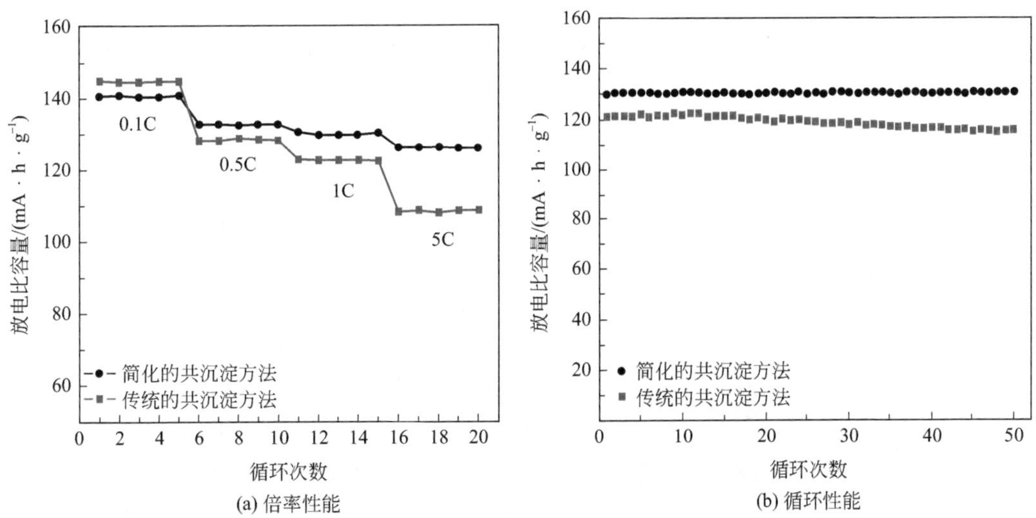

图2-42 两种不同方法制备的$LiNi_{0.5}Mn_{1.5}O_4$材料倍率性能和循环性能对比[76]

（2）通过掺杂和制备工艺控制$LiNi_{0.5}Mn_{1.5}O_4$材料的氧空位

调整有序/无序结构比例，解决高温循环问题如何在保证$LiNi_{0.5}Mn_{1.5}O_4$材料高温循环性能的条件下提高其高倍率性能，这与氧空位和$LiNi_{0.5}Mn_{1.5}O_4$材料结构有很大关系，所以通过掺杂和制备工艺控制$LiNi_{0.5}Mn_{1.5}O_4$材料的氧空位，调整有序/无序结构比例，对解决高温循环问题是很关键的。

2.4 聚阴离子正极材料

聚阴离子正极材料由于具有稳定的聚阴离子框架结构而表现出优良的安全性能，好的耐过充性能和循环稳定性；但共同缺点是电导率偏低，不利于大电流充放电。因此，提高聚阴离子正极材料的电导率是这类材料研究应用所面临的共同问题。这是一类非常有吸引力的锂离子电池正极材料体系。常见的聚阴离子体系有磷酸盐体系、硅酸盐体系、硫酸盐体系等。

2.4.1 $LiMPO_4$（M=Fe，Mn）材料

1997年Goodenough[77]等人最先提出并研究了一系列的聚阴离子化合物$LiMXO_4$（M=Fe、Ni、Mn、Co等，XO_4^{y-}中X=S、P、As、V、Mo、W；y=2或3）。磷酸盐类材料是最快市场化的。

2.4.1.1 $LiMPO_4$的结构特征

$LiMPO_4$为橄榄石结构，在结构中，共角或共棱的PO_4^{3-}聚阴离子团把Li和M原子在*a-c*面上形成的Z字形链连接在一起，构成$LiMPO_4$的骨架结构（图2-43）。锂离子完全脱出并不会造成其橄榄石型结构的破坏，所以$LiMPO_4$具有较好的耐过充性能。另外，$LiMPO_4$在充放电时是利用M^{3+}/M^{2+}氧化还原对，在全充状态情况下形成的M^{3+}的氧化能力不强，很难与电解质等发生氧化还原反应，不会影响其循环性能及充放电效率。另外聚阴离子化合物有强的P—O共价键，由于诱导效应，在充放电过程中可以保持材料结构的稳定性，有效地提高了电池的安全性能。

在$LiMPO_4$中M一般选择Fe、Co、Ni和Mn。由于Mn^{2+}/Mn^{3+}、Co^{2+}/Co^{3+}、Ni^{2+}/Ni^{3+}氧化还原电对的电压较Fe^{2+}/Fe^{3+}高，相对应的能量密度也较$LiFePO_4$高，其中$LiNiPO_4$的充放电电压为5.2V，几乎超出了所有电解质的电化学稳定窗口，所以关于其电化学性能的报告基本没有。而$LiMnPO_4$和$LiCoPO_4$的放电电压分别为4.1V和4.8V。$LiMPO_4$类材料共同的缺陷是电子电导率和离子电导率都非常低，它们的室温离子扩散系数$D_{Li}<10^{-14}cm^2 \cdot s^{-1}$。从电子导电性看$LiCoPO_4$最好，$LiMnPO_4$的电子结构中能带间隙为2eV表现为绝缘体特征，其电子电导差，约为$<10^{-10}S \cdot cm^{-1}$，比$LiFePO_4$低一个数量级，不能满足目前大电流充放电的需要；由于$LiCoPO_4$价格高，放电容量较低，电压平台4.8V在目前电解质窗口中不稳定，所以不能很快地进入市场，实现材料的实用化。只有$LiFePO_4$电子结构中的能带间隙为0.3eV，各方面性能都较优越，是最快实现产业化的磷酸盐类材料。

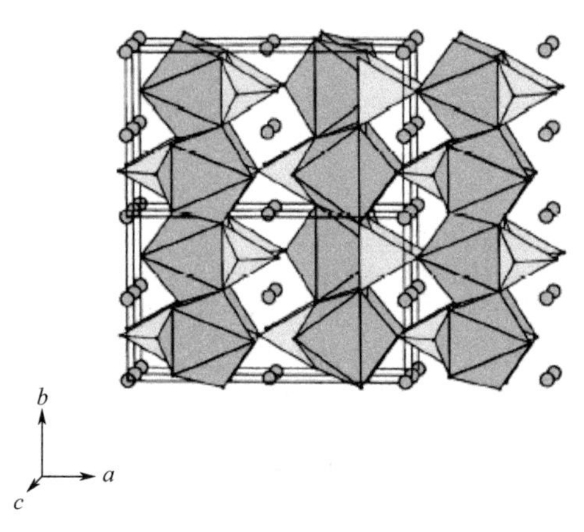

图2-43 $LiMPO_4$的结构[79]

2.4.1.2 $LiFePO_4$的电化学性能

与层状材料放电曲线不同，$LiFePO_4$的充放电曲线在3.4V（相对于Li+/Li）有一很平的电压平台，因此有研究者认为$LiFePO_4$脱/嵌锂反应为两相反应[77,78]，锂离子脱嵌过程就是发生在$LiFePO_4/FePO_4$之间的相变过程。但也有不同观点。

另一种观点认为$LiFePO_4$脱/嵌锂是单相反应。谷林等[80,81]利用球差校正环形明场成像技术不仅可直接观察到$LiFePO_4$中的锂离子，而且首次在部分脱锂的$LiFePO_4$单晶纳米线（d = 65nm）观测到了锂离子隔行脱出的现象，如图2-44所示，其中黄色圈和橘色圈分别表示锂离子存在位置和脱出位置。这一结构与石墨插层化合物中出现的“二阶”现象类似，为单相结构，与之前提出的各类两相反应模型均不一致。Liu等[82]和Orikasa等[83]分别利用软X射线吸收光谱和时间分辨X射线衍射从实验上给出了$LiFePO_4$脱锂过程中存在单相结构的证据。上述研究结果也从另一个角度解释了低电子和离子电导的$LiFePO_4$可以实现快速充放电的原因。

第三种观点认为$LiFePO_4$在脱嵌/锂过程中出现$LiFePO_4$/Ⅱ阶/$FePO_4$三相共存结构。为了阐明颗粒尺寸或掺杂等对阶结构的影响，Suo L M等[84]进一步研究了部分脱锂的Nb掺杂$LiFePO_4$纳米颗粒（d =200nm）的原子结构，清楚地观察到了沿*a*轴方向$LiFePO_4$和$FePO_4$两相

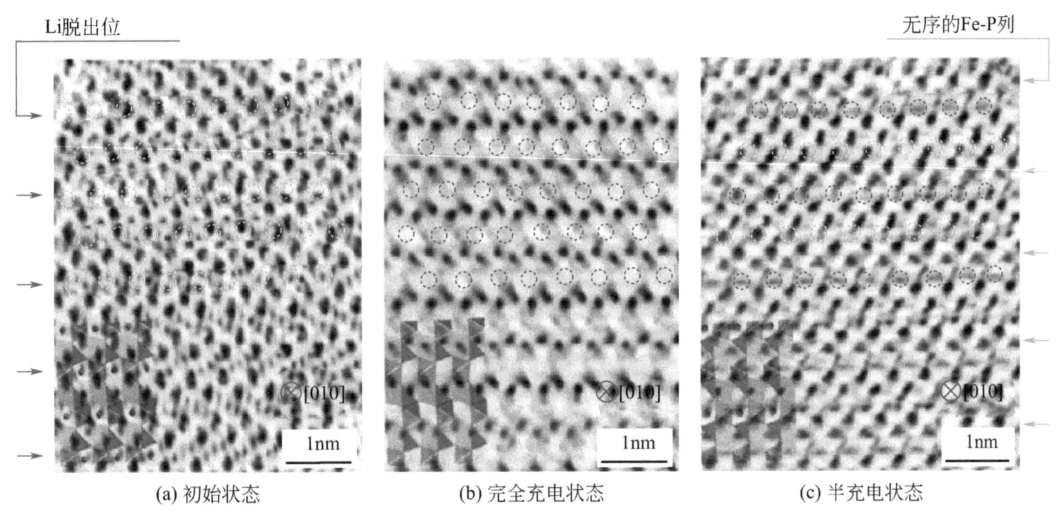

(a) 初始状态 (b) 完全充电状态 (c) 半充电状态

图2-44 **不同充电状态下$LiFePO_4$沿[010]方向的ABF像**[80]（见彩图10）

界面处存在高度有序的阶结构。阶结构界面厚度约为2nm，并且与*b*轴方向垂直，这进一步支持了锂离子沿*b*轴方向一维输运模型。同时，两相界面呈弯曲状。Nb在Li位的掺杂不会对阶结构的出现产生明显的影响，表明两相界面处的阶结构是本征的亚稳或中间相。

2.4.1.3 $LiFePO_4$存在问题及改性

$LiFePO_4$虽然具有结构稳定，循环和耐过充/放性能好，安全，无污染且价格便宜等优点，但是$LiFePO_4$也有其自身的缺点。电子电导比较低，导致其循环性能以及高倍率充放电性能不是很好；真实密度比较低，从而影响了材料的体积比能量。（$LiFePO_4$：3.6g・cm^{-3}；$LiMn_2O_4$：4.2g・cm^{-3}；$LiNiO_2$：4.8g・cm^{-3}；$LiCoO_2$：5.1g・cm^{-3}）。

由于$LiFePO_4$电子电导低，电荷传递成为二次锂离子电池脱/嵌锂过程中的动力学控制步骤，所以通过掺杂等手段改变导电机制，降低电荷传递活化能，将有可能提高材料大电流充放电能力。Chung等[85]采用Nb、Ti、Zr等金属离子体掺杂$Li_{1-x}M_xFePO_4$，使$LiFePO_4$的电导率提高了近8个数量级（图2-45），达到10^{-2}S・cm^{-1}。他们认为$LiFePO_4$在被掺杂之前为n型本征半导体。因为未掺杂$LiFePO_4$的电子迁移率占优势；而$LiFePO_4$掺杂高价金属离子后成为具有高电导率的p型杂质半导体。因为材料掺杂高价金属离子后晶格内部的阳离子空位大量增加，使得材料的空位迁移率大大超过电子迁移率。Shi等[86]认为除了掺杂提高了材料的空位浓度从而导致材料电导率大大增加外，还可能存在另外一种电子跳跃传导机理。他们通过第一原理计算得知掺杂的Cr^{3+}以及相邻的铁离子和氧离子局部态密度都在费米能级附近。以上离子加上邻近的锂位空位组成了一个跨越21个晶格位置的导电团簇，使得电子在导电团簇里面的快速传导成为可能。

在$LiFePO_4$颗粒外包覆碳也可以有效改进其导电性。在煅烧前驱体中加入碳添加剂来改善$LiFePO_4$的电子导电性能，并获得了较好的试验结果。碳的加入起到三个重要作用：还原作用，能够防止亚铁离子的氧化，减少Fe的三价相；抑制内部颗粒接触，防止不正常晶粒长大；提高电子电导。除此合成纳米颗粒用$LiFePO_4$也能很好改进$LiFePO_4$的倍率性能。

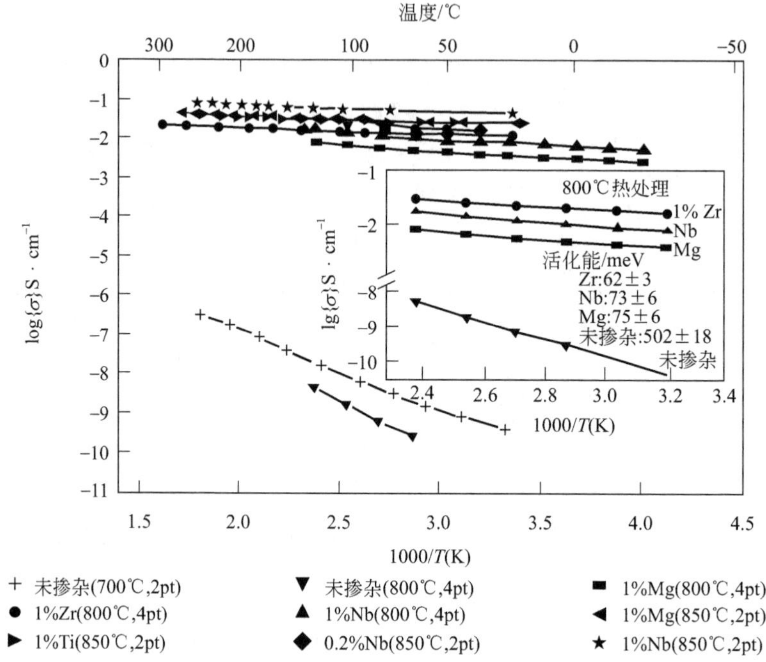

图2-45 **掺杂和未掺杂 $LiFePO_4$ 电导率的比较图**[85]

2.4.1.4 $LiMn_xFe_{1-x}PO_4$ 材料的电化学性能

橄榄石型固溶体 $LiFe_{1-x}Mn_xPO_4$ 与 $LiFePO_4$ 和 $LiMnPO_4$ 一样都属于正交晶系，Pmnb空间群。$Mn^{2+/3+}$ 氧化还原电位在4.1V（相对于 Li/Li^+），$Fe^{2+/3+}$ 氧化还原电位在3.4V（相对于 Li/Li^+），见图2-46。

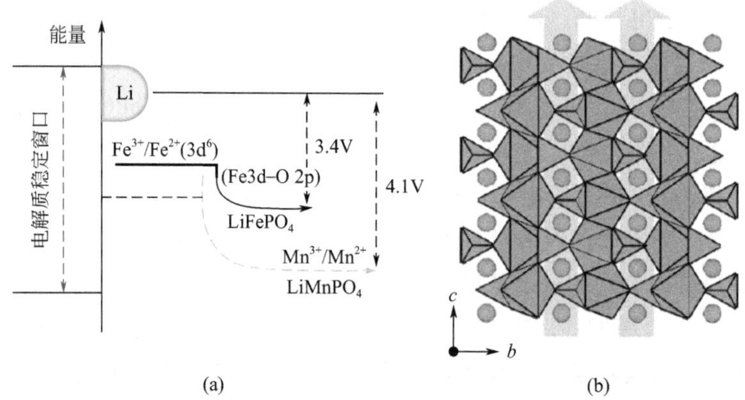

图2-46 **（a）$M^{2+/3+}$ 氧化还原能级图（相对于 Li/Li^+）；（b）$LiFePO_4$ 结构，FeO_6 八面体–棕色，PO_4 四面体–橙色，一维Li离子（绿色球）扩散通道**[87]（见彩图11）

尽管 $LiFePO_4$ 材料有较高的放电比容量和好的循环性能和安全性能，但由于其放电电压相对较低，使其能量密度较低。在同族化合物中，$LiMnPO_4$ 有高的放电电压平台，但由于 $LiMnPO_4$ 反应活性低，所以人们常将 $LiFePO_4$ 与 $LiMnPO_4$ 复合形成 $LiFe_{1-x}Mn_xPO_4$（$0<x<1$），复合正极材料的优点有：

① 由于$LiFePO_4$与$LiMnPO_4$具有相同的结构，在$LiMnPO_4$与$LiFePO_4$的二元体系中$LiFe_{1-x}Mn_xPO_4$（0＜x＜1）是单一固溶体。$LiMn_xFe_{1-x}PO_4$中Mn与Fe在一定比例配比，可以提高$LiFePO_4$的氧化还原电势，使$LiFe_{1-x}Mn_xPO_4$工作电压在3.4～4.1V（相对于Li/Li^+），相对于$LiFePO_4$可以提高电池的能量密度。

② 由于Mn^{2+}（0.80Å）半径略大于Fe^{2+}（0.74Å），可以形成晶格缺陷，扩大了锂离子的传输通道，从而增加离子电导率，提高了材料的倍率性能。

③ Fe^{3+}-O-Mn^{2+}离子间具有相互作用，可以降低Mn^{2+}/Mn^{3+}的氧化还原反应能级，从而改善$LiMnPO_4$低的容量和差的倍率性能。

$LiFe_{1-x}Mn_xPO_4$充放电过程中包含两个区域，一个在4.0～4.1V之间，对应于Mn^{3+}/Mn^{2+}的反应；另一个在3.5～3.6V之间，对应于Fe^{3+}/Fe^{2+}的反应，理论容量170mA·h·g^{-1}，x值的大小决定2个充放电平台的相对长短。有效提高材料能量密度就需要4V平台要长，也就是说Mn含量要高。Okada等[88]制备的纯相的橄榄石型$LiMnPO_4$在充放电过程中没有显示出电化学活性。所以研究过程中，Fe/Mn比是很重要的，形貌也是很重要的，需要兼顾能量密度和倍率性能。

$LiFe_{1-x}Mn_xPO_4$材料的电化学性能随着Mn含量的升高而下降，其倍率特性与Li在$LiMPO_4$和MPO_4中的扩散相对快慢相关，呈现出路径依赖的特点[89]。Zhang Bin通过固相反应合成了系列高Mn含量的介孔$LiFe_{1-x}Mn_xPO_4$/C（0.7≤x≤0.9）材料，并进行了电化学性能测试，测试结果表明，随着Mn含量的增加，可逆容量和倍率性能下降。

一些多元磷酸盐化合物如$LiFe_{1/4}Mn_{1/4}Co_{1/4}Ni_{1/4}PO_4$[90]也呈现出良好的电化学性能。

Huang[91]采用溶剂热的方法合成了$LiFe_{1-x}Mn_xPO_4$化合物。从图2-47XRD图可以看出，所有样品都具有橄榄石结构，随着Mn含量的增加，2θ向小角度移动［图2-47（b)]，说明Mn含量增加，晶胞参数增加，因为Mn^{2+}的半径大于Fe^{2+}的半径。同步辐射X射线吸收光谱结合采用计算和能量色散X射线能谱测量表明，$LiFe_{1-x}Mn_xPO_4$样品包含两个不同的相：$LiFePO_4$和$LiMnPO_4$。实际上，由于晶体场效应，这两种结构随机排列，表现为明显的正八面体MO_6（M：铁或锰）结构畸变。此外，增加锰掺杂浓度、正八面体MO_6的畸变增加。要提高$LiFe_{1-x}Mn_xPO_4$的性能，需要优化锰的掺杂浓度。优化锰掺杂浓度可以得到最佳的性能。对不同铁/锰比率$LiFe_{1-x}Mn_xPO_4$化合物电化学测试表明，$LiFe_{0.75}Mn_{0.25}PO_4$样品

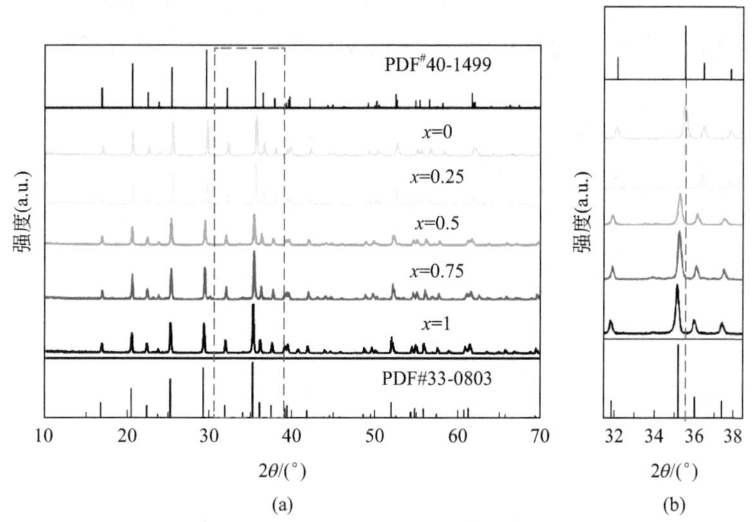

图2-47 不同Fe/Mn比$LiFe_{1-x}Mn_xPO_4$样品XRD[91]

展示出最好的电化学性能。此外，为了优化电化学性能，数据表明，掺杂过程需要控制$LiMnPO_4$区域的大小，但也需要考虑增加的工作电压和增加$LiMnPO_4$的导电性之间的相互关系。

另外，改进$LiMnPO_4$电化学性能同$LiFePO_4$一样，减小材料颗粒尺寸和碳包覆被认为是提高$LiMnPO_4$材料动力学性能的最有效方法。

2.4.2 $Li_3V_2(PO_4)_3$材料

近几年磷酸钒锂作为锂离子电池正极材料引起广泛重视。因为V价层电子构型为$3d^34s^2$，并显示多种氧化态（Ⅲ，Ⅳ，Ⅴ），相对低的价格和高的氧化电位，V^{3+}/V^{4+}（相对于Li/Li^+在4V左右）和非常稳定的结构。此外，与层状正极材料所需的钴、镍等战略稀缺金属元素相比，钒是我国优势矿产，已探明的钒资源储量居世界第三位，约占全球总储量18.7%，因此，这类材料的研究开发对于降低锂离子电池成本和提高其电池安全性有重要的作用。

2.4.2.1 $Li_3V_2(PO_4)_3$的结构及电化学性能

$Li_3V_2(PO_4)_3$具有单斜（图2-48）和菱方两种晶型。由于单斜结构的$Li_3V_2(PO_4)_3$具有更好的锂离子脱嵌性能，因此人们研究较多的是单斜结构的$Li_3V_2(PO_4)_3$，它的空间群为$P2_1/n$，晶胞参数为a=0.832nm，b=2.245nm，c=1.203nm，β=90.45°，V=0.8908nm^3。

$Li_3V_2(PO_4)_3$中每个VO_6八面体周围有6个PO_4四面体，每个PO_4周围有4个VO_6八面体。Li原子分布在网状结构的空隙中。3个不同的Li原子占据骨架空隙中3个不同的晶格位置。Li(1)由4个氧原子包围而形成四面体结构，而Li(2)和Li(3)处于高度扭曲的四面体环境。实验表明当两个锂离子脱出来时，晶胞体积和对称性发生了较小的改变，晶胞体积减小8%。当锂离子全部脱出来时，由于静电引力的损失使得$V_2(PO_4)_3$晶胞单元同$LiV_2(PO_4)_3$相比有所增大。

$Li_3V_2(PO_4)_3$在3～4.3V电压范围可以脱出两个Li离子，理论比容量132mA·h·g^{-1}，对应着V^{3+}/V^{4+}氧化还原对。当充放电范围在3.0～4.8V时（图2-49），$Li_3V_2(PO_4)_3$中三个Li^+可以全部脱出，理论容量为197mA·h·g^{-1}。第三个锂离子的脱出，对应着V^{4+}/V^{5+}氧化还原电对。此外$Li_3V_2(PO_4)_3$还可嵌入二个锂离子，把V^{3+}还原为V^{2+}，对应的电位平台在2.0～1.5V，理论比容量为131mA·h·g^{-1}。当1.5～4.8V电压区间，理论上有五个锂离子在$Li_xV_2(PO_4)_3$中可逆的嵌入和脱嵌，充放电最终产物为$V_2(PO_4)_3$和$Li_5V_2(PO_4)_3$，理论比容量高达328mA·h·g^{-1}。

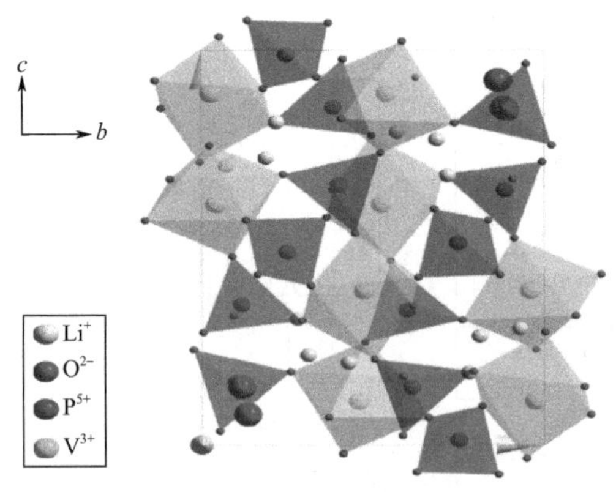

图2-48 单斜结构$Li_3V_2(PO_4)_3$晶体结构示意图[92]

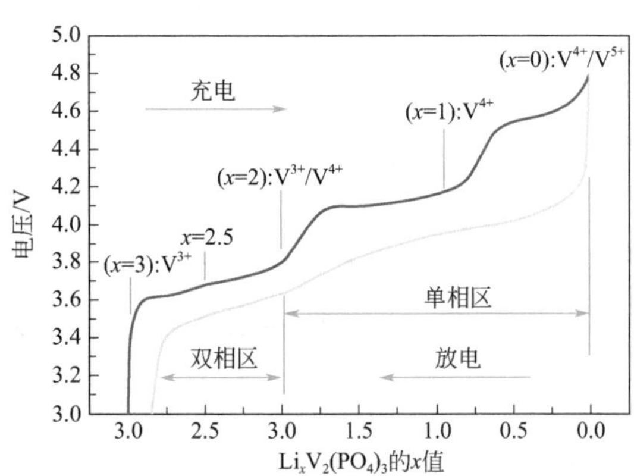

图2-49 在3.0～4.8V电压区间内$Li_3V_2(PO_4)_3$的充放电曲线[93]

前三个平台对应的充放电反应为：[94]

$$Li_3V^{3+}V^{3+}(PO_4)_3 \longleftrightarrow Li_2V^{3+}V^{4+}(PO_4)_3+Li^++e^- \quad (2\text{-}1)$$

$$Li_2V^{3+}V^{4+}(PO_4)_3 \longleftrightarrow Li_1V^{4+}V^{4+}(PO_4)_3+Li+e^- \quad (2\text{-}2)$$

第四个平台对应的充放电反应为：

$$Li_1V^{4+}V^{4+}(PO_4)_3 \longleftrightarrow V^{4+}V^{5+}(PO_4)_3+Li+e^- \quad (2\text{-}3)$$

总的充放电反应为：

$$Li_3V^{3+}V^{3+}(PO_4)_3 \longleftrightarrow Li_1V^{4+}V^{5+}(PO_4)_3+3Li+3e^- \quad (2\text{-}4)$$

2.4.2.2 $Li_3V_2(PO_4)_3$的合成方法

目前，$Li_3V_2(PO_4)_3$常用的合成方法主要有：高温固相法、溶胶–凝胶法、水热法、喷雾沉积法、流变相反应法、液相球化法、湿化固相配位法、微波控温固相合成法等[94,95]。以下主要介绍固相法合成$Li_3V_2(PO_4)_3$。

$Li_3V_2(PO_4)_3$中V元素的价态为+3，而通常合成该材料所用钒源大多为含有V^{5+}的V_2O_5或NH_4VO_3。所以一般采用氢气或碳将V^{5+}还原成V^{3+}。碳热还原法主要是利用C与O的结合力，在高温下发生氧化还原反应。碳热还原法选用的原料，有V_2O_5、Li_2CO_3、$NH_4H_2PO_4$等。目前，合成$Li_3V_2(PO_4)_3$所采用的碳源主要有炭黑、蔗糖、酚醛树脂等。炭黑作为还原剂的主要优点是可以为$Li_3V_2(PO_4)_3$晶相的形成提供成核点，从而可以抑制$Li_3V_2(PO_4)$晶核的长大，这样就对获得较小颗粒的样品非常有利。微波合成可以通过控制合成温度，用更短的时间合成出性能较优的产品。

除固相反应外还有溶胶–凝胶法和水热法，J.Dang[96]等人采用Sol-Gel结合微波法合成了Ce掺杂的$Li_3V_2(PO_4)_3$/C正极，并获得很好的电化学性能。

2.4.2.3 $Li_3V_2(PO_4)_3$的问题及改性

$Li_3V_2(PO_4)_3$虽然具有高电位、高理论比容量、良好的循环性能等优点，但电导率较低，高倍率充放电性能较差。为解决这一缺陷，必须设法提高Li^+及电子的传导率，对材料进行改性，目前常用的方法主要有：离子掺杂和炭包覆。

研究发现，掺杂Mg^{2+}、Al^{3+}、Ce^{3+}、Ti^{4+}、Zr^{4+}、Nb^{5+}和W^{6+}等金属离子可以提高晶格内部的电子导电率和锂离子在晶体内部的化学扩散系数，从而提高材料的电导率。以上掺杂的高价金属离子半径大多都小于V^{3+}和Li^+，但与Li^+半径接近，故一般取代的是晶格中Li的位置，但也有例外，文献报道不完全一致。

J.Dang[96]等人采用Sol-Gel结合微波法合成了Ce掺杂的$Li_3V_2(PO_4)_3$/C正极。Ce掺杂的$Li_3V_2(PO_4)_3$/C有更小的粒度，低的电荷转移电阻，和快的锂离子迁移。在1C的充放电倍率情况Ce-$Li_3V_{1.98}Ce_{0.02}(PO_4)_3$/C在100次循环内可以稳定释放170mA·h·$g^{-1}$容量。在10C充放电倍率情况Ce-$Li_3V_{1.98}Ce_{0.02}(PO_4)_3$/C可以稳定释放120mA·h·$g^{-1}$容量，比未掺杂的样品高出60%。

杨改等[97]以电池级LiOH·H_2O、分析纯浓H_3PO_4、V_2O_5溶胶为原料，以Li：V：P的摩尔比为3：2：3配制成一定浓度的均匀溶胶。再往溶胶中加入所需掺杂量（x=5%或10%）的Al_2O_3、Cr_2O_3、Y_2O_3、TiO_2以及一定量的分析纯蔗糖。充分搅拌均匀，对溶胶进行喷雾干燥得到球形前驱体。再将前驱体置于管式炉中，通入氮气，于800℃恒温焙烧16h，合成了球形锂离子电池正极材料$Li_3V_2(PO_4)_3$及其掺杂不同金属离子（Al^{3+}、Cr^{3+}、Y^{3+}、Ti^{4+}）的衍生物。电化学测试结果表明，经摩尔分数x=5%的金属离子掺杂修饰后的$Li_3V_2(PO_4)_3$材料的首次充放电容量及循环性能均优于经x=10%的金属离子掺杂的材料。其中Al^{3+}和Ti^{4+}的掺杂更加有效，在3.0～4.8V、0.5mA下，$x(Al^{3+}，Ti^{4+})$=5%样品的首次放电容量分别为152mA·h·g^{-1}和158.5mA·h·g^{-1}。80次循环后放电容量均保持在123mA·h·g^{-1}左右。

2.4.3 $LiVPO_4F$材料

氟代聚阴离子材料氟代磷酸盐材料结合了PO_4^{3-}的诱导效应和氟离子强的电负性，材料的氧化还原电位有望得到提高；此外，由于氟代引入了一个负电荷，考虑到电荷平衡，在氟代磷酸盐中有望通过M^{2+}/M^{4+}氧化还原对的利用实现超过一个锂的可逆交换，从而获得高的可逆比容量。因此氟代磷酸盐是一种潜在的高能量密度正极材料[98]。

2.4.3.1 $LiVPO_4F$的结构特征和电化学性能

2003年，Barker等[99]首次报道了氟磷酸盐$LiVPO_4F$作为锂离子电池正极材料，$LiVPO_4F$属于三斜晶系（晶胞参数为：a=0.5173nm，b=0.5309nm，c=0.7250nm；空间群为PT)，是一个由PO_4四面体和VO_4F_2八面体构建的三维框架网络，三维结构中PO_4四面体和VO_4F_2八面体共用一个氧顶点，而VO_4F_2八面体之间氟顶点相连接，在这个三维结构中，锂离子分别占据两种不同的位置。

在$LiVPO_4F$结构中，V以+3价离子状态存在，伴随着锂离子的脱出，$V^{3+}\rightarrow V^{4+}$，材料的结构也由$LiVPO_4F$转变成VPO_4F，其特征电化学曲线如图2-50所示。从充放电曲线可以看出$LiVPO_4F\rightarrow VPO_4F$转变的平均脱锂电位为4.3V。$VPO_4F\rightarrow LiVPO_4F$平均嵌锂电位为4.1V。

在首次充电过程中，Li^+从$LiVPO_4F$框架中的两个不同结晶位置脱出，对应于两个不同的脱锂电位（4.29V和4.25V)；随后的嵌Li^+过程以两相反应机理进行，相应的嵌Li^+电位在4.19V附近。原位XRD实验结果表明在首次充电过程中形成一个中间相$Li_{0.67}VPO_4F$。但是在放电过程中，只有一个尖锐的微分容量峰，这对应于一个两相反应过程，同时并没有出现中间相。$LiVPO_4F$的平均工作电压为4.2V，比$Li_3V_2(PO_4)_3$的工作电压高0.3mV，这得益于氟原子的诱导效应。通过对合成条件进行优化，$LiVPO_4F$的放电比容量高达155mA·h·g^{-1}，这非常接近于理论比容量156mA·h·g^{-1}，而且充放电曲线的极化非常小。Fu Zhou等的研究表明$LiVPO_4F$有好的循环性能和热稳定性。

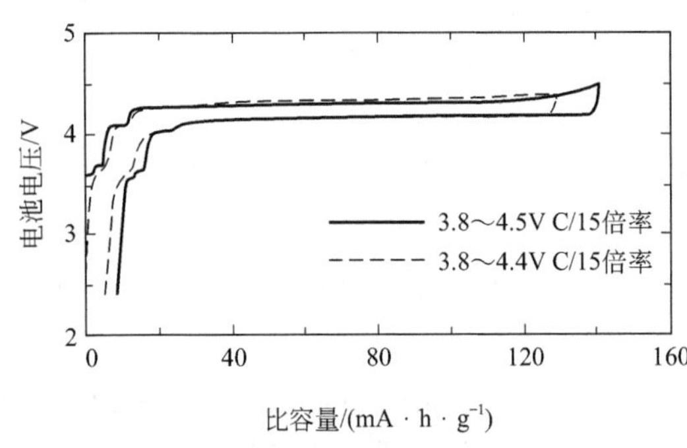

图2-50 $Li/LiVPO_4F$电池首次充放电曲线[99]

2.4.3.2 $LiVPO_4F$的合成方法

目前制备$LiVPO_4F$的方法主要以碳热还原法为主，此外，还有一些其他合成方法的研究报道，如溶胶凝胶、离子交换和水热技术等。

Barker J.[99]等首次利用VPO_4作为中间体来合成$LiVPO_4F$，他们以$NH_4H_2PO_4$、V_2O_5和过量的碳为原料在750℃下得到VPO_4中间体，接着将VPO_4和LiF的混合物在同样的温度下煅烧得到$LiVPO_4F$。在随后的研究中他们改进了这种材料的制备工艺，通过降低碳热还原法的煅烧温度或延长材料的煅烧处理时间，使得材料的循环性得到了一定的提高，他们得到的材料在室温下以C/5循环100周其可逆比容量能保持在120mA·h·g^{-1}，每周的充放电效率接近100%。

P.F.Xiao等[100]采用碳热还原法合成了（$LiVPO_4F/C$），原材料：V_2O_5（0.01mol），$NH_4H_2PO_4$（0.02mol）和乙炔黑（0.36g），采用高能球磨（不锈钢罐和球）混合2h。为改进球磨效率添加少量硬脂酸（$C_{18}H_{36}O_2$ 3%）。混合物在Ar气氛700℃烧12h获得VPO_4/C前驱体。预处理的VPO_4/C+LiF（多2%）再次球磨然后在Ar气气氛700℃快速煅烧。$LiVPO_4F$采用H_2热还原法（HTR）（Ar-5%H_2）。

2.4.3.3　LiVPO4F存在的问题及解决方法

纯$LiVPO_4F$的本征电子电导率很低，这导致材料在充放电时具有一定的极化，使得电极材料的平均工作电位被降低，并且会因此而损失一部分可逆容量。为了改善$LiVPO_4F$的电化学性能和提高材料的结构稳定性，研究工作者对$LiVPO_4F$进行了掺杂改性，运用阳离子（Al^{3+}、Cr^{3+}、Y^{3+}和Ti^{4+}）和阴离子（Cl^-）分别替代结构中的V和F，以期获得性能优良的锂离子电池正极材料。

Wang[101]研究了不同Al源掺杂（Al_2O_3和AlF_3）和Al掺杂量对$LiV_{1-x}Al_xPO_4F$（x=0，0.01，0.02，命名为AF-0，AF-1，AF-2）性能的影响。与未掺杂样品相比电化学性能得到改进，Al含量为0.01性能最好。AlF_3作为Al源制备$LiV_xAl_{1-x}PO_4F$有更高的纯度和更好的电化学性能。见图2-51。

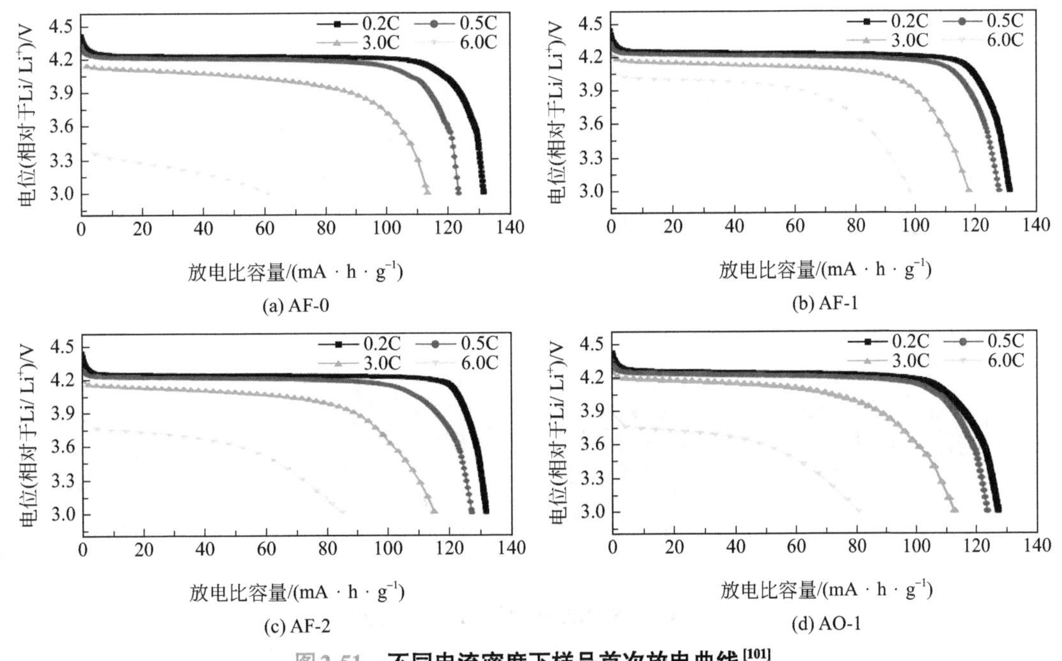

图2-51　不同电流密度下样品首次放电曲线[101]

注：AO-1，用Al_2O_3作为Al源，Al=0.01

2.4.4　硅酸盐类材料

2.4.4.1　硅酸盐复合正极材料Li_2MSiO_4的结构特征

正硅酸盐（Li_2MSiO_4，M=Fe，Co，Mn等）是一类新兴的聚阴离子型正极材料[102～109]，与磷酸盐$LiMPO_4$材料相比，正硅酸盐材料在形式上可以允许2个Li^+的交换，因而具有较高理论比容量，理论上可以达到300mA·h·g^{-1}以上。这表明硅酸盐有可能发展成为一种高比容量的锂离子电池正极材料。聚阴离子强的Si—O键使得该材料具有优异的安全性能，Li_2MSiO_4高的理论比容量和优异的安全性能使其在大型锂离子动力蓄电池领域具有较大的潜在应用价值。

正硅酸盐（Li_2MSiO_4）材料具有与Li_3PO_4类似的晶体结构，其中所有阳离子均以四面体方式与氧离子配位，根据四面体的不同排列方式形成丰富的多形体结构。氧离子以近乎六方密堆方式排列，Li^+、M^{2+}、Si^{4+}阳离子会有选择地占据氧四面体空隙的一半。由于阳离子在四面体位置上存在多种不同的排列方式以及可能产生的不同结构形变。这些不同的结构可分为β和γ两类，分别对应于Li_3PO_4的β和γ结构。在β相中，所有四面体都指向与密堆积面相互垂直的方向，并仅通过共角方式连接。在γ相中，四面体采用交替反平行方式排列，不同四面体之间除了共用顶点之外，反平行四面体也共边连接。β和γ两类结构又可根据结构排列和形变的不同，细分为β_{II}，β_{I}，γ_s，γ_0，和γ_{II}结构（见图2-52）。Li_2MSiO_4的结构与其制备及后处理过程有着紧密的联系，由于不同Li_2MSiO_4多形体之间的形成能差异较小，通常情况下合成的Li_2MSiO_4为多种多形体的混合物。准确确定Li_2MSiO_4的结构往往需要结合XRD、中子衍射及核磁共振、质谱等对材料进行详细表征。到目前为止，已经成功合成了Li_2FeSiO_4，Li_2MnSiO_4，$LiaCoSiO_4$等。

以Li_2FeSiO_4为例，图2-52从两个视角给出Li_2FeSiO_4结构示意图[103]。

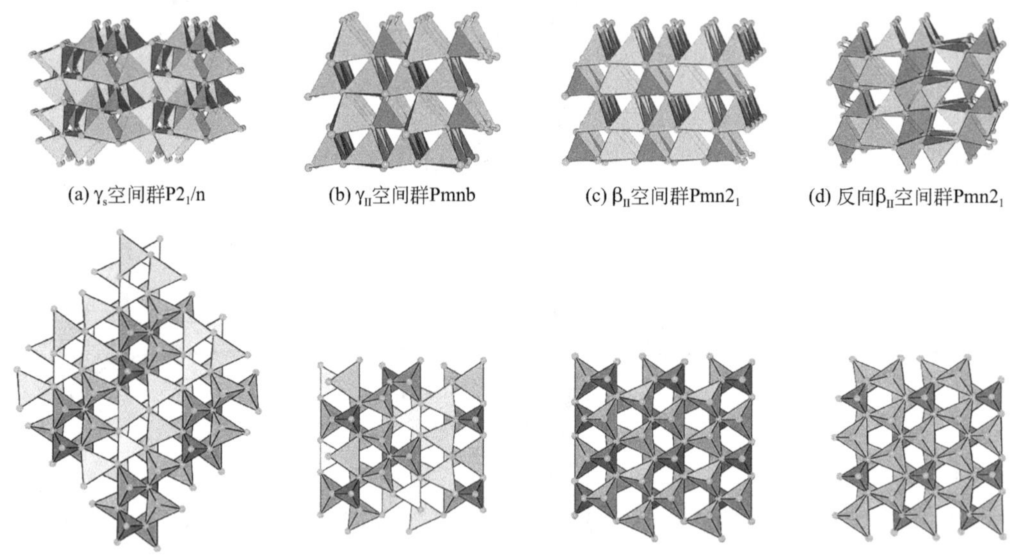

图2-52 **Li_2FeSiO_4结构示意图[103]**（见彩图12）

SiO_4（蓝色）；FeO_4（棕色）；LiO_4（绿色）；氧离子（红色）

2.4.4.2 Li_2MSiO_4材料的合成方法及电化学性能

合成Li_2MSiO_4材料可以采用高温固相反应法、溶胶–凝胶反应法、水热和微波合成方法。早在2000年前后就有关于正硅酸盐材料体系的报道，但由于硅酸盐材料的制备比较困难，特别是具有电化学活性的材料比较难以制备，所以直到2005年Nytén等[110]采用固相法才首次合成了Li_2FeSiO_4材料，之后Li_2MSiO_4材料才得到较快的发展。

A.Nytén等通过高温固相反应，以硅酸锂（Li_2SiO_3）、草酸亚铁（$FeC_2O_4 \cdot H_2O$）和正硅酸乙酯（TEOS）为原料率先制备了Li_2FeSiO_4化合物，其步骤如下：将原料按化学计量比均匀分散在丙酮中，并与10%（质量分数）的碳凝胶充分研磨混合，加热使丙酮挥发，最后将混合物在CO/CO_2混合氛围（1∶1体积百分比）中加热至750℃并焙烧24 h得到目标产物。合成的材料粒径在150nm左右，电化学测试结果表明：在60℃、C/16倍率、2.0～3.7 V电压范围内，首次充电电压在3.1V，第二次充电电压降为2.8V，以后循环均在2.8V，放电电压在2.76V。这一结果表明，第二轮充电电压降低的原因可能是由于首次充电后材料发生了相转变，由短程有序的固溶体转变成长程有序的结构（图2-53）。前2次充电容量高达$165mA \cdot h \cdot g^{-1}$，达到脱出1个锂的理论容量（$166mA \cdot h \cdot g^{-1}$）的99%，第3次循环的充电容量为$140mA \cdot h \cdot g^{-1}$，而平均放电容量稳定在$130mA \cdot h \cdot g^{-1}$左右，循环10次后容量保持在84%左右，呈现出了较好的充放电可逆性。

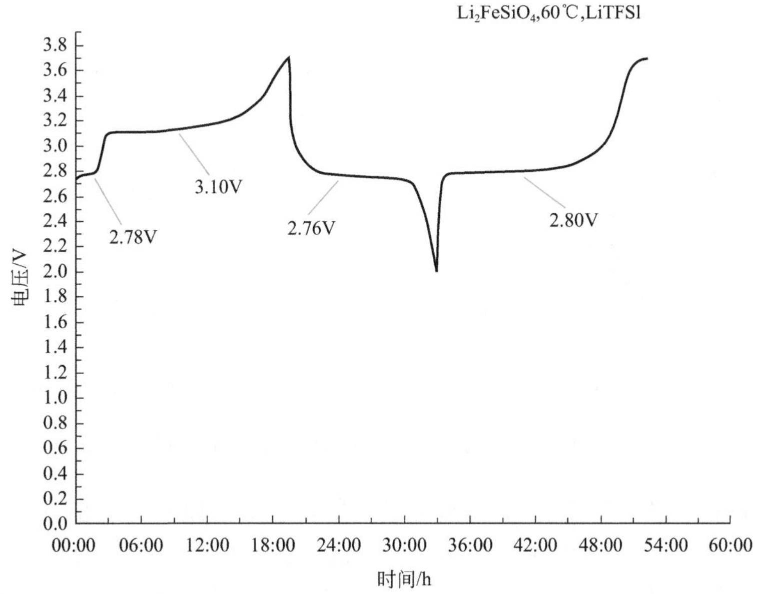

图2-53　**Li_2FeSiO_4在60℃、C/16倍率下的容量/电压图**[110]

Dragana Jugovic等人[104]将$Fe(NO_3)_3 \cdot 9H_2O$, Li_2CO_3, SiO_2按Li∶Fe∶Si摩尔比2∶1∶1分散在水中并添加4%葡萄糖作为碳源，混合后干燥，采用固相合成方法合成了Li_2FeSiO_4，合成气氛（$Ar+5\%H_2$），在750℃煅烧2h，葡萄糖分解后的碳含量大约在1.3%，生成的碳可以阻止Li_2FeSiO_4颗粒的长大。如果合成温度在700℃，合成产物是Li_2SiO_3和Fe_3O_4，如果将温度提高到750℃，1h后可以形成Li_2FeSiO_4。但是通过XRD和Mössbauer谱的研究结果表明，此种方法合成的材料有可能发生了Li和Fe互换了位置。

由此可见，采用固相法合成的材料电化学性能并不理想，因此针对Li_2MSiO_4的优化制备，人们又进行了诸多的尝试。R.Dominko等[111～113]利用水热合成法和Pechini溶胶–凝胶预处理方法制备了Li_2FeSiO_4（图2-54）和Li_2MnSiO_4。其水热合成法过程如下：以氢氧化锂、二氧化硅和四水合氯化亚铁为原料，将氢氧化锂和二氧化硅均匀分散于氯化亚铁溶液中后转移到不锈钢制的密闭高压釜中，在150℃时恒温反应14天，然后将得到的绿色粉末在氢气气氛下用蒸馏水反复洗涤，再于50℃干燥1天得到Li_2FeSiO_4粉体。其Pechini溶胶–凝胶法的步骤如下：

使用乙二醇和柠檬酸作为络合剂，硝酸铁、CH_3COOLi和SiO_2粉末为原料，Li ：Fe ：SiO_2的摩尔比为2 ：1 ：1，将三者混合搅拌1h，静置一个晚上使其形成溶胶，将得到的溶胶在80℃干燥24h以上，将研磨后得到的干凝胶粉末于700℃的惰性气氛下至少反应1h后冷却至室温，即得到目标产物Li_2FeSiO_4。

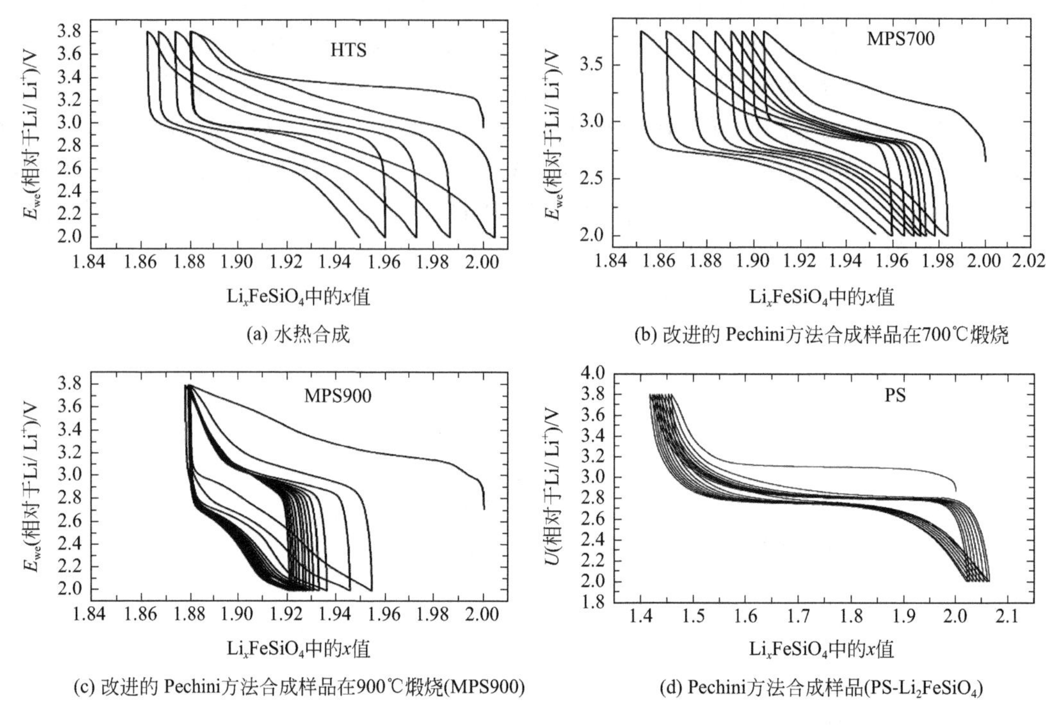

(a) 水热合成　(b) 改进的 Pechini方法合成样品在700℃煅烧

(c) 改进的 Pechini方法合成样品在900℃煅烧(MPS900)　(d) Pechini方法合成样品(PS-Li_2FeSiO_4)

图2-54　不同合成方法的Li_2FeSiO_4样品在c/20倍率循环性能[112]

T.Muraliganth等[114]采用微波-溶剂热合成法制备了纳米Li_2FeSiO_4和Li_2MnSiO_4材料。他们将一定量的正硅酸乙酯（TEOS），氢氧化锂和乙酸铁（Ⅱ）或无水乙酸锰（Ⅱ）或四水和醋酸锰（Ⅱ）溶于30mL四乙二醇（TEG）中，并转移到适用于微波系统的石英容器中。反应物的浓度：0.3mol·L^{-1} li^+，0.1mol·L^{-1} Fe^{2+}或Mn^{2+}和$(SiO_4)^{4-}$。均匀的溶液被密封在石英器皿中并放置在微波炉中，体系的温度和压力是自动控制系统。工作频率为2.45GHz，恒功率为600W 25min，温度和压力20min后分别达到300℃和30bar，之后在300℃维持5min后冷却至室温。洗涤除去TEG。此样品与蔗糖混合在氩气氛650℃加热6h制备成Li_2MSiO_4/C纳米复合材料。

通过X射线衍射、扫描电子显微镜、透射电子显微镜、拉曼光谱、电化学测量和差示扫描量热法测试了Li_2MnSiO_4/C和Li_2FeSiO_4/C材料的性能，Li_2FeSiO_4/C材料展示了好的倍率性能和循环稳定性，在室温和55℃放电容量可以分别达到148mA·h·g^{-1}和204mA·h·g^{-1}。虽然Li_2MnSiO_4/C在室温和55℃放电容量可以分别达到210mA·h·g^{-1}和250mA·h·g^{-1}，但其倍率性能和循环性能较差，如图2-55、图2-56所示。两种材料电化学性能的差异可归于脱锂时结构稳定性的差异。Mn^{3+}的Jahn-Teller畸变、歧化和溶解及较低的电子导电性（Li_2MnSiO_4约10^{-16}S·cm^{-1}，Li_2FeSiO_4约10^{-14}S·cm^{-1}）。除此，DSC测试结果显示，Li_2MnSiO_4的热稳定性也较差。

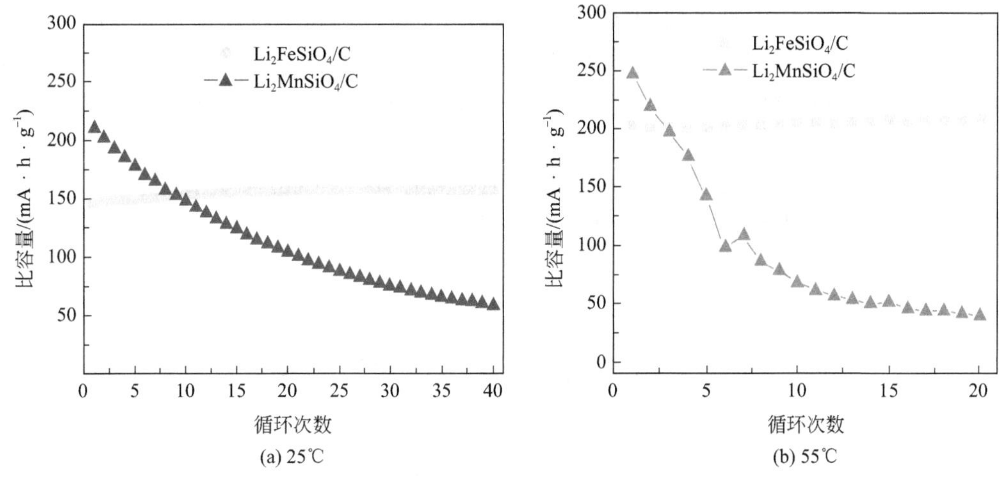

图2-55 Li_2FeSiO_4/C和Li_2MnSiO_4/C在25℃和55℃的循环性能[114]

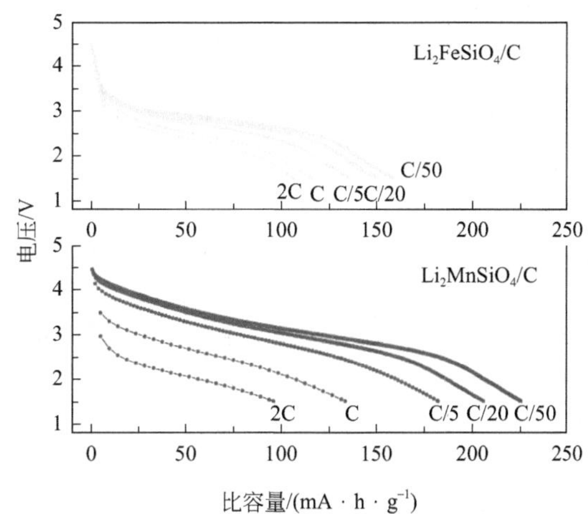

图2-56 Li_2FeSiO_4/C和Li_2MnSiO_4/C的倍率性能[114]

2.4.4.3 Li_2MSiO_4存在问题及解决方法

由于Li_2FeSiO_4的氧化还原电位较低[2.8V（相对于Li/Li^+）]，材料暴露于空气中将发生化学脱锂过程。Nytén等人[115]采用现场光电子能谱（PES/XPS）对Li_2FeSiO_4的稳定性和表面性质研究发现，材料在空气中暴露，表面会形成Li_2CO_3等碳酸盐物种，说明发生了化学氧化脱锂的过程。厦大杨勇教授课题组对Li_2FeSiO_4储存性能也进行了研究，研究表明随着材料在室温空气中储存时间的延长，其体相结构发生明显变化，对称性由P21/n转变为Pnma。与之相应，材料的电化学性能也发生显著变化，主要表现在首次充电过程中3.2V平台容量的衰减，对应于化学氧化脱锂过程。空气中储存后的Li_2FeSiO_4通过高温退火后，其结构和性能可以得到恢复。

虽然Li_2MSiO_4材料从理论上讲可以释放出2个Li^+，但由于释放出第二个Li^+的电压较高，所以比容量只有150mA · h · g^{-1}左右。Li_2CoSiO_4和Li_2NiSiO_4第二个锂离子脱出的电压平台在5.0V左右，目前由于电解液体系的限制还不易实现，并且钴、镍的价格高等问题也限制这种材料的商业化，因此对这两种材料的研究相对较少。从上节讨论可见虽然Li_2MnSiO_4材料中Mn容易实现两电子交换（Mn^{2+}/Mn^{3+}和Mn^{3+}/Mn^{4+}），可逆脱嵌两个Li^+，理论比容量高达333mA·h·g^{-1}，但其循环稳定性较差；另外材料的电子导电性能差，电导率约为10^{-16}S·cm^{-1}，所以倍率性能差；相对来讲Li_2FeSiO_4在充放电过程中表现出比Li_2MnSiO_4的稳定性（图2-57）；虽然Li_2FeSiO_4导电性比Li_2MnSiO_4好，但也只有10^{-14}S·cm^{-1}。这是目前Li_2MSiO_4材料面临的主要问题。解决的方法同$LiFePO_4$材料，可以将材料合成为纳米材料和进行碳包覆[114,116,117]，进行掺杂[118,119]等方法。

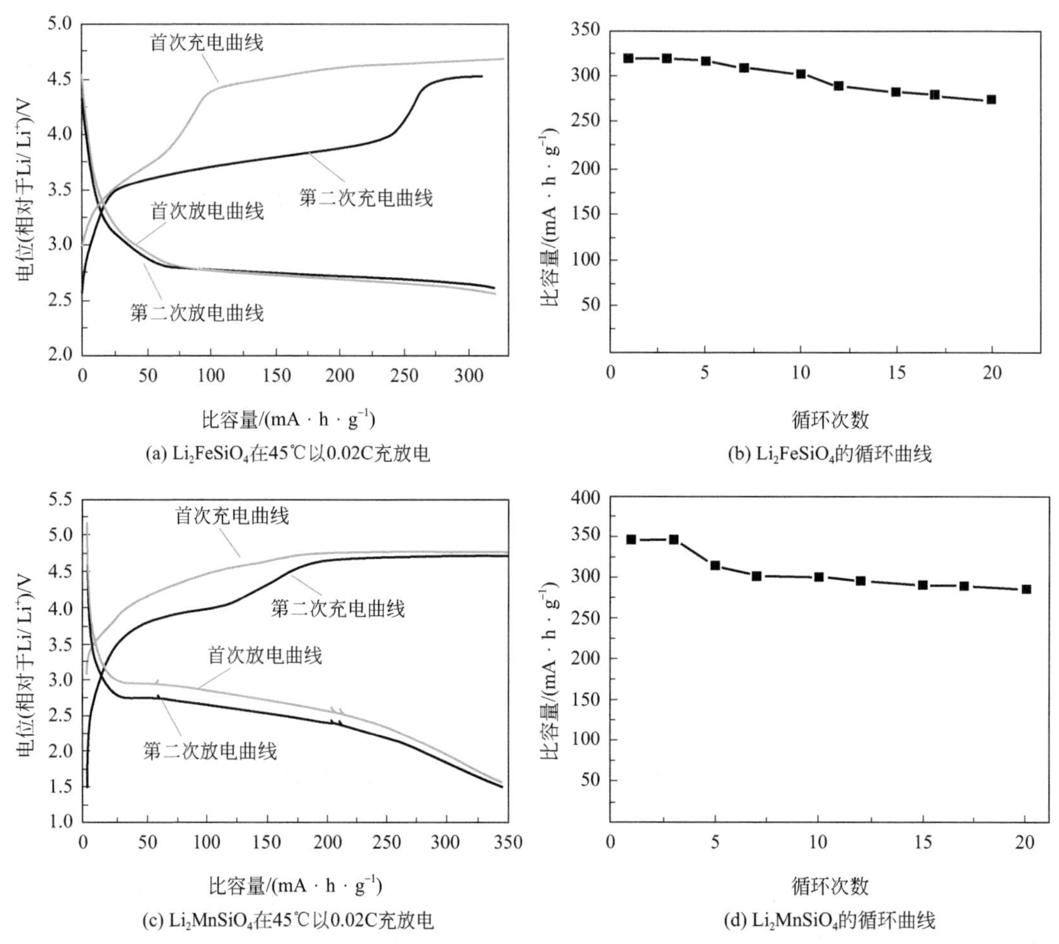

(a) Li_2FeSiO_4在45℃以0.02C充放电
(b) Li_2FeSiO_4的循环曲线
(c) Li_2MnSiO_4在45℃以0.02C充放电
(d) Li_2MnSiO_4的循环曲线

图2-57 **Li_2FeSiO_4和Li_2MnSiO_4的充放电曲线和循环曲线**[116]（见彩图14）

Dinesh Rangappa等人[116]采用超临界液体反应罐合成了超薄的Li_2MnSiO_4纳米片材料，这种材料在45℃ ±5℃条件下放电比容量可以达到340mA·h·g^{-1}。这个结果表明材料中的两个锂可以可逆脱/嵌，循环20次时有好的循环性能没有发生结构破坏，说明二维纳米片结构可以克服结构的不稳定性。

Wu Xiaozhen[117]等人合成了纳米蠕虫状Li_2FeSiO_4-C复合材料，使材料有较好的倍率和循环性能。20C循环600次几乎没有衰减。其充放电曲线如图2-58所示。

为了解决第二个脱锂平台高的问题，有人通过掺杂降低第二个脱锂平台。Li_2FeSiO_4第一个脱锂平台在3.1V，第二个Li离子脱出平台在4.8V，也就是说材料中Fe^{3+}氧化为Fe^{4+}的条件

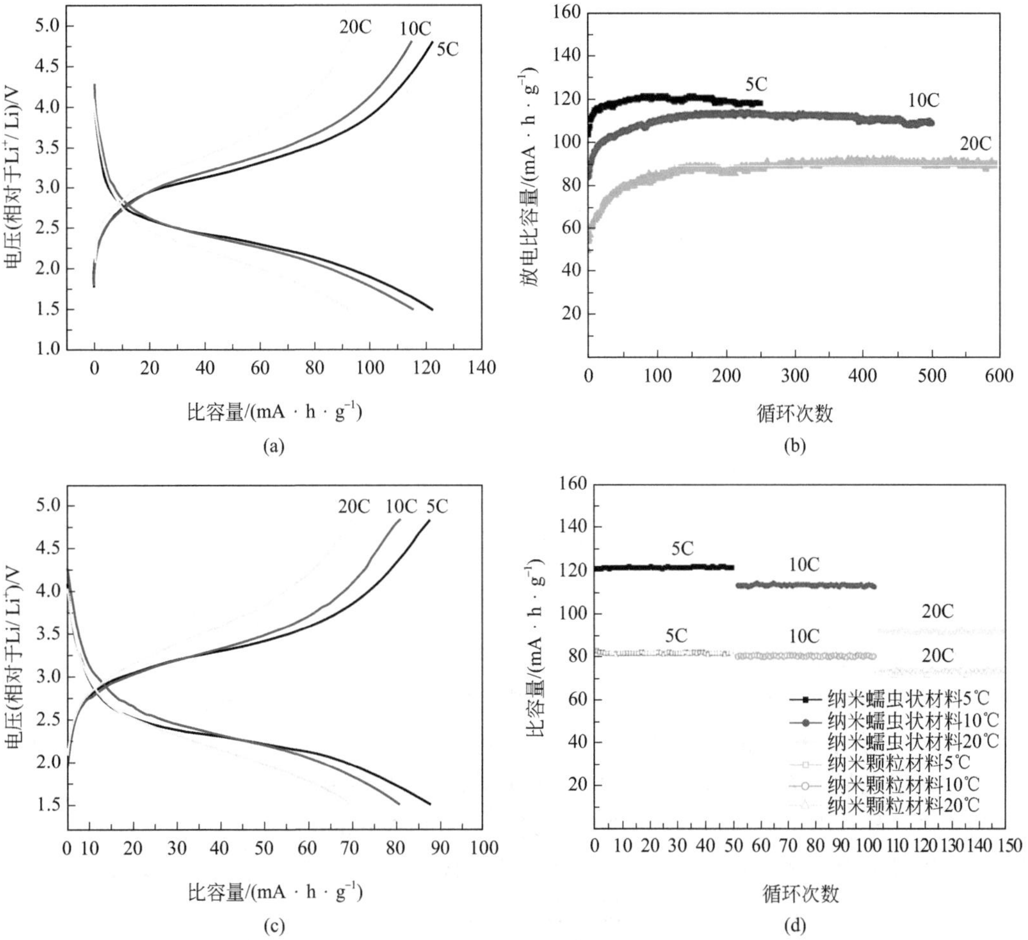

图2-58 Li_2FeSiO_4-C高倍率充放电曲线[117]

还是非常苛刻的。M.Armand等[118]采用第一原理计算结果表明，可以通过N或F取代部分O，改善Li_2FeSiO_4的脱锂电位，并预测了$Li_2Fe_2^{2.5+}SiO_{3.5}N_{0.5}$和$Li_{1.5}Fe^{2+}SiO_{3.5}F_{0.5}$相对于$Fe^{3+}/Fe^{4+}$脱锂电位都有所降低，N掺杂没有降低$Li_2FeSiO_4$的比容量，而F掺杂恶化了$Li_2FeSiO_4$的性能。如图2-59所示。

R.C.Longo等[119]采用第一原理计算了聚阴离子化合物Li_2FeSiO_4（$Pmn2_1$，Pmnb，$P2_1/n$和$Pbn2_1$）的结构和电化学性能。预测结果表明，过渡金属Mn、Ni离子有助于稳定的层状结构，而且组分不同，两个平台的电压不同。如图2-60所示。

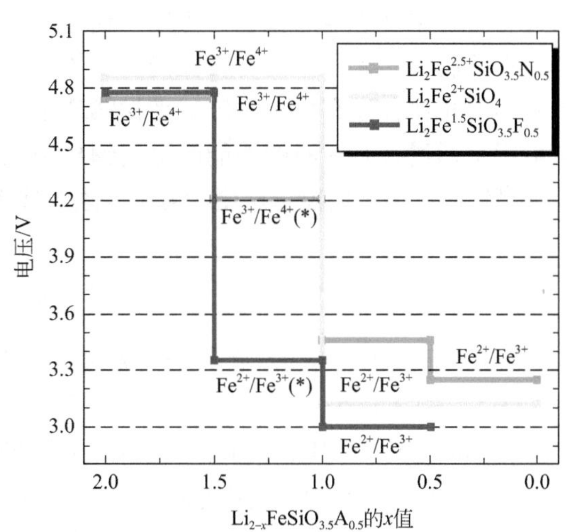

图2-59 计算Li_2FeSiO_4（绿色），$Li_2FeSiO_{3.5}N_{0.5}$（蓝色）和$Li_{1.5}FeSiO_{3.5}F_{0.5}$（红色）的电压平台[118]（见彩图15）

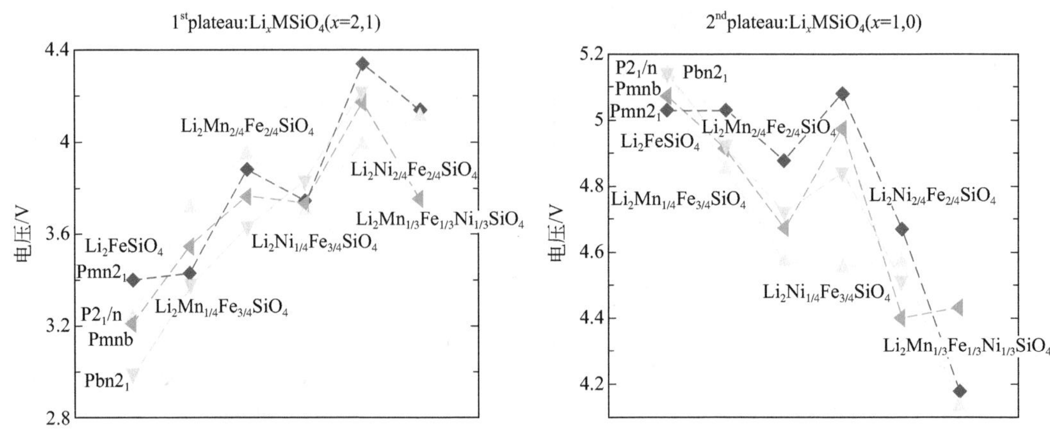

图2-60 不同过渡金属离子对不同结构的Li_2FeSiO_4脱锂平台电压的影响[119]（见彩图13）

作为一类新型聚阴离子正极材料，正硅酸盐由于其潜在的高容量而受到研究工作者的广泛关注。在真正实现可逆脱/嵌两个Li方面还有大量的工作要做。从材料循环稳定性方面考虑，Li_2MSiO_4中过渡金属离子和氧的配位多面体环境对材料充放电过程中的结构稳定性有着重要影响。根据配位场理论，Fe^{2+}、Fe^{3+}和Fe^{4+}和氧四面体配位时都是稳定的，因此Li_2FeSiO_4具有高的循环稳定性和热稳定性。然而，Mn^{4+}和Co^{4+}在氧的八面体配位场中具有很高的晶体场稳定能，因而Mn^{4+}和Co^{4+}在氧的四面体场中是不稳定的，Mn^{3+}也倾向于和氧采用八面体配位形式。所以在材料充电过程中，由于Mn和Co离子氧化到高价态将引起它们与氧离子配位结构的重排，导致不可逆的相变过程发生，这就造成Li_2MnSiO_4和Li_2CoSiO_4材料循环性能差。因此，开发过渡金属离子处于氧八面体配位环境的Li_2MSiO_4材料对于提高高容量正硅酸盐材料的循环稳定性是一个非常有趣和值得探索的方向。

从锂离子电池诞生到现在，其比容量已经翻倍（例如18650型电池的容量已经从最初的800mA·h提高到目前的2600mA·h甚至更高），循环寿命也从当初的100多次提高到目前的2000多次。电池性能的提高，有些是通过改进电池的制造工艺实现的，但更多的则是通过改进材料的制备工艺和提高材料性能实现的。但是，目前主流锂离子电池中使用的电极材料与十几年前相比并没有根本突破。受材料理论比容量的限制和材料结构稳定性的制约，我们不可能指望通过现有材料的性能改进使锂离子电池的容量和性能实现根本突破。因此，欲进一步提高锂离子电池的能量密度就必须探索合成新的正极材料。

参考文献

[1] 马璨，吕迎春，李泓. 锂离子电池基础科学问题（Ⅶ）——正极材料. 储能科学与技术，2014，3（1）: 53-65.

[2] Johnston W D，Heikes R R，Sestrich D The preparation，crystallography，and magnetic properties of the $Li_xCo_{(1-x)}O$ system. J. Phys. Chem. Solids，1958，7：1-13.

[3] Mizushima K，Jones P C，Wiseman P J，Goodenough J B. Li_xCoO_2（$0<x<-1$）: A new cathode material for batteries of high energy density Mat. Res. Bull. 1980，15：783-789.

[4] Koksbang R，Barker J，Shi H，Saidi M Y. Cathode materials for lithium rocking chair batteries. Solid State Ionics，1996，84：1-21.

[5] Carlier D，Vander Ven A，Delmas C，Ceder G. First-Principles Investigation of Phase Stability in theO_2-$LiCoO_2$ System. Chem. Mater，2003，15：2651-2660.

[6] Naoaki Yabuuchi，Yuta Kawamoto，Ryo Hara et al. A Comparative Study of $LiCoO_2$ Polymorphs：Structural and Electrochemical Characterization of O2-，O3-，and O4-type Phases. Inorg. Chem., 2013，52：9131-9142.

[7] 王兆祥，陈立泉，黄学杰. 锂离子电池正极材料的结构设计与改性. 化学进展,2011,2(3): 84-301.

[8] Reimers J N，Dahn J R. Electrochemical and in situ X-Ray diffraction studies of lithium intercalation in Li_xCoO. J Electrochem. Soc., 1992，139（8）: 2091-2097.

[9] Ohzuku T，Ueda A. Solid - state redox reactions of $LiCoO_2$（$R\bar{3}m$）for 4 volt secondary lithium cells [J]. J. Electrochem. Soc., 1994，141（11）: 2972-2977.

[10] Lu X，Sun Y，Jian Z et al. New insight into the atomic structure of electrochemically delithiated O3-$Li_{1-x}CoO_2$（$0 \leqslant x \leqslant 0.5$）nanoparticles. Nano Lett, 2012，12（12）: 6192-6197.

[11] Chen Zhaohui，Dahn J R . Methods to obtain excellent capacity retention in $LiCoO_2$ cycled to 4. 5 V. Electrochimica Acta，2004，49：1079-1090.

[12] Dahéron L，Dedryvère R，Martinez H，Flahaut D et al. Possible Explanation for the Efficiency of Al-Based Coatings on $LiCoO_2$：Surface Properties of $LiCo_{1-x}Al_xO_2$ Solid Solution. Chem. Mater., 2009，21：5607-5616.

[13] Yoongu Kim，Gabriel M. Veith，Jagjit Nanda et al. High voltage stability of $LiCoO_2$ particles with a nano-scale Lipon coating. Electrochimica Acta，2011，56：6573-6580.

[14] Jung Hun-Gi，Gopal Nulu Venu，Prakash Jai，Kim Dong-Won，Sun Yang-Kook. Improved electrochemical performances of $LiM_{0.05}Co_{0.95}O_{1.95}F_{0.05}$（M = Mg，Al，Zr）at high voltage. Electrochimica Acta，2012，68：153-157.

[15] 叶乃清，刘长久，沈上越. 锂离子电池正极材料$LiNiO_2$：存在的问题与解决办法. 无机材料学报，2004，19（6）: 1207-1224.

[16] 刘汉三，杨勇，张忠如，林祖赓. 锂离子电池正极材料锂镍氧化物研究新进展. 电化学，2001，7（2）: 145-154.

[17] 林传刚. 二次锂离子电池正极材料$LiNi_{1-x}M_xO_2$（M=Co、Al，$0=x=1$）的制备及电化学性能研究. 北京：北京科技大学，2001.

[18] Delmas C，Menetrier M，Croguenenec L，Saadoune I et al. An overview of the Li（Ni，M）O_2 systems：sythesis，stuctures and properties. Electrochimica Acta，1999，45：243-253.

[19] Delmas C，Pperes J，Rougier A，Dwmourgues A et al. On the behavior of the Li_xNiO_2 system：an elcetrochemical and structural overview. Journal of Power Sources，1997，8：120-125.

[20] Kaoru Dokko，Nishizawa Matusuhiko，Soichi Horikoshi et al. In Situ Observation of $LiNiO_2$ Single-Particle Fracture during Li-ion Extraction and Insertion. Electrochemical and Solid-State Letters，2000，3（3）: 125-127.

[21] Rougier A，Saadoune I，Gravereau P，Willmann P，Delmas C. Effect of Cobalt Substitution on Cationic distribution in $LiNi_{1-y}Co_yO_2$ electrodes materials. Solid State Ionics，1996，90：83-90.

[22] Sun Yang-Kook, Lee Dong-Ju, Lee Yun Jung, Chen Zonghai, Myung Seung-Taek. Cobalt-Free Nickel Rich Layered Oxide Cathodes for Lithium-Ion Batteries. ACS Appl Mater. Interfaces, 2013（5）: 11434-11440.

[23] Tsutomu Ohzuku, Atsushi Ueda, Masaru Kouguchi. Sythesis and Characterization of $LiAl_{1/4}Ni_{3/4}O_2$（$R\bar{3}m$）for lithium-ion（shuttlecock）batteries. J. Electrochem. Soc., 1995, 142（9）: 4033.

[24] Gao Yuan, Yakovleva M V, Ebner W B . Noval $LiNi_{1-x}Ti_{x/2}Mg_{x/2}O_2$ Compounds as Cathode Materials for Safer Lithium-Ionn batteries. Electrochemical and Solis-State Letters, 1998, 1(3): 117-119.

[25] Pouillerie C, Croguennec L, Biensan Ph, Willmann P, Delmas C. Synthesis and Characterization of New $LiNi_{1-x}Mg_xO_2$ Positive Electrode Materials for Lithium-Ion Batteries. J. Electrochem. Soc., 2000, 147 : 2061-2069.

[26] Guilmard M, Croguennec L, Denux D, Delmas C. Thermal Stability of Lithium Nickel Oxide Derivatives. Part Ⅰ : $Li_xNi_{1.02}O_2$ and $Li_xNi_{0.89}Al_{0.16}O_2$（$x$=0. 50 and 0. 30）. Chem. Mater., 2003, 15 : 4476-4483.

[27] Armstrong A R, Bruce P G. Synthesis of layered $LiMnO_2$ as an electrode for rechargeable lithium batteries. Nature, 1996, 381（6）: 499-500.

[28] 赵红远，刘兴泉，张峥，阙东阳，吴玥. 锂离子电池正极材料$LiMnO_2$的最新研究进展. 电子元件与材料，2013，32（6）: 1-6.

[29] A. Robert Armstrong, Nicolas Dupre, Allan J. Paterson, Clare P. Grey, Peter G. Bruce. Combined Neutron Diffraction, NMR, and Electrochemical Investigation of the Layered-to-Spinel Transformation in $LiMnO_2$. Chem. Mater., 2004, 16 : 3106-3118.

[30] Ohzuku T, Makimura Y. Layered lithium insertion material of $LiNi_{1/2}Mn_{1/2}O_2$: A possible alternative to $LiCoO_2$ for advanced lithium-ion batteries. Chem Lett, 2001, 30（8）: 744-745.

[31] Kang K, Meng Y S, Breger J, Grey C P, Ceder G. Electrodes with high power and high capacity for rechargeable lithium batteries. Science, 2006, 311（5763）: 977-980.

[32] Alastair D, Robertson, A. Robert Armstrong, Peter G. Bruce. Layered $Li_xMn_{1-y}Co_yO_2$ Intercalation ElectrodessInfluence of Ion Exchange on Capacity and Structure upon Cycling. Chem. Mater., 2001, 13 : 2380-2386.

[33] Liu Zhaolin, Yu Aishui, Y. Lee Jim. Synthesis and characterization of $LiNi_{1-x-y}Co_xMn_yO_2$ as the cathode materials of secondary lithium batteries. Journal of Power Sources, 1999, 81-82 : 416-419.

[34] Ohzuku T, Makimura Y. Layered lithium insertion material of $LiCo_{1/3}Ni_{1/3}Mn_{1/3}O_2$ for lithium-ion batteries. Chem. Lett. 2001, 7 : 642-643.

[35] Numata K, Yamanaka S. Preparation and electrochemical properties of layered lithium-cobalt-manganese oxides. Solid State Ionics, 1999, 118 : 117-120.

[36] Johnson C S, Kim J-S, Lefief C, Li N, Vaughey J T, Thackeray M M . The significance of the Li_2MnO_3 component in ‘composite’ $xLi_2MnO_3\cdot(1-x)LiMn_{0.5}Ni_{0.5}O_2$ electrodes. Electrochemistry Communications, 2004, 6 : 1085-1091.

[37] Thackeray M M，Kang S H，Johnson C S，Vaughey J T，Hackney S A. Comments on the structural complexity of lithium-rich $Li_{1+x}M_{1-x}O_2$ electrodes（M = Mn，Ni，Co）for lithium batteries. Electrochem Commun, 2006，8：1531.

[38] Jarvis K A，Deng Z Q，Allard L F，Manthiram A，Ferreira P J. Atomic structure of a lithium-rich layered oxide material for lithium-ion batteries：Evidence of a solid solution. Chemistry of Materials，2011，23：3614-3621.

[39] Thackeray M M，Kang S H，Johnson C S，Vaughey J T，Benedek R，Hackney S A. Li_2MnO_3-stabilized $LiMO_2$（M = Mn，Ni，Co）electrodes for lithium-ion batteries. J. Mater Chem, 2007，17：3112-3125.

[40] 白莹，李雨，仲云霞，陈实，吴锋，吴川. 锂离子电池富锂过渡金属氧化物 $xLi_2MnO_3\cdot(1-x)LiMO_2$（M=Ni，Co或Mn）正极材料. 化学进展，2014，26（2/3）：259-269.

[41] 高敏. 锂离子电池高容量正极材料$Li_{1+x}M_{1-x}O_2$的优化与机理研究. 北京：北京科技大学，2014.

[42] Bareño J，Lei C H，Wen J G，Kang S H，Petrov I，Abraham D P. Local structure of layered oxide electrode materials for lithium-ion batteries. Advanced Materials，2010，22（10）：1122-1127.

[43] Gu Meng，Belharouak Ilias，Zheng Jianming，Wu Huiming，Xiao Jie，et al. Formation of the Spinel Phase in the Layered Composite Cathode Used in Li-Ion Batteries. Acs Nano，2013，7（1）：760-767.

[44] Wen JG，Bareño J，Lei C H，Kang S H，Balasubramanian M，Petrov I，et al. Analytical electron microscopy of $Li_{1.2}Co_{0.4}Mn_{0.4}O_2$ for lithium-ion batteries. Solid State Ionics，2011，182（1）：98-107.

[45] Bareño J，Balasubramanian M，Kang S H，Wen J G，Lei C H，Pol S V，et al. Long-range and local sructure in the layered oxide $Li_{1.2}Co_{0.4}Mn_{0.4}O_2$. Chemistry of Materials，2011，23：2039-2050.

[46] Lu Zhonghua，Chen Zhaohui，Dahn J R. Lack of cation clustering in $Li[Ni_xLi_{1/3-2x/3}Mn_{2/3-x/3}]O_2$（$0<x\leqslant 1/2$）and $Li[Cr_xLi_{(1-x)/3}Mn_{(2-2x)/3}]O_2$（$0<x<1$）. Chemistry of Materials，2003，15（16）：3214-3220.

[47] Ohzuku T，Nagayama M，Tsuji K，Ariyoshi K. High-capacity lithium insertion materials of lithium nickel manganese oxides for advanced lithium-ion batteries：toward rechargeable capacity more than 300 mA h g^{-1}. Journal of Materials Chemistry，2011，21（27）：10179.

[48] Grey C P，Yoon W-S，Reed J，et al. Electrochemical activity of Li in the transition-metal sites of O3 $Li[Li_{(1-2x)}/3Mn_{(2-x)}/3Ni_x]O_2$. Electrochemical and Solid-Sate Letters，2004，7（9）：A290-A293.

[49] Kang K，Ceder G. Factors that affect Li mobility in layered lithium transition metal oxides. Physical Review B，2006，74（9）：094105.

[50] Yabuuchi N，Yoshii K，Myung S T，et al. Detailed studies of a high-capacity electrode material for rechargeable batteries，Li_2MnO_3-$LiCo_{1/3}Ni_{1/3}Mn_{1/3}O_2$. Journal of the American Chemical Society，2011，133（12）：404-4419.

[51] Han Shaojie，Qiu Bao，Wei Zhen，Xia Yonggao，Liu Zhaoping. Surface structural conversion and electrochemical enhancement by heat treatment of chemical pre-delithiation processed lithium-rich layered cathode material. Journal of Power Sources，2014，268：683-691.

[52] Wu Y，Manthiram A. Effect of surface modifications on the layered solid solution cathodes（1-*z*）$Li[Li_{1/3}Mn_{2/3}]O_2$-z $Li[Mn_{0.5-y}Ni_{0.5-y}Co_{2y}]O_2$. Solid State Ionics，2009，180：50-56.

[53] Kang S-H，Thackeray M M. Enhancing the rate capability of high capacity xLi_2MnO_3·（1-*x*）$LiMO_2$（M = Mn，Ni，Co）electrodes by Li-Ni-PO_4 treatment. Electrochem Commun，2009，11：748-751.

[54] Wang Q，Liu J，Murugan A V，Manthiram A. High capacity double-layer surface modified $Li[Li_{0.2}Mn_{0.54}Ni_{0.13}Co_{0.13}]O_2$ cathode with improved rate capability. J Mater Chem，2009，19（28）：4965-4972.

[55] Idemoto Y，Inoue M，Kitamura N. Composition dependence of average and local structure of*x*Li（$Li_{1/3}Mn_{2/3}$）O_2-（1-*x*）Li（$Mn_{1/3}Ni_{1/3}Co_{1/3}$）O_2 active cathode material for Li-ion batteries. Journal of Power Sources，2014，259：195-202.

[56] Sun Y K，Lee M J，Yoon C S，Hassoun J，Amine K，Scrosati B. The role of AlF_3 coatings in improving electrochemical cycling of Li-enriched nickel-manganese oxide electrodes for Li-ion batteries. Adv Mater，2012，24：1192-1196.

[57] Wu F，Li N，Su YF，Shou HF，Bao LY，Yang W，Zhang LJ，An R，Chen S. Spinel/layered heterostructured cathode material for high-capacity and high-rate Li-ion batteries. Adv Mater，2013，25：3722-3726.

[58] Boulineau A，Simonin L，Colin JF，Canévet E，Daniel L，Patoux S. First evidence of manganese-nickel segregation and densification upon cycling in Li-rich layered oxides for lithium batteries. Nano Lett，2013，13：3857-3863.

[59] Zheng Jianming，Gu Meng，Genc Arda，et al. Mitigating Voltage Fade in Cathode Materials by Improving the Atomic Level Uniformity of Elemental Distribution. Nano Letters，http://dx.doi.org/10.1021/nl500486y.

[60] Kim D，Croy J R. Thackeray M M. Comments on stabilizing layered manganese oxide electrodes for Li batteries. Electrochem Commun, 2013，36：103-106.

[61] Sakunthala A，Reddy M V，Selvasekarapandian S，Chowdaria B V R，Christopher Selvin P. Synthesis of compounds，Li（$MMn_{11/6}$）O_4（M=$Mn_{1/6}$，$Co_{1/6}$，（$Co_{1/12}Cr_{1/12}$），（$Co_{1/12}A_{11/12}$），（$Cr_{1/12}Al_{1/12}$））by polymer precursor method and its electrochemical performance for lithium-ionbatteries. Electrochimica Acta，2010，55：4441-4450.

[62] Ye S H，Bo J K，Li C Z，Cao J S，Sun Q L，Wang Y L. Improvement of the high-rate discharge capability of phosphate-doped spinel $LiMn_2O_4$ by a hydrothermal method. Electrochimica Acta，2010，55：2972-2977.

[63] Xiong Lilong，Xu Youlong，Zhang Cheng，Zhang Zhengwei，Li Jiebin. Electrochemical properties of tetravalent Ti-doped spinel $LiMn_2O_4$. Solid State Electrochem，2011，15：1263-1269.

[64] Lee K-S, Myung S-T, Bang H J, et al. Co-precipitation synthesis of spherical $Li_{1.05}M_{0.05}Mn_{1.9}O_4$（M = Ni，Mg，Al）spinel and its application for lithium secondary battery cathode. Electrochimica Acta，2007，52：5201-5206.

[65] Arumugam D, Paruthimal Kalaignan G. Synthesis and electrochemical characterization of nano-CeO_2-coated nanostructure $LiMn_2O_4$ cathode materials for rechargeable lithium batteries. Electrochimica Acta, 2010, 55 : 8709-8716.

[66] Arumugam D, Paruthimal Kalaignan G. Synthesis and electrochemical characterizations of nano-La_2O_3-coated nanostructure $LiMn_2O_4$ cathode materials for rechargeable lithium batteries. Materials Research Bulletin, 2010, 45 : 1825-1831.

[67] Lee D J, Lee K-S, Myung S-T, Yashiro H, Sun Y-K. Improvement of electrochemical properties of $Li_{1.1}Al_{0.05}Mn_{1.85}O_4$ achieved by an AlF_3 coating. Journal of Power Sources, 2011, 196 : 1353-1357.

[68] Ouyang C Y. Oxidation States of Mn Atoms at Clean and Al_2O_3-Covered $LiMn_2O_4$ (001) Surfaces. J Phys. Chem., 2010, 114 : 4756-4759.

[69] Tsutomu Ohzuku, Sachio Takeda, Masato Iwanaga. Solid-state redox potentials for $Li[Me_{1/2}Mn_{3/2}]O_4$ (Me : 3d-transition metal) having spinel-framework structures : a series of 5 volt materials for advanced lithium-ion batteries. Journal of Power Sources, 1999, 81-82 : 90-94.

[70] Oh Si Hyoung, Chung K Y, Jeon S H, Kim C S, et al. Structural and electrochemical investigations on the $LiNi_{0.5-x}Mn_{1.5-y}M_{x+y}O_4$ (M =Cr, Al, Zr) compound for 5V cathode material. Journal of Alloys and Compounds, 2009, 469 : 244-250.

[71] Zhong G B, Wang Y Y, Zhang Z C, Chen C H. Effects of Al substitution for Ni and Mn on the electrochemical properties of $LiNi_{0.5}Mn_{1.5}O_4$. Electrochimica Acta, 2011, 56 : 6554-6561.

[72] Jang Min-Woo, Jung Hun-Gi, Scrosati Bruno, Sun Yang-Kook. Improved co-substituted, $LiNi_{0.5-x}Co_{2x}Mn_{1.5-x}O4$ lithium ion battery cathode materials. Journal of Power Sources, 2012, 220 : 354-359.

[73] Oh S-W, Park S-H, Kim J-H, Bae C Y, Sun Y-K. Improvement of electrochemical properties of $LiNi_{0.5}Mn_{1.5}O_4$ spinel material by fluorine substitution. Journal of Power Sources, 2006, 157 : 464-470.

[74] Shi Jin Yi, Yi C-W, Kim K. Improved electrochemical performance of $AlPO_4$-coated $LiMn_{1.5}Ni_{0.5}O_4$ electrode for lithium-ion batteries. Journal of Power Sources, 2010, 195 : 6860-6866.

[75] Wu H M, Belharouaka I, Abouimranea A, Sunb Y-K, Amine K. Surface modification of $LiNi_{0.5}Mn_{1.5}O_4$ by ZrP_2O_7 and ZrO_2 for lithium-ion batteries. Journal of Power Sources, 2010, 195 : 2909-2913.

[76] Zhang Minghao, Liu Yuanzhuang, Xia Yonggao, Qiu Bao, Wang Jun, Liu Zhaoping. Simplified co-precipitation synthesis of spinel $LiNi_{0.5}Mn_{1.5}O_4$ with improved physical and electrochemical performance. Journal of Alloys and Compounds, 2014, 598 : 73-78.

[77] Padhi A K, Nanjundaswamy K S, Goodenough J B. Phospho-olivines as positive-electrode materials for rechargeable lithium batteries. J Electrochem Soc, 1997, 144 : 1188-1194.

[78] Padhi A K, Nanjundaswamy K S, Masquelier C, Okada S, Goodenough J B. Effect of structure on the Fe^{3+}/Fe^{2+} redox couple in ironphosphates. J Electrochem Soc, 1997, 144 : 1609-1613.

[79] Anderson A S, Thomas J O. The source of first-cycle capacity loss in $LiFePO_4$. J Power Sources, 2001, 97-98 : 498-502

[80] Gu L, Zhu CB, Li H, Yu Y, Li CL, Tsukimoto S, Maier J, Ikuhara Y. Direct observation of lithium staging in partially delithiated $LiFePO_4$ at atomic resolution. J Am Chem Soc, 2011, 133 : 4661-4663

[81] 肖东东，谷林. 原子尺度锂离子电池电极材料的近平衡结构. 中国科学：化学，2014，44（3）：295-308.

[82] Liu XS, Liu J, Qiao RM, Phase transformation and lithiation effect on electronic structure of Li_xFePO_4 : an in-depth study by soft X-ray and simulations. J Am Chem Soc, 2012, 134 : 13708-13715.

[83] Orikasa Y, Maeda T, Koyama Y, Murayama H, Fukuda K, Tanida H, Arai H, Matsubara E, Uchimoto Y, Ogumi Z. Direct observation of ametastable crystal phase of Li_xFePO_4 under electrochemical phase transition. J Am Chem Soc, 2013, 135 : 5497-5500.

[84] Suo L M, Han W, Lu X, Gu L, Hu YS, Li H, Chen DF, Chen LQ, Tsukimoto S, Ikuhara Y. Highly ordered staging structural interface between $LiFePO_4$ and $FePO_4$. Phys Chem Chem Phys, 2012, 14 : 5365-5367

[85] Chung S Y, Bloking J T, Chiang Y M. Electronically conductive phospho-olivines as lithium storage electrodes Nature Mater, 2002, 1（2）: 123-128.

[86] Shi S, Liu L, Ouyang C, et al. Enhancement of electronic conductivity of $LiFePO_4$ by Cr doping and its identification by first-principles calculations. Phys Rev B, 2003, 68（19）: 19518.

[87] Andrea Paolella, Giovanni Bertoni, Enrico Dilena, Sergio Marras, Alberto Ansaldo, Liberato Manna, Chandramohan George. Redox Centers Evolution in Phospho-Olivine Type（$LiFe_{0.5}Mn_{0.5}PO_4$）Nanoplatelets with Uniform Cation Distribution. Nano Lett, 2014, 14 : 1477-1483.

[88] Okada S, Sawa S, Egashira M, et al. cathode properties of phospho-olivine $LMPO_4$ for lithium secondary batteries. J Power Sources, 2001, 97-98 : 430.

[89] Zhang B, Wang X J, Li H, et al. Electrochemical performances of $LiFe_{1-x}Mn_xPO_4$ with high Mn content. Journal of Power Sources, 2011, 196（16）: 6992-6996.

[90] Wang X J, Yu X Q, Li H, et al. Li-storage in $LiFe_{1/4}Mn_{1/4}Co_{1/4}Ni_{1/4}PO_4$ solid solution[J]. Electrochemistry Communications, 2008, 10（9）: 1347-1350.

[91] Huang Weifeng, Tao Shi, Zhou Jing, et al. Phase Separations in $LiFe_{1-x}Mn_xPO_4$: A Random Stack Model for Efficient Cathode Materials. J Phys Chem C, 2014, 118 : 796-803.

[92] Yoon J, Muhammada S, Jang D, Sivakumar N, et al. Study on structure and electrochemical properties of carbon-coated monoclinic $Li_3V_2(PO_4)_3$ using synchrotron based in situ X-ray diffraction and absorption. Journal of Alloys and Compounds, 2013, 569 : 76-81.

[93] Rui X H，Ding N，Liu J，et al. Analysis of the chemical diffusion coefficient of lithium ions in $Li_3Fe_2(PO_4)_3$ cathode material. Electrochimica Acta，2010，55（7）：2384-2390.

[94] 屈超群，魏英进，姜涛．聚阴离子型锂离子电池正极材料$Li_3V_2(PO_4)_3$的研究进展．无机材料学报，2012，27（6）：561-567.

[95] 杜晓永，何文，韩姗姗，闵丹丹，张学广，李刚．锂离子电池正极材料磷酸钒锂的研究概况．山东轻工业学院学报，2011，25（1）：9-13.

[96] Jiexin Dang，Feng Xiang，Ningyu Gu，Rongbin Zhang，Rahul Mukherjee，Il-Kwon Oh，Nikhil Koratkar，Zhenyu Yang Synthesis and electrochemical performance characterization of Ce-doped $Li_3V_2(PO_4)_3$/C as cathode materials for lithium-ion batteries. Journal of Power Sources，2013，243：33-39.

[97] 杨改，应皆荣，姜长印，高 剑，万春荣．锂离子电池正极材料$Li_3V_2(PO_4)_3$的掺杂．清华大学学报：自然科学版，2009，49（9）：121-124.

[98] 杨勇，龚正良，吴晓彪，郑建明，吕东平．锂离子电池若干正极材料体系的研究进展．科学通报，2012，57（27）：2570-2586.

[99] Barker J，Saidi M Y，Swoyer J L. Electrochemical insertion properties of the novel lithium vanadium fluorophosphate，$LiVPO_4F$ [J]. Journal of the Electrochemical Society，2003，150（10）：A1394-A1398.

[100] Xiao P F，Lai M O，Lu L. Transport and electrochemical properties of high potential tavorite $LiVPO_4F$. Solid State Ionics，2013，242：10-19.

[101] Wang Jiexi，Li Xinhai，Wang Zhixing，Guo Huajun，Li Yan，He Zhenjiang，Huang Bin. Enhancement of electrochemical performance of Al-doped $LiVPO_4F$ using AlF_3 as aluminum source. Journal of Alloys and Compounds，2013，581：836-842.

[102] Arroyo-de Dompablo M E，Armand M，Tarascon J M，Amador U. On-demand design of polyoxianionic cathode materials based on electronegativity correlations：An exploration of the Li_2MSiO_4 system（M=Fe，Mn，Co，Ni）. Electrochemistry Communications，2006，8：1292-1298.

[103] Eames C，Armstrong A R，Bruce P G，Islam M S. Insights into Changes in Voltage and Structure of Li_2FeSiO_4 Polymorphs for Lithium-Ion Batteries. Chem. Mater.，2012，24：2155-2161.

[104] Jugovic Dragana，Milovi Milos，Ivanovski V N，et al. Structural study of monoclinic Li_2FeSiO_4 by X-ray diffraction and Mössbauer spectroscopy. Journal of Power Sources，2014，265：75-80.

[105] Kuganathan N，Islam M S. Li_2MnSiO_4 Lithium Battery Material：Atomic-Scale Study of Defects，Lithium Mobility，and Trivalent Dopants. Chem. Mater，2009，21：5196-5202.

[106] 杨勇，龚正良，吴晓彪，郑建明，吕东平．锂离子电池若干正极材料体系的研究进展．科学通报，2012，57（27）：2570-2586.

[107] 李付绍，闫宇星，夏书标，胡粉娥，王智娟．Li_2MSiO_4作锂离子电池正极嵌锂插层的研究进展．材料导报，2013，27（1）：57-61.

[108] 左朋建，王振波，尹鸽平，程新群，杜春雨，徐宇虹，史鹏飞．锂离子电池聚阴离子型硅酸盐正极材料的研究进展．材料导报，2009，23（6）：28-31.

[109] 包丽颖，高伟，苏岳锋，王昭，等. 锂离子电池硅酸盐正极材料的研究进展. 科学通报，2013，58（9）: 783-792.

[110] Nytén Anton，Abouimrane Ali，Armand Michel，et al. Electrochemical performance of Li_2FeSiO_4 as a new Li-battery cathode material. Electrochemistry Communications, 2005, 7 : 156-160.

[111] Dominko R，Bele M，et al. Structure and electrochemical performance of Li_2MnSiO_4 and Li_2FeSiO_4 as potential Li-battery cathode materials. Electrochemistry Communications，2006，8 : 217-222.

[112] Dominko R，Bele M，Kokal A，et al. Li_2MnSiO_4 as a potential Li-battery cathode material. Journal of Power Sources，2007，174 : 457-461.

[113] Dominko R，Conte D E，Hanzel D，et al. Impact of synthesis conditions on the structure and performance of Li_2FeSiO_4 . Journal of Power Sources，2008，178 : 842-847.

[114] Muraliganth T，Stroukoff K R，Manthiram A. Microwave-Solvothermal Synthesis of Nanostructured Li_2MSiO_4/C（M = Mn and Fe）Cathodes for Lithium-Ion Batteries. Chem Mater, 2010，22 : 5754-5761.

[115] Nytén A，Stjerndahl M，Rensmo H，et al. Surface characterization and stability phenomena in Li_2FeSiO_4 studied by PES/XPS. J Mater. Chem, 2006，16 : 3483-3488.

[116] Dinesh Rangappa，Kempaiah Devaraju Murukanahally，Takaaki Tomai，et al. Ultrathin Nanosheets of Li_2MSiO_4（M = Fe，Mn）as High-Capacity Li-Ion Battery Electrode. Nano Lett, 2012，12 : 1146-1151.

[117] Wu Xiaozhen，Wang Xuemin，Zhang Youxiang . Nanowormlike Li_2FeSiO_4-C Composites as Lithium-Ion Battery Cathodes with Superior High-Rate Capability. Appl Mater Interfaces，2013，5 : 2510-2516.

[118] Armand M，Tarascon J-M，Arroyo-de Dompablo M E . Comparative computational investigation of N and F substituted polyoxoanionic compounds The case of Li_2FeSiO_4 electrode material. Electrochemistry Communications，2011，13 : 1047-1050.

[119] Longo R C，Xiong K，KC Santosh，Cho K. Crystal structure and multicomponent effects in Tetrahedral Silicate Cathode Materials for Rechargeable Li-ion Batteries. Electrochimica Acta，2014，121 : 434-442.

3

三元正极材料的性能

层状镍钴锰复合正极材料是一种极具发展前景的材料，与$LiCoO_2$、$LiNiO_2$和$LiMnO_2$相比，具有成本低、放电容量大、循环性能好、热稳定性好、结构比较稳定等优点。1999年Liu[1]等人首先提出不同组分的三元层状Li(Ni，Co，Mn)O_2材料，NCM比分别为721、622和523，之后2001年由Ohzuku和Makimura[2]提出Ni和Mn等量的$Li(Ni_{1/3}Co_{1/3}Mn_{1/3})O_2$材料。三元材料通过Ni-Co-Mn的协同效用，结合了三种材料的优点：$LiCoO_2$的良好循环性能，$LiNiO_2$的高比容量和$LiMnO_2$的高安全性及低成本等，已成为目前最具有发展前景的新型锂离子电池正极材料之一。

三元材料随着Ni-Co-Mn三种元素比例的变化显示出不同的性能，衍生出了多种正极材料。三元材料大致可以分为两类：

一类是Ni ∶ Mn等量型，如$LiNi_{0.33}Co_{0.33}Mn_{0.33}O_2$（111型），$LiNi_{0.4}Co_{0.2}Mn_{0.4}O_2$（424型）。这类材料中Co为+3价，Ni为+2价，Mn为+4价，在充放电过程中+4价的Mn不变价，在材料中起着稳定结构的作用，充电过程中Ni^{2+}会被氧化成Ni^{4+}，失去2个电子，保持了材料的高容量特性。还有一类为富镍类型，$LiNi_{0.5}Co_{0.2}Mn_{0.3}O_2$（523型），$LiNi_{0.6}Co_{0.2}Mn_{0.2}O_2$（622型），$LiNi_{0.8}Co_{0.1}Mn_{0.1}O_2$（811型）等，这类材料中Co为+3价，Ni为+2/+3价，Mn为+4价。充放电过程中，$Ni^{2+/3+}$、Co^{3+}发生氧化，Mn^{4+}不发生变化，在材料中起着稳定结构的作用。3种元素在材料中起不同的作用。充电电压低于4.4V（相对于Li^+/Li）时，一般认为主要是$Ni^{2+/3+}$参与电化学反应，形成Ni^{4+}；继续充电，在较高电压下，Co^{3+}参与反应，材料中出现Co^{4+}。因此，在4.4V以下充放电时，Ni含量越高，材料可逆比容量越大。Co含量显著影响材料的离子导电性，Co含量越高，材料离子导电性越好，充放电倍率性越好[3]。NCA也属于高镍三元材料，只不过在NCA中，Al^{3+}替代了Mn^{4+}，在NCA中Co、Ni、Al均为+3价，充放电过程中Al^{3+}保持不变价，也起到稳定结构的作用。

不同组分的三元材料理论比容量有差异，大致为280mA·h·g^{-1}左右，不同组分的三元材料在2.7～4.2V（相对于Li^+/Li）电压范围放电比容量不同。Ni含量高，实际放电比容量会高。由图3-1[4]可见随着三元材料中Ni含量的增加放电比容量由160mA·h·g^{-1}增加到200mA·h·g^{-1}以上，但热稳定性和容量保持率都有所降低。

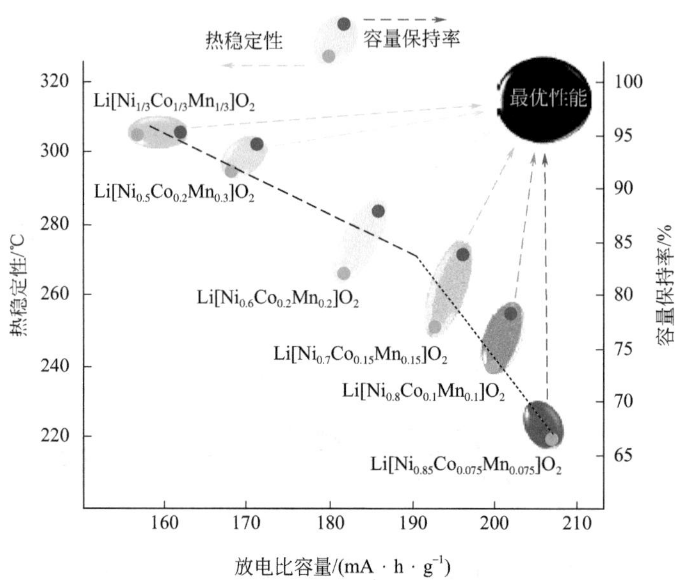

图3-1　不同组分三元材料放电比容量、热稳定性和容量保持率的关系[4]

3.1　三元正极材料的结构及电化学性能

3.1.1　三元材料的结构

Li(Ni,Co,Mn)O_2晶体属于六方晶系，是α–$NaFeO_2$的层状结构化合物，空间群为（$R\overline{3}m$），Li^+和过渡金属离子交替占据3a位（0 0 0）和3b（0 0 1/2）位，O^{2-}位于6c（00z）位置。其中6c位置上的O为立方密堆积，3b位置的金属离子（Ni、Mn、Co）和3a位置的Li分别交替占据其八面体空隙，在（111）晶面上呈层状排列。

3.1.1.1　过渡金属离子的价态变化

以$Li(Ni_{1/3}Co_{1/3}Mn_{1/3})O_2$为例讨论，Kim等[5]在Mn的K–edge图中发现，$Li(Ni_{1/3}Co_{1/3}Mn_{1/3})O_2$的XANES图像与$LiNi_{0.5}Mn_{0.5}O_2$相似，说明其中的Mn的价态为+4价，Ni为+2价，Co为+3价。他们的结论与Koyama等[6]、Shaju等[7]通过$Li(Ni_{1/3}Co_{1/3}Mn_{1/3})O_2$晶体模型理论计算DOS的结果和XPS图谱相符。从原子轨道的角度分析，Ni、Co、Mn为过渡金属，在八面体场中d轨道发生能级分裂，形成t_{2g}和e_g轨道，如图3-2所示。

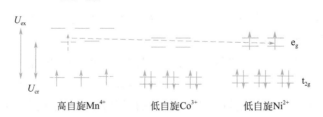

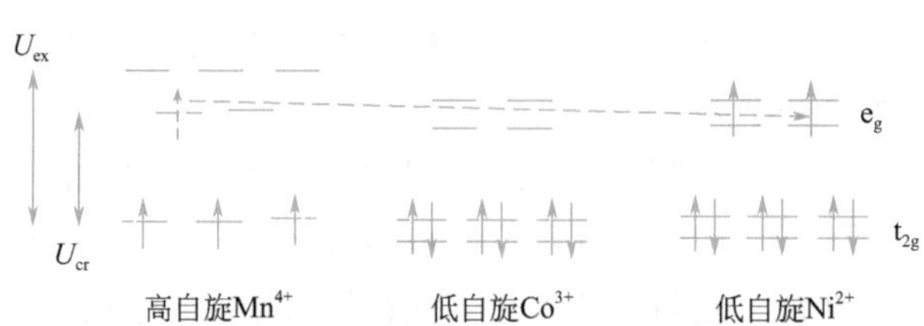

图3-2　$LiNi_xCo_{1-2x}Mn_xO_2$中d轨道电子排布示意图[8]

注：U_{cr}为晶体场分裂能（crystal field splitting energy）；U_{ex}为交换能（exchange energy）

Mn^{4+}处于高自旋态（$t_{2g}^3\ e_g^0$），而$Co^{3+}(t_{2g}^6\ e_g^0)$与$Ni^{2+}(t_{2g}^6\ e_g^2)$处于低自旋态，Mn^{4+}和Ni^{2+}与Mn^{3+}和Ni^{3+}相比能量更趋于稳定，所以Mn^{3+}的e_g轨道上的电子转移到Ni^{3+}的e_g轨道上，形成了Mn^{4+}和Ni^{2+}。由于存在Ni^{2+}，其半径与Li^+相近，所以很容易占据Li^+的3a位置而发生阳离子混排。阳离子混排的数量直接影响到材料的电化学性能。文献[5]采用中子衍射Rietveld分析得到了（3a）位的Ni^{2+}数量，同样数量的Li^+占据了（3b）位置，阳离子混排量为6%，与$LiNiO_2$相比混排量较小。并且只有Ni^{2+}占据（3a）位，Co^{3+}、Mn^{4+}并不导致阳离子混排[9]。

对于不同Ni，Co，Mn配比三元材料，随着Ni含量的不同阳离子混排程度不同，通常用$I_{(003)}/I_{(104)}$比值大小衡量阳离子混排程度，比值低说明阳离子混排严重。Ni^{2+}在Li层不仅降低了放电比容量，而且阻碍了Li^+的扩散。这种结构的无序状态使电化学性能变差。Sun小组[4]研究了不同Ni、Co、Mn配比材料$Li[Ni_xCo_yMn_z]O_2$（$x = 1/3$，0.5，0.6，0.7，0.8和0.85）的$I_{(003)}/I_{(104)}$比值发现，随着Ni含量的增加$I_{(003)}/I_{(104)}$峰的比值降低，说明随着Ni含量增加，Li/Ni混排严重，见表3-1。

表3-1 **$Li[Ni_xCo_yMn_z]O_2$（$x = 1/3$，0.5，0.6，0.7，0.8和0.85）的$I_{(003)}/I_{(104)}$比值[4]**

材料	$I_{(003)}/I_{(104)}$
$Li[Ni_{1/3}Co_{1/3}Mn_{1/3}]O_2$	1.35
$Li[Ni_{0.5}Co_{0.2}Mn_{0.3}]O_2$	1.32
$Li[Ni_{0.6}Co_{0.2}Mn_{0.2}]O_2$	1.26
$Li[Ni_{0.7}Co_{0.15}Mn_{0.15}]O_2$	1.20
$Li[Ni_{0.8}Co_{0.1}Mn_{0.1}]O_2$	1.19
$Li[Ni_{0.85}Co_{0.075}Mn_{0.075}]O_2$	1.18

充电过程中，锂离子从正极材料层间脱出，过渡金属离子发生氧化，价态升高。根据Koyama等人[6]的计算结果，$Li_{1-x}[Co_{1/3}Ni_{1/3}Mn_{1/3}]O_2$（$0 \leqslant x \leqslant 1$）在脱锂过程中，$0 \leqslant x \leqslant 1/3$、$1/3 \leqslant x \leqslant 2/3$和$2/3 \leqslant x \leqslant 1$范围对应的氧化还原反应分别为$Ni^{2+}/Ni^{3+}$、$Ni^{3+}/Ni^{4+}$和$Co^{3+}/Co^{4+}$。而Kim等人[10]根据ex situ XANES图谱推测出，与Ni^{2+}/Ni^{3+}反应对应的电压为3.8V，Ni^{3+}/Ni^{4+}反应对应的电压范围为3.9～4.1V，在4.1V后，Ni的K–edge图没有发生变化，说明此后镍离子的价态不再发生变化。Mn的K–edge图虽然有轻微变化，但经分析是由锰离子周围环境发生变化而引起的，所以Mn^{4+}在充放电过程中不发生变化，起到稳定结构的作用。而Co的K–edge图在整个电压范围内都有变化，所以作者认为Co^{3+}/Co^{4+}对应于整个电压范围，并分析与Ohzuku等人的结果偏差在于Ohzuku是采用模拟理想晶体结构计算得出，而实际实验中得到的晶体并不是理想晶体。但是可以确定的是4.5V附近的电压平台一定与Co^{3+}/Co^{4+}是一致的，至于在低电位平台处是否会发生Co^{3+}/Co^{4+}过程还需要进一步的研究确定。

3.1.1.2 充放电过程中M—O键的变化

在Koyama的计算结果中[6]，对Li（$Ni_{1/3}Co_{1/3}Mn_{1/3}$）O_2中的平均原子间距分别和$LiCoO_2$、$LiNiO_2$和$LiMnO_2$进行了比较。Co—O间距和$LiCoO_2$相近，Ni—O间距比$LiNiO_2$大，Mn—O间距比$LiMnO_2$小。说明在$Li(Ni_{1/3}Co_{1/3}Mn_{1/3})O_2$中，Co附近的电子结构与$LiCoO_2$相似，而Ni和Mn的电子结构与$LiNiO_2$和$LiMnO_2$有很大不同。在放电过程中，Mn—O键长变化很小；Co—O键长有一定程度的减小；Ni—O键长则有很大幅度的减小。金属离子与氧之间的距离与金属离子的价态密切相关。Co^{3+}/Co^{4+}所对应的能级轨道为$t_{2g}^6e_g^0/t_{2g}^5e_g^0$，$Ni^{2+}/Ni^{3+}$和$Ni^{3+}/Ni^{4+}$对应的轨道为$t_{2g}^6e_g^2/t_{2g}^6e_g^1$和$t_{2g}^6e_g^1/t_{2g}^6e_g^0$，在放电过程中，$Co^{3+}/Co^{4+}$能量变化很小，所以半径变

化很小（$r_{Co^{3+}}$=0.545Å，$r_{Co^{4+}}$=0.53Å）。而Ni^{2+}/Ni^{3+}（Ni^{3+}/Ni^{4+}）之间反应时，电子在t_{2g}和e_g轨道之间变化，所以反应前后半径变化较大（$r_{Ni^{2+}}$=0.69Å，$r_{Ni^{3+}}$=0.56Å，$r_{Ni^{4+}}$=0.48Å）。同时，保持不变的MnO_6八面体可以在电化学过程中起到支撑结构的作用[5]。

3.1.1.3 Li（Ni，Co，Mn）O_2的晶胞参数的变化

Li(Ni，Co，Mn)O_2体系中，$Li(Ni_{1/3}Co_{1/3}Mn_{1/3})O_2$的晶胞参数$a$为2.862Å，$c$为14.227Å，晶胞体积为100.6Å^3。与$LiCoO_2$和$LiNiO_2$的晶胞参数进行比较，$LiCoO_2$的晶胞参数是最小的（$a$=2.819Å，$c$=14.069Å，晶胞体积为96.8Å^3）；$LiNiO_2$的晶胞体积最大（$v$=102.3Å^3）[11]。不同的Co、Ni、Mn比例对Li(Ni，Co，Mn)O_2体系的晶胞参数的影响是不同的。随着其中Co的含量的增加，晶格常数a和c逐渐变小，因为半径较小的Co^{3+}($r_{Co^{3+}}$=0.545Å)取代了Ni^{2+}($r_{Ni^{2+}}$=0.69Å)和Mn^{4+}($r_{Mn^{4+}}$=0.53Å)。c/a值是判断层状结构的重要因素，当c/a值大于4.9时，认为材料中存在层状结构，其值越大，说明层状结构所占比例越大。c/a值随钴含量的增大而增大，说明随钴含量的增大，所形成的层状结构越好。

在充电至4.2V之前，$Li(Ni_{1/3}Co_{1/3}Mn_{1/3})O_2$的晶胞参数$a$随锂从正极中脱出而不断减小，后有微小的增加。$a$的减小是由于过渡金属Co和Ni的氧化。晶格参数$c$保持增大的趋势直到4.4V附近，这是因为随着Li的脱出，相邻氧层之间的斥力增大，导致了c的增加。4.4V后，c值突然减小，因为逐渐增多的四价镍—氧键可以减小层间的电子斥力。在放电过程中，a值减小的同时c值增大，所以晶胞体积的变化很小，仅2%左右，远小于$LiCoO_2$和$LiNiO_2$。这一实验结果与Koyama的计算结果[6]基本一致。$Li(Ni_{1/3}Co_{1/3}Mn_{1/3})O_2$在充放电过程中体积变化小，没有相变，这也是$Li(Ni_{1/3}Co_{1/3}Mn_{1/3})O_2$材料的优点之一。与$LiNiO_2$相比，$LiNiO_2$在Li嵌入/脱出过程中发生的多次相变对化合物晶胞体积变化有很大的影响，晶胞在反复充放电过程中不断地收缩膨胀，会导致材料颗粒结构断裂、粉化，导致活性粒子之间接触不良，增加电池内阻，造成材料容量损失，降低了电极循环稳定性，导致容量衰减和寿命缩短。对于高镍三元材料，当Ni含量高于0.6时，也会有相变产生，导致电池循环性能下降。

3.1.2 三元材料的电化学性能

3.1.2.1 容量-循环性能

容量-循环性能是衡量锂离子电池性能好坏的基本因素之一，由此也可以判断正极材料的优劣。Li(Ni,Co,Mn)O_2系列正极材料的组分不同容量不同，在2.7～4.2V(相对于Li^+/Li）范围，随着Ni含量的增高比容量增高。由于其中Ni和Co的氧化还原电压不同，所以没有很平坦的电压平台。Sun小组[4]用半电池（Li作为负极）研究了在3～4.3V范围，25℃，20mA·g^{-1}（0.1C）条件下，不同Ni、Co、Mn含量$Li[Ni_xCo_yMn_z]O_2$（x = 1/3、0.5、0.6、0.7、0.8和0.85）的比容量。研究结果表明随着Ni含量的增加，比容量增加，x=0.85、0.8、0.7、0.60、0.5和1/3的材料首次放电比容量分别为206mA·h·g^{-1}、203mA·h·g^{-1}、194mA·h·g^{-1}、187mA·h·g^{-1}、175mA·h·g^{-1}和163mA·h·g^{-1}。但随着镍含量的增加，循环性能有所下降。如图3-3所示。

Liu等人[12]研究了NCM为523、433的正极材料与碳负极材料组成全电池的循环性能。由图3-4也可以看出，NCM532相对于433有高的比容量，它们分别为167mA·h·g^{-1}和162mA·h·g^{-1}[在2.7～4.3V(相对于Li/Li^+)]。虽然比容量相差仅几毫安时每克，但低镍含量的433有更好的循环性能。从图3-4中可以看出，三个电池容量保持率在80%时的循环次数都

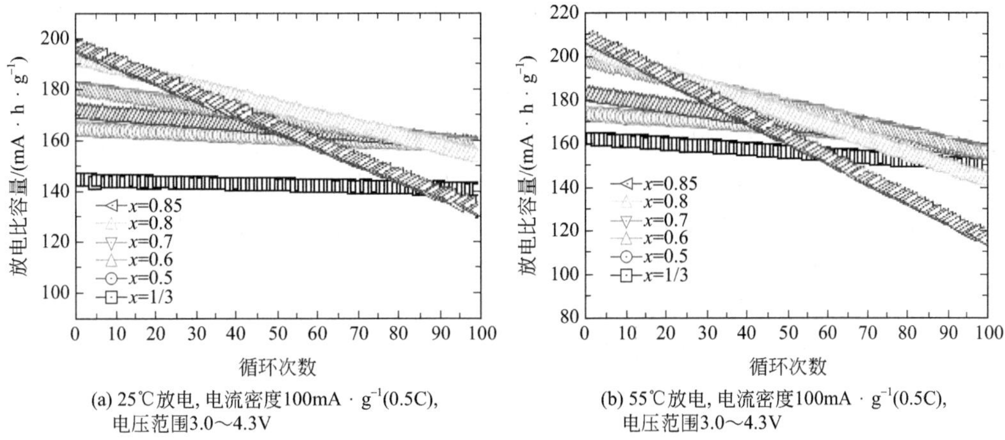

(a) 25℃放电, 电流密度100mA · g^{-1}(0.5C), 电压范围3.0～4.3V

(b) 55℃放电, 电流密度100mA · g^{-1}(0.5C), 电压范围3.0～4.3V

图 3-3 **$Li/Li[Ni_xCo_yMn_z]O_2$（x = 1/3、0.5、0.6、0.7、0.8 和 0.85）电池放电比容量–循环次数**[4]（见彩图 17）

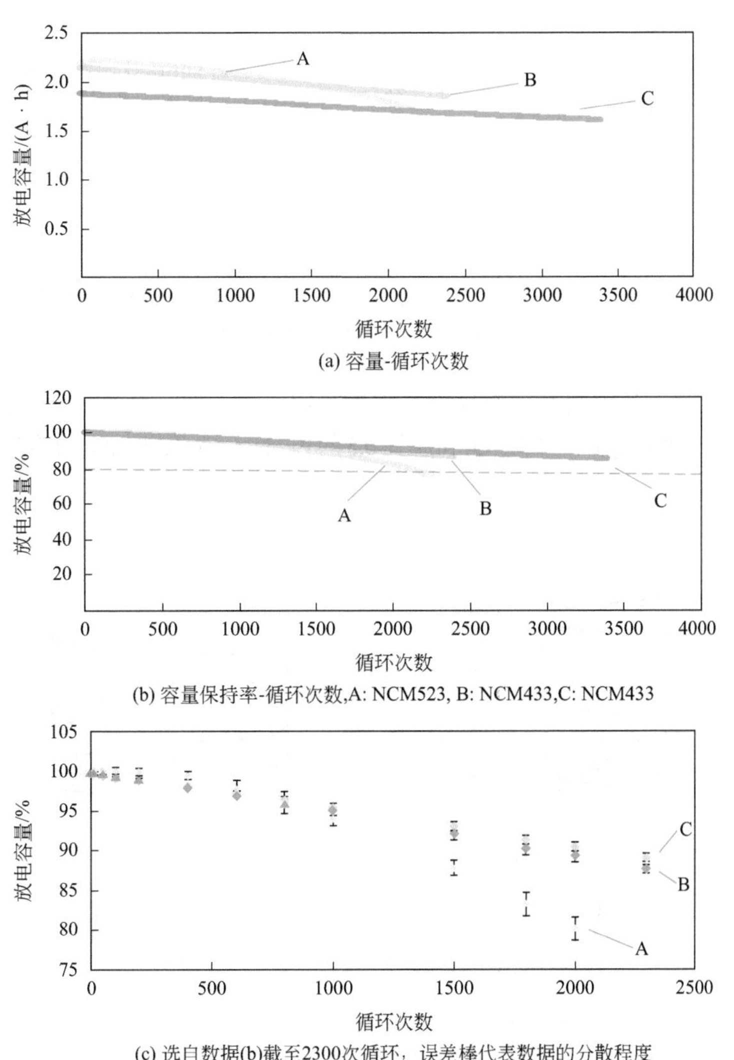

(a) 容量-循环次数

(b) 容量保持率-循环次数,A: NCM523, B: NCM433,C: NCM433

(c) 选自数据(b)截至2300次循环，误差棒代表数据的分散程度

图 3-4 **C/NCM 全电池 1C 充放电，室温**[12]

超过2000次，当负极/正极的容量比=1.19时（NCM433），容量保持率会更好，这说明电池的设计对于提高电池的循环性能也是非常重要的。他们认为433性能好的原因是：Li/Ni混排的比例更小；循环过程中活性材料损失小；电池设计更合理。通过对三个电池交流阻抗谱的研究发现，NCM433循环2000次时阻抗增加最小，也说明正极的阳离子溶解最小，负极的SEI膜增长最小。这些主要还是由于Ni含量低，阳离子混排比例小，结构更稳定。

对于常规NCM523材料微调Co、Mn含量也可以改进材料的循环性能。Hyoung–Geun Kim[13]的研究结果表明，在NCM523材料的基础上，Ni含量保持不变，Co减少0.04，Mn增加0.04，可以有效改进材料高温高电压条件下的循环性能和热稳定性，如图3-5所示。这主要是由于增加非活性的Mn^{4+}，稳定了材料的层状结构。

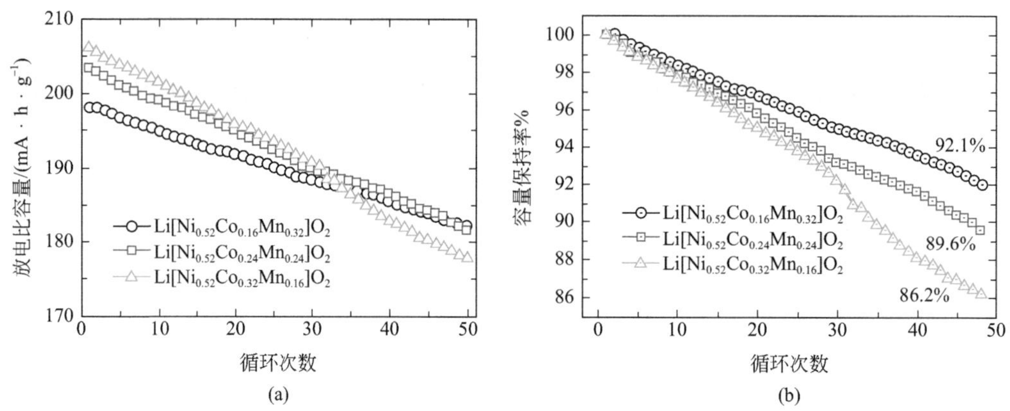

图3-5　采用0.5C（93mA · g^{-1}），在2.7 ~ 4.5V电压范围55℃条件下，50次循环的比容量和容量保持率[13]

在相同电压范围，三元材料随着Ni含量的增加比容量增加，与三元材料的能带分布有关。图3-6给出未脱锂的$LiNi_{0.65}Co_{0.25}Mn_{0.1}O_2$和脱锂0.5的$Li_{0.5}Ni_{0.65}Co_{0.25}Mn_{0.1}O_2$的简化能带定性图[14]。

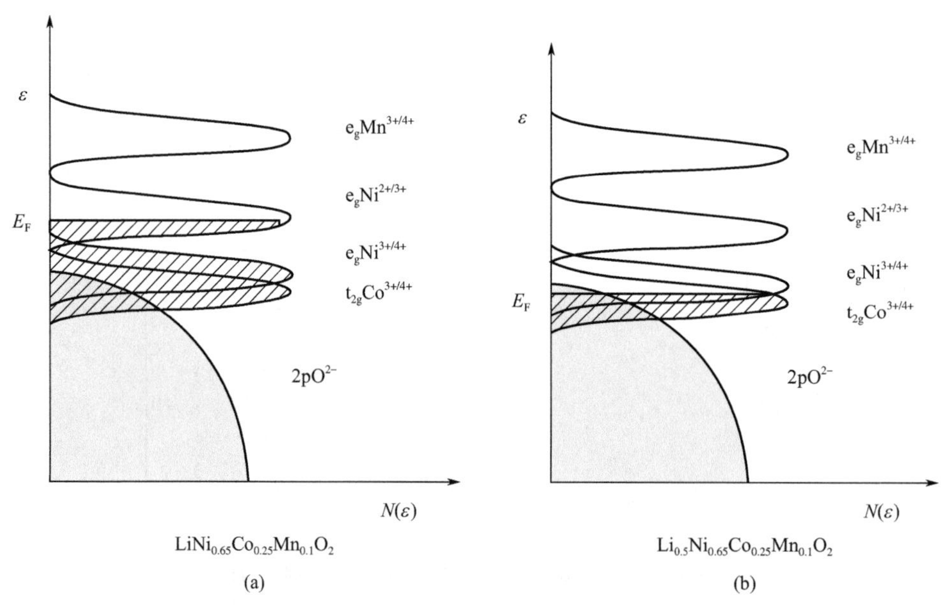

图3-6　（a）$LiNi_{0.65}Co_{0.25}Mn_{0.1}O_2$和（b）$Li_{0.5}Ni_{0.65}Co_{0.25}Mn_{0.1}O_2$简化的能带定性图[14]

由该图可以看出，Co和O的能带重叠大于Ni和O的充叠，在充电过程中，Ni^{2+}先氧化生成Ni^{3+}，Ni^{3+}又先于Co^{3+}生成+4价，所以在相同电压范围，高镍三元材料比容量高于低镍三元材料。但由于$Ni^{3+/4+}$和$Co^{3+/4+}$与O有能带重叠，所以在高脱锂状态，晶格O会从晶格中脱出，造成高氧化态的M^{4+}趋于形成M^{3+}而导致循环性能变差。

3.1.2.2 倍率性能

三元材料有较好的倍率性能，Yoshizawa[15]以$LiCo_{1/3}Ni_{1/3}Mn_{1/3}O_2$和$LiCoO_2$进行了电化学性能对比研究，结果表明$LiCo_{1/3}Ni_{1/3}Mn_{1/3}O_2$具有较好高倍率放电性能和循环性能，高的能量密度和安全性。这种高功率型电池可用于电动车和电动工具。由图3-7可见，对于2.3A·h的$LiCo_{1/3}Ni_{1/3}Mn_{1/3}O_2$R18650电池以接近2C的倍率放电时，虽然极化较大，但比容量仍保持了2.1A·h以上。

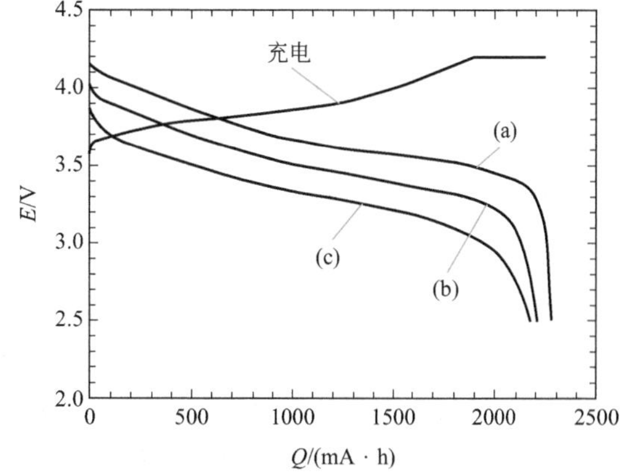

图3-7 C/$LiCo_{1/3}Ni_{1/3}Mn_{1/3}O_2$ R18650电池（2.3A·h）倍率放电实验，不同电流[（a）430mA；（b）2150mA；（c）4300mA]，20℃，恒电流充电（电流1500mA）至4.2V后在4.2V进行恒电压充电，充电电流低于110mA终止[15]

不同NCM比例的三元材料倍率性能不同，Co含量高倍率性能好。倍率放电性能主要是受电荷传递和锂离子扩散速率的影响。三元材料虽然与$LiCoO_2$具有同样的层状结构，但是由于Ni^{2+}半径较大，Mn^{4+}、Ni^{2+}的极化力分别小于Mn^{3+}、Ni^{3+}，使得O-M-O层共价性比$LiCoO_2$弱，导致M—O键减弱，而M—O键减弱使Li—O键增强，致使锂离子的扩散活化能增大。另外层状$LiMO_2$材料中过渡金属离子的电子组态会影响电荷传递速率。如$LiNiO_2$中Ni^{3+}的d电子组态为$t_{2g}^6e_g^1$，由于e_g轨道指向配位氧并与氧的2p轨道形成σ键，而Co^{3+}的t_{2g}轨道与氧2p轨道形成π键，因此层内Ni—Ni间d轨道满带与空带的重叠程度不及Co—Co间d轨道满带与空带的重叠程度，所以$Ni^{4+/3+}$混合价态电荷传输比$LiCoO_2$中$Co^{4+/3+}$的困难得多，因此其高倍率放电能力相对较$LiCoO_2$差。因此该类材料电化学反应速率缓慢。对于三元材料来讲，由于Ni含量的增加，倍率性能将变差。进一步研究发现电荷传递过程是电化学反应的控制步骤，温度升高，电荷传递活性增大，电化学嵌入与脱出反应加速，从而提高电化学性能。正极材料的倍率性能的好坏直接影响二次锂离子电池在大功率电器中的应用。李建刚等[16]研究了$LiNi_{3/8}Co_{2/8}Mn_{3/8}O_2$的倍率放电性能，并研究了温度对锂离子扩散过程及电荷传递过程的影响。研究发现，21℃时，随着放电电流增大，放电容量急剧下降，以464mA·g^{-1}电流放电时，放电容量约为以23mA·g^{-1}的电流放电时的34%。当温度升高后，随着放电电流增大，放电容量下降明显变缓。50℃时，以464mA·g^{-1}电流放电时，放电容量约为23mA·g^{-1}时的76%。温度升高后样品的放电容量升高，高倍率放电性能也得到改善，因为温度升高加快了正极材料中锂离子的电化学嵌入–脱出速率。倍率放电性能主要是受电荷传递和锂离子扩散速率的影响。

Venkatraman[17]分析了影响层状$LiNi_{1-y-z}Co_yMn_zO_2$材料锂脱出速率的因素。随着Ni含量的增加，锂离子完全脱出所需时间延长；在$Li_{1-x}Ni_{0.5-0.5y}Mn_{0.5-0.5y}Co_yO_2$中，随着钴含量的增大，锂脱出速率加快。造成这一现象的原因有两点，首先，“阳离子混排”现象导致一部分Ni离子分布在Li层，会阻碍Li^+的扩散通道，从而减缓了锂离子的脱出速率。其次，锂–氧层的厚度(d_{LiO_2})也会影响锂离子的脱出速率，较大的d_{LiO_2}可以加快锂的嵌入-脱出速率。Li—O与M—O键强度也会影响材料的电化学反应速度。由文献[16]分析，$LiNi_{3/8}Co_{2/8}Mn_{3/8}O_2$中$Ni^{2+}$、$Co^{3+}$、$Mn^{4+}$的d电子组态分别为$t_{2g}{}^6e_g{}^2$、$t_{2g}{}^6e_g{}^0$、$t_{2g}{}^3e_g{}^0$，尽管三种离子均匀分布且价电子轨道能量非常相近，但由于价电子的局限性、镍离子e_g轨道与氧2p轨道的键合特性以及过渡金属离子层内更长的M—M键，使得d轨道重叠程度更小，且价电子也少，电荷传递可能更困难，从而减缓$LiNi_{3/8}Co_{2/8}Mn_{3/8}O_2$的电化学反应速率。I.Belharouak[18]认为$LiNi_{1/3}Co_{1/3}Mn_{1/3}O_2$材料有很好的倍率性能，很有希望用于电动车。在2.9～4.1V以1.5C倍率放电100次循环容量没有衰减，以5C倍率放电200次循环只损失18%。

3.1.2.3 低温性能

锂离子动力电池的工作温度一般应在–20～55℃之间，特殊领域则达–40～55℃。通常，锂离子电池在–20℃下已经很难放电，–40℃下电池放出容量只有20℃时容量的5%左右。这显然限制了动力电源在寒冷地区的应用。因此，改善三元正极材料的低温性能，已成为锂离子动力电池研究的重要任务之一。李光胤等人[19]通过用XRD、SEM和恒电流充放电对$LiNi_{1/3}Co_{1/3}Mn_{1/3}O_2$材料的结构、形貌和低温电性能进行了表征，通过线性极化、GITT和EIS等手段研究分析了低温下材料性能变差的原因。结果表明，–20℃时，$LiNi_{1/3}Co_{1/3}Mn_{1/3}O_2$材料的0.1C、0.2C、1C和5C倍率放电比容量依次为25℃时同倍率下放电比容量的83.2%、68.4%、57.2%和34.1%，放电中值电压比25℃时依次降低了0.049V、0.125V、0.364V和0.531V。由此看出，低温对电池倍率性能的影响非常明显。由图3-8也可看出，低温充放电过程表现出明显的极化现象，他们分析其中最显著的极化来自锂离子穿过活性物质/电解液界面过程以及电荷转移过程，而非锂离子在电极材料内部的扩散过程。因此，改善$LiNi_{1/3}Co_{1/3}Mn_{1/3}O_2$材料的低温性能，应该从降低表面膜阻抗和电化学反应阻抗入手。

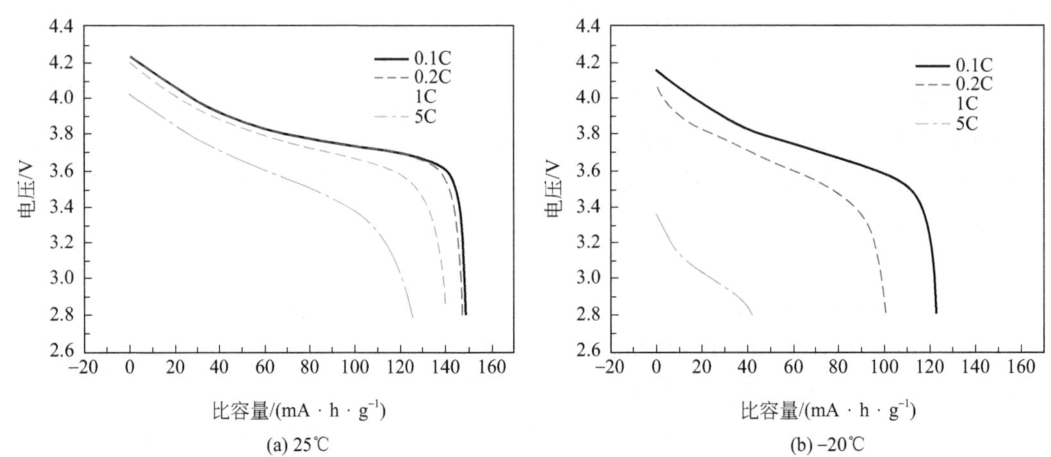

图3-8 $LiNi_{1/3}Co_{1/3}Mn_{1/3}O_2$正极材料不同倍率放电曲线[19]

注：0.1C放电曲线对应的充电过程为25℃，0.1C恒流恒压充电；0.2C、1C和5C放电曲线对应的充电过程为25℃，0.2C恒流充电

3.1.2.4 热稳定性

与$LiCO_2$相比三元材料有高的比容量和好的热稳定性。T.Ohzuku小组[15]采用质谱通过

对$Li_{1-x}CoO_2$（充电容量140mA·h·g^{-1}）与$Li_{1-x}Co_{1/3}Ni_{1/3}Mn_{1/3}O_2$（充电容量185mA·h·g^{-1}）的热分解气体进行对比，结果表明，三元材料释放氧气的起始温度要比$Li_{1-x}CoO_2$高（图3-9），因此认为三元材料有更好的热稳定性。高温XRD测量$LiCo_{1/3}Ni_{1/3}Mn_{1/3}O_2$充电至4.45V的产物为含有Ni、Co、Mn的立方尖晶石相，由层状结构转变成尖晶石结构有效地抑制了氧从材料基体结构中析出。具有高能量密度的三元材料显示了更好的高倍率性能、循环性能和安全性能。

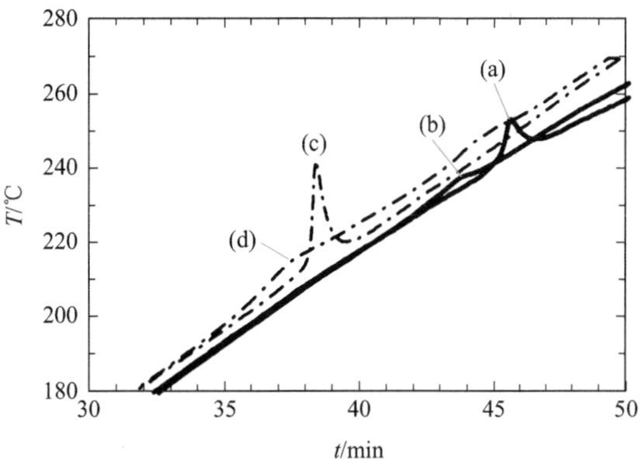

图3-9　$C/LiCo_{1/3}Ni_{1/3}Mn_{1/3}O_2$和$C/LiCoO_2$电池充电至不同电压hot–pot实验结果[15]

（a）$Li_{1-x}Co_{1/3}Ni_{1/3}Mn_{1/3}O_2$充电至4.4V；（b）$Li_{1-x}Co_{1/3}Ni_{1/3}Mn_{1/3}O_2$充电至4.7V；（c）$Li_{1-x}CoO_2$充电至4.2V；（d）$Li_{1-x}CoO_2$充电至4.7V

但对于不同Ni含量的三元材料，热稳定性不同，各元素对材料热稳定性起到的作用不同。文献[20]研究了Co和Mn对$Li_{0.2}Ni_xMn_{(1-x)/2}Co_{(1-x)/2}O_2$（$x$ = 1/3、0.6、0.8）材料热稳定性的影响。他们使用X射线吸收精细结构（XAFS）光谱阐明在高温下条件下$Li_{0.2}Ni_xMn_{(1-x)/2}Co_{(1-x)/2}O_2$（$x$ =1/3、0.6、0.8）材料中每个过渡金属的氧化状态的变化和局部结构。X射线吸收边缘结构（XANES）光谱表明，由于加热镍和Co的氧化态发生了变化。在高温下，Co离子由八面体迁移到四面体位置，Mn离子仍保持在八面体位置，扩展X射线吸收精细结构（EXAFS）结果支持这一结论。在镍基三元材料中，Co和Mn对材料的热稳定性的影响是不同的，Co离子由八面体位置迁移到四面体位置，并且稳定占据四面体位置，因此抑制了材料由尖晶石结构向盐岩结构的转变，但是如果Co含量低于10%，这种抑制相转变的影响就会变小。在高温下Mn的氧化态是稳定的，占位不变，Mn可以防止层状结构向尖晶石结构的转变。这个结果表明，在镍基三元材料中，替代元素可以改进其热稳定性，但不同元素的影响是不同的。

3.1.2.5　储存性能

储存性能也是检测电池性能一项很重要的指标。Shoichiro Watanabe[21,22]为了验证高镍三元的NCA电池的高温储存性能，将NCA（NCR18650）和$LiCoO_2$（CGR18650E）组装成18650电池，在45℃贮藏2年取出后，对两种电池长期贮存实验中容量衰减进行了研究比较。这项研究的结果表明，在存储实验中NCR18650存储性能大大优于CGR18650E。储存过程中阻抗增加和容量衰减主要是由于阴极的降解，并且LCO阴极的恶化大于NCA阴极。他们采用XPS对NCA和LCO阴极表面SEI膜进行了分析，它们有几乎相同的元素，并具有相同的厚度，这表明SEI不是造成NCA和LCO的降解行为差异的主要因素。扫描透射电子能量损失谱表明两个阴极材料之间有一个非常大的差异。存储前后NCANi–$L_{2,3}$能量损失近边结构（ELNES）的光谱都在约856.5eV显示有峰，它被归为三价镍，表明NCA在储存过程中其表面结构无明显变化。另一方面，Co–$L_{2,3}$ELNES光谱的峰值由782.5eV移向781eV，表明LCO贮存后能量明显转移到较低位置。这些结果表明，活性物质表面的晶体结构的变化是贮存试验中电池恶化的主要原因。在长期的高温贮存过程中NCA阴极材料在表面晶体/电子结构的变化和阳离子混排情况比LCO阴极材料小得多，表明NCA具有优良的贮存特征。在文中还讨论了LCO/石墨电池和NCA/石墨电池衰减之间的差异。图3-10给出了镍基和钴基电池存储后性能差异，镍基电池性能明显优于钴基电池。由图3-11也可以看出储存2年后，LCO电池在负极Co的沉积量大于NCA中Ni在负极的沉积量，说明LCO在储存过程中Co的溶解量较大，破坏了材料的结构，导致电池性能变差。

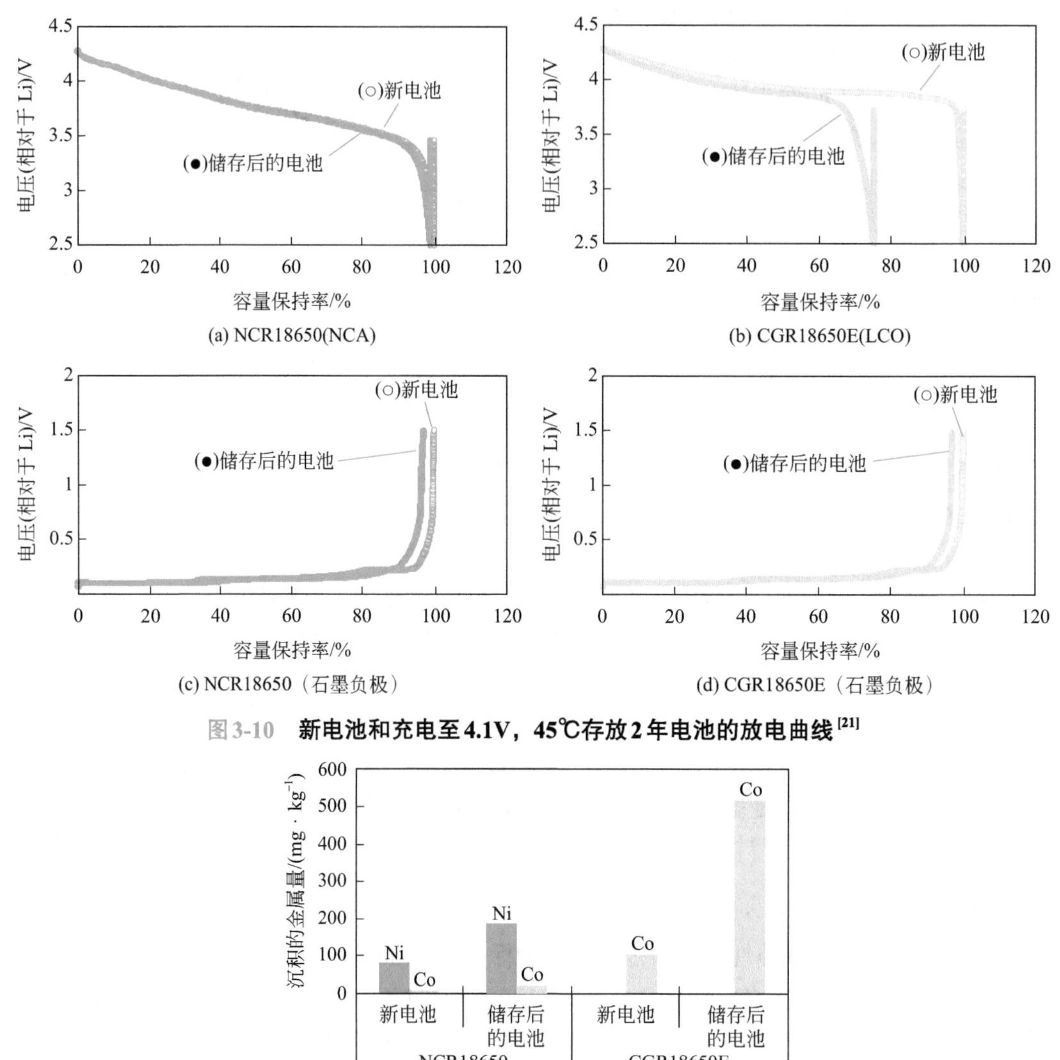

图3-10 新电池和充电至4.1V，45℃存放2年电池的放电曲线[21]

图3-11 在45℃储存2年后NCA和LCO电池在负极上沉积的金属量[22]

3.2 三元材料存在问题及改性

3.2.1 三元材料存在的问题

3.2.1.1 随着Ni含量的增加，循环性能变差

由图3-3可知随着三元材料中Ni含量的增加，电池循环性能变差。造成这一现象的主要原因是随着Ni含量增加在充放电过程中发生了多次相变。

图3-12给出系列三元材料首次充放电曲线的容量–电压曲线[4]，对于x=1/3的材料首次循环的氧化/还原峰分别为3.76V和3.72V，但当Ni含量增加时，在3.64V增加一个新的氧化峰；当x=0.8时，出现4对明显的氧化还原峰，氧化峰分别为3.62V、3.78V、4.04V和4.23V，它们对应着六方相向单斜相的（H1/M），单斜相向六方相（M/H2）和六方相向六方相（H2/H3）的转变[23]。相应的还原峰分别为3.58V、3.72V、3.98V和4.18V。在循环过程中，x=1/3的材料氧化还原峰非常稳定，而随着Ni含量的增加氧化还原峰极化增大，对于x=0.8的材料循环100次时3.62V的峰已经移向3.76V。当由H2向H3的结构转变导致体积收缩，这是造成容量衰减的主要原因。随Ni含量减少，没有发生H2–H3相转变，循环过程中体积变化小，这些材料主体结构稳定，因此就有好的可逆性。低镍材料好的循环性能主要是由于抑制了H2–H3的相变。另外，当Ni含量增加时，随着循环的进行放电电压降低，说明Ni含量增加内阻增加。

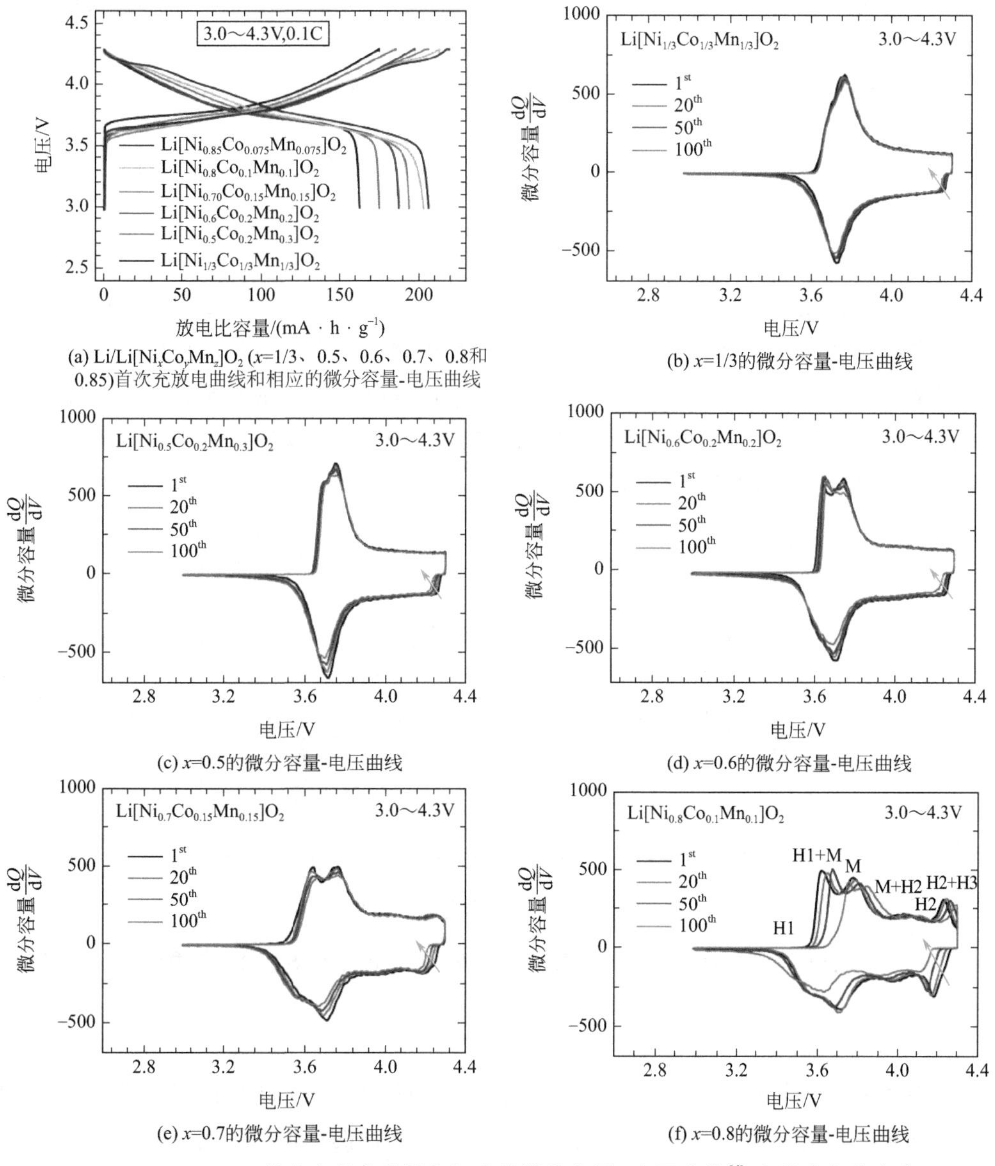

(a) Li/Li[Ni$_x$Co$_y$Mn$_z$]O$_2$ (x=1/3、0.5、0.6、0.7、0.8和0.85)首次充放电曲线和相应的微分容量-电压曲线

(b) x=1/3的微分容量-电压曲线

(c) x=0.5的微分容量-电压曲线

(d) x=0.6的微分容量-电压曲线

(e) x=0.7的微分容量-电压曲线

(f) x=0.8的微分容量-电压曲线

图3-12 **Li/Li[Ni$_x$Co$_y$Mn$_z$]O$_2$首次充放电曲线和相应的微分容量–电压曲线[4][充放电电流密度20mA · g^{-1}（0.1C），25℃，电压范围3.0 ~ 4.3V]**（见彩图18）

3.2.1.2 随着Ni含能量增高，表面LiOH、Li_2CO_3增高[4]

对于高镍$Li[Ni_xCo_yMn_z]O_2$材料，尤其是$x>0.6$的材料在空气中很容易与CO_2和H_2O发生反应，在材料表面生成Li_2CO_3和LiOH。LiOH与电解液中的$LiPF_6$反应产生HF，Li_2CO_3会导致在高温储存时产生严重的气胀，尤其是在充电状态。表3-2给出正极表面LiOH和Li_2CO_3的含量，随着Ni含量的增加LiOH和Li_2CO_3总量增加，当$x>0.7$时，LiOH和Li_2CO_3快速增加，给电池的加工和电化学性能都带来很大影响。

表3-2 $Li[Ni_xCo_yMn_z]O_2$正极表面（LiOH和Li_2CO_3）含量　　单位：$mg \cdot kg^{-1}$

材料	LiOH	Li_2CO_3	总
$Li[Ni_{1/3}Co_{1/3}Mn_{1/3}]O_2$	790	1008	1798
$Li[Ni_{0.5}Co_{0.2}Mn_{0.3}]O_2$	1316	1080	2396
$Li[Ni_{0.6}Co_{0.2}Mn_{0.2}]O_2$	2593	2315	4908
$Li[Ni_{0.7}Co_{0.15}Mn_{0.15}]O_2$	4514	6540	11054
$Li[Ni_{0.8}Co_{0.1}Mn_{0.1}]O_2$	10996	12823	23819
$Li[Ni_{0.85}Co_{0.075}Mn_{0.075}]O_2$	11285	15257	26542

3.2.1.3 Ni含量增高，热稳定性变差

由图3-13可以清楚地看出，随着三元材料中Ni含量的增加，热分解温度降低，放热量增加。也就是说，随着Ni含量的增加，材料热稳定性变差。在图3-13中，是将电池充电至4.3V时做的DSC实验，对于高镍含量的材料由于在相同电位下脱出的Li要高于低镍含量材料，Ni^{4+}含量要高，Ni^{4+}有很强的还原倾向，容易发生$Ni^{4+}\rightarrow Ni^{3+}$的反应，为了保持电荷平衡，材料中会释放出氧气，而使稳定性变差。

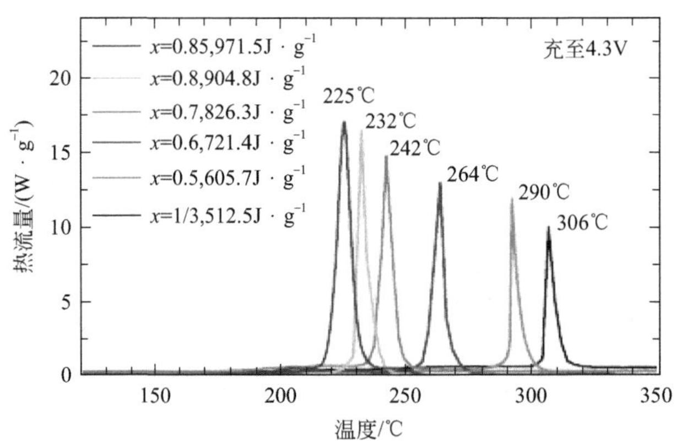

图3-13 $Li_{1-\delta}[Ni_xCo_yMn_z]O_2$材料（$x$=1/3、0.5、0.6、0.7、0.8、0.85）DSC结果[4]（见彩图16）

3.2.1.4 与电解液的匹配

在电解质和正极材料界面的反应及电荷传输会影响锂离子电池的性能和稳定性。活性材料的腐蚀和电解液的分解严重影响电荷在电极/电解液界面的传输[24]。另外，高镍含量的三元材料由于表面LiOH和Li_2CO_3含量高，在电池储存时，尤其是高温条件下易与电解液反应，在HF的腐蚀下造成Co、Ni离子的溶解使循环寿命和存储寿命降低。

3.2.1.5　表面反应不均匀的影响

为了使电池具有高比能量，往往会采用高镍三元，Hwang等[25]研究高镍正极材料时认为，虽然NCA高放电容量（约200mA·h·g^{-1}）是电动汽车应用项目中有前途的正极材料，然而，这些材料在循环过程中表现出快速的容量衰减和阻抗上升，以及热稳定性差等问题。他们用透射电子显微镜分析表征得到，充电时在NCA粒子表面的晶体和电子结构是不均匀的，图3-14给出了NCA在充电过程中结构变化示意图。由于动力学的影响，粒子表面Li的脱出量更大，这就导致了结构的不稳定。这些不稳定导致过渡金属离子还原，通过失去氧维持材料电中性，因此在材料表面形成了新相及孔隙。对于富Ni阴极材料结构的不稳定是对电池系统不利的根源。高温加速循环测试表明，NCA阴极材料发生快速的功率衰减，主要是由于在表面生成了具有岩盐结构非电化学活性类NiO相。在过充电条件下（高脱锂状态或过充电）富镍阴极材料形成一个复杂的结构，核的组成是层状$R\overline{3}m$结构，接下来是尖晶石结构而表面是岩盐结构。这些相变伴随着氧气释放，由于与易燃电解液反应可以加速热失控，从而导致灾难的发生。他们的研究结果表明，适当的表面涂层可能是提高电池寿命和电池稳定性的一个解决方案。

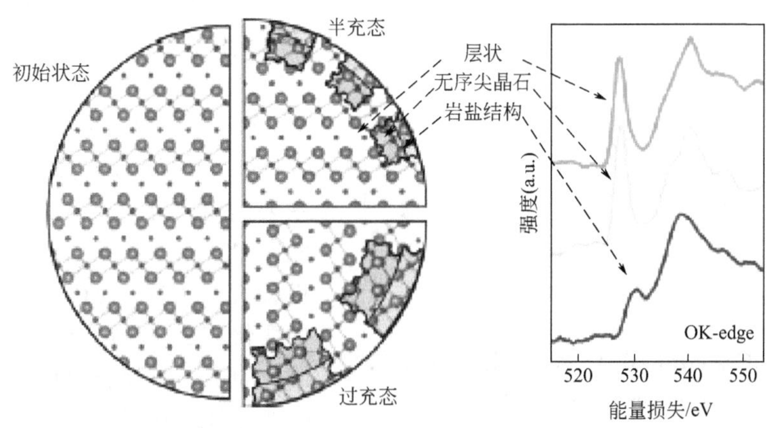

图3-14　**NCA在充电过程中结构变化示意图**[25]（见彩图19）

由于Li离子扩散受动力学因素影响，通过对三元材料体相掺杂和表面改性，改善材料动力学性能，增大锂离子扩散系数是非常重要的。

3.2.2　三元材料的改性

由于三元材料（尤其是高镍三元材料）具有一些本征的缺点，例如在高电压下循环发生相变造成循环稳定性不好，电子电导率低和Li/Ni混排造成倍率性能差，容易与空气中的CO_2和H_2O发生反应生成Li_2CO_3和LiOH，造成高温气胀和循环性能下降，高脱锂状态下Ni^{4+}的强氧化性趋于还原生成Ni^{3+}而释放O_2造成热稳定性不好，针对这些问题，人们发现可以通过离子掺杂、表面包覆以及采用电解液添加剂等措施改善三元正极材料的电化学性能。

3.2.2.1　掺杂元素对三元材料性能的影响

通过在三元材料晶格中掺杂一些金属离子和非金属离子不仅可以提高电子电导率和离子电导率，提高电池的输出功率密度，而且可以同时提高三元材料结构的稳定性（尤其是热稳定性)。常见的掺杂元素有Al、Mg、Ti、Zr、F，不同元素的掺杂，作用有所不同。

(1) Mg掺杂的作用

当采用不等价阳离子掺杂时，会导致三元材料中过渡金属离子价态的升高或降低，产生空穴或电子，改变材料能带结构，从而提高其本征电子电导率。Fu等[26]合成了Mg^{2+}掺杂的$Li(Ni_{0.6}Co_{0.2}Mn_{0.2})_{1-x}Mg_xO_2$。他们认为，$Mg^{2+}$取代$Co^{3+}$，当摩尔分数$x(Mg^{2+})=0.03$时，电子电导率较未掺杂材料提高了近100倍，电化学性能最优。在3.0～4.3V电压区间、5C倍率下，首次放电比容量可以达到155mA·h·g^{-1}。同时，适当量的Mg掺杂能够显著提高材料的循环稳定性。

P.-Y.Liao等人[27]研究了Mg掺杂镍基$LiNi_{0.6-y}Co_{0.25}Mn_{0.15}Mg_yO_2$材料，讨论了Mg含量对材料局部结构和电化学性能的影响。他们的研究表明随着Mg^{2+}的增加，晶胞参数a、c增加，而且使Ni的氧化态增加($r_{Ni^{2+}}=0.72Å$，$r_{Ni^{3+}}=0.56Å$，$r_{Mg^{2+}}=0.72Å$)，Mg^{2+}掺杂对Co，Mn价态影响不大。Mg^{2+}掺杂大大改进了电池的循环性能，降低了电极极化(电压曲线)，当$x(Mg^{2+})=0.03$时有最好的性能，在室温和55℃时，30次循环的容量保持率由77%和63%增加到93%(图3-15)。采用高能同步加速器X射线吸收光谱(XAS)研究了材料过渡金属的价态和局部环境。X射线近吸收边结构(XANES)说明，Ni、Co、Mn初始价态分别为2+/3+，3+和4+，XAS研究表明，充电至5.2V时，主要的氧化还原反应是Ni^{2+}/Ni^{3+}氧化成Ni^{4+}，XANES结果也证明脱锂时Ni—O键长大大缩短，而Co—O，Mn—O键长的变化较小。也进一步揭示所有第二层M-M间距离的降低是由于金属离子的氧化，并且造成a轴缩短。

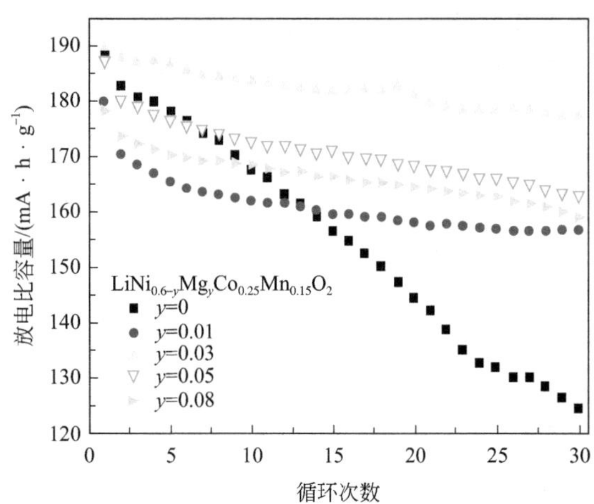

图3-15 $LiNi_{0.6-y}Co_{0.25}Mn_{0.15}Mg_yO_2$放电容量-循环次数[27]

y=0，0.01，0.03，0.05和0.08，电压范围3～4.5V，55℃

(2) Mg/Al掺杂

S.W.Woo[28]采用Al和Mg对$Li[Ni_{0.8}Co_{0.1}Mn_{0.1-x-y}Al_xMg_y]O_2$进行掺杂，并研究了掺杂对材料电化学性能的影响，研究结果表明随着Al和/或Mg掺杂量的增加，降低了$Li[Ni_{0.8}Co_{0.1}Mn_{0.1-x-y}Al_xMg_y]O_2$阳离子混排程度，改进了电化学循环性能和热稳定性，主要是由Al和/或Mg进入到主体材料晶格，稳定了材料的结构。图3-16给出了不同掺杂量材料的热分析曲线，由图可见，涂层大大降低了氧的析出。Al/Mg共掺杂更好地抑制了氧的析出。图3-17给出Al和Mg单独掺杂对热稳定性的影响，由图可见，Al掺杂对热稳定性影响更明显，随着Al掺杂量的增加热分解温度升高。

(3) Mg/F共掺杂

Ho-Suk Shin等人[29]研究了Mg和F对$Li[Ni_{0.4}Co_{0.2}Mn_{0.40}]O_2$材料的掺杂改性。他们的研究结果表明，进行Mg掺杂后，$Li/Li[Ni_{0.4}Co_{0.2}Mn_{0.36}Mg_{0.04}]O_{1.92}F_{0.08}$电池在2.8～4.6V电压范围，以20mA·g^{-1}电流密度进行充放电，比容量可达189mA·h·g^{-1}，虽然掺杂后初始容量有所降低，但50次循环没有衰减，没有掺杂的样品衰减8%，仅掺杂Mg的样品比容量达194mA·h·g^{-1}，50次循环容量保持率为96%。他们认为容量降低的原因是由于在$Li[Ni_{0.4}Co_{0.2}Mn_{0.36}Mg_{0.04}]O_{1.92}F_{0.08}$中Li—F(577kJ·mol^{-1})比Li—O(341kJ·mol^{-1})有更强的键能。性能改进主要是Mg/F的掺杂降低了由于HF对材料的腐蚀，降低了Co的溶解。采用

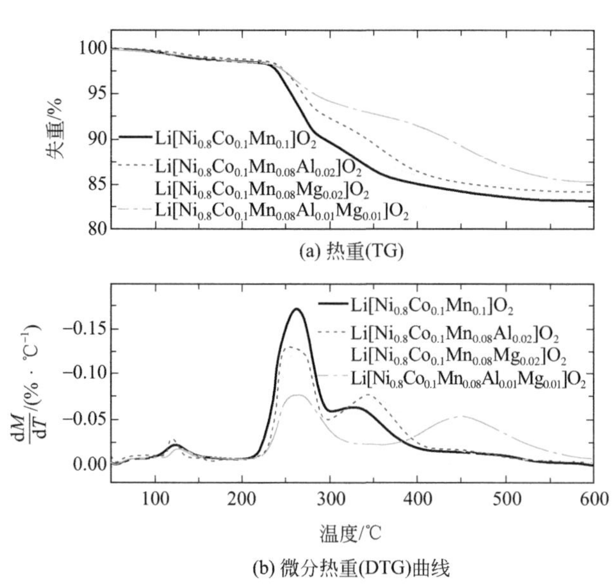

图3-16 脱锂 $Li_{0.3}[Ni_{0.8}Co_{0.1}Mn_{0.1-x-y}Al_xMg_y]O_2$（$x$，$y$=0.0 ～ 0.02）热重和微分热重曲线[28]

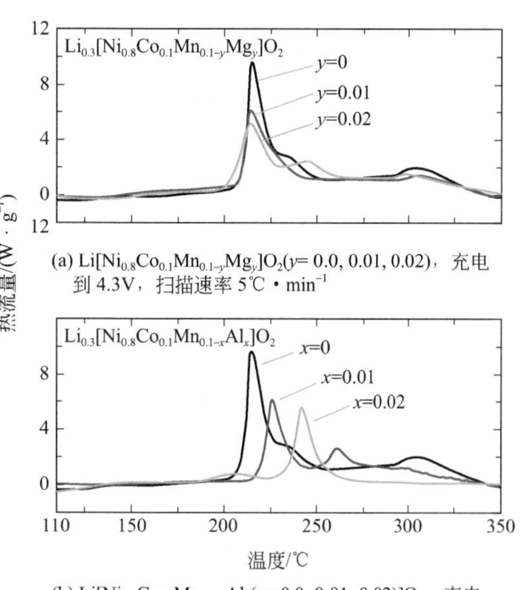

图3-17 $Li[Ni_{0.8}Co_{0.1}Mn_{0.1-y}Mg_y]O_2$和$Li[Ni_{0.8}Co_{0.1}Mn_{0.1-x}Al_x$差热（DSC）曲线[28]

1C（170mA·h·g^{-1}）充放电，充电电压截至4.5V，100次循环的保持率达97%，远高于未掺杂的87%和仅掺Mg的91%。F掺杂改进循环性能的原因还有降低的电解液/电极界面电阻，未掺杂样品首次R_{ct}为129Ω，但20次时增加到343Ω。而掺杂样品的首次R_{ct}和20次的R_{ct}分别为80Ω和97Ω。R_{ct}变化的主要有原因有两个：一是由于活性离子由于酸的腐蚀在电解液/电极界面发生溶解，其次是由于电极与电解液反应在电极表面形成不同组分和厚度的膜，膜的阻抗相对R_{ct}小许多。由于M—F的键能强于M—O，所以抑制了Co的溶解。由于结构的稳定性使材料热稳定性也得到较大的提高，放热峰由281℃提高到316℃，反应热由2257J·g^{-1}降为1300J·g^{-1}。他们推测主要是由于F掺杂改变了材料表面性质和提高了结构稳定性。如图3-18～图3-20所示。

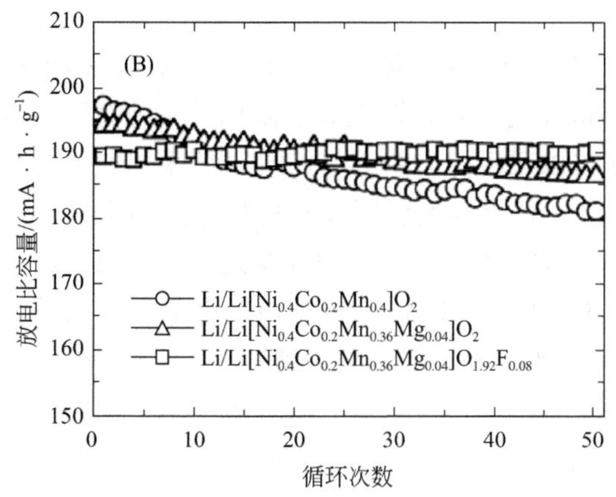

图3-18 Mg/F掺杂对$Li/Li[Ni_{0.4}Co_{0.2}Mn_{0.4}]O_2$循环性能的影响[29]

注：以上电池在均在2.8～4.6V电压范围，以20mA·g^{-1}电流密度进行充放电。

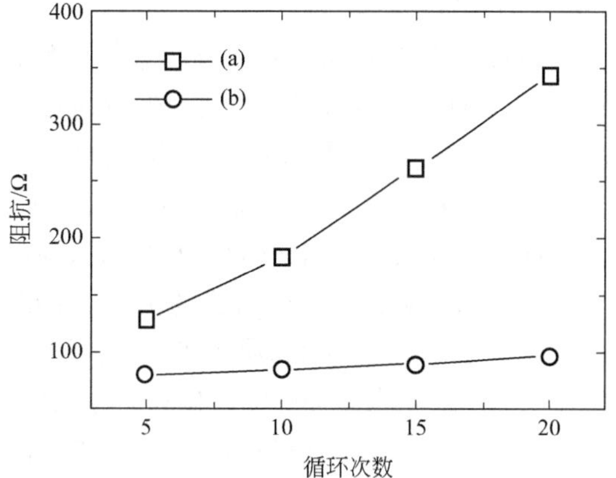

图3-19 （a）$Li/Li[Ni_{0.4}Co_{0.2}Mn_{0.4}]O_2$和（b）$Li/Li[Ni_{0.4}Co_{0.2}Mn_{0.36}Mg_{0.04}]O_{1.92}F_{0.08}$电池随循环次数界面阻抗的变化

（4）Al掺杂

Al掺杂可以很好改进三元材料的结构稳定性、热稳定性。Zhou[30]研究了不同Al含量替代Co对脱锂$LiNi_{1/3}Mn_{1/3}Co_{(1/3-z)}Al_zO_2$材料与电解液高温反应的影响。研究发现，当Al替代Co，当Al含量＞0.06（摩尔比）时与电解液的反应小于尖晶石$LiMn_2O_4$与电解液的反应。当Al含量为0.1（摩尔比）时，有很好的安全性能。Ding[31]的研究表明，当用0.06的Al替代$LiNi_{1/3}Mn_{1/3-z}Co_{1/3}Al_zO_2$中Mn时，材料有很好的结构稳定性和循环性能，如图3-21所示。

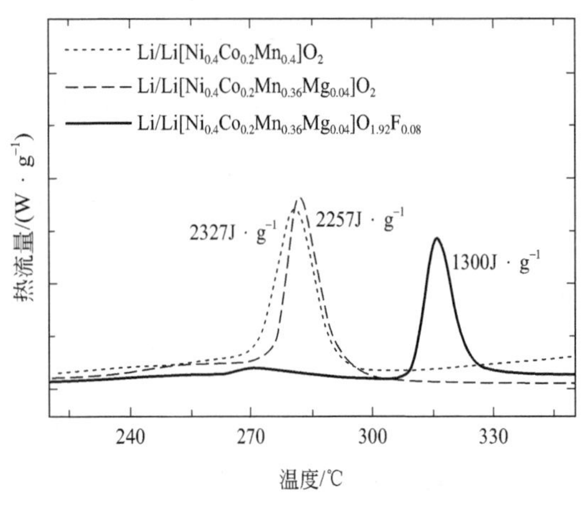

图3-20 Mg/F掺杂$Li/Li[Ni_{0.4}Co_{0.2}Mn_{0.4}]O_2$电池充电到4.3V的DSC曲线[29]

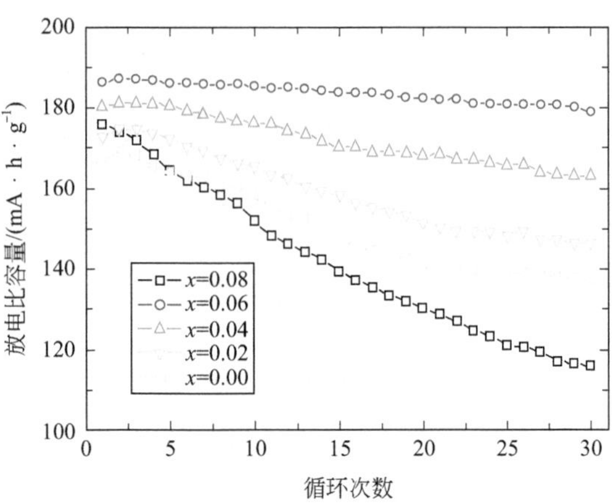

图3-21 纳米纤维$LiNi_{1/3}Mn_{1/3}Co_{(1/3-z)}Al_zO_2$材料的容量保持率[31]

3.2.2.2 表面包覆对三元材料性能的影响

电极反应发生在电极/电解质界面，改变三元材料电化学性能的一个有效方法是对材料进行表面涂层。涂层可以改进材料的可逆比容量，循环性能和倍率性能，以及热性能。但涂层对电极性能的影响高度依赖于涂层的性能、含量、热处理条件等。常见的涂层有金属氧化物（Al_2O_3、ZrO_2、CeO_2、TiO_2、MgO、B_2O_3、ZnO）、氟化物（LiF、AlF_3）、磷酸盐（$SnPO_4$、Li_3PO_4）等。

（1）Al_2O_3涂层

Al_2O_3被认为是氧化物涂层中最好的氧化物，Al_2O_3涂层是离子和电子的绝缘体，热处理后生成Li-Al-Co-O层，该层会抵御HF对活性材料的腐蚀，可以降低表面阻抗并改进循环稳定性。Al_2O_3涂层可以采用沉淀法、凝胶溶胶法，还可以采用沉积的方法。Riley[32]采用原子沉积方法（ALD）在$Li(Ni_{1/3}Mn_{1/3}Co_{1/3})O_2$上沉积了$Al_2O_3$，讨论了涂层厚度对材料性能的影响。通过XRD，Raman和FTIR试验检测表明涂层后材料结构未发生变化。电化学阻抗谱的研究结果表明在$Li(Ni_{1/3}Mn_{1/3}Co_{1/3})O_2$上沉积4层（8.8Å）$Al_2O_3$可以防止HF的侵蚀，充电电压可以提高到4.5V以上。只要沉积2层Al_2O_3，循环100次容量保持率从65%提高到91%（用C/2倍率）。但涂层过厚会带来负面影响，如高的过电位和低的容量。他们认为，Al_2O_3通过形成Al-O-F和Al-F层可以成为HF的清除剂，限制了电解液中HF的含量。但Al_2O_3涂层厚度对电池性能有较大影响。采用ALD方法涂层厚度在8.8Å以下会有较好的电化学性能。

（2）ZnO涂层

Kong[33]采用原子沉积方法（ALD）在$LiNi_{0.5}Co_{0.2}Mn_{0.3}O_2$正极材料沉积了超薄ZnO涂层，涂层后材料有效地改进了523材料的电化学性能。主要是防止了活性材料中金属离子的溶解，

HF的腐蚀，改进了在高电压下的结构稳定性。超薄的ZnO涂层并不阻挡充放电过程当中锂离子的扩散，有效提高了材料的放电比容量。如图3-22、图3-23所示。

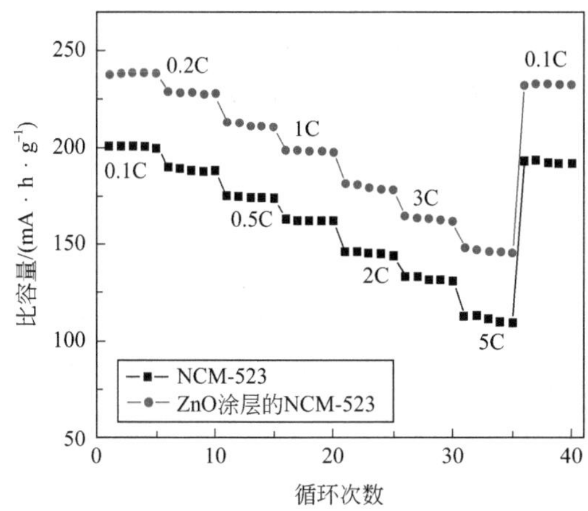

图3-22 **ZnO涂层和未涂层NCM-523电极在25℃的倍率性能**[33]

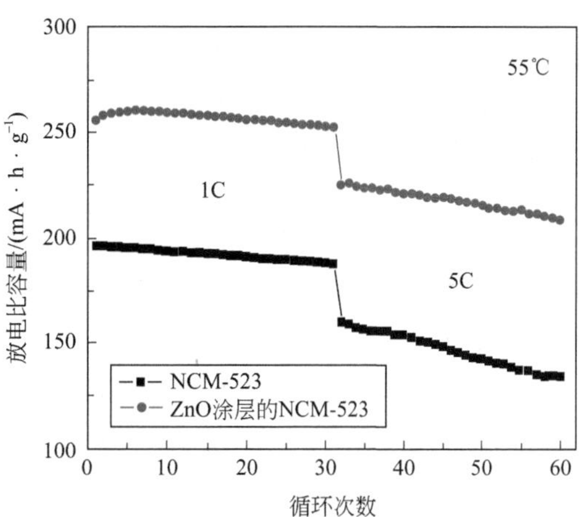

图3-23 **ZnO涂层和未涂层NCM-523电极在25℃的循环性能（55℃，2.5 ~ 4.5V）**[33]

（3）AlF_3涂层

氟化物修饰也是一种用来改善层状化合物电化学性能的有效方法。由于Al_2O_3涂层会通过Al-O-F逐渐转变成稳定的AlF_3，保护了活性材料不被HF腐蚀。Myung等人[34]在三元材料上涂

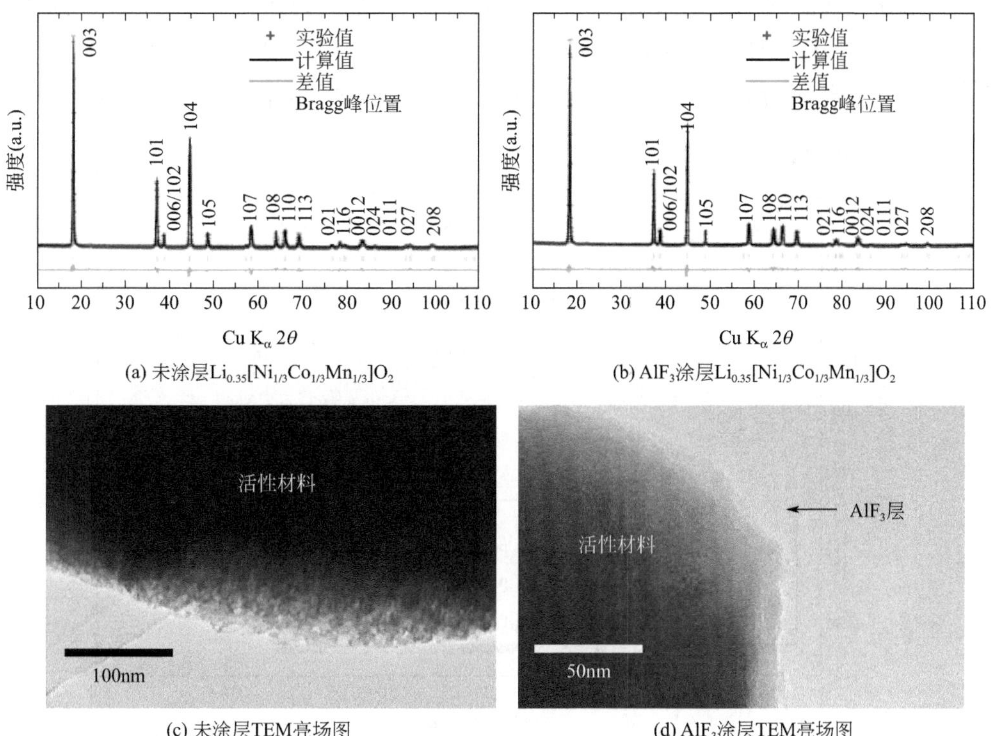

图3-24 **化学脱锂后Rietveld精修XRD图**[34]（见彩图20）

了AlF_3，讨论了从室温到600℃，AlF_3涂层对化学脱锂的$Li_{0.35}[Ni_{1/3}Co_{1/3}Mn_{1/3}]O_2$材料热稳定性的影响。热重分析结果表明涂层后由$O_2$析出造成失重减少，未涂$AlF_3$的粉体失重伴随着不可逆相转变，由$R\bar{3}m$相转变为立方尖晶石相$Fd\bar{3}m$，高温XRD实验表明涂层延迟了相转变，在有电解液的条件下，放热主峰向高温移动且放热量减少，主要是表层形成了Li-Al-O。

由图3-24（c）和（d）透射电镜图象可以明显看出未涂层材料化学脱锂后表层变粗糙，在表层包覆10nm AlF_3表面光滑，说明AlF_3对活性材料有很好的保护作用。

（4）Al_2O_3、Nb_2O_5、Ta_2O_5、ZrO_2和ZnO涂层

Myung等[35]研究了Al_2O_3、Nb_2O_5、Ta_2O_5、ZrO_2和ZnO涂层对$Li[Li_{0.05}Ni_{0.4}Co_{0.15}Mn_{0.4}]O_2$电化学性能的影响。金属氧化物涂层不参与电化学反应，大大改进了电池在60℃的循环性能。经表面修饰的三元材料有更高的容量和容量保持率，降低了循环过程的界面电阻。几种涂层中Al_2O_3涂层材料有最好的性能。涂层能够改进$Li[Li_{0.05}Ni_{0.4}Co_{0.15}Mn_{0.4}]O_2$材料性能是由于在涂层和电解质间形成了M–F防护层，有效地防止了金属离子的溶解。

（5）复合阴离子涂层

复合阴离子涂层主要以磷酸盐为主。涂层中，P═O键可以提高材料的化学稳定性，保护电极材料不受电解液的酸腐蚀，强的PO_4共价键与金属离子结合可以改善热稳定性。$AlPO_4$、$Co_3(PO_4)_2$、$SnPO_4$可以改进电极的循环性和热稳定性，但是也有文献[36]认为这类涂层由于涂层材料导电性不好，阻碍了锂离子的扩散[36]。他们认为Li_3PO_4基是锂离子导体，可以提高本体材料的电化学性能。

Han Gab Song[36]用Li_xPO_4（x=0，1.5，3）、$LiNiPO_4$和$Li_{0.5}Ni_{1.25}PO_4$在商业化的$Li[Ni_{0.4}Co_{0.3}Mn_{0.3}]O_2$材料上进行涂层，研究了涂层对材料性能的影响。研究结果表明涂层材料确切的组分会影响材料性能。这是由于涂层材料容易扩散进电极表面，且纳米涂层材料高表面能易与Li、Co、Ni、Mn反应，另外储存过程中形成的Li_2O也会与涂层反应，形成不同化合物，

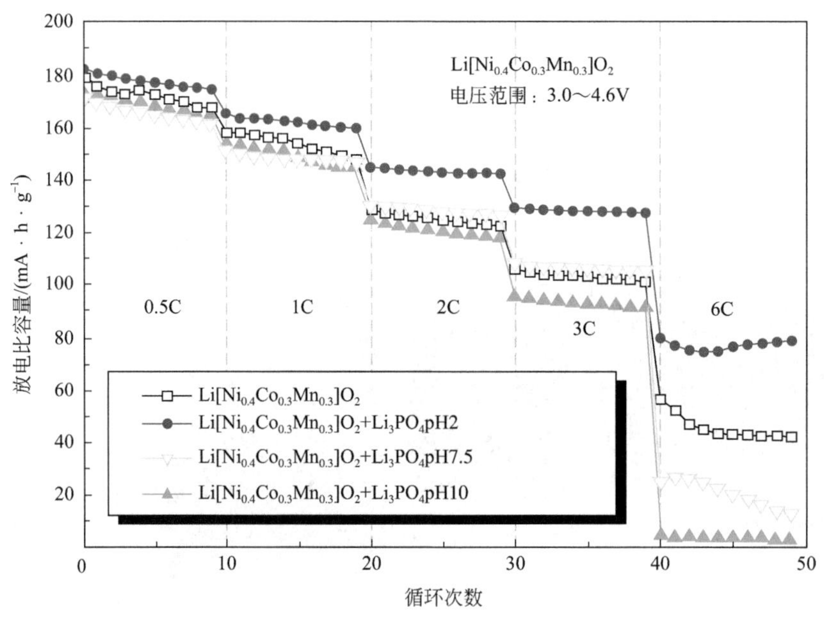

图3-25　Li_3PO_4涂层$Li[Ni_{0.4}Co_{0.3}Mn_{0.3}]O_2$在3.0 ~ 4.6V范围，以0.5C、1C、2C、3C、6C倍率充放电容量的对比[36]

这些都会影响材料的性能。Li_3PO_4、$Li_{1.5}PO_4$，PO_4涂层是非晶相，$LiNiPO_4$、$Li_{0.5}Ni_{1.25}PO_4$有非晶与晶相小颗粒的混合。非晶相结构更有利于锂的扩散。涂层中的Li不参与脱嵌反应，但可以稳定结构，防止活性材料与电解液的反应，提高了材料的循环性能。在50℃储存3天后交流阻抗实验表明，Li_3PO_4涂层有最好的性能。但是在相同涂层组分时制备条件的影响也是明显的。图3-25给出不同pH值制备的涂层对电池倍率性能的影响。pH=2制备的涂层性能最好。

3.2.2.3 浓度梯度材料

电化学反应发生在电极电解液界面，材料界面的状况是非常重要的。一般核–壳结构采用高容量的富镍材料作为核，而采用在高脱锂状态下具有稳定结构的锰基材料作为壳（如$Li[Ni_{0.5}Mn_{0.5}]O_2$）。然而由于在核壳结构界面过渡金属组分的突变和结构之间的不匹配在循环过程中会引起体积变化，这种情况使Li扩散受到阻碍，使其电化学性能变差。相比之下，具有富Mn表面层浓度梯度的壳可以提供Li^+平缓的过渡。它会具有更高的比容量和更好的循环性能和热稳定性。

Y.-K. Sun等[37]报道了采用共沉淀方法制备的$Li[Ni_{0.67}Co_{0.15}Mn_{0.18}]O_2$材料性能，这种材料是以$Li[Ni_{0.8}Co_{0.15}Mn_{0.05}]O_2$作为核材料，$Li[Ni_{0.57}Co_{0.15}Mn_{0.28}]O_2$作为壳的一种具有浓度梯度的材料$Li[Ni_{0.67}Co_{0.15}Mn_{0.18}]O_2$。文中讨论了材料的电化学性能和热性能。作者认为，性能提高的原因是因为壳层中4价Mn含量的提高和Ni含量的减少造成的。浓度梯度材料相对于核壳材料有更好的性能，这是由于在壳层浓度分布均匀，避免了充放电过程中由于组分差异过大造成的核壳的分离。图3-26给出了用电子探针（EPMA）对单颗粒截面组分的分析。可以看出组分变化是连续的。核的Ni、Co和Mn含量几乎是常数，而壳层的Ni含量从76%降到57%，Mn含量由7%增加到28%，外层组分为$Li[Ni_{0.57}Co_{0.15}Mn_{0.28}]O_2$。

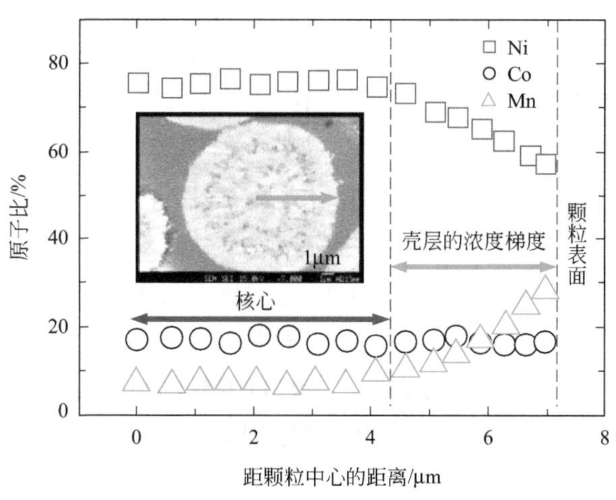

图3-26 电子探针（EPMA）对$Li[Ni_{0.67}Co_{0.15}Mn_{0.18}]O_2$单颗粒截面组分的分析[37]

从图3-27的结果可以看出，虽然核心材料有高的放电比容量，但随着循环的进行，比容量急剧下降。这是因为富镍的核心材料在充放电过程中会发生相变导致性能变差。增加锰含量降低了比容量，但抑制了相变，提高了电池的循环性能。另外，根据交流阻抗实验数据可知，梯度材料膜电阻是核材料的2倍，但梯度材料反应电阻比核心材料反应电阻小，尤其是循环50次后，梯度材料的反应电阻仅为核心材料反应电阻的20%。这也是浓度梯度材料性能改进的一个因素。

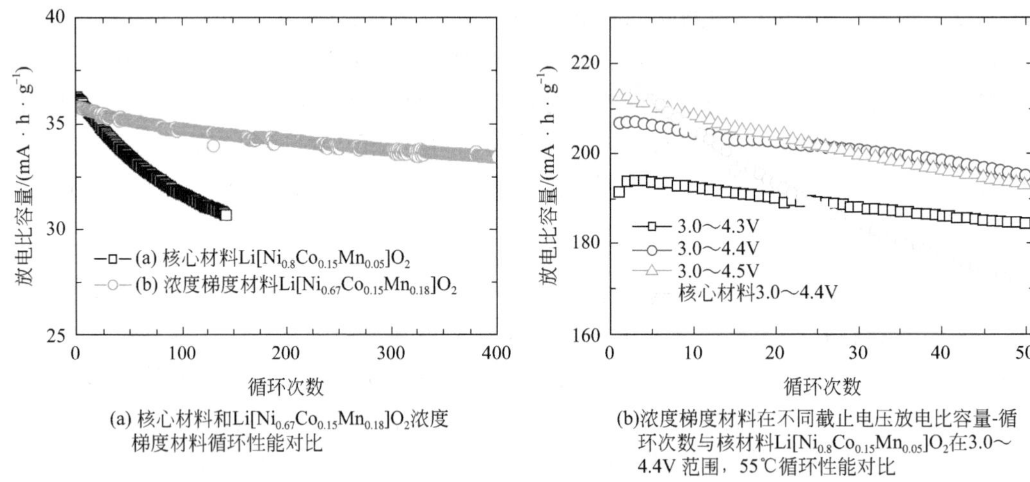

(a) 核心材料和$Li[Ni_{0.67}Co_{0.15}Mn_{0.18}]O_2$浓度梯度材料循环性能对比

(b)浓度梯度材料在不同截止电压放电比容量-循环次数与核材料$Li[Ni_{0.8}Co_{0.15}Mn_{0.05}]O_2$在3.0～4.4V 范围，55℃循环性能对比

图3-27 核心材料与浓度梯度材料循环性能对比[37]

图3-28给出充电到4.3V，分解温度和放出热量的对比，核体材料，217℃ –2632J·g^{-1}；梯度材料，263℃ –1530J·g^{-1}；壳体材料，271℃ –858J·g^{-1}。热稳定的壳体材料阻止了高氧化态核材料与电解质的直接接触，抑制了氧的释放。Mn^{4+}逐渐和连续的浓度变化导致了材料的热稳定性和锂嵌入的稳定性。

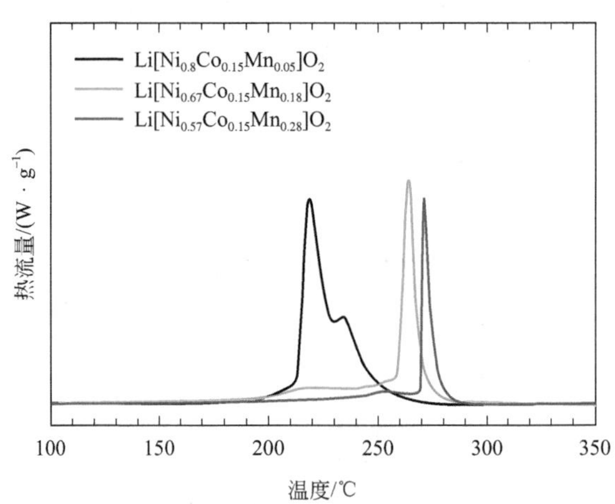

图3-28 核心材料$Li[Ni_{0.8}Co_{0.15}Mn_{0.05}]O_2$，浓度梯度材料$Li[Ni_{0.67}Co_{0.15}Mn_{0.18}]O_2$和外层材料$Li[Ni_{0.57}Co_{0.15}Mn_{0.28}]O_2$的DSC测试结果

3.3 三元材料研发方向

为大幅度提高动力电池的能量密度，先进发达国家和我国近年来都纷纷出台了动力电池的近期、中期及远期发展目标。日本在《NEDO下一代汽车用蓄电池技术开发路线图2008》中明确提出了未来动力电池的发展规划。提出：到2015年，能量型动力电池模块的能量密度从现在的100W·h·kg^{-1}提高至150W·h·kg^{-1}；到2020年，能量型动力电池单体比能量达

到250W·h·kg^{-1}；至2030年，基于先进体系动力电池的比能量达到500W·h·kg^{-1}以上，纯电动车的续航里程与燃油车相当[38]。根据以上的目标，从锂离子电池现在所采用的正极来看，过渡金属氧化物正极在提高电池比能量方面显然较聚阴离子正极（如磷酸亚铁锂）更具优势。从表3-3中可以看出，要达到近期目标，NCM、NCA和锰基固溶体是主要应用的正极材料。当前材料开发的重点应当是高容量、长寿命的NCA和锰基固熔体正极[38]。

表3-3 满足下一代动力电池近期、中期技术发展目标的可能体系[38]

项目	电池体系		可能达到的比能量值/(W·h·kg^{-1})
	正极材料	负极材料	
近期	NCM	C	约160
		硅基、锡基	170～200
	NCA	C	约170
		硅基、锡基	180～200
	锰基固溶体	C	约210
中期	锰基固溶体	硅基、锡基	250～300

3.3.1 高容量三元材料（NCA）的研究

前面已经讨论过[21]，NCA充电至4.1V，45℃储存2年后，NCA的Ni-$L_{2,3}$能量损失近边结构（ELNES）谱显示峰值在856.5eV，它被认为是以三价镍形式存在的，并没有因为长时间储存改变表面结构形成NiO。与$LiCoO_2$相比，NCA有好的储存性能和循环性能。但是在更高的温度（60℃）或者更宽的充放电电压（0～100%ΔDOD）范围，NCA的表面微观结构会发生变化，（图3-29），进而导致NCA循环性能变差。

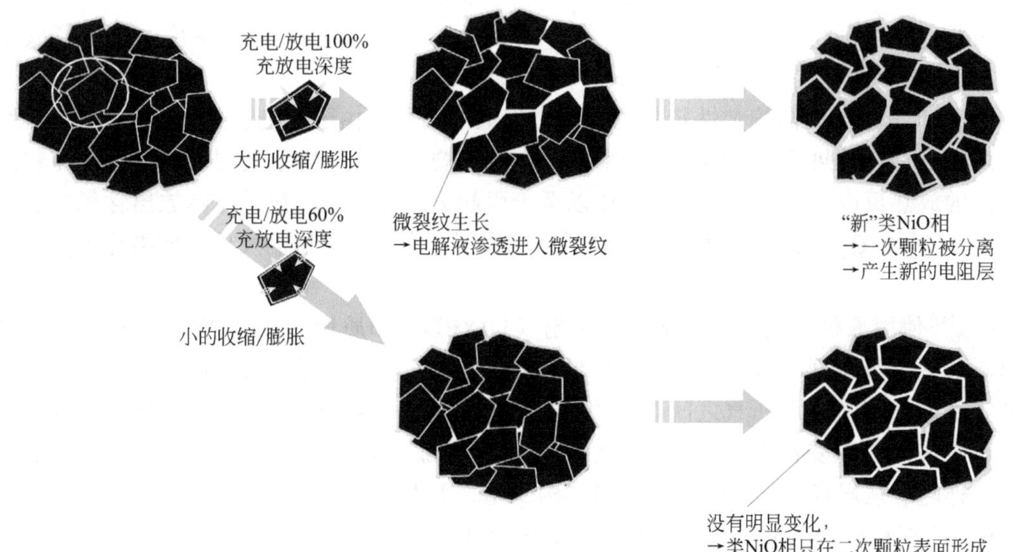

图3-29 在循环过程中NCA颗粒分解的示意图[39]（见彩图21）

文献[39]研究了$LiAl_{0.10}Ni_{0.76}Co_{0.14}O_2$(NCA)/石墨电池在25℃和60℃不同充放电范围的循环性能。采用XPS、高角度环形暗场扫描透射电镜（HAADF-STEM）和扫描透射电子能量损失谱（STEM-EELS）研究了不同充放电范围循环性能恶化的机理。在ΔDOD 0～100%的循环测试后，在一次颗粒界之间产生许多裂纹。电解液通过微裂纹渗透到一次颗粒表面后分解，形成导电性都很差的钝化膜。但这不是循环性能变差的主要原应，主要原因是因为在每一个一次颗粒表面形成具有$Fm\overline{3}m$岩盐结构的类NiO层。裂纹的产生造成颗粒间接触电阻增大，循环性能变差。微裂纹的产生和岩盐相类NiO层的生成是导致循环性能变差的主要原因。因此控制充放电深度，可以很好地提高电池的循环性能（图3-30），例如控制ΔDOD 10%～70%即便是在60℃循环5000次也没有发现微裂纹，但是类NiO层的厚度随着温度的增加而增厚（25℃ -8nm，60℃ -25nm），但类NiO层只在二次颗粒表面生成，所以控制放电深度10%～70%，在60℃仍能保持好的循环性能。

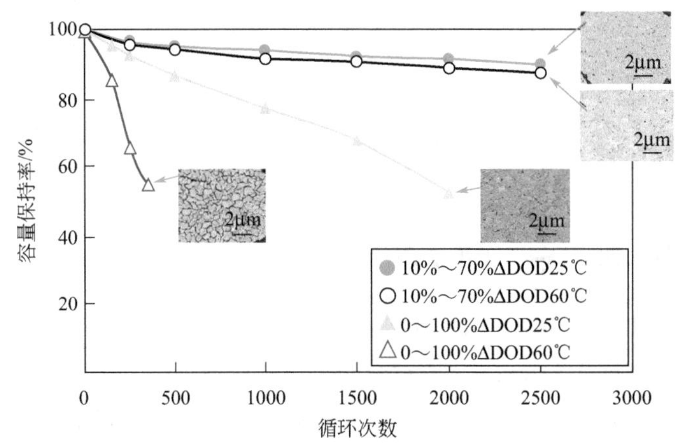

图3-30 NCA在10%～70%和0～100%ΔDOD条件下25℃和60℃电池循环性能和断面SEM图[39]

注：0～100% ΔDOD：，4.2～2.5V；10%～70% ΔDOD：，4.05～3.48V

由此看来提高NCA电池性能，除了在电池设计上严格控制充放电深度，防止形成微裂纹，对于材料本身来讲就是要抑制类NiO相的形成。

对于NCA电池的热稳定性较差也是一个很大的问题。由于它们在200～300℃的温度范围内均存在分解放热反应，加重了未来动力电池的安全隐患。电池的安全性往往伴随着充电态电池的放热反应，放热会导致热失控以至于引起灾难。阴极材料过充释放出含氧物质（如O_2^-、O^-、O_2^{2-}和O_2），这些含氧物具有高活性加速了与易燃电解质的反应，使得整个反应的高度放热。

Bak[40]使用原位时间分辨的X射线衍射（TRXRD）和质谱（MS）相结合研究锂电池正极材料的热分解机理。这种新技术可以给出$Li_xNi_{0.8}Co_{0.15}Al_{0.05}O_2$阴极材料充电到$x$=0.5、0.33、0.1热分解时结构变化和析气之间直接的相关性。这项研究表明，O_2和CO_2气体的产生与热分解过程中发生的相变密切相关。当x=0.1时$Li_{0.1}Ni_{0.8}Co_{0.15}Al_{0.05}O_2$显示在约175℃有严重的氧的释放，伴随着从层状到无序的尖晶石相结构变化。因为释放的氧气是高度活性的，它会导致PVDF黏结剂和导电碳电极碳的分解，从而导致在比预期低的温度生产额外的CO_2。过充状态下，材料发生相转变，相转变的动力学与脱锂深度和阳离子迁移路径有关。图3-31给出脱锂过程NCA由层状结构向无序尖晶石结构的转变路径。相转变过程过渡金属阳离子的迁移可以采取两种不同的路径，如图3-31（d）所示。路径1是M经过近邻四面体到对面相邻的八面体，路径2是从一个八面体位置直接到近邻八面体位置。由于TM阳离子通过路径1四面体迁移的活化势垒小于直接路径2，我们可以假设大多数TM离子的迁移将通过路径1。由于初始$Li_xNi_{0.8}Co_{0.15}Al_{0.05}O_2$层状结构的四面体位置是空的，三个样品（$x$=0.5，0.33，0.1）过渡金属离子从八面体位置到四面体的位置迁移活化能（路径1–a）几乎是一样的。根据第2章文献[26]研究认为：在四面体环境下，Al^{3+}更稳定，所以可能优先于Ni离子由主晶层迁移到间晶层，也就是优先进入四面体，而Ni^{4+}由于其低自旋的Ni^{4+}在四面体场是不稳定的，这就需要低自旋转为高自旋，Ni^{3+}（d^7）迁移到四面体位置，相应就会有氧气放出。然而，四面体中的Ni^{3+}到八面体位置的第二路经（路径1–b）强烈依赖于Li的含量，因为Li离子在八面体中占位率有差异。对于$x = 0.33$和$x = 0.1$的样品（较少的Li离子占据在Li_{oct}层），Ni^{3+}容易从四面体向八面体位置迁移，导致在一个更快速的相变完成从层状到无序的尖晶石相的转变。而且由于氧的释放会产生大量的氧空位，从而降低TM阳离子从四面体到Li_{oct}层的八面体位置迁移的活化势垒。但是相比之下，Al^{3+}在中间四面体位置是稳定的，这就使得阳离子重整形成类尖晶石相更困难，也就降低了无序的尖晶石相形成的动力学。随着Al含量的增加，会提高相转变温度。这就是为什么NCA会比$LiNO_2$在高脱锂状态更稳定。

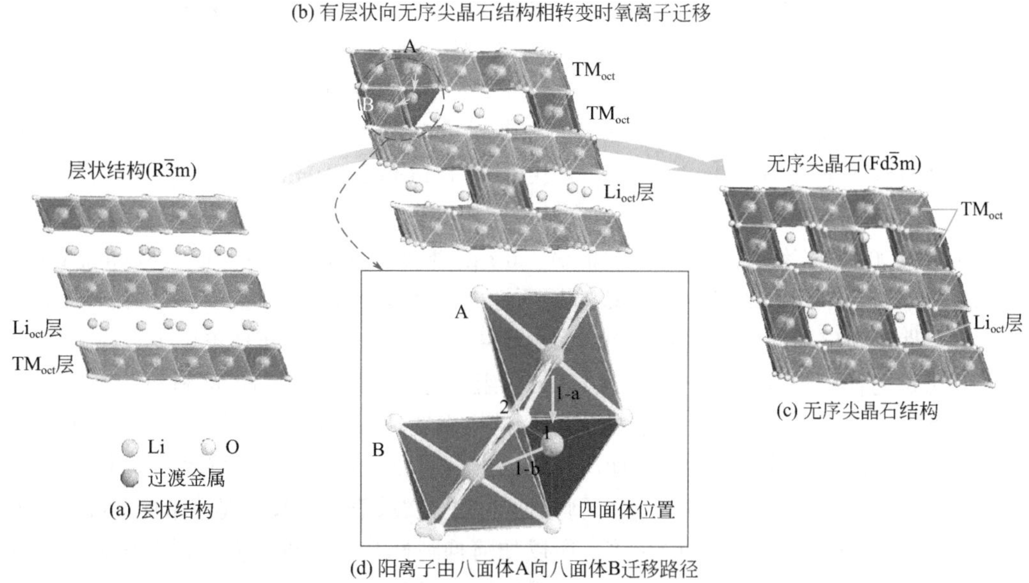

图3-31 **加热过程中充电态$Li_xNi_{0.8}Co_{0.15}Al_{0.05}O_2$相转变[40]**（见彩图22）

无序的尖晶石结构形成后，会继续向NiO型岩盐结构相变并放出更多的氧。当从无序的尖晶石到岩盐相的相变过程中的，TM离子在四面体位置立即移动到八面体。根据文献[40]的解释，Co K边XANES和EXAFS分析，大部分的Co阳离子占据四面体位置，Co离子占据四面体的位置，使相转变到岩盐结构的温度升高。

根据以上的分析讨论岩盐相NiO的生成是导致循环性能和安全性能变差的主要原因，延缓或抑制岩盐相的生成可以有效提高NCA的电化学性能和安全性。通过第二节的讨论可以知道，通过对NCA进行掺杂和表面改性就可以抑制岩盐相的生成。例如掺杂元素如果在四面体位置是稳定的，就可以达到延缓或抑制岩盐相的生成，所以可以通过量子力学的计算筛选可供选择的元素是很有意义的工作。

对于NCM材料，尤其是用于高电压条件下的三元材料，充电电压较高，当电压高于4.5V时，也会发生层状结构向尖晶石结构，再向岩盐结构的转变，所以对于高电压材料的研究也是如何延缓或抑制岩盐相的生成。

3.3.2 高功率三元材料的研究

高功率三元材料在电动工具、电动自行车、电动汽车领域有很广泛的应用前景。对于近、中期重点发展的锂离子动力电池来讲，以镍-钴-锰（NCM）和镍-钴-铝（NCA）三元为正极，石墨类碳为负极的电池体系达到180 ～ 200W · h · kg^{-1}的近期目标无难度，但安全性是制约其装车应用的主要障碍[41]。也就是说提高三元材料的安全性是高功率三元的研究重点，另外提高材料的倍率性能和比容量也是高功率三元材料的主要研究内容。

3.3.2.1 三元材料中Ni/Co/Mn比例对性能的影响

对于采用三元材料作为高功率型动力电池的正极，电池的比能量、热稳定性、循环性能与Ni–Co–Mn的比例有关，Surendra K等[42]对比讨论了$LiNi_{0.50}Mn_{0.50}O_2$、$LiNi_{0.33}Mn_{0.33}Co_{0.33}O_2$和$LiNi_{0.4}Mn_{0.40}Co_{0.20}O_2$的三种材料的结构和电化学性能。第一种材料有高的比容量[190mA · h · g^{-1}，0.1C，2.5 ～ 4.5V(相对于Li/Li^+)]，但倍率性能差，1C时比容量低于100mA · h · g^{-1}，3C时比容量只有50mA · h · g^{-1}左右；虽然在0.1C时111材料比容量只有170mA · h · g^{-1}，但其倍率性能好，3C时比容量在110mA · h · g^{-1}以上。对于442三元材料，0.1C时材料比容量有180mA · h · g^{-1}，1C时比容量高于110mA · h · g^{-1}，3C时比容量在80mA · h · g^{-1}以上。由此看出随着Co含量由0增加到0.33，倍率性能变好。当Ni含量由0.33增加到0.5时，0.1C倍率的比容量由170mA · h · g^{-1}增加到190mA · h · g^{-1}。Shuang Liu等人[12]对比研究了三元NCM523和NCM433的循环性能及倍率性能，发现NCM433比NCM523有更好的循环性能和倍率性能，主要是因为它结构更稳定，阳离子混排现象更少。在全电池中，正负极的比例对循环性能也有一定影响。Sun小组[4]的研究也表明，NCM材料中Ni含量对材料电化学性能、结构和热稳定性的影响。研究结果表明，材料的电化学性能、结构和热稳定性与组分有着紧密的关系。Ni含量增加，放电比容量增加，但是容量保持率和安全性能降低。

另外还有一些实验现象值得注意，例如通过XPS实验表明，Ni在表面的浓度高于内部，Mn在电解液中的溶解是Ni、Co的两倍，所以如何抑制Ni向表面的扩散，需要研究Ni的扩散通道；Mn的溶解主要是Mn^{3+}的歧化反应生成的Mn^{2+}的溶解，所以控制Mn^{3+}的含量，尤其是表面Mn^{3+}的含量是很重要的。所以对于高功率三元材料，要综合考虑电池的安全性、比容量、循环寿命、日历寿命、倍率性能及价格，这就需要深入研究Ni/Co/Mn比例与结构的关系，寻找综合性能最佳的条件，使其综合性能最佳。

3.3.2.2 表面反应不均匀的影响

为了使电池具有高比能量，往往会采用高镍三元，Sooyeon Hwang等人[25]研究高镍正极材料时认为，虽然NCA高放电容量（约200mA · h · g^{-1}）是电动汽车应用项目中有前途的正极材料，然而，这些材料在循环过程中表现出快速的容量衰减和阻抗上升，以及热稳定性差等问题。他们用透射电子显微镜分析表征得到，充电时在NCA粒子表面的晶体和电子结构是不均匀的。由于动力学的影响，粒子表面Li的脱出量更大，这就导致了结构的不稳定。这些不稳定导致过渡金属离子还原，通过失去氧维持材料电中性，因此在材料表面形成了新相及孔隙。对于富Ni阴极材料结构的不稳定是对电池系统不利的根源。高温加速循环测试表明，NCA阴极材料发生快速的功率衰减，主要是由于在表面生成了具有岩盐结构非电化学活性类NiO相。在过充电条件下（高脱锂状态或过充电）富镍阴极材料形成一个复杂的结构，核的组成是层状$R\bar{3}m$结构，接下来是尖晶石结构和表面是岩盐结构。这些相变伴随着氧气释放，由于与易燃电解液反应可以加速热失控，从而导致灾难的发生。他们的研究结果表明，适当的表面涂层可能是提高电池寿命和电池稳定性的一个解决方案。

由于Li离子扩散受动力学因素影响，通过对三元材料体相掺杂和表面改性，改善材料动力学性能，增大锂离子扩散系数是非常重要的。

大量的研究事实表明，掺杂可以明显地改善电极材料的电化学性能。研究人员在对三元材料掺杂改性中，研究较多的掺杂元素有Al、Zr、Mg、Cr、Ru、Zn、Ti、La、F等。

S.B.Majumder[43]在他的文章中总结了不同掺杂元素的作用，例如Ti^{4+}可以增强材料脱锂态的热稳定性；Rh^{3+}抑制相转变增强热稳定性，改进锂的扩散；Al^{3+}改进结构稳定性，抑制相转变增强热稳定性，降低电池阻抗；Mg^{2+}提高材料电导率和锂的扩散等。P. Y.Liao等人[27]也阐述了Mg掺杂大大改进了电池的循环性能，降低了电极极化（电压曲线），当Mg=0.03时有最好的性能，在室温和55℃时，30次循环的容量保持率由77%和63%增加到93%。

由于电化学反应发生在电极和电解质界面，镍基阴极材料的热分解会被电极和电解液表面的界面反应触发和加速，因此电极表面状态极大地影响着电池的性能。包覆材料的种类很多，有氧化物、氟化物、磷酸盐类等。

杨勇等[44]报道了采用AlF_3包覆$LiNi_{0.45}Mn_{0.45}Co_{0.10}O_2$后，材料的循环性能得到明显改善。他们利用电化学阻抗谱（EIS）技术探索了AlF_3包覆对正极材料的电化学性能改善机理，结果表明：AlF_3包覆层能够阻止电解液对正极材料的溶解和侵蚀，稳定其层状结构，同时降低了电极界面阻抗。因此AlF_3包覆技术是一种改善三元材料电化学性能的有效方法和工具。李建刚[45]采用AlF_3包覆改性制备了$LiNi_{0.4}Co_{0.2}Mn_{0.4}O_2$正极材料，在4.6V高截止电压下材料具有良好循环性能。主要是由于包覆后显著抑制了高充电电压下膜阻抗和电荷传递阻抗的增加，较好改善了材料的循环稳定性。综合各方面表现，0.5% AlF_3包覆样品的电化学性能较佳，2.5 ～ 4.6V范围0.5C放电容量为182mA·h·g^{-1}，循环30次后容量保持率达88%以上。

Ho-Ming Cheng等[46]对比了Al_2O_3和TiO_2涂层对$LiCoO_2$材料循环稳定性的影响，他们的研究结果表明Al_2O_3涂层可以很好地改进$LiCoO_2$材料的循环性能，但TiO_2涂层在经过多次循环后，表面涂层已经发生了变化。这主要是由于TiO_2能级的带隙较窄，在充放电过程中会参与得失电子的反应，造成TiO_2分解，以至于不能抵御HF的侵蚀和防止Co的溶解。在3 ～ 4.5V（相对于Li/Li^+）的充放电电压范围，有一个1.5V的电压窗口，那么涂层材料的能带结构应该是带隙大于3.9V[1.5V（电压窗口）+2.4V（$LiCoO_2$的能级带隙）]。TiO_2的带隙只有3eV左右，远小于Al_2O_3的9eV。

对于高倍率三元材料，由于离子或电子传输速率慢造成的表面反应不均匀问题可以采用掺杂或包覆进行解决。但掺杂元素的选择和包覆层的选择要有利于提高其电导率，结构稳定性等。

3.3.3 合成方法的改进

目前三元材料前驱体的合成往往采用共沉淀的方法，但由于Ni、Co、Mn的溶度积不同，有时合成条件控制不严格会造成Ni的偏析。Ni偏析也会影响材料的倍率和循环性能。Wu等[47]对比了共沉淀、溶胶凝胶和水热辅助合成法制备的富Li材料，他们发现，水热辅助合成法制备的材料元素分布最均匀，能量保持率最好，见图3-32。

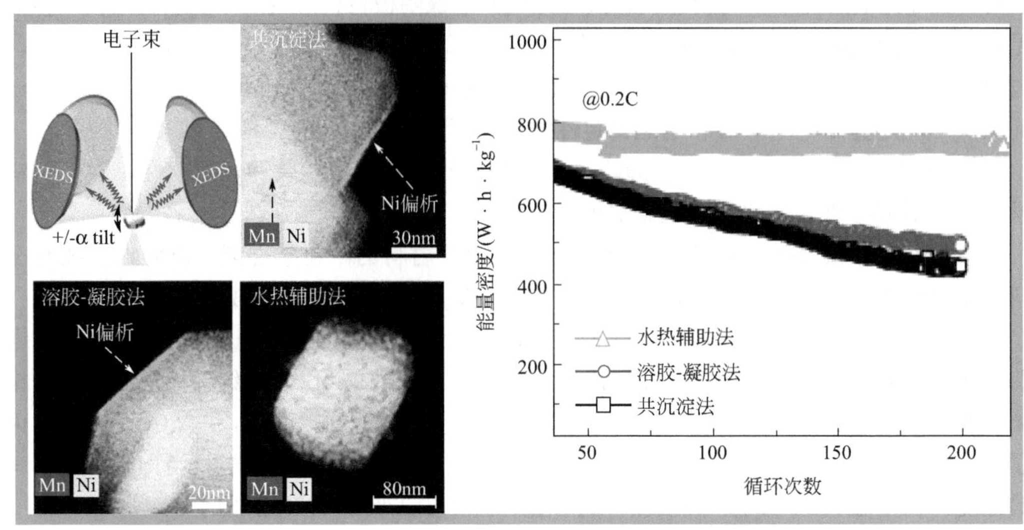

图3-32 不同合成方法制备的材料元素分布及能量密度循环图[4]（见彩图23）

Jong-Min Kim等[48]和Mansoo Choi采用Couette-Taylor反应器通过共沉淀的方法合成了NCM前驱体，前驱体有窄的粒度分布，呈球形，并有粗糙的表面，合成的最终产品有好的倍率性能和循环性能。

但现有文献中的泰勒流反应器多为管式结构，反应器体积普遍偏小、放大倍数有限，难以满足大规模工业化生产的需要。叶立等人[49]利用由静态混合器、喷嘴和分气盒组成的新型布气装置在搅拌釜式反应器中诱导生成泰勒流，对反应器流动特性及反应特性进行了实验研究。结果表明，与常规搅拌釜式反应器相比，泰勒流反应器内物料流动更加接近于平推流型，泰勒流的生成在反应器内构建出局部平推流区域，降低了物料返混程度。反应器反应性能因流动特性改变而得以增强，相同实验条件下，在泰勒流反应器中进行的蔗糖水解反应转化率比在常规搅拌釜式反应器中高出26.7%。也有采用在现有搅拌釜中增加超声振动，使产物有较均匀的元素分布。

搅拌釜式反应器中，搅拌装置与反应釜壁构成了相对旋转的两同轴圆筒体，反应器内的加热（冷却）排管、测量元件等构件周围也常会有绕流产生，具有形成泰勒流的基本条件，但由于内外圆筒间间隙过宽，在常规搅拌釜式反应器中通常观测不到泰勒流，即使有，也不会太明显。Taylor-Proudman定理表明，在流体离心力场内，沿旋转轴向的物体速度会在轴向或与轴平行的方向上诱导产生流体运动，形成沿转轴上下两方向延伸的柱状流动，这种柱状流动即为泰勒流。以此为理论依据，采用一种新型布气装置从反应器底部引入高速喷射旋流气流，气流经喷嘴高速喷出，在静态混合器中与抽吸液体进行混合后成为旋流流体流出，旋流流体上升过程中诱导产生泰勒流，搅拌桨的搅拌作用则进一步加强了泰勒流，从而在反应釜中构建出完整的泰勒涡柱。

釜式泰勒流反应器中，搅拌装置转速和进气流率对泰勒流的形成十分重要，研究分析这两个参数变化对反应器流动特性的影响是非常重要的。

为合成元素分布更均匀的三元材料，需要对现有搅拌反应釜进行改造，使反应釜中生成泰勒流，反应更均匀，粒度分布更窄。以搅拌釜式反应器为基础，构建釜式泰勒流反应器，可在继承管式泰勒流反应器优点的同时克服其大规模工业化应用局限。

3.3.4 与三元材料匹配的电解液添加剂的研究

在以三元材料为正极的锂离子电池研发任务中，还有一个很重要的任务是研究与其配套的电解液。最近有关三元材料电解液研究方面的文章也很多，主要还是以$LiPF_6$为主盐，碳酸酯作为主溶剂，通过增加添加剂改进电池的性能。添加剂的作用主要是改善正极表面状态，降低活性材料与电解液的反应，一般可以通过在相对低一些的电压下通过添加剂的分解，形成一层致密的膜，对活性材料起到保护作用。

Kyoung Seok Kang[50]的研究主要针对高镍三元材料。他们研究了4种电解液添加剂对高镍材料高温性能的影响。其中PS与其他添加剂相比有较好的性能。在60℃条件下，加入2% PS的C/NCM622全电池① 50次循环容量保持率在98.9%；② 50次循环厚度增加只有17.9%，远低于没有添加剂的32%，由图3-33可见，在60℃贮存4周后，厚度只增加了6.07%，而没有添加剂的电池厚度增加了27.9%。③ 在高温条件下金属的溶解远低于未加添加剂的电池，Ni的溶解量由599.78mg.kg^{-1}，降为21.23mg.kg^{-1}。FT–IR光谱的结果表明：阴极材料表面有一层烷基砜化合物的膜覆盖（RSOSR和RSO_2SR），这可能是PS电化学氧化造成的。线性扫描伏安法的实验也证明，与无添加剂的电解液相比，加入添加剂后增大了氧化电流，PST和PS电流最大，说明在4.1V发生了氧化反应，形成了新的表面。从图3-34场发射扫描电镜图可以清晰地看到，未加入PS添加剂的电池隔膜几乎完全被电解液的分解产物堵塞，而加入PS添加剂电池的隔膜保持了完好的孔隙。对于加入PS添加剂电池的正极材料表面有一层SEI膜，而未加入PS添加剂的电池正极表面有不均匀的电解质分解产物。由此看来，PS添加剂可以有效抑制电解液的分解。作者采用自制装置测试了95℃，100%充电状态的正极与电解液在95℃高温下的反应，保持15h高温，加入PS的电解液产气量不大，内压56.4kPa，小于未加添加剂的65.4kPa，见图3-35。

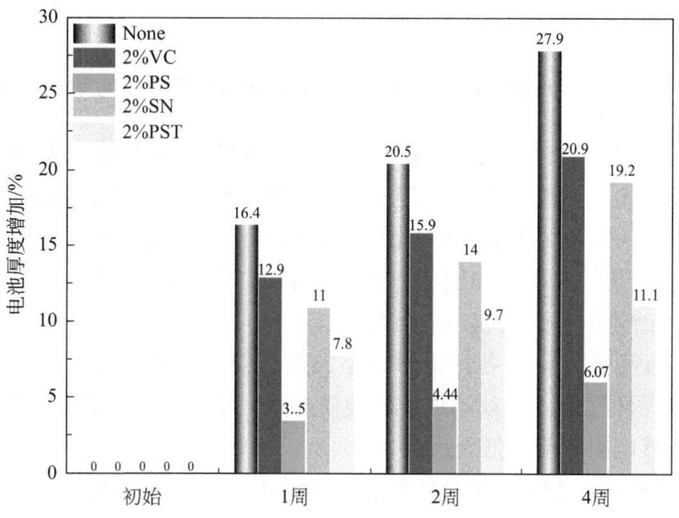

图3-33 60℃储存后软包全电池厚度变化[49]（见彩图24）

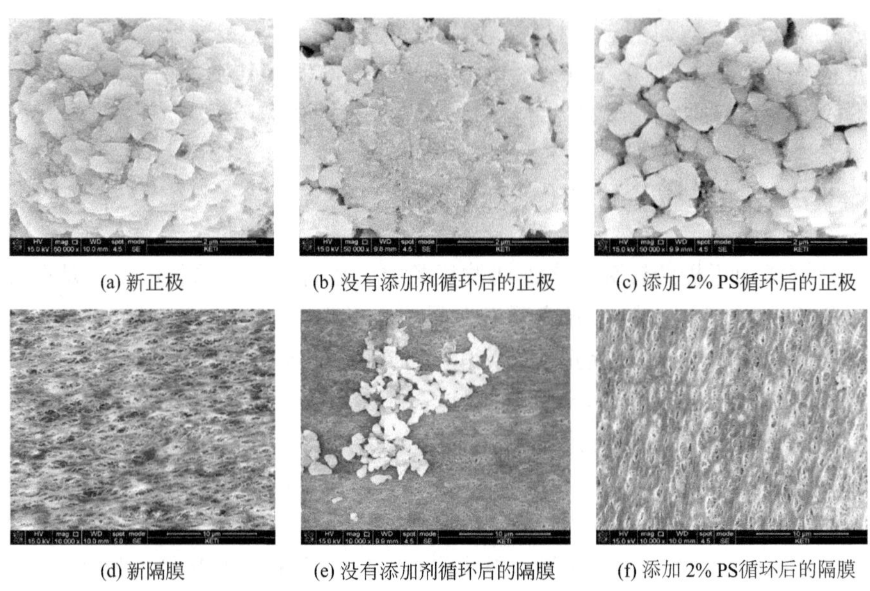

(a) 新正极 (b) 没有添加剂循环后的正极 (c) 添加 2% PS循环后的正极

(d) 新隔膜 (e) 没有添加剂循环后的隔膜 (f) 添加 2% PS循环后的隔膜

图3-34 循环前后SEM分析[50]

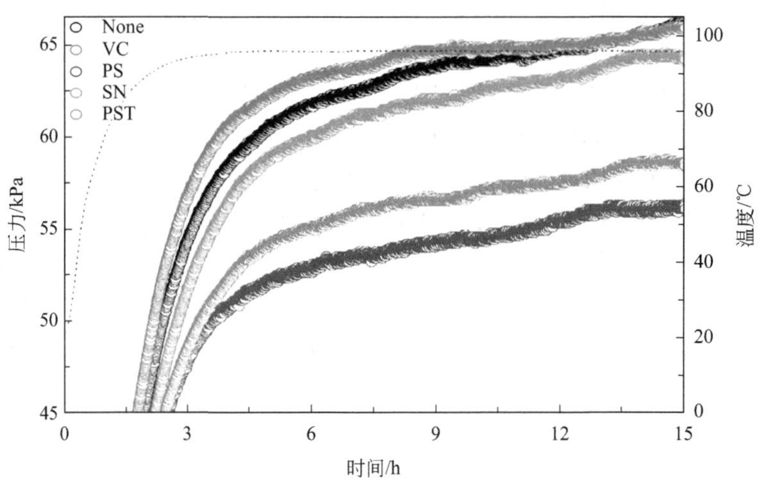

图3-35 原位检测100%SOC NCM622电池内压[49]（见彩图25）

使用添加剂可以有效控制NCM表面性质。对于四种添加剂的研究表明，PS和PST的效果最为明显，添加2% PS的电解液电池有好的循环性能，C/NCM622全电池60℃ 50次循环容量保持率为98.9%，高温循环后厚度增加17.9%，远低于没有添加剂的32%，在高温条件下金属的溶解和产气量都远低于未加添加剂的电池。添加PS添加剂后，高镍电池性能的提高表明，说明PS是一种有效改进电极表面状态的添加剂。

此外，J.R.Dahn等[51]讨论了各种电解液添加剂和组合添加剂对电池性能的影响。他们也认为要提高电池的循环性能，必须添加电解液添加剂。添加剂要有助于在正负极形成钝化膜，并且有低的电荷转移电阻并能降低副反应。

与三元材料相匹配的电解液研究有大量工作要做，如针对高电压三元、高镍三元电解液的研究，针对高功率电池的电解液的研究等等。

参考文献

[1] Liu Zhaolin，Yu Aishui，Lee Jim Y. Synthesis and characterization of $LiNi_{1-x-y}Co_xMn_yO_2$ as the cathode materials of secondary lithium batteries. Journal of Power Sources，1999，81-82：416-419.

[2] Ohzuku T，Makimura Y. Layered lithium insertion material of $LiCo_{1/3}Ni_{1/3}Mn_{1/3}O_2$ for lithium-ion batteries. Chem Lett，2001，7：642-643.

[3] Venkatraman S，Choi J，Manthiram A. Factors influencing the chemical lithium extraction rate from layered $LiNi_{1-y-z}Co_yMn_zO_2$ cathodes. Electrochem Commun，2004，6：832-837.

[4] Noh H-J，Youn Sjune，Yoon C S，Sun Y-K. Comparison of the structural and electrochemical propertiesof layered $Li[Ni_xCo_yMn_z]O_2$（x=1/3，0. 5，0. 6，0. 7，0. 8 and 0. 85）cathode material for lithium-ion batteries. Journal of Power Sources，2013，233：121-130.

[5] Kim J M，Chung H T. The first cycle characteristics of $Li[Ni_{1/3}Co_{1/3}Mn_{1/3}]O_2$ charged up to 4.7V. Electrochimica Acta，2004，49：937-944.

[6] Koyama Y，Tanaka I，Adachi H，et al. Crystal and electronic structures of superstructural $Li_{1-x}[Co_{1/3}Ni_{1/3}Mn_{1/3}]O_2$（$0 \leqslant x \leqslant 1$）. J Power Sources，2003，119-121：644-648.

[7] Shaju K M，Subba Rao G V，Chowdari B V R. Performance of layered Li（$Ni_{1/3}Co_{1/3}Mn_{1/3}$）O_2 as cathode for Li-ion batteries. Electrochimica Acta，2002，48：145-151.

[8] MacNeil D D，Lu Z，Dahn J R. Structrue and Electrochemistry of $Li[Ni_xCo_{1-2x}Mn_x]O_2$（$0 \leqslant x \leqslant 1/2$）. J Electrochem Soc，2002，149：A1332-A1336.

[9] Whitfield P S，Davidson I J，Cranswick L M D，et al. Investigation of possible superstructure and cation disorder in the lithium battery cathode material $LiMn_{1/3}Ni_{1/3}Co_{1/3}O_2$ using neutron and anomalous dispersion powder diffraction. Solid State Ionics，2005，176：463-471.

[10] Kim J M，Chung H T. Role of transition metals in layered Li[Ni，Co，Mn]O_2 under electrochemical operation. Electrochimica Acta，2004，49：3573-3580.

[11] Yabuuchi N，Ohzuku T. Novel lithium insertion material of $LiCo_{1/3}Ni_{1/3}Mn_{1/3}O_2$ for advanced lithium-ion batteries. J Power Sources，2003，119-121：171-174.

[12] Liu Shuang，Xiong L，He C. Long cycle life lithium ion battery with lithium nickel cobaltmanganese oxide（NCM）cathode. Journal of Power Sources，2014，261：285-291.

[13] Kim H-G，Myungb S-T，Leed J K，Suna Y-K. Effects of manganese and cobalt on the electrochemical and thermal properties of layered $Li[Ni_{0.52}Co_{0.16+x}Mn_{0.32-x}]O_2$ cathode materials. Journal of Power Sources，2011，196：6710-6715.

[14] Molenda J，Milewska A. Structural and transport properties of $Li_xNi_{1-y-z}Co_yMn_zO_2$ cathode materials. Journal of Power Sources，2009，194：88-92.

[15] Yoshizawa H，Ohzuku T. An application of lithium cobalt nickel manganese oxide to high-power and high-energy density lithium-ion batteries. Journal of Power Sources，2007，174：813-817.

[16] 李建刚，万春荣，杨冬平，等. 放电温度对$LiNi_{3/8}Co_{2/8}Mn_{3/8}O_2$电化学性能的影响. 物理化学学报，2003，19（11）：1030-1034.

[17] Venkatraman S, Choi J, Manthiram A. Factors influencing the chemical lithium extraction rate from layered $LiNi_{1-y-z}Co_yMn_zO_2$ cathodes. Electrochem Commun,, 2004, 6 : 832-837.

[18] Belharouak I, Sunb Y-K, Liua, Aminea J K. Li ($Ni_{1/3}Co_{1/3}Mn_{1/3}$) O_2 as a suitable cathode for high power applications. Journal of Power Sources, 2003, 123 : 247-252.

[19] 李光胤，黄震雷，张占军，周恒辉. $LiNi_{1/3}Co_{1/3}Mn_{1/3}O_2$的低温性能及动力学分析. 中国科学：化学，2014，44（7）: 1167-1174.

[20] Hiroaki Konishi, Masanori Yoshikawa, Tatsumi Hirano, Kishio Hidaka. Evaluation of thermal stability in $Li_{0.2}Ni_xMn_{(1-x)/2}Co_{(1-x)/2}O_2$ ($x = 1/3$, 0. 6 and 0. 8) through X-ray absorption fine structure. Journal of Power Sources, 2014, 254 : 338-344.

[21] Shoichiro Watanabe, Masahiro Kinoshita, Kensuke Nakura. Capacity fade of $LiNi_{(1-x-y)}Co_xAl_yO_2$ cathode for lithium-ion batteries during accelerated calendar and cycle life test. Ⅰ. Comparison analysis between $LiNi_{(1-x-y)}Co_xAl_yO_2$ and $LiCoO_2$ cathodes in cylindrical lithium-ion cells during long term storage test. Journal of Power Sources, 2014, 247 : 412-422.

[22] Shoichiro Watanabe, Masahiro Kinoshita, Kensuke Nakura. Comparison of the surface changes on cathode during long term storage testing of high energy density cylindrical lithium-ion cells. Journal of Power Sources, 2011, 196 : 6906-6910.

[23] Li W, Reimers J N, Dahn J R. In situ X-ray diffraction and electrochemical studies of $Li_{1-x}NiO_2$. Solid State Ionics, 1993, 67 : 123-130.

[24] René Hausbrand, Dirk Becker, Wolfram Jaegermann A surface science approach to cathode/electrolyte interfaces in Li-ion batteries : Contact properties, charge transfer and reactions. Progress in Solid State Chemistry, 2014, 42 (4): 175-183.

[25] Hwang Sooyeon, Chang Wonyoung, Kim S M, et al. Investigation of Changes in the Surface Structure of $Li_xNi_{0.8}Co_{0.15}Al_{0.05}O_2$ Cathode Materials Induced by the Initial Charge. Chem Mater, 2014, 26 (2): 1084-1092.

[26] Fu CY, Zhou ZL, Liu YH, et al. Synthesis and electrochemical properties of Mg-doped $LiNi_{0.6}Co_{0.2}Mn_{0.2}O_2$ cathode materials for Li-ion battery. J Wuhan Univ Technol, 2011, 26 : 211-215.

[27] Liao P Y, Duh J-G, Lee J-F. Valence change and local structure during cycling of layer-structured cathode materials. Journal of Power Sources, 2009, 189 : 9-15.

[28] Woo S W, Myung S T, Bang H, et al. Improvement of electrochemical a thermal properties of $Li[Ni_{0.8}Co_{0.1}Mn_{0.1}]$ O_2 positive electrode materials by multiple me (Al, Mg) substitution[J]. Electrochimica Acta, 2009, 54 (15): 3851-3856.

[29] Shin H-S, Shin D, Suna Y-K. Improvement of electrochemical properties of $Li[Ni_{0.4}Co_{0.2}Mn_{(0.4-x)}Mg_x]O_{2-y}F_y$ cathode materials at high voltage region. Electrochimica Acta, 2006, 52 : 1477-1482.

[30] Zhou Fu, Zhao Xuemei, Lu Zhonghua, et al. The effect of Al substitution on the reactivity of delithiated $LiNi_{1/3}Mn_{1/3}Co_{(1/3-z)}$ Al_zO_2 with non-aqueous electrolyte. Electrochemistry Communications, 2008, 10 : 1168-1171.

[31] Ding Yanhuai, Zhang Ping, Long Zhilin, et al. Morphology and electrochemical properties of Al-doped $LiNi_{1/3}Co_{1/3}Mn_{1/3}O_2$ nanofibers prepared by electrospinning. Journal of Alloys and Compounds, 2009, 487 : 507-510.

[32] Riley L A，Atta S V，Cavanagh A S，et al. Electrochemical effects of ALD surface modification on combustion synthesized $LiNi_{1/3}Mn_{1/3}Co_{1/3}O_2$ as a layered-cathode material. J Power Sources，2011，196：3317-3324.

[33] Kong J-Z，Ren Chong，Tai G-A，et al. Ultrathin ZnO coating for improved electrochemical performance of $LiNi_{0.5}Co_{0.2}Mn_{0.3}O_2$ cathode material. Journal of Power Sources，2014，266：433-439.

[34] Myung S-T，Lee K-S，Yoon C S，et al. Effect of AlF_3 Coating on Thermal Behavior of Chemically Delithiated $Li_{0.35}[Ni_{1/3}Co_{1/3}Mn_{1/3}]O_2$. J Phys Chem C，2010，114：4710-4718.

[35] Seung-Taek Myung，Kentarou Izumi，Shinichi Komaba，et al. Functionality of Oxide Coating for $Li[Li_{0.05}Ni_{0.4}Co_{0.15}Mn_{0.4}]O_2$ as Positive Electrode Materials for Lithium-Ion Secondary Batteries. J Phys Chem C，2007，111：4061-4067

[36] Song H G，Kim J Y，Kimb K T，et al. Enhanced electrochemical properties of $Li(Ni_{0.4}Co_{0.3}Mn_{0.3})O_2$ cathode by surface modification using Li_3PO_4-based materials. Journal of Power Sources，2011，196：6847-6855

[37] Sun，Yg-K，Kim D-H，Jung H-G，et al. High-voltage performance of concentration-gradient $Li[Ni_{0.67}Co_{0.15}Mn_{0.18}]O_2$ cathode material for lithium-ion batteries. Electrochimica Acta，2010，55：8621-8627.

[38] 艾新平．下一代动力电池及材料发展趋势探析．新材料产业，2012（9）：10-14.

[39] Shoichiro Watanabe，Masahiro Kinoshita，Takashi Hosokawa，et al. Capacity fade of $LiAlyNi_{1-x-y}Co_xO_2$ cathode for lithium-ion batteries during accelerated calendar and cycle life tests（surface analysis of $LiAl_yNi_{1-x-y}Co_xO_2$ cathode after cycle tests in restricted depth of discharge ranges）. Journal of Power Sources，2014，258：210-217.

[40] Bak S-M，Nam K-W，Chang Wonyoung，et al. Correlating Structural Changes and Gas Evolution during the Thermal Decomposition of Charged $Li_xNi_{0.8}Co_{0.15}Al_{0.05}O_2$ Cathode Materials. Chem Mater，2013，25：337-351.

[41] 艾新平，杨汉西．浅析动力电池的技术发展．中国科学：化学，2014，44（7）：1150-1158.

[42] Surendra K，Martha，Hadar Sclar，et al. A comparative study of electrodes comprising nanometric andsubmicron particles of $LiNi_{0.50}Mn_{0.50}O_2$，$LiNi_{0.33}Mn_{0.33}Co_{0.33}O_2$ and $LiNi_{0.40}Mn_{0.40}Co_{0.20}O_2$ layered compounds. Journal of Power Sources，2009，189：248-255.

[43] Sivaprakash S，Majumder S B. Understanding the role of Zr^{4+} cation in improving the cycleability of $LiNi_{0.8}Co_{0.15}Zr_{0.05}O_2$ cathodes for Li ion rechargeable batteries. J Alloys and Compounds，2009，479：561-568.

[44] 林和成，杨勇．AlF_3包覆$LiNi_{0.45}Mn_{0.45}Co_{0.10}O_2$锂离子电池正极材料的结构表征和电化学性能研究．化学学报，2009，1（67）：104-108.

[45] 张倩，李建刚，谢娇娜，等．AlF_3包覆改性$LiNi_{0.4}Co_{0.2}Mn_{0.4}O_2$正极材料的制备与性能．化工新型材料，2009，37（12）：26-29.

[46] Ho-Ming Cheng，Fu-Ming Wang，Jinn P Chu，Raman Santhanam，John Rick，Shen-Chuan Lo. Enhanced Cycleabity in Lithium Ion Batteries：Resulting from Atomic Layer Depostion of Al_2O_3 or TiO_2 on $LiCoO_2$ Electrodes. J Phys Chem C，2012，116：7629-7637.

[47] Wu F，Li N，Su YF，Shou HF，Bao LY，Yang W，Zhang LJ，An R，Chen S. Spinel/layered heterostructured cathode material for high-capacity and high-rate Li-ion batteries. *Adv Mater*，2013，25：3722-3726.

[48] Kim J-M，Chang S-M，Chang J H，Kim W-S. Agglomeration of nickel/cobalt/manganese hydroxide crystalsin Couette-Taylor crystallizer. Colloids and Surfaces A：Physicochem Eng Aspects，2011，384：31- 39.

[49] 叶立，李立楠，陈丹，谢飞. 泰勒流反应器的流动及反应特性. 化工学报，2013，64（6）：2058.

[50] Kang K S，Choi S，Song JH，et al. Effect of additives on electrochemical performance of lithium nickel cobalt manganese oxide at high temperature. Journal of Power Sources，2014，253：48-54.

[51] Petibon R，Sinha N N，Burns J C，Aiken C P，et al. Comparative study of electrolyte additives using electrochemical impedance spectroscopy on symmetric cells. Journal of Power Sources，2014，251：187-194

4

三元材料的应用领域和市场预测

4.1 全球二次电池产能及消耗

全球二次电池的发展经历了一个由铅酸电池到镍镉电池，再到镍氢电池、锂离子电池，之后到燃料电池的过程。目前已经商业化应用的四种二次电池情况见表4-1。

表4-1 四种商业化二次电池情况简介

项目	铅酸电池	镍镉电池	镍氢电池	锂电池
商品化时间	1890年	1956年	1990年	1992年
工作电压/V	2.0	1.2	1.2	3.3～3.9
能量密度/$(W\cdot h\cdot kg^{-1})$	<30	50	60～80	100～150
循环寿命/次	300	1000	500	＞2500
每月自放电率/%	4～5	20～30	30～35	＜5
记忆效应	无	有	有	无
绿色产品	否	否	是	是
价格/$(\$\cdot W^{-1}\cdot h^{-1})$	<0.2	0.5	0.5～1	0.4～1
优点	技术成熟，价格低	可快速充电，价格便宜，循环寿命长	可快速充电，高功率放电，能量密度稍高，循环寿命长	可快速充电，高功率放电，能量密度稍高，自放电率小，循环寿命长
缺点	不可快速充电，能量密度低（重量重，体积大），寿命短	记忆效应，能力密度低，环保问题（Cd）	具有些许记忆效应，高温下性能差，充放电效率差	价格高，安全性
主要应用领域	电动自行车、汽车启动电源、储能	即将退出市场竞争	占HEV电池主导地位，但难满足更高电动化程度需求	3C数码、电动工具
行业生命周期	成熟期后期	衰退期	成熟期	成长初期

从全球二次电池的发展趋势来看，铅酸电池和锂离子电池是全球二次电池产业的两大支柱，铅酸电池因价格低廉、性能稳定一直占有二次电池的主要市场，锂离子电池目前的增长速度最快，镍镉、镍氢电池市场份额一直较小并在被逐步取代。1990～2013年四大二次电池的产量见表4-2，表中部分结果为计算而得，计算数据和实际数据会存在一定偏差。从表中可以看出，2013年铅酸电池在整个二次电池中占比约89%，而锂离子电池只占全球二次电池产量的10%。

表4-2　几种二次电池的产量情况

年份/年	铅酸电池/(MW·h)	锂离子电池/(MW·h)	镍镉、镍氢电池/(MW·h)
1990	189872①	0①	5618①
2000	269640①	4000①	6112①
2012	393425②	39537③	5620①
2013	461325②	51500④	6000①

① 中国化学与物理电源行业协会。

② 计算依据：国家统计局对我国铅酸电池产量统计为2012年157370MW·h，2013年184530MW·h。2012年和2013年我国铅酸电池产量占全球40%。

③ 计算依据：依据全球正极材料产量计算而得。

④ 来自真锂研究统计。

4.2　锂离子电池应用领域及市场分析

锂离子电池已经成熟应用于3C电子产品（指通信产品communication、电脑产品computer、消费类电子产品consumer）以及电动工具、电动自行车等小型动力锂电池市场，也是新能源电动汽车、储能、通信等新兴领域用动力、储能电池很好的选择。未来几年，以电动汽车为主的电动交通工具市场及通信储能市场对锂离子电池的需求将不断加大。统计分析，2012年全球锂离子电池产量约400亿瓦时，产业规模达200亿美元；2013年全球锂离子电池产量大于500亿瓦时，产业规模超过250亿美元。全球锂离子电池产量目前仍保持年均15%以上的增长率，预计今后几年随着新能源汽车的发展，锂离子电池将保持30%～50%的年均增长率。表4-3是对全球锂离子电池产量统计和未来需求的预测分析。

表4-3　2010～2020年全球锂离子电池产量统计预测　　单位：亿瓦时

年份/年	2010	2011	2012	2013	2014（f）	2015（f）	2016（f）	2017（f）	2018（f）	2019（f）	2020（f）
产量	266①	308①	395①	515②	680③	880③	1160③	1600③	2300③	3400③	5260③

注：本书表中“f”代表“预测”。

① 依据中国台湾IEK对全球正极材料产量统计数据计算而得。

② 来自真锂研究统计数据。

③ 按全球锂离子电池年均增长率在30%～50%之间计算。

从全球锂离子电池的消费市场来看，锂离子电池主要市场仍以便携式电子设备为主，前几大市场分别是手机、笔记本电脑、电动工具、平板电脑。2012年全球锂离子电池消费中手机市场占43%，平板电脑/笔记本电脑市场占36%，电动工具市场占11%，其他占10%[1]。表4-4是中国台湾IEK对锂离子电池在不同消费领域的数量统计。

表4-4 2007 ~ 2013年全球锂离子电池产量 单位：10^6个

年份/年	2007	2008	2009	2010	2011	2012	2013（e）
其他	109	163	146	124	186	255	255
医疗设备	0	23	25	31	48	52	50
UPS/ESS	0	3	2	6	18	14	18
互联网/基站	0	29	28	54	48	62	77
电动自行车	0	15	32	49	76	102	134
平板电脑	11	23	12	59	180	375	550
PND	23	64	59	50	52	30	25
蓝牙系列	65	64	49	50	38	44	50
便携式游戏装置	50	72	64	75	66	75	80
便携式DVD	118	116	107	101	81	78	80
数码相机/摄像机	218	221	200	234	248	232	232
电动工具	119	151	134	230	338	375	425
手机	1378	1339	1247	1519	1565	1607	1710
NB&PC	713	859	974	1313	1265	1257	1223
总计	2264	3142	3079	3895	4209	4558	4879

注：数据来源ITR/IEK。

电动自行车、电动汽车（EV/PHEV/HEV）和储能是锂离子电池最有发展前景的市场。交通工具电动化带起了电动汽车和电动自行车的迅速兴起。其中，2013年全球电动自行车对锂离子电池的消耗约14亿瓦时，占锂离子电池总消耗的2.7%；中国行业资讯网统计2013年全球电动汽车对锂离子电池的消耗约64.2亿瓦时，占锂离子电池总消耗的12.5%。

目前国内锂离子电池主要消费市场也是集中在手机、笔记本、电动工具方面，我国2012年锂离子电池的消费结构中手机占55%，笔记本/平板电脑占16%，电动工具占10%，数码相机/摄像机占7%，电动自行车和新能源汽车占7%，其他占5%[1]。据赛迪经智统计数据显示，2012年我国锂电池产业规模达556.8亿人民币，预计2015年将达到1251.5亿人民币，较2012年翻一番，其中电动自行车、电动汽车领域消耗将会明显加大。预计2015年之后新能源汽车将会成为锂离子电池消费市场的主要领域。

锂离子电池还有很多潜在的市场，如可穿戴、机器人等。随着可穿戴和机器人市场的兴起，未来的可穿戴产品和机器人会同今天的手机、电脑一样走进每个人的生活之中，会给锂离子电池带来新的市场需求。

4.3 锂离子电池常见类型

目前，市场上锂离子电池按形状分有方形电池、圆柱形电池和软包电池三种。早期方形锂离子电池占有主要市场，多用于手机。随着市场的变化需求，圆柱式锂离子电池以其尺寸小、容量大、质量轻等优点被广泛用于笔记本电脑、电动工具等领域。后期出现的软包锂离子电池因具有设计形状多样化、质量比能量高，安全性高、厚度超薄等优点，被广泛应用在便携式电子产品上。新兴电动汽车市场将会成为锂离子电池最大的需求市场，以目前全球几大知名动力电池厂家为例，方形、圆柱形、软包锂离子电池在电动汽车上都有应用，具体情况见表4-5。在电动汽车方面，不同电池厂家使用的电池型号各不相同，三星SDI使用的单体电池为60.0A·h的方形金属壳电池，AESC使用33.1A·h的软包电池，松下则使用3.1A·h的18650圆柱电池。

表4-5　不同形状锂离子电池在电动汽车上的应用情况

公司名称	电池形式	标称电压/V	比能量/(W·h·kg^{-1})	电池容量/(A·h)
三星SDI	方形金属壳	3.7	126	60.0
AESC	软包装	3.8	157	33.1
松下	18650	3.7	170	3.1

表4-6为中国台湾IEK对几种形状的锂离子电池2007～2012年产量统计。由表4-6可知，圆柱和软包锂离子电池在整个锂离子电池中的占比逐年增大，方形电池相对平稳，软包电池的年均增长幅度最大。

表4-6　2007～2012年全球软包、圆柱、方形锂离子电池产量统计　　单位：10^6个

年份/年	2007	2008	2009	2010	2011	2012
软包	551	510	495	640	743	1070
圆柱	944	1140	1222	1622	1701	1620
方形	1550	1492	1362	1633	1765	1902
总计	3045	3142	3079	3895	4209	4592

注：来源ITRI/IEK。

随着产品更新换代，消费者对电子产品质量轻、薄及电池使用时间等要求的提高，以及电动自行车、电动车等领域快速的发展，将会对圆柱和软包锂离子电池产生更大的需求。软包电池成为今后锂离子电池发展的主流已是一种必然；圆柱电池朝着高容量的趋势发展正符合未来各个领域对锂离子电池高容量的要求，如目前18650圆柱型电池容量由2.2A·h开发到了2.8A·h，国外已有厂家做到3.6A·h。以世界三大知名电池厂家的18650圆柱电池为例，其18650电池容量发展情况见表4-7。

表4-7　国外电池厂家18650电池容量增长趋势

电池厂家	电池容量/(A·h)	正负极材料	电池能量/(W·h)	电池开发面世时间
松下	3.1	NCA/石墨	11.2	2011年初已经大批量销售
	3.4	NCA/石墨	12.2	2012年下半年开始市场应用
	4.0	NCA/Si合金	13.6	2013年下半年面世
三星SDI	3.0	NCM/石墨	11.2	2011年初已经大批量销售
	3.2	石墨-SiO_x做负极	12.0	2011年9月
	3.6	SiO_x做负极	—	2012年9月

注：资料来源ITR/IEK。

4.4 三元材料应用和市场预测

正极材料是锂离子电池的重要组成部分，对锂离子电池的性能有很大的影响，其成本占锂离子电池成本的30% ～ 40%，直接决定锂离子电池成本的高低。目前已成熟应用的正极材料有钴酸锂、锰酸锂、三元材料（钴镍锰酸锂和镍钴铝酸锂）以及磷酸铁锂等。不同正极材料的应用领域分化比较明显，具体情况见表2-1。

2008年之前钴酸锂一直占据着正极材料的主要市场。2008年金属钴价格的大幅上涨导致钴酸锂价格飙升，使锂电池企业开始尝试使用三元材料，从此，三元材料便进入了快速发展阶段，其市场份额由2006年的10.5%上升到2011年的47%。2012年高电压钴酸锂的出现，以及钴价下跌，使钴酸锂重新占领了智能手机和平板电脑的大部分市场。但近两年以电动车为代表的动力电池领域的兴起，带动了三元材料产量大幅度的增加。表4-8为2005 ～ 2013年全球正极材料的产量情况，由表可知，2013年三元材料产量占整个正极材料约49%的市场份额。

表4-8 2005 ～ 2013年锂离子电池正极材料产量统计 单位：t

年份/年		2005	2006	2007	2008	2009	2010	2011	2012（e）	2013
三元材料	NCM	455	1772	2795	5808	10212	17170	23292	32245	48100
	NCA	144	810	1345	1645	1873	2757	3379	3896	7750
钴酸锂		15351	20587	24860	27585	19302	22732	20656	22228	31450
锰酸锂		379	1026	2060	2153	2702	4026	5943	7905	19000
磷酸铁锂		9	228	470	1225	1230	2370	3575	7062	8400
正极材料总量		16338	24423	31530	38416	35319	49055	56845	73336	114700

注：1.2005 ～ 2012年数据来自ITRI/IEK，其中2012年为不完全统计。
2.2013年数据来自中国电池网。

目前，三元材料在3C产品、电动工具、移动电源等领域的应用已经非常成熟，国外车用锂离子电池已经明确使用三元材料，国内也在向三元材料上靠拢。其他新兴便携式电子产品，如电子烟、可穿戴等也有三元材料的应用。

4.4.1 3C数码

自锂离子电池商业化以来，主要应用领域集中在以3C产品为主的便携式电子产品上。据SQM 2012年统计的数据，3C产品对锂离子电池的消费占整个锂离子电池消费领域的60%，其中锂离子电池在笔记本电脑、手机、平板电脑中的使用量最大，具体见表4-9。从表中可看出，3C产品中平板电脑的增长幅度最快，其他的相对平稳发展。2012年平板电脑对锂离子电池的需求占整个3C产品总需求的10%，2013年则达到了20%，数据翻了一番。随着平板电脑的普及，预计今后几年增长幅度会趋于平稳，预计2020年平板电脑对锂离子电池的需求约占整个3C产品对锂离子电池需求的30%左右。

表 4-9 3C数码领域对锂离子电池的需求统计和预测 单位：亿瓦时

年份/年	NB/PC	移动电话	数码（摄）相机	平板电脑	总计
2009	84.82	39.55	6.88	0.92	132.17
2010	116.83	56.20	7.75	5.29	186.07
2011	116.93	71.95	7.76	15.89	212.53
2012	119.29	96.29	7.62	21.47	244.67
2013	131.99	104.80	8.43	61.48①	306.70
2014（f）	143.18	115.28	8.84	73.77②	341.07
2015（f）	154.83	124.50	9.02	88.53②	376.88
2016（f）	169.96	139.44	9.21	106.42②	424.85
2017（f）③	178.46	153.38	9.67	122.18	463.69
2018（f）③	187.38	168.72	10.15	140.50	506.75
2019（f）③	196.57	185.59	10.66	161.58	554.58
2020（f）③	206.58	204.15	11.20	185.81	607.74

① 来自真锂研究统计；② 在①的基础上以年均20%的增长幅度计算预测；③ NB/PC、数码相机/摄像机按照年增长幅度5%，移动电话按照年增长幅度10%、平板电脑按照年增长幅度15%计算预测。

注：表中其他数据来自中国台湾IEK。

从表4-8中可知，2010年钴酸锂产量为22732t，按每公斤钴酸锂能量密度为537W·h计算，则22732t钴酸锂约122亿瓦时，而从表4-9中可得，2010年3C数码对锂电消耗为186亿瓦时，假设钴酸锂材料全部应用在3C产品上，还有64亿瓦时的缺口，假设这64亿瓦时全部为三元材料，按每公斤三元材料为560W·h计算，需三元材料11429t，即2010年钴酸锂在3C产品中的市场份额占66%，三元材料占34%。通过同样的计算可得，2013年钴酸锂在3C产品中的市场份额为55%，三元材料达到44%，可见三元材料在不断取代钴酸锂在3C领域的市场份额。今后，考虑到3C产品高能量需求以及钴资源的短缺会引起钴价再度上涨等原因，很多3C产品已经开始打破纯粹使用钴酸锂的格局，将三元材料和钴酸锂混合使用。

假设未来几年三元系锂离子电池在3C领域总消耗中占比逐年增加，结合表4-9预测数据，按每吨三元材料的价格为14万人民币计算，三元材料的能量密度以560W·h·kg^{-1}计，则2014～2020年3C领域对三元材料的消耗量和所带来的市场规模见表4-10。

表 4-10 2014～2020年3C领域对三元材料的消耗预测和市场规模预测

3C领域 年份/年	2014（f）	2015（f）	2016（f）	2017（f）	2018（f）	2019（f）	2020（f）
电池消耗/亿瓦时①	341.07	376.88	424.85	463.69	506.75	554.58	607.74
三元锂电池占比/%②	46	49	52	57	62	66	70
三元锂电池消耗/亿瓦时	156.89	184.67	220.90	264.30	314.19	366.02	425.42
三元材料的消耗/万吨③	2.8017	3.2977	3.9450	4.7197	5.6104	6.5361	7.5967
三元材料市场/亿人民币④	39.22	46.17	55.23	66.08	78.55	91.51	106.36

① 数据来自表4-9。

② 预测计算基础：三元锂电在3C领域占比逐年增加。

③ 计算基础：三元材料的能量密度为560W·h·kg^{-1}。

④ 计算基础：每吨三元材料的价格为14万人民币。

按以上预测，2020年3C领域给三元材料带来的产业规模达106亿人民币。以上预测中，3C产品只包括移动电话、笔记本/平板电脑、数码相机/摄像机，如果考虑到如蓝牙系列、游戏机、影音播放器等其他便携电子产品也会用到三元系锂离子电池，那么三元材料的市场规模会更大。

3C产品的使用特性决定了其对锂离子电池的基本要求，由于3C产品的使用寿命不长（一般要求1～2年），对工作环境温度要求不高（满足–15～40℃之间即可），因此对所用电池组的循环性和安全性要求相对较低，其最看重的是锂离子电池的高比容量。如今，消费者不仅要求3C产品的高性能，同时要求产品轻薄、便携、续航时间长等，因而对锂离子电池的形状和容量提出了更高的要求。3C产品领域锂电池的未来发展方向是高能量密度。表4-11中所示为目前几款典型的3C产品锂离子电池规格。

表4-11　典型的3C产品锂离子电池的规格

3C产品	代表产品	容量/(A·h)	电压/V	瓦时/(W·h)
智能手机	iPhone6 Plus	2.9	3.8	11
笔记本电脑	Macbook pro	5.5	10.8	60
超级本	Yoga 11S	2.84	14.8	42
数码相机	佳能SX240	1.12	3.7	4.1
平板电脑	Ipad	6.6	3.75	24.8

4.4.2 移动电源

移动电源是随着数码产品的普及和快速增长而发展起来的。2009～2012年间是智能手机市场的快速发展期，同时也带动了移动电源市场的兴起，出现了诸如品能、羽博、品胜、爱国者、德柏仕、电小二等一系列专业品牌。2012年以后，飞毛腿、清华同方、SSK等传统品牌发挥渠道优势，也进入了移动电源市场，截至2013年，我国可以统计到的移动电源厂家约5000家。全球对移动电源锂离子电池的需求有80%是中国制造。

2012年全球销售移动电源产品8200万台，中国市场共销售2900万台，占全球35.37%。预计到2017年，中国移动电源市场规模将达到1.02亿台，全球占比42.50%[3]。结合移动电源现阶段的发展形势及未来手机、平板电脑等电子产品的发展趋势对未来移动电源市场做以下预测，具体预测数据见表4-12。

表4-12　2012～2020年全球及中国移动电源销量统计预测

年份/年	2012	2013（f）	2014（f）	2015（f）	2016（f）	2017①（f）	2018（f）	2019（f）	2020（f）
全球/万台	8200	9000	12100	15800	22300	24000	30500	35100	45000
中国/万台	2900	3500	4600	6000	7900	10200	13056	16300	20000

① 数据来自真锂研究。

注：其他数据按中国移动电源的年均增长幅度在20%～30%之间，中国移动电源在世界移动电源销量中占比为40%左右预算而得。

目前移动电源市场所用锂电池正极材料主要是三元材料和锰酸锂。其中锰酸锂电池由于其性能问题只占有移动电源的部分低端市场。若平均每台移动电源可存储的电量为

18W·h，即约5A·h，则每台移动电源对正极材料的理论需求约32g（三元材料能量密度以560W·h·kg^{-1}计算）。假设移动电源市场上所用的锂离子电池全部为三元系锂离子电池，结合表4-12对全球移动电源销量的预测数据，则2014～2020年全球移动电源市场对三元材料的消耗量和对三元材料所带来的市场规模见表4-13。

表4-13　预计2014～2020年全球移动电源市场对三元材料的消耗

年份/年	2014（f）	2015（f）	2016（f）	2017（f）	2018（f）	2019（f）	2020（f）
全球/万台①	12100	15800	22300	24000	30500	35100	45000
锂离子电池消耗/亿瓦时②	21.78	28.44	40.14	43.20	54.90	63.18	81.00
三元材料的消耗/万吨③	0.3872	0.5056	0.7136	0.7680	0.9760	1.1232	1.4400
三元材料产值/亿元④	5.4	7.1	10.0	10.8	13.78	15.7	20.2

① 数据来自表4-12。

② 计算基础：每台移动电源消耗锂电池18W·h，所用锂离子电池全部为三元系锂离子电池。

③ 计算基础：三元材料能量密度560W·h·kg^{-1}。

④ 三元材料价格按每吨14万元人民币计算。

预计2020年全球移动电源的数量可达到4.5亿台，2020年全球移动电源对三元材料的消耗约1.44万吨，给三元材料带来的产业规模达20亿人民币。今后移动电源的容量也会越来越高，那么移动电源行业给三元材料带来的市场规模将大于表中预测数据。

4.4.3 电动工具

电动工具有插电式和非插电式（无线）之分。发展初期的无线电动工具主要以高功率镍镉电池为主，其以优异的高倍率放电特性和低廉的价格一直占据电动工具市场的主导地位。随后，锂离子电池技术逐步成熟，能满足电动工具对高倍率放电特性的要求，从而慢慢进入电动工具的市场。由于镍镉电池负极材料镉是致癌物质，世界各国正在陆续禁止镍镉电池的使用或加以苛刻的限制使用。欧盟已颁布法令，从2016年01月01日起，无线电动工具中使用的镍镉电池将在欧盟全面退市；我国工信部节能司编制《电池行业清洁生产综合方案》中要求到2015年电池行业耗镉量要求下降70%。以上政策的出台，加上锂离子电池价格的下滑，电动工具行业将加速锂离子电池对镍镉电池的替代。

全球前十大电动工具品牌为Makita（牧田）、TTI、B&D、RIDGID、Bosch（博世）、Milwaukee、Hitachi（日立）、Hilti（喜利得）、Ryobi（利优比）、松下，这些公司产品占据着电动工具的高端市场。我国电动工具的起步相对较晚，但却是全球电动工具的制造基地，国外几大电动工具厂商在中国均有工厂。

国内品牌生产厂家主要集中在江浙一带，有代表性的企业为江苏东成电动工具有限公司、上海锐奇工具股份有限公司、江苏金鼎电动工具集团有限公司、浙江博大实业有限公司等。

电动工具用单体锂离子电池都一般都是1.3A·h、1.5A·h、2.0A·h的18650型圆柱电池，一般一个电动工具的电池组由4～6个单体锂离子电池组成。目前，锂离子电池在电动工具上的使用已从3串发展到8串及10串，以博世（Bosch）电动工具用锂离子电池为例，其主要规格见表4-14。

表4-14 博世电动工具用锂离子电池组的主要规格型号

电池组电压/V	10.8			14.4		18			36（即将上市）	
电池组容量/（A·h）	1.5	2.0	4.0	2.0	4.0	2.0	4.0	5.0	2.0	4.0

注：摘自博世官网，http://cordless.bosch–pt.com.cn/cn/zh/equipment.html.

国外电动工具锂离子电池供应商主要是三星SDI（Samsung SDI）和三洋机电（Sanyo）公司（已被松下收购），其中三星SDI和三洋机电占据着电动工具用锂离子电池约70%的市场份额。国内电动工具锂离子电池主要供应厂商是江苏海四达电源股份有限公司、江苏天鹏电源有限公司等。

电动工具用锂离子电池正极材料的选择有三元材料和尖晶石锰酸锂。电动工具使用过程中电流至少在15～25A之间，瞬时电流可达50A以上，对电池组的基本要求是具有高倍率连续放电性能和高倍率脉冲放电性能，且要求在较大的温度范围内（20～60℃）能正常工作。而锰酸锂材料克容量发挥低、高温性能差，这不仅增加了电池设计的难度，而且不能满足电动工具大电流放电时对表面温度的要求，所以锰酸锂不能作为一种独立的材料用在电动工具锂离子电池上，即使要用也往往在掺混的情况下使用。三元材料应用过程中不存在以上问题，其以结构稳定、电压平台高、倍率性能好等特点成为电动工具电池应用的首选。

电动工具锂离子电池用量大致以每年10%的速度递增，预计2016年之后增长幅度会更大。据江苏海四达电源股份有限公司统计：2012年全球电动工具销量为3.07亿台，较2011年的2.98亿台增长了3.02%，其中使用锂离子电池的电动工具占比达到了40%，合1.228亿台，较2011年的0.894亿台增长了37%左右；电动工具市场2012年消耗了锂离子电池337.36万千瓦时，较2011年的198.47万千瓦时增长了69.98%[2]。

结合以上数据，对2012～2020年全球电动工具市场对锂离子电池、三元材料需求以及三元材料市场规模统计预测数据见表4-15。预算条件假设：2013～2016年电动工具对锂离子电池需求的年均增长幅度为10%，2016～2020年年均增长幅度为20%；正极材料消耗全部以三元材料计算，三元材料的能量密度以560W·h·kg^{-1}计，三元材料价格按14万元人民币/吨计算。

表4-15 2012～2020年间电动工具市场对锂离子电池和三元材料的需求

年份/年	2012	2013(f)	2014(f)	2015(f)	2016(f)	2017(f)	2018(f)	2019(f)	2020(f)
电动工具对锂离子电池的需求/亿瓦时	33.74①	37.11	40.82	44.91	49.40	59.28	71.14	85.37	102.45
三元材料的消耗/t	6025	6627	7289	8020	8821	10586	12704	15245	18295
三元材料的产值/亿元人民币	8.44	9.28	10.21	11.23	12.35	14.82	17.79	21.34	25.61

① 数据由江苏海四达电源股份有限公司提供。

由表4-15中预测数据可知，2015年电动工具对锂离子电池的需求约45亿瓦时，对三元材料的消耗约8万吨，给三元材料带来的产业规模达11.23亿人民币；结合全球电动工具用电池的发展策略，2016年之后锂离子电池将会更大幅度替代镉镍电池而用在电动工具上，预计2020年全球电动工具领域对锂离子电池的需求量将大于1兆瓦时，给三元材料带来的市场规模约达25亿人民币。若考虑到电动工具锂离子电池的二次替代市场，那么电动工具市场对锂离子电池及三元材料的消耗要比上表中预测的数据更大。

4.4.4 电动自行车

据中国自行车协会统计，2003 ～ 2012年全球电动自行车销量从不到400万辆增至3505万辆，增长了约9倍。2012年全球锂电自行车销量约170万辆，占全球电动自行车总销量的5%。

我国是电动自行车的消费大国，2012年我国锂电自行车的销售量为150万辆，占全球电动自行车消费总量的90%以上。据中商情报网数据显示：2013年中国电动自行车产量预计在3500万辆以上，其中锂电自行车占比7.5%左右，约260万辆。据中国化学与物理电源行业协会秘书长刘彦龙预测，2014年锂电自行车需求总量将达到350万辆以上。

中国自行车协会调查资料表明，目前国内有2000多家电动自行车企业，销量排名靠前的有爱玛、雅迪、新日、比德文、立马、台铃等，这些厂家均推出了自己品牌的锂电版电动自行车。国内供应电动自行车用锂离子电池的主要厂家有超威电源有限公司、天能电池、苏州星恒电源有限公司等。目前，用在电动自行车上的锂离子单体电池有18650型圆柱电池和3.6V–10A · h的聚合物软包电池。市场上常见的锂电自行车锂离子电池组规格为36V，10A · h或48V，10A · h。以国内某一厂家的锂离子电动自行车为例，其不同款式所用锂离子电池的规格见表4-16。

表4-16 电动自行车用锂离子电池组的常见规格型号

电池电压/V	48	48	36	24	36	36
电池容量/(A · h)	10	12	8	8	10	7
续航里程/km	≥40	≥40	≥20	≥20	≥35	≥30

注：续航里程以不同厂家的不同车型而异，具体以各自厂家公布为准，此处只做参考。

用在锂离子电动自行车上的正极材料体系有三元材料、锰酸锂、磷酸铁锂材料。表4-17为超威电源有限公司用在电动自行车中的三元系锂离子电池和锰酸锂系锂离子电池的规格型号和性能对比。

表4-17 超威电源有限公司不同材料体系的动力锂离子电池性能对比

电池型号	BN36AR	BM24AR	BN48AB	BM36AB	BN18AA	BM18AA
材料体系	NCM	LMO	NCM	LMO	NCM	LMO
标称电压/V	36	24	48	36	18	18
标称容量/(A · h)	10	10	10	10	12	10
电池重量/kg	3.1	2.8	4.1	4.3	1.8	1.8
电池尺寸	315mm×150mm×150mm		390mm×106mm×76mm		150mm×92mm×97mm	

注：摘自超威电源有限公司网站，www.cnchaowei.com.

以中国自行车协会2012年对全球电动自行车的统计数据为计算基础，预测未来几年锂离子电动自行车销量及其对三元材料消耗见表4-18。

表4-18 全球电动自行车销量及其对三元材料消耗

年份/年	2012①	2013②	2014(f)	2015(f)	2016(f)	2017(f)	2018(f)	2019(f)	2020(f)
电动自行车总销量/万辆③	3505	3785	4088	4415	4768	5149	5561	6006	6486
锂电自行车占比/%④	5	7.8	9.5	12.0	15.3	20.0	25.8	33.2	43.5
锂电自行车总销量/万辆	170	295	388	530	730	1030	1435	1994	2821
锂电池消耗/亿瓦时⑤	8.41	14.17	18.64	25.43	35.02	49.43	68.87	95.71	135.43
三元系锂电池消耗/亿瓦时⑥	—	—	9.32	15.26	24.51	34.60	55.09	76.57	108.34
对三元材料的消耗/吨⑦	—	—	1664.4	2724.7	4377.0	6178.8	9838.2	13673	19347
三元材料产值/亿元⑧	—	—	2.33	3.82	6.13	8.65	13.77	19.14	27.09

① 数据来自中国自行车协会；
② 数据来自中商情报网；
③ 预测基础：电动自行车销量年均增速为8%；
④ 预测基础：锂电自行车占比幅度逐年增大；
⑤ 计算基础：一台电动自行车消耗锂电池480W·h；
⑥ 计算基础：假设2014年三元锂电占50%，2015年占60%，2016年和2017年占70%，2017～2020年占80%；
⑦ 计算基础：三元材料能量密度560W·h·kg^{-1}；
⑧ 计算基础：三元材料价格按每吨14万元人民币计算。

假设2020年锂电自行车在整个电动自行车中的占比为43.5%，合2821万辆，若其中80%的锂离子电动自行车使用三元材料，那么2020年锂离子电动自行车给三元材料带来的产业规模约27亿人民币。今后，随着锂离子电动自行车在市场中占有率的提高，也会带动二次替换市场的兴起，那么全球电动自行车行业给锂离子电池及正极材料带来的市场空间将比预测的数据更大。

4.4.5 电动汽车

电动汽车的发展经历了由各种混合动力汽车、插电式混合动力汽车、增程式电动汽车到纯蓄电池电动车的过程，而目前真正商业化的电动汽车主要是混合动力电动汽车，纯电动汽车是近两年人们关注的热点和今后主要的发展方向。

混合动力汽车（HEV）对电池的容量要求不高，目前所使用电池以镍氢电池为主，部分为锂离子电池；插电式混合动力汽车（PHEV）和纯电动汽车（EV）对电池容量要求较高，所用电池主要是锂离子电池。在以往几年中，大部分电动汽车企业主要采用铅酸、镍镉、镍氢电池（Ni-MH）等。随着锂离子电池材料在技术上的开发和进步，锰酸锂、磷酸铁锂、三元材料（镍钴锰酸锂和镍钴铝酸锂）等正极材料在动力锂离子电池领域得到了应用。目前，许多汽车生产厂家选择使用锂离子电池作为电动汽车的动力电源，如通用、特斯拉、宝马、日产、日本丰田、比亚迪、奇瑞、北汽等一系列汽车厂家均推出了自己品牌型号的锂离子电动汽车。

电动汽车作为一种交通工具，其续驶里程、加速性能、爬坡能力、安全性能等是大家关注的重点，这些方面主要取决于作为动力电源的电池的性能，对电动汽车所用电池性能的要求一般集中在能量密度、功率密度、循环寿命、安全性等方面。我国“863”计划电动汽车重大专项计划书中对电动汽车用锂离子电池的性能要求见表4-19。

表4-19 电动汽车用锂离子电池性能要求

质量比能量	功率密度	循环次数	行驶里程	电池工作温度
＞130W·h·kg^{-1}	＞1600W·kg^{-1}	＞500次	＞10万公里	–20～55℃

电动汽车有混合动力汽车（HEV）、插电式混合动力汽车（PHEV）和纯电动汽车（EV）之分，它们对所用电池组的性能要求有所不同，不同类型电动汽车用锂离子电池组的基本要求见表4-20。

表4-20 不同类型电动汽车对锂离子电池组性能的要求

电动车类型	对电池的性能要求						
	电压/V	功率/kW	使用能量/(kW·h)	装机能量/(kW·h)	电池组容量/(A·h)	倍率	放电深度/%
微混HEV	12～42	5～10	<0.1	<1	5～60	10C	5
轻混HEV	＞144	25～75	0.3	1～2	5～10	20C	5～20
PHEV	＞200	25～100	2～10	4～15	20～60	10C	20～60
EV	＞400	50～100	30～75	40～100	50～150	2C	20～80
其他要求：电池组满足10～15年的使用期限，可在–30～60℃环境温度范围内使用							

注：资料来自力神电池股份有限公司2013年华南锂电论坛报告。

全球动力电池的生产厂商主要集中在中国、日本和韩国。日韩的动力电池正极材料体系主要为三元系或三元和锰酸锂混合体系，代表厂商有松下、AESC、三星SDI、LG化学。松下正极材料路线为镍钴铝酸锂；AESC目前使用锰酸锂和镍钴铝酸锂混合体系，后期将逐渐转变为镍钴锰酸锂和镍钴铝酸锂混合体系；三星SDI官网介绍，2013年之后全部使用三元材料；LG化学官网介绍，其动力电池正极材料体系为富镍三元材料。

目前国内动力电池主要为磷酸铁锂体系，并在逐步转向三元材料系锂离子电池。表4-21[4]是国内外主要动力电池企业及其产品技术指标的汇总。

表4-21 国内外主要动力电池企业及其产品技术指标

国家	公司名称	正极材料	标称电压/V	比能量/(W·h·kg^{-1})	电池容量/(A·h)	电池形式	应用领域
日本	AESC	LMO+NCA	3.8	157	33.1	软包装	EV
	松下	NCA	3.7	170	3.1	18650	EV
	三洋电机	NCM	3.7	110	21.5	金属壳	PHEV
	日立车辆能源	改进LMO	3.6	130	30.0	金属壳	PHEV/EV
韩国	三星SDI	NCM	3.7	130	60.0	金属壳	EV
			3.7	130	26.0/28.0	金属壳	PHEV
	LG化学	LMO+NCM	3.6	145	15.0	软包装	EREV
	SK能源	NCM+LMO	3.7	143	50.0	软包装	EV

续表

国家	公司名称	正极材料	标称电压/V	比能量/(W·h·kg^{-1})	电池容量/(A·h)	电池形式	应用领域
美国	A123	LFP	3.2	135	20.0	软包装	PHEV/EV
	江森自控	NCA	3.6	136	41.0	金属壳	PHEV/EV
德国	Li–tec	NCM	3.6	135	40.0	软包装	PHEV/EV
中国	比亚迪	LFP	3.2	108	200.0	铝壳	EV
	力神	LFP	3.2	127	20.0	铝壳	PHEV/EV
		NCM	3.6	137	28.0	铝壳	PHEV
	比克	NCM	3.6	171	2.1	不锈钢壳	PHEV/EV
	盟固利	LMO+NCM	3.6	127.5	90.0	软包装	EV
				107	8.0	软包装	HEV
	万向	LFP	3.2	130	50.0	软包装	EV
				128	60.0（3并）	软包装	EV
				110	40.0（2并）	软包装	PHEV
		NCM	3.6	156	40.0（2并）	软包装	EV
	星恒	LFP	3.2	120	40.0	铝壳	EV
		LMO+NCM	3.6	88	8.0	铝壳	HEV
	普莱德	LFP	3.2	107	60.0	不锈钢壳	EV
				100	50.0	不锈钢壳	EV
				115	72.0	不锈钢壳	EV
	光宇	LFP	3.2	110	50.0	不锈钢壳	PHEV/EV
				110	100.0	不锈钢壳	EV
	中航锂电	LFP	3.2	114	50.0	PP壳体	EV
				110.6	400.0		
	捷威	NCM	3.6	87	5.0	软包装	HEV
	沃特玛	LFP	3.2	110	5	圆柱	PHEV/EV
				120	5.5		
				130	6.0		
		NCM	3.6	—	—	圆柱	PHEV/EV
	威海东生	NCM	3.6	143	60	软包装	EV
	微宏	NCM	3.6	—	—	软包装	PHEV/EV

目前已知的三元材料在电动汽车上应用的典型实例有美国特斯拉、日产聆风（Leaf）、德国宝马等。其中特斯拉车型由日本松下提供的三元材料（NCA）系18650型锂离子电池作为其动力电芯；日产Leaf车用动力电芯由AESC提供，正极材料采用的是锰酸锂和三元材料（NCA）7∶3的混合，并且打算2015年之后全部采用三元材料（NCM+NCA）；宝马同三星SDI达成协议，其i3和i8系电动车电池设备由三星SDI提供，其电芯所用正极材料是三元材料和锰酸锂混合体系；通用汽车雪佛兰Volt沃蓝达汽车采用LG化学提供的三元系锂离子电池。

表4-22为世界上几款主流锂离子电动汽车对正极材料的选择。

表4-22 世界主流电动车对正极材料的选择

车企业	特斯拉	宝马	通用	日产	比亚迪
车名	Model S	i3	雪佛兰 Volt	Leaf	E6
电动车种类	纯电动	纯电动	增程式混动	纯电动	纯电动
电池供应商	松下	三星SDI	LG	AESC	自主研发
电池配备能量/(kW·h)	60；85	22	16	24	60
能量密度/($W \cdot h \cdot kg^{-1}$)	170	130	81	140	100
续航/km	＞400	160	64①	160	300
正极材料②	NCA	NCM	LMO+NCM	LMO+NCA（2015年后NCM+NCA）	LFP

注：① 指该车在纯电动状态下的最大续航里程；

② 中NCA指镍钴铝酸锂，NCM指镍钴锰酸锂，LMO指锰酸锂，LFP指磷酸铁锂。

国内以比亚迪为代表的电动车厂商一直以来都采用磷酸铁锂电池，在已经上市的11款电动车中只有众泰知豆有锰酸锂、三元与磷酸铁锂三种锂离子电池体系可供选择。2014～2015年，在即将上市的9款电动车中，长安、东风、比亚迪等车企的4款车使用了磷酸铁锂体系锂离子电池，北汽、奇瑞、江淮、众泰等4个车企的5款车型均使用了三元锂离子电池，具体情况见表4-23。

表4-23 国内9款即将上市的电动汽车正极材料使用情况一览表

车企及车名	锂电池正极材料	最高时速/(km/h)	续航里程/km	售价/万元
长安逸动纯电动	磷酸铁锂	140	160	—
东风风神E30L	磷酸铁锂	80	160	20～30
比亚迪唐	磷酸铁锂	100	200	—
比戴腾势	磷酸铁锂	150	300	36.9～39.9
北汽绅宝纯电动	三元材料	130	175	35.48
江淮和悦iEV5	三元材料	120	200	—
奇瑞S15EV	三元材料	100	200	6～9
奇瑞eQ	三元材料	100	200	—
众泰云100	三元材料	100	150	＜15

注：摘自第一电动汽车网。

随着电动汽车行业的兴起，我国也在加大对新能源客车的发展，目前国内共有14个新能源客车在建项目，总投资438亿元，年产能预计将达到20万辆。其中，比亚迪、上海申沃新能源客车拟建和在建项目有三个，宇通和中通新能源客车项目建成后年产能将达到3万辆，而且新能源在建项目大部分都将在2014年投产，我国新能源客车拟建和在建项目情况见表4-24[5]。中国国际证券认为，预计2014～2016年新能源客车销量分别为2.5万辆、3.5万辆、5万辆。而且，未来新能源客车系统成本在目前的基础上仍将保持10%左右的年均下降幅度。

表4-24 我国新能源客车拟建和在建项目表

企业名称	地方政府	投资资金/亿元	年产能/辆	预投产时间
上海申沃客车、哈飞汽车、上海众联能创	包头	150	1800（一期）	2014年
金龙汽车	—	1.77	6000	未明确
南京金龙	武汉	20	10000	未明确
广汽&比亚迪	从化	30	未明确	2014年
宇通客车	郑州	38	30000	部分投产
中通客车	聊城	11.38	30000	2014年
比亚迪	南京	30	6000	2014年
比亚迪	兰州	25	未明确	未明确
山东泰汽&上海申沃	寿光	15	5000	2014年
上海申沃&华夏动力	孝义	50	5000	未明确
安凯	合肥	15	6000	2014年
海格	苏州	15	10000	未明确
西沃客车	镇江	20	未明确	2014年
江西思卡多	于都	16.5	2000	2016年
总计	—	437.65	193800	—

注：来自第一电动网。

以装载三元聚合物锂离子电池的中文沂星大巴车为例，该车型已经在哈尔滨进行低温试车成功。该车满电状态可行驶210km，能耗比1.1kW·h·km^{-1}。整车的性能及电池组参数见表4-25，由表中数据可知，该大巴车的电池组是由1134个3.7V，60A·h的单体三元聚合物电池组合而成，电池组总能量约250kW·h，若三元材料的能量密度以560W·h·kg^{-1}计，则一辆中文沂星大巴车对三元材料的理论消耗为450kg。

表4-25 中文沂星大巴车及电池组性能参数

车的性能参数		电池组的性能参数	
标准时速	60km·h^{-1}	电池类型	三元聚合物锂离子电池
续航里程	180～230km	电池厂家	威海东生
最大爬坡	20%	单体电池规格	3.7V 60A·h
加速能力	≤13s（0～50km·h^{-1}）	电池组规格	599V 420A·h
电机功率	120kW	电池组组成	162串7并
载重	2500kg	电池组总能量	252kW·h
充电时间	3～4h	电池组工作环境温度	-40～60℃

注：表中信息由威海东生能源科技有限公司提供。

世界各国都在加紧电动汽车的研发，全球主要国家新能源汽车目标见表4-26。就我国而言，2012年7月9日国务院正式公布的《节能与新能源汽车规划》规定：到2015年纯电动和插电式混合动力汽车产销量力争达到50万辆（保有量）；到2020年纯电动和插电式混合动力汽车产销量力争达到200万辆、累计销量达500万辆。中国汽车工业协会发布，2011～2014年我国新能源汽车的产销量情况见表4-27。

表4-26 全球主要国家新能源汽车目标

国家	规划时间	产销量目标/万辆	新能源车范围
美国	2015年	100（保有量）	插电型、增程型、纯电动型
中国	2015年	50（保有量）	混合电动车、纯电动车
	2020年	500（累计产销总量）	混合电动车、纯电动车、氢燃料电池汽车
日本	2020年	200（年销量）	纯电动车80万辆，混合动力120万辆
德国	2020年	100（保有量）	电动车
	2030年	500（保有量）	电动车
英国	2015年	24（保有量）	电动车
	2020年	100（保有量）	电动车
韩国	2015年	120（产量）	电动车
	2020年	小型电动车普及率10%	电动车
法国	2020年	200（累计产量）	清洁能源汽车

注：资料来自盖世汽车网。

表4-27 我国新能源汽车产销量情况

年份/年	2011	2012	2013	2014（f）
新能源汽车的产销量/辆	8159①	12791①	17500②	35000①
包含EV、PHEV、HEV/辆	EV：5579； HEV：2580	EV：11375； PHEV：1416	EV：14243； PHEV：3290	—

注：① 新能源汽车销量；
② 新能源汽车产量。

汽车产业咨询公司IHS Automotive提供数据显示，2013年全球EV、PHEV的产量达24.2万辆，预计2014年EV、PHEV的产量增至40.3万辆。结合各国今后新能源汽车产量规划情况，及中国台湾IEK和汽车产业咨询公司IHS Automotive提供的2014年之前全球新能源汽车的产量情况，对未来几年全球锂离子电动汽车的销量情况做以下预测，具体预测数据见表4-28。预测计算基础：EV的年均增长幅度在70%～80%之间；PHEV的年均增长幅度在30%～50%之间；锂电HEV的年均增长幅度在10%以内；电动大巴的年均增长幅度在40%～50%之间。

统计表4-28中数据可知，截至2020年全球锂电新能源汽车的累计销量可达2500万辆，其中包含纯电动汽车（EV）、插电式混合动力汽车（PHEV）、混合动力汽车（HEV）和电动大巴。

表4-28 全球新能源汽车2009 ～ 2020年的销量统计及预测 单位：万辆

系能源车型	EV	PHEV	HEV-LIB	HEV-NiMH	电动大巴（中国）	总计
2009①	0.3	0.1	0.5	72.9	—	73.8
2010①	0.4	0.1	0.9	82.2	—	83.6
2011①	3.2	1.2	6.1	91.1	—	101.6
2012①	3.6	5.5	18.8	129.5	—	157.4
2013	24.2②		未作统计	未作统计	—	—
2014（f）	40.3②		23.0	未作预测	2.5③	68.5④
2015（f）	45.0	23.4	24.2	未作预测	3.5③	96.1④
2016（f）	77.0	31.6	25.7	未作预测	5③	139.3④
2017（f）	138.0	44.5	27.7	未作预测	7.3	217.5④
2018（f）	242.0	62.3	30.2	未作预测	10.7	345.2④
2019（f）	424.0	90.4	33.2	未作预测	15.8	563.4④
2020（f）	746.0	135.6	36.5	未作预测	23.7	941.8④

① 数据来自中国台湾IEK。
② 数据来自汽车产业咨询公司IHS Automotive。
③ 数据来自中国国际证券。
④ 指全球锂电版电动汽车和电动大巴的总量预测。

结合不同类型新能源汽车对锂离子电池性能的要求，取每辆HEV所需电池能量1kW·h、每辆PHEV所需电池能量12kW·h、每辆EV所需电池能量45kW·h、每辆电动大巴所需电池能量250kW·h。结合表4-28中2014～2020年对全球锂电电动汽车和电动大巴的预测数据，计算全球锂电电动汽车和电动大巴2014～2020年对锂离子电池的总需量及对三元材料需求见表4-29。

表4-29 2014 ～ 2020年全球新能源汽车行业锂离子电池和三元材料需求预测

年份/年	2014（f）	2015（f）	2016（f）	2017（f）	2018（f）	2019（f）	2020（f）
锂电池新能源汽车/万辆①	68.5	96.1	139.3	217.5	345.2	563.4	941.8
锂离子电池需求总量/亿瓦时②	192.4	320.5	512.0	859.7	1434.3	2414.8	4115.9
三元系锂离子电池需求量/亿瓦时③	134.7	224.4	358.4	601.8	1004.0	1690.4	2881.1
三元材料需求量/万吨④	2.4	4.0	6.4	10.7	17.9	30.2	51.5
三元材料产值/亿人民币⑤	33.7	56.1	89.6	150.4	251.0	422.6	720.3

① 数据来源：表4-28。
② 计算基础：每辆HEV所需电池能量1kW·h、每辆PHEV所需电池能量12kW·h、每辆EV所需电池能量45kW·h、每辆电动大巴所需电池能量250kW·h。
③ 预测计算基础：70%为三元系锂离子电池。
④ 计算基础：三元材料能量密度以560W·h·kg^{-1}计算。
⑤ 计算基础：三元材料价格以每吨14万元人民币计。

如表4-29中预测，到2020年，全球使用锂离子电池的新能源汽车产量达941.8万辆，对锂离子电池的总需求达4116亿瓦时，占2020年全球锂离子电池总预测需求的78%。若2020年三元系锂离子电池在全球新能源汽车对锂离子电池总需求中占比70%，那么2020年全球新能源汽车行业对三元材料的需求量达51.5万吨，将会给三元材料行业带来约720亿人民币的产值。可见，未来新能源汽车领域将会是锂离子电池及电池材料消耗的最大市场。

预测有不确定性，但以2013年纯电动车对三元系锂离子电池的实际消耗情况来看，需求已经很大。以特斯拉Model S一种车型为例，Model S 2013年销量为2.24万辆，以平均每辆车配备70kW·h电池计算，2013年其锂电池总消耗就达到了15.7亿瓦时，超过全球锂电自行车2013年对锂离子电池的总消耗（14亿瓦时），折合对正极材料NCA的理论消耗达2400t（每辆车约111kg NCA）。

4.4.6 通信

通信基站电源所使用电池模块一般有12V、24V和48V三种，最后的电池组则集中在48V上，不论是宏站（指设在户外的大中小型基站）还是微站皆是如此，这主要是因为开关电源基本上都是在57.6～40V工作区间。至于具体的电池组容量，微站一般是50A·h，宏站则是200～3000A·h不等，以500～1000A·h的居多。目前，位于户外的大中小型移动通信基站电源主要还是使用铅酸电池。由于这些基站对电池组的体积和质量没有要求，移动通信运营商需要重点考虑的就是电池的性价比，主要是单位循环周期的成本，所以一直以来铅酸电池占据通信领域的主要市场[6]。

移动通信技术存在明显的“2G⟶3G⟶4G”的发展趋势，相对应，移动基站也在由大中型基站向小微型基站的方向发展，尤其是微型基站（一般设在人口密集处/室内）今后将会快速发展。这两年锂离子电池的单位价格呈现快速下降态势，与铅酸电池在性价比日益接近，2013年，中国移动基站用锂离子电池的单位售价还在持续下降，目前已经降到了5.5～6元·A^{-1}·h^{-1}，约合1.8元·W^{-1}·h^{-1}[7]。2012年三大电信运营商开始对外公开招标，启动磷酸铁锂电池作为通信基站后备电源的试点项目，自此通信锂电池市场呈现出快速发展的态势，但目前用在通信基站上的锂离子电池主要是磷酸铁锂电池，表4-30为用在通信基站上的磷酸铁锂电池与传统铅酸电池的性能对比。

表4-30 通信基站用锂离子电池与铅酸电池性能对比[8]

项目	磷酸铁锂电池	阀控式铅酸电池
标称电压	3.2V	2.0V
能量体积比	160～210kW·h·m^{-3}	70～95kW·h·m^{-3}
能量重量比	90～120W·h·kg^{-1}	34～38W·h·kg^{-1}
10h倍率容量C_{10}	C_{10}	C_{10}
3h倍率容量C_3	0.95C_{10}	0.75C_{10}
1h倍率容量C_1	0.9C_{10}	0.55C_{10}
大电流放电性能	好（可1C放电、3C短时）	一般（最大充电电流0.25C）
过充性能	差	较好
高温度充放电性能	好（可60℃充放电）	一般
成组循环寿命（25℃）	700次	100次

通信基站用电池，锂离子电池相对于铅酸电池具有循环寿命长、体积小、重量轻\寿命对环境温度要求相对低等优点。据中国移动提供的数据显示[8]，测算1组48V/200A・h锂电池组与1组48V/300A・h铅酸电池组在同样的安装方式下，前者占地面积是后者的59%，前者重量是后者的28%，且锂离子电池具有更多次数的循环寿命。所以在通信基站建设的小容量站点、末端供电、无空调室外站点、无空调室内站点、新能源站点等场景，锂离子电池有明显优势。今后，锂离子电池在电信业的应用规模也将不断增大。

2012年以来，在通信基站储能招标领域，锂离子电池已开始逐渐替代铅酸电池。通信基站对锂离子电池的要求是性能和体积要结合场景的实际使用情况，满足通信设备所需的放电时长、便于安装更换、重量轻、体积小、对外界环境及温度适应性强、使用寿命长（定位是目前铅酸电池的2倍左右）等。图4-1为常见的通信基站用锂离子电池组。

图4-1 通信基站用锂离子电池组

2012年中国移动基站电源市场共采购5.80万千瓦时的锂离子电池[7]。2013年中国三大通信运营商共新建基站约40万个，其中中国移动新建基站数量上升至20多万，大多为4G基站。预计2014年中国移动新建基站达35万个，而中国电信、中国联通计划在2014年将基站总量增加到中国移动基站总数的50%左右，2015年达到73%左右。随着4G建设时代的来临，以及国家和政府对节能减排要求逐步提高，4G基站对电池更高容量和高倍率及其他特殊性能提出了更高要求，这些都需要锂电池来完成替换。工信部透露，预计2014年4G通信基站将新增50万个，覆盖300多个城市。到2017年，预计三大电信运营商新建的通信基站总数将达到220万个。目前用在通信基站上的锂离子电池主要是磷酸铁锂电池，考虑到未来通信基站对电池更高容量和高倍率性能的要求，磷酸铁锂系锂离子电池可能会被其他材料系的锂离子电池所取代，其中三元材料就是一个很好的选择。

结合以上文中信息，统计预测我国2013～2020年通信基站建设数目见表4-31，其中2015年之后通信基站建设数目按年均25%的增长幅度计算。若三元材料2015年之后能应用在通信领域，则对2015～2020年间通信领域对三元材料需求预测见表4-31。预测计算基础见表注。

表4-31　我国通信基站建设数目及未来对三元材料的消耗预测

通信基站领域 \ 年份/年	2013	2014	2015（f）	2016（f）	2017（f）	2018（f）	2019（f）	2020（f）
个数/万个	40①	70	140	175	220②	275	344	430
锂电基站/万个③	—	—	70	87.5	110	137.5	172	215
锂电池消耗/亿瓦时④	—	—	16.80	21.00	26.40	33.00	41.28	51.60
三元锂电消耗/亿瓦时⑤	—	—	3.36	4.20	5.28	6.60	8.26	10.32
对三元材料的消耗/t⑥	—	—	600	750	942.86	1178.57	1474.29	1842.86
三元材料产值/亿人民币⑦	—	—	0.84	1.05	1.32	1.65	2.06	2.58

① 数据来自高工锂电。
② 数据来自中华人民共和国工业和信息化部。
③ 假设2015年及之后预测新建基站数目中50%采用锂离子电池。
④ 假设通信基站用锂离子电池模块为48V 50A·h，电池组总能量2.4kW·h。
⑤ 假设2015年及之后锂离子电池基站中有20%是三元锂离子电池。
⑥ 计算基础：三元材料能量密度以560W·h·kg^{-1}计算。
⑦ 计算基础：三元材料价格以每吨14万元人民币计。

4.4.7 储能

随着能源的短缺，储能系统将成为人们研究的重点。储能电站、风光应急发电、航海航空应急电源、移动基站等都是储能系统的发展方向。储能是解决新能源电力储存的关键，其核心设备是各种化学电池。目前应用在化学储能领域的电池包括铅酸电池、锂离子电池、钠硫电池、液流电池等，以上几种电池的性能对比见表4-32。

表4-32　应用在储能领域几种电池的技术特性对比

电池类型	技术优势	技术缺陷	应用情况
铅酸电池	技术成熟，应用广泛，能量密度高，价格便宜	使用寿命短，一般4～5年，循环次数低于1000次，使用过程中存在污染问题，具有严重的记忆效应，对环境条件要求高	广泛应用在汽车后备电源，在微网储能领域也有应用
锂离子电池	能量密度高，使用寿命可达10年，充放电循环次数2000～3000次	价格较高，过充过放存在安全隐患	通信设备电源，电动汽车电源，储能电站
钠硫电池	比能量高，充放电效率高	循环性能差，移动场合下使用条件苛刻	应急电源、风力发电等储能领域
液流电池	电池容量大，充放电循环次数13000次左右，功率与容量功能模块化，能量转化率高	体积、重量较大，技术不成熟、存在技术瓶颈，价格较高	目前应用不是很广泛，国内暂时没有实际应用

目前全球范围内，铅酸电池占据储能市场大于80%的产业规模。但铅酸电池在储能领域的应用中面临着体积大、寿命短、使用环境条件要求高等问题。中国台湾IEK统计并预测了2011～2020年几种电池在储能领域的使用消耗情况见表4-33，由表中数据可知，储能领域锂离子电池的增长幅度最大。

表4-33　几种电池在储能领域的需求量及对未来需求预测　　单位：亿瓦时

年份/年	2011	2012	2013	2014(f)	2015(f)	2016(f)	2017(f)	2018(f)	2019(f)	2020(f)
铅酸电池	32.13	34.68	38.76	44.93	50.59	54.15	61.82	69.75	77.43	91.18
锂电池	20.4	3.17	6.75	15.79	21.83	27.69	38.24	47.35	58.62	76.57
钠硫电池	9.00	8.17	9.00	10.20	11.22	12.34	13.58	14.93	16.43	18.07
其他	2.27	2.12	4.69	3.73	4.40	4.96	5.98	6.95	8.03	9.78

注：数据为中国台湾IEK统计和预测。

由于磷酸铁锂具有好的循环性和安全性，其最初占据了储能领域用锂电池的市场，但其能量密度低，随着未来储能系统对电池组容量要求的提高，及三元材料在其他领域的使用技术的成熟，预计今后三元系锂离子电池也将应用于储能领域。

依据表4-33中中国台湾IEK对全球储能领域（只包括电网及家庭储能领域）锂离子电池的需求预测数据，计算2015～2020年全球储能领域对三元材料的消耗及所带来的市场规模见表4-34。

表4-34　未来储能领域对三元材料的消耗预测

年份/年	2015（f）	2016（f）	2017（f）	2018（f）	2019（f）	2020（f）
锂电池/亿瓦时①	21.83	27.69	38.24	47.35	58.62	76.57
三元系锂电池/亿瓦时②	4.366	5.538	7.648	9.470	11.724	15.314
对三元材料的消耗/t③	779.6	988.9	1365.7	1691.1	2093.6	2734.6
三元材料产值/亿元④	1.09	1.39	1.91	2.37	2.93	3.83

① 数据为中国台湾IEK统计预测；
② 计算基础为三元系锂离子电池在储能领域用锂离子电池中占比为20%；
③ 计算基础为三元材料的能量密度为560W·h·kg^{-1}；
④ 计算基础为三元材料价格以14万元人民币/t。

家庭储能是未来储能市场很有前景的分支之一，家庭式直流住宅就是储能系统在家庭储能上的一个很好的应用。图4-2是对家庭储能系统的直观描述图。

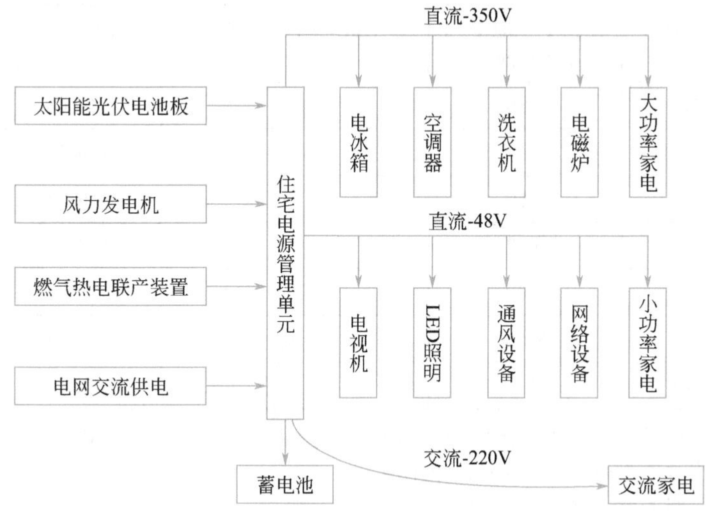

图4-2　家庭储能系统直观描述图

屋顶的太阳能发电装置、家庭用风力发电机产生的能源以及社会供电系统的低价电力来源都可储存在家庭储能系统中。它就相当于每个家庭的蓄水池一样，不仅可作应急电源，更能为家庭节省电力开支。家庭储能市场的兴起，也必将带动锂离子电池产业的蓬勃发展。

当前，我国正处于城镇化和工业化快速推进和发展进程之中，每年新增住宅1000万套左右，直流住宅发展潜力巨大。对于一般家庭用电，选用电池组能量为2.5kW・h的电池基本就能满足家庭的需要。以我国为例，假设每年新增住宅1000万套中有5%发展为直流住宅，那么每年50万套直流住宅对电池的需求量为12.5亿瓦时。假设12.5亿瓦时中有50%使用三元系锂离子电池，那么对三元材料的理论消耗约1116t，给三元材料产业规模达1.56亿人民币（材料价格以14万元每吨计）。

4.4.8 电子烟

锂离子电池是电子烟结构中很重要的一部分，电子烟工作的主要原理是通过锂电池提供能量将烟油加热汽化为烟雾。电子烟所用锂离子电池为小型聚合物电池，小容量电池所用的正极材料基本上都是钴酸锂，大容量电池为三元材料体系，所用锂离子电池的平均容量为300mA・h。亿纬锂能和聚能电池是国内电子烟锂离子电池产能最大的企业，后来亿纬锂能收购聚能电池，成为生产电子烟用锂离子电池的龙头企业，其用于电子烟的锂离子电池的容量范围在90～1000mA・h之间，可供高温、大电流、低容量体系的不同电子烟产品选择。

据广发证券发展研究中心提供数据显示2012年全球卷烟量6.29万亿支，电子香烟销量约为1.2亿支，预计2013年全球电子烟销量为3亿支[9]。在广发证券发展研究中心给出2013年全球电子烟销量3亿支的基础上，若未来几年电子烟销量的年均增长幅度为20%，则预算2013～2020年全球电子烟的销量数据见表4-35。取每支电子烟所用电池的容量为300mA・h，电压3.6V，则每支电子烟所需的电池能量为1.08W・h；若未来几年全球电子烟销量中有50%使用三元系锂离子电池，则2014～2020年全球电子烟市场对锂离子电池的需求和三元材料的需求量见表4-35。

表4-35 2014～2020年全球电子烟销量及对锂离子电池和三元材料的需求预测

年份/年	电子烟销量/亿支	锂离子电池消耗/亿瓦时①	三元系锂离子电池消耗/亿瓦时②	三元材料消耗/t③	三元材料产值/亿元④
2014	3.60	3.89	1.95	347.14	0.49
2015	4.32	4.67	2.33	416.57	0.58
2016	5.18	5.60	2.80	499.50	0.70
2017	6.22	6.72	3.36	599.79	0.84
2018	7.47	8.07	4.03	720.32	1.01
2019	8.96	9.68	4.84	864.00	1.21
2020	10.75	11.61	5.81	1036.61	1.45

注：① 按照每只电子烟所用锂离子电池的平均容量为300mA・h，电压3.6V计算；

② 假设所用锂电池中50%为三元系锂离子电池；

③ 按三元材料能量密度为560W・h・kg^{-1}计算；

④ 三元材料价格按每吨14万人民币计算。

按以上预测数据，2020年全球电子烟给三元材料带来的市场规模约1.45亿人民币。全球吸烟人数主要集中在发展中国家，而目前电子烟的消费主要集中在欧美发达国家，随着发展中国家电子烟市场的打开，电子烟销量会进一步加大，未来对锂离子电池正极材料带来的市场规模也将加大。

4.4.9 可穿戴

智能可穿戴是未来电子产品发展的一个热门领域。当前市场上的可穿戴产品形态各异，主要包括智能眼镜、智能手表、智能腕带、智能跑鞋、智能戒指、智能臂环、智能腰带、智能头盔、智能纽扣等。如三星Galaxy Gear、谷歌眼镜、苹果iWatch、小米手环等。

调研机构Canalys给出的数据显示：2013年下半年，全球有160万台健康腕带和智能手表出售。中国IT研究中心（CNIT–Research）预计可穿戴设备2014年全球销量总额将同比增长350%至2270万台，2017年销量将突破1亿台，产品还是集中在健康腕带和智能手表两类。随着可穿戴设备的流行和产品市场的深入，很多电池厂家也随着市场的需要开发出了穿戴设备使用的锂离子电池。考虑到电池重量要轻、体积要小、安全性要高及电池形状和尺寸设计方面的问题，智能可穿戴设备用锂离子电池主要以聚合物锂电池为主。以目前市场上流行的几款只能可穿戴产品为例，其配置电池的容量见表4-36。

表4-36　典型可穿戴产品配置锂离子电池容量

谷歌眼镜	MOTO360智能手表	三星Gear2手表	三星Gear Fit手环	小米手环
570mA·h	300mA·h	300mA·h	210mA·h	41mA·h

结合中国IT研究中心（CNIT-Research）给出的2013年和2014年全球可穿戴产品的销量信息，对2013～2020年全球可穿戴产品销量及对三元材料消耗统计预测数据见表4-37，取每台可穿戴产品锂离子电池的容量为300mA·h。

表4-37　可穿戴产品销量及对锂离子电池正极材料的消耗预测

年份/年	2013	2014（f）	2015（f）	2016（f）	2017（f）	2018（f）	2019（f）	2020（f）
产量/亿台	0.130①	0.227②	0.397③	0.675③	1.08③	1.81③	3.07③	5.21③
锂离子电池需求/亿瓦时④	0.141	0.245	0.429	0.729	1.166	1.955	3.316	5.627
三元材料需求/亿瓦时⑤	—	0.196	0.343	0.583	0.933	1.564	2.653	4.501
三元材料需求/t⑥	—	35.02	61.25	104.14	166.63	279.26	473.66	803.83
三元材料产值/亿元⑦	—	0.0490	0.0858	0.1458	0.2333	0.3910	0.6631	1.1254

① 数据为市场研究公司Junipe统计。
② 数据来源：中国IT研究中心（CNIT–Research）。
③ 相应数据是在② 的基础上以年均60%～70%的增长幅度预测计算而得。
④ 计算基础：每台可穿戴设备所需电池的能量为1.08W·h。
⑤ 计算基础：假设锂离子电池的需求量中80%为三元系锂离子电池。
⑥ 计算基础：三元材料的能量密度以560W·h·kg^{-1}计算。
⑦ 计算基础：三元材料价格以14万人民币每吨计算。

目前用在可穿戴产品上的小型聚合物锂离子电池正极材料有钴酸锂和三元材料，随着未来可穿戴设备对电池长久使用时间的要求，高容量三元材料也会再次得到大量的应用。结合表4-37中数据，预计2020年全球可穿戴对锂离子电池总需求5.6亿瓦时中80%为三元系锂离子电池，则需要消耗三元材料约800t，给三元材料带来的市场规模大概为1.1亿人民币。可穿戴产品属于当今的新兴市场，预计今后，以医疗可穿戴产品为代表的普及将会给锂离子电池和正极材料市场带来更大的市场空间，应该会远大于表中预测数据。

4.5 三元材料的应用实例

三元材料在3C领域的应用技术已经很成熟，可以单独使用也可以和钴酸锂混合使用。如目前智能手机用锂离子电池很大一部分是三元材料和钴酸锂的混合使用，不仅可以满足电池的高电压性能，而且使电池的循环性和安全性也得到改善；电动工具行业已经明确使用三元材料；动力型软包电池、动力型方形电池以及能量型圆柱电池在电动交通工具上都有明确的应用实例。以下是对三元材料锂离子电池几个典型应用实例的分析。

4.5.1 倍率型18650圆柱电池

倍率型18650圆柱锂离子电池的放电电流一般大于15A，主要应用在电动工具上。表4-38是国内外不同锂离子电池厂家三元系倍率型18650圆柱电池的规格型号。从表中可以看出，三元系倍率型18650电池主要有1300mA·h、1500mA·h、2000mA·h三种容量型号，最大放电电流可达20A。

表4-38　不同电池厂家三元系倍率型18650圆柱电池[11～14]

厂家	材料体系	标称容量/（mA·h）	最大放电电流/A
江苏海四达	NCM	1300	20
		1500	20
江苏天鹏	NCM	1300	15
		1500	15
		2000	20
		2500	8
天津力神	NCM	1500	20
		2000	20
三星SDI	NCM	1300	—
		1500	—
		2000	—

注：以上信息摘自各厂家网站。

电动工具在使用过程中，需要的放电电流在15～25A之间，电池的表面温度基本会保持在60℃左右，所以对材料的高温性能要求很高，相对于其他几种正极材料而言，三元材料从倍率性能和高温性能上更符合应用在电动工具上。图4-3为国内某厂家三元系18650电池在不同放电电流下电池表面的温升情况，电池容量为1.5A·h。从图4-3中可以看出，当电池的放电电流为0.8A时，电池表面温度为27℃，随着放电电流的增大，电池表面温度也随之增大。当使用30A的电流放电时，电池表面温度急剧升高，结束放电时电池温度达到73℃。从图4-3中也可以看出，三元系倍率圆柱电池的倍率性能较好，在不同倍率下放电容量基本相同。

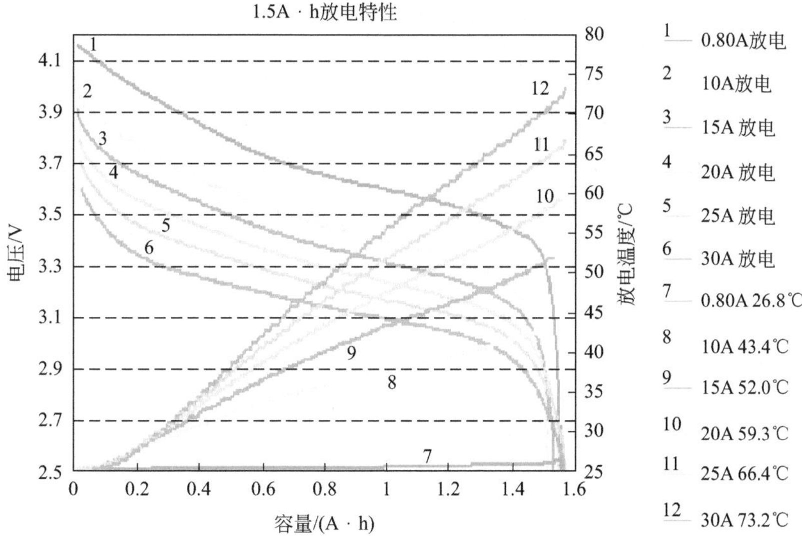

图4-3 三元系18650圆柱电池的倍率放电曲线图

4.5.2 能量型18650圆柱电池

能量型18650圆柱电池主要用在移动电源、笔记本电脑、电动自行车、电动汽车等领域均。近年来能量型18650电池的容量在不断提高。表4-39为国内外不同锂离子电池厂家的能量型18650电池的规格型号，其正极材料均为三元材料。从表中可以看出，目前国内厂家三元系容量型18650电池容量最高为2600mA·h；日本松下电池官网上已经公布了3400mA·h的18650电池。

表4-39 不同厂家三元系能量型18650电池[10～12,14]

厂家	正极材料体系	标称容量/（mA·h）	最大放电电流/A
江苏海四达	NCM	2100	7
		2200	7
江苏天鹏	NCM	2000	4
		2200	5
		2600	6
天津力神	NCM	2200	—（1C）
松下	NCA	3100	—
		3400	—

注：以上信息摘自各厂家网站。

松下公司3.1A·h的高容量锂离子电池已经成功应用在电动汽车上，特斯拉Model S车型所选用的就是松下3.1A·h的18650圆柱电池，今后松下公司生产的3.4A·h或更高容量的电池也将用在特斯拉的其他新型车型上。松下公司的两款高能量单体电池的部分指标见表4-40，其3.6V 3.1A·h的18650电池性能测试结果见图4-4。

表4-40 松下高能量18650电池部分指标[14]

型号	容量	电池能量	电池质量	体积能量密度	质量能量密度
NCR18650A	3100mA·h	11.2W·h	45.5g	675W·h·L^{-1}	250W·h·kg^{-1}
NCR18650B	3400mA·h	12.2W·h	46.5g	730W·h·L^{-1}	265W·h·kg^{-1}

注：信息来自松下官网，http://www.panasonic.net/id/ctlg/qACA4000_EA.html。

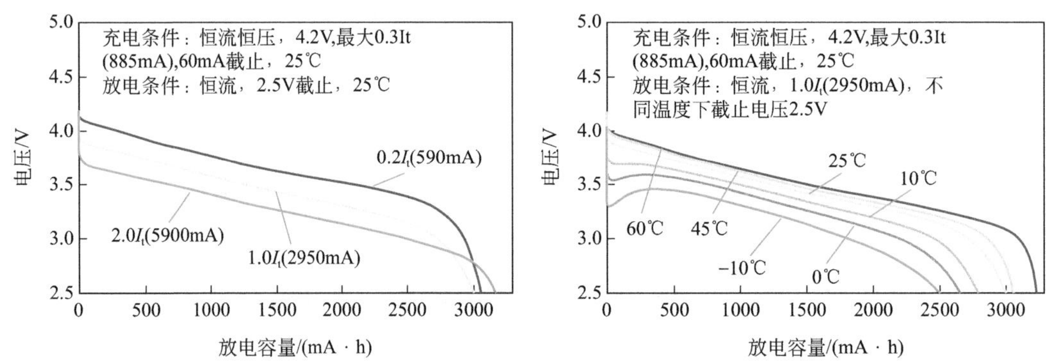

图4-4 松下NCR18650A电池性能测试结果[14]

4.5.3 10A·h和20A·h动力软包电池

电动自行车、电动摩托车、电动汽车都用到软包电池，常见的两种三元系动力软包电池性能指标见表4-41。

表4-41 国内某厂家10A·h和20A·h动力软包单体电池性能指标

规格（厚×宽×长）	标称容量/(A·h)	标称电压/V	电池内阻/mΩ	重量/g	能量密度/(W·h·kg^{-1})	循环寿命/次
9.6mm×67mm×220mm	10	3.6	6	245	160	＞2000
6.6mm×150.5mm×220.6mm	20	3.6	1.0	485	—	—

对表4-41中3.6V 10A·h单体软包电池循环性能测试结果可知，其循环寿命大于2000次，其中电池在0.5C充电，1C放电的条件下循环1380次时容量保持率达85%，循环1800次时容量保持率达80%。该单体电池通过7串1并形成25.2V 10A·h的电池组可用在电动摩托车上。测试该电池组的循环性能可知：电池组在5A恒流充电、10A恒流放电条件下，充放电500次的容量保持率达93.4%，充放电900次的容量保持率达80%。

对3.6V 10A·h单体电池和25.2V 10A·h电池组的倍率放电性能测试结果见表4-42。

表4-42 运用在电动摩托车上的单体电池和电池组的倍率放电性能

放电倍率		0.2C	0.5C	1.0C	1.5C	2.0C
放电时间/min	3.6V 10A·h①	337.2	132.6	65.03	41.87	30.10
	25.2V 10A·h②	333.4	232.1	64.9	42.5	31.8
放电容量/(mA·h)	3.6V 10A·h①	10654.9	10494.9	10304.1	9943.3	9532.7
	25.2V 10A·h②	10538.7	10458.9	10286.3	10095.6	10059.1
电压平台/V	3.6V 10A·h①	3.625	3.582	3.538	3.476	3.411
	25.2V 10A·h②	25.376	25.024	24.467	23.983	23.583
与0.2C比值	3.6V 10A·h①	100%	98.5%	96.71%	93.32%	89.47%
	25.2V 10A·h②	100%	99.24%	97.61%	95.80%	95.45%

① 在不同倍率下放电前先将电池以0.5C恒流充电到4.2V，4.2V恒压放置3.5h；
② 在不同倍率下放电前先将电池以0.5C恒流充电到29.4V，29.4V恒压下放置3.5h。

对表4-41中3.6V，20A·h三元系动力单体锂离子电池进行基本性能测试，测试结果见表4-43。

表4-43 3.6V 20A·h单体动力软包电池性能测试结果

检测项目	开路电压	标称容量	额定电压	内阻	重量	尺寸
测试值	4.13V	22.1A·h	3.62V	0.98mΩ	484.5g	6.6mm×150.6mm×220.8mm

对该单体电池在0.5C充电，1C放电的条件下进行电池进行循环性能测试，测试结果见表4-44，其循环600次时，电池容量保持率达97.83%。

表4-44 3.6V 20A·h单体动力软包电池循环性能测试结果

循环次数	1	100	200	300	400	500	600
容量/（A·h）	21.78	21.55	21.75	21.68	21.45	21.23	21.21
容量保持率/%	100.00	99.05	99.87	99.54	98.86	97.87	97.83

4.5.4 三元材料电池组在电动汽车上的应用

三元材料在电动汽车上应用的典型实例有三星SDI为宝马i系供应的NCM系列方形金属壳电池，松下为特斯拉供应的NCA系列18650圆柱电池，AESC为日产Leaf供应的NCA+LMO系列软包电池，以及国内威海东升科技有限公司为电动大巴供应的NCM系软包装动力电池。以上各厂家的动力电池信息见表4-28。

特斯拉Model S车型选择的是由能量密度达170W·h·kg^{-1}的松下NCA体系18650单体电池组合成的电池组，用在特斯拉Model S车型上的电池组按容量分有两种，即60kW·h和85kW·h，但依据电池性能配置不同，Model S车型有三种可选，具体指标见表4-45。

表4-45 特斯拉Model S车用锂离子电池组相关信息

电池组能量/(kW·h)	60	85	85（高性能）
电机最大功率/(kW·h)	225	270	310
加速到100km·h–1所需时间/s	6.2	5.6	4.4
电池质量保证	8年或15万英里	8年行驶里程不限	8年行驶里程不限
最高速度/(英里/小时)	120	125	130
最大续航里程/km	390	480	480
电池组组成	具体结构不清楚	16组电池串联而成成，每组电池由444节锂电池，每74节并联形成①	
电池组单体电池个数	约5400个3.1A·h的18650电池②	7104个18650电池①	

① 数据来源：中国青年网（2015/3/10）；② 数据由电池组总能量除以单体电池能量计算而得。
注：表中其他信息来自特斯拉官网。

据特斯拉官网信息，特斯拉正在备产纯电动SUV Model X，2012年2月特斯拉Model X设计原型车面世，Model X车型电池将配备60kW·h或85kW·h电池，Model X Performance从0加速到96km/h用时不到5s，是一款高性能兼实用性的纯电动汽车，预计将于2015年秋开始销售。

日产Leaf车上采用的锂离子电池由AESC公司提供，正极材料由锰酸锂和三元材料（NCA）以7∶3混合，单体电池为33.1A·h的软包电池，一辆车上的电池组由192个单体软包电池组合而成，组合方式为：4个单体电芯通过2并2串组成一个电池模块，24个电池模块组成一个电池包，两个电池包组成一个电池组。电池组容量为24kW·h，2010年日产公布该车满电状态续航里程达160km，2013年版续航里程可达250km，电池组普通充电模式下充满电需8h，有快速充电模式。日产Leaf车用锂离子单体电芯主要材料用量见表4-46。

表4-46 Leaf车型用锂离子电芯制备主要材料用量

电池芯规格		3.8V，33.1A·h	
电芯制备主要材料		用量	其他条件
正极材料用量	LMO	231.7g	100mA·h·g^{-1}
	NCA	49.7g	200mA·h·g^{-1}
负极–NG Core		120.4g	330mA·h·g^{-1}
电解液		120g	EC+DEC+LiPF6
每瓦时材料成本		0.21美元	

注：摘自ITRI/IEK。

4.5.5 三元材料电池组在电动大巴上的应用

上海申沃SWB6121EV13型纯电动大巴车使用的电池为三元系聚合物锂离子电池，由威海东生新能源科技有限公司提供，电池组536.5V 300A·h，由725个3.7V 60A·h单体电芯经145串5并组合而成。单体电芯性能指标见表4-47，电池组的基本指标见表4-48。

表4-47 威海东生3.7V 60A·h动力三元聚合物单体电芯性能指标

电压平台	能量密度	温度性能	循环寿命	自放电率	内阻
3.7	143W·h·kg^{-1}	–40～75℃	1500～2000	1%	1.0mΩ
室温环境下以3.5C倍率放电，可放出90%以上的电量；电池在–20℃环境下以1C倍率放电，可放出60%以上的电量。					

表4-48 威海东生536.5V 300A·h的三元聚合物锂离子电池组基本指标

电池组规格	单体电池规格	工作电压范围	总能量	工作环境温度	质量
536.5V-300A·h	3.7V 60A·h	435～609V	160kW·h	–40～60℃	约1724kg

电池组充放电性能曲线如图4-5（a）所示，其在申沃SWB6121EV13型纯电动大巴车上的工况模拟性能曲线如图4-5（b）所示。

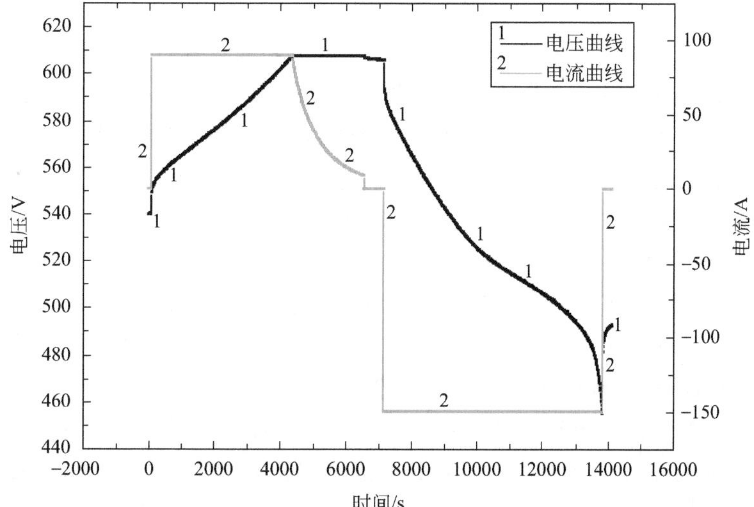

(a) 电池组正常充放电曲线

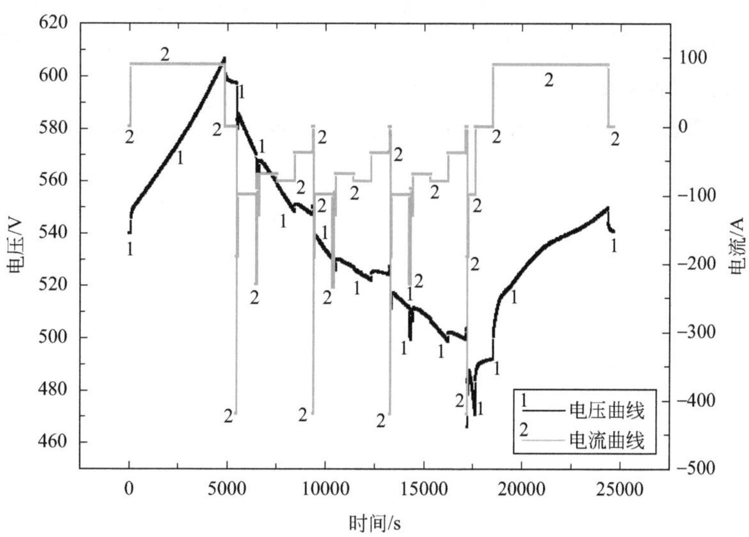

(b) 电池包工况变电流曲线

图4-5 536.5V 300A·h电池包性能曲线

申沃SWB6121EV13型电动大巴在四川泸州公交166路上具体运行路况及不同坡道爬坡时电流及时间见表4-49。运行地点为山区，运行中爬坡较多，最长坡路1.4km，坡度陡25°，整条线路共24个停靠站（站牌），有13个红绿灯。起步加速电流最大值260～280A。

表4-49 申沃SWB6121EV13型电动大巴山路运行情况

坡道长/km	0.25	0.7	0.45	1.3	0.9（缓坡）	0.3	0.4	0.5	0.6（缓坡）
坡度/（°）	25	25	25	20	—	—	—	—	—
爬坡电流/A	100～150	250～280	250～280	200～280	70～180	200～280	200～280	200～280	180
上坡时间/s	20	60	35	100	60	25	30	36	—

参考文献

[1] 刘彦龙. 2013国内外二次电池市场分析. 中国化学与物理电源行业协会，成都：2013.

[2] 杨清欣. 电动工具用锂离子电池的发展与思考. 江苏海四达电源股份有限公司，2013.

[3] 墨柯. 2013～2017年3C小型锂电池市场分析报告. 北京：北京华清正兴信息咨询公司，2013.

[4] 温秋红. 我国电池企业在新能源汽车行业中的竞争态势. 电源技术. 2014，38（6）：1190-1192.

[5] 陈蒙. 总投资约438亿元在（拟）建新能源客车项目一览. 第一电动网，[2014-04-28]. http://www. cvworld. cn/news/bus/newenergy/140428/76232. html.

[6] 真锂研究. 移动基站用锂电池将呈现规模化需求. 电源世界，2014，01：9.

[7] 真锂研究墨柯 移动基站电源市场已到锂电池规模化应用时机. 中国电池网，[2013-12-23]. http://news. bjx. com. cn/html/20131223/481970. shtml

[8] 巩欣. 磷酸铁锂电池在中国移动的研究与应用. 中国移动通信集团设计院电源所，2014.

[9] 电子烟行业专题报告：作为烟草替代品，发展空间巨大. 广发证券. 2013-7[2014. 08. 16].

[10] 圆柱形锂离子电池. 江苏海四达电源股份有限公司. http://www.highstar-battery.net.cn/

[11] 江苏天鹏电源有限公司. 圆柱形锂离子电池. http://tenpower.battery.com.cn

[12] 圆柱形锂离子电池. 天津力神电池股份有限公司. http://www. lishen. com. cn/

[13] 三星SDI. 圆柱形锂离子电池. http://www.sansungsdi.com.cn

[14] Panasonic. 锂离子电池. http://consumer. panasonic.cn/product/others/batteries.html

5

三元材料相关金属资源

5.1 全球锂离子电池正极材料对金属资源的消耗

锂离子电池正极材料制备过程的金属消耗主要是对金属镍、钴、锰、锂的消耗。表5-1分别列出了目前市场上几种普遍应用的锂离子电池正极材料和不同规格型号的三元材料对金属锂、镍、钴、锰的需求情况。

表5-1 不同正极材料（每吨）对金属的需求（金属量）

材料类型		锂/kg	镍/kg	钴/kg	锰/kg
三元材料	NCM111	72	203	204	190
	NCM424	72	244	123	228
	NCM523	72	304	122	171
	NCM622	72	363	122	113
	NCM71515	72	423	91	85
	NCM811	72	483	61	56
	NCA	72	489	92	—
	NCM90505	72	542	30	28
钴酸锂（$LiCoO_2$）		71	—	602	—
锰酸锂（$LiMn_2O_4$）		38	—	—	608
磷酸铁锂（LFP）		44	—	—	—

结合表4-8中全球正极材料产量情况和表5-1中各种正极材料对金属资源的需求量，计算出2008～2013年间全球正极材料对金属资源的消耗量（见表5-2），其中三元材料以NCM523计算。

表 5-2 2008 ~ 2013 年全球正极材料对镍、钴、锰、锂资源的消耗量（金属量）

年份/年	正极材料总产量/万吨	锂/万吨	镍/万吨	钴/万吨	锰/万吨
2008	3.8416	0.2627	0.2503	1.7495	0.2387
2009	3.5319	0.2400	0.3977	1.3106	0.3363
2010	4.9005	0.3304	0.6532	1.6058	0.5319
2011	5.6845	0.3771	0.8753	1.5579	0.7617
2012	7.3336	0.4789	1.1710	1.7627	1.0427
2013	11.4700	0.7359	1.8571	2.5605	1.9750
合计	36.7621	2.4250	5.2047	10.5471	4.8862

统计4.4节三元材料市场预测部分数据，全球2014 ～ 2020年各领域对锂离子电池需求情况见表5-3。

表 5-3 全球各领域 2014 ~ 2020 年对锂离子电池需求情况预测统计 单位：亿瓦时

年份/年	2014（f）	2015（f）	2016（f）	2017（f）	2018（f）	2019（f）	2020（f）
3C领域	341.07	376.88	424.85	463.69	506.75	554.58	607.74
移动电源	21.78	28.44	40.14	43.20	54.90	63.18	81.00
电动工具	40.82	44.91	49.40	59.28	71.14	85.37	102.45
电动自行车	18.64	25.43	35.02	49.43	68.87	95.71	135.43
电动汽车	192.40	320.50	512.00	859.70	1434.30	2414.80	4115.90
通信（中国）	8.40	16.80	21.00	26.40	33.00	41.28	51.60
储能（电网）	15.79	21.83	27.69	38.24	47.35	58.62	76.57
电子烟	3.89	4.67	5.60	6.72	8.07	9.68	11.61
可穿戴	0.25	0.43	0.73	1.17	1.96	3.32	5.63
其他锂电产品	36.96	40.11	43.57	52.17	73.66	73.46	72.07
全球锂电总需求预测	680	880	1160	1600	2300	3400	5260

4.4.1 ～ 4.4.9小节已经对各领域所需三元系锂离子电池做过相应预测，假设3C领域、电子烟、可穿戴锂离子电池用正极材料除三元材料外其他全部是钴酸锂，电动自行车、电动汽车、通信（中国）、储能（电网）领域锂离子电池用正极材料除三元材料外其他全部为磷酸铁锂和锰酸锂，其他锂电产品消耗锂离子电池正极材料全部按钴酸锂计算。则统计出全球锂离子电池不同应用领域对各材料系锂电池的需求情况见表5-4。

结合表5-4中统计预测数据，计算出各领域对几种正极材料的需求量见表5-5和表5-6。其中三元系锂离子电池对正极材料的需求以两种方式计算，根据2014 ～ 2020年对全球三元系锂离子电池需求预测的瓦时数，分别以三元NCM111型（能量密度522W · h · kg^{-1}）和三元NCM811型（能量密度630W · h · kg^{-1}）计算出2014 ～ 2020年三元锂离子电池对三元材料的需求。其中，表5-5三元材料需求量全部以NCM111型计算；表5-6三元材料需求量全部以NCM811型计算。钴酸锂的能量密度取537W · h · kg^{-1}，NCM111能量密度522W · h · kg^{-1}，NCM811能量密度630W · h · kg^{-1}，磷酸铁锂和锰酸锂能量密度390W · h · kg^{-1}。

表5-4 全球锂离子电池不同应用领域对各材料系锂离子电池的需求预测统计 单位：亿瓦时

应用领域	电池体系	2014年	2015年	2016年	2017年	2018年	2019年	2020年
3C	LCO锂电①	184.18	192.21	203.93	199.39	192.56	188.56	182.32
	三元锂电②	156.89	184.67	220.92	264.3	314.19	366.02	425.42
移动电源	三元锂电	21.78	28.44	40.14	43.2	54.9	63.18	81
电动工具	三元锂电	40.82	44.91	49.4	59.28	71.14	85.37	102.45
电动自行车	LFP和LMO锂电③	9.32	10.17	10.51	14.83	13.78	19.14	27.09
	三元锂电	9.32	15.26	24.51	34.6	55.09	76.57	108.34
电动汽车	LFP和LMO锂电	57.7	96.1	153.6	257.9	430.3	724.4	1234.8
	三元锂电	134.7	224.4	358.4	601.8	1004	1690.4	2881.1
通信（中国）	LFP锂电	8.4	11.76	14.7	18.48	23.1	28.9	36.12
	三元锂电	0	5.04	6.3	7.92	9.9	12.38	15.48
储能（电网）	LFP锂电	15.79	17.464	22.152	30.592	37.88	46.896	61.256
	三元锂电	0	4.366	5.538	7.648	9.47	11.724	15.314
电子烟	LCO锂电	1.94	2.34	2.8	3.36	4.04	4.84	6.43
	三元锂电	1.95	2.33	2.8	3.36	4.03	4.84	5.18
可穿戴	LCO锂电	0.054	0.087	0.147	0.237	0.396	0.667	1.129
	三元锂电	0.196	0.343	0.583	0.933	1.564	2.653	4.501
其他	LCO锂电	36.96	40.11	43.57	52.17	73.66	73.46	72.07

① 指正极材料是钴酸锂（LCO）体系的锂离子电池；
② 指正极材料是镍钴锰酸锂（NCM）和镍钴铝酸锂（NCA）体系的锂离子电池；
③ 指正极材料是磷酸铁锂（LFP）和锰酸锂（LMO）体系的锂离子电池。

表5-5 全球不同应用领域对各正极材料的需求预测统计（1） 单位：万吨

应用领域	正极材料	2014年	2015年	2016年	2017年	2018年	2019年	2020年
3C	LCO	3.433	3.583	3.801	3.716	3.589	3.515	3.398
	NCM111	3.006	3.538	4.232	5.063	6.019	7.012	8.150
移动电源	NCM111	0.417	0.545	0.769	0.828	1.052	1.210	1.552
电动工具	NCM111	0.782	0.860	0.946	1.136	1.363	1.635	1.963
锂电自行车	LFP和LMO	0.239	0.261	0.269	0.380	0.353	0.491	0.695
	NCM111	0.179	0.292	0.470	0.663	1.055	1.467	2.075
电动汽车（含大巴）	LFP和LMO	1.479	2.464	3.938	6.613	11.033	18.574	31.662
	NCM111	2.580	4.299	6.866	11.529	19.234	32.383	55.193

续表

应用领域	正极材料	2014年	2015年	2016年	2017年	2018年	2019年	2020年
通信（中国）	LFP	0.215	0.302	0.377	0.474	0.592	0.741	0.926
	NCM111	0.000	0.097	0.121	0.152	0.190	0.237	0.297
储能（电网）	LFP	0.405	0.448	0.568	0.784	0.971	1.202	1.571
	NCM111	0.000	0.084	0.106	0.147	0.181	0.225	0.293
电子烟	LCO	0.036	0.044	0.052	0.063	0.075	0.090	0.120
	NCM111	0.037	0.045	0.054	0.064	0.077	0.093	0.099
可穿戴	LCO	0.001	0.002	0.003	0.004	0.007	0.012	0.021
	NCM111	0.004	0.007	0.011	0.018	0.030	0.051	0.086
其他锂电产品	LCO	0.689	0.748	0.812	0.972	1.373	1.369	1.343

注：三元材料全部以NCM111计算。

表5-6 全球不同应用领域对各正极材料的需求预测统计（2） 单位：万吨

应用领域	正极材料	2014年	2015年	2016年	2017年	2018年	2019年	2020年
3C	LCO	3.433	3.583	3.801	3.716	3.589	3.515	3.398
	NCM811	2.490	2.931	3.507	4.195	4.987	5.810	6.753
移动电源	NCM811	0.346	0.451	0.637	0.686	0.871	1.003	1.286
电动工具	NCM811	0.648	0.713	0.784	0.941	1.129	1.355	1.626
锂电自行车	LFP和LMO	0.239	0.261	0.269	0.380	0.353	0.491	0.695
	NCM811	0.148	0.242	0.389	0.549	0.874	1.215	1.720
电动汽车（含大巴）	LFP和LMO	1.479	2.464	3.938	6.613	11.033	18.574	31.662
	NCM811	2.138	3.562	5.689	9.552	15.937	26.832	45.732
通信（中国）	LFP	0.215	0.302	0.377	0.474	0.592	0.741	0.926
	NCM811	0.000	0.080	0.100	0.126	0.157	0.197	0.246
储能（电网）	LFP	0.405	0.448	0.568	0.784	0.971	1.202	1.571
	NCM811	0.000	0.069	0.088	0.121	0.150	0.186	0.243
电子烟	LCO	0.036	0.044	0.052	0.063	0.075	0.090	0.120
	NCM811	0.031	0.037	0.044	0.053	0.064	0.077	0.082
可穿戴	LCO	0.001	0.002	0.003	0.004	0.007	0.012	0.021
	NCM811	0.003	0.005	0.009	0.015	0.025	0.042	0.071
其他锂电产品	LCO	0.689	0.748	0.812	0.972	1.373	1.369	1.343

注：三元材料全部以NCM811计算。

依据表5-1中各种正极材料每吨所需要的金属量，结合表5-5中数据计算全球锂离子电池不同应用领域2014～2020年对金属锂的需求见表5-7；结合表5-6中数据计算全球锂离子电池不同应用领域2014～2020年对金属锂的需求见表5-8。

依据表5-1中各种正极材料每吨所需要的金属量，结合表5-5和表5-6中数据计算全球锂离子电池不同应用领域2014～2020年对金属镍的需求见表5-9和表5-10。

依据表5-1中各种正极材料每吨所需要的金属量，结合表5-5和表5-6中数据计算全球锂离子电池不同应用领域2014～2020年对金属钴的需求见表5-11和表5-12。

全球正极材料对金属锰的消耗在此不做预测计算，第4章中没有单对锰酸锂材料的具体需求做预测分析，且锰资源相对锂、钴、镍金属资源储量丰富，大家的关注点不高。汇总表5-7～表5-12数据可知，预测2014～2020年全球正极材料对锂、钴、镍金属资源的需求情况见表5-13（三元材料全部为NCM111计算）和表5-14（三元材料全部为NCM811计算）。

表5-7 **全球锂电正极材料对金属锂的消耗预测（1）** 单位：万吨，金属量

应用领域	2014年	2015年	2016年	2017年	2018年	2019年	2020年
3C领域	0.460	0.509	0.575	0.628	0.688	0.754	0.828
移动电源	0.030	0.039	0.055	0.060	0.076	0.087	0.112
电动工具	0.056	0.062	0.068	0.082	0.098	0.118	0.141
锂电自行车	0.023	0.032	0.045	0.064	0.091	0.126	0.179
电动汽车	0.248	0.413	0.660	1.108	1.848	3.112	5.304
通信（中国）	0.009	0.020	0.025	0.031	0.039	0.048	0.060
储能（电网）	0.017	0.025	0.031	0.043	0.054	0.067	0.087
电子烟	0.005	0.006	0.008	0.009	0.011	0.013	0.016
可穿戴	0.000	0.001	0.001	0.002	0.003	0.005	0.008
其他	0.049	0.053	0.058	0.069	0.097	0.097	0.095
总计	0.898	1.160	1.525	2.095	3.005	4.427	6.830

注：三元材料全部以NCM111计算。

表5-8 **全球锂电正极材料对金属锂的消耗预测（2）** 单位：万吨，金属量

应用领域	2014年	2015年	2016年	2017年	2018年	2019年	2020年
3C	0.423	0.465	0.522	0.566	0.614	0.668	0.727
移动电源	0.025	0.033	0.046	0.049	0.063	0.072	0.093
电动工具	0.047	0.051	0.056	0.068	0.081	0.098	0.117
锂电自行车	0.021	0.028	0.039	0.056	0.078	0.108	0.153
电动汽车	0.216	0.360	0.575	0.966	1.611	2.712	4.622
通信（中国）	0.009	0.018	0.023	0.029	0.036	0.045	0.057
储能（电网）	0.017	0.024	0.030	0.042	0.052	0.064	0.083

续表

应用领域	2014年	2015年	2016年	2017年	2018年	2019年	2020年
电子烟	0.005	0.006	0.007	0.008	0.010	0.012	0.014
可穿戴	0.000	0.001	0.001	0.001	0.002	0.004	0.007
其他	0.049	0.053	0.058	0.069	0.097	0.097	0.095
总计	0.811	1.039	1.358	1.853	2.644	3.880	5.969

注：三元材料全部以NCM811计算。

表5-9　全球锂电正极材料对金属镍的消耗预测（1）　单位：万吨，金属量

应用领域	2014年	2015年	2016年	2017年	2018年	2019年	2020年
3C	0.610	0.718	0.859	1.028	1.222	1.423	1.654
移动电源	0.085	0.111	0.156	0.168	0.214	0.246	0.315
电动工具	0.159	0.175	0.192	0.231	0.277	0.332	0.398
锂电自行车	0.036	0.059	0.095	0.135	0.214	0.298	0.421
电动汽车	0.524	0.873	1.394	2.340	3.904	6.574	11.204
通信（中国）	0.000	0.020	0.025	0.031	0.039	0.048	0.060
储能（电网）	0.000	0.017	0.022	0.030	0.037	0.046	0.060
电子烟	0.008	0.009	0.011	0.013	0.016	0.019	0.020
可穿戴	0.000	0.000	0.000	0.000	0.000	0.000	0.000
总计	1.421	1.981	2.753	3.975	5.922	8.985	14.134

注：三元材料全部以NCM111计算。

表5-10　全球锂电正极材料对金属镍的消耗预测（2）　单位：万吨，金属量

应用领域	2014年	2015年	2016年	2017年	2018年	2019年	2020年
3C	1.203	1.416	1.694	2.026	2.409	2.806	3.262
移动电源	0.167	0.218	0.308	0.331	0.421	0.484	0.621
电动工具	0.313	0.344	0.379	0.454	0.545	0.655	0.785
锂电自行车	0.071	0.117	0.188	0.265	0.422	0.587	0.831
电动汽车	1.033	1.720	2.748	4.614	7.697	12.960	22.088
通信（中国）	0.000	0.039	0.048	0.061	0.076	0.095	0.119
储能（电网）	0.000	0.033	0.042	0.059	0.073	0.090	0.117
电子烟	0.015	0.018	0.021	0.026	0.031	0.037	0.040
可穿戴	0.002	0.003	0.004	0.007	0.012	0.020	0.035
总计	2.803	3.908	5.433	7.843	11.686	17.734	27.897

注：三元材料全部以NCM811计算。

表5-11　全球锂电正极材料对金属钴的消耗预测（1）　单位：万吨

应用领域	2014年	2015年	2016年	2017年	2018年	2019年	2020年
3C	2.680	2.878	3.152	3.270	3.389	3.546	3.708
移动电源	0.085	0.111	0.157	0.169	0.215	0.247	0.317
电动工具	0.160	0.176	0.193	0.232	0.278	0.334	0.400
锂电自行车	0.036	0.060	0.096	0.135	0.215	0.299	0.423
电动汽车	0.526	0.877	1.401	2.352	3.924	6.606	11.259
通信（中国）	0.000	0.020	0.025	0.031	0.039	0.048	0.060
储能（电网）	0.000	0.017	0.022	0.030	0.037	0.046	0.060
电子烟	0.029	0.035	0.042	0.051	0.061	0.073	0.092
可穿戴	0.001	0.002	0.004	0.006	0.011	0.018	0.030
其他	0.415	0.450	0.489	0.585	0.827	0.824	0.809
总计	3.933	4.626	5.579	6.861	8.994	12.042	17.160

注：三元材料全部以NCM111计算。

表5-12　全球锂电正极材料对金属钴的消耗预测（2）　单位：万吨

应用领域	2014年	2015年	2016年	2017年	2018年	2019年	2020年
3C	2.219	2.336	2.502	2.493	2.465	2.470	2.458
移动电源	0.021	0.028	0.039	0.042	0.053	0.061	0.078
电动工具	0.040	0.043	0.048	0.057	0.069	0.083	0.099
锂电自行车	0.009	0.015	0.024	0.034	0.053	0.074	0.105
电动汽车	0.130	0.217	0.347	0.583	0.972	1.637	2.790
通信（中国）	0.000	0.005	0.006	0.008	0.010	0.012	0.015
储能（电网）	0.000	0.004	0.005	0.007	0.009	0.011	0.015
电子烟	0.024	0.029	0.034	0.041	0.049	0.059	0.077
可穿戴	0.001	0.001	0.002	0.004	0.006	0.010	0.017
其他	0.415	0.450	0.489	0.585	0.827	0.824	0.809
总计	2.858	3.128	3.496	3.854	4.513	5.242	6.463

注：三元材料全部以NCM811计算。

表5-13　全球正极材料对金属资源（金属量）需求预测（1）

年份/年	锂/万吨	钴/万吨	镍/万吨
2014（f）	0.898	3.933	1.421
2015（f）	1.160	4.626	1.981
2016（f）	1.525	5.579	2.753

续表

年份/年	锂/万吨	钴/万吨	镍/万吨
2017（f）	2.095	6.861	3.975
2018（f）	3.005	8.994	5.922
2019（f）	4.427	12.042	8.985
2020（f）	6.830	17.160	14.134
累计	19.939	59.195	39.172
全球金属储量	1300①	720②	7400②

① 数据资料摘自美国地质调查局（USGS）2012；
② 数据资料摘自美国地质调查局（USGS）2013。

表5-14 全球正极材料对金属资源（金属量）需求预测（2）

年份/年	锂/万吨	钴/万吨	镍/万吨
2014（f）	0.811	2.858	2.803
2015（f）	1.039	3.128	3.908
2016（f）	1.358	3.496	5.433
2017（f）	1.853	3.854	7.843
2018（f）	2.644	4.513	11.686
2019（f）	3.880	5.242	17.734
2020（f）	5.969	6.463	27.897
累计	17.555	29.552	77.305
全球金属储量	1300①	720②	7400②

① 数据资料摘自美国地质调查局（USGS）2012；
② 数据资料摘自美国地质调查局（USGS）2013。

汇总表5-7～表5-12数据可知，2014～2020年锂离子电池正极材料–三元材料对金属锂、镍、钴资源的需求情况见表5-15。以上表中计算正极材料金属需求时，三元材料是按两个极端金属需求量计算的，即NCM111和NCM811，从计算结果可以大致明确锂电正极材料，尤其是三元材料对钴、镍金属的需求最大量和最少量。

表5-15 2014～2020年三元正极材料对金属需求预测统计（金属量）

年份/年		2014（f）	2015（f）	2016（f）	2017（f）	2018（f）	2019（f）	2020（f）
锂/万吨	需求1	0.504	0.703	0.977	1.411	2.102	3.191	5.019
	需求2	0.418	0.583	0.810	1.169	1.742	2.644	4.159
钴/万吨	需求1	1.429	1.992	2.769	3.998	5.957	9.040	14.221
	需求2	0.354	0.494	0.686	0.991	1.476	2.240	3.523
镍/万吨	需求1	1.421	1.981	2.753	3.975	5.922	8.985	14.134
	需求2	2.803	3.908	5.433	7.843	11.686	17.734	27.897

注：1.表中“需求1”指锂电池行业对三元锂离子电池的需求全部折合成NCM111的量；
2.表中“需求2”指锂电池行业对三元锂离子电池的需求全部折合成NCM811的量。

5.2　金属价格波动对三元材料成本的影响

在过去的几十年，金属钴和金属镍的价格波动较大。在1995 ～ 2013年之间，金属钴的价格最低跌落到小于2.2万美元/t，最高升至接近11.0万美元/t；在1991 ～ 2011年之间，每吨金属镍的价格最低跌至0.5万美元以下，最高升至5.2万美元[1,2]。

金属钴和金属镍价格的价格波动对三元材料成本影响较大，但对于不同组分的三元材料影响却不相同。为了方便比较，以每吨金属锰的价格为3万人民币，每吨金属镍的价格为15万人民币为基准，计算金属钴价格和金属镍价格的比值分别为1.0、1.5、2.0情况下不同组分三元材料和钴酸锂的价格趋势，如图5-1所示。图5-1中标记符号为圆形所示曲线计算基准为：金属镍价格为15万人民币/t，金属钴价格和镍价相等，也为15万人民币/t；图中标记符号为三角形所示曲线计算基准为：金属镍价格为15万人民币/t，金属钴价格为镍价的1.5倍，即22.5万人民币/t；图中标记符号为正方形所示曲线计算基准为：金属镍价格为15万人民币/吨，金属钴价格为镍价的2倍，即30万人民币/t。图中纵坐标表示不同组分材料中金属镍钴锰之和所需成本价格。从图5-1中可以看出，钴和镍的价格不论是何种比例，NCM424的金属成本都是最低的。而NCM111的金属成本随钴价格的变化较大，因为其含有较多的钴。当钴镍价格相等时，NCM111的金属成本低于NCM523和其他高镍系列材料，但当钴价格上升到镍价格的2倍时，NCM111的金属成本高于大部分高镍系材料，基本和NCA持平。

钴的价格最高时是镍的4倍或更高，假设钴价格是镍价格2倍、4倍、6倍时，分别计算不同比例三元材料的金属成本，如图5-2所示，为了方便对比，计算基础为金属镍价格15万人民币/t，金属锰价格3万人民币/t。从图5-2中可以看出，在钴镍价格差别较大时，NCM111由于钴含量高于其他三元材料，金属成本也远远高于其他三元材料。

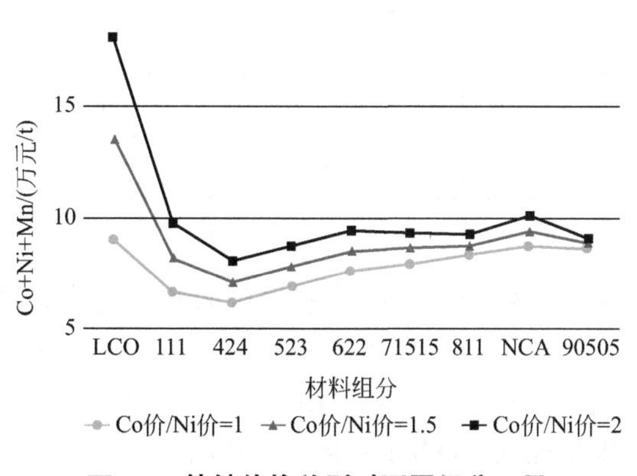

图5-1　镍钴价格差别对不同组分三元材料和钴酸锂价格的影响

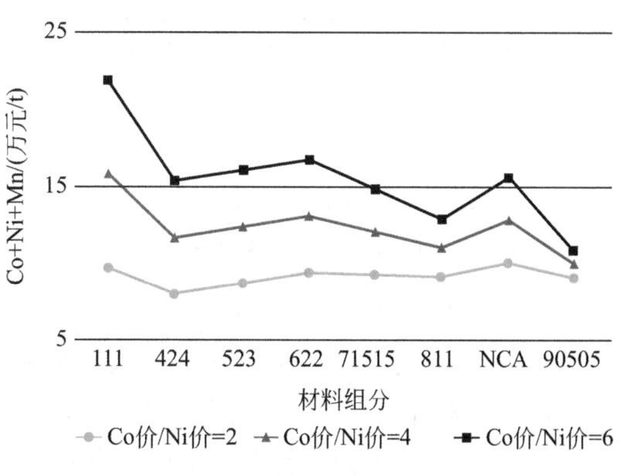

图5-2　镍钴价格差别对不同组分三元材料价格的影响

5.3　锂资源

由于锂具有各种元素中最高的标准氧化电势，因而是电池和电源领域无可争议的最佳元素，故也被称为“能源金属”。

5.3.1 世界及中国锂资源

由于近年全球锂资源勘探和开发项目越来越多，不断有新的锂矿床被发现，全球探明的锂资源总量和锂储量情况不断变化，从2009～2013年探明的锂资源总量和锂储量成倍增长（锂资源量：地质工作程度较低，主要是预测和推断的含锂量。锂储量：即可经济开发利用的锂资源）。美国地质调查局（USGS）的报告中，2012年全球已查明的锂资源量3400万吨，2013年全球已查明的锂资源量约4000万吨，其中锂储量约1300万吨。2013年自然界中锂资源的分布及储量情况见表5-16。

表5-16 自然界中锂资源的分布及储量情况（以金属锂计）

国家	4000万吨的自然锂资源分布		1300万吨锂储量分布	
	各国占比/%	资源量/万吨	各国占比/%	资源量/万吨
智利（Chile）	18.85	754	57.84	750
玻利维亚（Bolivia）	22.62	904.8	—	—
中国（China）	13.57	542.8	26.99	350
阿根廷（Argentina）	16.34	653.6	6.56	85
澳大利亚（Australia）	4.27	170.8	7.71	100
美国（United State）	13.83	553.2	0.29	3.8
塞尔维亚（Serbia）	2.51	100.4	—	—
加拿大（Canada）	2.51	100.4	—	—
刚果（Congo）	2.51	100.4	—	—
俄罗斯（Russia）	2.51	100.4	—	—
巴西（Brazil）	0.45	18	0.35	4.6
其他	—	—	0.26	3.4

注：数据摘自美国地质调查局，2013年。

锂资源在自然界中的存在形式主要有盐湖卤水锂矿床、花岗伟晶岩矿床和花岗岩型的稀有金属矿。盐湖卤水锂资源占全球锂储量的60%以上，主要集中在智利、美国、玻利维亚、阿根廷和中国。目前已探明重要的含锂盐湖有智利的阿塔卡玛（Atacama）盐湖、玻利维亚的乌尤尼（Uyuni）盐湖、阿根廷的翁布雷穆埃尔托（Hombre Muerto）盐湖、美国的银峰（Silver Peak）盐湖、美国西尔斯（Searles）盐湖、中东死海（Dead Sea）、中国西藏扎布耶盐湖和青海盐湖等，其中玻利维亚的乌尤尼盐湖赋存极其丰富的锂资源，是世界上最大的锂盐湖群[3]。

盐湖是包含多组分的复杂体系，全球绝大多数盐湖都是高镁低锂型，从高镁低锂卤水中分离提取锂的工艺技术难度很大。目前镁锂比较低的盐湖有：中国西藏扎布耶盐湖、中国西藏当雄措、美国银峰盐湖、阿根廷翁布雷穆埃尔托盐湖、阿根廷里肯盐湖、智利阿塔卡玛盐湖、玻利维亚乌尤尼盐湖。表5-17[4]为全球主要的盐湖锂资源分布和储量情况。

表5-17 全球主要的盐湖锂资源分布和储量情况

国家及名称	存在形式	卤水浓度/(mg·kg^{-1})	镁锂比	锂资源储量情况
玻利维亚乌尤尼盐湖	硫酸型	80～1150	9.28	估计金属锂储量550万吨，碳酸锂可采储量1430万吨
智利阿塔卡玛盐湖	硫酸型	1600	6.225	估计金属锂储量450万吨，碳酸锂可采储量800万吨
阿根廷翁布雷穆埃尔托盐湖	硫酸型	190～900	1.37	估计金属锂储量220万吨，碳酸锂可采储量400万吨
阿根廷里肯盐湖	硫酸型	200～2400	8.6	估计金属锂储量48万吨，碳酸锂可采储量127万吨
中国青海柴达木盆地东台吉乃尔盐湖	硫酸型	511	40.32	估计氯化锂储量284.78万吨，折合金属锂储量46.63万吨
中国青海柴达木盆地西台吉乃尔盐湖	硫酸型	2570	65.57	估计氯化锂储量308万吨，折合金属锂储量50.43万吨
中国青海柴达木盆地察尔汗盐湖	硫酸型	350	1837	估计氯化锂储量847.2万吨，折合金属锂储量137.71万吨
中国青海柴达木盆地一里坪盐湖	硫酸型	2200	92.3	估计氯化锂储量178.39万吨，折合金属锂储量29.21万吨
中国青海柴达木盆地别勒滩盐湖	硫酸型	1600	—	估计氯化锂储量774万吨，折合金属锂储量126.72万吨
中国湖北潜江凹陷油田	硫酸型	—	—	估计氯化锂储量309.09万吨，折合金属锂储量50.61万吨
美国银峰盐湖①	硫酸型	—	1.4	折合碳酸锂储量约21.12万吨
中国西藏扎布耶盐湖	碳酸型	1527	0.02	估计金属锂含量153万吨，碳酸锂可采储量不确定
中国西藏当雄措	碳酸型	—	0.22	估计金属锂含量17万吨，碳酸锂可采储量40万吨

注：① 信息来自中国有色金属工业协会锂业分会，其他资料摘自参考文献[4]。

锂矿物最多的是锂辉石、透锂长石和锂云母，其在全球的具体分布见表5-18。全球的矿石锂资源中锂辉石矿主要分布于澳大利亚、加拿大、津巴布韦、刚果、巴西和中国；锂云母矿主要分布于津巴布韦、加拿大、美国、墨西哥和中国。

表5-18 全球主要矿石锂资源分布

国家及名称	存在形式	锂资源储量情况
澳大利亚格林布什①	锂辉石	锂辉石资源储量折合金属锂超过45万吨
津巴布韦比基塔	透锂长石和磷锂铝石	估计锂储量基础6万吨，折合碳酸锂32万吨
加拿大伯尼克	锂辉石和透锂长石	估计锂储量基础9万吨，折合碳酸锂47万吨
加拿大凯诺拉	锂辉石	估计氧化锂储量15.54万吨
南非卡普	锂辉石和透锂长石	储量不详

续表

国家及名称	存在形式	锂资源储量情况
中国四川甲基卡①	锂辉石	估计氧化锂储量92万吨，折合金属锂39万吨
中国四川阿坝州	锂辉石	资源储量折合碳酸锂48.3万吨以上
中国江西宜春	锂云母	估计氧化锂储量110万吨
刚果（金）Manono	锂精矿	估计锂基础储量230万吨，折合碳酸锂1211万吨
美国北卡矿山	锂精矿	估计锂储量基础260万吨，折合碳酸锂1368万吨
美国内华达Kings Valley	锂蒙脱石	主矿碳酸锂储量77万吨，总储量1132万吨
俄罗斯矿山	锂精矿	估计锂储量基础100万吨，折合碳酸锂526万吨
奥地利Koralpa	锂精矿	估计锂储量基础10万吨，折合碳酸锂53万吨

① 数据摘自参考文献[5]。其他摘自参考文献[4]。

我国锂资源中约80%为盐湖卤水矿锂，主要分布在青海和西藏的盐湖中，主要盐湖矿床见表5-17。其中西藏扎布耶盐湖为世界第三大含锂盐湖，是世界上锂资源超百万吨的超大型盐湖之一，其特点是锂镁比例很低，为世界罕见的硼锂钾铯等综合性盐湖矿床。我国锂矿石资源主要分布在四川、江西和新疆，锂矿石品位不高。四川主要是锂辉石矿，江西主要是锂云母矿，新疆的锂矿基本已被开采完毕。四川甘孜州甲基卡矿山是世界第二、亚洲最大的锂辉石矿山，探明氧化锂储量92万吨，折合金属锂39万吨。目前，我国锂辉石矿开采规模和采选技术与国外仍有不少差距，锂辉石矿未得到高效综合开发利用。我国锂资源利用量仅占储量的很少一部分，碳酸锂、氢氧化锂等基础锂盐生产企业的原料主要依靠进口。2011年，我国的锂辉石精矿产量约7万吨，锂云母精矿产量约5万吨，而从国外进口的锂辉石精矿达到28.8万吨[5]。

5.3.2 碳酸锂、氢氧化锂生产商

除2008年受金融危机的影响，近10年来锂产量都在不断增加。图5-3为2005～2012年间全球范围内盐湖与矿石锂资源的产量情况，其中图中统计锂资源量为折合成碳酸锂的量，单位为吨。从图中可以看出，2009年之前，锂的来源还是偏重于盐湖提锂，在2010～2012年，盐湖提锂和矿石提锂基本持平。

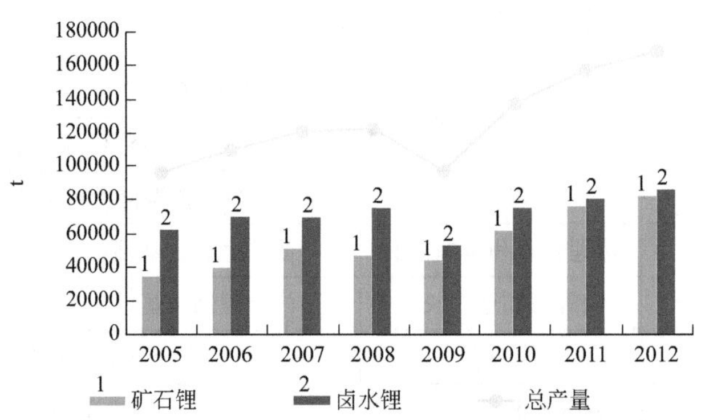

图5-3 2005～2012年全球范围内盐湖与矿石锂资源的产量情况[6]

国外主要的锂盐生产厂家有智利SQM、美国FMC、美国Rockwood Lithium、Canada Lithium（Quebec lithium）、澳大利亚Orocobre Limited（ORE）、Lithium Americas Corp（LAC）、Western lithium（WLC）等。其中全球碳酸锂主要产能集中在智利SQM公司、美国FMC公司和美国Rockwood三大盐湖锂生产商手中。2012年全球锂盐产量折合成碳酸锂当量为17.42万吨，具体产量分布见表5-19[7]，TALISON和GALAXY中包含中国和澳大利亚，其他国家指加拿大、巴西、津巴布韦、葡萄牙等。其中智利SQM、美国FMC、美国Rockwood三家公司占全球锂产品产量的一半以上，SQM碳酸锂及其衍生物销售量约为4.57万吨，Rockwood碳酸锂及其衍生物销售量约为3万吨，FMC碳酸锂及其衍生物销售量约为2万吨[8]。

表5-19 2012年全球锂盐产量分布

主要厂家	SQM	Rockwood	FMC	中国（部分）	TALISON和GALAXY	其他
产量/t	45700	26000	13000	15500	68000	6000
占比/%	26	15	8	9	39	3

注：表中统计产量为碳酸锂当量（LCE）。

智利SQM公司成立于1968年，以钾、碘、锂产品为主业，为世界上最大的碘、锂和硝酸钠生产商及第二大硝酸钾生产商，也是全球最大的碳酸锂生产商。1997年正式进入锂产品市场，锂开发主要依赖于智利阿卡塔玛盐湖，主要锂产品为碳酸锂和氢氧化锂，现有4.8万吨/年的碳酸锂产能，6000吨/年的氢氧化锂产能。2011年，SQM公司销售锂产品及其衍生产品4.05万吨，约占全球31%的市场份额，2012年SQM碳酸锂及其衍生物销售量约为4.57万吨，比上年增长12%。

美国Rockwood Lithium是美国特种化学品和先进材料制造商，公司旗下拥有Lithium（Chemetall）、Surface Treatment、Performance Additives等多个子公司，业务包括碳酸锂、表面处理剂、合成颜料等多个领域。2004年通过收购德国Chemetall进军锂产业，Chemetall拥有美国内华达州银峰盐湖的卤水资源，并在智利阿卡塔玛盐湖设有卤水提锂基地。公司产品以丁基锂、金属锂等深加工为主，也涉及碳酸锂、氢氧化锂和氯化锂等产品。碳酸锂产能约1.7万～2.0万吨/年，2010年碳酸锂及其衍生物产品产量约为2.8万吨，2012年碳酸锂及其衍生产品产量约为3万吨。

美国FMC公司是世界领先的特种化学品公司之一，在世界各地通过农品部、特殊化学品部以及工业化学品部三个部门运营，公司锂业务隶属特殊化学品部。公司拥有阿根廷翁布雷穆埃尔托（Hombre Muerto）盐湖开采权，其主要产品包括碳酸锂、氢氧化锂、氯化锂，其中碳酸锂年产量1.2万吨，氯化锂年产量5000～7000t。2010年碳酸锂及其衍生物的销量约为1.9万吨，2012年碳酸锂及其衍生物的销量约为2万吨。公司正加大对碳酸锂的投资力度，计划未来加大盐湖投资，将阿根廷地区盐湖的产能提升约30%，并计划在美国的Bessemer新建一个氢氧化锂工厂。

随着国内碳酸锂和氢氧化锂产能的不断扩张，综合已建成的、扩建的和新建的锂盐生产线，2012年我国基础锂盐产能约12万吨。2012年天齐新建一条5000t氢氧化锂生产线，同年底，路翔股份有限公司控股的甘孜州融达锂业（拥有康定县甲基卡134号脉锂辉石矿开采权）开始实施扩展项目，预计于2015年达产，扩产项目完成后，锂辉石矿采选规模将由目前的24万吨/年提高到105万吨/年[8]。我国近几年锂产品产量情况见表5-20。

表5-20　2011 ~ 2013年中国锂产品产量

年份/年	碳酸锂/万吨	氢氧化锂/万吨	金属锂/万吨
2011①	2.6	1.45	0.145
2012②	3.5	1.8	0.2
2013②	3.8	2.2	0.23

① 数据摘自参考文献[7]；
② 数据来自中国电池工业协会。

国内的主要锂盐生产厂家有四川天齐锂业股份有限公司、江西赣锋锂业股份有限公司、西藏矿业发展股份有限公司、阿坝州闽锋锂业有限公司、中信国安股份有限公司、成都开飞高能化学工业有限公司、四川尼科国润新材料有限公司、海门容汇通用锂业有限公司、青海锂业有限公司、融达锂业有限公司、新疆昊鑫锂盐开发有限公司、阿坝中晟锂业有限公司、白银扎布耶锂业有限公司、四川长和华锂科技有限公司等。其中部分厂家的锂盐产量情况见表5-21和表5-22[8]。

表5-21　我国部分锂盐企业2010年碳酸锂产量

企业名称	四川天齐	中信国安	江西赣锋	海门容汇通用	新疆昊鑫	尼科国润	青海锂业	白银扎布耶
产量/t	5950	4500	3700	3500	3200	3000	2000	2000

表5-22　我国部分锂盐企业2010年和2011年的氢氧化锂产量情况

企业名称	新疆昊鑫	四川天齐	阿坝中晟	四川尼科国润	阿坝闽锋锂业	白银扎布耶	四川长和华锂科技
2010年产量/t	3000	1800	2100	4000	1000	620	500
2011年产量/t	2500	1750	2400	4000	1500	800	300

四川天齐锂业股份有限公司（简称“天齐锂业”）始建于1995年，主要锂产品有电池级碳酸锂、工业级碳酸锂、高纯碳酸锂、电池级无水氯化锂、电池级氢氧化锂、磷酸二氢锂、电池级金属锂等。拥有射洪和雅安两个锂产品生产基地，公司电池级碳酸锂年产能达9000t，工业级碳酸锂年产能达1500t，氢氧化锂年产能5000t，氯化锂年产能1500t，金属锂年产能200t。天齐锂业于2012年收购泰利森锂业及天齐矿业责任有限公司，控股全球最大锂矿资源；2014年收购电池级碳酸锂加工企业银河锂业（拥有电池级碳酸锂1.7万吨产能）。

江西赣锋锂业股份有限公司成立于2000年，国内目前建有三个生产基地，分别位于江西省新余高新技术产业园区、新余河下镇及奉新县冯田经济开发区。主要产品是金属锂、碳酸锂和氯化锂，先后开发了金属锂（工业级、电池级）、碳酸锂（电池级）、氯化锂（工业级、催化剂级）、丁基锂、氟化锂（工业级、电池级）和锂电新材料系列等新产品。目前公司拥有碳酸锂每年8000t、氢氧化锂每年6000t、氯化锂每年2000t、金属锂每年1500t的生产能力。

西藏矿业发展股份有限公司成立于1997年，通过子公司西藏日喀则扎布耶锂业高科技有限公司控有西藏扎布耶盐湖90%的股权，享有其20年的开发权。扎布耶盐湖是全球最大的已探明完全由碳酸锂形式存在的盐湖，卤水中碳酸锂含量高，镁锂比极低，理论上可以较低的成本生产出品质优的锂精矿。除锂外，扎布耶盐湖的硼和钾资源十分丰富，且开采提取也极为方便。

阿坝州闽锋锂业有限公司创立于2007年5月，是一家专业生产氢氧化锂、碳酸锂、锂系列产品及锂辉矿开采选矿的企业。2007年10月开始投建第一条氢氧化锂/碳酸锂生产线。公司拥有四川省马尔康县党坝乡地拉秋–高尔达地区锂辉石矿山的探矿采矿权，该矿山面积达58km^2，属国内特大型锂矿山，Li_2O平均地质品位1.1%。

5.3.3 锂的用途及消费

锂被誉为“工业味精”，可用作催化剂、引发剂和添加剂等，又可以用于直接合成新型材料而改善产品性能。锂的化合物品种多，已得到实际应用的各种锂产品有100多种。锂产品深加工产业快速发展主要得益于下游新药品、新能源、新材料三大领域的旺盛需求。在新药品领域，深加工锂产品主要用作生产他汀类降脂药和新型抗病毒药等新药品的关键中间体；在新能源领域，深加工锂产品主要用于生产一次高能电池、二次锂电池和动力锂电池；在新材料领域，深加工锂产品主要用于生产新型合成橡胶、新型工程材料、陶瓷和稀土冶炼等[3]。

近年来，锂又被用于新的领域，如超轻合金、锂–空气电池、锂陶瓷–玻璃锅炉、水净化、空气净化、医药保健、地热加热和制冷、核能利用、核聚变发电等。未来开发新产品有Li–Mg合金（密度1.74g/cm^3）、Li–Mg–Al合金，高比能量的锂–空气电池，耐用、节能环保的锂陶瓷–玻璃锅炉，有研究表明有些锂矿石可以去除水中杂质，含有锂矿石的涂层可以去除空气中的污染物，未来可应用在水、空气净化领域。

全球锂产品的消耗也在不断增加，美国地质调查局（USGS）公布数据，2000年全球锂总消费量为1.3万吨，到2012年总消费量达3.7万吨，其具体消费领域见表5-23。

表5-23 2000年和2012年锂产品在不同领域应用比例及消耗量

不同领域消耗		陶瓷玻璃和铝生产业	锂电池	润滑油	高分子和制药	冶金	空气处理	其他
2000年	所占比例/%	50	9	18	9	—	—	14
	消耗量/t	6500	1170	2340	1170	1820		
2012年	所占比例/%	30	22	11	5	4	4	23
	消耗量/t	11100	8140	4070	1850	1480	1480	8510

注：来源美国地质调查局（USGS）。

由表5-23信息可知世界范围内锂的消耗主要集中在陶瓷玻璃、锂电池、润滑油等行业，且锂在电池行业中的消费在不断增长，至2012年全球锂消耗中电池行业占了22%。未来全球锂的消耗量还将不断增加，增长主要原因是电池行业带动，根据之前锂离子电池领域对金属锂的消耗，预测2015年和2020年不同领域对锂的需求见表5-24。

表5-24 锂在不同应用领域的需求预测（碳酸锂当量） 单位：万吨

用途		2015（f）	2020（f）
二次锂离子电池①	3C	2.71	4.41
	移动电源	0.21	0.59
	电动工具	0.33	0.75
	锂电自行车	0.17	0.95
	电动汽车	2.20	28.23
	通信、储能、电子烟、可穿戴、其他	0.52	0.90
便携式设备一次电池②		0.36	0.47
釉料、玻璃、润滑脂、空调、连铸、医药、工业炼铝、聚合物等②		11.23	14.50
总消耗		17.73	50.80

① 数据为天骄科技预测统计；

② 数据来源signumBox。

signumBox统计，2011年全球锂消耗折合碳酸锂为12.9万吨。然而，随着全球新能源汽车的快速发展，将带动全球碳酸锂需求的快速增长。预计，2015年全球锂需求折合碳酸锂量将达17.73万吨，锂离子电池正极材料对碳酸锂需求量将达6万吨左右（含三元材料需求约3.7万吨），占全球锂总需求量的34%；2020年全球锂需求折合碳酸锂量将达50.80万吨，锂离子电池正极材料对碳酸锂需求量将达35万吨左右（含三元材料需求约26.5万吨），占全球锂总需求量的69%。带动锂离子电池正极材料对锂需求大幅度增长的原因也是电动汽车行业的发展，锂离子电池正极材料未来对锂资源需求的大幅度增长主要是三元材料产业的带动。

美国地质调查局（USGS）2013探明全球锂资源储量约1300万吨（金属），折合碳酸锂约6920万吨。预计2020年全球各行业对锂资源的需求折合碳酸锂约50.8万吨，若今后全球对锂资源的需求量按年均50万吨（碳酸锂量）计，则目前全球探明的锂资源储量可满足人类138年的需求。

5.4 镍资源

1751年，瑞典科学家克朗斯塔特首次制取到了金属镍。1825～1826年间瑞典开始了镍的工业生产，当时，由于技术条件等因素的限制，镍的生产长期未得到显著的发展。直到发现将镍炼制成合金钢以后，铜镍分离技术得到了开发推广，镍工业才有了较快的发展，产量也迅速上升[9]。

5.4.1 世界及中国镍资源

据美国地质调查局（USGS）统计，2013年世界镍储量7400万吨。此外，大洋底部的含镍锰结核中约含镍金属量6.9亿吨。但镍的陆基矿产资源分布极不均衡，主要集中在澳大利亚、古巴、加拿大、新喀里多尼亚、俄罗斯、印度尼西亚、南非、中国、巴西等国，以上国家合计约占已探明陆基储量的90%，其具体镍资源量分布见表5-25，“储量”指基础储量中的经济可采部分。

表5-25 世界镍资源分布

主要国家或地区	储量/万吨	比例/%
澳大利亚	1800	24.33
古巴	550	7.43
加拿大	330	4.46
新喀里多尼亚	1200	16.22
俄罗斯	610	8.24
印度尼西亚	390	5.27
中国	300	4.05
南非	370	5.00
巴西	840	11.35
马达加斯加	160	2.16
哥伦比亚	110	1.49
多米尼加	97	1.31
其他	510	6.89
总计	7400	100%

注：数据来源美国地质调查局（USGS）2014年发布。

由表5-25可知，目前澳大利亚镍资源储量约占据世界总储量的1/4，新喀里多尼亚、巴西、俄罗斯、古巴镍储量也在世界占有重要地位。

镍的化合物在自然界中有三种基本形态，即镍的氧化物、硫化物和砷化物，世界范围内的镍矿资源主要有硫化镍矿、氧化镍矿和深海底含镍锰结核三种。陆地镍资源按照地质成因来划分，主要有岩浆型硫化镍矿和风化型红土镍矿。其中红土镍矿资源储量占陆地镍资源的70%，伴生有铁、钴等元素，硫化镍矿占30%，伴生有铜、钴、金、银及铂族元素[10]。2013年世界陆地镍储量为7400万吨，其中30%为硫化镍矿，70%为红土镍矿（氧化镍矿）。硫化镍矿主要分布在俄罗斯、加拿大和中国，而红土镍矿主要分布在沿赤道南北纬度30°内，主要集中在新喀里多尼亚、古巴、印度尼西亚、菲律宾、澳大利亚、巴西、多米尼亚等地。2013年全球镍矿产量为225万吨，其中澳大利亚镍矿供应量为25万吨，菲律宾镍矿产量为37.8万吨，俄罗斯镍矿产量约为18.5万吨[11]。

目前约60%的镍产量来自硫化镍矿，传统的硫化镍矿矿山（加拿大的萨德伯利、俄罗斯的诺里尔斯克、澳大利亚的坎博尔达、中国金川、南非里腾斯堡等）的开采深度日益增加，开采难度逐渐加大，而近期世界可供开发的硫化镍矿矿山只有加拿大的Voiseybay镍矿。因此世界镍资源的开发重点将转向占世界陆基镍资源70%的红土型镍矿，未来还将转向镍储量更大的深海锰结核的开发[9]。

我国镍矿资源主要是硫化镍矿，占全国总量的90%，红土镍矿极少，需要进口。我国镍资源主要分布在西北、西南和东北，其中甘肃省储量最多，占全国镍矿总量的60%以上，其次是新疆、云南、吉林、湖北和四川[9]。中国的硫化镍矿及其镍储量情况见表5-26[12]，其中金川镍矿则由于镍金属储量集中、有价稀贵元素多等特点，为世界上同类矿床中罕见的高品级硫化镍矿床。

表5-26 中国主要镍矿资源及储量

矿山（硫化镍矿）	甘肃金川镍矿	新疆喀拉通克铜镍矿	吉林磐石矿	云南金平镍矿	四川会理镍矿	青海化隆镍矿	云南元江镍矿	其他	总计
镍金属储量/万吨	548.60	60.0	24.0	5.3	2.75	1.54	52.6	105.3	800.0

5.4.2 硫酸镍生产商

全球镍生产的集中度非常高，2010年全球镍产量共计143.4万吨，其中前10大生产企业的产量为98.04万吨，占全球总量的68%。国外大型的镍生产厂家有俄罗斯诺里尔斯克镍业公司（Norilsk）、巴西淡水河谷公司、澳大利亚必和必拓公司、日本住友矿业金属公司、法国埃赫曼公司、加拿大谢里特国际公司（红土型镍矿）、英国英美资源集团、澳大利亚米纳拉资源公司等，全球主要镍生产商的产量情况见表5-27，其中有些公司镍并不是主要经营项目，但在镍国际市场上所占的比重相当可观。

表5-27 2008 ~ 2010年全球主要镍生产商的镍产量（金属量） 单位：万吨

公司名称	2008年	2009年	2010年
俄罗斯诺里尔斯克镍业公司（Norilsk）	—	28.4	29.7
巴西淡水河谷公司	24.2	18.7	15.6
中国金川集团有限公司	10.4	13.1	12.8
澳大利亚必和必拓公司	12.0	13.6	9.3
超达公司	10.8	8.9	9.2
日本住友矿业金属公司	5.6	4.9	5.8
法国埃赫曼公司	5.1	5.1	5.3
Pamco	3.1	3.2	4.04
英国英美资源集团	3.5	3.9	3.9
Sherritt	3.2	3.4	3.4
古巴镍业公司	3.6	3.2	3.2
镍生铁	7.1	10.1	16
其他	22.7	22.9	26.33
总计	138.9	138.4	143.1

注：摘自Macquarie、安泰科。

俄罗斯诺里尔斯克镍业公司（Norilsk Nickel）是全球最大的镍生产商。该公司有着丰富的矿物原料资源，主要从事勘测、勘探、采矿、有色金属的选矿和冶炼、有色金属及贵金属的生产和非金属矿石的生产、销售等业务。公司的主要产能都在俄罗斯，包括Polar Division、Kola矿山及冶炼厂。公司的主要产品有镍、铜、钴、贵金属（金、银及铂族金属）、硒、碲、硫、烟煤等，镍产品在全球的市场份额达20%以上，钴达10%以上，铜达3.1%以上。2007年收购加拿大Lion Ore镍矿90%的股份，并通过其他一系列收购使公司镍的年产能达到32万吨。2010年镍的产量为29.7万吨。

巴西淡水河谷公司（CVRD）是世界第二大矿业公司和拉丁美洲最大的私营公司，总部设在巴西，在38个国家有经营活动。淡水河谷是全球最大的铁矿石和球团生产商，2006年收购Inco后，成为世界第二大镍生产商。

国内主要的镍生产企业有：金川集团有限公司、吉林吉恩镍业股份有限公司、新疆新鑫矿业股份有限公司、江西江锂科技有限公司、云锡元江镍业有限责任公司等，金川集团股份有限公司和吉林吉恩镍业股份有限公司同时又是国内最大的镍盐生产厂商。

金川集团股份有限公司（简称金川公司）[13]是中国最大的镍、钴、铂金属生产商，是中国的第三大铜生产商。金川公司生产镍、铂、铜、钴、稀有贵金属和硫酸、烧碱、液氯、盐酸、亚硫酸钠等化工产品以及有色金属深加工产品，镍和铂族金属产量占中国的90%以上。公司开采依赖于金川镍矿，金川镍矿发现于1958年，是世界著名的多金属共生的大型硫化铜镍矿床之一，镍金属储量550万吨，铜金属储量343万吨。金川公司硫酸镍年产能1.8万吨、氯化镍年产能3千吨、电解镍粉年产能300吨、硫酸/氯化钴年产能1千吨。

吉恩镍业[14]成立于2000年，拥有镍矿山三座、冶炼厂两座、精炼厂三座、化工厂两座，主要从事硫酸镍、氯化镍、氟化镍、醋酸镍、氢氧化镍、电解镍、高冰镍、硫酸铜、硫酸钴、铜精矿等产品的生产、销售。公司主要产品年产能为硫酸镍4.2万吨、高冰镍1.5万吨、电解镍7000吨、镍精矿4500吨。

5.4.3 镍的用途与消费

镍的用途可分六类[12]：

① 用于制作不锈钢、耐热合金钢和各种合金等，占镍消费量的70%以上。

② 用于电镀，其用量约占镍消费量的15%。主要是利用其防腐蚀性能，覆盖在钢材及其他金属材料基体的表面层，其防腐性能要比镀锌层高15%～20%。

③ 用于石油化工中氢化过程的催化剂。

④ 用作化学电源，是制作电池的材料或锂电池材料的原材料。

⑤ 制作颜料和染料。

⑥ 制作陶瓷和铁素体。

2011年全球镍消费达158万吨，国际镍业研究组织（INSG）公布的2011年镍消费结构中不锈钢领域占63%，电池领域占7%，电镀领域占9%、合金及铸造领域占13%，其他消费占8%。据北京安泰科信息开发有限公司统计，我国镍消费量从2005年的19.0万吨增加到2010年的54.5万吨，年均递增23.5%。其中镍的消费领域主要集中在不锈钢、电池、电镀、合金钢及机械制造业等领域。全球范围内原生镍的消费量统计见表5-28。

表5-28 2011 ~ 2014年间全球原生镍的消费量 单位：万吨

不同地区消费	2011年	2012年	2013年	2014年（f）
非洲	2.18	2.48	2.45	2.57
美洲	16.39	16.99	17.23	17.86
亚洲	102.64	109.92	123.08	131.42
欧洲	36.55	36.16	33.87	33.21
大洋洲	0.28	0.28	0.28	0.28
总计	158.04	165.83	176.91	185.34

注：数据来源国际镍业研究组织（INSG），原生镍指用矿石练成的镍金属。

国际镍业研究组织（INSG）称2013年全球原生镍供应量达到195万吨，消费量176万吨，全球过剩19万吨。2014年全球镍需求将增至189万吨，预计供应过剩5万吨，2015年将达到供求平衡的转折。全球镍矿供需平衡见表5-29[11]。

表5-29 2010 ~ 2015年全球镍矿供需平衡表（金属量） 单位：万吨

年份/年	2010	2011	2012	2013	2014（e）	2015（e）
镍矿供应	155	189	218	225	210	236
镍矿消费	157	180	201	229	226	245
终端消费	147	161	167	177	186	193
镍矿平衡	–2.4	9.4	16.9	–4.4	–15.9	–9.5
矿–终端消费	8.3	28.5	51	47.6	24.4	42.5

注：来自Wind，招商期货研究所，“e”代表估计数。

锂离子电池正极材料对金属镍资源的需求是指三元材料对镍的需求，表5-15已经对三元材料对镍的需求情况做过预测统计，预计2015年全球三元材料对镍资源（金属量）的需求在2.0万～4.0万吨之间，到2020年全球三元材料对镍资源（金属量）的需求在14万～28万吨。依据表5-28国际镍业研究组织对近几年全球原生镍的消费量统计来看，若2015年全球原生镍的终端消费需求达到200万吨，则三元材料在全球镍总消费的占比在1%～2%。

2013年全球已探明的镍资源储量7400万吨，预计今后几年全球镍的年均需求在200万吨左右，以此计算，全球镍资源储量能满足人类约40年的需求。但海底有很多的镍资源有待开发，镍在不锈钢、电镀等主要需求领域的以消耗资源可以回收再次利用，可见镍是能够满足人类长时间的需求的。

5.5 钴资源

1735年，瑞典化学家布兰特提炼出金属钴。1780年，瑞典化学家博格曼确定钴为元素。钴早在公元前2250年就被人类开始应用，我国在唐朝起就开始用钴的化合物做陶瓷生产的着色剂[15]。

5.5.1 世界及中国钴资源

世界钴资源的分布很不平衡，美国地质局调查2014年统计，截至2013年的勘探显示，全球已经探明的钴的资源量2500万吨，储量为720万吨（金属量）。钴资源主要分布国家和储量分布情况见表5-30，从储量方面看主要集中在刚果（金）、澳大利亚、古巴、赞比亚、新喀里多尼亚、加拿大和俄罗斯这些国家，其中刚果（金）占世界储量的一半左右。

表5-30　2007 ~ 2013年世界钴储量分布情况

国家或地区	储量分布（金属量）/万吨					
	2007年①	2008年①	2009年①	2010年①	2012年②	2013年③
刚果（金）	340	340	340	340	340	340
澳大利亚	140	150	150	140	120	100
古巴	100	100	50	50	50	50
新喀里多尼亚	23	23	23	37	37	20
赞比亚	27	27	27	27	27	27
俄罗斯	25	25	25	25	25	25
加拿大	12	12	12	15	14	26
巴西	2.9	2.9	2.9	8.9	8.9	8.9
中国	7.2	7.2	7.2	8.0	8.0	8.0
美国	3.3	3.3	3.3	3.3	3.3	3.6
摩洛哥	2.0	2.0	2.0	2.0	2.0	1.8
其他	13	18	18	74	110	110
世界总计	700	710	660	730	745	720

① 美国地质调查局（USGS）2011年统计数据，其中2010年数据为估计；
② 美国地质调查局（USGS）2013年统计数据；
③ 美国地质调查局（USGS）2014年统计数据。

钴通常以伴生的元素形态存在，世界范围内，独立的钴矿床很罕见。由于钴镍在化学性质方面有很多类似之处，在原矿和矿床中二者常相伴共生，可利用的钴资源主要伴生在铜镍矿中，其次伴生在铜铁矿中[15]。据钴发展协会（CDI）数据，2010年全球钴的产量中55%是镍副产品，35%是铜副产品，只有10%源于原生钴矿。2014年美国地质调查局（USGS）统计全球2013年的钴矿石产量达11.71万吨（金属量），较2012年的10.3万吨增长了1.41万吨。2007 ～ 2013年全球钴矿石产量分布见表5-31。

表5-31　全球钴矿石产量统计表

国家或地区	产量（金属量）/万吨					
	2007年	2008年	2009年	2010年①	2012年	2013年②
刚果（金）	2.53	3.10	3.55	4.50	5.1	5.7
赞比亚	0.76	0.69	0.50	0.11	0.42	0.52

续表

国家或地区	产量（金属量）/万吨					
	2007年	2008年	2009年	2010年①	2012年	2013年②
澳大利亚	0.59	0.61	0.46	0.46	0.588	0.65
加拿大	0.83	0.86	0.41	0.25	0.663	0.80
俄罗斯	0.63	0.62	0.61	0.61	0.63	0.67
古巴	0.38	0.32	0.35	0.35	0.49	0.43
中国	0.20	0.60	0.60	0.62	0.70	0.71
新喀里多尼亚	0.16	0.16	0.10	0.17	0.262	0.33
摩洛哥	0.15	0.17	0.16	0.15	0.18	0.21
巴西	0.14	0.12	0.12	0.15	0.39	0.39
其他	0.19	0.34	0.37	0.47	0.882	1.3
世界总计	6.55	7.59	7.23	8.80	10.3	11.71

① 为USGS估计数据，② 为USGS2014年统计数据。
注：表中资料来源于美国地质调查局（USGS）。

中国钴资源缺乏，钴精矿储量很少，已经探明的钴资源虽有不少，但平均品位仅为0.02%，开采难度大、成本高。仅有的钴资源多数以共生元素的形式存在于镍、铜、铁等矿脉中，主要分布在甘肃、山东、云南、河北、青海、山西等省，以上六省储量之和占全国总储量的70%，其中甘肃金川探明储量占全国钴储量的1/3以上。我国钴资源95%依赖进口，进口的钴原料主要有钴精矿、湿法冶炼中间品和白合金。中国钴企业从2006年开始陆续在刚果、赞比亚等国家争取钴资源，开发利用海外资源初见成效[16]。

5.5.2 硫酸钴生产商

由于钴和镍常常相伴而生，所以一些大型的镍生产企业也是主要的钴生产商，如金川集团有限公司、吉恩镍业股份有限公司等。钴的应用产品形式一般包括金属钴、钴粉和钴盐，国外主要钴盐生产企业主要有OMG、Umicore等。表5-32为中国主要精炼钴厂家2012年的生产情况。

表5-32 2012年中国主要精炼钴厂家生产情况（金属量）

生产商	产能/t	产量/t	生产商	产能/t	产量/t
兰州金川	10000	6500	英德佳纳金属	5000	3000
浙江华友钴业	6000	6000	新时代浙江新能源	2000	968
浙江嘉利珂	3200	2400	南通新玮镍钴科技	2000	1100
江苏凯力克	5300	4200	江苏雄风科技	1500	1000
赣州逸豪优美科	5000	3000	赣州腾远钴业	3000	1500

注：摘自亚洲金属网。

英德佳纳金属科技有限公司[17]于2004年建成投产，公司主要生产各种钴盐类产品，碳酸钴、草酸钴、氯化钴、氢氧化钴、硫酸钴、阴极铜、硫酸铜、硫酸锰等，产品主要应用于锂电池行业。已形成具备氯化钴、草酸钴、氧化钴、硫酸钴和碳酸钴年产量1500t的生产能力。

浙江华友钴业股份有限公司[18]成立于2002年，公司主要生产四氧化三钴、氧化钴、碳酸钴、氢氧化钴、草酸钴、硫酸钴、氧化亚钴等产品，产品主要用于锂离子电池正极材料、航空航天高温合金、硬质合金、色釉料、磁性材料、橡胶黏合剂和石化催化剂等领域。2010年公司钴总产销量4600t，铜21000t。

新时代浙江新能源材料有限公司[19]成立于2005年，产品链包括钴盐、正极材料前驱体（钴盐系列：氯化钴、硫酸钴；前驱体系列：四氧化三钴、三元前驱体）。其中钴盐产品采用湿法冶炼，以钴精矿和钴铜合金为原料。主要钴盐产品氯化钴和硫酸钴的年生产能力达到1500t金属量，铜达到1500t金属量。

江苏凯力克钴业股份有限公司[20]成立于2003年，主要产品为四氧化三钴、电积钴、钴酸锂、氯化钴、碳酸钴等。形成每年5000t钴金属量的产能，其中电积钴2000t、四氧化三钴4000t、其他钴盐/钴粉500t钴金属量。2012年被深圳格林美收购为旗下子公司，主要承担钴片和三元材料的生产任务。

5.5.3 钴的用途及消费

由于钴具有优良的物理、化学和机械性能，是制造高强度合金、耐高温合金、硬质合金、磁性材料和催化剂等的重要材料。其应用比较广泛，钴的产业链情况以及钴的应用领域如图5-4所示。

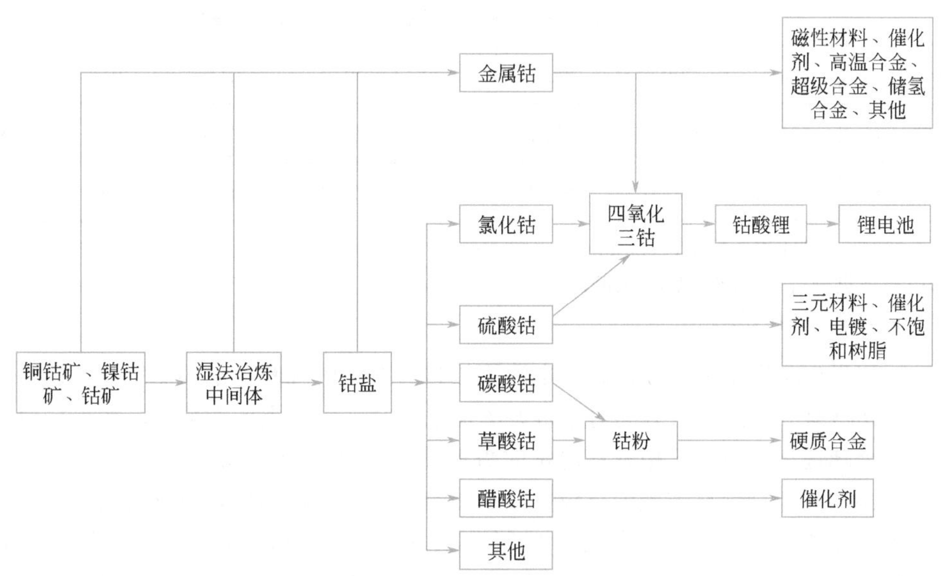

图5-4 钴的产业链及终端产品应用领域[21]

据CDI/CRU统计数据，全球钴的终端消费主要集中在化学品行业和冶金行业，其中化学行业约占总消费的60%，冶金行业约占总消费的40%。表5-33为2012年和2013年全球及我国钴在不同领域的消费情况。

表 5-33 全球钴在不同领域的消费

消费领域		电池	高温合金	硬质合金	催化剂	陶瓷玻璃	磁性材料	其他
2012年	全球①	38%	20%	10%	9%	8%	5%	10%
	中国①	67%	—	9%	5	6%	4%	9%
2013年	全球②	42%	19%	9%	9%	7%	4%	10%
	中国②	69%	—	7%	—	5%	5%	14%

① 数据来源参考文献[21]；
② 数据摘自安泰科。

二次电池行业，特别是锂离子电池、镍氢电池行业钴消费的快速增长，使全球钴的消费量几年内增长了约100%。目前锂离子电池行业已成为钴最大的消费领域，占钴总消费量的40%左右，并且比例还在持续提高。中国市场钴消费量从2006年的1.22万吨增加至2011年的2.54万吨，年均复合增长率达13%。但在2012年消费量增速有所放缓，根据亚洲金属网预计，2012年消费量2.62万吨，仅增长3%左右，其主要消费也是集中电池行业[16]。电池领域仍然是促进国内钴消费的增长动力，表5-2中计算出2013年锂离子电池正极材料行业对钴的消费量达2.56万吨（金属量），占2013年全球钴总消费的36%；其中2013年三元材料对钴的消耗约0.66万吨，占全球总消费量的9%。目前全球钴的供应基本上能满足消费需求，2006～2013年全球钴市场的供需情况见表5-34。

表 5-34 2006～2013年全球钴市场供需情况（精炼钴，钴金属）

年份/年	2006	2007	2008	2009	2010	2011	2012	2013
全球供应/t	53632	53657	56821	59851	79262	82247	77189	85904
全球消费/t	56364	60040	59177	53259	65200	75000	72000	71000

注：1.2006～2011年数据源自Dartom。
2.2012年数据源自WBMS/CRU/Antaike。
3.2013年数据来源自CDI。

表5-13和表5-14数据是全球锂离子电池正极材料对钴资源的需求预测统计，由两表中数据可知，三元材料今后的发展方向对钴资源的需求量会产生很大的影响。若按表5-13数据分析，2017年全球锂离子电池正极材料对钴的需求量达7万吨，约合2013年全球钴市场一年的消费量，到2020年全球锂离子电池正极材料对钴的需求量达17万吨，这样必将会引起钴价格的再度上涨；若按表5-14数据分析，2017年全球锂离子电池正极材料对钴的需求量约达3.9万吨，2020年将达6.5万吨；多方面分析今后三元材料会朝着高镍型方向发展，结合三元材料今后的发展方向和全球目前探明的720万吨钴储量来说，钴资源可以满足人类多达50年的需求。钴的储量相对于锂、镍较少，可谓稀缺资源，从全球正极材料的发展趋势来看，未来影响钴消费量及价格波动的主要原因是三元材料产业的发展情况。

5.6 锰资源

1771年瑞典化学家舍勒（Scheele）在鉴定软锰矿时发现了锰元素，1875～1898年法国人先后在高炉、电炉内制得了碳素锰铁，并且采用铝热法和电硅热法生产了纯度高的金属锰，锰在非冶金领域中的应用与发展也非常迅速，1866年法国人勒克兰谢发明了在干电池中用MnO_2作去极化剂，为锌–锰干电池的生产与发展奠定了基础。从1938年美国建设第一个电解MnO_2（以下简称EMD）的企业以来，日本、中国、南非、澳大利亚、巴西、希腊、爱尔兰、乌克兰都在发展电解MnO_2（EMD）工业[22]。

5.6.1 世界及中国锰资源

锰资源在自然界陆地和海洋中都有分布，主要以矿床的形式存在。陆地锰矿床按成因可划分为沉积型、火山沉积型、沉积变质型、热液型和风化壳型，其中热液型一般无多大工业价值。世界海底锰资源量丰富，海底锰结核总储量为3000亿～3500亿吨[22]，按其堆积特点可划分为铁锰（多金属）结核和富钴铁锰结核。

世界锰矿储量丰富，陆地锰矿床主要集中在南非、乌克兰、澳大利亚、巴西、加蓬。南非是世界上锰矿储量和储量基础最多的国家，其次是乌克兰。全球陆地锰矿床赋存的矿石储量和潜在资源储量达173亿吨[22]，据美国地质调查局2014年发布的数据，全球锰矿资源储量约为5.7亿吨，主要集中分布在南非（1.5亿吨）、乌克兰（1.4亿吨）、澳大利亚（9700万吨）、巴西（5400万吨）、印度（4900万吨）中国（4400万吨）、加蓬（2400万吨）、哈萨克斯坦（500万吨）以及墨西哥（500万吨）。

与国外锰矿资源相比，我国锰矿床规模以中、小型为主，且富锰矿较少，在保有储量中仅占6.4%，锰矿石中的杂质也较多。从地区分布看，在全国21个省（区）均有产出，以广西、湖南为最丰富，占全国总储量的55%；贵州、云南、辽宁、四川等地次之[23]。

我国锰矿石平均品位仅有21.5%。富锰矿（锰含量大于30%的氧化锰矿和锰含量大于25%的碳酸锰矿石）只有很少的资源储量，仅占6.3%。锰矿石含锰量低，含杂质比较高、粒度较细会给技术加工带来较差的效果，而另一方面很多富锰矿石仍需经选矿加工之后再利用。当前，全国锰矿资源55.8%来自碳酸锰矿资源，25.3%来自氧化锰矿，18.9%来自其他类矿石。云南鹤庆锰矿、广西大新锰矿等是我国主要的富锰矿产地[24]。

5.6.2 硫酸锰生产商

根据美国地质调查局2014年发布的数据，2013年全球锰的产量约为1700万吨，比2012年上涨7.6%。南非2013年锰产量为380万吨，约占全球总产量的22.4%，中国和澳大利亚并列为锰的第二大生产国，2013年产量均为310万吨，加蓬和巴西的产量为200万吨和140万吨，分别位居第三、四位。其他锰产国包括印度（85万吨）、哈萨克斯坦（39万吨）、乌克兰（35万吨）、马来西亚（25万吨）、墨西哥（20万吨）和缅甸（12万吨）。表5-35为世界主要产锰国2011～2013年的锰产量情况。

表5-35 世界主要产锰国2011 ~ 2013年的锰产量情况

国家	产量/万吨		
	2011年	2012年	2013年
南非	340.0	360.0	380.0
澳大利亚	320.0	308.0	310.0
中国	280.0	290.0	310.0
加蓬	186.0	165.0	200.0
巴西	121.0	133.0	140.0
印度	89.5	80.0	85.0
乌克兰	33.0	41.6	35.0
哈萨克斯坦	39.0	38.0	39.0
缅甸	23.4	11.5	12.0
马来西亚	22.5	42.9	25.0
墨西哥	17.1	18.8	20.0
其他	174.0	92.0	95.0
总计	1600.0	1580.0	1700.0

注：来源：亚洲金属网。

国内主要硫酸锰、氯化锰生产厂家有湖南汇通科技有限公司、中信大锰矿业责任有限公司、广西新发隆锰业科技有限公司、湖北元港化工有限责任公司等。

5.6.3 锰的用途及消费

冶金工业是锰矿石的最大用户，主要用途是炼铁和炼钢的脱氧剂和脱硫剂，以及制造合金。世界上锰矿石总产量的90%以上用于生产锰系铁合金。我国是生产锰系铁合金和金属锰的大国，2004年锰系铁合金产量为445万吨。锰代镍生产不锈钢工艺突破后，电解金属锰的需求量猛增，2005年电解金属锰的产量为60万吨。冶金用锰矿石每年在1000万吨以上。电池工业用锰约为总量的3%，化学工业（二氧化锰矿粉作氧化剂和制造二氧化锰、硫酸锰、高锰酸钾、碳酸锰、硝酸锰、氯化锰等）用量约占总量的2%。5%左右的锰矿资源用于其他工业，如轻工业（火柴、印漆、制皂）、建材工业（玻璃、陶瓷和搪瓷的着色剂和褪色剂）、电子工业（磁性材料），环境保护（吸附剂）、农牧业（复合肥料、复合饲料）和国防工业等[25]。

5.7 金属回收利用

废弃锂离子电池中含有丰富的有价金属，表5-36给出常见锂离子电池中金属含量。我国已探明的钴金属量仅47万吨，并多以伴生形式存在于钴矿物中，存在状态复杂，品位低，提取工艺复杂且回收率低。而在废弃锂离子电池中钴含量高达15%～20%，远高于原生钴矿的

0.02%。锂离子电池中镍含量为5%～8%，而国内镍矿品位仅为0.08%。对废旧锂离子电池中有价金属资源回收再利用，不仅弥补资源短缺问题，还可以确保锂离子电池工业可持续发展。

表5-36　常见锂离子电池中金属含量[27]

元素	钴	铜	铝	镍	铁	锂
含量/%	15～20	15～20	4～6	5～8	24～27	0.1～0.3

表5-37[26,27]列出了锂离子电池结构的主要组成，其中正极材料中的钴、镍、锂等金属元素具有很高的回收价值。其次，正极、负极集流体的材料分别为铝箔和铜箔，集流体在锂离子电池中不参与电化学反应，因此铝箔、铜箔未受到腐蚀纯度较高，同时正负极活性材料只是黏结在集流体上，易于分离。

表5-37　锂离子电池结构的主要组成[26,27]

组成部分	成分	备注
外壳	不锈钢、镀镍钢、铝、塑料、铝塑壳等	—
正极材料	活性物质（钴酸锂、镍钴锰酸锂、锰酸锂、磷酸铁锂等）、导电剂、黏结剂	活性物质含量约为90%，导电剂含量7%～8%，有机黏结剂含量3%～4%
正极集流体	铝箔	—
负极材料	活性物质（天然石墨、人造石墨等）、导电剂、黏结剂	活性物质含量约为90%，导电剂含量4%～5%，黏结剂含量6%～7%
负极集流体	铜箔	—
隔膜	聚乙烯、聚丙烯为主的聚烯烃类隔膜	—
电解液	电解质锂盐、有机溶剂、添加剂	电解质锂盐一般为六氟磷酸锂（$LiPF_6$），有机溶剂以碳酸酯为主：EC、PC、DMC等

废弃锂离子电池回收利用技术的研究开始于20世纪90年代中后期，由于该时期商用锂离子电池的主要组成为石墨（负极）和$LiCoO_2$（正极），因此人们的研究也主要集中在钴的回收技术。随着锂离子电池技术的发展，如今商用锂离子电池已经采用了种类更多的正极材料，如锰酸锂、镍钴锰酸锂、磷酸铁锂等，这些锂离子电池的再生处理技术与钴酸锂为正极材料的锂电池类似。废弃锂离子电池的回收利用技术主要包括2个步骤：预处理分选与金属回收。金属回收所采用的方法主要为物理分选法、火法冶金法及湿法冶金法。

5.7.1　废旧电池的预处理分选工艺

废弃电池的预处理分选工艺是资源回收利用过程中至关重要的工序，该工序主要包括电池放电、拆解、破碎、分选等过程，主要目的是把电极材料与其他材料分离，同时回收铜、铝等金属。

废弃锂离子电池一般还有一定的剩余电量，若不进行放电处理直接拆解破碎，容易造成电池短路导致起火甚至爆炸，因此需要对废弃电池进行放电处理再进行破碎、分选等处理。现在对电池放电处理技术研究较多是把电池放置在容器中加入导电溶剂，再通过浸泡、搅拌等方式使电池短路放电。张涛等[28]把废弃锂离子电池放入质量分数为5%的NaCl溶液中进行浸泡放电24h后，再清洗自然风干。南俊民等[29]将电池放入一个有水和电子导电剂的钢制容器中，使电池短路进行放电，再用专用机械设备对电池进行拆解。同时，也有采用低温冷冻破碎技术对废弃电池进行直接破碎而不需要预先放电处理，M.Contestabile[30]等采用液氮低温保护下切开电池，取出活性物质。

对废弃锂电池进行预处理后，一般得到的破碎产物成分较为复杂，包括电池外壳（塑料、不锈钢等）、正极材料、负极材料，铜集流体、铝集流体、隔膜、电解液等，需要进一步分离处理。

5.7.2 有价金属的回收利用工艺

针对废弃锂离子电池的金属回收工艺主要有物理分选法、火法冶金法及湿法冶金法。

（1）物理分选法

物理分选法（图5-5）是以物料的粒度、密度、磁性等物料性能差别为基础的分选方法，主要有筛分、重力分选、浮选、磁选等。金泳勋[31]等采用浮选法从废弃锂离子电池中回收锂钴氧化物，首先采用立式剪碎机、风力摇床和振动筛对废弃锂离子电池进行分级处理，破碎及分选后得到正极材料、负极材料、隔膜、集流体等。再对正极材料、负极材料进行500℃热处理，然后通过浮选法分离锂钴氧化物和石墨，该工艺的锂钴氧化物回收率可达97%。

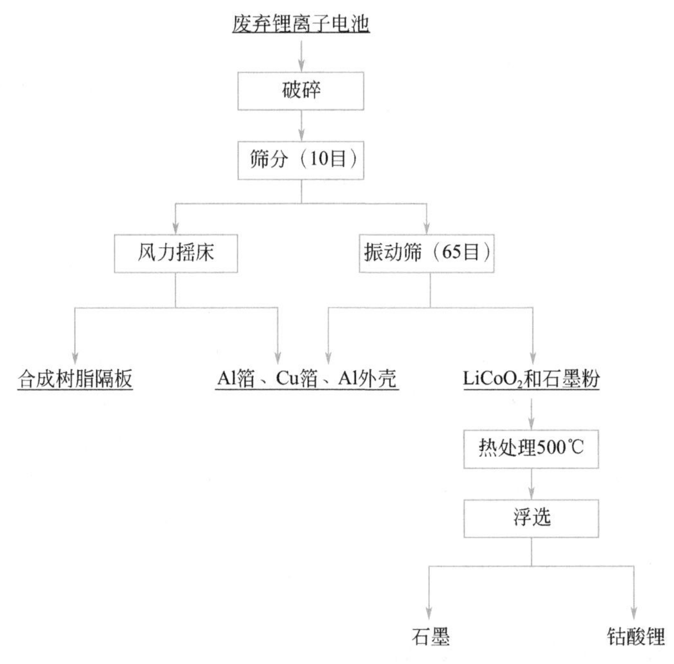

图5-5 物理分选法工艺流程图

（2）火法冶金法

火法冶金法需要对废弃锂离子电池进行预处理，剥去电池外壳，然后将混合材料进行还原焙烧，黏结剂等有机物以气体形式逸出，低沸点的氧化锂大部分以蒸气形式逸出，用水吸收回收，其他金属（铜、镍、钴等）则形成金属合金，后续用湿法冶金技术进行深加工，电解质中的氟、磷等被固化在炉渣中。

优美科国际股份有限公司在比利时奥伦拥有年处理量7000t的废旧电池回收再利用工厂，

该工厂采用火法冶金技术（图5-6）对废旧电池进行高温焙烧，形成镍、钴、铜合金进深加工后变为其中国、韩国分公司的制备正极材料的原材料，炉渣则用于建筑材料或混凝土的添加剂。

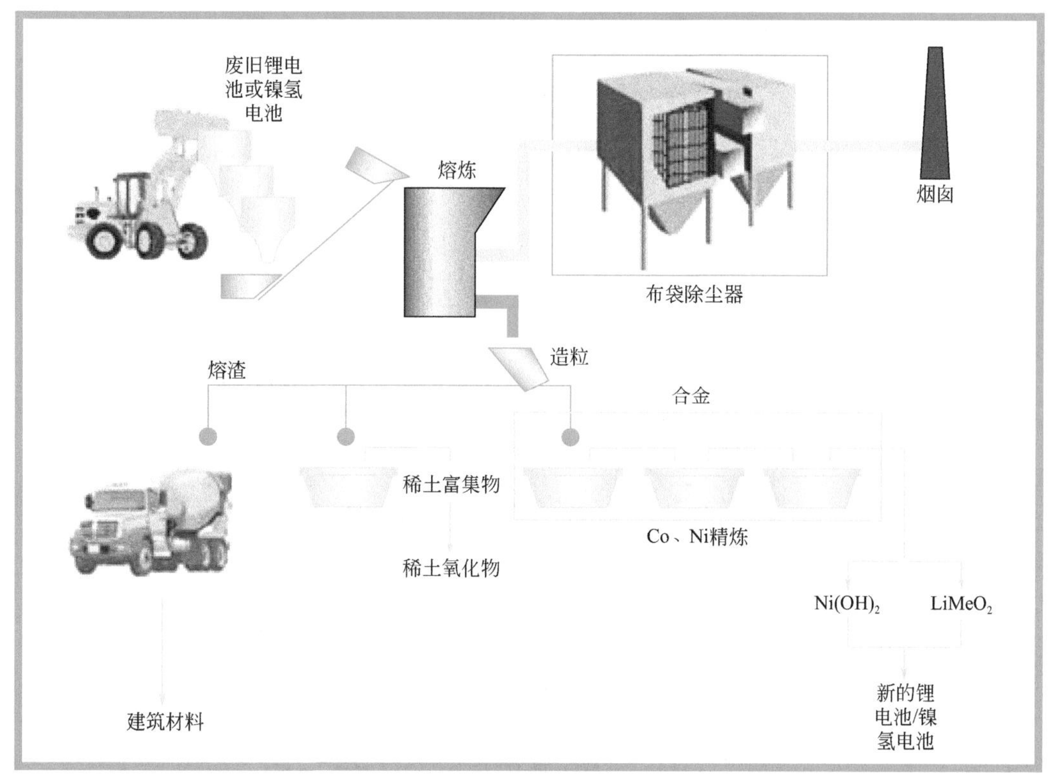

图5-6　优美科火法冶金技术回收废旧电池工艺流程图

（3）湿法冶金法

目前废弃锂离子电池回收处理方法多采用湿法冶金法，工艺流程如图5-7所示。该工艺采用预处理（拆解、破碎、分选、热处理等）技术使得废弃锂离子电池的集流体与电极材料分离，集流体（铝箔和铜箔）被直接回收，电极材料通过酸溶调pH除杂，再用沉淀法、萃取法、离子交换法、电沉积法等方法分离提纯钴。对于正极材料为$LiCoO_2$的锂离子电池，其酸溶后液体中的成分相对单一，对钴的提纯相对容易。而以Li（$Ni_xCo_yMn_{1-x-y}$）O_2或Li（$Ni_xCo_yMn_{1-x-y}$）O_2与$LiCoO_2$混合为正极材料的锂离子电池，由于酸溶后液体中的成分复杂，单独提纯Co、Ni等金属的工艺复杂，但是溶液中Co、Ni、Mn的比例与正极材料前驱体的成分类似，因此可以用于制备前驱体，简化金属的回收。

目前，国内已有公司采用湿法冶金法对废弃锂离子电池进行回收利用。深圳市格林美高新技术股份有限公司提出以废旧锂电池为原料，通过物理拆解得到含钴酸锂的正极材料，然后碱浸过滤分离铝集流体和正极材料，正极材料与硫酸镁或硫酸铵按1：（0.8～1.2）的比例混合，在600～800℃下焙烧2～6h，然后对焙烧渣进行水洗，锂盐溶解于水中得到回收，富锂溶液经过浓缩结晶得到锂盐，锂的回收率在90%以上。含钴水洗渣加入到1.0～3.0mol/L的硫酸溶液中，加入双氧水或亚硫酸钠使三价钴还原为二价钴被浸出。浸出液调节pH至3.5～4.0，采用P204萃取剂与磺化煤油混合液萃取得到富含Co^{2+}溶液，再加入碳酸氢铵溶液，浓缩结晶得到碳酸钴，再还原得到钴粉，如图5-8所示[32]。

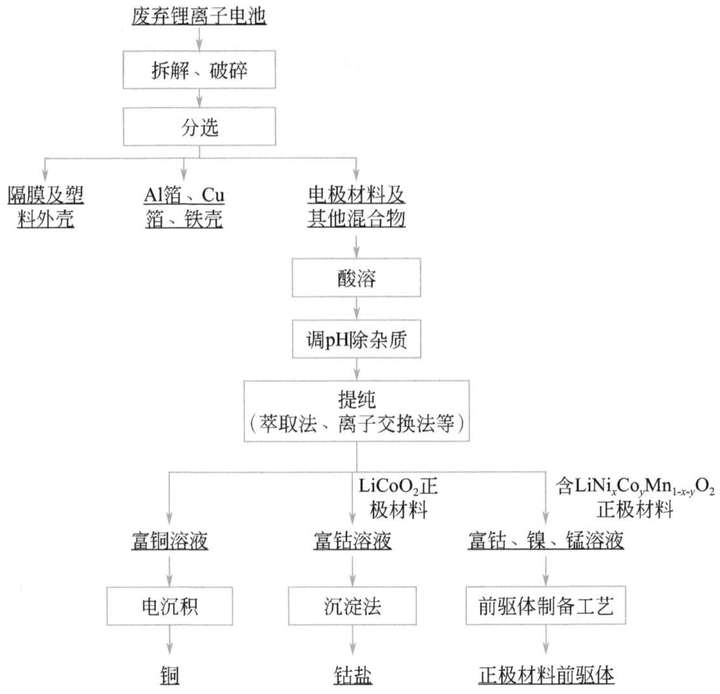

图5-7 废弃锂离子电池湿法冶金回收利用的工艺流程图

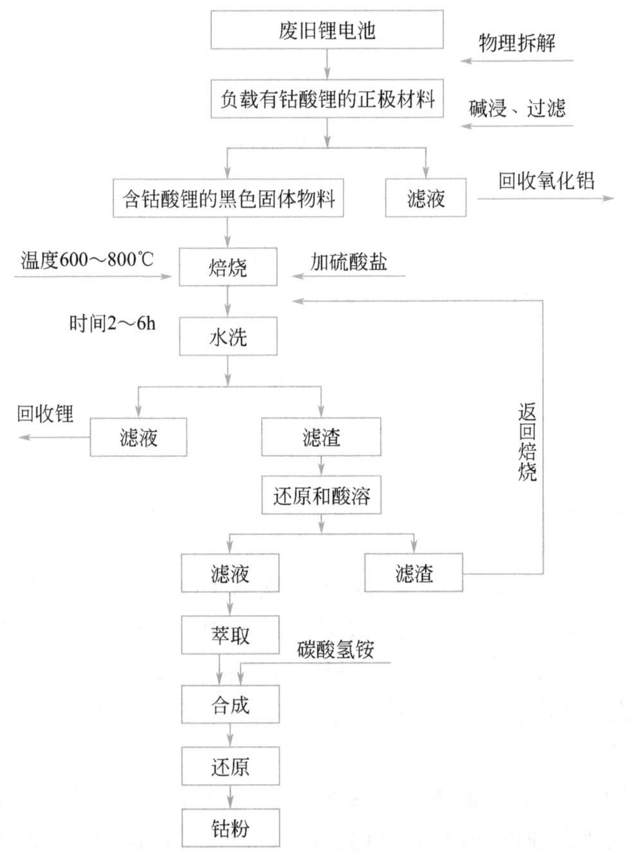

图5-8 一种从锂电池正极材料中分离回收锂和钴的方法[32]

佛山市邦普循环科技有限公司提出了一种从废旧动力电池定向循环制备镍钴锰酸锂的方法[33]，首先对废旧镍钴锰酸锂动力电池组进行拆解得到电池单体，再拆解电池单体得到正极片。对正极片进行破碎并在400℃下焙烧2h，过60目振动筛，分离铝箔得到含镍钴锰酸锂粉末和乙炔黑混合物。将混合物加入到一定浓度的盐酸中，过滤除去乙炔黑得到镍、钴、锰、锂的混合液体，并测量液体的镍、钴、锰含量。根据目标锂钴锰酸锂的化学成分，补加一定量的镍盐（氯化镍、硫酸镍等）和锰盐（氯化锰或硫酸锰等），并加入一定量的氨水沉淀得到镍钴锰氢氧化物沉淀，过滤烘干后得到镍钴锰氢氧化物。往滤液中加入碳酸钠，搅拌得到碳酸锂沉淀，过滤烘干。最后，按照比例混合镍钴锰氢氧化物和碳酸锂在一定烧结制度下烧结得到镍钴锰酸锂。其流程如图5-9所示。

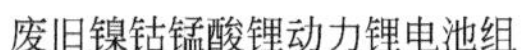

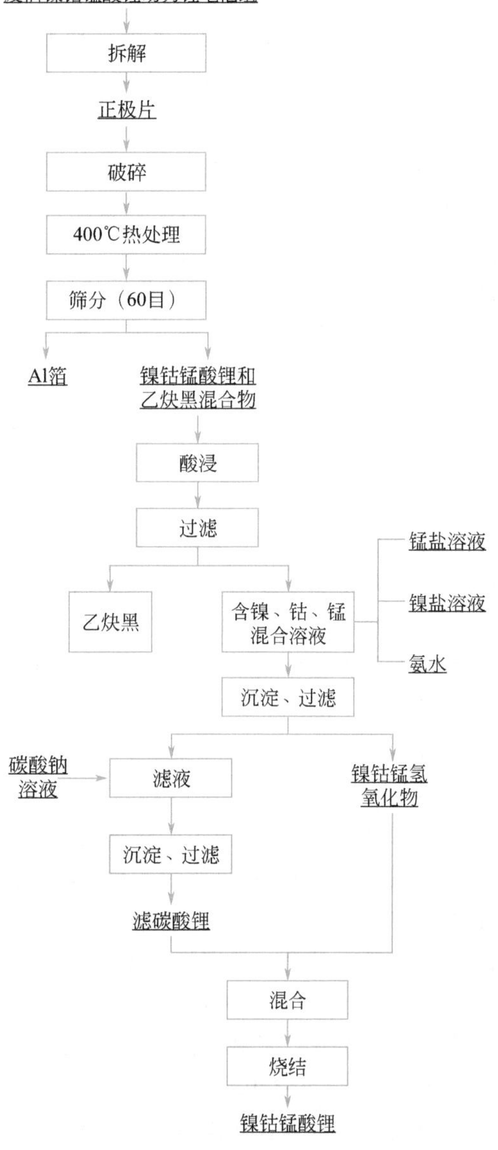

图5-9 一种由废旧动力电池定向循环制备镍钴锰酸锂的方法[33]

目前废弃锂离子电池回收利用的主要工艺是在镍、钴、铜等矿物冶金工艺基础上改进而得，技术人员在实践过程中针对锂离子电池的特点对传统的湿法冶金技术和火法冶金金属进行了改良，取得了较好的处理效果，但现阶段这两种技术仍存在缺陷和不足。湿法冶金技术是应该比较广泛的废旧电池处理技术，该工艺一般采用有机溶剂萃取得到对应的金属富集液，由于锂离子电池的成分较为复杂，若要达到较好的分离效果，需要进行多级萃取与反萃取，这大大增加了工艺的复杂程度，增大了萃取剂的用量。同时会产生大量的废水需要处理，以上因素都使废弃锂离子电池回收处理的经济效益降低。火法冶金处理技术，由于需要对废弃锂离子电池进行高温焙烧，不可避免地产生烟气，其中会含有二噁英等有机物、硫化物和氮化物等酸性气体，因此需要对烟气进行净化处理，这增加了处理成本。

参考文献

[1] 金属钴价格走势图. 摘自CDI/London Metal Bulletin.

[2] 金属镍的价格走势图. 源自International Nickel Study Group.

[3] 中国有色金属协会主编（赵家生等）. 中国锂、铷、铯. 北京：冶金工业出版社，2013.

[4] 真锂研究. 锂电信息动态与分析（产业研究月度报告）. 北京：北京华清正兴信息咨询有限

公司，2010，9：29. http://www.reali.net.
[5] 张江峰. 2011年我国锂工业发展报告. 中国有色金属工业协会锂业分会.
[6] 全球范围内盐湖与矿石锂资源的产量情况. 图片信息摘自ROSKILL REPORT.
[7] 颜小雄. 锂供应和市场. 第五届国际钴锂行业论坛，2013.
[8] 张江峰. 中国锂产业发展现状及前景. 江西宜春锂电池会议. 江西宜春，2013.
[9] 中国有色金属协会主编. 中国镍业. 北京：冶金工业出版社，2013.
[10] 彭容秋. 镍冶金. 长沙：中南大学出版社，2005.
[11] 许红萍. 镍矿短缺引领镍价上涨. 中国有色金属报：金属观察，2014，3525：2.
[12] 栾心汉，唐琳，李小明，侯苏波. 镍铁冶金技术及设备. 北京：冶金工业出版社，2010.
[13] 金川集团股份有限公司. 硫酸镍、硫酸钴生产商. http://www.jnmc.com/
[14] 吉恩镍业股份有限公司. 硫酸镍、硫酸钴生产商. http://www.jlnickel.com.cn/default.jsp.
[15] 中国有色金属协会主编（徐爱东等）. 中国钴业. 北京：冶金工业出版社，2012.
[16] 范润泽. 2013年中国钴市场分析. 2013中国国际镍钴工业年会. 成都：2013.
[17] 英德佳纳金属科技有限公司. 硫酸钴生产商. http://ydjnjskj.cn.china.cn/
[18] 浙江华友钴业股份有限公司. 硫酸钴生产商. http://www.huayou.com/
[19] 新时代浙江新能源材料有限公司. 硫酸钴生产商.
[20] 江苏凯力克钴业股份有限公司. 硫酸钴生产商.
[21] 姜辉. 钴基本面及行情分析. 第五届国际钴锂行业论坛. 成都，2013.
[22] 谭柱中，梅光贵，李维健，曾克新，梁汝腾，曾湘波. 锰冶金学. 长沙：中南大学出版社，2004.
[23] 陈仁义，柏琴. 中国锰矿资源现状及锰矿勘查设想. 中国锰业，2004，22（2）：1.
[24] 洪世琨. 我国锰矿资源开采现状与可持续发展的研究. 中国锰业，2011，29（3）：13.
[25] 王尔贤. 中国的锰矿资源. 电池工业，2007，12（3）：184.
[26] 李金辉，郑顺，熊道陵，等. 废旧锂离子电池正极材料有价资源回收方法. 有色金属科学与工程，2013，4（4）：29-35.
[27] 吴越，裴锋，贾蕗路，等. 废旧锂离子电池中有价金属的回收技术进展. 稀有金属，2013，37（2）：320-329.
[28] 张涛，吴彩斌，王成彦，等. 废弃手机锂离子电池机械破碎的基础研究. 中南大学学报，2012，43（9）：3355-3362.
[29] 南俊民，韩冬梅，崔明，等. 溶剂萃取法从废旧锂离子电池中回收有价金属. 电池，2004，34（4）：309-311.
[30] M Contestabile，S Panero，B Scrosati. A laboratory-scale lithium-ion battery recycling process. 2001，92（1）：65-69.
[31] 金泳勋，松田光明，等. 用浮选法从废锂离子电池中回收锂钴氧化物. 资源综合利用，2003，7（9）：32-37.
[32] 深圳市格林美高新技术股份有限公司. 一种从锂电池正极材料中分离回收锂和钴的方法. 中国发明专利，CN102163760A，2011-08-24.
[33] 佛山市邦普循环科技有限公司. 一种由废旧动力电池定向循环制备镍钴锰酸锂的方法. 中国发明专利，CN102881895A，2012-10-29.

6

三元材料合成方法

6.1 合成方法概述

根据文献报道，目前合成三元材料的主流方法是：首先采用共沉淀的方法合成三元前驱体，然后采用高温固相法合成最终产品。也有一些其他方法的报道，例如直接采用高温固相法、低热固相法、溶胶–凝胶法、流变相法、微波法和水热法等直接合成最终产品。

本章主要介绍共沉淀/高温固相方法制备三元材料，其他方法在概述中简单介绍。

6.1.1 溶胶–凝胶法

溶胶–凝胶法是为解决高温固相反应法中反应物之间的扩散慢和组成均匀性问题而发展起来的一种软化学方法[1～4]。与传统的高温固相粉末合成方法相比，溶胶–凝胶法制备的无机材料具有均匀性高、合成温度低等特点。溶胶是胶体溶液，分散的粒子是固体或大分子。凝胶是胶态固体，由可流动的组分和具有网络内部结构的固体组分以高度分散的状态构成，凝胶中分散相含量很低，一般为1%～3%。

6.1.1.1 溶胶–凝胶法的特点

胶体分散体系是分散程度很高的多相体系。溶胶离子半径在1～100nm间，具有很大的相界面，表面能高，吸附性能强，许多胶体溶液之所以能够长期保存，就是由于胶体粒子表面吸附了相同电荷的离子。由于同性相斥使胶粒不易聚沉，它是一个热力学不稳定而动力学稳定的体系。如果在溶胶中加入电解质或两种带相反电荷的胶体溶液破坏溶胶的动力学稳定性，使其发生聚沉形成凝胶。

溶胶–凝胶法的化学过程首先是将原料分散在溶剂中，然后经过水解反应生成活性单体，活性单体进行聚合，开始成为溶胶，进而生成具有一定空间结构的凝胶，经过干燥和热处理制备出纳米粒子和所需要材料。

合成路线的中心化学问题是反应物分子（或离子）在水（醇）溶液中进行水解（醇解）和聚合，即由分子态→聚合体→溶胶→凝胶→晶态（或非晶态）。实际上，反应中伴随的水解和聚合反应是十分复杂的。水解一般在水或水和醇的溶剂中进行，并且形成活性的M—OH。随着羟基的生成，进一步发生聚合作用。

从水-羟基配位的无机母体来制备凝胶时，取决于诸多因素，如pH值、浓度梯度、加料方式、控制的成胶速率、温度等。因为成核和生长主要是羟桥聚合反应，而且是扩散控制过程，所以需要对所有因素加以考虑。聚合反应的另一种方式是氧基聚合，形成氧桥M—O—M。这种聚合过程要求在金属的配位层中没有水配体。

凝胶实质上是无机高分子，只有经加热后，才能转化为无机物。在热处理过程中，低温时脱去表面吸附的水和有机物，200～300℃发生OR基的氧化，在更高温度脱去结构中的OH基团。由于热处理过程中伴随着气体的挥发，因此加热速度要缓慢，否则可能导致开裂。缓慢加热的另一个理由是在烧结发生前，要彻底除去材料中所含的有机基体，否则一旦烧结开始，气体逃逸困难，将产生炭化，从而使制品变黑。在用溶胶-凝胶法制备超细粉末的过程中，煅烧的温度要严格控制，在保证有机物去除及化学反应充分进行的前提下，尽量降低煅烧温度。因为随着煅烧温度的提高，粉末间会发生烧结，从而产生严重的团聚。一般这种团聚结合力非常强，用机械方法不易分离开，因此无法达到合成超细粉末的目的。

6.1.1.2 溶胶-凝胶合成方法在三元材料上的应用

Hui Xia等[5]采用改进的Pechini方法制备了$LiNi_{1/3}Co_{1/3}Mn_{1/3}O_2$材料。将按剂量比的$LiNO_3$、$Mn(NO_3)_2$[质量分数50%的$Mn(NO_3)_2$水溶液]、$Co(NO_3)_2 \cdot 6H_2O$和$Ni(NO_3)_2 \cdot 6H_2O$分散到去离子水中，并被滴加到柠檬酸-乙二醇水溶液中，柠檬酸和金属离子比为1∶1。形成凝胶后在140℃去除水分，粉碎后在400℃加热4h。干胶分别在700℃、800℃、900℃和1000℃煅烧12h得到$LiNi_{1/3}Co_{1/3}Mn_{1/3}O_2$粉体。文章讨论了不同煅烧温度对$LiNi_{1/3}Co_{1/3}Mn_{1/3}O_2$结构，形貌，电化学性能的影响。见图6-1。

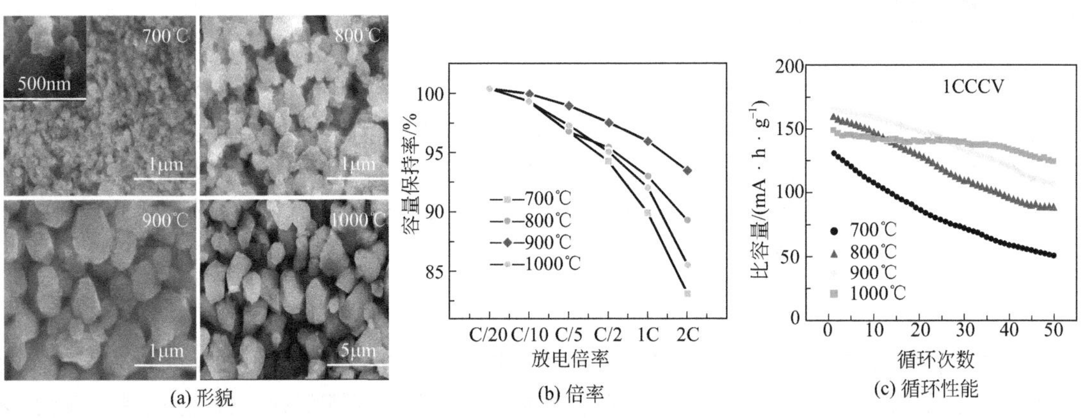

图6-1 采用改进的Pechini方法制备的$LiNi_{1/3}Co_{1/3}Mn_{1/3}O_2$材料[5]（见彩图26）

深圳天骄科技的段小刚等[6]采用采用溶胶-凝胶法，在$Ni_{0.8}Co_{0.1}Mn_{0.1}(OH)_2$前驱体表面进行AlOOH包覆，再配入适量$LiOH \cdot H_2O$煅烧成$Al_2O_3$包覆型$LiNi_{0.8}Co_{0.1}Mn_{0.1}O_2$材料。他们在三口烧瓶中加入100mL（$1mol \cdot L^{-1}$）氨水，再置于85～90℃的水浴中连续搅拌，缓慢滴入30mL（$1mol \cdot L^{-1}$）的硝酸铝溶液，生成沉淀；反应1～2h后，向其中加入300mL（$1mol \cdot L^{-1}$）的硝酸溶液，使沉淀慢慢水解胶溶，继续搅拌、老化15～20h，得到澄清的AlOOH溶胶。取93.18g球形$Ni_{0.8}Co_{0.1}Mn_{0.1}(OH)_2$前驱体放入上述AlOOH溶胶中，持续搅拌加热，蒸发干燥，得到AlOOH包覆的$Ni_{0.8}Co_{0.1}Mn_{0.1}(OH)_2$前驱体。将上述前驱体与$LiOH \cdot H_2O$按化学计量比混匀后，在氧气气氛下、800℃恒温20h，得到Al_2O_3包覆型$LiNi_{0.8}Co_{0.1}Mn_{0.1}O_2$材料。由图6-2可见在2.70～4.50V时，未涂层和涂层材料首次放电比容量分别为207.6mA·h·g^{-1}和203.2mA·h·g^{-1}，库伦效率为88.2%和88.1%，第50次循环的放电比容量保持率分别为77.20%和88.10%。在高电压条件下涂层后材料循环性能明显优于未涂层材料。

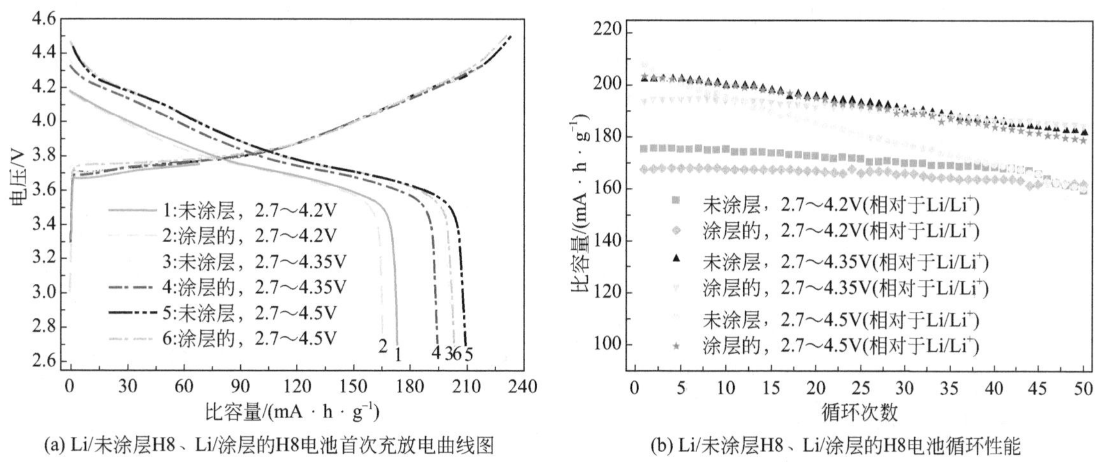

图6-2　**Li/未涂层–H8、Li/涂层的–H8电池首次充放电曲线和循环性能**[8]（见彩图28）

6.1.2　水热与溶剂热合成方法

6.1.2.1　概述

水热与溶剂热合成技术属于湿化学法合成的一种，合成温度为100～1000℃，压力1MPa～1GPa条件下利用溶液中物质化学反应所进行的合成。水热与溶剂热反应按反应温度进行分类，可分为亚临界和超临界合成反应。亚临界反应温度范围是在100～240℃之间，适于工业或实验室操作。超临界水热合成反应属于高温高压实验，温度已高达1000℃，压强高达0.3GPa。它利用作为反应介质的水在超临界状态下的性质和反应物质在高温高压水热条件下的特殊性质进行合成反应。

水热与溶剂热合成方法的主要特点是研究体系处于非理想非平衡状态，应用非平衡热力学研究合成的化学问题。高温加压下水热反应具有三个特征：第一是使重要离子间的反应加速；第二是使水解反应加剧；第三是使其氧化还原电势发生明显变化。

对于水热反应，水是水热法合成的主要溶剂。高温高压水的作用可归纳如下：① 有时作为化学组分起化学反应；② 反应和重排的促进剂；③ 起压力传递介质的作用；④ 起溶剂作用；⑤ 起低熔点物质的作用；⑥ 提高物质的溶解度。

水热与溶剂热反应是在一个封闭的体系（高压釜）内进行的，因此温度、压力及装满度之间的关系对水热合成具有重要的意义。水热法合成陶瓷粉末的主要驱动力是氧化物在各种不同状态下溶解度的不同。例如普通的氧化物粉末（有较高的晶体缺陷密度）、无定形氧化物粉末、氢氧化物粉末、溶胶–凝胶粉末等在溶剂中的溶解度一般比高结晶度、低缺陷密度的粉末溶解度大。在水热反应的升温升压过程中，前者的溶解度不断增加，当达到一定的浓度时，就会沉淀出后者。因此水热法粉末合成的过程实质上就是一个溶解/再结晶的过程。

6.1.2.2 应用

Li Yunjiao等[7]采用球形过渡金属氢氧化物（250g）和LiOH·H_2O（s）（177.8 g）作为原材料放入水热釜中，加热到250℃ 4h，冷却、120℃干燥后分两步进行煅烧处理，第一步500℃处理6h，第二步900℃处理10h 得到$LiNi_{0.5}Co_{0.2}Mn_{0.3}O_2$ 产品。由XRD分析结果可知，经水热处理后的得到的产物已被锂化，但形貌没有被破坏。图6-3给出了前驱体和最终产物的形貌及比容量-循环图。

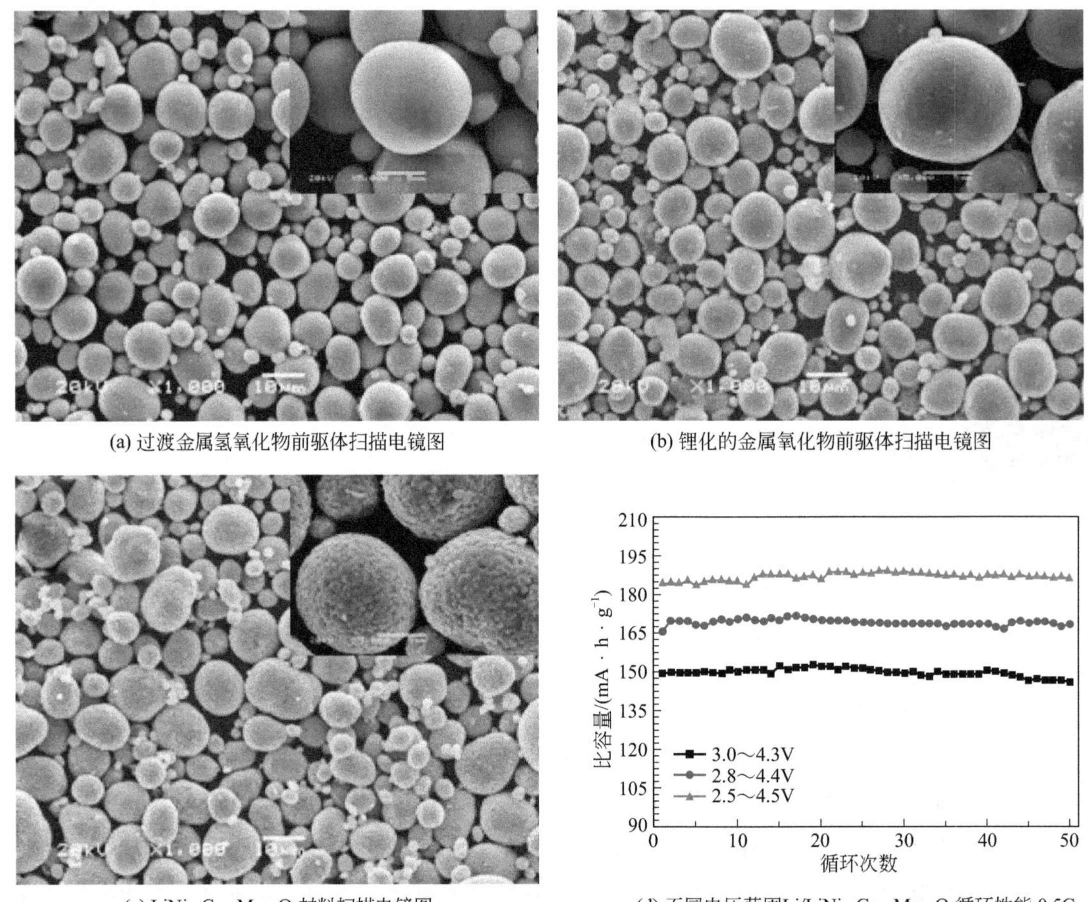

(a) 过渡金属氢氧化物前驱体扫描电镜图

(b) 锂化的金属氧化物前驱体扫描电镜图

(c) $LiNi_{0.5}Co_{0.2}Mn_{0.3}O_2$材料扫描电镜图

(d) 不同电压范围Li/$LiNi_{0.5}Co_{0.2}Mn_{0.3}O_2$循环性能,0.5C

图6-3 前驱体和最终产物的形貌及比容量-循环图[7]

Liu等[8]采用由尿素辅助水热合成了球形具有浓度梯度的（NiMn）CO_3，与LiOH混合后经高温处理得到核–壳结构的锂离子电池正极材料$LiNi_{0.5}Mn_{1.5}O_4$。实验采用12.5mmol 的$NiSO_4$·6H_2O、37.5mmol 的$MnSO_4$·H_2O 和 0.1 mol尿素被分散在250mL去离子水中，放入反应釜中，180℃反应12h。水热合成的碳酸盐前驱体在500℃煅烧3h后转变成氧化物，氧化物与LiOH·H_2O混合850℃煅烧12h合成出$LiNi_{0.5}Mn_{1.5}O_4$。水热过程处理中，产生具有浓度梯度的碳酸盐前驱体，在单个球形粒子中，Ni在表面上的含量比在中心高，而Mn表面含量偏低，如图6-4所示。具有浓度梯度的$LiNi_{0.5}Mn_{1.5}O_4$性能有很大的改善，在55℃ 30次循环容量可保持在95%，在10C时可以提供118mA·h·g^{-1}的放电容量。

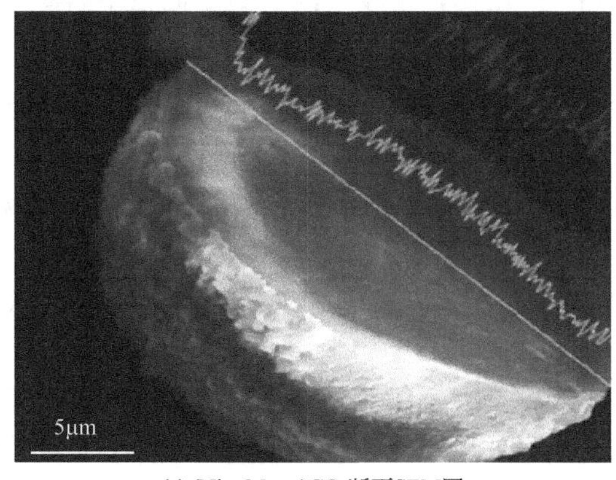

(a) $(Ni_{0.25}Mn_{0.75})CO_3$断面SEM图

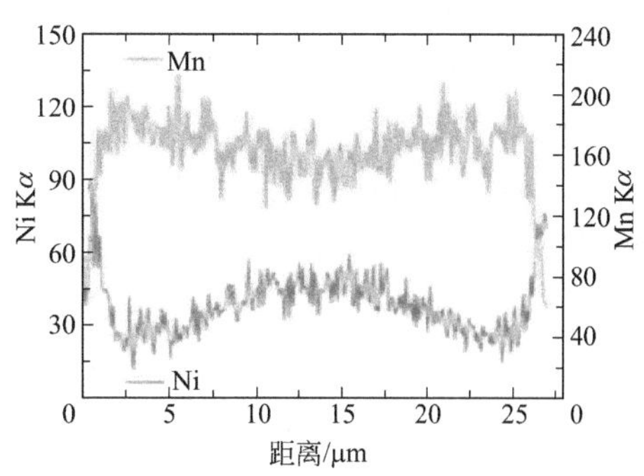

(b) Ni和Mn原子比线扫描

图6-4 单颗粒元素分析[8]（见彩图27）

6.1.3 微波合成

微波是指波长为1m～0.1mm的电磁波，其相应的频率范围是300MHz～3000GHz。家用微波炉使用的频率都是2450MHz，915 MHz的频率主要用于工业加热。目前人们在许多化学领域（如无机、有机、高分子、金属有机、材料化学等）运用微波技术进行了很多的研究，取得了显著的效果。

6.1.3.1 微波加热和加速反应机理

实验表明极性分子溶剂（水、醇类、羧酸类）吸收微波能而被快速加热，而非极性分子（正己烷、正庚烷和CCl_4）溶剂几乎不吸收微波能，升温很小或几乎不升温。再如有些固体物质能强烈吸收微波而迅速被加热升温，如25g Co_2O_3样品采用1kW功率（2450MHz），3min可以升温至1290℃，NiO、CuO、Fe_3O_4、V_2O_5、炭黑也同样会升值较高温度；像$FeCl_3$、CaO、CeO_2、Fe_2O_3、TiO_2、La_2O_3等几乎不能吸收微波能，升温幅度很小。在相同条件下$FeCl_3$加热4min只能升到41℃。微波加热大体上可认为是介电加热效应。

描述材料介电性质的有两个重要参数：介电常数ε'和介电损耗ε''。ε'为介电常数，描述分子被电场极化的能力，也可以认为是样品阻止微波能通过能力的量度。ε''为介电损耗，是电磁辐射转变为热量的效率的量度。在给定频率和温度下，一种物质把电磁能转变成热能的能力用$\tan\delta$（也称介电耗散因子）来表示，$\tan\delta=\varepsilon''/\varepsilon'$。因此微波加热机制部分地取决于样品的介电耗散因子$\tan\delta$大小。当微波能进入样品时，样品的耗散因子决定了样品吸收能量的速率。①可透射微波的材料（如玻璃、陶瓷、聚四氟乙烯等）或是非极性介质由于微波可完全透过，故材料不吸收微波能而发热很少或不发热，这是由于这些材料的分子较大，在交变微波场中不能旋转所致；②金属材料可反射微波，其吸收的微波能为零；③吸收微波能的物质，其耗散因子是一个确定值。因为微波能通过样品时很快被样品吸收和耗散，样品的耗散因子越大，给定频率的微波能穿透越小。

介电加热效应与材料的极化有关，在外电场的作用下分子产生极化：

$$分子总极化率\alpha=\alpha_e+\alpha_a+\alpha_d+\alpha_i$$

电子极化率α_e和原子极化率α_a：在外场作用下，无论是极性分子或非极性分子都会发生电子相对于原子核移动和原子核之间的微小移动，产生变形极化，用α_e和α_a两项来衡量。变形极化与温度无关。

偶极极化率α_d：极性分子具有永久偶极矩，但由于分子的热运动，偶极矩指向各个方向的机会相同，所以偶极矩的统计值为零，若将极性分子置于外电场中，极性分子在电场作用下总是趋向电场方向排列，这时我们称这些分子被极化，极化的程度可用偶极极化率衡量，$\alpha_d=\mu^2/3kT$，即α_d与偶极矩μ^2值成正比，与绝对温度T成反比。

界面极化率α_i：对于非均相体系，外电场对相界面电荷极化，而产生的界面极化效应（即Maxwell–Wagner效应），用界面极化率α_i来衡量。

由于外电场是交变场，极性分子的极化情况则与交变场的频率有关。偶极的松弛时间与微波频率范围下电场交变时间大致相同。如果交变场的频率比微波频率高（如红外和可见紫外频率），则极性分子的转向运动跟不上电场的变化，不能产生偶极极化，只能产生原子极化和电子极化。原子极化和电子极化对微波介电加热贡献很小。在微波介电加热效应中，主要起作用的是偶极极化和界面极化。

在电场作用下，具有永久或诱导偶极矩的样品中的分子，可发生偶极子转动、振动或摆动。大多数民用微波炉的微波频率为2450MHz，即电场方向每秒钟变化2.45×10^9次，所以外加微波场引起分子转动在一个方向上只平均停留非常短的时间，而后分子又转向另一个方向，这样由于受到分子热运动及相邻分子间相互作用的干扰和阻力，瞬时分子间发生类似摩擦作用而产生热效应，另外由于偶极子转动滞后于电场的改变，分子还会从电场吸收能量，这样使物体被加热。

6.1.3.2 在三元材料合成中的应用

Yang–Kook Sun小组[9]采用微波法合成了$Li[Ni_{0.4}Co_{0.2}Mn_{0.4}]O_2$材料，他们认为，相对于传统的方法，微波合成法有许多优点，如产品的一致性和较短的反应时间。他们采用共沉淀方法制备了球形$[Ni_{0.4}Co_{0.2}Mn_{0.4}](OH)_2$前驱体，将前驱体与LiOH混合，采用频率为2.45GHz 1200W微波辐射样品，研究了不同的时间（2～20min）和温度（700℃、800℃、900℃）对材料性能的影响。研究结果表明，加热时间和温度强烈影响产物的形貌和结构。采用800℃ 10min合成的产物具有最好的电化学性能，倍率性能和容量都优于其他条件下合成的样品。与高温固相合成法相比，由微波法在800℃ 10min制备的$Li[Ni_{0.4}Co_{0.2}Mn_{0.4}]O_2$材料的容量保持率和热稳定性与之相似。$Li/Li[Ni_{0.4}Co_{0.2}Mn_{0.4}]O_2$倍率和循环性能如图6-5所示。

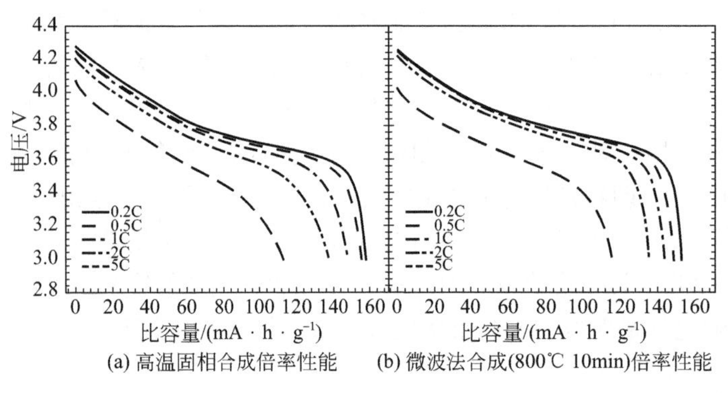

(a) 高温固相合成倍率性能　(b) 微波法合成(800℃ 10min)倍率性能

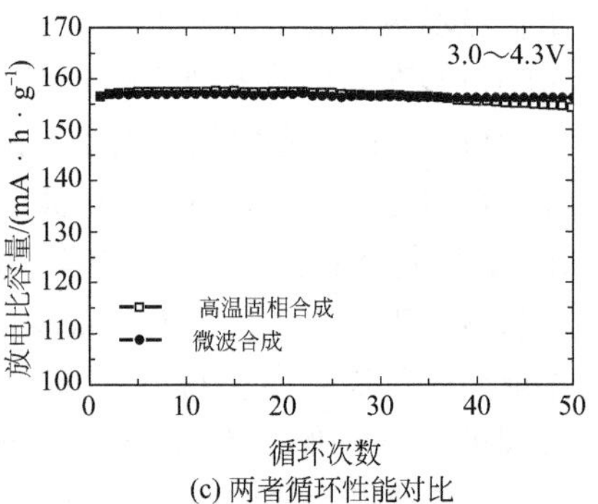

(c) 两者循环性能对比

图6-5 $Li/Li[Ni_{0.4}Co_{0.2}Mn_{0.4}]O_2$倍率和循环性能[9]

6.1.4 低热固相反应

6.1.4.1 低热固相反应机理

低热固相反应是指在室温或近室温（≤100℃）的条件下固相化合物之间所进行的化学反应。忻新泉小组[10～14]对低热固相反应进行了较系统的研究，探讨了低热固相反应的4个阶段，扩散→反应→成核→生长，每步都有可能是反应速率的决定步骤。与液相反应不同，固相反应的发生起始于两个反应物分子的扩散接触，接着发生键的断裂和重组等化学作用，生成新的化合物分子。当产物分子聚集形成一定大小的粒子就会出现产物的晶核，完成成核过程。随着晶核的长大会出现产物的独立晶相。与高温固相反应不同，低热固相反应温度较低，每个阶段都可能成为速控步。如果化学反应阶段是控速步骤，那么在反应的过程中会有过渡态物质出现。

6.1.4.2 采用配位法合成三元材料

对于固相配位化学反应，由于配合物比较容易分解，在固体相变温度（包括固体的分解温度）附近，固体组分通常容易移动，故反应容易进行。采用配位法合成三元材料降低了反应活化能和合成温度。为了研究这个反应过程，刘静静[15]对低热固相反应合成的 $Li(Ni_{1/3}Co_{1/3}Mn_{1/3})O_2$ 的前驱体进行了红外光谱测试，对合成升温过程的反应动力学也做了初步研究。研究表明用草酸作为配位酸，不同于混合物的红外测试结果，通过有机配位体的桥架作用，使锂与过渡金属在前驱体中达到分子级水平的混合，降低了合成温度。在700℃合成的 $Li(Ni_{1/3}Co_{1/3}Mn_{1/3})O_2$ 有优良的电化学性能。0.5C、3C的放电倍率下的初始比容量分别为 $166.7mA \cdot h \cdot g^{-1}$、$146.6mA \cdot h \cdot g^{-1}$。电池的循环性能良好。对草酸作配合物的前驱体进行了红外光谱的测试，验证了反应式如下：

$$LiHC_2O_4+1/3Ni(Ac)_2 \cdot 2H_2O+1/3\,Mn(Ac)_2 \cdot 2H_2O+1/3\,Co(Ac)_2 \cdot 2H_2O \longrightarrow (CH_3COO)Co_{1/3}N_{i1/3}Mn_{1/3}(C_2O_4Li)+2H_2O+HAc$$

6.1.4.3 采用含结晶水原料合成NCA

例如对于含结晶水的化合物，化合物中的结晶水分子通常更容易克服周围质点对它的约束而被释放出来。释放出来的水分子成为微量溶剂，进一步与化合物分子作用，形成一种介于溶液态和融熔态之间的溶熔态。通过提高温度（达到化合物的脱水温度）使结晶水释放出来形成微量溶剂，并与化合物分子形成溶熔态的现象称为热溶熔。相应地，通过外加作用力使所含结晶水在低于脱水温度下释放出来成为微量溶剂，并与化合物分子形成溶熔态的现象称为冷溶熔。研究表明，结晶水对低热固相反应的影响非常大，为了加快反应速率，有时还需要特地注入少量水。在反应过程中，尽管微量溶剂不能将反应物完全溶剂化，但可在反应物表面形成一层溶熔态膜，从而促进了反应的进行。影响低热固相反应的因素有很多，充分的研磨可以增加分子接触、有利于分子扩散、缩短反应时间，是促进反应发生的重要手段；反应的固体结构也是能否发生低热固相反应的重要因素，只有那些属于分子晶体类型（点结构）或低维（线型和某些面型）及少数弱碱连接的三维网状结构的固体化合物才有可能，一般的有机化合物和多数的低熔点或含水的无机化合物都能发生低热固相反应。

段小刚采用含结晶水原料通过高速搅拌的方法直接合成NCA前驱体，降低了NCA成品的合成温度。由于高速搅拌提供的能量可以给固体物质外加一种作用力，降低周围质点对它的

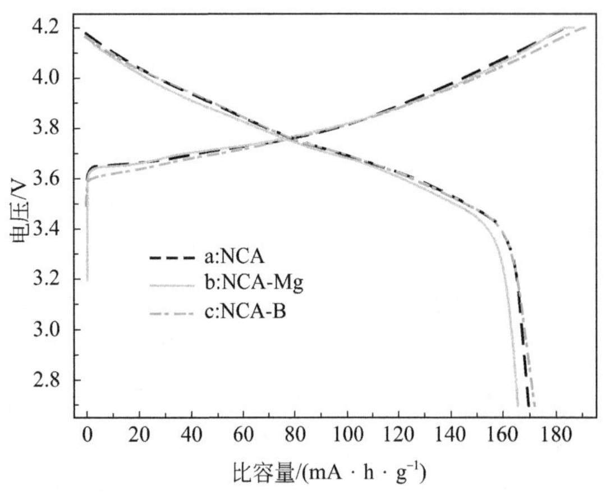

图 6-6 氧气氛围下煅烧的NCA成品充放电曲线图

约束能垒，使质点在常温下的热运动能量也能够克服这一约束能垒。对于含结晶水的化合物，在受热时，一般是先脱去结晶水，然后再熔化。也就是说，化合物中的结晶水分子通常更容易克服周围质点对它的约束而被释放出来。释放出来的水分子形成微量溶剂，可以进一步与化合物分子作用，形成一种介于溶液态和融熔态之间的临界状态。通过外加作用力使化合物所含结晶水在低于脱水温度下释放出来形成微量溶剂，尽管微量溶剂不能将反应物完全溶剂化，但可在反应物表面形成一层溶熔态膜，从而促进了化学反应的进行。

图6-6中a、b、c分别为没有掺杂和掺Mg、掺B样品的充放电曲线，前驱体在氧气气氛下700℃煅烧所得成品，充放电电流为35mA·g^{-1}，充放电电压范围为2.7～4.2V，比容量达170mA·h·g^{-1}。

6.1.5 流变相反应法

6.1.5.1 概述

流变相体系是指具有流变学性质的物质的一种存在状态。处于流变学的物质在化学上具有复杂的结构或组成，在力学上既显示出固体的性质又显示出液体的性质；在物理组成上可以是既包含固体颗粒又包含液体物质，可以缓慢流动，宏观是均匀的复杂体系。也就是说，流变相体系是固、液分布均匀，不分层的糊状或黏稠状固液混合体系。

流变相反应，是指在反应体系中有流变相参与的化学反应。例如，将反应物通过适当方法混合均匀，加入适量的水或溶剂，调制成固体微粒和液体物质分布均匀、不分层的流变相体系，然后在适当的条件下反应得到所需的产物。若在反应过程中发生固液分层现象，则反应不完全或者不能得到单一组成的化合物。

采用流变相反应法，反应的设计是非常重要的，如反应物采用何种物质、反应物的配比、溶剂的选择及用量以及反应副产物是否容易分离等，事先都需要进行充分的分析和计算。

采用流变相反应的优点有：在流变相体系中，固体微粒在流体中分布均匀、接触紧密，其表面能够得到有效利用，反应进行得比较充分；流体热交换好，传热稳定；许多物质会表现出超浓度现象和新的反应特性，甚至可以通过自组装得到一些新型结构和特异功能的化合物；可以得到纳米材料、非晶材料及大的单晶。

6.1.5.2 应用实例

胡学山[16]首次采用流变相反应法合成了锂镍钴锰复合氧化物$LiNi_{1/3}Co_{1/3}Mn_{1/3}O_2$。考察了Li/(Ni+Co+Mn)比值、焙烧温度和焙烧时间对其电化学性能的影响。在此基础上成功的合成了$LiNi_{1/3}Co_{1/3}Mn_{1/3}O_2$样品，X射线试验结果发现，预焙烧得到的前驱体具有和$LiNi_{1/3}Co_{1/3}Mn_{1/3}O_2$相似的结构。扫描电子显微镜（SEM）显示，其粒径小于1mm。充放电结果显示，当电流密度为0.20mA·cm^{-2}时，在3.0～4.4V区间内，其首次放电比容量达到146.30mA·h·g^{-1}，循环20次后，仍能保持在136.00mA·h·g^{-1}。

乔亚非[17]将原料$LiOH·H_2O$、$Ni(OH)_2·H_2O$、Co_3O_4、MnO_2按化学计量比（1.03 ∶ 1/3 ∶ 1/9 ∶ 1/3）混合，加入适量的去离子水，充分搅拌混合，然后将此混合物移到密闭的高压釜中，将高压釜放到恒温箱中在110℃下保温12h，取出混合物在120℃下保温8h得到前驱体，然后将前驱体移到马弗炉中在500℃下预烧4h，升温至900℃焙烧6h，再在600℃下退火5h随炉冷却得到最终产品$LiNi_{1/3}Co_{1/3}Mn_{1/3}O_2$。以0.5C充放电倍率，2.5～4.5V电压范围条件下放电比容量176mA·h·g^{-1}，首次库仑效率84.5%，40轮循环容量保持率88.7%。

6.1.6 自蔓延燃烧合成

自蔓延燃烧合成是基于放热化学反应的基本原理，首先利用外部热量诱导局部化学反应，形成化学反应前沿（燃烧波），接着化学反应在自身放出热量的支持下继续进行，进而燃烧波蔓延至整个反应体系，最后合成所需材料。自蔓延燃烧特点是节能。可以充分利用化学反应本身放出的热量，通常低热系统为418～836J·g^{-1}，高热系统为4180～8360J·g^{-1}，在合成材料过程中温度一般为2000～3000℃，最高可达4500℃左右，不需要从外界再补充能量。

低温燃烧合成法（low-temperature combustion synthesis，简写为LCS）是以可溶性金属盐（主要是硝酸盐）和有机燃料（如尿素、柠檬酸、氨基乙酸、葡萄糖等）作为反应物，金属硝酸盐在反应中充当氧化剂，有机燃料在反应中充当还原剂，反应物体系在一定温度下点燃引发剧烈的氧化-还原反应，一旦点燃，反应即由氧化–还原反应放出的热量维持自动进行，整个燃烧过程可在数分钟内结束，溢出大量气体，其产物为质地疏松、不结块、易粉碎的超细粉体，然后对这些粉体进行高温加热处理。燃烧合成法能使物料在分子状态下均匀混合，产物组分均匀，而且合成工艺具有高效、节能、快速的优点。

Whitfield等[18]以硝酸镍、硝酸钴、硝酸锰和硝酸锂为原料，采用分散燃烧法合成了$LiNi_{1/3}Co_{1/3}Mn_{1/3}O_2$。材料的首次充、放电比容量分别为216mA·h·$g^{-1}$和186mA·h·$g^{-1}$。燃烧法利用化学反应形成的燃烧波，使前驱体快速分解，放出大量气体，避免了前驱体熔融而导致粉末粒径增大，节省焙烧过程的能耗。

乔亚非等[19]将原料$LiNO_3$、$Ni(NO_3)_2·6H_2O$、$Co(NO_3)_2·6H_2O$、$Mn(CH_3COO)_2·4H_2O$按照一定的化学计量比[$n(Li^+)$ ∶ $n(Co^{2+})$ ∶ $n(Ni^{2+})$ ∶ $n(Mn^{2+})$=1.05 ∶ 0.33 ∶ 0.33 ∶ 0.33]溶于去离子水中配成溶液，将柠檬酸溶液滴入其中，柠檬酸和金属离子的摩尔比为1 ∶ 3。伴随强烈搅拌后，将上述混合溶液在80℃下恒温加热6h形成溶胶。然后将溶胶移到电炉上加热，约5min后将产生自燃现象，形成蓬松状物质。充分研磨蓬松状前驱体后，将其放入氧化铝坩埚中，在马弗炉中加热到500℃保温4h后再升温至900℃并保温6h，在600℃下退火5h随炉冷却得到最终产品。由图6-7可见，产品为300nm左右的均匀颗粒。

乔亚非还讨论了自蔓延燃烧法合成$LiMn_xNi_xCo_{1-2x}O_2$（x = 0.25，0.33，0.4，0.45）系列锂离子电池正极材料的性能。通过X射线衍射（XRD）、X 射线光电子能谱（XPS）分析研究钴含量的变化对材料结构的影响；利用场发射电子显微镜（FESEM）对材料的形貌进行了表征。由XPS图谱分析，在$LiMn_xNi_xCo_{1-2x}O_2$（x =0.25，0.33，0.4，0.45）中，当x为0.4时合成材料中的Mn^{3+}和Ni^{3+}相对含量较少。在2.5～4.5 V电压范围和0.5C充放电条件下，$LiMn_xNi_xCo_{1-2x}O_2$（x = 0.25，0.33，0.4，0.45）的初始放电比容量分别为174 mA·h·g^{-1}、177 mA·h·g^{-1}、180 mA·h·g^{-1}和155 mA·h·g^{-1}，循环40次后的容量保持率分别为87.7%、88.0%、90.9%和

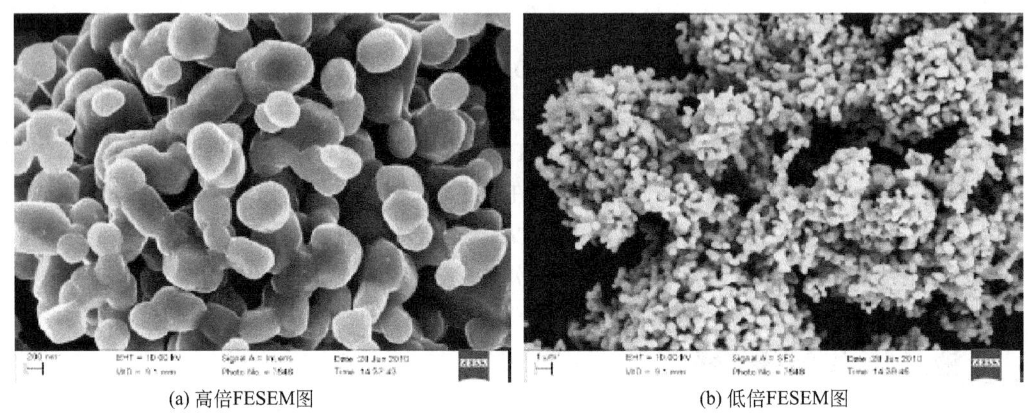

(a) 高倍FESEM图　　(b) 低倍FESEM图

图6-7　$LiNi_{1/3}Co_{1/3}Mn_{1/3}O_2$材料的FESEM图

87.7%，$LiMn_{0.4}Ni_{0.4}Co_{0.2}O_2$的初始放电比容量最高，循环性能最好。在$LiMn_xNi_xCo_{1-2x}O_2$（$x$=0.25，0.33，0.4，0.45）中，钴含量越高倍率性能越好。

6.2 共沉淀反应

化学共沉淀法在液相化学合成粉体材料中应用最为广泛，一般是向原料溶液中添加适当的沉淀剂，使溶液中已经混合均匀的各组分按化学计量比共同沉淀出来，或在溶液中先反应沉淀出一种中间产物，再把它煅烧分解制备出目标产品。采用该工艺可根据实验条件对产物的粒度、形貌进行调控，产物中有效组分可达到原子、分子级别的均匀混合，设备简单，操作容易。共沉淀结晶过程主要包括过饱和溶液的形成、晶体成核和晶体的生长三个过程。在描述结晶过程中还应当包括诱导期、半转变期、最大结晶速率、过程阶数等[23]。

6.2.1 基本概念

6.2.1.1 溶度积和溶解度

不同金属离子在水溶液发生共沉淀，须满足一定热力学要求与动力学条件，沉淀的生成则可以利用溶度积通过化学平衡理论来定量地讨论。

在一定温度下，难溶盐饱和溶液中各溶液组分以化学计量系数为幂次的浓度乘积是一个常数，这个常数称为溶度积，用K_{sp}表示。溶度积是反应难溶化合物的溶解性能、计算难溶化合物溶解度和判断在水中沉淀的重要参数[20]。

难溶化合物A_xB_y在饱和溶液中的溶解反应可用下式表示：

$$A_xB_y(s)= xA^{n+}+yM^{m-}$$

按照质量作用定律可以写出溶度积的通式：

$$K_{sp}=(A^{n+})^x\cdot(M^{m-})^y$$

式中，括号内表示的是组分的浓度，在溶度较高时，要用活度代替浓度。

溶度积是难溶化合物溶解反应平衡时的平衡常数，它的大小可以用来衡量难溶物质生成或溶解能力的强弱。K_{sp}越小，表明该难溶化合物的溶解度越小，生成该沉淀就相对容易一些。

在进行相对比较时，对于结构类型相同的难溶化合物，溶度积的大小可直接表示物质溶解能力的大小。

对于AB型难溶化合物，若溶解度为$S(mol \cdot L^{-1})$，在其饱和溶液中：

$$AB(s) \Longleftrightarrow A^+(aq)+B^-(aq)$$

平衡浓度$(mol \cdot L^{-1})$

$$[A^+][B^-]=S \times S=K_{sp}$$

$$S=\sqrt{K_{sp}}$$

对于AB_2型难溶化合物，同理可推导出溶度积和溶解度的关系为：

$$S=\sqrt[3]{\frac{K_{sp}}{4}}$$

应该注意的是，上述溶度积和溶解度之间的换算只是一种近似计算。仅适用于溶解度很小的难溶物质，而且粒子在溶液中不发生任何副反应，或副反应程度不大的情况。

由于溶度积等于矿物溶解反应的平衡常数，因此同样可以由溶解反应的自由能变化来计算溶度积[20]。

$$\ln K_{sp}^{\ominus}=\frac{\Delta_r G_m^{\ominus}}{RT}$$

在一定温度下，难溶电解质的溶度积是一个常数，温度变化时，大多数难溶电解质的溶度积随温度升高而增大，但增大的幅度不大。三元材料制备中相关难溶电解质在25℃时的溶度积常数见表6-1。

表6-1　三元材料制备中相关难溶电解质在25℃时的溶度积常数[20]

难溶电解质	$Ni(OH)_2$	$Co(OH)_2$	$Mn(OH)_2$	$Mg(OH)_2$	$Al(OH)_3$
溶度积K_{sp}	2.0×10^{-15}(新制得的)	1.9×10^{-15}(新制得的)	1.6×10^{-13}	1.2×10^{-11}	1.3×10^{-33}

例如，在三元材料前驱体的制备时，发生如下反应：

$$(Ni，Co，Mn)SO_4+2NaOH \longrightarrow (Ni，Co，Mn)(OH)_2\downarrow+Na_2SO_4$$

由表6-1可知，Ni、Co的溶度积相近，在制备Ni、Co二元氢氧化物沉淀时，Ni、Co分布相对较均匀，但制备均匀的三元氢氧化物共沉淀时，Mn与Ni、Co的溶度积相差2个数量级，均匀共沉淀相对较难。如果进行Al、Mg掺杂，元素也难形成均匀分布。这就需要严格控制合成条件，使其达到均匀共沉淀。

6.2.1.2　过饱和度

若溶液的浓度c超过平衡浓度c_{eq}，则这种溶液称为过饱和溶液。为了能够产生结晶，必须形成过饱和溶液，也就是说，过饱和度是结晶过程的推动力。过饱和度可以用三个数值表示：绝对过饱和度Δc、相对过饱和度δ与过饱和系数s：

$$\Delta c=c-c_{eq}$$

$$\delta=(c-c_{eq})/c_{eq}$$

$$s=c/c_{eq}$$

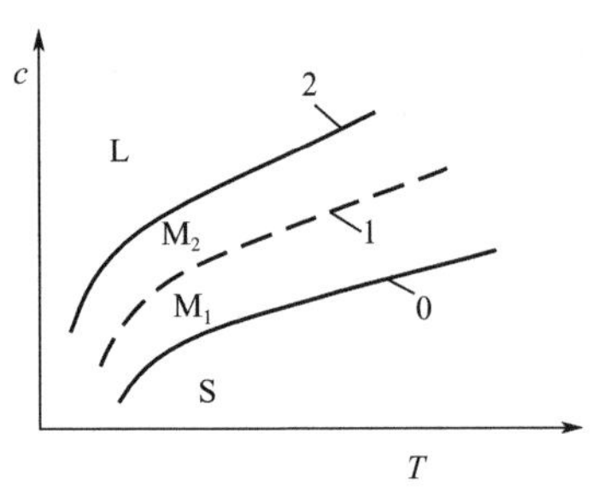

图6-8 溶液状态图

S—稳定区；M_1和M_2—第一和第二介稳区；L—不稳定区；0—溶解度曲线；1，2—第一和第二介稳界限的曲线

如图6-8所示，溶液至少可能存在三种状态：稳定态、介稳态和不稳定态。稳定态及其相应区域的溶液浓度等于或低于平衡浓度，在该区域任意一点溶液均是稳定的。介稳态又分为两个区域：第一个区域为M_1区域，也有人称其为养晶区，位于曲线1和曲线0之间，也就是在平衡浓度与低于它就基本上不可能发生均相成核的浓度之间，此刻如不采取一定的手段（如加入晶核），溶液可长时间保持稳定，加入晶核后，溶质在晶核周围聚集、排列，溶质浓度降低，并降至0线。第二个区域为M_2，位于曲线2和曲线1之间，与这个区域对应的浓度则是有能自发成核的浓度，但不是马上发生，而是要经过某一时间间隔才能发生。当溶液浓度超过曲线2的浓度进入L区，L区为不稳定区，这个区域溶液的特点是该区域内任意一点溶液均能自发形成结晶，溶液中溶质浓度迅速降低至平衡浓度；晶体生长速度快，晶体尚未长大，溶质浓度便降至饱和溶解度，此时已形成大量的细小结晶，晶体质量差；因此，工业生产中通常采用加入晶种，并将溶质浓度控制在养晶区，以利于大而整齐的晶体形成，因为养晶区自发产生晶核的可能性很小。

6.2.1.3 成核与生长

晶核是过饱和溶液中初始生成的微小晶粒，是结晶过程必不可少的核心。晶核的形成可以分为初级成核和二次成核，初级成核又分为均相成核和非均相成核。此外，成核速率是决定结晶产品粒度分布的首要动力学因素，成核速率是指单位时间内在单位体积溶液中生成新核的数目。如果成核速率过大，将会使得晶核泛滥，晶体质量差。因此，要合成粒度较大晶体时需要避免过度成核，均相成核速率公式可以用下式表示：

$$\mathring{N} = k_{\mathrm{N}} \exp\left[-\frac{k\sigma^3 v^2}{(kT)^3(\ln s)^2}\right]$$

式中，$\mathring{N}$为成核速率；T为绝对温度；v为晶体摩尔质量；σ为晶核表面张力；s为过饱和度；σ为固液界面比表面能。上式把成核速率、过饱和系数和结晶物质的物理性质联系在一起了。通过该式可以看出，随着过饱和度的增大，新相粒子数急剧增大，并随着它的减小而趋于0。反应温度的升高，也有利于快速成核。因此，在共沉淀反应中应该选择合适过饱和度以及反应温度，避免过度成核。

6.2.1.4 同离子效应

在沉淀反应中由与难溶物质具有共同离子的电解质存在，使难溶物质的溶解度降低的现象就称为沉淀反应的同离子效应。例如在AgCl饱和溶液中加入NaCl，由于含有相同Cl^-，使AgCl溶解度降低。同离子效应的存在可以在一定程度上减少沉淀的溶解损失。

合理地利用同离子效应将沉淀剂过量（一般过量20%～50%）可增加沉淀的完全程度，但如果过量的沉淀剂能与金属离子形成络合物，则会引起沉淀的溶解。

6.2.1.5 盐效应

在难溶电解质的饱和溶液中，加入其他某种强电解质，使难溶电解质的溶解度比相同温度时在纯水中的溶解度增大的现象称为盐效应。一般情况下，有同离子效应存在时，盐效应也是共存的。当强电解质浓度大于0.05mol·L^{-1}，同离子效应和盐效应应同时考虑。

6.2.1.6 络合效应

若溶液中存在络合剂，它能使生成沉淀的离子形成络合物。一般络合物是不直接发生沉淀反应的，因此会使沉淀物的溶解度增大，甚至不产生沉淀，这种现象称为络合效应。

6.2.1.7 直接沉淀、均匀沉淀、络合沉淀和控制结晶[21]

（1）直接沉淀法

直接沉淀法是将金属盐和碱直接加入到反应器内，在控制pH值、温度、流量、搅拌速率、反应时间和陈化时间等条件下，使金属盐和碱之间发生沉淀反应。这种方法工艺简单，易操作，能耗小，便于生产，但是在沉淀过程中容易生成细小的胶体颗粒过滤难以进行。另外由于合成材料中存在多种元素，如果条件控制不好，可能会造成沉淀元素分布不均匀。

（2）均匀沉淀法

均匀沉淀法是利用某一化学反应使溶液中的构晶离子由溶液中缓慢均匀地释放出来，通过控制溶液中沉淀剂浓度，保证溶液中的沉淀处于一种平衡状态，从而均匀地析出。通常加入的沉液剂，不立刻与被沉淀组分发生反应，而是通过化学反应使沉淀剂在整个溶液中缓慢生成，克服了由外部向溶液中直接加入沉淀剂而造成沉淀剂的局部不均匀性。通常可以使用尿素作为沉淀剂，利用尿素在加热条件下水解，缓慢释放出NH_3，NH_3与H_2O生成沉淀剂$NH_3 \cdot H_2O$，这种方法的优点是防止直接添加沉淀剂而造成局部不均匀。

（3）络合沉淀法

络合沉淀法是建立在直接化学共沉淀法的基础上，首先将M混合溶液先与络合剂（如氨水、柠檬酸、乙二胺等）络合形成络合物，然后在碱的作用下，络合物溶液中的M离子释放出来形成沉淀。采用络合沉淀法在一定程度上可降低结晶过程中的成核速率，提高样品的堆积密度。

（4）控制结晶法

以球形$Ni(OH)_2$为例说明，将一定浓度的$NiSO_4$溶液、一定浓度的NaOH溶液（包括络合剂NH_3）连续输入反应器中，反应液在充满反应器后自然溢流排出。严格控制反应体系的温度、pH值、固液比、金属离子浓度、搅拌强度和流体力学条件，使$Ni(OH)_2$晶体的成核和生长速率保持合适的比例。在此条件下，从溶液中不断析出的$Ni(OH)_2$即可经成核、长大、集聚和融合过程逐渐生长成具有一定粒度分布的球形颗粒。用容器接收溢流出的反应液，经固液分离、洗涤、干燥后得到球形$Ni(OH)_2$粉末。上述工艺即为控制结晶工艺[24]。

6.2.2 工艺参数对$M(OH)_2$（M=Ni，Co，Mn）前驱体的影响

以合成$Ni_{1/3}Co_{1/3}Mn_{1/3}(OH)_2$为例，讨论合成过程中工艺参数对合成NCM前驱体的影响因素。由于镍钴锰氢氧化物溶度积小，沉淀速率快，溶液过饱和度高，晶体成核快，容易形成胶体沉淀，形貌不易控制，而且$Mn(OH)_2$溶度积较另外两种氢氧化物大两个数量级，采用镍钴锰金属盐与碱直接反应难于合成具有球形形貌前驱体，实现均匀的共沉淀，因此在氢氧化物前驱体的合成时，需控制反应体系中沉淀离子的过饱和度、pH值、氨水浓度、温度、搅拌速率等。

6.2.2.1 氨水浓度的影响

在没有氨水存在的条件下，溶液体系中的Ni^{2+}、Co^{2+}、Mn^{2+}会与OH^-反应发生沉淀。在采用络合沉淀法制备三元前驱体时，Ni(Ⅱ)-Co(Ⅱ)-Mn(Ⅱ)-NH_4^+-NH_3-H_2O体系是比较复杂的，在这个体系中存在的物种有：$Ni(NH_3)_i^{2+}$(i=0，1，2，3，4，5，6)、$Ni(OH)_j^{2-j}$(j=1，2，3)、$Co(NH_3)_k^{2+}$(k=0，1，2，3，4，5，6)、$Co(OH)_l^{2-l}$(l=1，2，3，4)、$Mn(NH_3)_m^{2+}$(m=0，1，2)、$Mn(OH)_n^{2-n}$(n=1，2)、NH_3、NH_4^+、H^+、OH^-和H_2O，镍、钴、锰三元共沉淀的平衡固相则为$Ni(OH)_{2(s)}$、$Co(OH)_{2(s)}$和$Mn(OH)_{2(s)}$[22]。NaOH-氨水溶液同时加入到反应釜中，M^{2+}首先和NH_3H_2O反应生成M^{2+}-氨络合物，然后和OH^-发生沉淀生成$M(OH)_2$。也就是说要发生如下的络合反应和沉淀反应：

$$1/3Ni^{2+}(aq)+1/3Co^{2+}(aq)+1/3Ni^{2+}(aq)+xNH_4OH(aq) \longrightarrow \\ [Ni_{1/3}Co_{1/3}Mn_{1/3}(NH_3)_n^{2+}](aq)+nH_2O+(x-n)NH_4OH(aq)$$

$$[Ni_{1/3}Co_{1/3}Mn_{1/3}(NH_3)_n^{2+}](aq)+yOH^-+zH_2O \longrightarrow \\ Ni_{1/3}Co_{1/3}Mn_{1/3}(OH)_{2(s)}+zNH_4OH(aq)+(n-z)NH_3$$

这之间存在一个Ni(Ⅱ)–Co(Ⅱ)–Mn(Ⅱ)–NH_4^+–NH_3–H_2O的平衡。由于大量的过渡金属离子在加入反应器后以氨络合物的形式存在，溶液中游离态的过渡金属离子很少，溶液过饱和度低，抑制晶核形成速率，使溶液中更多沉淀离子向晶核微粒表面扩散、并在晶核表面沉淀，促成晶粒生长，便可得到结晶度好、合理团聚并有适当粒度的球形氢氧化物产品。虽然$Ni(OH)_2$、$Co(OH)_2$和$Mn(OH)_2$的溶度积不同，$Mn(OH)_2$的溶度积要大两个数量级，但由于与氨配合小两个数量级，因此控制好体系$[NH_3]_T$和pH值，Ni^{2+}、Co^{2+}、Mn^{2+}有相近沉淀条件，可以共沉淀。

如果要制备形状规则的$M(OH)_2$，就要对沉淀反应的速率进行控制。只有当沉淀反应的速率被控制在某个合理的范围内，才能使沉淀出的$M(OH)_2$结晶有规则地排列，是结晶颗粒的比表面能为最小，从而有利于好的晶型生成。在Ni(Ⅱ)–Co(Ⅱ)–Mn(Ⅱ)–NH_4^+–NH_3–H_2O体系中，可以利用NH_3与Ni^{2+}、Co^{2+}、Mn^{2+}的络合作用调控反应体系中金属离子浓度，控制反应成核和晶体生长速率。

杨平[22]通过对这一体系的热力学计算得出，氨的加入影响M^{2+}与氢氧根沉淀反应，在pH值8～12范围内，反应平衡时溶液中$[Ni^{2+}]_T$、$[Co^{2+}]_T$、$[Mn^{2+}]_T$随总氨浓度增大而增大，也就是说，$M(OH)_2$在氨水中会出现反溶，这表明可利用体系中氨含量调控溶液中M^{2+}浓度。但由于Mn^{2+}与氨络合作用较小，$[Mn^{2+}]_T$随$[NH_3]_T$的增大幅度比$[Ni^{2+}]_T$、$[Co^{2+}]_T$小得多。当$[NH_3]_T$为5mol·L^{-1}时，氨对Ni^{2+}、Co^{2+}、Mn^{2+}络合作用很强，此时反应液中过渡金属离子主要以氨的络离子形式存在，形成氢氧化物沉淀反应速率很小，只有当pH值显著增高时才能产生大量沉淀，这种情况下，工艺参数很难调控；当$[NH_3]_T$为0.01mol·L^{-1}时，氨对Ni^{2+}、Co^{2+}、Mn^{2+}络合作用很小，无法对沉淀反应进行有效控制。他的研究结果表明：当$[NH_3]_T$为0.01～1.0mol·L^{-1}，pH值为10～12时，氨对Ni^{2+}、Co^{2+}、Mn^{2+}的络合作用适当，可以对沉淀反应速率进行有效控制，从而可以合成复合沉淀化合物，并能控制产物的形貌。

M.–H.Lee[25] 按照下面的方法制备球形$(Ni_{1/3}Co_{1/3}Mn_{1/3})(OH)_2$：在氮气保护下将浓度为2.0mol·$L^{-1}$的$NiSO_4$、$CoSO_4$和$MnSO_4$(Ni ：Co ：Mn=1 ：1 ：1)加入到连续搅拌的反应槽中（CSTR，容积为4L）同时将浓度为2.0mol·L^{-1} NaOH水溶液和一定量的作为络合剂的NH_4OH也分别加入到进反应器中并仔细控制反应釜中的溶液浓度、pH值、温度和搅拌速率。文章讨论了pH值、氨水浓度、搅拌速率对$(Ni_{1/3}Co_{1/3}Mn_{1/3})(OH)_2$性能的影响。为了讨论络合剂的影响，在进行共沉淀时，他们将pH值控制在11，因为pH值为11时合成的粉体有较高的振实密度和较大的粒度。因此可以观察到络合剂添加量对粒度、形貌和振实密度的影响。他们选定了3个不同的NH_4OH浓度，分别为0.12mol・L^{-1}、0.24mol・L^{-1}、0.36mol・L^{-1}。这3个样品的XRD图无大的差别，但它们的振实密度和形貌有较大差别（图6-9）。NH_4^+浓度对共沉淀过程中颗粒形成致密的球形氢氧化物起着重要的作用。由图6-9可见NH_4^+浓度对颗粒形貌，粒度，和粒度分布的影响是明显的，随着NH_3^+浓度的增加，粒度变大，粒度分布变窄。这是因为在氨水中M^{2+}与NH_3^+先形成络合离子，在碱性条件下形成氢氧化物沉淀。

如果不使用络合剂，会有$Ni(OH)_2$、$Co(OH)_2$或$Mn(OH)_2$生成。络合剂的存在防止了相分离，可以生成均匀$M(OH)_2$(M=Ni,Co,Mn)。当NH_3^+为0.36mol・L^{-1}时粉体的形貌为球形，有着最高的振实密度（1.70g・cm^{-3}），大的粒度（约10μm）及窄的粒度分布。

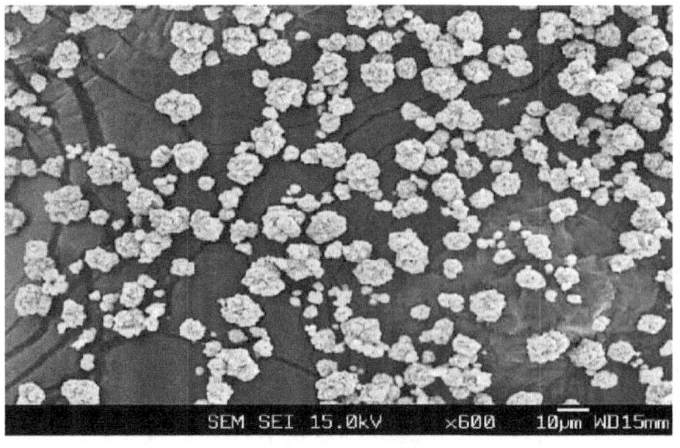

(a) NH_4OH浓度0.12mol•L^{-1}

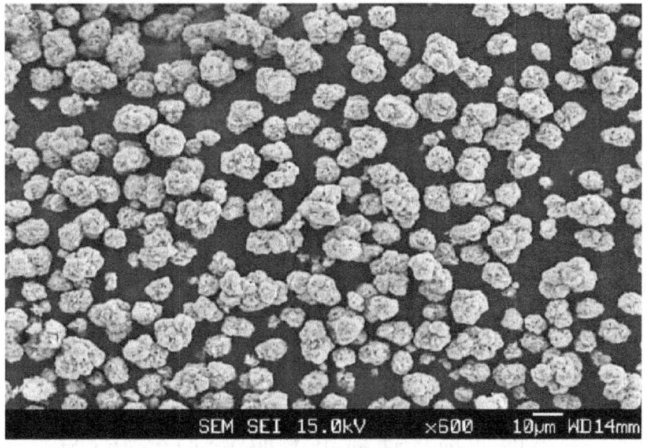

(b) NH_4OH浓度0.24mol•L^{-1}

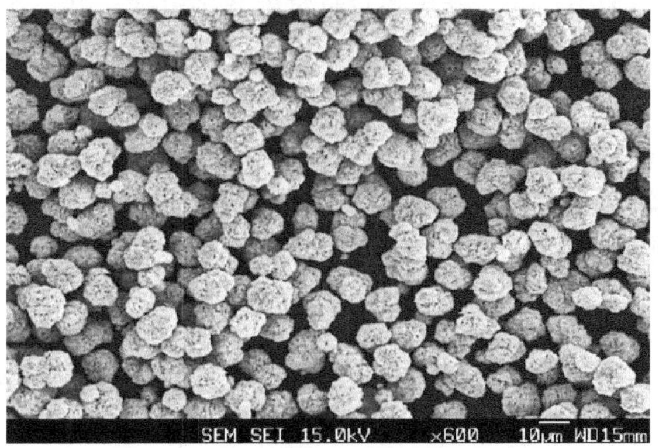

(c) NH_4OH浓度0.36mol•L^{-1}

图6-9　$(Ni_{1/3}Co_{1/3}Mn_{1/3})(OH)_2$粉体的SEM图

总之，氨的浓度对前驱体形貌、粒度分布、振实密度影响较大。随着总氨浓度的上升，沉淀产物粒径显著增大，球形颗粒表面越来越光滑，球形度和致密性也逐渐增大，颗粒间分散性好。体系中镍、钴的溶解度显著增加，共沉淀体系过饱和度随之急剧减小，晶体成核速率大大降低，晶体生长速率则不断加快，所得沉淀产物粒径也就逐渐长大。另一方面，随着总氨浓度的提高，原先生成的细小沉淀物颗粒也更易于溶解并在大颗粒表面再次沉淀析出，使得大颗粒粒径不断长大、光滑。

6.2.2.2　pH值的影响

在多组元的共同沉淀体系中，pH值的控制十分重要。因为碱–氨水混合溶液是不断加入的，同时又有络合反应的发生，使pH值比较难控制，另外含有Mn的氢氧化物中容易形成锰氧化物，当温度高于60℃时和pH值增加到某一范围，锰的氢氧化物不沉淀而优先生成锰的氧化物。当碱过量和有氧存在时也易形成某种锰的氧化物。所以pH值的控制对于合成元素均匀分布的三元前驱体也是十分重要的。

杨平[22]在试验中发现，当pH=8时，一次颗粒粒径很小，团聚成的二次颗粒球形度差，轮廓模糊；随着pH值的升高，沉淀产物的一次颗粒粒径逐渐增大，团聚成的二次颗粒更加致密，球形度也更好，但pH＞11后，沉淀产物一次颗粒粒径大大减小，整个颗粒更加密实。当总氨浓度$[NH_3]_T$=0.5mol・L^{-1}时，体系中镍、钴离子的总浓度在8＜pH＜12范围内开始随pH值的提高而不断增加至最大值，随后又急剧下降，锰离子的总浓度则随pH值的提高而不断降低。因此，在8＜pH＜10范围内，共沉淀体系的过饱和度随pH值的上升而不断减小，晶体成核速率变慢，晶体生长速率则加快，所得晶粒尺寸不断增大；而10＜pH＜12范围内，共沉淀体系的过饱和度随pH值的上升而不断增大，所得晶粒尺寸也就随之不断减小。当pH值由8提高到11时，沉淀产物的振实密度随之由0.679g・cm^{-3}增加至1.689g・cm^{-3}，此后继续提高pH值，沉淀产物的振实密度有所下降。控制体系的pH=11时，沉淀产物形貌单一，球形度好，粒度分布窄，振实密度高，有利于提高正极材料的电化学性能。

Y-K Sun[25]小组的研究工作认为pH值的主要影响共沉淀产物的粒度和形貌。他们将pH值由11增加到12时，$(Ni_{1/3}Co_{1/3}Mn_{1/3})(OH)_2$二次粒子的粒度降低。pH值为11时，粒度大约为10μm的球形粉体，但分布不均匀，pH=11.5时，粒度减小形成类球形粉体，当pH值为12时，粉体粒度继续减小。对于这三种不同样品，它们的振实密度随pH值的增加而减小，由1.79降为1.11g・cm^{-3}。

6.2.2.3 搅拌速率的影响

适当增加搅拌速率可增加沉淀产物的振实密度。这是因为强烈搅拌不仅能使加入反应器中的镍、钴、锰离子与氢氧根离子迅速散开，避免加料过程中体系局部过饱和度过大而引起大量成核，保证各微观区域内晶体成核和生长的环境基本一致；而且提高搅拌速率还可加快反应离子在体系内的传质，单位时间内有更多的反应物达到晶体的表面结晶，有利于晶体生长。搅拌速率的提高也会加速小颗粒的溶解然后在大颗粒表面重新结晶析出，使得沉淀产物粒径分布窄，形貌单一，振实密度也就随之增大。但当搅拌强度到达一定极值后，晶体生长由扩散控制转为表面控制，此时继续提高搅拌速率，晶体生长速率基本不变。

6.2.2.4 反应时间的影响

反应时间会影响共沉淀产物的粒径大小和形貌，而这些因素又直接影响着产品的堆积密度。沉淀晶体的形成是需要通过一定时间浓度的积累，随着料液的不断加入，开始时生成的晶核上由于不断沉积料液，慢慢地长大，如果反应时间不够长的话很有可能导致晶核停止生长，结晶不完全。晶体的生成和晶体的长大都是需要一定时间的，而且，结晶条件不同，所需的时间也是有差别的。

反应时间的长短不仅影响产品的堆积密度而且也会对颗粒的结晶情况产生较大的影响。当反应时间较短时，颗粒较小，沉淀颗粒结晶性不好（有可能以胶体形式存在），或者球形度较差，粒度分布也较宽，不同颗粒的粒径相差比较悬殊，由大量的小颗粒存在，此时，晶体的结晶致密程度相对较差。随着反应时间的增加，沉淀颗粒逐渐长大，并且颗粒大小也趋于均一，粒度分布变窄，只有少量过大或过小的粒子存在，颗粒的形状也基本上为球形或椭球形，晶体的结晶致密程度也随之提高。但是当反应时间过长时，沉淀颗粒的粒径分布开始有变宽的趋势，所以如果再增加反应时间的话，对产品的形貌不会再有大的提高，而对粒度分布而言，则向不好的趋势发展。

6.2.2.5　反应温度的影响

其他条件完全相同的工艺体条件下，不同的反应温度制备出前驱体的堆积密度不同，温度升高堆积密度增大。但堆积密度在某一温度出现最大值后会有一下降的趋势。造成这一现象的原因是，温度升高，晶粒的生成速率提高，但影响不十分明显，而晶粒长大速率则大大提高。虽然反应温度升高使各种过程的速率都有可能提高（反应物分子动能增加），但由于反应温度提高时，溶液的过饱和度一般随之下降，所以会使得成核速率的增加相应受到较多的削弱（相对于晶核长大速率）。虽然温度的提高更有利于晶核长大速率的增加，但如果温度太高，反应物分子动能增加过快也不利于形成稳定的晶核[26]。

6.2.2.6　陈化的影响

在进料结束后，并不马上停止加热，停止搅拌，溶液继续停留在反应器里一段时间，这样可以使得反应进行得比较完全，而且有利于溶液继续沉积在相当一部分的小颗粒表面，使晶体进一步长大，而已经长大的晶体也可以被溶液中还存在的NH_3H_2O磨掉边角，使晶体变得圆整、光滑。另外，在前驱体晶体形成的过程中，晶核中容易包覆一些离子，如Na^+、SO_4^{2-}等，所以就需要一定的时间使这些离子从晶体中游离出来。所以，在反应完后，进行一定时间的陈化时非常有必要的，因为溶解、结晶是同时进行的过程，虽然溶液中生长基元没发生变化，但反应总是趋于能量低的方向进行，陈化到一定时间，$Ni(OH)_2$沉淀产物会按照其固有的晶格构造规律进行定向重排，表现出较好的结晶性能[26]。

6.3　高温固相反应

高温固相反应是指反应温度在600℃以上的固相反应，适用于制备热力学稳定的化合物。由于固相反应是发生在反应物之间的接触点上，通过固体原子或离子的扩散完成的，然后逐渐扩散到反应物内部，因此反应物必须相互充分接触。为了加快反应速率，增大反应物之间的接触面积，反应物必须混合均匀，而且需要在高温下进行。

6.3.1　高温的获得和测量

6.3.1.1　高温的获得

高温是无机材料合成的一个重要手段，为了进行高温合成，就需要了解获得高温和高温测试的方法。在三元材料的高温合成过程中，一般采用电阻炉，电阻炉是实验室和工业中最常用的加热炉，它的优点是设备简单，使用方便，温度可精确地控制在很窄的范围内。应用不同的电阻发热材料可以达到不同的高温限度。表6-2给出电阻发热材料的最高工作温度。为了延长电阻炉的使用寿命，一般使用炉内温度应低于电阻材料最高工作温度。

表6-2　电阻发热材料的最高工作温度

名称	最高工作温度/℃	备注
镍铬丝	1060	
硅碳棒	1400	

续表

名称	最高工作温度/℃	备注
铂丝	1400	
铂90%铑10%合金丝	1540	
钼丝	1650	真空，保护气氛
硅化钼棒	1700	
钨丝	1700	真空
$ThO_2$85%，$CeO_2$15%	1850	
$ThO_2$95%，$La_2O_3$5%	1950	
钽丝	2000	真空
ZrO_2	2400	
石墨棒	2500	真空
钨管	3000	真空
碳管	2500	

6.3.1.2 高温的测量

准确测量炉内温度对于材料合成是非常重要的。一般测温仪表的主要有接触式和非接触式。接触式中最常用的是热电偶。这是因为热电偶高温计体积小，使用方便；有良好的热感度；具有较高的准确度；测温范围较广，一般可在室温至2000℃左右之间应用。但是热电偶在使用中，还须注意避免受到侵蚀、污染和电磁的干扰，同时要求有一个不影响其热稳定性的环境。

热电偶是一种感温元件。它把温度信号转换成热电动势信号，通过电气仪表（二次仪表）转换成被测介质的温度。热电偶测温基本原理：将两种不同材料的导体或半导体A和B焊接起来，构成一个闭合回路。当导体A和B的两个结合点1和2之间存在温差时，两者之间便产生电动势，因而在回路中形成一个大小的电流，这种现象称为热电效应。热电偶就是利用这一效应来工作的。根据热电动势与温度的函数关系，制成热电偶；分度表是自由端温度在0℃时的条件下得到的，不同的热电偶具有不同的分度表。

由于三元材料合成温度在1000℃以下，所以常用的热电偶是镍铬-镍硅。镍铬-镍硅热电偶长期使用温度限于900℃。

6.3.2 高温固相合成反应机理

6.3.2.1 高温固相反应的机制和特点

对于很多热力学上可行的反应，在计算的反应温度下进行固相反应时有时几乎不能进行，固相反应对温度的要求是很高的。

6.3.2.2 热分解反应

三元材料高温固相反应法包括热分解和化学反应法。这里热分解法主要是加热分解氢氧化物、碳酸盐等。

热分解反应通常按下式进行：

$$A_{(s)} \longrightarrow B_{(s)} + C_{(g)}$$

热分解分两步进行，先在固相A中生成新相B的核，接着新相B核的成长。通常，热分解率与时间（温度）的关系呈S形曲线。

例如：三元材料合成反应过程中首先发生两个热分解反应。锂盐的热分解和三元前驱体（氢氧化物或碳酸盐）的分解。锂盐包括碳酸锂和氢氧化锂。

从室温至150℃发生$LiOH \cdot H_2O$脱去结晶水的反应：

$$LiOH \cdot H_2O_{(s)} \longrightarrow LiOH_{(s)} + H_2O_{(g)}$$

LiOH的熔化温度在470℃左右，沸点925℃，1625℃完全分解。但是在过渡金属氧化物存在的情况下，由于过渡金属离子的催化作用，使其在500℃左右开始后分解，发生下面的反应：

$$2LiOH_{(s)} \longrightarrow Li_2O + H_2O$$

Li_2CO_3分解，Li_2CO_3的分解温度在1310℃，但是在过渡金属氧化物存在的情况下，由于过渡金属离子的催化作用，使其在500℃左右开始后分解，发生下面的反应：

$$Li_2CO_3 \longrightarrow Li_2O + CO_2$$

三元前驱体的分解成氧化物（250～400℃）：

$$M(OH)_{2(s)} \longrightarrow MO_{(s)} + H_2O_{(g)}$$

图6-10（a）和（b）分别给出了用$LiOH \cdot H_2O$和Li_2CO_3作锂盐与$NCM(OH)_2(523)$混合后的热分析曲线，从两个图中可以看出三元前驱体的分解均发生在250～400℃之间。

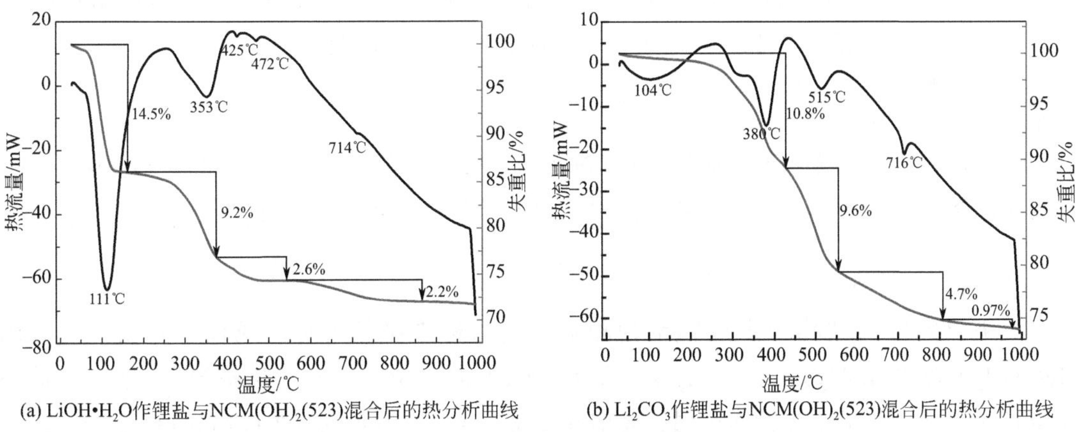

(a) $LiOH \cdot H_2O$作锂盐与$NCM(OH)_2(523)$混合后的热分析曲线

(b) Li_2CO_3作锂盐与$NCM(OH)_2(523)$混合后的热分析曲线

图6-10　NCM 523热分析曲线

6.3.2.3　固相化学反应

高温下使用两种以上金属氧化物或盐类的混合物发生反应而制备粉体的方法，可以分为两种类型：

$$A_{(s)} + B_{(s)} \longrightarrow C_{(s)}$$

$$A_{(s)} + B_{(s)} \longrightarrow C_{(s)} + D_{(g)}$$

固相化学反应时，在$A_{(s)}$和$B_{(s)}$的接触面开始反应，反应靠生成物$C_{(s)}$中离子扩散进行。通常，固相中的离子扩散速率较慢，所以需要在高温下长时间的焙烧。

三元材料高温制备过程中固相化学反应发生在450 ～ 800℃之间。450℃之后锂盐分解成氧化物Li_2O，共沉淀的三元前驱体也分解成氧化物MO，450℃以后发生如下反应：

$$0.5Li_2O+MO+0.25O_2 \longrightarrow LiMO_2$$

由于反应需要一定的O_2，所以反应过程中有必要通入一定压力的氧气。

在一定的高温条件下Li_2O与MO的晶粒界面发生反应，生成层状化合物$LiMO_2$，这种反应的第一阶段是在晶粒界面或界面邻近的反应物晶格中生成$LiMO_2$晶核，实现这步是相当困难的，因为生成的晶核与反应物结构不同。因此成核反应需要通过反应物界面结构的重新排列，其中包括结构中阴、阳离子键的断裂和重新结合。Li_2O晶格中的Li^+从Li_2O晶格中脱出，扩散进入MO晶格中的氧八面体的八面体空位。高温下有利于晶核的生成。决定这个反应的控制步骤应该是Li^+和M^{2+}在晶格中的扩散。

6.3.3 高温固相合成反应中的几个问题

影响固相反应速率的有三个主要因素：首先是反应物固体的表面积和反应物间的接触面积；其次是生成物的成核速率；第三是相界面间离子扩散速率。

增加反应物固体的表面积和反应物间的接触面积可以通过充分研磨使反应物混合均匀，反应物颗粒充分接触，另外反应物的比表面和反应活性要高。三元材料的合成过程中，首先采用共沉淀的方法制备了NCM三元材料前驱体，使Ni、Co、Mn按照一定的比例均匀分布在前驱体中，这是十分重要的。另外在高温固相合成之前，将共沉淀的前驱体和锂盐充分混合，使不同反应物颗粒之间充分接触，对于合成出合格产品也是非常重要的。

6.3.3.1 关于反应物固体的表面积和接触面积

通过充分破碎，或通过各种化学途径制备粒度细、比表面大、活性高的反应物原料。将反应物充分研磨混合均匀，反应物的高比表面和充分混合是非常重要的。

6.3.3.2 关于固体原料的反应性

如果原料固体结构与生成物结构相似，则结构重排较方便，成核较容易。例如用$MgO+Al_2O_3$合成$MgAl_2O_4$，由于MgO和尖晶石$MgAl_2O_4$结构中氧离子结构排列相似，因此易在MgO界面上或界面邻近的格内通过局部规整反应或取向规正反应生成$MgAl_2O_4$晶核，或进一步晶体生长。在制备方法、反应条件和反应物的选取等方面应着眼于原料反应性的提高，对促进固相反应的进行是非常有用的。例如在进行固相反应之前制取粒度细，高比表面、非晶态或介稳相；新沉淀、新分解等新生态反应原料，这些反应物往往由于结构的不稳定性而呈现很高的反应活性。

6.3.3.3 关于固相反应产物的性质

由于固相反应是复相反应，反应主要在界面上进行，反应的控制步骤是离子的相间扩散，因此此类反应生成物的组成和结构往往呈现非计量性和非均匀性。例如在三元材料合成中，很容易形成非计量比的$LiMO_2$，这就需要在反应活化能高的阶段增加反应时间。

下面以合成NCA为例，讨论如何制定合成工艺条件。

6.3.4 高温固相合成反应应用实例

6.3.4.1 对NCA热分析曲线的分析

为了确定NCA高温固相合成制度，我们首先对NCA前驱体+LiOH·H_2O混合后的粉体进行了热分析实验。测试条件：氧气氛围，升温区间25～850℃，分别以5℃·min^{-1}、10℃·min^{-1}、15℃·min^{-1}、20℃·min^{-1}、25℃·min^{-1}、30℃·min^{-1}的升温速率升温。实验结果如图6-11和图6-12所示。

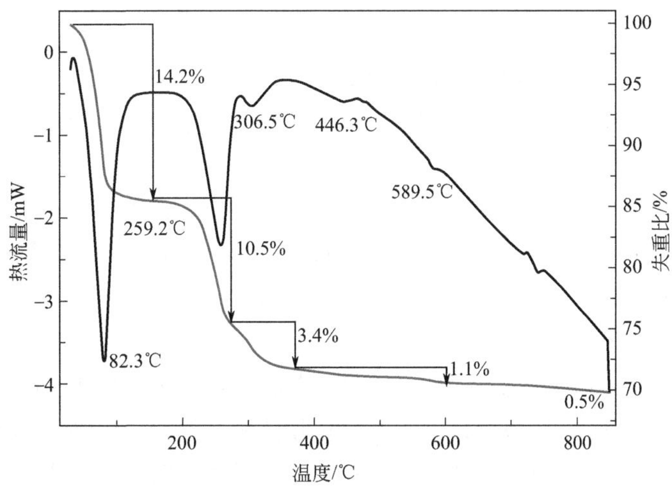

图6-11 LiOH+NCA$(OH)_2$的热重/差热（TG/DTA）分析图

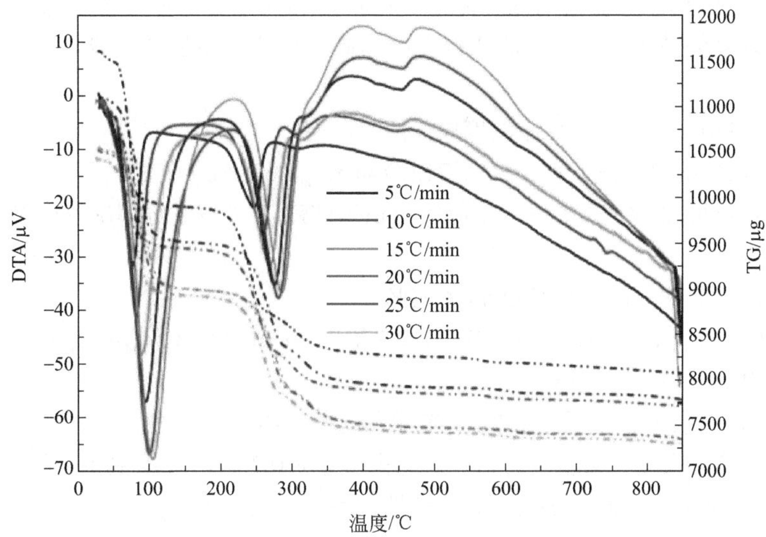

图6-12 不同扫描速率的LiOH+NCA$(OH)_2$的热重/差热（TG/DTA）分析图（见彩图29）

图6-11为LiOH+NCA$(OH)_2$的TG/DTA结果，根据TG/DTA曲线可见，整个反应过程分成4个阶段。

原始状态：$Ni_{0.815}Co_{0.15}Al_{0.35}(OH)_2$+LiOH · H_2O

第一阶段：30～150℃，反应失重14.2%，结合DTA吸热曲线，认为这段反应可能是LiOH · H_2O中结晶水的分解挥发以及原料中自由水的挥发。

推测可能反应：LiOH · $H_2O \longrightarrow$ LiOH+H_2O

理论失重率：18×1.0/132.88=13.55%

实际失重率：14.2%，高于理论值，可能是因为原料中还有吸附水或其他吸附物。

第二个阶段：150～280℃左右，反应进一步失重10.5%，结合DTA的吸热曲线，可认为是前驱体$Ni_{0.80}Co_{0.15}Al_{0.05}(OH)_2$分解失去大部分水。

推测可能分解反应：

$$Ni_{0.815}Co_{0.15}Al_{0.35}(OH)_2 \longrightarrow xNi_{0.815}Co_{0.15}Al_{0.35}O+xH_2O+(1-x)Ni_{0.815}Co_{0.15}Al_{0.35}(OH)_2$$

按完全分解反应的理论失重率：18/132.88=13.55%

实际失重率为10.5%，约为理论失重的77%，说明还有部分水保留在样品中，也说明这部分水的脱出能量要高。

第三阶段：280～450℃左右，反应进一步失重3.4%，结合DTA的第三个吸热峰，可认为是前驱体$(1-x)Ni_{0.815}Co_{0.15}Al_{0.35}(OH)_2$分解失去剩余的水。第二、三阶段理论失重13.55%，实际失重13.9%，略高于理论失重。

推测可能分解反应：

$$(1-x)Ni_{0.815}Co_{0.15}Al_{0.35}(OH)_2 \longrightarrow (1-x)Ni_{0.815}Co_{0.15}Al_{0.35}O+(1-x)H_2O$$

第三阶段脱水温度升高的原因是因为氢氧化物的脱水温度明显随阳离子电负性的增大而降低，在NCA前驱体中，Ni的电负性高于Co和Al，阳离子电负性越大，其吸引最邻近氧的外层电子的能力越大（M—O共价键增高），化合物中由原来的羟基结合过渡为氢键，消弱了结构的牢固性，致使脱水温度降低。第二阶段失重78%，与Ni在NCA中的比例接近，因此可以认为第二阶段脱水是Ni附近的羟基脱水。除此，离子半径的减小脱水温度也会降低；随着结构中OH^-浓度的减少，样品的脱水温度会增高。这些可能都是造成脱水反应温度差异的原因。

第四阶段：450～600℃，这个温度段分两步反应。

第一步：LiOH熔融分解失水，第二步Li_2O与$Ni_{0.80}Co_{0.15}Al_{0.05}O$在$O_2$下进行反应。

结合DTA曲线可知，450℃左右吸热峰对应LiOH熔化，并发生分解反应LiOH$\longrightarrow$0.5Li_2O + 0.5 H_2O

第一步理论失重率：18×0.5/132.88=6.77%

第二步反应：$Ni_{0.815}Co_{0.15}Al_{0.35}O+0.5Li_2O+0.25O_2 \longrightarrow LiNi_{0.815}Co_{0.15}Al_{0.35}O_2$

理论失重率：–32×0.25/132.88=–6.02%，

第四阶段总失重：6.77–6.02=0.75%，实际失重率1.0%，与上述反应基本符合。

由于在这一阶段反应有失重也有增重，总失重量为0.75%，失重主要是脱水，由热重曲线可见，在580～600℃有相对高的失重，说明脱水是一个缓慢的过程。

第五阶段600～750℃：600～750℃还有大约0.2%的失重，可以认为这个阶段主要是高温失氧。

6.3.4.2 对不同温度NCA的XRD图分析

为了证实以上的对热分析曲线的推测，我们将样品在不同温度处理后进行了XRD的测试，测试结果如图6-13所示。

由XRD图中可以看出，200℃处理后，$LiOH\cdot H_2O$失去结晶水形成LiOH，而$Ni_{0.815}Co_{0.15}Al_{0.35}(OH)_2$没有发生变化，300℃处理后，LiOH没有变化，$Ni_{0.815}Co_{0.15}Al_{0.35}(OH)_2$发生变化，形成$Ni_{0.815}Co_{0.15}Al_{0.35}O$，500℃处理后，初步形成了NCA，但在32° 左右还有一个杂质峰，可能是Li_2O的特征峰。根据XRD实验结果表明，对于NCA合成过程中的5个反应阶段的分析是正确的。

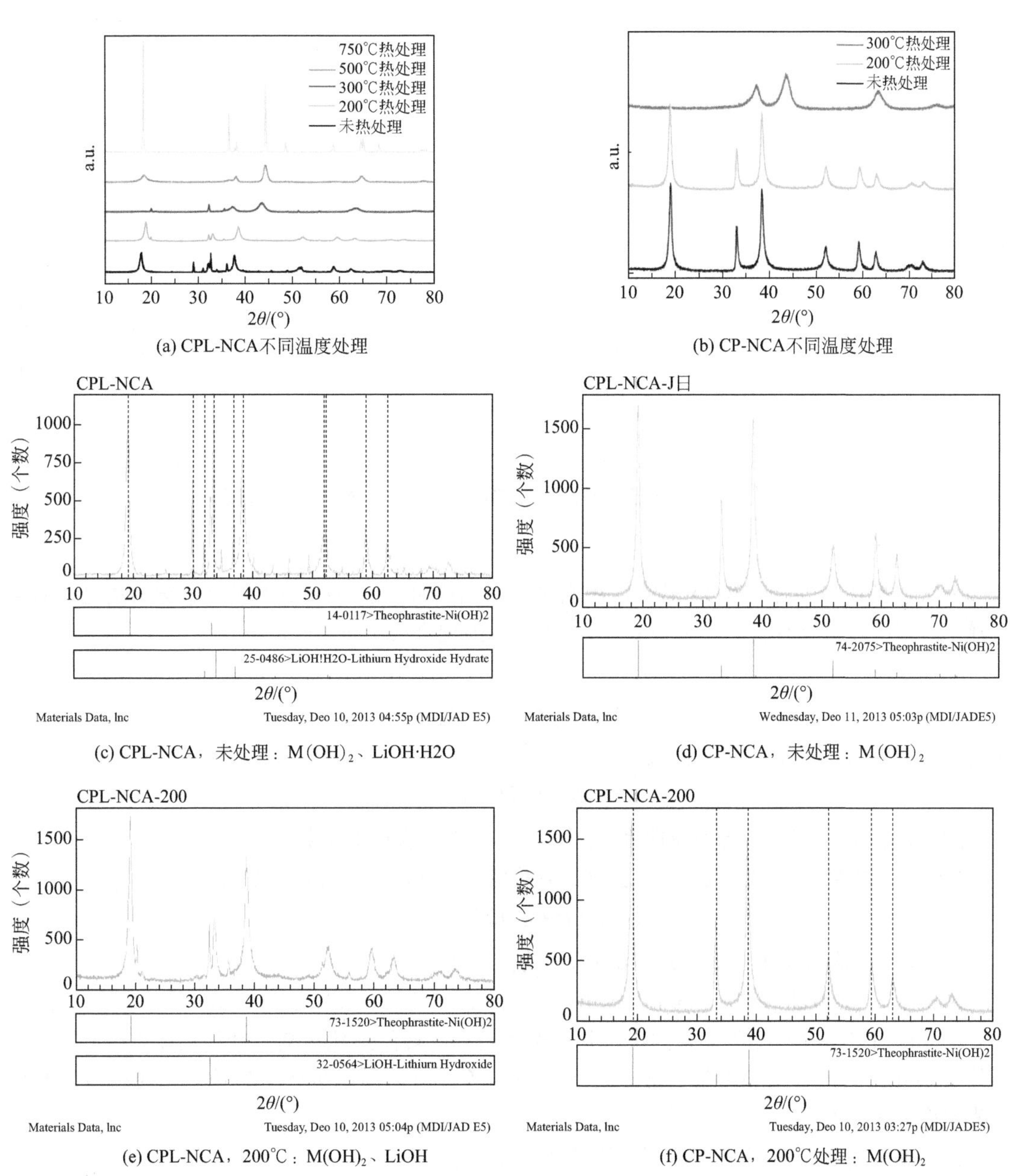

图6-13

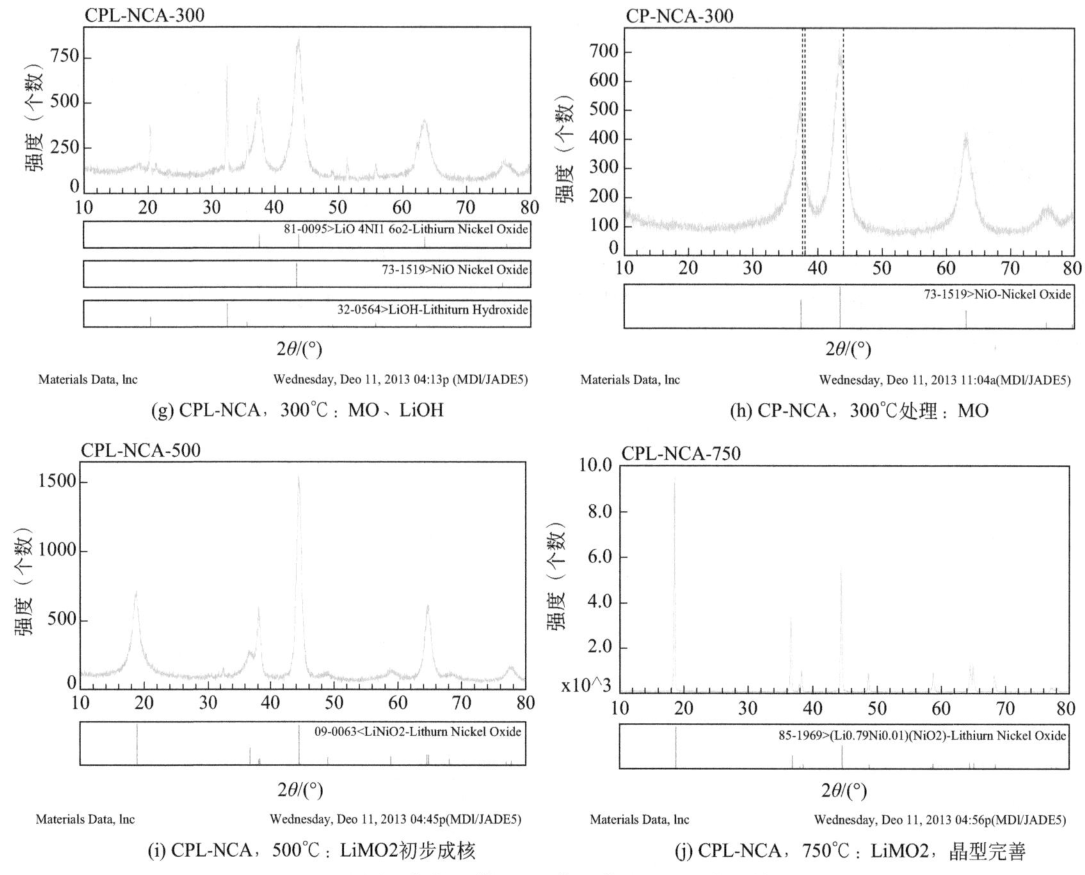

(g) CPL-NCA，300℃：MO、LiOH

(h) CP-NCA，300℃处理：MO

(i) CPL-NCA，500℃：LiMO2初步成核

(j) CPL-NCA，750℃：LiMO2，晶型完善

图6-13 不同温度处理的NCA前驱体和NCA成品的XRD图

6.3.4.3 反应活化能计算

为了得到更佳性能的NCA材料，我们对不同扫描速率的DTA数据进行了分析处理，计算了几个阶段的反应活化能，由此制定了NCA高温固相合成工艺。

在描述反应

$$A(s) \longrightarrow B(s)+C(g)$$

的动力学问题时，可用下面方程表示

$$da/dt=kf(a)$$

式中，a为t时刻物质A的反应度；t为时间；k为反应速率常数。

k与反应温度T（热力学温度）之间的关系可用著名的Arrhenius方程表示：

$$k=A\exp(-E/RT)$$

式中，A为表观指前因子；E为表观活化能；R为气体常数。

图6-12为升温速率5℃·min^{-1}、10℃·min^{-1}、15℃·min^{-1}、20℃·min^{-1}、25℃·min^{-1}、30℃·min^{-1}下合成NCA的DTA曲线。升温速率越大，峰的形状越陡，峰顶温度也越高，同时相邻吸热峰之间的分辨率增加。对于每个峰对应的反应前面已进行了讨论。由图得到的DTA峰值温度见表6-3。

升温速率对DTA峰顶温度的影响服从Kissinger公式，即：

$$\ln\frac{\beta}{T_p^2}=\ln\frac{AR}{E}-\frac{E}{R}\frac{1}{T_p}$$

式中，β为升温速率，℃·min^{-1}；T_p为峰值温度，K；A为表观指前因子；E为表观活化能；R为摩尔气体常数，8.31441kJ·mol^{-1}·K^{-1}。由$\ln\left(\frac{\beta}{T_p^2}\right)-\frac{1}{T_p}$的关系图，便可得到一条直线，从直线斜率求$E$，截距求得指前因子$A$。

我们计算了4个反应阶段的反应活化能，根据反应活化能制订了NCA的高温固相合成工艺。

表6-3 由图6-12得到的DTA峰值温度

T_p/℃	β/(℃·min^{-1})					
	5	10	15	20	25	30
1#峰	77.85	82.16	89.98	95.31	100.2	104.4
2#峰	246.55	258.89	268.45	275.25	281.9	285.5
3#峰	311.64	305.32	314.02	317.21	—	—
4#峰	438.69	449.9	446.55	453.04	455.3	457.8

由于$\ln(\beta/T_p^2)$与$1/T_p$线性相关，由斜率可求得活化能E列在表6-4。

由表6-4可见第4阶段反应活化能最高，第4阶段反应温度在450℃，因此需要在450℃以后保温几个小时以使反应充分。

表6-4 不同峰反应活化能

峰	1#峰	2#峰	3#峰	4#峰
E/(kJ·mol^{-1})	63	100	163	378

6.3.4.4 对计算结果的验证

为了验证上述结论，高温固相反应设定为两段反应，第2段固定在750℃，第1段分别设定为300℃、400℃、450℃、500℃、550℃选定第一段温度制度后，再确定保温时间，分别为4h、6h、8h、10h。

由表6-5可以看出，在第一段在500℃以上保温有较好的综合性能。

表6-5 第一段不同温度保温对NCA放电比容量和循环性能的影响

第一段保温温度/℃	比容量范围/(mA·h·g^{-1})	首轮效率/%	1次/(mA·h·g^{-1})	50次保持率/%
300	170～172	87～89	171	88
400	171～174	86～88	172	91
450	174～176	86～88	175	91
500	176～177	88～89	175	87
550	176～178	87～89	176	93

对第一段500℃进行了不同保温时间的实验，保温时间对NCA放电比容量和循环性能有明显的影响。当在500℃保温由4h升到8h时，放电比容量升至180mA·h·g^{-1}以上。说明对于反应活化能高的阶段，应该保温一段时间，使反应充分进行。

参考文献

[1] 张克立，孙聚堂，袁良杰，冯传启. 无机合成化学. 第2版. 武汉：武汉大学出版社，2012.

[2] 高胜利，陈三平. 无机合成化学简明教程. 北京：科学出版社，2010.

[3] 熊兆贤，等. 无机材料研究方法. 厦门：厦门大学出版社，2001.

[4] 徐如人，庞文琴. 无机合成与制备化学. 北京：高等教育出版社，2001.

[5] Xia Hui，Wang Hailong，Xiao Wei，Li Lu，et al. Properties of $LiNi_{1/3}Co_{1/3}Mn_{1/3}O_2$ cathode material synthesized by a modified Pechini method for high-power lithium-ion batteries . Journal of Alloys and Compounds，2009，480：696-701.

[6] 王海涛，段小刚，仇卫华. Al_2O_3包覆的$LiNi_{0.8}Co_{0.1}Mn_{0.1}O_2$的结构和性能. 电池，2014，44（2）：84-87.

[7] Li Yunjiao，Han Qiang，Ming Xianquan，et al. Synthesis and characterization of $LiNi_{0.5}Co_{0.2}Mn_{0.3}O_2$ cathode material prepared by a novel hydrothermal process. Ceramics International，2014.

[8] Liu Yuanzhuang，Zhang Minghao，Xia Yonggao，et al. One-step hydrothermal method synthesis of coreeshell $LiNi_{0.5}Mn_{1.5}O_4$ spinel cathodes for Li-ion batteries . Journal of Power Sources，2014，256：66-71.

[9] Lee K-S，Myung S-T，Prakash J，Yashiro Hitoshi，Sun Y-K. Optimization of microwave synthesis of $Li[Ni_{0.4}Co_{0.2}Mn_{0.4}]O_2$ as a positive electrode material for lithium batteries. Electrochimica Acta，2008，53：3065-3074.

[10] 唐新村，何莉萍，陈宗璋，等. 低热固相反应法在多元金属复合氧化物合成中的应用——锂离子电池正极材料γ-$LiMnO_2$的合成、结构及电化学性能研究. 无机材料学报，2003，18（2）：313-319.

[11] 唐新村，何莉萍，陈宗璋，等. 低热固相反应法在多元金属复合氧化物合成中的应用——锂离子电池正极材料$LiNi_{0.8}Co_{0.2}O_2$的合成、结构及电化学性能研究. 无机化学学报，2002，18（6）：591-596.

[12] 唐新村，黄伯云，贺跃辉，等. 低热固相反应的反应机理研究. 无机化学学报，2004，20（7）：795-799.

[13] 龙德良，梁斌，忻新泉. 室温和低热固相反应在合成化学中的应用. 应用化学，1996，13（6）：1-6.

[14] 雷立旭，忻新泉. 室温固相化学反应与固体结构. 化学通报，1997，2：1-7.

[15] 刘静静. $LiNi_{1/3}Co_{1/3}Mn_{1/3}O_2$作为锂离子电池正极材料的研究. 北京：北京科技大学，2005.

[16] 胡学山，刘兴泉. $LiNi_{1/3}Co_{1/3}Mn_{1/3}O_2$的制备及电化学性能. 电源技术，2006，30（3）：183-186.

[17] 乔亚非. $LiMn_xNi_xCo_{1-2x}O_2$作为锂离子电池正极材料的研究. 北京：北京科技大学. 2010.

[18] Whitfield P S，Davidson I J，Cranswick L M D，Swainson I P，Stephens P W. Investigation of possible superstructure and cation disorder in the lithium battery cathode materials $LiCo_{1/3}Ni_{1/3}Mn_{1/3}O_2$ using neutron and anomalous dispersion powder diffraction. J Solid State Ionics，2005，176（5-6）：463.

[19] 乔亚非，李新丽，连芳，李福燊，仇卫华. $LiMn_xNi_xCo_{1-2x}O_2$的自蔓延燃烧合成及电化学性能研究. 稀有金属，2011，35（4）：491-497.

[20] 翟秀静，肖碧君，李乃军. 还原与沉淀. 北京：冶金工业出版社，2008.
[21] 刘敏. 电池用高密度氢氧化镍的制备工艺研究. 天津：河北工业大学，2002.
[22] 杨平. 基于镍钴锰前驱体的锂离子电池正极材料$LiNi_{1/3}Co_{1/3}Mn_{1/3}O_2$制备与改性研究. 长沙：中南大学，2009.
[23] 叶铁林. 化工结晶过程原理及应用. 北京：北京工业大学出版社，2006.
[24] 应皆荣，高剑，姜长印，等. 控制结晶法制备球形镍离子电池正极材料的研究进展. 无机材料学报，2009，21（2）：291-297.
[25] Lee M-H，Kang Y-J，Myung S-T，Sun Y-K. Synthetic optimization of $Li[Ni_{1/3}Co_{1/3}Mn_{1/3}]O_2$ via co-precipitation. Electrochimica Acta，2004，50：939-948.
[26] 刘敏. 电池用高密度氢氧化镍的制备工艺研究. 天津：河北工业大学，2002.

7

前驱体制备工艺及设备

三元材料前驱体可以是镍钴锰的氢氧化物、氧化物或碳酸盐，因目前最常用的前驱体为氢氧化物，所以本章只介绍镍钴锰氢氧化物的制备工艺和设备。

7.1 前驱体制备流程图及过程控制

以硫酸镍（或氯化镍）、硫酸钴（或氯化钴）、硫酸锰（或氯化锰）、氢氧化钠为原料生产三元前驱体的流程如图7-1所示。

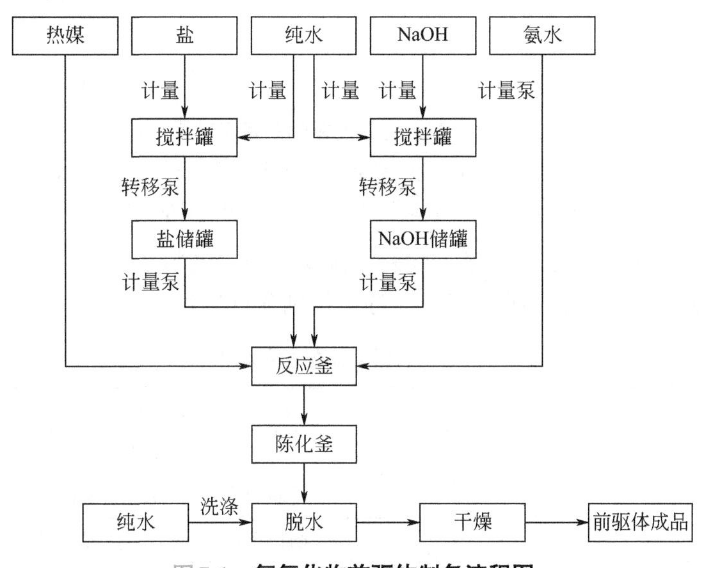

图7-1 氢氧化物前驱体制备流程图

因Co^{2+}、Mn^{2+}极易氧化，若想制备出镍钴锰氢氧化物，则在前驱体反应的整个过程中应避免接触空气，包括液体中的溶解氧。一般选用氮气作为反应保护气体。纯水中溶解氧的去除，可采用加热或用惰性气体鼓泡的方法去除。

将硫酸镍（或氯化镍）、硫酸钴（或氯化钴）、硫酸锰（或氯化锰）配制成一定摩尔浓度的混合盐溶液，氢氧化钠配制成一定摩尔浓度的碱溶液，用一定浓度的氨水作为络合剂。所有配制好的溶液都要先经过过滤，去除固体杂质后才能进入下一个环节。将过滤后的盐溶液、碱溶液、络合剂以一定的流量加入反应釜，控制反应釜的搅拌速率，反应浆料的温度和pH值，使盐、碱发生中和反应生成三元前驱体晶核并逐渐长大，当粒度到达预定值后，将反应浆料过滤、洗涤、干燥，得到三元前驱体。以上过程中，也有公司将氢氧化钠和氨水混合后同时加入反应釜，简化生产线。若需要制备掺杂型三元前驱体，则可将掺杂物溶液在反应过程中加入反应釜，反应完成后即得到掺杂型三元前驱体。

其中硫酸盐的溶解在盐溶解釜中进行，氢氧化钠的溶解在碱溶解釜中进行，配置好的盐溶液和碱溶液通过盐转移泵和碱转移泵输送到反应釜中进行反应。反应好的浆料通过浆料泵输送至陈化釜中暂存，陈化过后的浆料经浆料泵输送至过滤洗涤设备进行浆料的过滤和滤饼的洗涤。洗涤干净的滤饼输送至干燥设备进行干燥，水分合格后即得到前驱体产品。工艺如图7-2所示，图中所用过滤洗涤设备为板框压滤机，干燥设备为双锥干燥机。

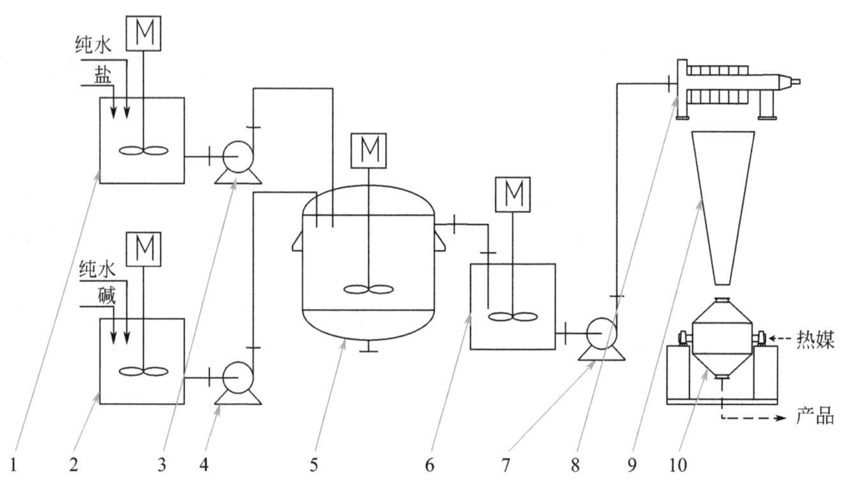

图7-2 氢氧化物前驱体制备工艺图

1—盐溶解釜；2—碱溶解釜；3—盐转移泵；4—碱转移泵；5—反应釜；6—陈化釜；7—浆料泵；8—压滤机；9—导料斗；10—双锥干燥机

前驱体的制备过程包括生产准备、配料、湿法反应、物料清洗、物料干燥、产品测试六大部分，每个部分都有关键控制点，各个工序的控制项目见表7-1。

表7-1 前驱体制备过程控制

工序	控制项目
1.生产准备	作业文件齐全
	反应釜及配套设备情况确认
	物料名称、规格、数量准确
2.配料	纯水溶解氧的去除、投料数量、纯水量、搅拌时间
3.湿法反应	氮气、温度、pH值、粒度
4.物料清洗	滤液pH、滤饼硫酸根、钠含量
5.物料干燥	干燥温度、干燥时间
6.产品检测	杂质、水分、粒度、振实密度、成分含量等

7.2 主要原材料

由于目前前驱体制备中最常用到的金属盐为硫酸盐，所以本节只介绍硫酸盐的制备工艺、品质要求和检测方法。但不论对于哪种盐，杂质含量都是越低越好。其他盐类如氯化盐、硝酸盐的检测方法可以查阅相应的国家标准或行业标准。硫酸盐制备工艺部分，因篇幅有限只介绍常见的制备流程以及各硫酸盐中杂质的去除方法和可能引入的有机杂质等。

7.2.1 硫酸镍（$NiSO_4 \cdot 6H_2O$）

目前，在前驱体制备中最常用的镍盐为硫酸镍。从理论上来说，前驱体制备使用的镍盐可以是硫酸镍、氯化镍或硝酸镍，但氯化镍由于Cl^-的存在，对前驱体反应设备要求较高，容易腐蚀不锈钢材质。若Cl^-残留于前驱体中，带入后续烧结工段，也很容易腐蚀窑炉。而硝酸镍则由于价格高，且NO_3^-残留于前驱体中在烧结工序会产生NO、NO_2等有害气体，几乎没有厂家使用其制备前驱体。

硫酸镍能生成由$NiSO_4 \cdot 7H_2O$至$NiSO_4 \cdot H_2O$等七种水合物，在一般工业生产条件下生产出的硫酸镍实际上是七水合硫酸镍和六水合物的混合晶体，六水合物较多，七水合物在潮湿气候影响下容易淌水。温度在4.15～31.5℃之间从硫酸镍水溶液中结晶析出七水硫酸镍，为绿色透明结晶体，其晶体结构是由$[Ni(H_2O)_6]^{2+}$八面体和SO_4^{2-}四面体构成的，额外水分子通过氢键与硫酸根离子相结合，其相对分子质量为280.88，镍质量分数为20.9%，晶体密度1.95g·cm^{-3}，较易风化。结晶温度在31.5～53.3℃之间结晶析出青色的α-$NiSO_4 \cdot H_2O$，呈正方或四方晶形，也含有$[Ni(H_2O)_6]^{2+}$八面体。53.6～99℃时结晶出绿色β-$NiSO_4 \cdot H_2O$，呈单斜晶系。六个结晶水的硫酸镍，其相对分子质量为262.85g，镍质量分数为23.2%，晶体密度2.07 g·cm^{-3}，溶于水，易溶于乙醇和氨水。含水硫酸镍在干燥空气中易风化失去水分，加热到280℃时全部脱去结晶水，得到无水硫酸镍，无水硫酸镍为黄绿色结晶体，密度3.68 g·cm^{-3}，溶于水，不溶于乙醇、乙醚。[1]

氯化镍和硫酸镍在水中的溶解度见表7-2。

表7-2　氯化镍和硫酸镍在水中的溶解度[2]　　单位：g/100g

名称	分子式	20℃	30℃	40℃	60℃	80℃	100℃
氯化镍	$NiCl_2$	64.2	67.3	71.4	80.6	87.5	87.6
硫酸镍	$NiSO_4$	38.4	44.1	48.2	56.9	66.7	69.0
六水硫酸镍	$NiSO_4 \cdot 6H_20$	—	—	—	54.8	63.2	76.7
七水硫酸镍	$NiSO_4 \cdot 7H_20$	35.1	42.5	—	—	—	—

7.2.1.1 硫酸镍的制备工艺

为了了解硫酸盐材料杂质来源，我们需要了解硫酸盐的制备工艺。因含镍原料的不同，硫酸镍的生产方法也不尽相同。主要方法如下：

① 采用电镍熔化-水淬或羰基镍粉经硫酸溶解，得到高纯镍液蒸发结晶得硫酸镍。

② 采用低铜高镍锍过高锍磨浮镍精矿及废镍合金为原料，用加压浸出-净化除杂质的方

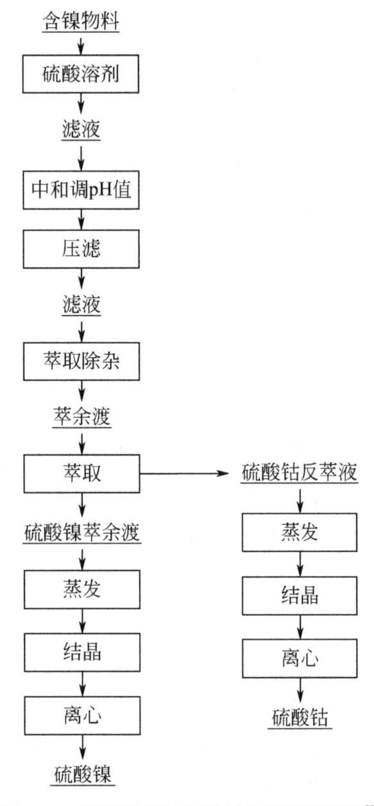

图 7-3 硫酸镍和硫酸钴制备流程图[3]

法生产硫酸镍。

③ 以电铜生产过程中产生的粗硫酸镍或镍电解生产过程中的废碳酸镍等为原料，经硫酸溶解、净化、除杂过程生产硫酸镍。

④ 以转炉水淬高镍锍为原料，采用硫酸常压–加压选择性氧化浸出生产硫酸镍。

⑤ 以镍钴废料为原料，采用湿法流程及火法和湿法联合流程处理，加工成硫酸镍产品。

硫酸镍和硫酸钴常见制备流程如图7-3所示，其中萃取步骤在硫酸钴一节再做讨论。

7.2.1.2 硫酸镍的品质要求和检测方法

精制硫酸镍国家标准GB/T 26524—2011中将硫酸镍分为两种类型，第一类主要为电镀工业用，第二类主要为生产电池使用，见表7-3。电镀工业用硫酸镍和电池行业用硫酸镍的标准差别主要在钴含量上，因为钴是三元材料的成分之一，所以电池行业对硫酸镍中钴含量的要求并不严格，但对于钴含量较高的硫酸镍，在工艺计算时应注意将硫酸镍中的钴计算入内。检测方法方面，金属杂质含量的检测也可以用电感耦合等离子体原子发射光谱法检测。

表 7-3 硫酸镍产品的国家标准[4]

项目	指标		检测方法	
	Ⅰ类	Ⅱ类	仲裁法	其他适用方法
w(Ni)/% ≥	22.1	22.0	重量法	络合滴定法
w(Co)/% ≤	0.05	0.4	分光光度法	原子吸收光谱法
w(Fe)/% ≤	0.0005	0.0005	邻菲啰啉分光光度法	原子吸收光谱法
w(Cu)/% ≤	0.0005	0.0005	—	原子吸收光谱法
w(Na)/% ≤	0.01	0.01	—	原子吸收光谱法
w(Zn)/% ≤	0.0005	0.0005	—	原子吸收光谱法
w(Ca)/% ≤	0.005	0.005	—	原子吸收光谱法
w(Mg)/% ≤	0.005	0.005	—	原子吸收光谱法
w(Mn)/% ≤	0.001	0.001	—	原子吸收光谱法
w(Cd)/% ≤	0.0002	0.0002	—	原子吸收光谱法
w(Hg)/% ≤	0.0003	—	—	无火焰原子吸收光谱法，冷原子荧光法
w(总铬Cr)/% ≤	0.0005	—	—	原子分光光度法
w(Pb)/% ≤	0.001	0.001	石墨炉原子吸收分光光度法	电感耦合等离子体原子发射光谱法
w(水不溶物)/% ≤	0.005	0.005	—	重量法

不同厂家出售的电池级硫酸镍杂质含量各不相同，表7-4为国内外几个镍盐厂家所生产的电池级硫酸镍的产品指标。

表7-4 不同厂家电池级硫酸镍产品指标对比 单位：%

项目	厂家1	厂家2	厂家3	厂家4
$w(Ni)\geqslant$	22.2	21.5	21.5	22.0
$w(Co)\leqslant$	0.0005	0.2	0.001	0.002
$w(Fe)\leqslant$	0.0005	0.002	0.001	0.002
$w(Cu)\leqslant$	0.0002	0.002	0.001	0.002
$w(Pb)\leqslant$	0.0002	0.001	0.001	0.002
$w(Zn)\leqslant$	0.0002	0.003	0.001	0.002
$w(Ca)\leqslant$	—	—	0.001	0.002
$w(Mg)\leqslant$	—	—	0.001	0.002
$w(Na)\leqslant$	—	—	0.02	—
w(水不溶物)$\leqslant$	0.001	0.03	0.02	—
氯化物(以Cl^-计)$\leqslant$	—	0.1	0.01	—

不同厂家生产硫酸镍的工艺或者过程控制不同，所以不同厂家所生产的电池级硫酸镍杂质含量差别较大，如图7-4所示为三个厂家29个批次的硫酸镍样品的钠含量对比图。从图中可以看出，C厂家的钠杂质较另外两个厂家高出很多，且含量波动较大，C厂家的29个批次中，钠含量最低小于150 mg·kg^{-1}，最高时大于350 mg·kg^{-1}。A厂家和B厂家的钠含量不仅相对较低，波动也较小，特别是A厂家的钠含量波动最小。选择原材料供应商时，要选择不同批次的主含量和杂质含量波动小的供应商，以免对前驱体批次稳定性造成影响。

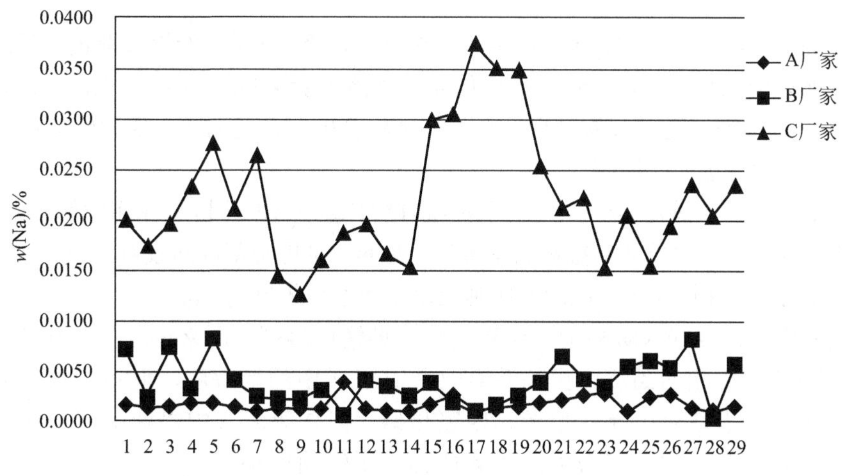

图7-4 不同厂家硫酸镍杂质钠含量对比

7.2.2 硫酸钴（$CoSO_4\cdot 7H_2O$）

在前驱体制备中优先选择硫酸钴作为钴源的原因和选择硫酸镍的原因相同，主要是考虑到氯化钴和硝酸钴的杂质带入及对设备的腐蚀等。

氯化钴和硫酸钴在水中的溶解度见表7-5。

表7-5 氯化钴和硫酸钴在水中的溶解度[2] 单位：g/100g

名称	分子式	0℃	10℃	20℃	30℃	40℃	60℃	80℃	90℃	100℃
氯化钴	$CoCl_2$	43.5	47.7	52.9	59.7	69.5	93.8	97.6	—	106.0
硫酸钴	$CoSO_4$	24.7	30.8	35.5	—	48.8	—	49.3	—	38.5
七水合硫酸钴	$CoSO_4 \cdot 7H_2O$	25.5	30.4	36.3	42.9	49.9	63.8	75.7	80.1	83.0

7.2.2.1 硫酸钴的制备工艺

钴矿物的矿石品位低，提取工艺复杂。伴生于硫化铜镍矿中的钴是我国主要的钴矿资源。硫化铜镍矿中钴主要以硫化物的形式存在，一般含钴在0.03%～0.05%之间，品位很低，无法直接从矿石中提取，而选矿方法也不能将其中的钴单独分离出来。因此，在生产中，钴是作为提炼镍矿的副产品而被提取的。常见的工艺流程图如图7-3所示。

需要重点指出的是镍钴冶金中的有机溶剂萃取过程。萃取是利用有机溶剂从不相混溶的液相中把某种物质提取出来的方法。溶剂萃取中的关键点是选择合适的萃取剂。常用的工业萃取剂有四类，即中性萃取剂、酸性萃取剂（阳离子萃取剂）、碱性萃取剂（阴离子萃取剂、胺型萃取剂）、螯合萃取剂。镍钴冶金中常用的萃取剂有P_{204}、P_{507}、N_{235}、N_{263}、N_{509}、N_{510}等。

P_{204}[二(2-乙基己基)磷酸]和P_{507}[异辛基磷酸单异辛酯]以及合成脂肪酸等均属于酸性萃取剂，反应机理主要为阳离子交换，例如从废可伐合金（含29%Ni，17%Co，54%Fe）中回收镍钴工艺中，P_{204}用来除铁，使铁进入有机相，镍、钴在萃余液中；P_{507}用来分离镍、钴，在萃余液中回收镍，而在反萃后液中提取钴盐。脂肪酸有时用来在镍钴酸性溶液中萃取脱除铁、铝。

N_{235}[三烷基胺，叔胺]和N_{263}[氯化甲基三烷基胺，季铵]属于碱性萃取剂，反应机理主要是阴离子交换。例如N_{235}用来在镍电解氯化镍阳极液中除去Fe^{3+}、Cu^{2+}、Co^{2+}，使杂质呈配合阴离子（如$CuCl_4^{2-}$等）而被叔胺萃取，Ni^{2+}仍留在水相中。反之，在氯化钴电解液中，也用来分离镍和钴，使钴进入有机相。

N_{509}[5，8二乙基-7羰基6-十二烷基酮肟]和[2-羟基-5-仲辛基-二苯甲酮肟]属于螯合萃取剂，即在萃取过程中可生成具有螯环的萃合物。如N_{509}可用于萃取回收铜、镍，实现与铁的分离，但N_{509}对铜的选择性较差，以后又研制成功了萃取效果好的N_{510}。

萃取过程中还需要加入缓释剂。缓释剂是一种惰性溶剂，用来溶解萃取剂从而改善萃取剂的性能，降低有机相的黏度，提高萃合物在有机相中的溶解度，但不参与萃取反应。工业上常用的稀释剂有煤油、苯、甲苯、四氯化碳、氯仿等。其中煤油中应用最普遍，因为价格低廉，对各种萃取剂都有较大的溶解能力。用煤油做稀释剂时，萃取后被萃取的化合物$(R_3NH)_2CoCl_4$不能很好地溶解，会出现第三相。这时还要加入添加剂——磷酸三丁酯（TBP）。它可以抑制第三相的生成，作为稀释剂的煤油都须先进行磺化处理，以除去煤油中的不饱和烃[5]。

由于硫酸钴的制备过程中用到了萃取剂和缓释剂，若萃取剂和缓释剂残留于硫酸钴中，将会对三元前驱体的合成反应造成很大负面影响。所以在采购硫酸钴时，应注意有机物质的残留情况。

7.2.2.2 硫酸钴的品质要求和检测方法

国家标准（GB/T 26523—2011）对精制硫酸钴的品质要求和检测方法规定见表7-6，表中要求优等品的镍含量小于10mg/kg，一等品的镍含量小于50mg/kg。不过对于制备三元材料的硫酸钴来说，因为镍为三元材料的组分之一，所以三元材料所用硫酸钴原料的镍含量不需要控制非常严格，镍超标时，在合适范围可判为合格品，但在工艺计算时需要计算入内。在镍和钴的价格相差较大的情况下，镍含量较高的硫酸钴产品需要重新定价。在检测方法方面，金属杂质含量的检测也可以用电感耦合等离子体原子发射光谱法检测。

表7-6 精制硫酸钴的国家标准[6]

项目	指标		标准中规定的检测方法
	优等品	一等品	
w(Co)/%≥	20.5	20.0	络合滴定
w(Ni)/%≤	0.001	0.005	原子吸收光谱法
w(Zn)/%≤	0.001	0.005	原子吸收光谱法
w(Cu)/%≤	0.001	0.005	原子吸收光谱法
w(Pb)/%≤	0.001	0.005	原子吸收光谱法
w(Cd)/%≤	0.001	0.005	原子吸收光谱法
w(Mn)/%≤	0.001	0.005	原子吸收光谱法
w(Fe)/%≤	0.001	0.005	邻菲啰啉分光光度法（仲裁法）
w(Mg)/%≤	0.02	0.05	原子吸收光谱法
w(Ca)/%≤	0.005	0.05	原子吸收光谱法
w(Cr)/%≤	0.001	0.005	原子吸收光谱法
w(Hg)/%≤	0.001	0.005	冷原子吸收光谱法（仲裁法），冷原子荧光法
w(油分)/%≤	0.0005	0.001	红外光度法
w(水不溶物)/%≤	0.005	0.01	重量法
w(Cl^-)/%≤	0.005	0.01	目视比色法
w(As)/%≤	0.001	0.005	目视比色法
pH值	4.5～6.5		pH值测定通则

但在实际生产过程中，各厂家的硫酸钴杂质含量各异，表7-7为国内外几个厂家所生产的电池级硫酸钴的产品指标。

表7-7 不同厂家电池级硫酸钴产品指标对比

项目	厂家1	厂家2	厂家3	厂家4
w(Co)/%≥	21.0	21.2	20.5	20.0
w(Ni)/%≤	0.0008	0.001	0.002	0.002
w(Zn)/%≤	0.0003	0.001	0.002	0.001
w(Cu)/%≤	0.0003	0.001	0.002	0.001

续表

项目	厂家1	厂家2	厂家3	厂家4
w(Pb)/%≤	0.001	0.001	0.003	0.001
w(Cd)/%≤	—	0.001	—	0.001
w(Mn)/%≤	0.0005	0.001	0.002	0.002
w(Fe)/%≤	0.0005	0.001	0.002	0.001
w(Mg)/%≤	0.001	0.001	0.003	0.002
w(Ca)/%≤	0.001	0.001	0.003	0.002
w(不溶物)/%≤	0.01	0.01	0.003	0.01
w(As)/%≤	0.001	0.001	0.002	—

7.2.3 硫酸锰（$MnSO_4 \cdot H_2O$）

在前驱体制备中优先选择硫酸锰作为锰源的原因和选择硫酸镍的原因相同，主要是考虑到氯化锰和硝酸锰的杂质带入及对设备的腐蚀等。

硫酸锰在不同温度下结晶形成不同结晶水的产品：在9℃以下结晶析出的是$MnSO_4 \cdot 7H_2O$，9～27℃析出的是$MnSO_4 \cdot 5H_2O$，27～200℃析出的是$MnSO_4 \cdot H_2O$，200℃以上析出的是$MnSO_4$，含有不同结晶水的硫酸锰，呈现不同程度的玫瑰红色，无水硫酸锰为白色。目前市面上的都是$MnSO_4 \cdot H_2O$。

一水硫酸锰（$MnSO_4 \cdot H_2O$）为白色或淡粉色晶体，单斜晶系，密度3.25g·cm^{-3}，其中含锰32.51%，SO_4^{2-} 56.84%，结晶水10.65%。一水硫酸锰在200℃以上开始失去结晶水。硫酸锰在水中的溶解度随温度变化而变化，27℃时溶解度最大，高于或低于27℃溶解度下降，200℃时，硫酸锰在水中溶解度为0.7%，如图7-5所示。

7.2.3.1 硫酸锰的制备工艺

硫酸锰常见制备流程如图7-6所示。

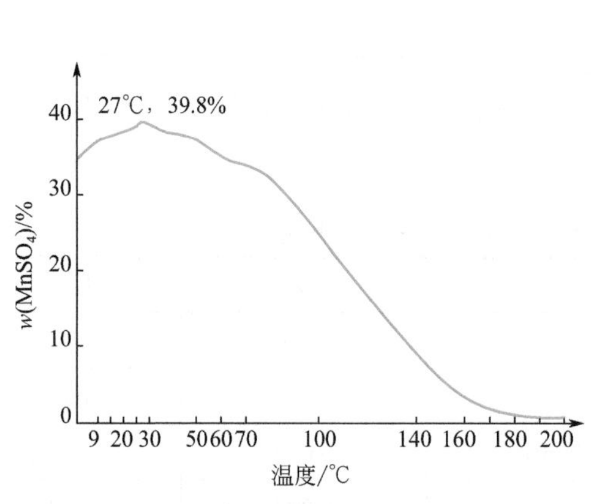

图7-5 硫酸锰在水中的溶解度[7]

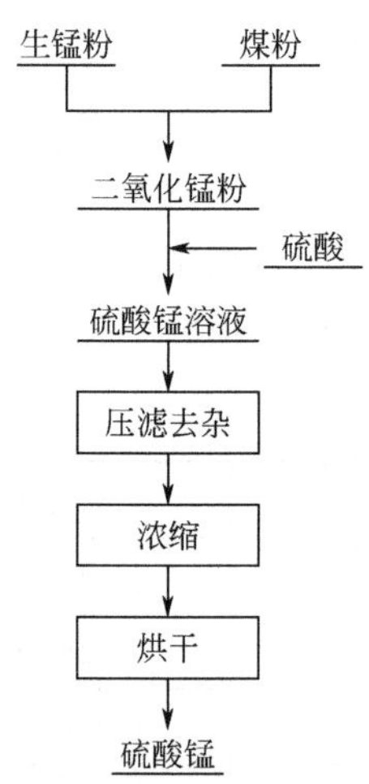

图7-6 硫酸锰常见制备流程图

原料中带入的杂质去除方式如下：将生产过程中经化合、压滤后的硫酸锰溶液，加入适当的硫化物（一般用硫化钡），调节pH值，搅拌一定时间后，生成不溶于水的PbS、CdS等沉淀物，通过压滤的方法去除PbS、CdS沉淀，得到无Pb^{2+}、Cd^{2+}等重金属离子的硫酸锰溶液。再向该硫酸锰溶液中加入氟化物，控制pH值、反应温度、搅拌时间及溶液浓度，一定时间后将溶液压滤，除掉Ca^{2+}、Mg^{2+}等非金属离子。

7.2.3.2 硫酸锰的品质要求及检测方法

目前还没有针对电池行业的硫酸锰标准，只有工业硫酸锰行业标准（HG/T 2962—2010），标准适用于工业硫酸锰，该产品适用于油墨、涂料、涂料催干剂的合成原料，合成脂肪酸的催化剂及其他锰盐原料。该标准对工业硫酸锰的品质要求和检测方法规定见表7-8。

表7-8 工业硫酸锰行业标准[8]

项目	锰(Mn)/%	铁(Fe)/%	氯化物(Cl^-)/%	水不溶物/%	pH
指标	≥31.8	≤0.004	≤0.005	≤0.04	5.0～7.0
检测方法	—	邻菲啰啉分光光度法	电位滴定法（仲裁法），目视比浊法	重量法	水溶液中pH测定通用方法

电池行业使用的硫酸锰对于杂质含量的要求远远高于此。表7-9为国内某厂家所生产的高纯硫酸锰的指标。

表7-9 高纯硫酸锰产品指标

w(Mn)/%≥	*w*(Fe)/%≤	*w*(Zn)/%≤	*w*(Cu)/%≤	*w*(Pb)/%≤	*w*(Cd)/%≤	*w*(水不溶物)/%≤	pH
32.0	0.0005	0.0005	0.0005	0.0005	0.0005	0.01	4.5～6.5

7.3 纯水设备

共沉淀反应制备三元前驱体的工艺中，盐溶液和碱溶液的配制工序和后期洗涤工序都需要用到大量纯水，所以纯水成为杂质的主要带入源之一，必须严格控制纯水水质以保证产品质量。

7.3.1 水中的杂质[9]

水中的杂质按照其化学结构等可分为无机物、有机物和水生物；按照尺寸大小可分成悬浮物、胶体和溶解物3类。

7.3.1.1 悬浮物和胶体杂质

悬浮物尺寸较大，易于在水中下沉或上浮。易于下沉的一般是大颗粒泥砂及矿物废渣等；能够上浮的一般是体积较大而密度小的某些有机物。

胶体颗粒尺寸很小，在水中长期静置也难以下沉。水中的胶体杂质通常有黏土、某些细菌及病毒、腐殖质及蛋白质等。有机高分子物质通常也属于胶体一类。工业废水排入天然水体中，会引入各种各样的胶质或有机高分子物质。天然水中的胶体一般带负电荷，有时也含有少量带正电荷的金属氢氧化物胶体。

悬浮物和胶体是水处理的主要去处对象。粒径较大的悬浮物如泥砂等，去除较易，通常在水中可很快自行下沉。而粒径较小的悬浮物和胶体杂质，需投入混凝剂方可去除。

7.3.1.2 溶解杂质

溶解杂质包括有机物和无机物两类。无机溶解物是指水中所含的无机低分子和离子。它们与水所构成的均相体系，外观透明，属于真溶液。但有的无机溶解物可使水产生色、臭、味。无机溶解杂质是工业用水的主要去除对象。有机溶解物主要来源于水源污染，也有天然存在的，如腐殖质等。在饮用水处理中，有机溶解物是重点去除对象之一。受污染水中溶解杂质多种多样。这里重点介绍天然水体中原来含有的主要溶解杂质。

（1）溶解气体

天然水中的溶解气体主要是氧、氮和二氧化碳，有时也含有少量硫化氢。天然水中氧的主要来源是空气中氧的溶解，部分来自藻类等水生植物的光合作用。地表水中溶解氧的量与水温、气压及水中有机物含量等有关。不受工业废水或生活污水污染的天然水体，溶解氧含量一般为5～10mg·L^{-1}，最高含量不超过14mg·L^{-1}。当水体受到废水污染时，溶解氧含量降低。严重污染的水体，溶解氧甚至为零。

天然水中的氮主要来自空气中氮的溶解，部分是有机物分解及含氮化合物的细菌还原等生化过程的产物。

地表水中的二氧化碳主要来自有机物的分解。地下水中的二氧化碳除来自有机物的分解外，还有在地层中进行的化学反应。地表水中（除海水以外）二氧化碳含量一般小于20～30mg·L^{-1}，地下水中二氧化碳含量约每升几十毫克至一百毫克，少数可高达数百毫克。海水中二氧化碳含量很少。水中二氧化碳约99%呈分子状态，仅1%左右与水作用生产碳酸。

天然水中硫化氢的存在与某些含硫矿物（如硫铁矿）的还原及水中有机物腐烂有关。由于硫化氢极易被氧化，故地表水中硫化氢含量很少。若发现地表水中H_2S含量较高，则很有可能是被含有大量含硫物质的生活污水或工业废水污染。

（2）离子

天然水中所含主要阳离子有Ca^{2+}、Mg^{2+}、Na^+；主要阴离子有HCO_3^-、SO_4^{2-}、Cl^-。此外还含有少量K^+、Fe^{2+}、Mn^{2+}、Cu^{2+}等阳离子及$HSiO_3^-$、CO_3^{2-}、NO_3^-等阴离子。这些离子主要来源于矿物质的溶解，也有部分可能来源于水中有机物的分解。例如当水流接触石灰石（$CaCO_3$）或菱镁矿（$MgCO_3$）且水中有足够CO_2时，可溶解产生Mg^{2+}和HCO_3^-；Na^+和K^+则为水流接触含钠盐或钾盐的土壤或岩层溶解产生的；SO_4^{2-}和Cl^-则为接触含有硫酸盐或氯化物的岩石或土壤时溶解产生的。水中NO_3^-一般主要来自有机物的分解，但也有可能由盐类溶解产生。天然水体中有时某些重金属含量偏高，如砷、铬、铜、铅、汞等，这是由于水源附近可能有天然重金属矿藏。

由于各种天然水源所处环境、条件及地质状况各不相同，所含离子种类及含量也有很大差别。

7.3.2 前驱体纯水水质要求

水中的溶解氧需要去除以防止前驱体反应过程中Ni^{2+}、Co^{2+}、Mn^{2+}氧化，一般采用加热或用惰性气体鼓泡的方法去除。水中的Ca^{2+}、Mg^{2+}进入反应体系后，会和体系中的OH^-生成$Ca(OH)_2$、$Mg(OH)_2$等微溶于水的杂质，Cl^-则会腐蚀不锈钢设备。若水中还含有Fe^{2+}、Cu^{2+}等离子，在碱性体系下进入前驱体中后，会对前驱体品质产生很大影响。

目前我国电子工业部把电子级水质技术分为五个行业标准，分别为18MΩ·cm、15MΩ·cm、10MΩ·cm、2MΩ·cm、0.5MΩ·cm，以区分不同水质。

7.3.3 纯水制备

常见的工业纯水制备流程图如图7-7所示。

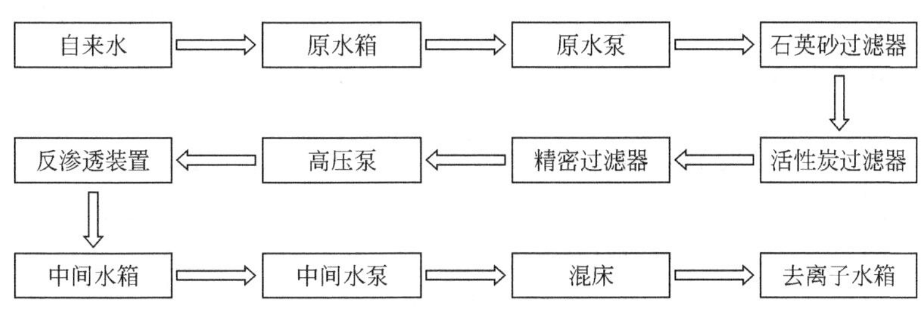

图7-7 常见工业纯水制备流程图

从图7-7中可以看出，纯水制备可分为原水预处理、反渗透除盐、混床离子交换三部分。

（1）原水预处理

原水的预处理系统包括石英砂过滤器和活性炭过滤器两部分。自来水首先通过石英砂滤床去除水中的悬浮物、凝聚后的片状物以及沉淀法不能去除的黏结胶体物质，降低原水浊度。然后再通过活性炭过滤器滤除去水中有机杂质和水中分子态胶体微细颗粒杂质，并吸附水中的余氯。

（2）反渗透除盐

反渗透即Reverse Osmosis，简称RO。反渗透膜的孔径为0.0001～0.001μm，可以截留水中的全部悬浮物质、大部分溶解性盐和大分子物质。该系统的主要作用是以压力为推动力，进行膜分离脱盐，同时可除去水中溶解性有机物、微生物、细菌、热原、病毒等。影响反渗透效率的因素有进水压力、水温、水的pH值、水中的盐浓度。

（3）混床离子交换

混床的作用是将反渗透产水中留存的离子进一步去除。原水经过反渗透系统后，已将水中绝大部分的盐类离子去除，但是水质还不能达到系统产水需要的水质要求，还需要经过混床进行进一步去除后才能达到要求。混床通过交换器内均匀混合的阳、阴树脂，与水中的阳、阴离子几乎同时进行交换，类似于无数级阳、阴床串联的效果，从而获得极好的产水水质。

大多数自来水经过上述几个工序处理后，都能达到生产三元材料前驱体的水质要求，但是有少数地区的自来水水质较差，需要根据具体情况增加处理工序。比如自来水中盐分较高，则使用一级反渗透无法完全去除水中的盐类离子，最好使用二级或者三级反渗透装置。有的自来水中钙镁离子较多，则最好添加一个软化水装置，提前除去大部分的钙镁离子，减轻反渗透装置的负担。

7.4 氮气

氮气的相对分子质量为28，沸点约为–196℃，冷凝点为–210℃。氮气（N_2）在空气中的含量约为78%。

目前前驱体的制备技术要求反应过程在氮气保护下完成，氮气的来源可以是压缩氮气或液氮。若氮气需求量大，还可以使用大型液氮罐或制氮机。一般市面上的压缩氮气压力为12.5MPa，体积为5～6m^3。单价高且气量少，但占地面积小，管理方便，适合学校、研发机构或工厂研发部门使用；瓶装液氮有很多体积规格，最常见的为120m^3/瓶，价格适中，气量也能满足小型生产需求；大型液氮罐的供气量是小瓶液氮的几百倍，价格便宜，但需要前期投入和后期维护，适合中型生产需求；制氮机可根据实际用气量选择不同型号的设备，制气量越大，运行成本和氮气成本越低，适合大型生产需求。几种氮气来源的关键指标对比见表7-10。

表7-10 不同氮气来源对比表

氮气来源	纯度	气量	价格（以压缩氮气为1）	前期投入
压缩氮气	≥99.99%	6m^3/瓶	1	0
钢瓶液氮	≥99.999%	100m^3/瓶	0.4	0
大型液氮罐	≥99.999%	12800m^3/20m^3罐	0.2	较大
PSA制氮机	≥99.99%	10Nm^3/h	0.08	大

制氮机有液氮机和PSA制氮机，液氮使用深冷法制得，设备投入及运行成本较高，在本书不做讨论。在这里只介绍PSA制氮机。PSA全称Pressure Swing Adsorption，即变压吸附。

空气中各种气体的体积分数为：氮气78.0840%、氧气20.9476%、氩气0.9364%、二氧化碳0.0314%，其他还有H_2、CH_4、N_2O、O_3、SO_2、NO_2等，但含量极少。PSA的核心部分是吸附剂，一般选择碳分子筛为吸附剂，它吸附空气中的氧气、二氧化碳、水分等，但不吸附氮气。碳分子筛对氧气、二氧化碳、水分的吸附量随压力的增大而升高，最终可得到高纯度低露点的氮气。

PSA制氮系统一般由压缩空气装置、压缩空气净化装置、变压吸附制氧装置、储气罐等几部分组成。如图7-8所示，环境空气经空压机压缩后进入缓冲罐，缓冲罐中气体经过空气净

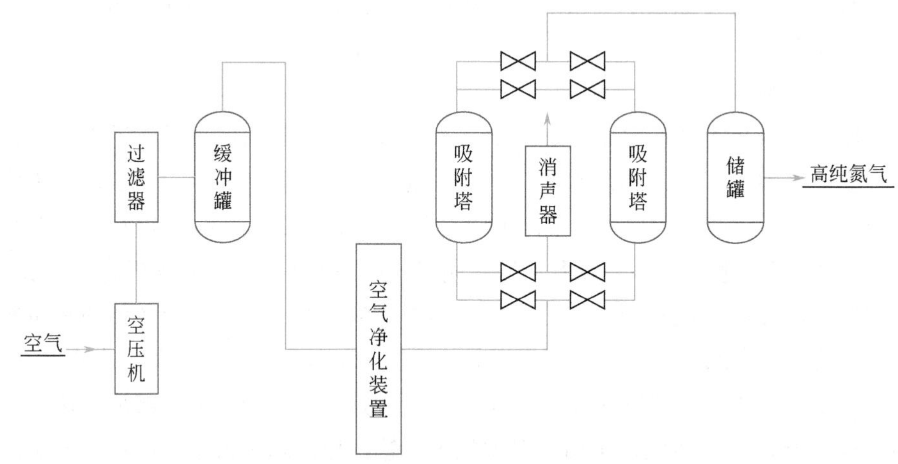

图7-8 变压吸附制氮机工艺流程图

化装置除去油、水和灰尘后，进入由两个装填有碳分子筛的吸附塔组成的变压吸附装置。压缩空气由下至上流经吸附塔，其间氧气分子在碳分子筛表面吸附，氮气由吸附塔上端流出，进入氮气缓冲罐，提供给氮气使用部门。

下面简单介绍一下PSA制氮系统中各装置的功能。

（1）压缩空气系统

压缩空气系统由压缩机和空气缓冲罐组成，提供变压吸附制氮装置所需的气源。该系统提供稳定的输出压力和足够的气量。空压机一般选用运转可靠、维护简单、低噪声的螺杆式空压机。空气缓冲罐主要是作为气源的缓冲器，起稳定和储存作用，此外还可以收集和排除进入压缩空气源的大部分油水冷凝液。缓冲罐装有压力表、安全阀、排污口。空压机的排气能力需要稍大于制氧机额定产量下的空气耗量，由于其启停受到排气压力控制，当排气量大于耗气量时，排出压力上升，空压机停止；反之则空压机启动。通过如此循环启停，使空压机排气量适合制氧机耗气量要求，并适应生产线在变工况时（低于额定产量）的运行需要。

（2）空气净化系统

该系统的主要功能是除尘、除油。从缓冲罐出来的压缩空气首先进入C级过滤器实现粗过滤，然后进入冷冻式干燥机，将压缩空气强制降温，使空气中的水蒸气冷凝，凝结成的液态水夹带尘、油排出机外。

（3）变压吸附制氮系统

如图7-9所示，PSA制氮装置中有两个装满分子筛的吸附塔，洁净、干燥的压缩空气进入变压吸附制氮装置，流经装填有分子筛的吸附塔。压缩空气由下至上流经吸附塔，利用分子筛在不同压力下对氧和氮等的吸附力不同，氧气、水等组分在分子筛表面吸附，未被吸附的氮气在出口处被收集成为产品气，由吸附塔上端流出，进入缓冲罐。经一段时间后，吸附塔中被分子筛吸附的氧达到饱和，需进行再生。再生是通过停止吸附步骤，降低吸附塔的压力来实现的。已完成吸附的吸附塔短期均压后开始降压，脱除已吸附的氧气、水等组分，完成再生过程。两个吸附塔交替进行吸附和再生，从而产生流量和纯度稳定的产品氮气。

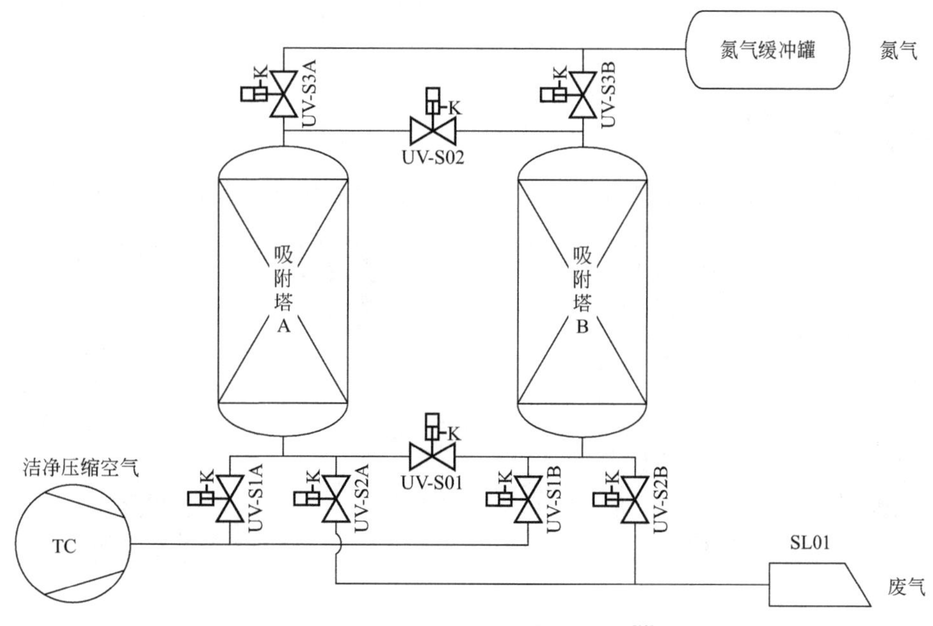

图7-9 变压吸附制氮系统示意图[10]

制氮系统的选择需要考虑所需氮气的纯度、单位时间氮气消耗量等。空压机和吸附塔占制氮系统成本的80%以上，且制氮系统的运行能耗主要是空压机的运行能耗，而氮气的品质则主要由吸附塔决定。所以选择合适的空压机和高品质的吸附塔是购买制氮系统的关键。

7.5 前驱体反应工艺

前驱体的反应是盐碱中和反应，将一定浓度的盐溶液和一定浓度的碱溶液按一定流速持续加入反应器中，在适当的反应温度、搅拌速率、pH下，生成氢氧化物沉淀，如图7-10所示。

反应方程式如下：

$$NiSO_4 \cdot 6H_2O+CoSO_4 \cdot 7H_2O+MnSO_4 \cdot H_2O+NH_3+NaOH \longrightarrow Ni_xCo_yMn_z(OH)_2+NH_3+NaSO_4+H_2O$$

反应过程中需要控制的工艺参数有：盐和碱的浓度、氨水浓度、盐溶液和碱溶液加入反应缸的速率、反应温度、反应过程pH值、搅拌速率、反应时间、反应浆料固含量等。

图7-10 前驱体反应示意图

盐和碱的浓度不宜过低，过低会导致产量下降，产品成本增大；但也不宜过高，过高的盐碱浓度不利于前驱体晶核的长大。目前大多数工厂都将盐溶液浓度配制为2mol $\cdot$ L^{-1}，碱溶液浓度配制为4mol $\cdot$ L^{-1}。氨水是反应络合剂，主要作用是络合金属离子，所以制备不同组成的三元前驱体，所需要的氨水浓度也不相同。盐溶液和碱溶液加入反应缸的速率也和产量有关，流量越大产量越大，但不利于保证产品品质。反应温度控制在40～60℃之间。反应pH值控制在10～13之间。搅拌速率与盐溶液和碱溶液的流速、反应釜大小、反应釜内部结构、搅拌器结构有关。下面就以上提到的工艺参数列举一些实例。

7.5.1 氨水浓度

硫酸盐体系下，络合剂如氨水的加入，会对产品的形貌有很大的影响。如图7-11所示，

(a) 未加氨水

(b) 加氨水

图7-11 不同氨水浓度产品的SEM图

图（a）产品在制备过程中未加氨水，图（b）所示产品为加氨水制备出的产品，两种产品的其他制备条件完全相同，化学式都为$Ni_{0.5}Co_{0.2}Mn_{0.3}(OH)_2$。从图中可以看出，没有络合剂存在时，前驱体形貌较为疏松，振实密度较低。有络合剂存在时，前驱体变得致密，振实密度也相应提高。在实际生产中，若想要制备振实密度高于2.0g·cm^{-3}的前驱体，必须在反应过程中加入络合剂。

但络合剂的用量也不是越多越好，当络合剂用量过多时，溶液中被络合的镍钴离子太多，会造成反应不完全，使前驱体的镍、钴、锰三元素的比例偏离设计值，且被络合的金属离子会随上清液排走，造成浪费，后续的废水处理工作量也会加大。如图7-12所示为不同氨水加入量制备出的前驱体的振实密度和镍含量，前驱体的设计分子式为$Ni_{0.5}Co_{0.2}Mn_{0.3}(OH)_2$，此比例的前驱体中，镍的理论含量为32.03%，钴的理论含量为12.87%，锰的理论含量为17.99%（均为质量分数）。从图中可以看出，氨水浓度过低或过高，产品的振实密度都比较低，并且氨水浓度越高，材料的镍含量越低，材料的比例偏离设定值。

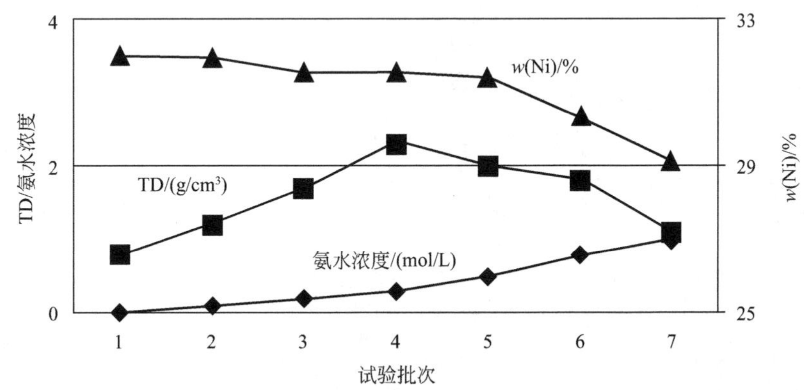

图7-12　**不同氨水浓度下样品的TD和镍含量（TD：振实密度）**

7.5.2 pH值

反应过程的pH值直接影响前驱体的形貌和粒度分布。下面主要通过一些实例来具体分析前驱体形貌和粒度分布与pH值的关系。

通过调节pH值，我们可以控制一次晶粒和二次颗粒的形貌。pH值偏低，利于晶核长大，一次晶粒偏厚偏大；pH值偏高，利于晶核形成，一次晶粒成薄片状，显得很细小。对于二次颗粒的影响是：pH值偏低，二次颗粒易发生团聚，导致二次球成异形；pH值偏高，二次颗粒多成圆球形。

图7-13所示为在不同pH值下制备出的3个$Ni_{0.6}Co_{0.2}Mn_{0.2}(OH)_2$前驱体样品SEM图，制备样品1、2、3的pH值分别为：样品1＜样品2＜样品3。从图中可以看出，反应pH值越高，二次颗粒球形度越高，一次晶粒越细小；低pH值反应出的样品可观察到明显的团聚现象，使得二次颗粒球形度差。

我们也可以在反应过程中适当调节pH值使同一个二次球颗粒拥有不同形貌的一次晶粒。如图7-14所示前驱体的SEM图，后长的一次晶粒团聚而成的二次球体表面有一些细小的晶粒，这些细小晶粒是在反应末期将pH值调高所形成的。

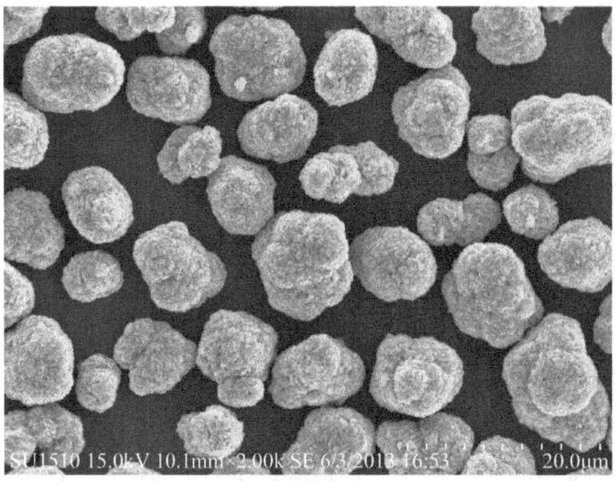

(a) 样品1

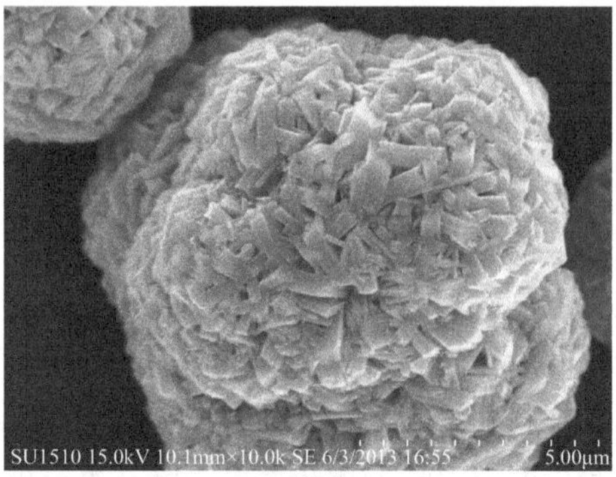

(b) 样品1

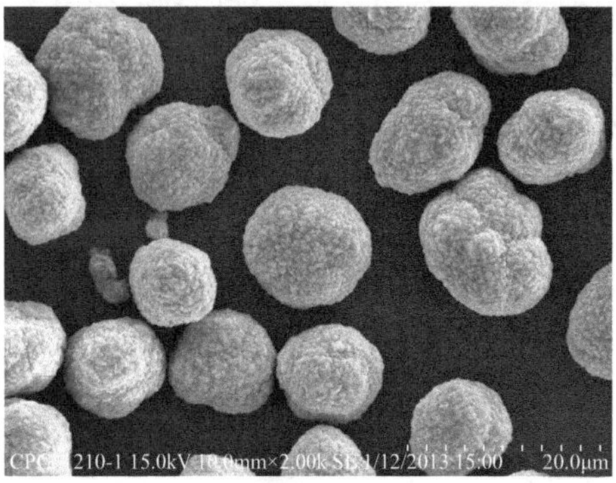

(c) 样品2

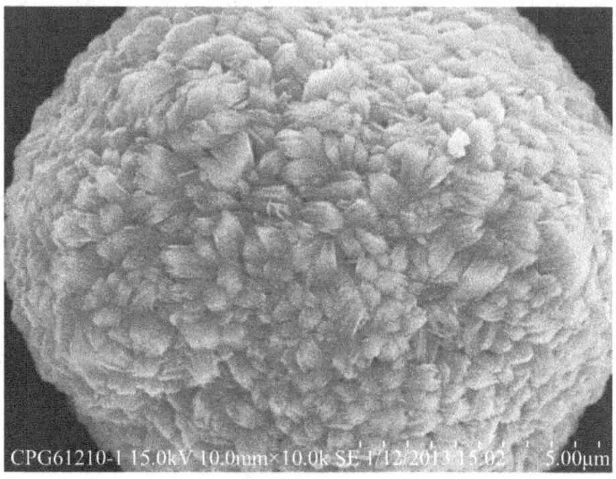

(d) 样品2

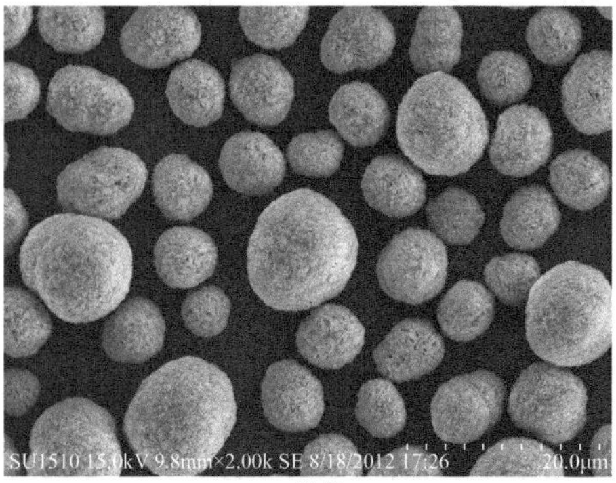

(e) 样品3

(f) 样品3

图7-13　不同pH值条件下制备的3个$Ni_{0.6}Co_{0.2}Mn_{0.2}(OH)_2$前驱体不同放大倍数的SEM图

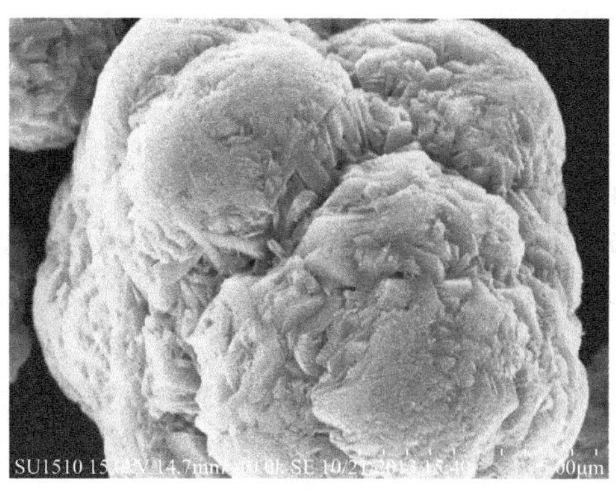

图7-14　不同形貌一次晶粒SEM图

pH值对前驱体的生长过程有重要影响，反应pH值的选择以及反应过程中pH值的稳定控制直接影响前驱体的粒度分布。若在反应过程中pH值失控，出现pH值过高或者过低的情况，会使产品品质急剧下降，形成不合格产品。

图7-15所示为pH值过高、pH值适中、pH值过低三种情况下前驱体的D_{50}随反应时间的变化曲线，从图中可以看出，pH值过高时，前驱体的D_{50}随着反应的进行几乎没有增长；当pH值适中时，前驱体的D_{50}匀速增长；当pH值过低时，前驱体的D_{50}在反应初期快速增长，中后期趋于缓和。

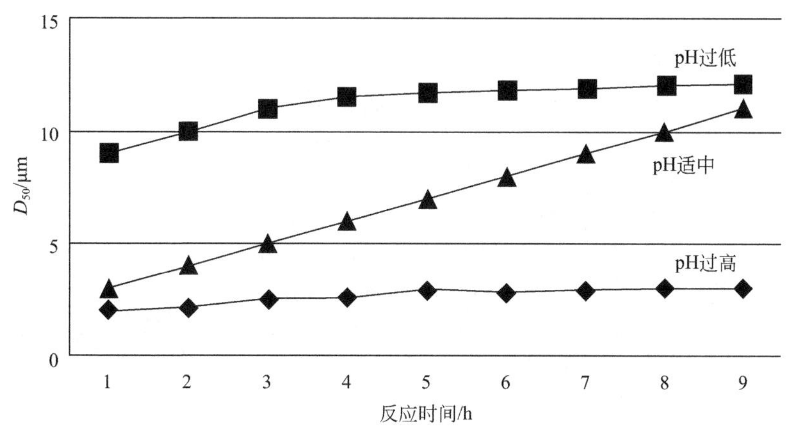

图7-15　不同pH值下前驱体颗粒D_{50}增长趋势

不同pH值下前驱体的D_{50}增长趋势是前驱体成长过程的一种间接反应，从反应完成后的前驱体的电镜图中可以看出不同pH值下D_{50}变化趋势的原因。图7-16所示为pH值过高（a、b）、pH值适中（c、d）、pH值过低（e、f）三种情况下反应出的三元材料前驱体的SEM图，从图中可以看出，pH值过高时，氢氧化物沉淀不能团聚成球体，为松散的一次晶粒聚集体；当pH值适中时，氢氧化物沉淀为形貌较规整的球形二次团聚体，二次颗粒粒径差别较小；当pH值过低时，沉淀物团聚严重，形貌各异，二次颗粒粒径差别较大，有的颗粒较大，有的颗粒很小。

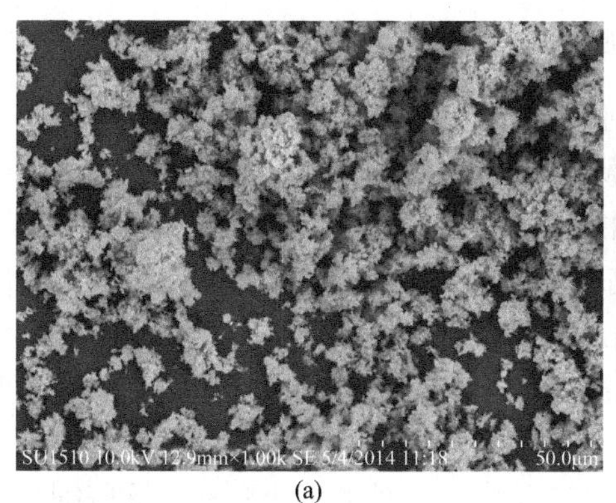

(a)

(b)

图7-16

图7-16 **不同pH值下反应出产品的SEM图**

pH值过高或者过低引起的前驱体粒度分布、二次球体形貌和单晶形貌的差别，导致了振实密度的差别。图7-16中三种产品的振实密度如图7-17所示，图中pH值过高（a、b）、pH值适中（c、d）、pH值过低（e、f）与图7-16的SEM图对应。

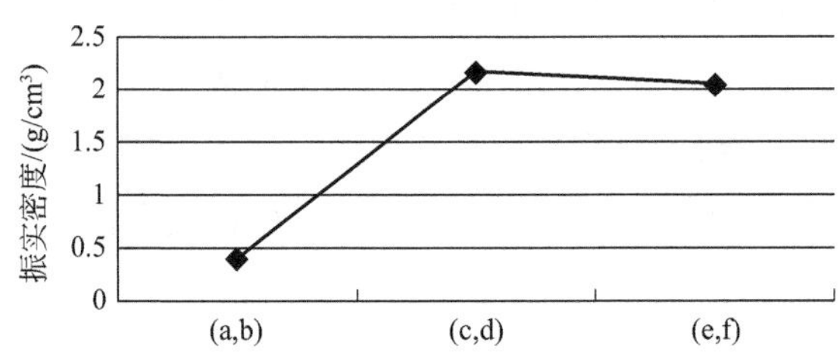

图7-17 **不同pH值下反应出产品的振实密度**

还有一种情况是，在反应过程中pH值控制不稳定，即pH上下波动。pH值的波动会造成前驱体粒度的波动，如图7-18所示，（a）为监测反应过程中不同时间点的反应pH值，（b）为对应时间反应釜中浆料的D_{10}、D_{50}、D_{90}。从图中可以看出，浆料粒度变化要滞后于pH值变化，当反应进行到15h时，反应pH值比设定值偏高很多，到反应进行到16h时，浆料的粒度分布变得很宽，具体表现为D_{10}和D_{50}降低，D_{90}显著增大。

这种情况会使前驱体粒度分布过宽，情况严重时能在材料的粒度分布图上观察到两个峰值，如图7-19所示。

从材料的SEM图（图7-20）中也可以看出，产品中有大量的细小颗粒，这些细小颗粒是在pH值突然向上波动时产生的。

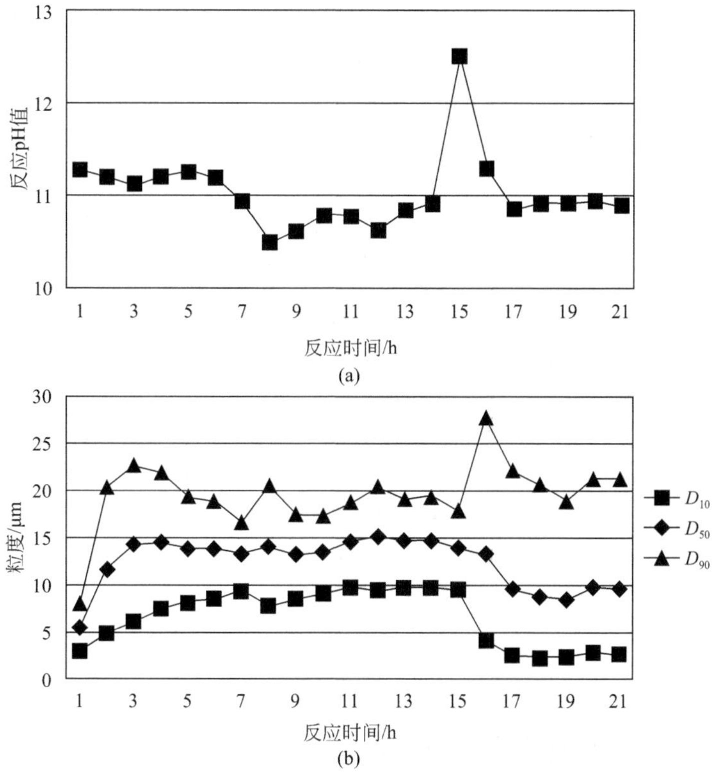

图7-18 反应过程中pH的异常波动对材料粒度分布的影响

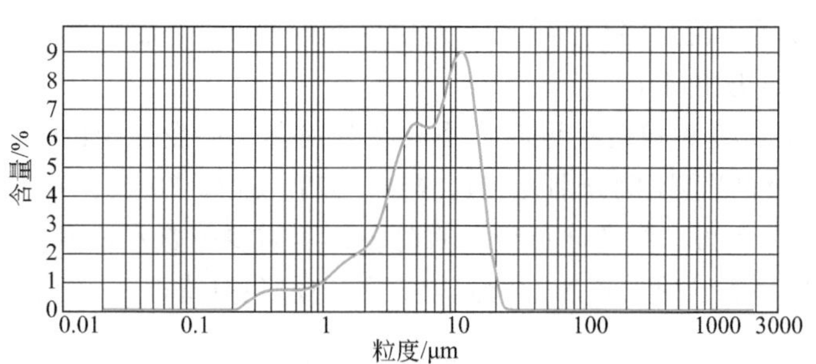

图7-19 pH值异常波动后材料的粒度分布图

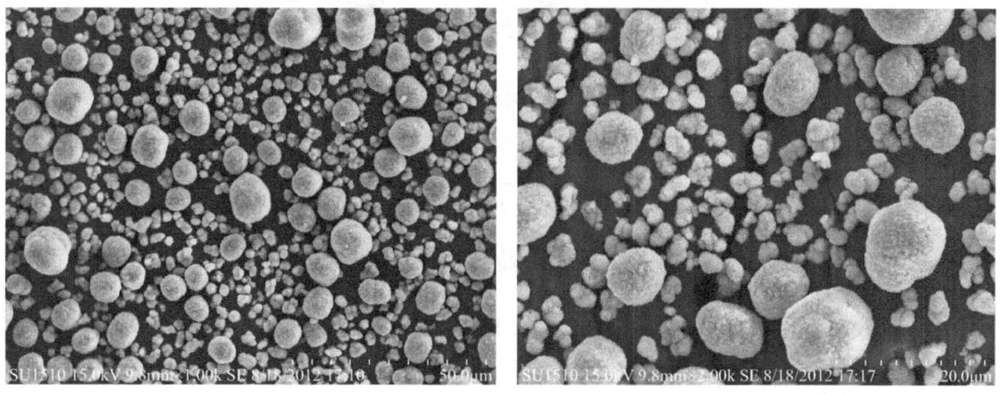

图7-20 pH值异常波动后材料的SEM图

若反应pH值选择合适，且在控制过程中保持pH值在规定的范围内，则前驱体的粒度分布随着反应的进行逐渐达到理想值，如图7-21所示。从图中可以看出，材料的D_{10}、D_{50}、D_{90}、D_{min}都随时间的增加稳定增大，特别是D_{min}的稳定增长，显示了反应浆料已经没有新的晶核生成，而是进入晶粒长大的阶段。

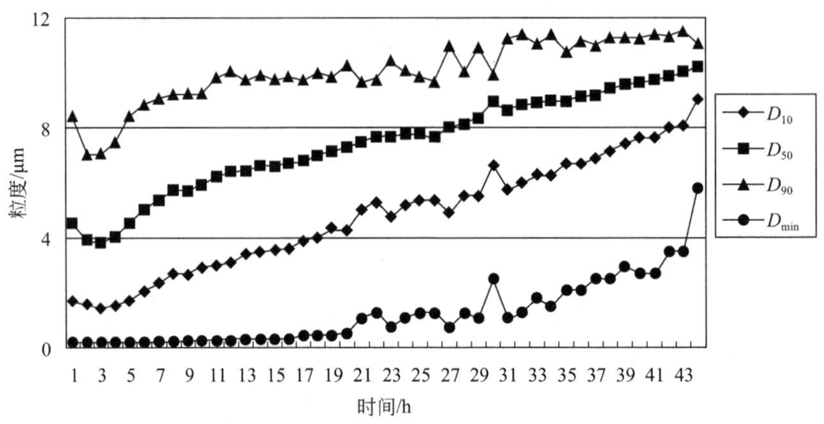

图7-21 pH值合适时材料的粒度增长趋势

7.5.3 不同组分前驱体的反应控制

由于镍、钴、锰三元素的沉淀pH值不同，故不同组分三元材料前驱体的最佳反应pH值不同；而络合剂主要的作用是络合镍和钴，对锰的络合要低2个数量级，故不同组分三元材料前驱体的所需络合剂浓度也不相同。

当前驱体的振实密度和粒度接近时，不同组分前驱体的反应pH和氨水浓度需要稍作调整。如图7-22所示为镍钴锰比例分别为111、424、523、622、701515、811时，制备出振实密度在2.2～2.3g·cm^{-3}之间，粒度分布相近的前驱体所需要的氨水浓度和反应pH值。从图中可以看出，随着前驱体镍含量的增加，所需的氨水和反应pH值都相应提高。

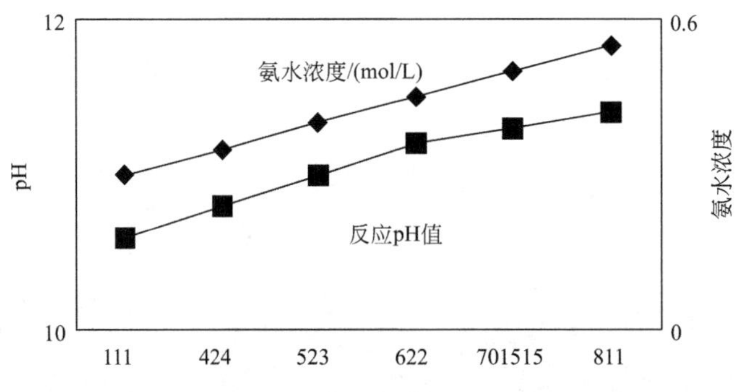

图7-22 不同组分前驱体的适宜氨水浓度和反应pH

图7-23所示为三元材料型号NCM111、NCM523、NCM701515前驱体在最佳pH值和氨水浓度下反应10个批次产品的D_{10}、D_{50}、D_{90}和振实密度离散度对比，从图中可以看出，10个批次的产品粒度分布和振实密度都很接近。

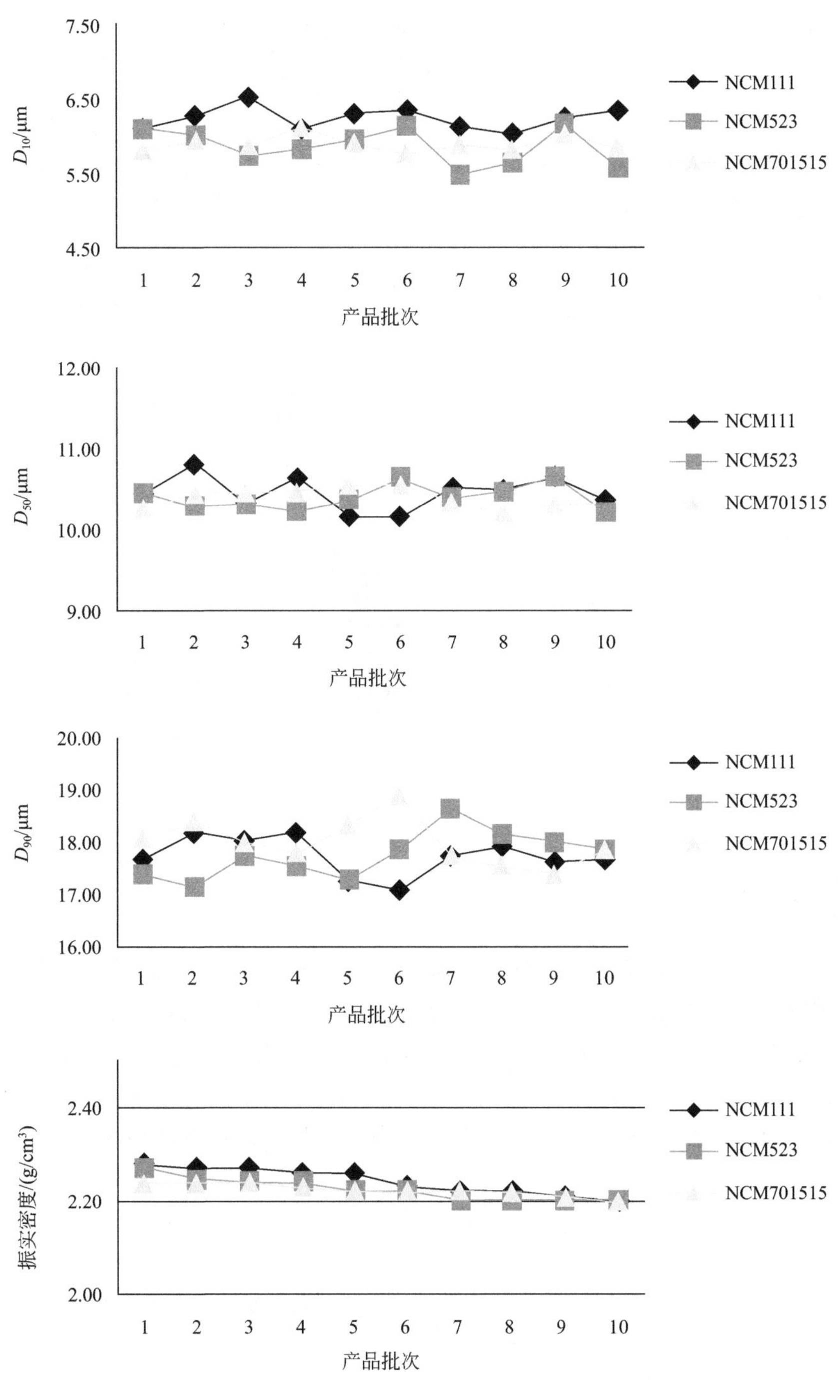

图7-23　**不同组分前驱体产品粒度和振实密度对比**

如上一节所述，不同pH值下制备出来的前驱体形貌是不同的，所以品质接近而组分不同的前驱体，形貌也不同。图7-24所示为不同比例三元材料前驱体的电镜图，图中（a）、（b）、（c）、（d）对应的三元材料前驱体比例为NCM111、NCM523、NCM701515、NCM811。从图中可以看出，所需氨水浓度和反应pH值较低的NCM111的一次晶粒是厚片状，随着材料镍含量的增加，一次晶粒也越来越细小，到NCM811，一次晶粒成为细丝状。

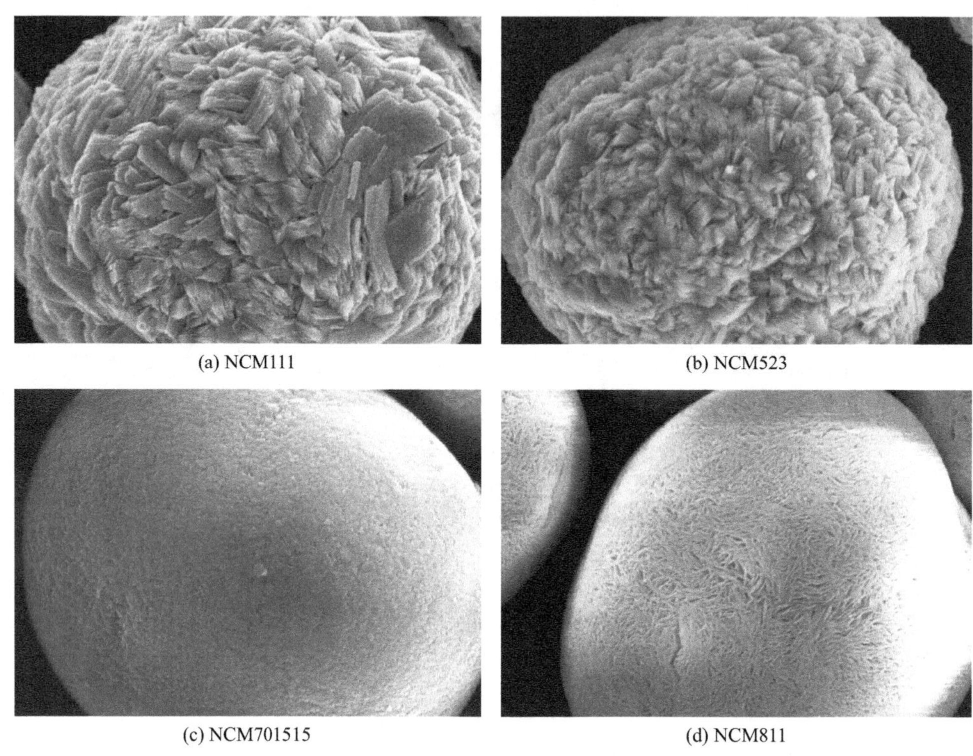

图7-24 不同组分前驱体的SEM图

7.5.4 反应时间

前驱体的粒度和振实密度达到预定值需要一定的时间，正常情况下，要得到D_{50}大于10μm且振实密度大于2.0g·cm^{-3}的前驱体，反应时间至少需大于20h。在一定时间内，前驱体的粒度、振实密度和反应时间成正比关系。但反应时间也不能太长，过长的反应时间会使前驱体粒度过大，特别是D_{max}过大，对前驱体的品质产生不良影响。且超过一定时间后，前驱体的振实密度增长也趋于平缓或者不增长，如图7-25所示。不同反应时间的前驱体SEM图见图7-26。

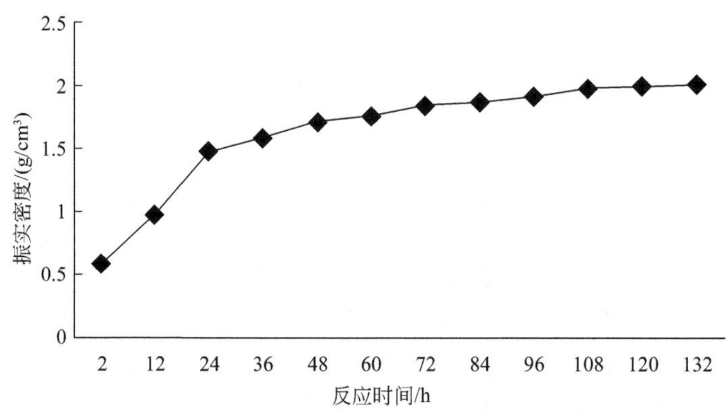

图7-25 振实密度随反应时间变化曲线图

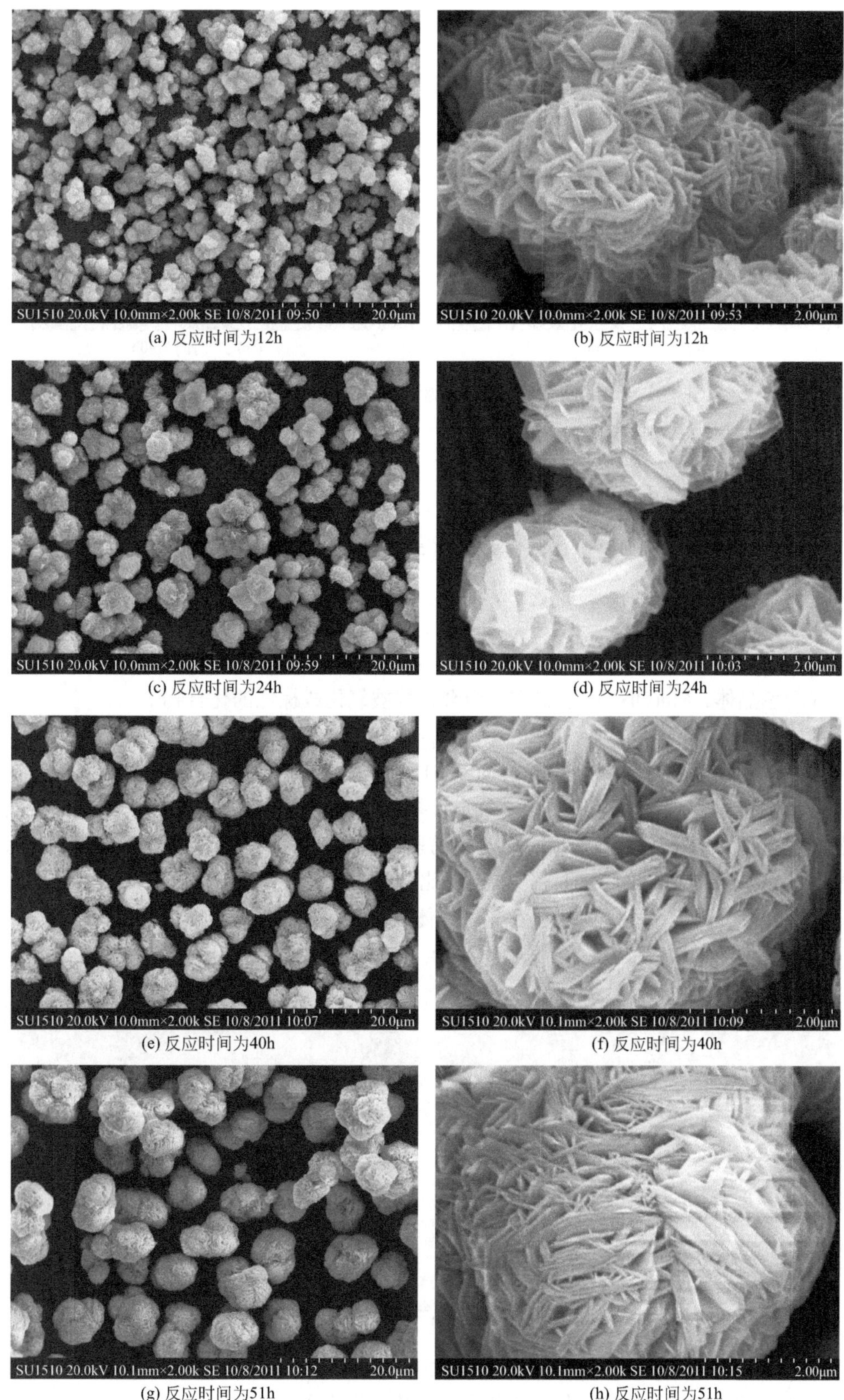

(a) 反应时间为12h (b) 反应时间为12h

(c) 反应时间为24h (d) 反应时间为24h

(e) 反应时间为40h (f) 反应时间为40h

(g) 反应时间为51h (h) 反应时间为51h

图7-26

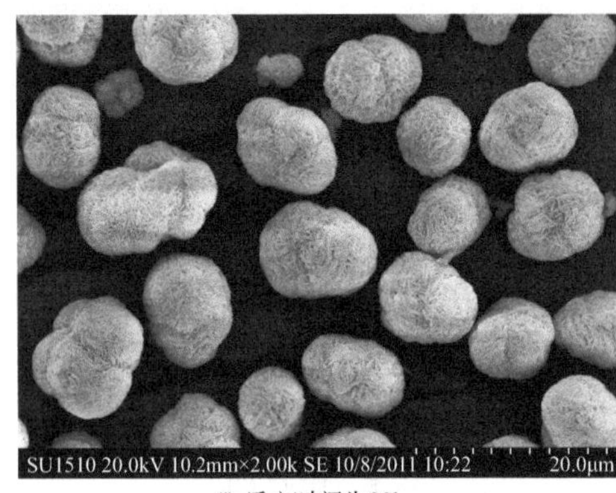

(i) 反应时间为90h

(j) 反应时间为90h

图7-26 不同反应时间前驱体不同放大倍数的SEM图

7.5.5 反应气氛

前驱体反应气氛的控制对前驱体产品品质的影响较大，其中包括对前驱体的形貌、晶体结构、杂质含量的影响。

锰的化合价很多，有+2、+3、+4、+6和+7。在酸性环境下，Mn^{2+}可稳定存在，但在碱性环境下，Mn^{2+}很容易被氧化成高价态的锰化合物。二价锰的氢氧化物化学式为$Mn(OH)_2$，是白色或浅粉色晶体。$Mn(OH)_2$曝置在空气中会很快被氧化成棕色的化合物：

$$2Mn(OH)_2+O_2 = 2MnO(OH)$$

即便是水中溶解的微量氧，也能将$Mn(OH)_2$氧化。若前驱体反应使用的纯水中有溶解氧未除去，或反应过程中让反应浆料与空气直接接触，都会导致前驱体浆料严重氧化，其颜色为深棕或黑色。这种情况下无法反应出合格前驱体。图7-27所示为反应过程在无氮气保护情况下制备出的三元前驱体的SEM图，其金属比例为Ni ∶ Co ∶ Mn=5 ∶ 2 ∶ 3。从图中可以看出，前驱体形貌为大小不一的块状及其团聚体。产品的振实密度很低，只有0.62g · cm^{-3}。

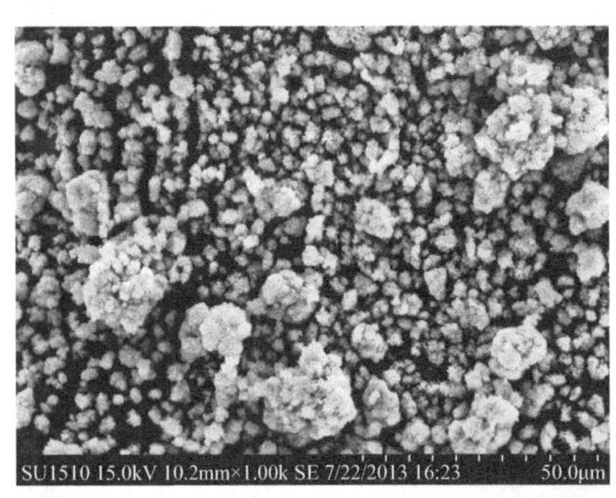

图7-27 反应过程无氮气保护的前驱体SEM图

图7-28为不同气氛条件下反应出的NCM前驱体的XRD图。从图中可以看出，空气气氛下反应出的前驱体和氮气保护下的前驱体晶体结构差别很大。

还有一种情况是，在反应后期或者反应快结束时，由于种种原因使氧进入反应体系而造成的轻微氧化，如图7-29所示。从图中可以看出，片状晶粒组成的二次球表面，附着了很多细小颗粒。

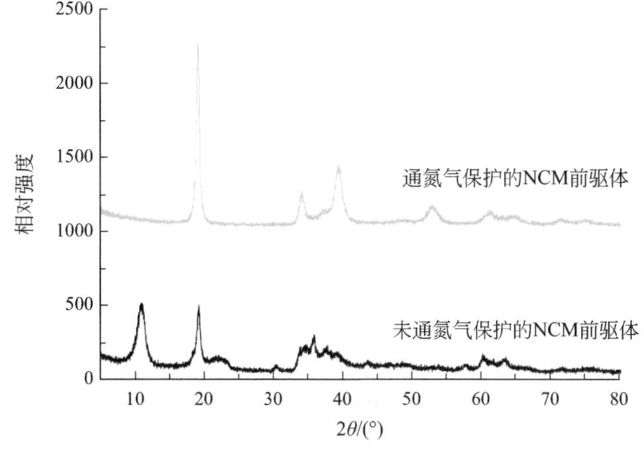

图7-28　不同反应气氛下的NCM前驱体XRD图

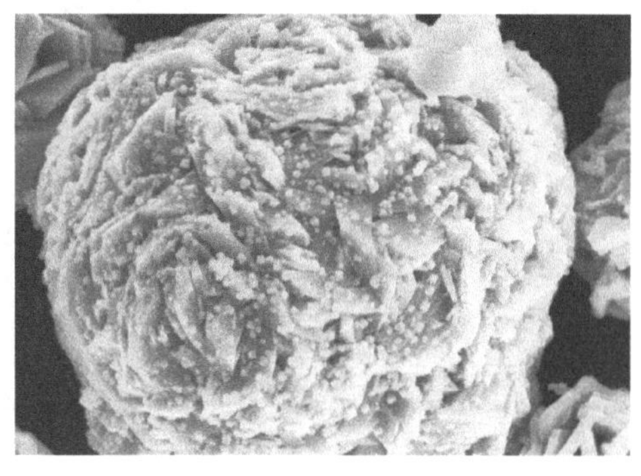

图7-29　反应末期氧化的前驱体SEM图

NCA前驱体没有锰元素的存在，反应过程中若有氧气或溶解氧存在，浆料颜色不会发生明显变化，粒度分布也不会有异常波动，但空气气氛和氮气气氛下反应出来的前驱体，晶体结构稍有不同，如图7-30所示。因为NCA中Al本身为+3价，为了保持电荷平衡，阴离子很容易插入到层间，但当Al含量较低时，在XRD图上反应并不明显。从图7-30中可以看出，空气气氛下反应的NCA前驱体在11°、23°、35°左右多出三个峰，这是α型氢氧化镍的峰，说明Co^{2+}在空气气氛下，被氧化成三价金属，造成晶体结构中电荷不平衡，这样会使得一些阴离子（如SO_4^{2-}）插入到层间去维持电荷平衡，而使层间距增大，形成α型氢氧化镍。出现这种晶体结构不仅会造成NCA前驱体的振实偏低，还会造成前驱体的阴离子杂质超标。

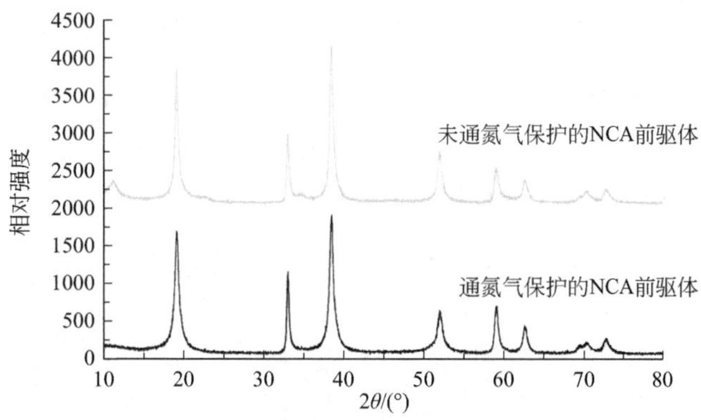

图7-30　不同反应气氛下的NCA前驱体XRD图

7.5.6　固含量

这里的固含量指在前驱体反应过程中，前驱体浆料的固体质量和液体质量的比值。目前大部分厂家反应釜中前驱体的固含量在5%～10%左右，不同的固含量对产品性能有一定影响。在生产实践中发现，适当提高固含量能优化产品形貌、提高产品的振实密度。图7-31所示为不同固含量下反应出的$Ni_{0.5}Mn_{0.3}Co_{0.2}(OH)_2$的SEM图，图7-31中（a）、（b）为固含量在20%的情况下反应出的前驱体，（c）、（d）为固含量在10%情况下反应出的前驱体。从图中可以看出，20%固含量下产品的形貌较为规整，二次颗粒表面较为致密。

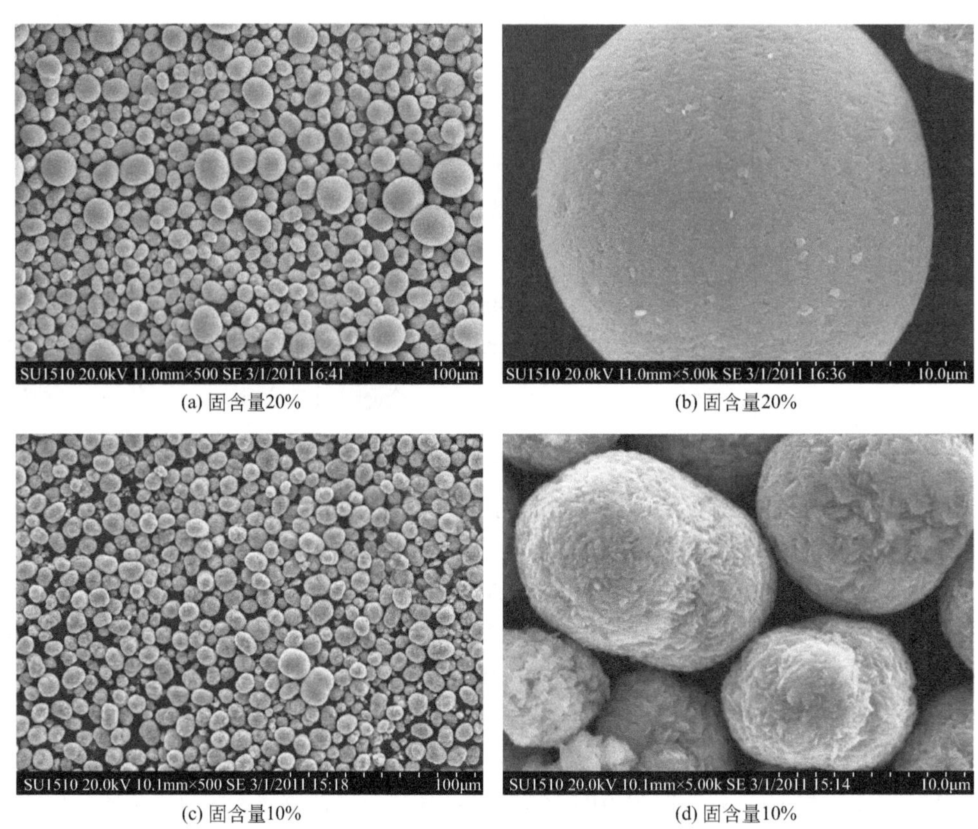

(a) 固含量20%　(b) 固含量20%

(c) 固含量10%　(d) 固含量10%

图7-31　不同固含量下生产的$Ni_{0.5}Mn_{0.3}Co_{0.2}(OH)_2$的SEM图[11]

其他组分的三元材料前驱体也有同样的规律。如图7-32所示为不同固含量下反应出的$Ni_{0.7}Mn_{0.15}Co_{0.15}(OH)_2$的SEM图，图中（a）、（b）为固含量在20%的情况下反应出的前驱体，（c）、（d）为固含量在10%情况下反应出的前驱体。

(a) 固含量20%　(b) 固含量20%

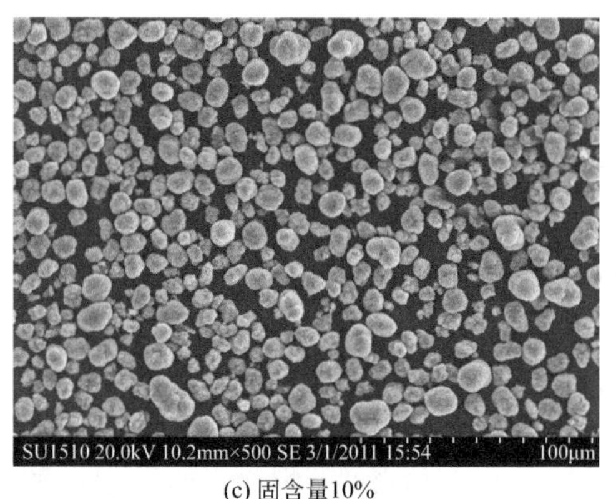

(c) 固含量10%

(c) 固含量10%

图7-32　不同固含量下生产的$Ni_{0.7}Mn_{0.15}Co_{0.15}(OH)_2$的SEM图[11]

7.5.7 反应温度

从化学动力学知道，温度主要是影响化学反应的反应速率。在实际生产过程中，希望在保证前驱体品质的前提下，化学反应速率越快越好，但温度不能过高，温度过高会造成前驱体氧化。反应温度过高对前驱体的氧化会造成反应过程无法控制、前驱体结构改变等问题。

在实际生产过程中，控制反应温度恒定、不波动也很关键。前驱体反应过程中溶液的pH值会随温度的降低而升高，反应系统温度的波动必然导致反应pH值的波动，进而造成前驱体品质的恶化。

7.5.8 流量

流量主要是指金属盐溶液的流量。流量直接和产量相关联，表7-11所示为不同流量的金属盐溶液及对应的前驱体产量，计算条件为：① 金属盐溶液的浓度为2mol·L^{-1}；② 金属盐溶液各金属的摩尔比例为Ni ∶ Co ∶ Mn=5 ∶ 2 ∶ 3。

表7-11　不同盐流量对应产量

金属盐流量/($L \cdot h^{-1}$)	1	30	150	500
前驱体产量/($kg \cdot d^{-1}$)	4.4	132	660	2200

所以，在保证前驱体品质的前提下，流量越大越好。一个反应釜所能达到的最大流量不仅和反应工艺有关，还和反应釜体积、反应釜内部结构、反应釜电机功率有关。合理设计反应釜，可以使其发挥最大产量。

7.5.9 杂质

在生产实践中发现，少量的有机溶剂就会对共沉淀反应造成很大干扰。硫酸镍和硫酸钴的制备过程中会用到有机萃取剂如260#溶剂油、P_{204}及P_{507}等，若有机萃取剂残留其中，会带入到反应体系，造成前驱体颗粒无法生长，D_{50}和振实密度无法达到预期值，形貌为非球形，如图7-33所示。

图7-33 有机杂质对前驱体形貌的影响

原材料会带入的另一类杂质是Ca^{2+}、Mg^{2+}等，其沉淀pH值和沉淀系数和镍钴锰相差较大，对反应造成较多负面影响，如前驱体形貌不成球形，振实密度很低等等。目前有部分厂家采用在前驱体中掺杂镁等元素的方法改进成品性能，这就需要对制备工艺及控制参数进行调整，才能反应出形貌、粒度、振实密度等指标合格的前驱体。

7.6 搅拌设备

前驱体制备过程中，前期盐溶液和碱溶液的配置需要用到溶解釜，共沉淀反应在反应釜中进行，反应完成的浆料在过滤洗涤前需储存于储料缸中。溶解釜、反应釜、储料缸都属于搅拌设备。搅拌设备主要由搅拌装置、轴封和搅拌罐三大部分组成。其构成形式如图7-34所示。

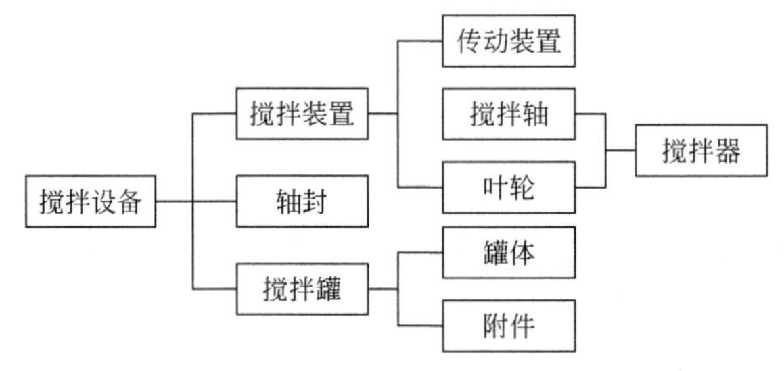

图7-34 搅拌设备组成[12]

7.6.1 材质的选择

搅拌设备常见的材质有不锈钢、PP、钢衬PE、钢衬ETFE等几种。

不锈钢材质的搅拌设备适用于石油、化工、医药、冶金等需要高温、高压条件的领域。

不锈钢加工性能好，可以加工成各种结构和形状的搅拌设备，但是不锈钢的磨损会带入杂质，对于高腐蚀性的化学品不适用。

PP材质适用于加工常温常压、搅拌强度不高的搅拌设备。PP材质耐腐蚀性强，且不会对产品造成金属污染。

钢衬PE适用酸、碱、盐及大部分醇类。适用液态食品及药品提炼。解决了不锈钢的金属污染问题及塑料材质的设备强度问题。

钢衬ETFE材质与钢衬PE相似，但其具有更强的防腐性能，能耐各种浓度的酸、碱、盐、强氧化剂、有机化合物及其他所有强腐蚀性化学介质。

7.6.2 搅拌器选择

搅拌设备内的液体流动状态是极其复杂的，它与搅拌罐的形状、有无挡板、搅拌叶的形式、搅拌器直径、段数、安装位置及其转数等有关。在设计搅拌混合设备时，需要对这些有关的因素进行选择。其中最主要部件是搅拌器，下面将详细讨论搅拌器的选择及常见的几种搅拌器。

7.6.2.1 选搅拌器考虑的因素

搅拌器的选型和设计，首先应该知晓混合物质在搅拌时的物理性质和化学性质，如密度、黏度、腐蚀性等；同时应该详细研究搅拌混合的目的及具体的操作方法，如搅拌物质的投入时间，若其中有固体物质，做溶解或反应用，固体在搅拌液体内是否易于溶解、悬浮或沉降等等；还要确定搅拌器与介质接触部分的材质、轴封的设计压力、电动机的使用环境以及变速机的负荷条件。根据搅拌量初步设定搅拌罐形状、尺寸。根据搅拌强度或溶剂循环速率，可选定叶轮类型和确定是否加设挡板、导流筒等。

7.6.2.2 搅拌叶片的选择方法

搅拌叶片的形状是搅拌器设计中重要的一步。搅拌叶输入的能量，主要消耗在搅拌罐内剪切力的产生，或者使液体不断吸入和排出而形成循环流。由于剪切作用与循环作用在一定的动力消耗下是互相消减的因素，因此在考虑某个具体的搅拌目的时，应考虑哪一个因素起主要作用，这样才能提高效率。搅拌叶按其作用可以分为具有强剪切作用的叶轮、强循环性能的叶轮以及两者较为平衡的叶轮。可以从搅拌的目的和被搅拌流体的物理化学性能出发，选择某种性能的搅拌叶轮。

7.6.2.3 常用搅拌叶轮类型

（1）螺旋桨叶轮

螺旋桨叶轮如图7-35（a）所示，这种搅拌叶轮一般有3个叶片，叶片具有一定的螺旋角度，其端部圆周速率通常为5～15m/s。叶轮旋转时，向前（或向后）挤压流体沿轴向排出，在罐内循环。

从搅拌叶的两大作用看，螺旋桨叶侧重于循环作用，不适宜于需要剪切力的分散反应等场合。主要用于液相系统的混合、均匀温度以及防止液-固系统的低浓度浆液发生沉淀。通常情况下，螺旋桨直径为搅拌罐直径的0.1～0.3倍。因此，不能用于黏度太高的介质，一般适于螺旋桨搅拌的介质黏度为2～3Pa·s。搅拌器转速一般为200～400r·min^{-1}。需要注意的是，如螺旋桨只简单地垂直安装于搅拌罐中心位置，则会形成很强的水平旋流而使轴流效应不明显，降低了搅拌效果，如图7-35（b）所示。为了防止形成水平旋流，可以安装挡板和导流桶，或者采用搅拌偏心、倾斜安装的方法。

若需要安装挡板，挡板宽度在设备公称直径的1/12～1/10范围内为宜，挡板数量一般为2～6个。挡板高度视设备高度而定。搅拌设备增加挡板后，可观察到原本靠近设备内壁处的液体高度明显降低，即“旋涡”被大大减弱，如图7-35（c）、（d）所示，这说明挡板和导流筒在一定程度上提高了搅拌混合的效果。如搅拌设备内有加热或冷却盘管，此盘管在某种意义上也可代替挡板的作用，就无需再另外增加挡板。

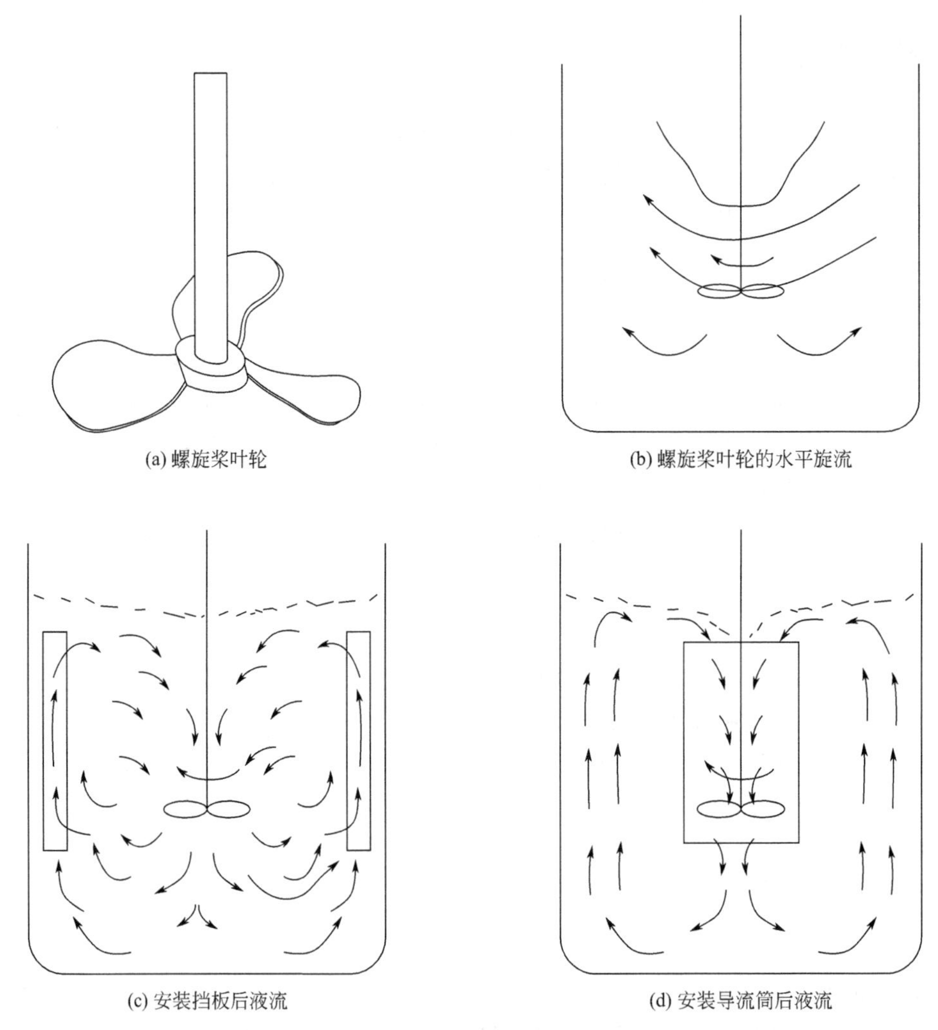

图7-35　螺旋桨叶轮及其混合效果图

（2）涡轮式叶轮

涡轮式叶轮通常有4～6个叶片，叶片的安装有两种方式：一种是平直的板状叶片，叶片直接安装在轮毂上，称为开式涡轮叶轮；另一种是在轮毂上设置一个圆盘，叶片安装在圆盘上，这种叶轮称为圆盘式涡轮叶轮。叶片可有不同的安装角度：叶片垂直安装的称为平直涡轮式叶轮，如图7-36（a）、（b）所示；叶片倾斜安装的称为折叶涡轮式叶轮，如图7-36（c）、（d）所示。

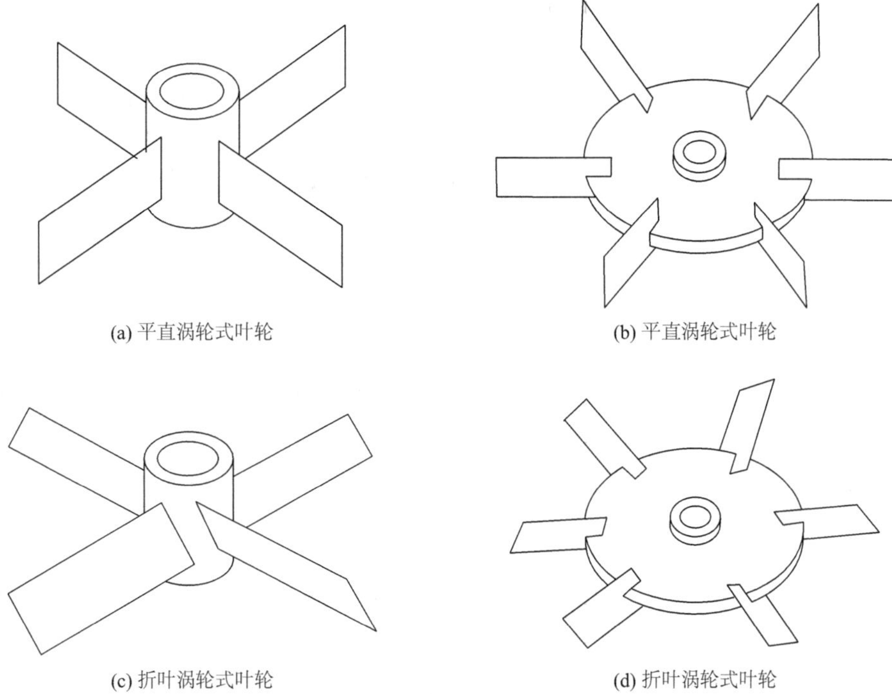

(a) 平直涡轮式叶轮　(b) 平直涡轮式叶轮

(c) 折叶涡轮式叶轮　(d) 折叶涡轮式叶轮

图7-36　几种常见的涡轮式叶轮

平直涡轮式叶轮是径流式叶轮，从轴向引入流体，径向排出。当设备内安装有挡板时，从径向排出的流体到达罐壁，在挡板处上下分开，成为上下搅拌的流型。平直叶轮的能量消耗较大，具有一定的排出能力，也可产生很强的剪切力，主要用于既需要一定的剪切作用，也需要有一定的排出量（循环量）的场合，如液体间分散混合、悬浮物料反应、液体与固体的溶解等。

折叶涡轮式叶轮是轴流式叶轮，轴向引入液体轴向排出，形成上下有效的循环。在相同排出量时，其能量消耗约为平直叶轮的1/2。对于要求有较大循环量的不同液体与液体、液体与固体间的搅拌，如均匀混合、反应、传热等场合，这是一种很有效的搅拌叶轮。从涡轮叶轮的使用情况看，叶轮直径与罐直径的比值大体为0.25～0.5，转速大约在50～300r·min^{-1}，适合的流体黏度一般小于30Pa·s。

对于生产前驱体反应釜的搅拌，需要高循环，使得反应物料混合均匀，强的剪切作用，输入的机械能转换成热能，增加反应温度；减少颗粒团聚。因此反应釜的搅拌一般使用多层搅拌配合，满足生产需要。

（3）锚式叶轮

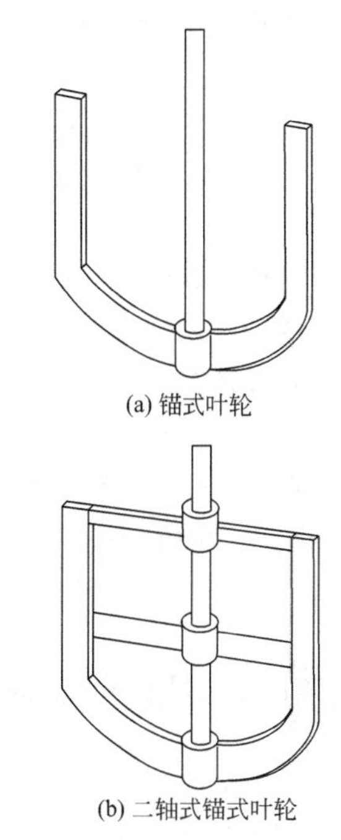

(a) 锚式叶轮

(b) 二轴式锚式叶轮

图7-37　锚式叶轮和二轴式锚式叶轮

图7-37（a）为锚式叶轮，这类叶轮的叶片直径和罐体直径的比值较大，大都以低转速运转。流体流动形式以水平旋转流为主，搅拌低黏度流体时，不会有大的

剪切作用，但流体排量大。和其他形式的叶轮相比，锚式叶轮会使罐壁附近的流体流速较大，因而传热效果也优于其他形式的叶轮。

在搅拌高黏度流体时，由于高黏度流体流动性降低，所以能耗相应增加，且搅拌效果不理想，在搅拌轴附近存在死角。为了改变这种情况，使高黏度流体充分流动，必须强化挤压中间部分的流体，为此可使用二轴式或多轴式搅拌器，图7-37（b）二轴式锚式叶轮。

锚式叶轮可用于传热、晶析等场合。由于叶轮较大，也可用于高浓度和沉降性较大的固液混合液体的搅拌。如若用于散热，还可在叶轮边缘安装刮板，刮掉附着罐壁的流体进而提高传热效率。一般情况下叶轮直径和罐体直径的比值，对于低黏度流体为0.7 ～ 0.9；对于高黏度流体为0.8 ～ 0.95。适宜的转数范围为10 ～ 50r · min^{-1}，适应的黏度范围由低黏度到200 ～ 300Pa · s。适合固体盐溶解，混合。

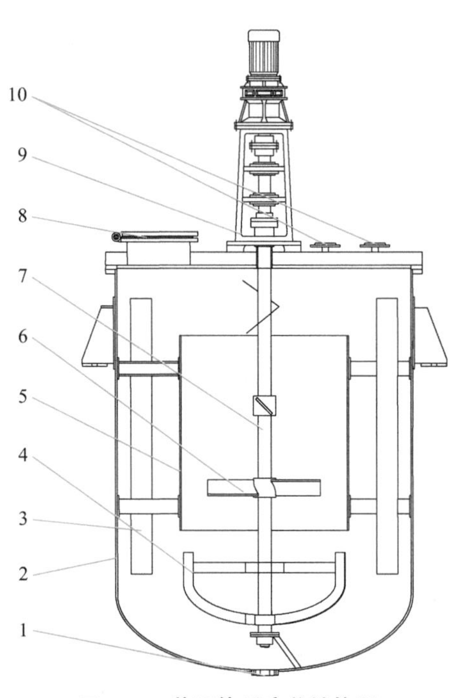

图7-38　前驱体反应釜结构图

1—出料口；2—筒体；3—挡流板；4—锚式搅拌；5—导流筒；6—涡轮式搅拌；7—传动轴；8—人孔；9—减速机架；10—进料口

7.6.3 反应釜

反应釜是前驱体反应的核心设备，以下几个方面都会影响前驱体的品质：① 搅拌器的设计；② 挡板的数量及尺寸；③ 盐溶液和碱溶液的进料位置；④ 有无导流筒；⑤ 罐体大小。如图7-38所示为常规前驱体反应釜结构图。

7.7 自动化反应控制

三元材料前驱体生产是盐与碱在一定pH值及温度下的共沉淀反应，pH值是该反应最重要的参数，各阶段pH控制波动范围小于 ±0.05，pH值的稳定又依赖于温度的稳定，几种因素的稳定与否对反应产物的性能有决定性的作用。靠人工来控制的沉淀反应，比如调节物料的反应量或者人工启停某一个设备来控制各个反应参数，如pH值、温度、搅拌速率等，受人为因素影响严重，产品的一致性难以保证，且效率低，制约了生产产品的种类及产品品质的提高。

从传统手动控制各参数的工艺入手，引入自动控制工艺。其主要表现在以下几个方面：① pH值控制；② 温度控制；③ 搅拌控制；④ 数据采集。

7.7.1 pH值自动控制

共沉淀反应开始后，反应溶液分别通过各自的增压泵增压，经调节阀门和流量计后，进入反应釜搅拌混合反应，通过固定一种溶液的流量，调节另一种溶液的流量，达到适合反应的pH值，根据工艺确定的反应速率，按照流量计显示，调整阀门设定计算流量加入反应釜。例如，某个反应的pH值要求在10.50，假设保持盐的流量不变，当在线分析仪pH仪表的显示值大于10.50，现场工作人员通过调节碱阀门减少碱溶液的流量；反之，当pH小于10.50时则增加碱溶液的流量，设定的流量大小按照偏差的大小由工艺确定的参考值调整，通过反复调整后，pH值渐趋稳定。同理，如果是保持碱溶液不变则应调整盐溶液的流量，只是在碱性条件下调节的方向是相反的。

利用人工调节pH控制方框图见图7-39。从图中可以看出，它实际上是一个开环pH值控制系统，使pH值发生改变的外界因素是两种溶液的流量Q_1和Q_2，要稳定pH值，就是要平衡Q_1与Q_2流量。

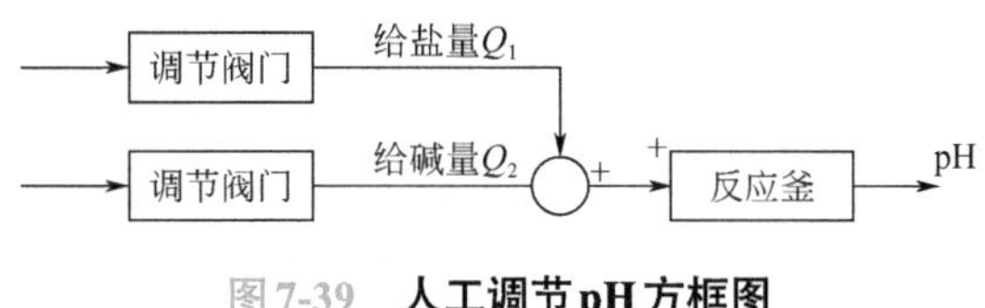

图7-39　人工调节pH方框图

流量的稳定是一个相对的参数，在实际应用中影响流量的因素有系统管道的阻力、输送泵压力的稳定、流量计本身的误差及溶液的浓度等，因此在实际生产过程中，pH的稳定是暂时的，稳定一段时间后pH值就会逐渐偏离理想值，如果不及时调整溶液的流量，偏差会越来越大，无法满足沉淀反应的条件，严重影响了反应速率和产物的品质。这就需要随时根据偏差及时调整流量。在实际生产过程中，通常是控制某种溶液的流量恒定，调节另一种溶液流量使其平衡。很明显这种依赖现场技术人员手动调节的方法不是很理想，而且往往要等到出现偏差后才开始调整，调整量的多少是根据现场技术人员的经验或从小流量到大流量逐步调试，反应过程完全依靠人工手动调节，pH控制不稳定且劳动强度大，并且由于技术人员的经验不同，反应的效果也不同。如果反应装置多，则需要较多的技术人员。

所以，图7-39所示的开环系统是不能满足控制需要的，控制模式必须是一个闭环控制系统。闭环控制系统的特点是系统被控对象的输出（被控制量）会返送回来影响控制器的输出，形成一个或多个闭环。闭环控制系统有正反馈和负反馈，若反馈信号与系统给定值信号相反，则称为负反馈，若极性相同，则称为正反馈，一般闭环控制系统均采用负反馈，又称负反馈控制系统。

在pH控制系统的中，选用具有PID调节的仪表或者带PID控制的可编程程序控制器来实现闭环控制，保证系统中的流量恒定，较好地满足系统稳定pH值要求。PID控制器的规律来源于人工的操作规律，是在模仿人工操作经验的基础上发展来的，生产过程控制中常用的控制规律有位式控制，如积分控制、微分控制及两者的组合。PID控制是连续控制系统中技术最成熟、应用最广泛的控制方式。具有以下优点：理论成熟，算法简单，控制效果好，易于为人们熟悉和掌握。PID控制器是一种线性控制器，它是对给定值$r(t)$和实际输出值$y(t)$之间的偏差，如下式所示。

$$e(t)=y(t)-r(t)$$

经比例（P）、积分（I）和微分（D）运算后通过线性组合构成控制量$u(t)$，系统由模拟PID控制器和被控对象组成，其控制系统原理框图见图7-40，图中$u(t)$为PID调节器输出的调节量。

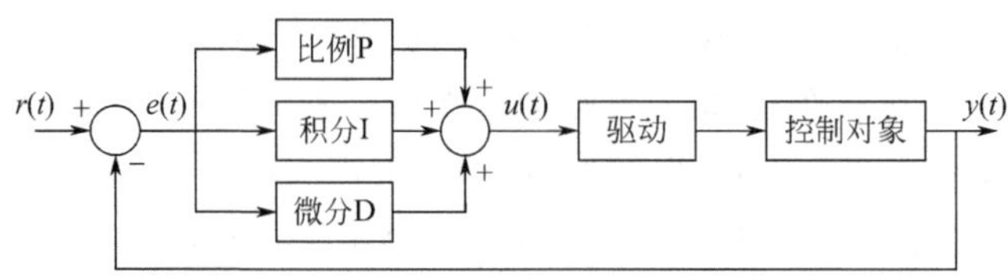

图7-40 **PID控制原理框图**

PID控制规律如下式：

$$u(t) = K_p \left[e(t) + \frac{1}{T_i} \int e(t)\mathrm{d}t + T_d \frac{\mathrm{d}e(t)}{\mathrm{d}t} \right]$$

式中，K_p为比例系数；T_i为积分时间常数；T_d为微分时间常数。

PID控制器各环节的作用及调节规律如下：

① 比例环节：成比例地反映控制系统偏差信号的作用，偏差$e(t)$一旦产生，控制器立即产生控制作用，以减少偏差。比例环节反映了系统对当前变化的一种反映。比例环节不能彻底消除系统偏差，系统偏差随比例系数K的增大而减少，比例系数过大将导致系统不稳定。

② 积分环节：表明控制器的输出与偏差持续的时间有关，即与偏差对时间的积分呈线性关系。只要偏差存在，控制就要发生改变，实现对被控对象的调节，直到系统偏差为零。积分环节主要用于消除静差，提高系统的无差度。积分作用的强弱取决于积分时间常数，积分时间越大，积分作用越弱，易引起系统超调量加大，反之则越强，易引起系统振荡。

③ 微分环节：对偏差信号的变化趋势（变化速率）做出反应，并能在偏差信号变得过大之前，在系统中引入一个有效的早期修正信号，从而加快系统的动作速率，减少调节时间。微分环节主要用来控制被调量的振荡，减小超调量，加快系统响应时间，改善系统的动态特性。但过大对于干扰信号的抑制能力将减弱。

PID的三种作用相互独立，互不影响。改变一个调节参数，只影响一种调节作用，不会影响其他的调节作用。然而，对于大多数系统来说，单独使用一种控制规律都难以获得良好的控制性能。如果能将它们的作用作适当的配合，可以使调节器快速、平稳、准确地运行，从而获得满意的控制效果。常见的组合有比例积分（PI）、比例微分（PD）、比例积分微分（PID）三种。在要求较高的场合三种作用都用到。PID调节器技术广泛用于工业控制回路的参数控制，如：温度、压力、流量等参数的过程控制，它可以随意设定范围内的目标值，也就是给定值，简称SP值，相当于上述的$r(t)$。

按照PID调节器控制原理，结合调节阀门的作用，得到一种的自动调节流量方法，从而控制pH值，控制原理方框图见图7-41。

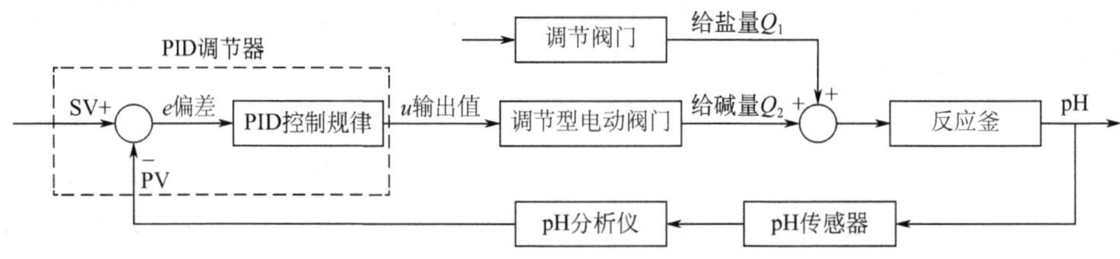

图7-41 **pH自动控制原理图**

图7-41中的被控对象是pH值，我们假定固定盐溶液的流量，反应釜的pH值经传感器采样送到pH分析仪，分析仪根据采样信号显示成pH值并转换成电流模拟信号传送给PID调节器，经PID调节器按照控制规律处理偏差后输出电流信号传送给调节电动控制阀门，调节阀门按照控制信号增大或减小碱的流量，从而控制pH值。这种控制方法引入了PID调节器，设置方便，工作原理简单。

当反应体系实际pH值与设定pH值相差较大时，自动控制系统会使流量增大到极限或减小为零。大家都知道在一定的功率下，泵提供的流量与压力成反比，当流量减小到极限时必然造成压力上升到泵的最高压力，这不仅浪费能源，还对泵的密封、系统管道及其他管阀件造成一定的损害。可通过采用变频恒压控制的方法来解决这个问题。变频恒压控制原理与pH控制原理相似，如图7-42所示。

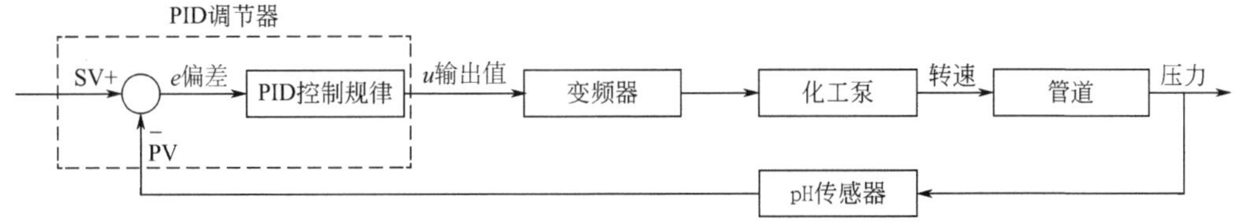

图7-42　变频恒压控制原理图

变频恒压控制系统以输送泵的出口管道压力为控制目标，设定的供料压力是一个常数，从图7-42中可以看出，在系统运行过程中，如果实际供料压力低于设定压力，控制系统将得到正的压力差，这个差值经过PID控制规律计算出变频器频率的增加值，将这个增量和变频器当前的输出值相加，得到的值即为变频器当前应该输出的频率。该频率使输送泵机组转速增大，从而使实际供料压力提高，在运行过程中该过程将被重复，直到实际压力和设定压力相等。如果运行过程中实际供料压力高于设定压力，变频器的输出频率将会降低，输送泵的转速减小，实际供料压力因此而减小，最后调节的结果仍然是实际供料压力和设定压力相等。

7.7.2　温度控制

前驱体反应中的温度控制主要有：反应前底水加热和反应过程中恒温。常规的温度控制比较简单，采用加热棒伸入反应釜，利用温控器控制接触器通断来加热。电加热棒的表面温度可达到400℃以上，因此加热元件周围温度会过高，局部温度过高对反应产物有一定的影响，从工艺经验来看，由于反应是间歇的，反应前需要对底水加热，反应过程中是一个放热反应，在大系统中热能积聚比较明显，在冬天补热可以稳定温度在一定的范围，如果是夏天，反应热积聚，搅拌功率强输入能量加强，温度可能会超出需要的温度，单向的加热控制就满足不了控温的要求。

多数反应釜只配备加热，要使反应系统保持稳定的温度，光有加热是不够的。可在反应釜外壁设置夹套，夹套分成两段，上面段夹套通冷却水，下面段夹套通入高温热媒。反应前需要加热底水，因此在下夹套通入高温热媒体加热。反应中由于存在反应热，热的聚集与使温度升高，大于反应温度时，通入冷却水降温，这样可调节的温度范围就大大加宽了，具体方案工艺如图7-43所示。

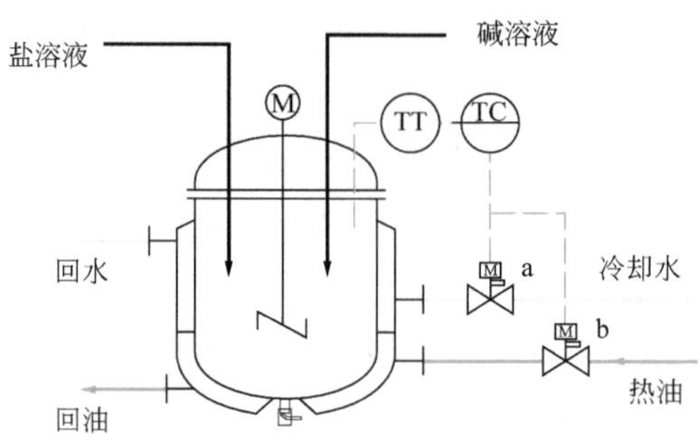

图7-43　温度控制工艺

从图7-43中可以看出，由一只调节器分别控制两个执行器工作，而且每个执行器必须全程工作，因此需要把调节器的信号分成两部分，每部分的信号使执行器在全程范围工作。控制方框图如图7-44所示。

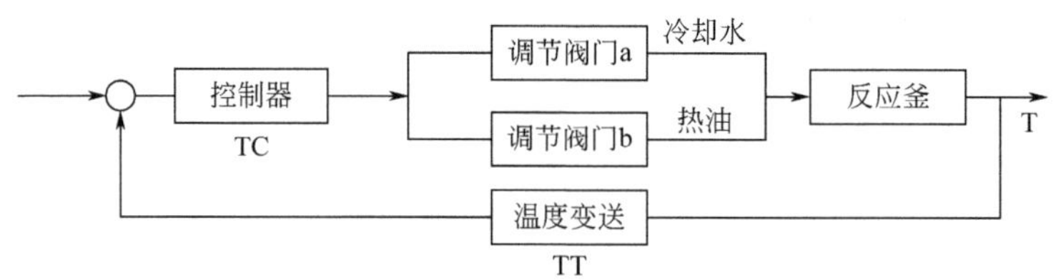

图7-44　分程温度控制方法

反应开始，底水加热，调节阀门b动作。反应中段温度升高，系统需要冷却，调节阀门a动作。反应后陈化阶段无反应热，或外界温度原因，温度降低，加热，调节阀门b动作。

由于系统存在两种作用，加热与冷却，存在控制方向问题，正作用还是反作用，在加热系统中，一般都是选反作用，在冷却系统中选正作用。

假设选择反作用，反应开始前升温阶段，测试温度小于设定值，则TC上升，阀a开始关闭，到阀a全关时，阀b打开，系统开始加热，当温度上升达到反应温度时，反应开始；反应开始后温度继续上升，当测试温度大于设定值时，TC下降，阀b开始关闭，当阀b全关时，阀a打开，冷却水把反应热带走，使反应釜温度恒定，反应继续进行。在这种情况下，阀a运行在小信号段，阀b运行在高信号段；阀a必须随着信号的增大开度减小，因此阀a必须选满信号关闭，零信号全开。阀b随着信号的增大开度增大，因此阀b必须选满信号关闭，零信号全开。具体如图7-45所示。

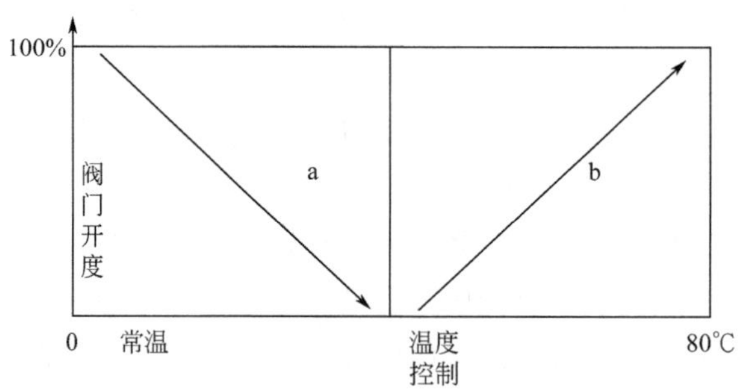

图7-45　反作用时阀门运行情况

假设选择正作用，阀b运行在小信号阶段，阀a运行在高信号段；阀b必须随着信号的增大开度减小，因此阀b必须选满信号关闭，零信号全开。阀a随着信号的增大开度增大，因此阀a必须选满信号关闭，零信号全开。具体如图7-46所示。

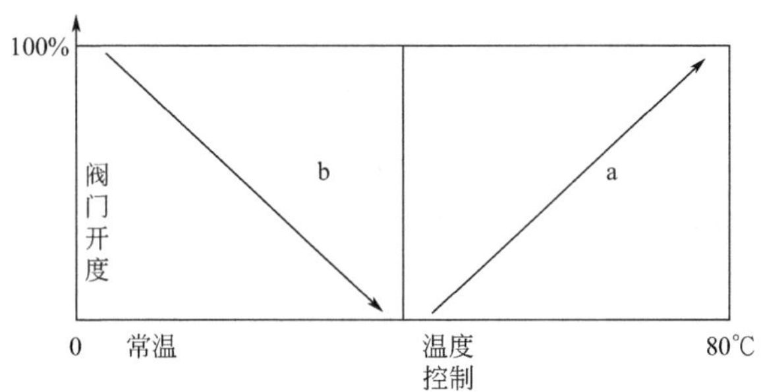

图7-46 正作用时阀门运行情况

通过以上的分析，两种方式都可以达到温度控制的目的，只是选择不同作用时阀门的开闭方式不同，信号分程的区域段不同。为了保证安全，防止反应器温度过高，能源中断时冷水阀应该打开，这时阀a应在小信号段，阀b在高信号段。因此一般选择反作用控制方式。

7.7.3 常用控制件选型

自动控制中比较关键的控制件为pH仪、电动阀门、压力变送器及液位变送器、变频器等。各个控制件的选型要求如下：

（1）pH仪

pH分析仪不仅要具备pH值对应的4～20mA模拟电流信号变送输出，还要具备温度对应的4～20mA模拟电流信号变送输出，从而满足温度与pH值被控量值在控制系统中反馈信号的需要。

（2）电动阀门

调节电动阀门的选型主要按照电气性能和工艺流量口径、公称压力、材质四个方面进行选择。电气性能主要分为电源和控制信号的种类，电源电压通常选择交流220V，控制信号选择4～20mA模拟信号；考虑化工原料的腐蚀问题，选择防腐蚀的阀体材质；其他两部分技术参数按照具体工艺要求选择。

（3）压力变送器及液位变送器的选型

压力传感器和压力变送器是将管道中的压力信号变成1～5V或4～20mA的模拟量信号，作为模拟输入模块（A/D模块）的输入，在选择时，为了防止传输过程中的干扰与损耗，采用4～20mA输出压力变送器。

液位变送器与压力变送器相似，它是利用液位的高度产生的压力信号变送成电压或电流信号来计量液位的高度，不同的液体密度不一样，同一液位产生的压力也不一样，由于液体的种类比较多，为了型号统一，可将水的密度作为选择依据。变送的信号送入PLC，通过设置不同的密度参数来处理不同的液体信号。

（4）变频器选型

变频器在两个地方使用，即主搅拌电机调速和反应增压泵恒压控制。要对系统所用的变频器进行选型，首先需要确定变频器的容量，方法是依据所配电动机的额定功率和额定电流来确定变频器容量。在一台变频器驱动一台电机连续运转时，变频器容量（kV·A）应同时满足下列三式：

$$P_{CN} \geqslant \frac{KP_M}{\eta \cos\phi}$$

$$P_{CN} \geqslant K \times \sqrt{3} U_M I_M$$

$$I_{CN} \geqslant KI_M$$

式中 P_M——电动机的输出功率；
η——电动机的效率（通常在0.85以上）；
ϕ——电动机的功率因数（通常在0.8以上）；
U_M——电动机电压，V；
I_M——电动机工频电源时的电流，A；
K——电流波形的修正系数，对PWM方式，取1～1.05；
P_{CN}——变频器的额定容量，kV·A；
I_{CN}——变频器的额定电流，A。

这三个公式是统一的，选择变频器容量时，应同时满足三个算式的关系，变频器电流是一个较关键的量。根据控制功能不同，通用变频器可分为三种类型：普通功能型U/f控制变频器、具有转控制功能的高功能型U/f控制变频器以及矢量控制高功能型变频器。供料系统属泵类负载，低速运行时的转矩小，可选用价格相对便宜的U/f控制变频器。搅拌属于恒转矩类负载，选用具有恒转矩控制功能的矢量变频器。

7.8 过滤洗涤工艺及设备

前驱体反应过程中，盐溶液和碱溶液发生中和反应生成氢氧化物前驱体，固含量大概为5%～30%，而钠盐和络合剂则溶解在溶液中。反应完成后，需要将反应浆料过滤，得到前驱体滤饼，并用纯水穿过滤饼层将残留于滤饼中的液体置换出来，进一步清除残留于滤饼中的钠盐、硫酸根、氯根和络合剂，即滤饼洗涤，在大多数情况下是直接在过滤机上进行置换洗涤。

三元材料前驱体过滤洗涤的主要工艺控制点有：洗涤用水的杂质含量、滤饼的硫酸根（或氯根）含量和钠含量。

7.8.1 成饼过滤原理

过滤是使固液混合物通过能够截留固体颗粒并具有渗透性的多孔介质实现固液分离的过程。用于克服过滤阻力的推动力可以是重力、真空抽力、压力和离心力。按实际过滤过程分为深层过滤和成饼过滤。深层过滤一般用于很稀（例如体积浓度小于0.1%）悬浮液的净化。三元前驱体浆料的过滤属于成饼过滤。

成饼过滤主要靠筛分起作用，虽然过滤介质的孔径很小，但在过滤初期，仍会有一些小颗粒进入介质小孔，有些颗粒还会穿过介质使滤液浑浊。随着过滤的持续进行，颗粒逐渐在孔口上形成架桥现象。当固体颗粒浓度较高时，架桥现象很快生成，此时介质的实际孔径减小，即使是细微颗粒也不能通过而被截留，形成滤饼。随后滤饼在过滤中起到过滤介质的作用，由于滤饼的孔隙很小，使越来越细小的颗粒被截留，形成密实的滤饼层，使滤液变清，此后过滤才能真正有效地进行[13]。

7.8.2 过滤介质

滤布对于过滤过程来说很重要，滤布的选择需要考虑以下几方面。

（1）滤布材料的物理化学稳定性

选择滤布材料时应注意滤布的实际使用温度应低于构成滤布材质最高安全使用温度。当滤布长期在安全使用温度附近工作，且又受到一定拉力时，必须考虑材料在使用过程中出现变形的可能性，同时还应考虑滤布在分离料浆中的化学稳定性。滤布材料不能与料浆中的任何一种物质起化学反应。

三元材料前驱体浆料的pH值在11左右，属于碱性浆料。主要的碱性物质为NaOH和氨水，所以滤布需要不被NaOH和氨水腐蚀。三元材料前驱体滤饼的洗涤也在过滤设备上完成，滤饼洗涤过程中，为了提高洗涤效率，有的厂家会用热水代替常温纯水，水温在50～60℃左右，所以滤布的最高使用温度应高于100℃。

（2）力学性能

力学性能指滤布抗拉性能、耐磨性能、伸长率、弹性。滤布一般都要反复使用。应根据过滤机的类型来选择滤布的种类。如板框压滤机、厢式压滤机等过滤设备上的滤布都必须承受较大的拉力，所以，这些过滤设备配备滤布的抗拉性能要好。

伸长率反映滤布允许变形的能力。如厢式压滤机和板框式压滤机上使用的滤布有一定的变形，这就要求所选的滤布有较好的弹性。滤布弹性的好坏也可以从滤布拉伸过程中的拉伸力与伸长自动记录曲线图中判断出；断裂伸长率也是参考指标之一。

耐磨性能是反映滤布寿命指标之一。在某些过滤设备上，滤布与设备的某些部件之间或在加料口处有一定的摩擦，影响滤布的使用寿命。如刮刀卸除滤饼的过滤机、板框或厢式压滤机的周边及进料回部位都有一定的摩擦，这些设备所用的滤布要求耐磨性能要好。

（3）过滤精度

过滤精度是指滤液允许含固量（即滤液浊度），滤液中允许最大颗粒直径等生产中规定的指标。所选的滤布必须满足生产工艺规定的过滤精度。

选择滤布时，最大透过粒径与物料中需截留的颗粒粒径之差应当适宜。对于过滤精度要求不太高的浓物料的过滤，所选滤布的最大透过粒径与物料中需截留颗粒的粒径不要相差太大，以免造成过滤过程中滤饼穿透短路。但对于过滤精度要求高的过滤或无滤饼形成的稀薄料浆的过滤，所选滤布的最大透过粒径应不大于物料中截留的颗粒粒径，以确保过滤精度。

三元材料前驱体浆料的过滤过程初期主要是滤布过滤，进行到一段时间后会有滤饼形成，滤饼形成后，颗粒与颗粒之间形成架桥作用，这时滤饼层和滤布同时过滤。当滤液穿过滤饼层时，有些细小颗粒已被滤饼截留，此时的过滤精度会高于过滤过程初期的过滤精度。

除滤布最大孔径之外，同时也应注重滤布孔隙均匀性。

（4）初始过滤速率

一般来说，透气阻力大的滤布，其透水阻力也大；透水阻力大的滤布，初始过滤速率则小，反之则相反。在滤布选型时可以把这几项指标综合起来考虑，以选出最佳型号的滤布。

对液–固过滤设备的滤布选型，则应以透水率或初始过滤速率为选择依据。

过滤设备的生产效率在一定程度上与滤布的过滤速率有很大的关系，在滤布选型时，必须在满足生产中规定过滤精度的前提下提高过滤设备的效率。一般来说，截留性能好的滤布阻力大；截留性能差的滤布阻力小。对分离细颗粒、低浓度的物料，一般选用截留性好的滤布。对分离大颗粒高浓度的物料，一般选用截留性能差一些、阻力低的滤布，以提高设备的生产效率。

（5）滤饼剥离性能

滤饼与滤布之间存在着一定的黏着力，该黏着力的大小将影响滤饼脱离滤布的难易程度。在过滤过程中，总是希望滤饼与滤布之间的黏着应力小，易于卸饼。滤布与滤饼间的黏着力与滤布的材质、纤维的长短、织法及后处理有关。

在实际生产中，不能对单一滤布性能进行评价，而是对整个过滤系统进行综合评价。如液相澄清度、固相含液率、固相回收率、设备的处理效率、单位处理量的经济成本等。在实际过程中，应根据过滤设备类型、实际生产要求，选择既满足过滤生产要求，又使过滤成本达到最低的滤布。

常见滤布材质有尼龙滤布、涤纶滤布、丙纶滤布、维纶滤布、非织造滤布等，其中耐碱性的有尼龙、丙纶、涤纶、维纶等，这几种材质对不同浓度、不同温度的氨水溶液和氢氧化钠溶液的耐腐蚀性见表7-12。从表中可以看出，丙纶滤布对温度为21℃、浓度为100%的氨水耐受性最好，对温度为71℃、浓度为10%的氢氧化钠溶液耐受性最好，是其他几种滤布中耐碱性最好的滤布。

表7-12　不同材质滤布耐碱性能对比[14]

化学物质	质量分数/%	温度/℃	纤维名称			
			尼龙	丙纶	涤纶	维纶
氨水	100	21	中	好	—	—
	25	21	中	好	差	好
氢氧化钠	2	21	好	好	中	好
	1	71	中	好	差	中
	10	21	好	好	差	中
	10	71	中	好	差	较差

丙纶和其他几种材质的物理性能对比见表7-13。从表中可以看出，丙纶虽然耐热性稍差于其他几种材质，但已经能够满足前驱体过滤洗涤的要求。

表7-13　不同材质滤布物理性能对比

性能	涤纶	丙纶	维纶
断裂伸长	30%～40%	大于涤纶	12%～25%
回复性	很好	略好于涤纶	较差
耐磨性	很好	好	较好
耐热性	170℃	90℃略收缩	100℃有收缩
软化点	230～240℃	140～150℃	200℃
熔化点	255～265℃	165～170℃	220℃

7.8.3 过滤设备

滤饼过滤根据其采用的过滤技术不同，一般分为真空过滤、加压过滤、离心过滤和压榨过滤四种基本类型。每种类型都有其相应的过滤设备。常见的设备有吸滤机、压滤机、叶滤机、管式过滤机、转筒过滤机、圆盘真空过滤机、离心机等，在三元前驱体生产中使用最多的是压滤机和离心机。选用不同过滤设备，其过滤工艺各异。

7.8.3.1 压滤机

压滤机有板框压滤机和厢式压滤机。

板框压滤机是一种在压力下间歇操作的过滤设备，但能承受的压力较低，通常小于0.6MPa。板框压滤机的结构如图7-47所示。

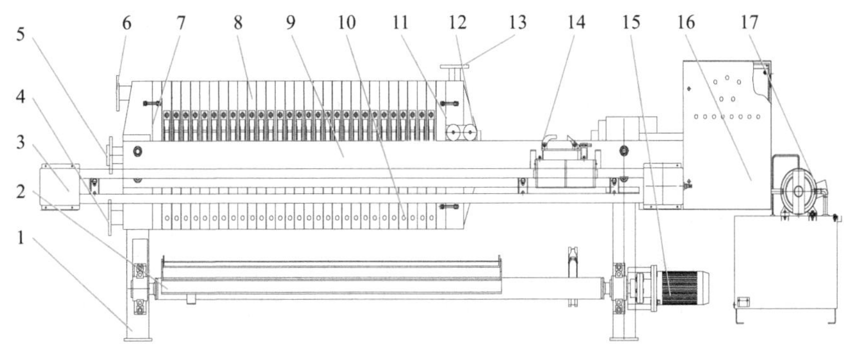

图7-47 板框压滤机结构图

1—支腿；2—接料托盘；3—拉板传动；4—排液口；5—进料口；6—洗涤口；7—止推板；8—滤板或滤框；9—横梁；10—明流排液口；11—压紧板；12—压紧板导轮；13—反吹口；14—拉板机构；15—托盘传动；16—控制箱；17—液压系统

它由许多滤板和滤框交替排列组成，板和框架在支架上，一端固定，一端可以让板框移动。板和板之间隔有滤布，用压紧装置自活动端向固定端方向压紧。板与框的角上有孔，在板框重叠时即形成进料、进洗涤液、排出滤液及洗液的通道。板框压滤机常见滤板如图7-48所示。

浆料用泵经进料管压入框内，液体经过框两旁的滤布后，由板上的孔道进入出料管，滤饼即在框内形成。

过滤后的液体排出有“开式”和“闭式”两种方式。“开式”即各板均有开口，滤液经过开口直接排出，这样可以观察各个滤板是否工作正常，如发现某块滤板出来的滤液浑浊，即可将该板出口的阀门关闭，以免影响全部滤液的质量或造成物料的浪费。“闭式”即滤液进入板框角上的滤液总通道汇集后排出，优点与开式相反，但它的构造较简单，省去了许多小阀门。

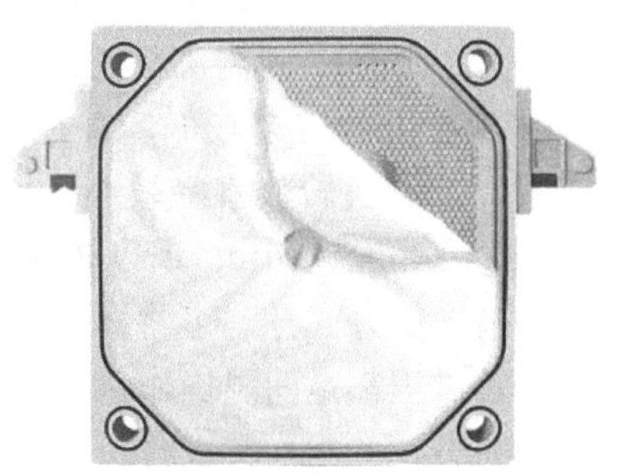

图7-48 板框压滤机常见滤板[15]

板框压滤机的压紧形式有手动压紧、电动压紧和油压压紧三种方式。手动压紧结构简单，压紧力小，劳动强度大；电动压紧劳动强度小，压紧力大，压紧速度快，但每台压滤机需配置电机及减速机；油压压紧劳动强度小，压紧力大，需配置电机、油泵等，但可多台板框压滤机合用一套电机，油泵利用效率可提高。

板和框材料可用特铁、铸钢、铝、铜、木材、橡胶、塑料等。可按照物料的化学性质不同来选择。因三元材料前驱体浆料的pH值高于10，具有腐蚀性，需要选择耐碱腐蚀的材质。另外三元材料前驱体制备环节应尽量减少和金属的接触，以免带入金属杂质，所以应尽量选择非金属材质。

由于板框压滤机有停止进料后推动力就停止了的情况，所以最后进料的滤液无法滤出。由此增加了滤饼的含湿量和降低了滤液的收率，所以在停止进料后，需要用压缩空气吹干，使残留的滤液继续滤出，以降低滤饼的含湿量和提高滤液的收率。三元材料前驱体滤饼还需洗涤，洗涤后也需要采用压缩空气吹干。

板框压滤机的优点为结构简单，制造方便，造价较低，辅助设备少，动力消耗少，能经常检查和再生滤布，滤布的检查更换十分方便。缺点是操作间歇式；板和框装拆、卸滤饼工作强度大；为开启性设备，操作有毒有害物料时，有损工人健康，污染环境；操作中随滤饼的增量而过滤速率减慢，效率降低，洗涤时间长而又有死角无法洗涤干净。

厢式压滤机大致与板框式相似，区别在于把滤框换成滤板，没有滤框，单块滤板比板框式滤板厚，也就是厢式压滤机由两块相同的滤板相合而成，两块滤板之间在压紧时形成一个滤室用于存放被滤布隔离的颗粒状物体，进料孔放在滤板中央，一般用于颗粒状物体比较多的如选矿、洗煤等行业，厢式压滤机特点是不宜造成各滤室偏压，从而滤板不宜被损坏，过滤速度快，卸渣方便，过滤压力大，滤饼含液量低，能承受过滤压力最高可达3.0MPa，板之间相对密封严密，不容易漏料，容易实现自动卸料，适应范围更广。

7.8.3.2 离心机

（1）离心机工作原理

离心分离是借助于离心力的作用分离非均一体系的常用方法，它是在离心机中实现的。离心机的主要部分是一些在垂直轴或水平轴上高速旋转的转鼓或筐，转鼓的侧壁上有孔，在转鼓的内表面上覆以滤布。当浆料受离心力作用被抛向鼓壁时，固体颗粒被阻留在滤布表面上而液体则在离心力的作用下通过滤饼层、滤布和转鼓上的孔眼而排出到外面。在一般情况下，离心过滤是由三个依次进行的物理过程构成的，即：滤饼生成；滤饼压实；排除滤饼中的液体。借助离心过滤可以得到脱水程度很高的滤饼。

（2）离心机分类

按分离因素Fr值分（Fr是指物料在离心力场中所受的离心力，与物料在重力场中所受到的重力之比值），可将离心机分为以下几种：① 常速离心机，Fr≤3500（一般为600～1200），这种离心机的转速较低，直径较大；② 高速离心机，Fr=3500～50000，这种离心机的转速较高，一般转鼓直径较小，而长度较长；③ 超高速离心机，Fr＞50000，由于转速很高（$50000r \cdot min^{-1}$以上），所以转鼓做成细长管式。

按操作方式分，可将离心机分为以下类型：① 间隙式离心机，其加料、分离、洗涤和卸渣等过程都是间隙操作，并采用人工、重力或机械方法卸料，如三足式和上悬式离心机；② 连续式离心机，其进料、分离、洗涤和卸渣等过程，有间隙自动进行和连续自动进行两种。

按卸料方式分，可将离心机分为以下型式：① 刮刀卸料离心机；② 活塞推料离心机；

③ 螺旋卸料离心机；④ 离心力卸料离心机操；⑤ 振动卸料离心机；⑥ 颠动卸料离心机。

按安装方式，可将离心机分为立式、卧式、倾斜式、上悬式和三足式等。

传统的三足式不适合于前驱体脱水，主要由于物料固含量低，黏度大，物料密度大，使得卸料时工人劳动强度大，基本不使用。前驱体常用自动卸料离心机具体如图7-49所示。

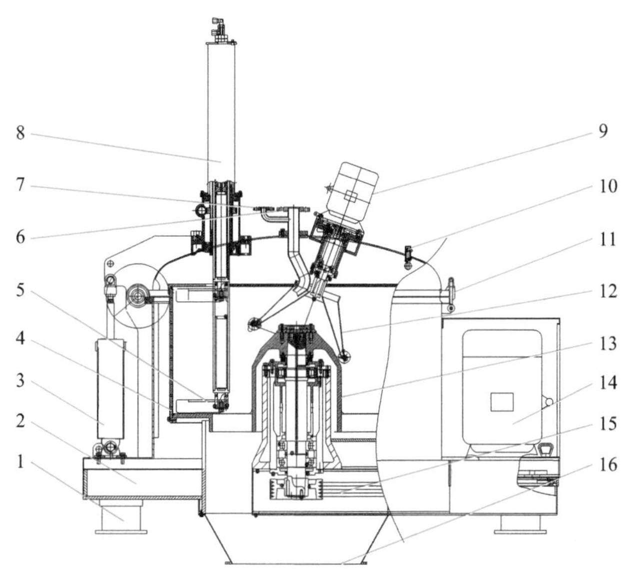

图7-49　自动卸料离心机结构图

1—避震支座；2—机架；3—翻盖液压缸；4—离心转鼓；5—卸料刮刀；6—进料口；7—洗涤口；8—卸料液压缸；9—布料电机；10—清洗花洒；11—盖锁扣；12—布料转鼓；13—转鼓支座；14— 电机；15—三角皮带；16—卸料口

7.9 干燥工艺及设备

洗涤干净的前驱体滤饼含有10% ～ 50%的水分，需要将其除去以便后续工段使用。干燥是用加热的方法使固体物料中的水分或其他溶剂汽化，从而除去固体物料中湿分的过程。

干燥过程十分繁杂，它涉及流体力学、传热、转质三方面基础理论，这里不再赘述，可查阅有关干燥专著、化工工艺及化工设备等设计手册。

7.9.1 干燥工艺

干燥工艺包括干燥时间、干燥温度和干燥气氛等的确定。三元前驱体为变价金属的低价化合物，在空气中会被氧化，且干燥温度越高氧化程度越严重。但由于真空干燥和惰性气氛保护干燥成本高且干燥效率低，而在空气气氛下适当温度干燥出来的前驱体品质基本能满足要求，所以一般选择空气气氛干燥。

图7-50所示为不同干燥温度处理后的三元前驱体XRD图。从图中可以看出，150℃处理后的前驱体XRD谱图和真空100℃处理的XRD谱图已有明显差异，因此前驱体滤饼在空气中的干燥温度应小于150℃。当温度到达400℃时，前驱体会被氧化变为三价氧化物。不同干燥

温度下前驱体的总金属含量和比表面积见表7-14，从表中可以看出，前驱体总金属含量随着干燥温度的升高而升高，比表面积在高于200℃后突然增大。

当确定前驱体的干燥温度不能高于150℃后，可以根据干燥设备的干燥效率和前驱体水分含量要求要确定干燥时间。一般前驱体水分控制标准为水分含量小于1%，不同干燥设备所需的干燥时间不同。

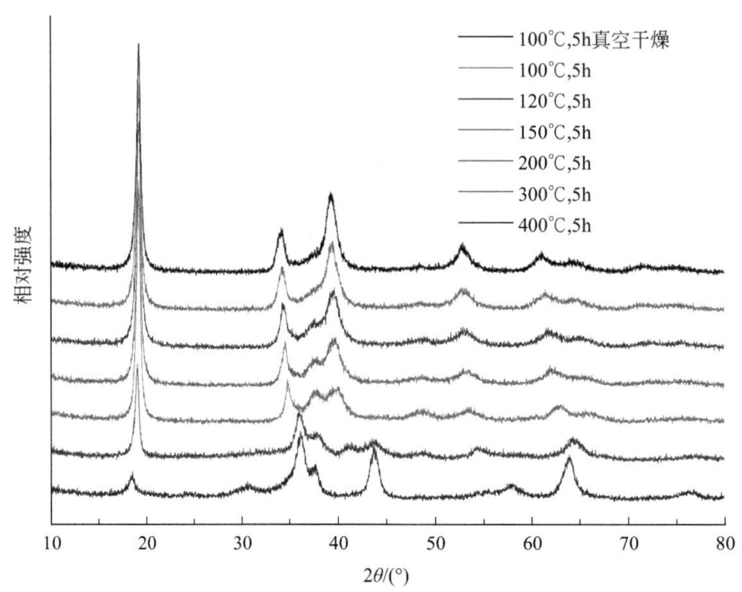

图7-50 不同温度处理后的三元前驱体XRD（见彩图30）

表7-14 不同干燥温度下前驱体的总金属含量和比表面积

干燥温度/℃	100（真空）	100	120	150	200	300	400
总金属含量/%	61.65	61.71	61.80	61.83	62.14	62.20	69.98
比表面积/($m^2 \cdot g^{-1}$)	4.7	4.3	4.3	4.4	4.5	52.6	62.9

7.9.2 干燥设备

根据操作压力的不同，干燥可分为常压干燥和真空干燥。真空干燥温度较低，适合于干燥热敏性、易氧化或要求产品含水量极低的物料。

根据操作方式的不同，干燥可分为连续干燥和间歇干燥，连续干燥具有生产能力大、产品质量均匀、热效率高以及劳动条件好等优点。间歇干燥适合于干燥小批量、多品种的物料。

根据传热方式的不同，干燥可分为传导干燥、对流干燥、辐射干燥、介电干燥和联合干燥。

传导干燥又称为间接加热干燥，干燥过程中干燥介质和被干燥物料不直接接触。干燥介质通常为饱和蒸汽、热空气或热流体，热能通过金属壁传给湿物料。热传递表面温度可以从–40℃到300℃。其热能利用率较高，但与金属壁接触的物料在干燥时易过热。盘架式干燥器、滚筒干燥器和冷冻干燥器等中的干燥过程即为传导干燥。

对流干燥又称为直接加热干燥，干燥过程中干燥介质和被干燥物料直接接触。干燥介质通常为热空气。热空气的温度可以根据被干燥物料的不同控制在50～400℃之间。热空气离开干燥器时带走较多热量，故其热效率低于传导干燥。盘架式干燥器、带式干燥器、气流干燥器、沸腾床干燥器、喷雾干燥器和使用热空气的转筒干燥器等中的干燥过程即为对流干燥。

辐射干燥以电磁波的形式传递能量给被干燥物料。辐射源可分为电能和热能两种。用电能的辐射器，例如采用专供发射红外线、紫外线、远红外线的装置，将电磁波照射在湿物料上使之受热进行干燥。红外线、紫外线、远红外线干燥器等中的干燥过程即为辐射干燥。

介电干燥是将湿物料置于高频电场内，由于高频电场的交变作用使物料受热进行干燥。高频加热干燥器和微波干燥器中的干燥过程即为介电干燥。

联合干燥是指由上述两种或多种方式组合的干燥过程。烟道气加热的回转干燥炉中的干燥过程即为由传导干燥和对流干燥组合而成的联合干燥。

选择三元材料前驱体的干燥机至少需考虑以下几点：

① 产品的水分含量要求；

② 滤饼的水分含量以及滤饼含水量是否均匀；

③ 干燥机生产能力，物料的进给方式；

④ 干燥机与三元材料前驱体接触部分材质需要耐碱性，并且不能带入金属杂质或其他杂质；

⑤ 需要达到的干燥温度

⑥ 干燥成本；

⑦ 自动控制方面的要求；

⑧ 热源的类型；

⑨ 环保法规；

⑩ 厂房空间。

三元材料前驱体的干燥可采用热风循环烘箱、回转干燥机、盘式干燥机、耙式干燥机、微波干燥机等。

7.9.2.1 热风循环烘箱

热风循环烘箱外形像箱子，外壁是绝热保温层。热风循环烘箱内部主要结构有：逐层放置的物料盘、框架、电热元件加热器。由风机产生的循环流动的热风，吹到潮湿物料的表面达到干燥目的。热空气反复循环通过物料。

热风循环烘箱的工作原理和结构，如图7-51所示。

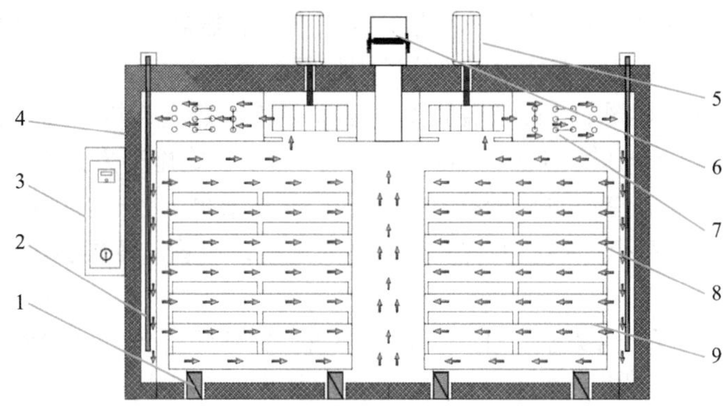

图7-51 热风循环烘箱内部结构图

1—脚轮；2—热电偶；3—控制面板；4—保温外壳；5—风机；6—排气口；7—加热丝；8—料盘；9—料盘支架

热风循环烘箱的优点是：容易装卸，物料损失小，料盘易清洗。因此，对于需要经常更换产品、价高的成品或小批量物料，厢式干燥器的优点十分显著。热风循环烘箱的主要缺点是：物料得不到分散，干燥不均匀，干燥时间长；装卸物料耗时耗人工，劳动强度大，设备利用率低；卸物料时粉尘飞扬，环境污染严重；热效率低，一般在40%左右，每干燥1kg水分约需消耗加热蒸汽2.5kg以上。

7.9.2.2 转筒干燥器

转筒干燥器的主体是略带倾斜并能回转的圆筒体。这种装置的工作原理如图7-52所示。湿物料从左端上部加入，经过圆筒内部时，与通过筒内的热风或加热壁面进行有效地接触而被干燥，干燥后的产品从右端下部收集。在干燥过程中，物料借助于圆筒的缓慢转动，在重力的作用下从较高一端向较低一端移动。筒体内壁上装有顺向抄板（或类似装置），它不断地把物料抄起又洒下，使物料的热接触表面增大，以提高干燥速率并促使物料向前移动。干燥过程中所用的热载体一般为热空气、烟道气或水蒸气等。如果热载体（如热空气、烟道气）直接与物料接触，则经过干燥器后，通常用旋风除尘器将气体中挟带的细粒物料捕集下来，废空气则经旋风除尘器后放空。

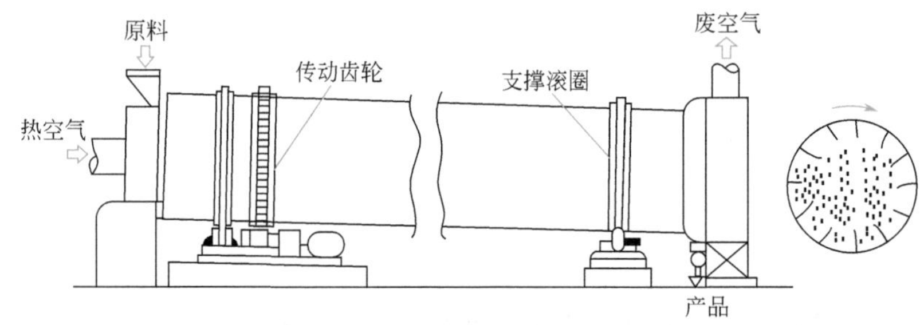

图7-52 转筒干燥器工作原理简图[13]

转筒干燥器的优点有：① 生产能力大，可连续操作；② 适用范围广，可用于干燥颗粒状物料，对于那些附着性大的物料也很有利；③ 清扫容易。

缺点是：① 价格较高；② 安装、拆卸困难；③ 热效率低；④ 物料颗粒之间的停留时间差异较大，因此不适合于对温度有严格要求的物料。

7.9.2.3 盘式连续干燥器

盘式连续干燥器主要包括：壳体、框架、大小空心加热盘、主轴、耙臂及耙叶、加料器、卸料装置、减速机和电动机等部件。其总体机构如图7-53所示。

空心加热盘是该干燥器的主要部件，其内部通以饱和蒸汽、热水或导热油，作为加热介质。故加热盘实际是一个压力容器。因此，在其内部以一定排列方式焊有折流隔板或短管，一方面增加了加热介质在空心盘内的扰动，提高了传热效果；另一方面增加了空心盘的刚度并提高了其承载能力。每个加热盘上均有热载体的进出口接管。各层加热盘间保持一定间距，水平固定在框架上。

每层加热盘上均装有十字耙臂，上下两层加热盘上的耙臂呈45°角交错固定在主轴上。每根耙臂上均装有等距离排列的耙叶若干个，但上下两层加热盘的耙叶安装方向相反，以保证物料的正常流动。电机通过减速机带动干燥器主轴转动。物料由干燥器上方的进料口进入，经各层加热盘干燥后由下部出料口排出。干燥器最外面是一壳体，使整个干燥过程在一密闭空间内进行。

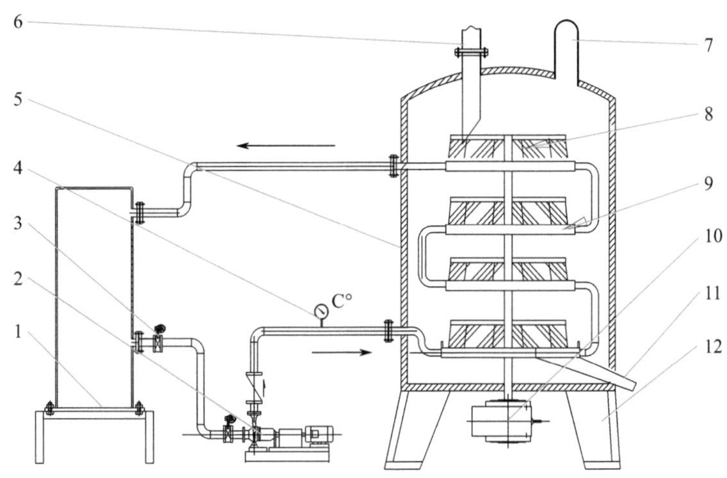

图7-53　**盘式干燥器结构图**

1—导热油箱；2—热油泵；3—截止阀；4—温度计；5—连续干燥器；6—进料口；7—排气口；8—刮扫器；9—加热盘；10—减速机；11—下料口；12—支腿

盘式连续干燥器的特点如下：

① 热效率高、能耗低、干燥时间短：盘式连续干燥器是一种热传导式干燥设备，不存在气流干燥中由热风带走大量的弊端。同时由于物料在耙叶的机械作用下，不断被翻炒、搅拌，从而使料层热阻降低，提高了干燥效率，其热效率可达60%以上。由于物料湿含量的不同，单位蒸汽耗量为1.3～1.6kg（蒸汽）/kg（水），干燥时间一般在5～80min。

② 可调控性好：加热盘的数量、主轴的回转速率、加热介质的温度和物料停留时间，可根据需要进行调整，因此产品干燥均匀、质量好。

③ 被干燥物料不易破损：耙叶的回转速率较低，物料在翻炒过程中不容易破碎。

④ 环境整洁：由于是密闭式操作，无粉尘飞扬，有利于操作人员的健康。

盘式连续干燥器适用于干燥散粒状物料，而不适用于黏稠或膏状物料。这是因为被干燥物料在耙叶作用下不断翻炒，同时被耙叶推动前进，而黏稠或膏状物料难以被耙叶翻炒，甚至在干燥盘上结疤，使耙叶不能正常运转，甚至损坏。需要重点指出的是，采用板框压滤机压滤的三元材料前驱体滤饼含水率较高，属于膏状物料，不能采用盘式干燥器。所以，若干燥器选择盘式干燥，则前段的过滤洗涤设备需要选择离心机。

7.9.2.4　带式干燥器

带式干燥器是一种连续带真空的高传导干燥器，在一密闭的真空腔体内设置物料输送导带，物料经过顶部的真空连续布料器，将物料粉体布置在导带上，导带不断向另一端输送，加热板处于导带下方，不断向导带提供热量，导带上的物料在输送的过程中水分不断蒸发，蒸汽由真空泵抽去，物料到达另一端自行落到下一层导带上，如此达到干燥要求。根据物料干燥工艺可设置多层干燥带，温度在40～180℃，运行速率可调。最后物料落入槽内，破碎后由放料阀放出。具体结构如图7-54所示。

带式干燥器的特点是：真空干燥下完成连续进料与出料；产品收率高；产品干燥室不与金属物接触，干燥后不损形貌；产品干燥工艺容易优化，可调整性强；能耗低；可清洗，更换品种容易；适合大批量连续自动生产。

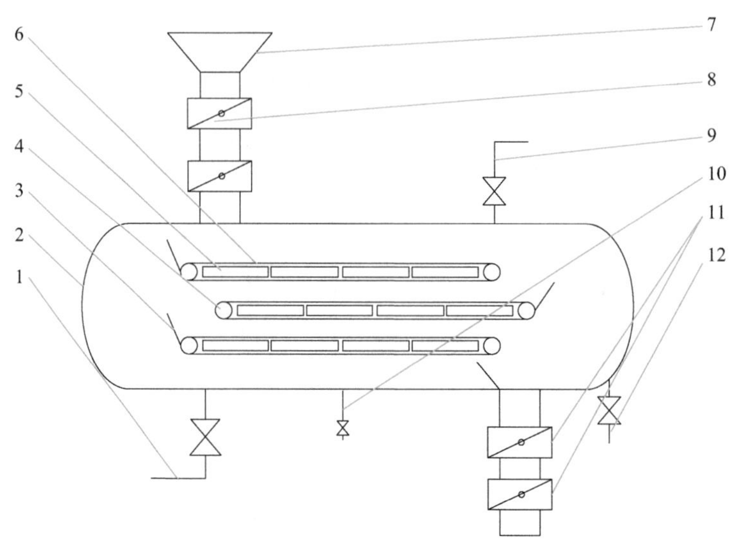

图7-54 带式干燥器结构图

1—热媒进口；2—壳体；3—挡料板；4—传动轴；5—加热板；6—导带；7—进料口；8—进料阀；9—真空管；10—排污口；11—放料阀；12—热媒出口

7.10 前驱体的各项指标及检测方法

前驱体的品质主要从以下方面判断：总金属含量、杂质含量、水分含量、pH值、粒径分布、振实密度、比表面积、形貌等。其中杂质的检测主要为铁、钙、钠、镁、锌、铜、硫酸根、氯根等。另还需分别检测镍、钴、锰三种金属的含量。这些指标都会对三元成品性能产生影响，进而影响电池的性能。

目前三元材料氢氧化物前驱体没有行业标准或国家标准，各个企业的标准略有差异。表7-15为国内几个厂家的三元材料氢氧化物前驱体指标。

表7-15 国内三元材料厂家氢氧化物前驱体指标

项目	A厂家	B厂家	C厂家
Ni+Co+Mn（质量分数）/%	61.5～63.5	≥61.5	61.5～62.8
Fe/(mg/kg)	≤100	≤100	≤50
Cu/(mg/kg)	≤50	≤50	≤20
Pb/(mg/kg)	≤50	≤10	—
Zn/(mg/kg)	≤50	—	—
Ca/(mg/kg)	≤200	≤300	≤500
Mg/(mg/kg)	≤200	≤300	≤500
Na/(mg/kg)	≤200	≤300	≤200
Cl^-（质量分数）/%	≤0.2	—	—

续表

项目		A厂家	B厂家	C厂家
SO_4^{2-}（质量分数）/%		≤0.4	≤0.4	≤0.5
H_2O（质量分数）/%		≤1.5	≤1.0	≤1.0
粒度	D_{10}/μm	≥5.00	≥5.00	≥5.00
	D_{50}/μm	9.00 ～ 10.00	8.00 ～ 11.00	9.00 ～ 12.00
	D_{90}/μm	≤20	—	≤25
pH		6.5 ～ 8.5	—	7.0 ～ 9.0
松装密度/($g \cdot cm^{-3}$)		1.0 ～ 1.4	—	—
振实密度/($g \cdot cm^{-3}$)		1.8 ～ 2.2	≥2.0	≥2.0
比表面积/($m^2 \cdot g^{-1}$)		4.0 ～ 10.0	7.0 ～ 9.0	—

其中，总金属含量一般采用容量法（即滴定法）测试；杂质含量采用原子吸收光谱法或电感耦合等离子体光谱法测试；硫酸根可用比浊法、重量法或碳硫分析仪测试；粒度测试采用激光粒度分析仪；振实密度、松装密度、比表面积都应对应的检测设备。具体检测方法和检测设备的介绍见第9章。

参考文献

[1] 赵红钢. 电池用精制硫酸镍的工艺研究. 长沙：中南工业大学，2000.

[2] 刘光启，马连湘，项曙光. 化学化工物性数据手册：无机卷. 增订版. 北京：化学工业出版社，2012.

[3] 吉恩镍业提供. 常见硫酸镍、硫酸钴制备流程图.

[4] GB/T 26524—2011. 精制硫酸镍.

[5] 彭容秋. 镍冶金. 长沙：中南大学出版社，2005.

[6] GB/T 26523—2011. 精制硫酸钴.

[7] 梅光贵，张文山，曾湘波，等. 中国锰业技术. 长沙：中南大学出版社，2011.

[8] HG/T 2962—2010.

[9] 范瑾初，金兆丰. 水质工程. 北京：中国建筑工业出版社，2009.

[10] 上海穗杉实业有限公司. 变压吸附制氮系统示意图.

[11] 丁倩倩. 一种锂离子电池多元正极材料球形前驱体的制备方法. CN 103035905A. 2012-12-21.

[12] 王凯，虞军. 搅拌设备. 北京：化学工业出版社，2003.

[13] 卢寿慈，等. 粉体技术手册. 北京：化学工业出版社，2004.

[14] 胡庆福. 纳米级碳酸钙生产与应用. 北京：化学工业出版社，2004.

[15] 板框压滤机常见滤板（图）. http://www. xgjx. com/ylj13041616. htm

8

成品制备工艺及设备

8.1 成品制备工艺和过程检验

将前驱体与锂源按一定比例在混料机中混合均匀，然后放入匣钵中进入窑炉，在一定的温度、时间、气氛下进行预煅烧、煅烧处理，冷却后的物料进行破碎、粉碎、分级，得到一定粒度的物料，将其批混干燥，即得到三元材料成品，流程如图8-1所示。

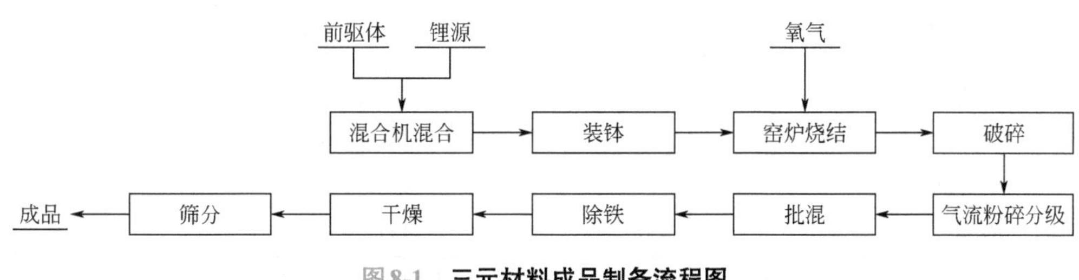

图8-1　三元材料成品制备流程图

三元材料常见制备工艺图见图8-2，先将锂源和前驱体输送到计量设备，按设定好的工艺配方进行计量后输送至混合机，在混合机将两种物料混合均匀。图中计量C指添加剂，添加剂的类型和添加数量视产品类型而定。将混合均匀的物料装入匣钵，然后整平、切小块，进入窑炉煅烧。煅烧出来的物料一般会板结，需要破碎和粉碎，常见工艺是先用颚式破碎机，然后用对辊破碎机，最后使用气流粉碎分级。分级后粒度合格的产品进入批混设备批混后，再经过除铁设备、振动筛过筛，测试合格后，便可包装入库。

如上所述，三元材料成品的制备过程包括锂化混合、装钵、窑炉煅烧、破碎、粉碎分级、批混、除铁、筛分、包装入库九大工序。各个工序的控制项目见表8-1。

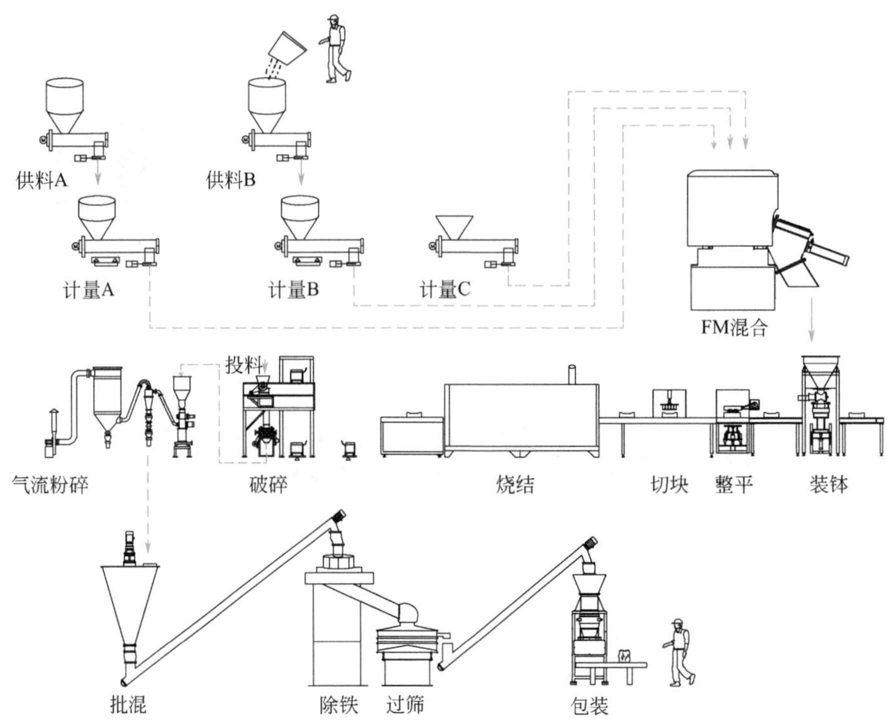

图 8-2　三元材料成品制备工艺图

表 8-1　三元材料成品制备过程控制

工序	控制项目
锂化混合	锂与金属摩尔比例；投料数量与配比，混合均匀，颜色均一
装钵	批次、数量
窑炉煅烧	煅烧温度、传送速率、气体流量
破碎	颗粒大小
粉碎/分级	粒度分布
批量混合	混料批次、数量
除铁	无磁性杂质
过筛	过标准筛网，物理化学指标
包装、入库	重量，外观整洁，包装完好，标识无误

8.2 锂源

常见的锂源有碳酸锂（Li_2CO_3）、一水氢氧化锂（$LiOH \cdot H_2O$）、硝酸锂（$LiNO_3$）等。硝酸锂因使用中会产生有害气体，一般不被选择作为锂源。三元材料制备过程中常用的锂源是碳酸锂，其次是一水氢氧化锂。虽然从反应活性和反应温度上来看，一水氢氧化锂优于碳酸锂，但是由于一水氢氧化锂的锂含量波动比碳酸锂大，且氢氧化锂腐蚀性强于碳酸锂，若无特殊情况，三元材料生产厂家都倾向于使用含量稳定且腐蚀性弱的碳酸锂。

8.2.1 碳酸锂

碳酸锂是一种白色疏松的粉末，流动性较差，松装密度在0.5g·cm^{-3}左右。其熔点为700℃左右，分解温度为1300℃左右。

8.2.1.1 碳酸锂的制备工艺

第5章中已经提到，最常见的含锂矿物是锂辉石和卤水。下面分别介绍一下锂辉石和卤水制备碳酸锂的工艺。

图8-3示为常见的锂辉石制备碳酸锂的流程。从图中可以看出，锂辉石硫酸浸出工艺，主要在中和工序、碱化工序和离子交换去除杂质。在中和过滤工序中可以将硅、铝杂质去除，在碱化除杂工序中除去镁、锰、铜、锌等杂质，通过离子交换工序除钙离子。而产品中Na^+、SO_4^{2-}杂质主要是在沉锂离心分离、洗涤工序中控制。

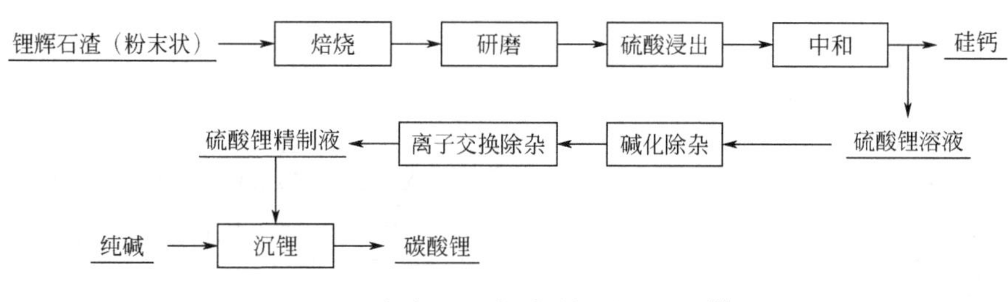

图8-3　锂辉石制备碳酸锂的流程图[1]

常见卤水制备碳酸锂的流程如图8-4所示。卤水中主要的成分为LiCl、$MgCl_2$、KCl、Na^+以及少量的Ca^{2+}、SO_4^{2-}，常见工艺是通过液碱调pH除去镁杂质，二氧化碳除钙杂质；Na^+、K^+、SO_4^{2-}则通过沉锂过程中离心分离和洗涤来控制。

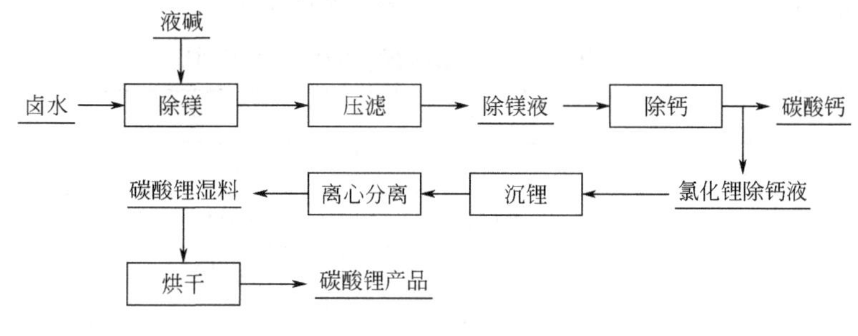

图8-4　卤水制备碳酸锂的流程图[2]

8.2.1.2 碳酸锂的品质要求和检测方法

用于制备三元材料的碳酸锂的关键品质点是锂含量、杂质含量、粒度分布。行业标准YS/T 582—2013中对电池级碳酸锂的品质要求和检测方法规定见表8-2。

表 8-2　行业标准对电池级碳酸锂的品质要求和检测方法规定[3]

项目		含量指标/%	标准中规定的检测方法
Li_2CO_3含量≥		99.5	按照国标GB/T 11064《碳酸锂、单水氢氧化锂、氯化锂化学分析方法》中规定方法测试
纳(Na)≤		0.025	
镁(Mg)≤		0.008	
钙(Ca)≤		0.005	
钾(K)≤		0.001	
铁(Fe)≤		0.001	
锌(Zn)≤		0.0003	
铜(Cu)≤		0.0003	
铅(Pb)≤		0.0003	
硅(Si)≤		0.003	
铝(Al)≤		0.001	
锰(Mn)≤		0.0003	
镍(Ni)≤		0.001	
SO_4^{2-}≤		0.08	
Cl^-≤		0.003	
磁性物质，≤		0.0003	电感耦合等离子体发射光谱法测铁、锌、铬三元素含量
水分≤		0.25	按GB/T 6284中规定方法测试
粒度/μm	D_{10}≥	1.0	按GB/T 19077.1中规定方法测试
	D_{50}	3～8	
	D_{90}	9～15	
外观质量		白色粉末，无杂物	目视法

但在实际生产过程中，不同厂家生产的碳酸锂品质各不相同，主要表现在杂质含量和粒度上。表8-3为三个厂家生产的电池级碳酸锂的性能指标对比。

表 8-3　不同厂家电池级碳酸锂的性能指标对比

项目	A厂家	B厂家	C厂家
Li_2CO_3含量/%≥	99.9	99.5	99.5
纳(Na)/%≤	0.020	0.025	0.025
镁(Mg)/%≤	0.010	0.010	0.010
钙(Ca)/%≤	0.003	0.005	0.010
钾(K)/%≤	0.001	—	0.001
铁(Fe)/%≤	0.0002	0.002	0.002
锌(Zn)/%≤	—	0.001	0.001
铜(Cu)/%≤	0.0002	0.001	0.001

续表

项目	A厂家	B厂家	C厂家
铅(Pb)/%≤	0.005	0.001	0.001
硅(Si)/%≤	0.004	0.005	0.005
铝(Al)/%≤	0.0002	0.005	0.005
锰(Mn)/%≤	0.0005	0.001	0.001
镍(Ni)/%≤	—	0.003	0.003
SO_4^{2-}/%≤	0.003	0.08	0.08
Cl^-/%≤	0.002	0.005	0.005
水分/%≤	—	0.4	0.4
平均粒度(D_{50})/μm	3～5	≤6	≤6

不同厂家碳酸锂的SEM图如图8-5所示。从图中可以看出，厂家1的产品中大块碳酸锂较多，从提高反应活性的方面考虑，可选择厂家2的产品。

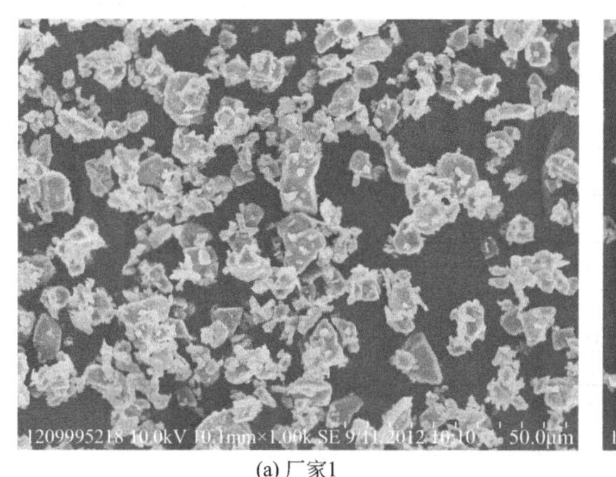

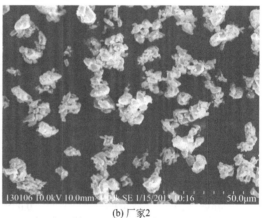

(a) 厂家1　(b) 厂家2

图8-5 不同厂家碳酸锂SEM图

8.2.2 氢氧化锂

这里所指的氢氧化锂为一水氢氧化锂，分子式$LiOH \cdot H_2O$。一水氢氧化锂是白色单斜细小结晶，强碱性，有腐蚀性，在空气中能吸二氧化碳和水分；溶于水，微溶于乙醇；$1mol \cdot L^{-1}$溶液的pH约为14；相对密度$1.51g \cdot cm^{-3}$；熔点500℃左右。

8.2.2.1 氢氧化锂的制备工艺

锂辉石制备氢氧化锂的流程图如图8-6所示。锂辉石硫酸浸出工艺的杂质去除环节如下：在中和过滤工序中去除硅、铝杂质，在碱化除杂工序中除去镁、锰、铜、锌杂质，在离子交换工序除钙离子。Na^+、SO_4^{2-}通过析钠、精制、结晶分离工序除去，Cl^-主要是通过原材料来控制；采用封闭体系保证产品中CO_3^{2-}杂质的含量。

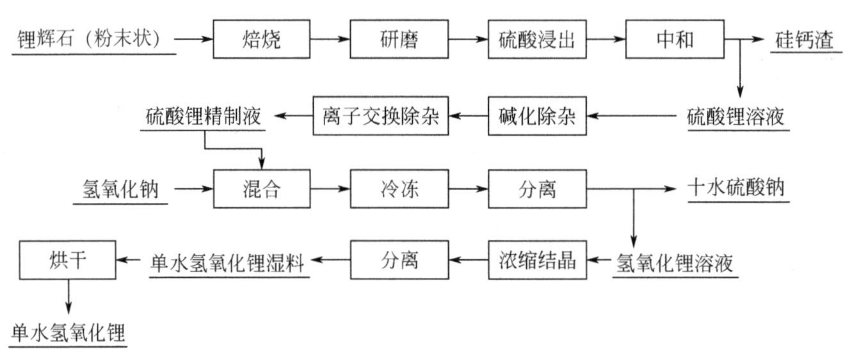

图 8-6 锂辉石制备单水氢氧化锂生产流程图[4]

8.2.2.2 氢氧化锂的品质要求和检测方法

制备三元材料用氢氧化锂的关键品质点和碳酸锂相同，为锂主含量、杂质含量和粒度分布。国标GB/T 26008—2010中对电池级单水氢氧化锂的品质要求和检测方法规定见表8-4，标准中将电池级氢氧化锂分为LiOH·H_2O–D1、LiOH·H_2O–D2、LiOH·H_2O–D3三个牌号。

表 8-4 国标对电池级单水氢氧化锂的品质要求和检测方法规定[5]

项目含量	牌号			检测方法
	LiOH·H_2O–D1	LiOH·H_2O–D2	LiOH·H_2O–D3	
LiOH·H_2O/%≥	98.0	96.0	95.0	按GB/T 11064中规定进行测试
铁(Fe)/%≤	0.0008	0.0008	0.0008	
钾(K)/%≤	0.003	0.003	0.005	
纳(Na)/%≤	0.003	0.003	0.005	
钙(Ca)/%≤	0.005	0.005	0.01	
铜(Cu)/%≤	0.005	0.005	—	
镁(Mg)/%≤	0.005	0.005	—	
锰(Mn)/%≤	0.005	0.005	—	
硅(Si)/%≤	0.005	0.005	—	
CO_3^{2-}/%≤	0.7	1.0	1.0	
Cl^-/%≤	0.002	0.002	0.002	
SO_4^{2-}/%≤	0.01	0.01	0.01	
盐酸不溶物	0.005	0.005	0.005	
外观	白色单晶，不得有可视杂物			目视法

不同厂家供应氢氧化锂的品质不相同，表8-5中列出了国内外几家锂盐供应商电池级单水氢氧化锂产品指标。

表 8-5 不同厂家单水氢氧化锂产品品质对比表

项目含量	A厂家	B厂家	C厂家
LiOH·H_2O/%≥	99.0	98.9	99.0
铁(Fe)/%≤	0.0007	0.0005	0.0005

续表

项目含量	A厂家	B厂家	C厂家
钾(K)/%≤	0.005	0.001	0.001
纳(Na)/%≤	0.005	0.002	0.002
钙(Ca)/%≤	0.002	0.0015	0.001
铜(Cu)/%≤	—	0.0005	—
镁(Mg)/%≤	—	0.001	—
锰(Mn)/%≤	—	0.0005	—
硅(Si)/%≤	—	0.003	—
CO_3^{2-}/%≤	—	0.5	0.2
Cl^-/%≤	0.003	0.002	0.0015
SO_4^{2-}/%≤	0.01	0.01	0.005
盐酸不溶物/%≤	0.005	0.01	0.1

在国标中和各个厂家的产品标准中，都未对单水氢氧化锂的粒度做出要求，但氢氧化锂作为反应物之一，粒度也是其重要的指标。各个厂家产品的粒度差别较大，图8-7所示为厂家1和厂家2生产的单水氢氧化锂产品SEM图。从图中可以看出，厂家2的产品粒度均一性较好，并且没有较大颗粒存在。不过粒度越小的氢氧化锂其产品价格相对较高，且对混合设备的密封性要求高，各三元生产厂家应根据自身需求选择合适的氢氧化锂产品。

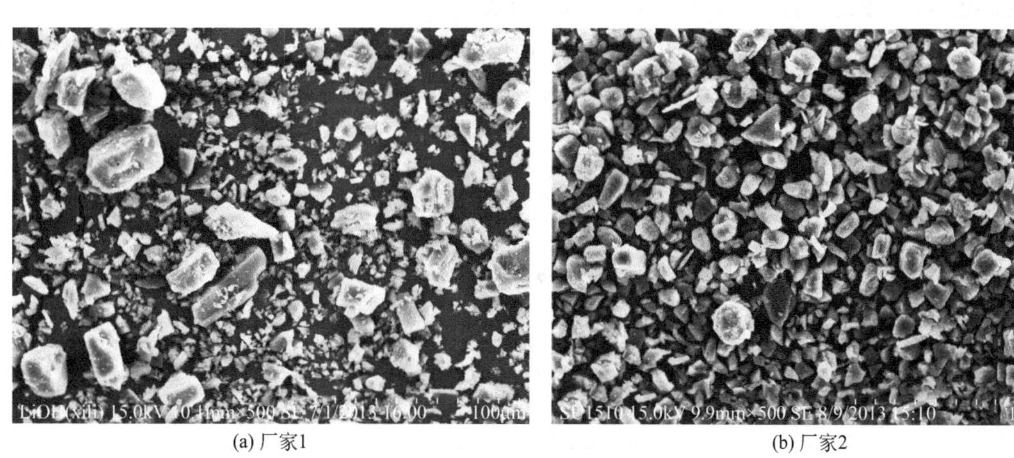

(a) 厂家1　　(b) 厂家2

图8-7　不同厂家氢氧化锂SEM图

8.3 锂化工艺及称量设备

8.3.1 锂化工艺

三元材料煅烧的反应式如式（8-1）或式（8-2）所示，其中式（8-1）的锂源为碳酸锂，式（8-2）的锂源为单水氢氧化锂。

$$M(OH)_2+0.5Li_2CO_3+0.25O_2 == LiMO_2+0.5CO_2\uparrow+H_2O\uparrow \tag{8-1}$$

$$M(OH)_2+LiOH\cdot H_2O+0.25O_2 == LiMO_2+2.5H_2O\uparrow \tag{8-2}$$

式中，M为Ni、Mn、Co中的三种元素的任意比例。

锂化配比即Li与M的摩尔比，按照上述化学反应方程式，Li/M=1.0，但在实际生产过程中，需要根据试验检测的物化结果，或者根据使用对象的不同选择综合性能最好或者是最适合的比例。在计算锂化配比时，需要知道前驱体的总金属含量、锂源的锂含量，但前驱体的总金属含量、锂源的锂含量并不能按照分子式算出的理论结果，实际结果和理论结果的偏差主要是由杂质含量和水分含量引起的，具体影响因素见表8-6。

表8-6　前驱体和锂源主含量的影响因素

项目	前驱体	碳酸锂	氢氧化锂
1	水分	水分	水分
2	杂质	杂质	杂质
3	测试误差	测试误差	测试误差
4	前驱体的氧化	—	碳酸锂含量

其中，前驱体的氧化主要是在反应过程中的氧化和反应完成后前驱体干燥温度过高造成的氧化。一般前驱体烘干温度为100～110℃，若烘干温度过高，前驱体氧化程度加深，前驱体变为氢氧化物和氧化物的混合体，组成发生变化后，金属含量也发生变化。不同干燥温度下前驱体的XRD图请查看第7章的前驱体干燥工艺。

前驱体的水分含量较高，不同厂家生产的前驱体水分含量相差较大，其对总金属含量的影响也较大。以NCM523为例，不考虑杂质的影响，计算水分含量对前驱体金属含量的影响如图8-8所示。

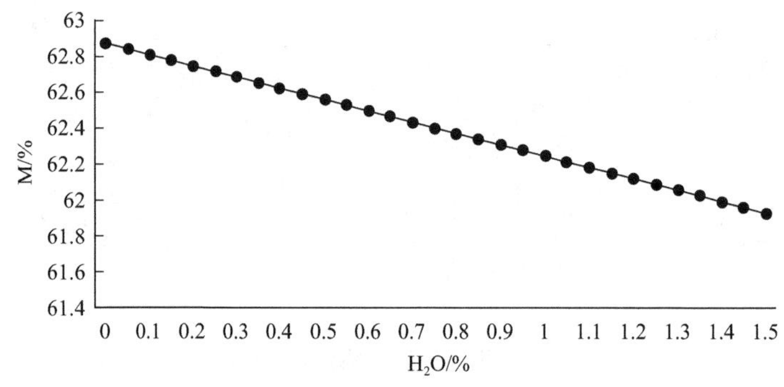

图8-8　不同水分含量对应的NCM523总金属含量

检测出前驱体的总金属含量和所用锂源的锂含量后，就可以进行锂化计算。一般情况下，三元材料的锂化配比范围在1.02～1.15之间。下面就锂化配比对材料性能的影响举例。

在生产实践中发现，锂化配比是影响三元材料比容量和循环性能的主要因素之一。锂化配比还会影响三元材料的表面游离锂含量和材料的pH值。

锂化配比偏高或者偏低，三元材料的容量都会降低，图8-9所示为相同煅烧温度和时间，不同锂化配比下NCM622的比容量变化。

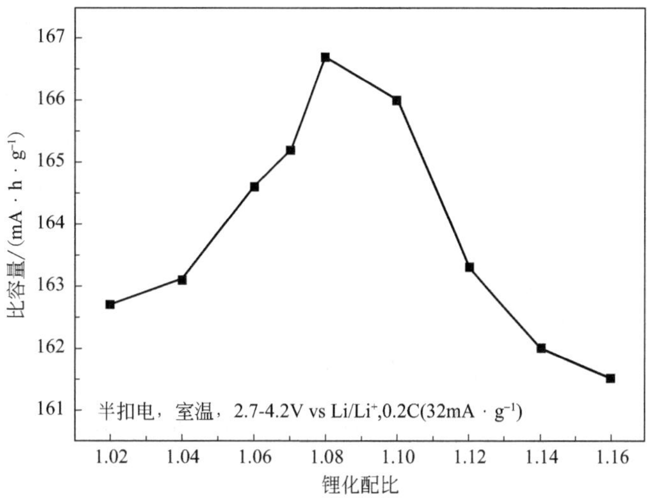

图8-9 不同锂化配比对NCM622比容量的影响

使用不同的前驱体，得到的最佳锂化配比并不相同，如图8-10所示为相同煅烧温度和时间，不同锂化配比下NCM523的比容量，图8-11为图8-10对应的循环性能。从图8-10和图8-11可以看出，当锂化配比为1.06时，此NCM523样品比容量最高，但循环性能并不是最优的。一般情况下，锂化稍微偏高的材料循环性能较为优异，但比容量并不是最高的；锂化稍微偏低的材料能得到较高的比容量，但其循环性能有所降低。材料厂家应根据客户的具体要求，选择合适的锂化配比。

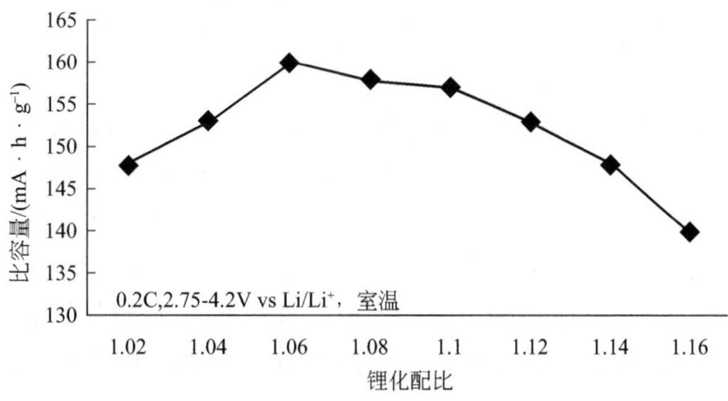

图8-10 锂化配比对NCM523比容量的影响

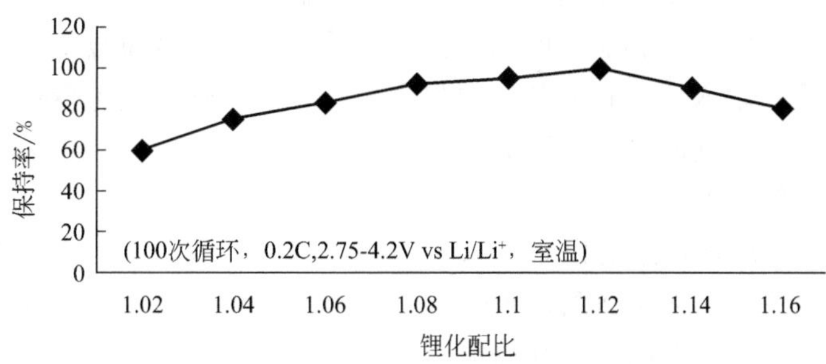

图8-11 锂化配比对NCM523循环性能的影响

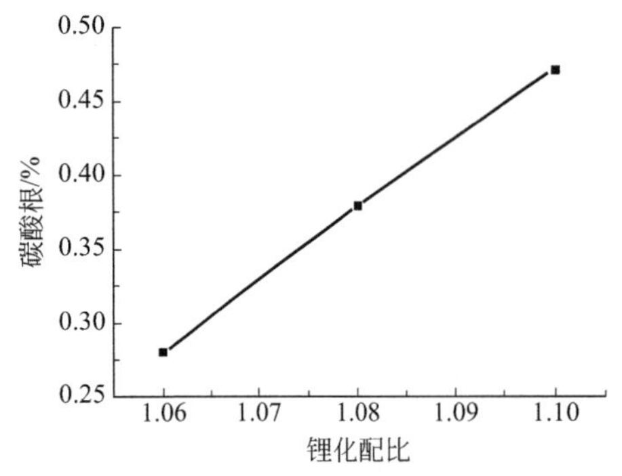

图 8-12 锂化配比对材料表面碳酸锂残留量的影响

对于同一型号的产品，锂化配比越高，材料表面的游离锂越高，图8-12所示为某一型号产品表面碳酸锂残留量和锂化配比的关系，从图中可以看出，当锂化配比提高到1.10时，检测出材料表面的碳酸根含量已经接近0.5%。

但锂化配比对三元材料的比表面积、振实密度等影响不明显。表8-7为不同锂化配比的NCM523材料的物化指标。

表 8-7 不同锂化配比的NCM523比表面积和振实密度对比

锂化配比	1.06	1.08	1.10	1.12
比表面积/($m^2 \cdot g^{-1}$)	0.31	0.32	0.28	0.28
TD典型值/($g \cdot cm^{-3}$)	2.51	2.50	2.54	2.48

8.3.2 称量设备

称量设备的关键部件是称重传感器。称重传感器是一种力传感器，通过把被测量（质量）转化为另外一种被测量（电量）来测量质量的力传感器。称重传感器是电子衡器的重要组成部分，在使用称重传感器时，应考虑使用地点的重力加速度和浮力的影响。电子衡器应用称重传感器把被测物体的重量转化成电量，然后通过响应的检测仪表显示物体的质量。由此可见，称重传感器的性能好坏对电子衡器的性能是至关重要的。

称重传感器的种类较多，主要有电阻应变式、电容式、差动变动器式、压磁式、压电式、振频式、陀螺式等。三元材料中应用最多的是电阻应变式称重传感器，是基于金属丝在受拉或受压后产生弹性形变，其电阻值也随之产生相应的变化这一物理特征实现的。

电子秤的设计首先是通过压力传感器采集到被测物体的重量并将其转换成电压信号。输出电压信号通常很小，需要通过前端信号处理电路进行准确的线性放大。放大后的模拟电压信号经A/D转换电路转换成数字量被送入到主控电路的单片机中或PLC中，再经过单片机或PLC控制译码显示器，从而显示出被测物体的重量。

在三元材料的混锂环节使用的自动称量配料系统案例工作原理如图8-13所示。

该系统由PLC控制称重传感器的称重和比较，并输出控制信号，执行定值称量，控制外部给料系统的运转，实行自动称量和配料。系统采用PLC和A/D模数变换器等电子器件，触摸屏作为定值配方设定输入器，物料装在原料仓里，有螺杆输送到称量罐，其重量使传感器弹性体发生变形，输出与重量成正比的电信号，传感器输出信号经放大器放大后，输入到PLC的A/D模块进行转换，经过PLC运算控制一方面把物重的瞬时数字量送入显示电路，显示出瞬时物重，另一方面则进行称重比较，开启和关闭螺旋输送加料口、放料于

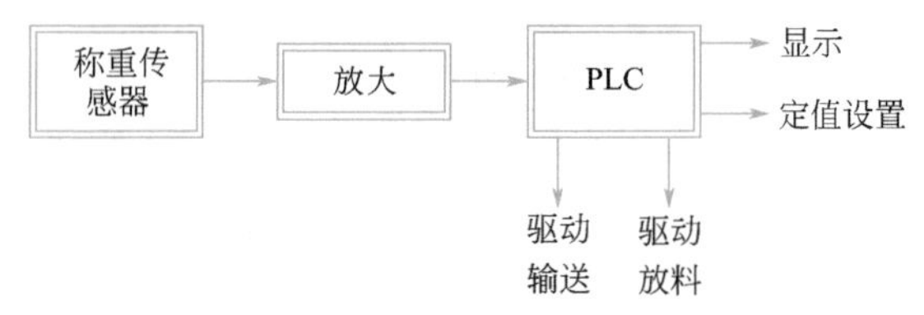

图 8-13 自动配料系统原理图

称量罐中等一系列的称重定值控制。

在整个定值配料控制系统中，称重传感器是影响电子秤测量精度的关键部件，可选用GYL–3应变式称重测力传感器。四片电阻应变片构成全桥桥路，在所加桥压U不变的情况下，传感器输出信号与作用在传感器上的重力和供桥桥压成正比，供桥桥压U的变化直接影响电子秤的测量精度，所以要求桥压稳定。毫伏级的传感器输出经放大后，变成了0～10V的电压信号输出到PLC中，在显示的同时，PLC还根据设定值与测量值进行定值判断。测量值与给定值进行比较，取差值提供PID运算，当重量不足，则继续送料和显示测量值。一旦重量相等或大于给定值，控制接口输出控制信号，控制外部给料设备停止送料，显示测量终值，然后发出回答令，表示该次装料结束，可进行放料操作。

图8-14为该自动配料系统与高速混合机配套使用的示意图。

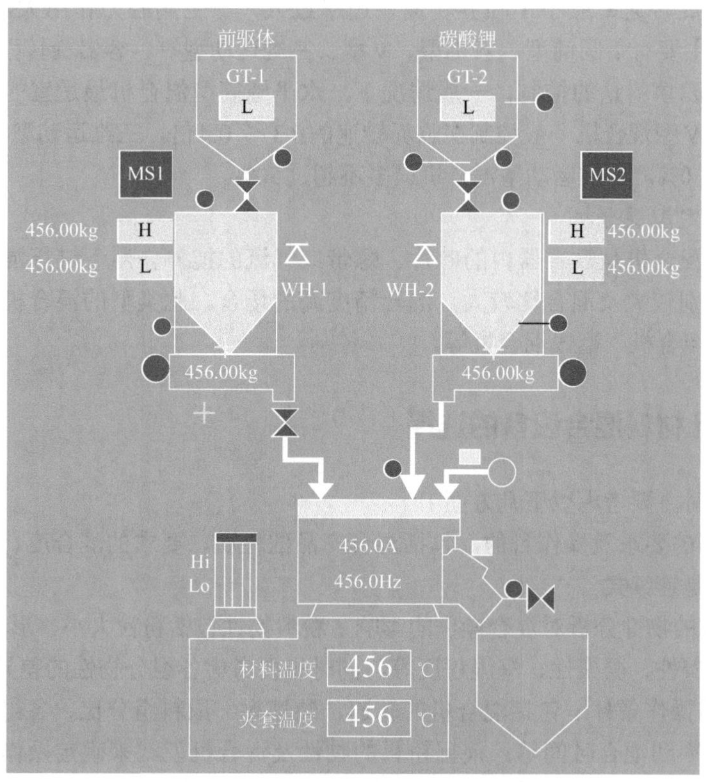

图8-14 自动配料混合系统示意图[6]

8.4 混合工艺及设备

混合设备是粉体材料厂主要设备之一，设置在配料设备与煅烧设备之间，为煅烧提供均匀的混合料。三元材料的混合是将计量比的锂盐和三元前驱体同时加入混合设备进行混合。一般分为干法混合和湿法混合，大部分三元材料厂采用干法混合，相较于湿法混合来说具有简单易行、能耗低等特点。

8.4.1 混合设备分类

混合的形式有对流混合、扩散混合和剪切混合。

混合设备按混合容器的运动方式不同，可分为容器旋转型、容器固定型。按混合操作型式，可分为间歇操作式和连续操作式。

（1）容器旋转型混合机

容器旋转型混合机靠物料随着容器旋转依靠自身的重力形成垂直方向运动，物料在容器内上下翻滚及侧向运动，而达到混合的目的。这类混合机以扩散混合作用为主，机械结构简单，混合速度慢，混合度较高，混合机内部清扫容易。适用于物性差异小、密度相近、流动性好的粉体间的混合。但不适用于含有水分、附着性强的粉体混合。转速和混合时间对混合效果影响显著。旋转速率应小于临界转速。速率过大，产生离心力作用大，降低混合效果。此类型的混合机主要有：圆筒型、双锥型、V型、三维运动型等。容器旋转型混合机在使用过程中需注意转速和填料量的控制，一般情况下，水平圆筒型混合机最适宜的转速为临界转速的0.7～0.9倍，V型混合机一般控制在临界转速的0.3～0.4倍，三维运动型混合机转速可调。最适宜充填量为30%，三维运动型混合机最多不超过50%。

（2）容器固定型混合机

容器固定型混合机是靠容器内的叶片、螺带或气流的搅拌作用下进行混合的设备。适用于物料的性质差别较大及混合比较大，混合精度高的场合。此类型的混合机主要有双螺旋锥型混合机、高效混合机、槽式混合机等。

8.4.2 三元材料混合设备的选择

混合机选型时主要考虑以下几方面：

① 工艺过程的要求及操作目的，包括混合产品的性质、要求的混合度、生产能力、操作方式是间歇式还是连续式。

② 根据粉料的物性分析对混合操作的影响：粉料物性包括粉粒大小、形状、分布、密度、流动性、粉体附着性、凝聚性、润湿程度等，同时也要考虑各组分物性的差异程度。

③ 混合机的操作条件：包括混合机的转速、装填率、原料组分比、各组分加入方法、加入顺序、加入速率和混合时间等。根据粉料的物性及混合机型式来确定操作条件与混合速率（或混合度）的关系以及混合规模。

④ 需要的功率。

⑤ 操作可靠性：包括装料、混合、卸料、清洗等操作工序。

⑥ 经济性：主要有设备费用、维持费用和操作费用的大小。

⑦ 最后根据生产处理量，确定混合机的产量及型号。

在三元材料的混合中，还应再考虑以下几点：

① 混合均匀度高，混合速度快；

② 物料在容器内的残留量少；

③ 混合器内表面耐磨损、耐碱腐蚀；

④ 避免对材料的粉碎；

⑤ 混合过程中的温度控制。

8.4.3 三元材料常见混合设备

8.4.3.1 倾斜式圆筒混合机

倾斜式圆筒工作原理为：随着圆筒转动，筒内混合料被带到一定高度后向下抛落翻滚，经多次循环，完成混合，其工作原理如图8-15所示。倾斜式圆筒混合机的容器轴线与回转轴线之间有一定的角度，因此粉料运动时有3个方向的速度，流型复杂，加强了混合能力，无死角。圆筒混合机的主要优点是结构简单，维护方便；缺点是混合时间长，效率低。

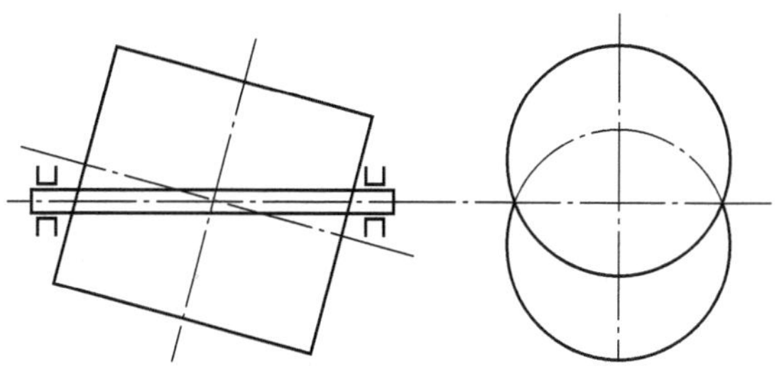

图8-15　倾斜型圆筒型混合机[7]

三元材料制备使用的锂源一般为碳酸锂或氢氧化锂。这两种锂源，特别是碳酸锂，具有粒度小、密度小、流动性差、凝聚性强等特点，给混合操作带来一定的难度。因此采用倾斜圆筒型混合机进行物料混合时，一般会添加一定量研磨介质球辅助混合，提高混合效率。添加球时需考虑球料比、球的材质、球的直径、不同直径球的配比等，以不产生或产生微弱研磨作用又达到提高混合效果为前提。

在混合前驱体和锂源时，影响倾斜式球磨混合机混合效果的参数主要有填充率、研磨介质球的属性、混合时间、筒体转速、筒体长度、直径及安装倾角等。

（1）填充率

通常在罐内装入的研磨介质体积以占罐体容积的15%～25%为宜。物料装量以占罐体容积的20%～30%为宜，最大的装量不得超过罐体容积的50%。

（2）研磨介质球

研磨介质球按材质可分为聚氨酯球、钢球、玛瑙球、氧化锆球、氧化铝球等，不同材质的球密度不同，见表8-8，可根据需要进行选择。一般选择聚氨酯球，其具有较适中的密度，既不会产生太强研磨作用，又不会由于太轻而效果不明显。且外包聚氨酯材质可有效地防止杂质的引入。

表8-8　不同材质研磨介质球的密度对比

研磨介质材质	锆球	聚氨酯球	氧化铝球	玛瑙球
密度/($g \cdot cm^{-3}$)	6.0	4.0	3.6	2.65

（3）混合时间

混合时间过短，混合效果差，物料不均匀；混合时间过长，则能耗和设备利用率低。一般来说球磨混合机采用3～4h较为理想。

（4）筒体转速的影响

筒体转速太慢，则球料混合物不能达到一定高度，即沿罐内壁滑动，混合效果差；转速太快，则形成的离心力超过了球料混合物的重力，则球料混合物紧贴于罐壁随罐旋转而不落下，难以达到混合的要求；只有当转速适宜时，混合料呈小瀑布状抛落，处于小瀑布时物料形成适宜的空间交汇，各组分在抛落中有充分的接触机会，能够取得良好的混匀效果。物料

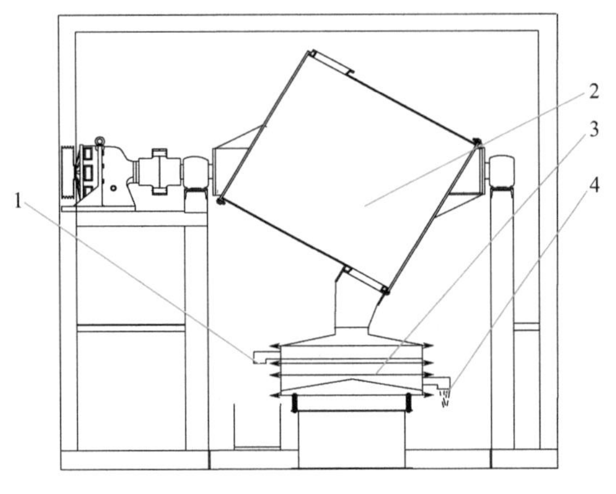

图 8-16 **球磨混料系统设备布置图**

1—出球口；2—球磨罐；3—振动筛；4—出料口

处于滚动状态和大瀑布状态时混合效果不佳。

（5）设备尺寸结构的影响

筒体长度和直径既决定混合机生产能力，又直接影响混匀效果。直径的影响可从转速、填充率和混合时间几个参数中反映出来；长度主要影响混合时间，增加长度也就是增加了混合时间。安装倾角也直接影响混合时间：倾角大，混合时间短；倾角小则所需混合时间变长。

三元材料生产过程中使用球磨机混料的工艺过程包括：原材料称量、输送、球磨混料、球料分离、混合物均匀度检测五个部分。其中球料分离是指将混合好的物料和研磨介质分离的过程，需要使用振动筛，如图8-16所示。

8.4.3.2 双螺旋锥型混合机

双螺旋锥型混合机的螺旋推进器在容器内既有自转又有公转，在混合过程中，物料在推进器的作用下自底部上升，又在公转的作用下在全容器内产生旋涡和上下循环运动而达到均匀混合物料。锥形混合机内部有一个或两个与锥体壁平行的提升螺旋，混合过程主要由锥体的自转和公转以不断改变物料的空间位置来完成。基本结构为锥形容器、螺旋推进器、转臂传动系统、电动机、减速机等，如图8-17所示。

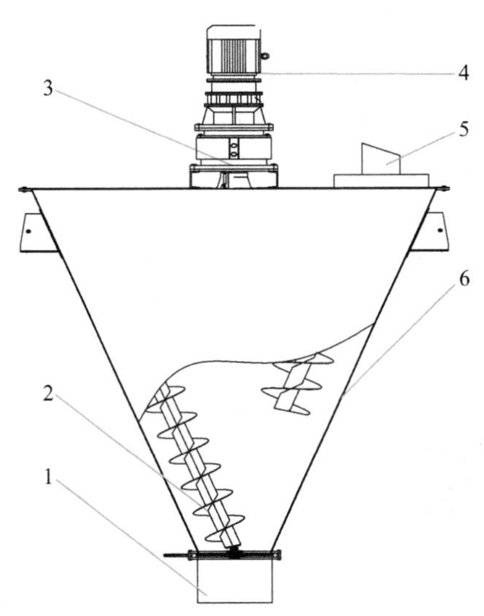

图 8-17 **双螺旋锥型混合机**

1—出料口；2—螺旋杆；3—减速机；4—电动机；5—进料口；6—筒体

双螺旋锥型混合机的主要优点有：混合度高，混合效率高；装载系数高，可达60%～70%；动力消耗小；可密闭操作。双螺旋锥型混合机搅拌作用力中等，可用于固体间或固体与液体间的混合。操作时锥体密封，有利于生产安全和改善劳动环境。

主要缺点有：设备高度太高，同样混合容量，双螺旋设备要求高度是其他设备两倍以上；传动部分结构过于复杂，有公转、自转、维修麻烦；清洗麻烦，螺旋叶片的角落基本无法清洗到。

8.4.3.3 高速混合机

三元材料用高速混合机的混料缸采用立式结构，缸内装有2层桨叶，通过桨叶的高速旋转，使物料沿桨叶切向运动，在离心力作用下被抛向缸壁，并且沿壁面上升，上升的物料一部分在重力的作用下又落回桨叶中心，另一部分物料撞向缸盖后落下，接着又被抛起，这种上升运动和切向运动结合，使物料相互碰撞、交叉混合；同时物料和桨叶、内壁以及物料之间相互碰撞摩擦，使温度快速上升。高速混合机的混合效率很高，一般在2～10min即可完成混合。其基本结构如图8-18所示。高速混合机的优点为：混合快、混合均匀、机器操作方便、易于清理、坚固耐用、结构紧凑。

在三元材料的混合过程中，影响高速混合机混合效果的参数主要有罐体结构、混合时间、填充率、物料温度等。下面主要介绍罐体结构和混合时间对三元材料混合效果的影响。

（1）罐体结构

罐体结构中，影响混合效果最主要的因素有叶轮的形状、叶轮与混合室间隙、叶轮层数等。

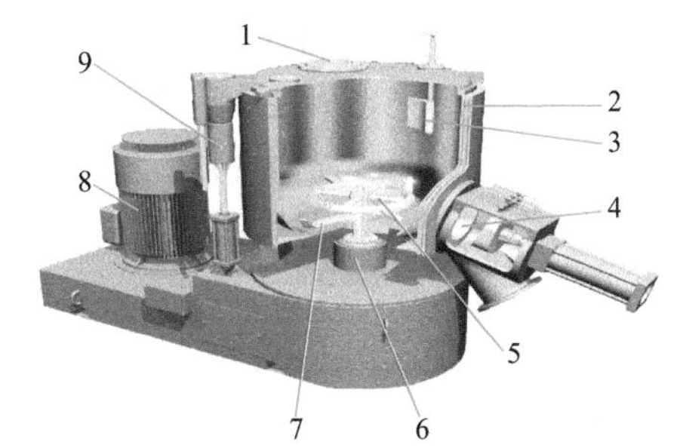

图8-18 高速混合机结构图[8]

1—上盖；2—双层构造；3—案内板温度探头；4—排出阀；5—上层叶轮；6—轴封、空气封；7—下层叶轮；8—电机；9—上盖开闭用气缸

叶轮的形状对混合质量起着关键的作用。对叶轮形状的主要要求是既达到使物料混合良好，又要避免使物料产生过高的摩擦热量而分解。转动着的叶轮在其推动物料的侧面上对物料有强烈的冲击和推挤作用，该侧面的物料如不能迅速滑到叶轮上表面并被抛起，就有可能产生过热或黏附在叶轮上及混合缸壁上。所以，在旋转方向上叶轮的断面形状应是流线型，以便使物料在叶轮推进方向迅速移动而不至受到过强的冲击和摩擦。叶轮形式有多种，常见上层叶轮如图8-19所示，图中（a）所示叶轮为通用型，（b）所示叶轮用于混合流动性较差的物料，（c）所示叶轮用于混合液体及黏度大的物料，（d）所示叶轮用于造粒。常见的下层叶轮如图8-19（e）所示。

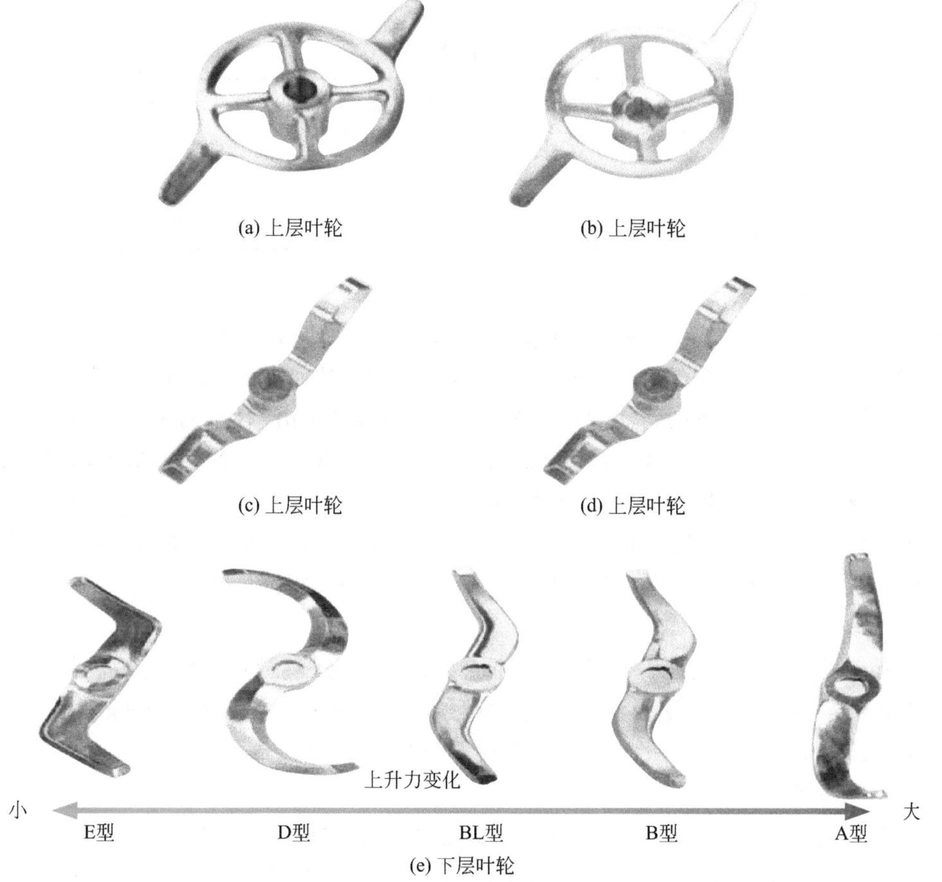

图8-19 高速混合机常见上层叶轮和下层叶轮[9]

叶轮外缘与混合缸内壁的间隙也是一个重要的参数。间隙太小，可能产生过热或造成刮研；间隙过大又可能造成这一区域内物料流动不畅或粘在缸壁上。

由于叶轮转速很高，物料运动速度相应也很快，快速运动的物料颗粒相互碰撞、摩擦，使得物料团块破碎，同时迅速地进行交叉混合。混合缸内的折流板进一步搅乱了物料流态，使物料的运动形成无规则运动，并在折流板附近形成很强的涡旋。对于安装了多组叶轮的高速混合机，物料在叶轮上、下都形成了连续交叉流动，因而混合更快，效果更好。三元材料的混合一般采用两层叶轮。

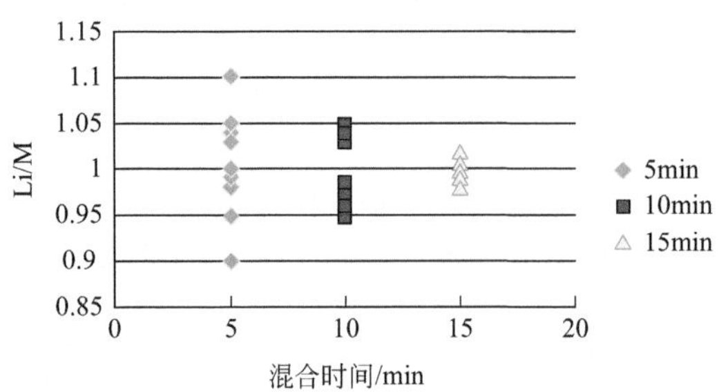

图 8-20 不同混合时间对材料均匀度的影响

（2）混合时间

使用高速混合机混合三元材料前驱体和锂源的时间大概在5～15min，图8-20所示为不同混合时间下混合样品的锂化比例检测值。

8.4.4 高速混合机和球磨混合机对比

高速混合机在很多方面优于球磨混合机，以体积为500L的高速混合机和体积为1500L的球磨机对比，对比参数见表8-9。

表 8-9 混合机参数

混合机类型	罐体体积/L	功率/kW	产能/(kg·次$^{-1}$)	单批次混合时间/min	单批次装卸料时间/min	所需研磨介质/kg
球磨机	1500	15	500	240	100	500
高速混合机	500	90	250	20	40	0

（1）混合时间和能耗

500L的高速混合机每次可混合250kg物料，混合一次时间约为20min，耗电30kW，若将每次装卸料时间40min计算在内，则混合1000kg物料一共需要240min，耗电为120kW。1500L的球磨机每次可混合500kg物料，混合一次的时间约为240min，耗电为60kW，若将每次装卸料的时间100min计算在内，则混合1000kg物料一共需要680min，耗电为120kW。可见混合量相同时，高速混合机所需时间较短，能耗相同。

按照表8-9中的参数，500L的高速混合机日产能为6t左右，而1500L的球磨机日产能为2t左右。所以一台500L的高速混合机的产能为一台1500L球磨机的三倍。

（2）混合残留

高速混合机的物料残留在1%左右，即混合250kg有2.5kg残留，但残留物料只在第一次混合是留于底部，后期不参与混合。球磨的物料残留则为2%以上，即混合500kg物料有10kg残留，且这些残留料还会和新一批次的混合物料混合在一起，破坏混合比例。

（3）生产成本

高速混合机使用过程中没有易耗件，而球磨机需要定期更换研磨介质球，一般情况下，每混合50t物料的研磨介质更换费用约4000元人民币。若一个月产量为600t，球磨设备需要球珠更换费用约人民币48000元/月。

（4）设备占地空间

高速混合机体积较小，占地空间小于球磨设备的1/3，可以解决设备在厂房设计上的问题，若给高速混合机配置自动上来计量设备，将更节约空间。

（5）混合效果

考察不同混合设备的混合效果，将混合后物料各取三个样品测试锂化比例，查看各个取样点的偏差程度。表8-10为球磨机混合和高速混合机混合后材料的不同取样点锂化值。从表中可以看出，高速混合机的混合均匀度明显好于球磨机。

表8-10 球磨机和高速混合机混合后材料不同取样点锂化值对比

取样点	球磨机混料锂化比例	高速混料机锂化比例
1	1.05	1.09
2	1.08	1.08
3	1.11	1.07

8.5 煅烧设备

三元材料煅烧设备主要指窑炉。窑炉按操作形式可分为间歇操作式和连续操作式。工业化生产一般皆采用连续操作式窑炉。推板窑和辊道窑是三元材料厂家采用较多的连续隧道式窑炉，其中又以辊道窑炉使用最为广泛。

推板窑是耐火板直接承载在耐高温的导轨上，耐火板一块接着一块，由于受耐火板承载推力所限制，窑炉一般不长，长则二十几米，短则几米。由于推进器直接推动耐火板前进，所以叫做推板窑。推板窑的缺点：日产量不大，由于采用推进器直接推动耐火板前进，容易产生“拱窑”现象造成窑炉故障。

辊道窑是用耐高温的陶瓷辊棒直接驱动耐火板前进，装载产品的耐火板直接承载在辊棒上。

8.5.1 辊道窑

高温辊道窑是炉膛呈扁平型的隧道窑，由若干支陶瓷辊棒构成的平整炉底，辊棒在动力源的带动下不断旋转，顶部设置排气管由抽风机排出废气，底部通过鼓风机通入空气或氧气，多列放置产品的匣钵在辊道上慢速连续运动，自窑头向窑尾行进过程中完成产品的预热、煅烧和冷却过程。辊道窑结构如图8-21所示。

由于三元材料的腐蚀性，窑炉内部耐火砖皆采用高铝材质，以提高窑炉使用寿命。

窑炉长期使用过程中热电偶、加热丝、进排气管路等金属元器件随着使用时间的推移，会氧化掉渣，污染产品。为了保护产品不受氧化落渣的影响，一般在顶部发热元件下方安放一层辐射板，使发热元件与产品隔绝。热电偶选用陶瓷保护套管，防止对产品污染。排气支管设计成不直对炉膛，防止氧化物和冷凝物等回落炉膛。

辊道窑根据截面宽度可分为单列辊道窑、双列辊道窑、四列辊道窑。单列辊道窑由于产

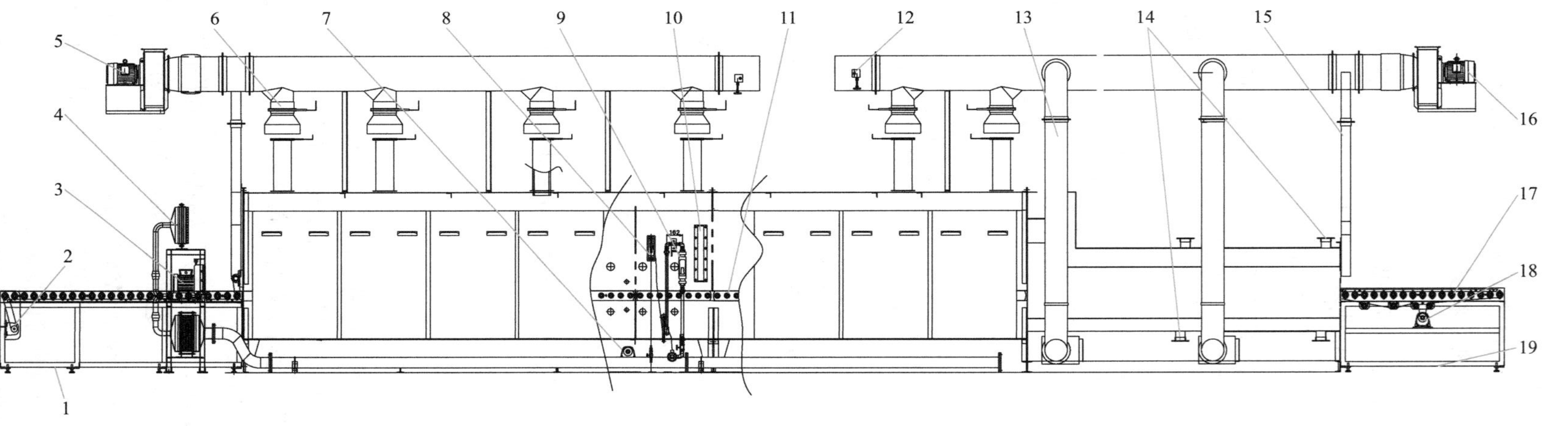

图 8-21 辊道窑结构

1—窑头进料架；2—窑头传动电机；3—进气风机；4—过滤器；5—排气风机；6—排气插阀；
7—窑炉传动电机；8—氧气流量计；9—空气流量计；10—温区隔段；11—辊棒；12—调节风阀；
13—冷却风管；14—新风进口；15—尾部排气管；16—窑尾排风机；
17—出料口传动棒；18—窑尾传动电机；19—窑尾传动架

量低，一般用于实验室。早期三元材料辊道窑的宽度设计为可以同时放两列匣钵，匣钵层数为一层。有的材料厂家为了提高产量，将匣钵垒起来，变为两层甚至三层。由于辊道窑的加热方式为上下加热，匣钵层数的增加必然导致被煅烧物料温度的不均匀，如图8-22（b）、（c）所示。从图8-22（c）可以看出，当匣钵层数为三层时，处于内部的物料升温速度远远慢于表面的物料，这会导致内部物料和外部物料性能不一致，降低批次产品品质。从图8-22（b）可以看出，匣钵层数为两层时，内部物料和外部物料的升温速度之差比三层匣钵时有所改善，但仍有较大差距。为了在提高窑炉产量的情况下不影响产品品质，窑炉厂家将辊道窑的宽度加大，使窑炉可以同时放置4列匣钵，如图8-22（a）所示。

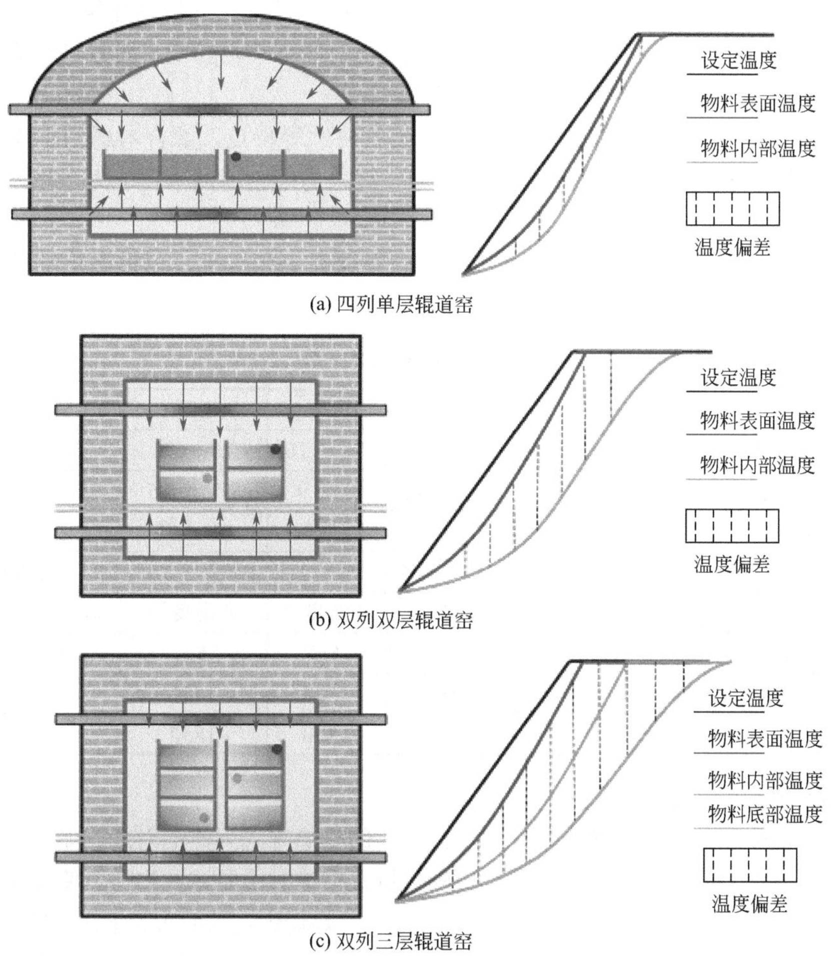

图8-22　**几种辊道窑温度偏差对比示意图**（见彩图31）

下面将详细介绍辊道窑的传动系统、温控系统、进排气系统和冷却系统。

（1）传动系统

传动系统主要由传动电机、辊棒及轴承等构成，其中辊棒的选择较为关键，选择何种材质和规格的辊棒主要依据窑炉的最高烧成温度、辊棒的负载、辊棒的转速以及窑炉内宽等确定，生产产品过程中受到窑炉内腐蚀性气氛的侵蚀，辊棒表面的材质会发生变化，其强度及性能也将随之下降，运行过程中或换棒抽出时便会出现断裂现象。烧成温度偏高、辊棒转速过快、辊棒承重过大等因素会加速辊棒的损耗。

常见辊棒有堇青石–莫来石辊棒、刚玉–莫来石辊棒、碳化硅辊棒。

堇青石-莫来石辊棒抗热震性能优异，但由于其荷重软化温度低，最高使用温度在1300℃以下，主要应用在低温发热管的载体上。

刚玉–莫来石辊棒由刚玉（Al_2O_3）和莫来石（$3Al_2O_3 \cdot 2SiO_2$）组成的复相陶瓷材料，具有高温性能好、耐火性好等特点，与单一的刚玉或莫来石材料相比，具有更加优异的抗急冷急热性能。硬度较大，耐磨性和抗氧化性都较好，其使用温度可达1400℃甚至更高，价格低廉，为目前生产用量最大的一种辊棒。

碳化硅辊棒强度高、抗热震性好，有良好的抗高温蠕变性能。常见的碳化硅辊棒有重结晶碳化硅辊棒和反应煅烧碳化硅辊棒，重结晶碳化硅棒，氧化气氛下使用温度可达1600℃，但价格昂贵；价格稍低的反应煅烧碳化硅辊棒可用于1300～1350℃，缺点是容易被腐蚀，去污能力差、热传导率高。

三元材料煅烧过程炉内具有高温、氧化性强、腐蚀等特点，综合考虑到辊棒性能及价格等因素，可采用刚玉–莫来石辊棒。除材质以外，还需考虑辊棒的承重能力，具体参数需参考生产工艺进行设计。

三元材料煅烧窑炉采用的辊棒一般氧化铝含量需在75%以上，以提高抗腐蚀能力。某公司不同氧化铝含量的刚玉–莫来石辊棒性能见表8-11。

表8-11 辊棒性能对比表[10]

型号	S75	S80	S85	S93	S97
氧化铝含量/%	72～74	74～76	76～78	76～78	78～80
吸水率/%	9.5～10.5	8～9	7.5～8.5	5～7	4.5～5.5
抗弯曲强度/MPa	40～50	55～60	60～70	>70	>72
密度/(g·cm^{-3})	2.4～2.45	2.5～2.6	2.55～2.65	2.7～2.8g	2.8～2.9
抗热震性能	非常良好	非常良好	非常良好	非常良好	非常良好
热膨胀系数（20～1000℃）/10^{-6}K^{-1}	5.6	5.7	5.5	5.5	5.5
最高使用温度/℃	1250	1300	1400	1350	1400
耐火度/℃≥	1750	1800	1850	1850	1850

（2）温控系统

辊道窑的加热元件位于炉膛上方和下方，物料的受热方式为热辐射式，如图8-23所示。从图中可以看出，窑炉的上、下加热元件发出的热量直接辐射给匣钵及物料，使其在短时间内受热均匀，从而大大缩短物料的煅烧时间。

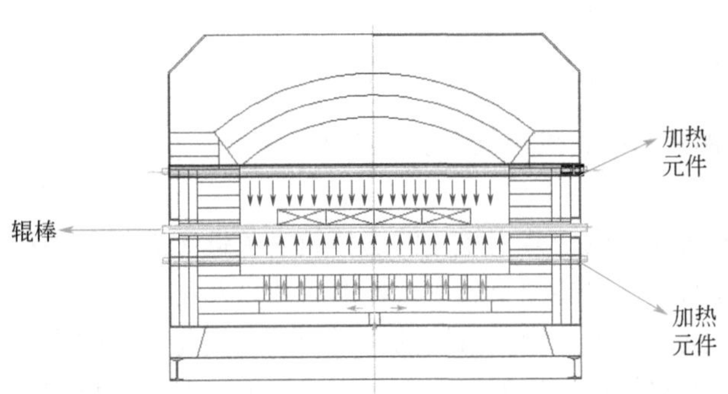

图8-23 辊道窑加热方式示意图

三元材料窑炉根据煅烧过程一般分为：预烧带、煅烧带、冷却带三部分。如图8-24所示。

为了确保煅烧温度曲线可以灵活调整，温度均匀，获得理想的温度曲线，一般全窑分为若干个控温区段，不同温控区之间用隔梁隔开。同一加热区段的发热元件安置在独立控温的上加热室和下加热室内。

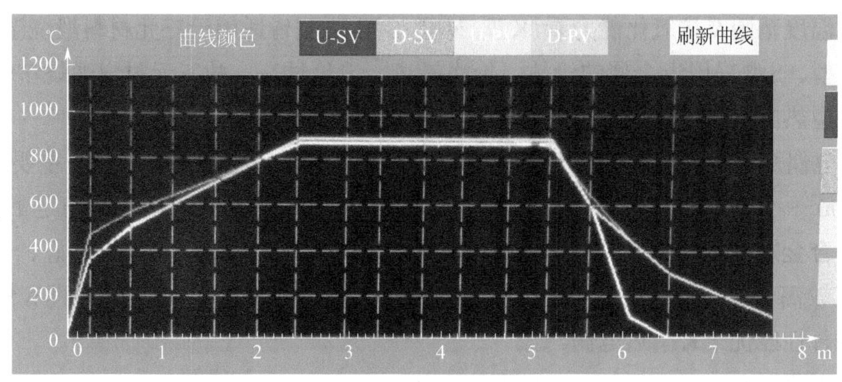

图8-24 三元材料煅烧温度曲线图

三元材料煅烧对温度的稳定性及精度皆有较高的要求，一般要求控温精度≤±1℃，工作截面温差≤±5℃（恒温段），故对加热控温系统的设计提出了较高的要求。加热控温系统主要由加热丝和热电偶等组成，其中热电偶的选择是对温度控制最主要的影响因素。

① 加热丝。加热丝主要分铁铬铝电热丝和镍铬电热丝两种，成本上前者更为便宜。因此铁铬铝合金加热丝使用最广泛，用量占电热合金总量的90%左右，由于加热丝中含有大量的铬、铝元素，具有优良的抗氧化性能，其使用温度可达到1400℃，这一温度远远高于镍铬合金。

铁铬铝合金的缺点是常温脆性、475℃脆性、1000℃以上高温脆性。由于高温脆性带来高温强度低，最终导致电热元件的使用寿命短。这种合金的可焊性很差，难修复。

目前三元材料窑炉使用最为广泛的是$0Cr_{21}Al_6Nb$、$0Cr_{21}Al_7Mo_2$两种加热丝。

② 热电偶。热电偶的基本类型及特点如表8-12所示。

表8-12 热电偶的基本类型及特点

分度号	材质	测量范围/℃	特点
K	镍铬 镍硅	0～1200	抗氧化性能强，宜在氧化性、惰性气氛中连续使用，长期使用温度1000℃，短期1200℃。在所有热电偶中使用最广泛
N	镍铬硅 镍硅	0～1300	1300℃下高温抗氧化能力强，热电动势的长期稳定性及短期热循环的复现性好，耐核辐照及耐低温性能也好，可以部分代替S分度号热电偶
S	铂铑10 纯铂	0～1600	抗氧化性能强，宜在氧化性、惰性气氛中连续使用，长期使用温度1400℃，短期1600℃。在所有热电偶中，S分度号的精确度等级最高，通常用作标准热电偶
B	铂铑30 铂铑6	0～1800	在室温下热电动势极小，故在测量时一般不用补偿导线。它的长期使用温度为1600℃，短期1800℃。可在氧化性或中性气氛中使用，也可在真空条件下短期使用
E	镍铬 铜镍	0～800	在常用热电偶中，其热电动势最大，即灵敏度最高。宜在氧化性、惰性气氛中连续使用，使用温度0～800℃
J	铁 铜镍	0～750	既可用于氧化性气氛（使用温度上限750℃），也可用于还原性气氛（使用温度上限950℃），并且耐H_2及CO气体腐蚀，多用于炼油及化工
T	纯铜 铜镍	0～300	在所有廉金属热电偶中精确度等级最高，通常用来测量300℃以下的温度
R	铂铑13 纯铂	0～1600	与S分度号相比除热电动势大15%左右，其他性能几乎完全相同

从工作温度范围及抗氧化能力看，K型、N型、S型、B型皆适用于三元材料煅烧温度的控制。但是由于B型、S型采用贵金属的缘故，价格昂贵，造价过高，故三元材料煅烧窑炉一般多采用K型和N型热电偶进行温度控制，其中又以N型综合性能较佳。

N型热电偶是一种最新国际标准化的热电偶，它克服了K型热电偶的两个重要缺点：K型热电偶在300～500℃间由于镍铬合金的晶格短程有序而引起的热电动势不稳定；在800℃左右由于镍铬合金发生择优氧化引起的热电动势不稳定。N型热电偶具有线性度好、热电动势较大、灵敏度较高、稳定性和均匀性较好、抗氧化性能强、价格便宜、不受短程有序化影响等优点，其综合性能优于K型热电偶。

（3）进排气系统

三元材料煅烧过程是一个产生大量废气和消耗大量氧气的过程。因此窑炉需要设计合适的抽风系统和进气系统以满足煅烧的要求。

为了迅速排除煅烧过程中产生的大量二氧化碳、水蒸气等废气，在窑炉顶部设计有抽风排气管路，由于废气中可能含有微量锂的化合物，排气管路一般采用不锈钢材质并在排气支管内加陶瓷内管防止管路过快腐蚀和氧化物落入产品内污染产品。

炉内的废气通过分散分布的排气管路系统在最短的时间内及时排出炉外。为了准确掌握炉内的气氛状态，可在窑炉加热段的侧墙上设置测量孔，通过氧分析仪了解炉内的气氛状况。在掌握了炉内氧分压状态后，通过调整气路系统可以使产品获得理想的气氛环境。

抽风系统在排出废气的同时将带走大量的热量，因此抽风速度的调节以既满足气氛的要求又达到降低能耗为宜。气候的变化对抽风能力有较大的影响，气候变化，影响烟囱抽力的变化，烟囱抽力的变化，影响窑内压力的变化，而窑内压力的变化，又会影响到窑内气氛的变化。因此，操作者必须适应气候的变化，及时进行调整以稳定窑内的压力、气氛和温度。冬季气压高，烟囱内外温差大，烟囱抽力大，通风强。夏季气压低，烟囱内外温差小，烟囱抽力小，通风弱。在烟囱高度一样的情况下，冬季比夏季烟囱抽力大15%～25%。天气晴朗时气压高，天气阴雨时气压低，一般晴天比雨天烟囱抽力增大10%～15%。因此在春秋节是容易多变的季节，特别是春季，下雨比较多，抽力容易出现下降。

为了满足煅烧过程氧气的消耗，辊道窑底部一般设计有鼓风机通过多支流量计通入空气和氧气。进气量大小的调节可通过煅烧产品量的多少来进行核算，确保供氧量。

（4）冷却系统

窑炉的冷却分为水冷、风冷、自然冷却等，由于水冷系统较为复杂，三元材料窑炉一般采用风冷冷却。

8.5.2 辊道窑和推板窑性能对比

推板炉与辊道炉是两种截然不同的窑炉结构，从其运行方式来区分：推板炉是依靠推板做挤压式传动；而辊道炉则利用转动的辊棒来实现匣钵的传动。

三元材料用辊道窑和推板窑的优缺点对比见表8-13。从表中可以看出，辊道窑比推板窑更适合煅烧三元材料。

表8-13 三元材料用双列辊道窑和双列推板窑对比

项目	双列推板窑	双列辊道窑	备注
窑长	通常小于36m，再长容易拱板	可做到60m以上	窑长产量大，温度曲线好调
炉顶形式	一般为平顶	一般为平顶	
产品单耗	高于辊道窑	低于推板窑	速度相同时
装载量	两层或三层钵	两层或三层钵	宽截面窑单层钵较多
辊棒	无	通常为刚玉–莫来石	碳化硅辊道强度好、价格高
移进板	通常30mm厚	通常15mm厚	无移进板时对匣钵要求高
粉尘	偏大	稍小	移进板摩擦粉尘
工作截面温差	≤±5℃	≤±5℃	辊道窑单层时更好
空气气氛	一般	稍好	进气量相同时
保护气氛	较好	稍差	进气量相同时，辊道窑密封较难
升温速度	一般	较快	单层时较快
冷却速度	一般	较快	单层时较快
加热元件	通常为电热丝	通常为电热丝	双列窑顶部通常设辐射板
设备造价	一般	一般	与材料、配置有关
产品一致性	一般	较好	由温度均匀性决定
事故处理	无处理孔	可设处理孔	事故情况不同，处理难易不同

两种窑炉的架构对比如图8-25所示，图（a）为四列单层辊道窑，图（b）为两列双层推板窑。两种窑炉的截面物料装载量相同，但图（a）的结构由于产品为单层煅烧，其物料中间位置离加热器更近，容易实现快速煅烧且受热均匀；图（b）的结构由于为双层煅烧，所以处于中间位置的产品要烧透需要更长时间的煅烧，且产品表面和中间以及底层可能出现受热不均匀等现象，从而影响产品的质量。

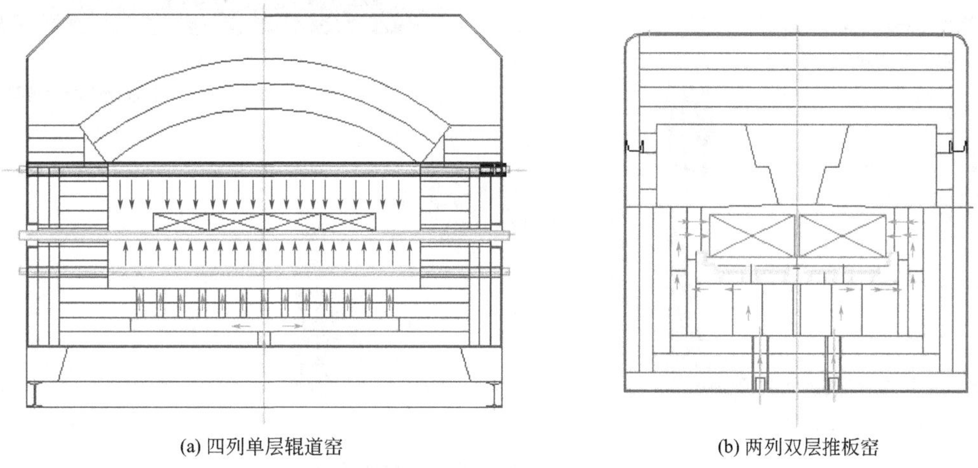

(a) 四列单层辊道窑　　(b) 两列双层推板窑

图8-25 辊道窑和推板窑结构对比图[11]（见彩图32）

从物料的受热方式来看，辊道窑为热辐射式，推板窑为热传导式。图8-25（a）所示，辊道窑的上、下加热器发出的热量直接辐射给匣钵及物料，使其在短时间内受热均匀，从而大大缩短物料的煅烧时间；图8-25（b）所示，推板窑的下加热器发出的热量需先将导轨加热，由导轨将热能传导给推板再由推板将热能传导给匣钵，最终由匣钵将热能传导给物料，此过程既耗时又耗能。

从节能方面来说，四列单层辊道窑的整个煅烧过程只需要将一个匣钵加热即可将匣钵内的产品烧透，但双列双层推板窑需先将导轨及30mm厚的推板及两个匣钵加热后才能将产品烧透；所以在同样的产能下图8-25（b）所示结构所吸收的热能将远远高于图8-25（a）的结构。

从产品污染情况来看，辊道窑在正常生产中，除物料本身挥发的粉尘外，不会再有其他粉尘产生；但推板窑生产中推板与导轨为滑动摩擦且推板的硬度低于导轨硬度，所以在其使用一段时间后必定有一定量粉尘掉落，当炉内有进气时掉落的粉尘会飞扬，并飘落至匣钵内造成对产品的污染。

8.5.3 匣钵

三元材料常用匣钵规格尺寸（长宽高）主要有：320mm×320mm×60mm、320mm×320mm×65mm、320mm×320mm×70mm、320mm×320mm×75mm、320mm×320mm×85mm、320mm×320mm×100mm等；匣钵外形有平底带缺口、平口带脚、平口不带脚三种。如图8-26所示，（a）为平底带缺口匣钵，（b）为其堆叠图；（c）为平口带脚匣钵，（d）为其堆叠图；（e）为平口平底匣钵，（f）为其堆叠图。对比图中三种匣钵，平口带脚匣钵堆叠时，匣钵之间的缝隙最大，最适合用于堆叠煅烧。而平口平底匣钵不能用于堆叠煅烧。

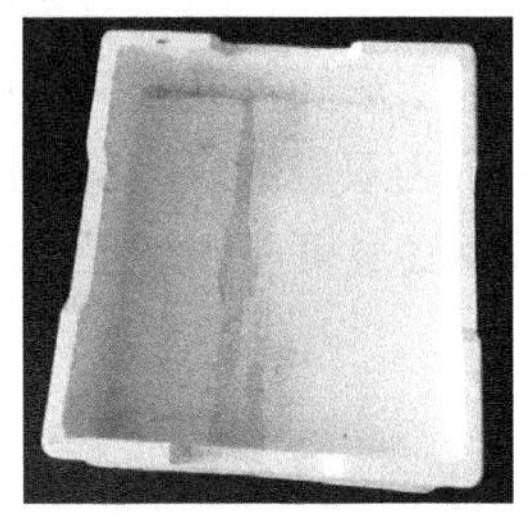
(a) 平底带缺口匣钵

(b) 平底带缺口匣钵堆叠

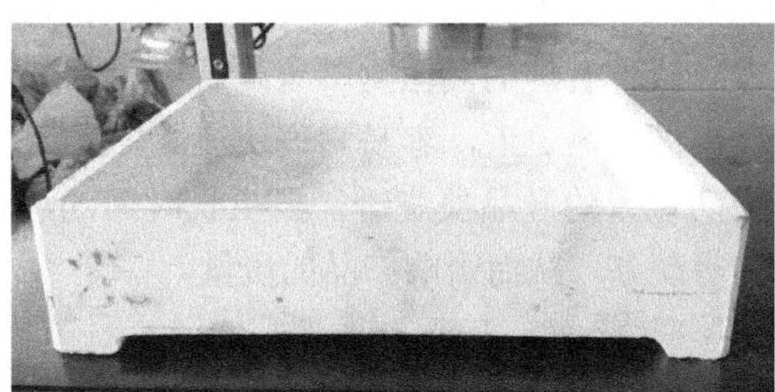
(c) 平口带脚匣钵

(d) 平口带脚匣钵堆叠

(e) 平口平底匣钵

(f) 平口平底匣钵堆叠

图8-26 不同外形匣钵及其堆叠图

三元材料煅烧匣钵的选用一般需满足以下条件：① 耐碱腐蚀，不与原材料反应；② 热稳定性好；③ 高温荷重软化点高于煅烧温度；④ 导热性好、冷热急变性好；⑤ 透气性好。

日本Noritake公司不同材质的匣钵性能见表8-14。

表8-14　日本Noritake公司不同材料匣钵性能对比[12]

匣钵材质		莫来石-堇青石		莫来石	氧化铝		尖晶石-堇青石		氧化镁		氧化锆	SiC
型号		KR-1	ANC	NR-H	TA-T	MM-8	MK-3	MK-10	FM-PS	MMA-G2	MY-Z42	R-SiC
气孔率/%		28	35	24	＜0.1	20	33	28	＜0.1	17	20	15
体积密度/(g·cm^{-3})		2.2	1.9	2.3	3.9	3.2	2.1	2.4	3.2	2.9	4.5	2.7
弯曲强度/MPa		8	13	11	250	25	9	14	100	23	15	90
热膨胀率/%		0.36	0.23	0.36	0.81	0.83	0.24	0.48	1.30	1.35	0.58	0.48
热传导率/%		0.9	1.37	1.8	36	2.9	1.4	1.5	15	3.7	0.8	80
最高使用温度/℃		1200	1200	1200	1600	1600	1200	1200	1600	1300	1750	1350
化学成分	Al_2O_3/%	67.0	53.9	65.0	99.5	99.8	59.2	68.1	0.4	—	—	—
	SiO_2/%	29.0	37.0	35.0	—	—	18.5	13.7	0.4	3.0	—	—
	MgO/%	2.1	5.6	—	—	—	21.4	17.2	98.5	96.1	—	—
	其他	MY-Z42氧化锆：ZrO_2+CaO=99.0%；R–SiC：SiC=98.5%										

煅烧三元材料时，开裂、内部腐蚀掉渣是匣钵损坏的主要原因。一般来说铝含量越高抗三元材料腐蚀能力越强，越不容易产生掉皮、掉渣等现象，刚玉–莫来石质、氧化铝质具有较好的抗碱腐蚀性能，但其具有冷热急变性差的特点，容易开裂损坏且造价高昂。实际生产过程多采用莫来石材质、莫来石–堇青石材质，单个匣钵可使用10～15次，但一般使用到4次左右时便开始出现轻微掉皮掉渣现象并逐渐加剧，这是这两种材质最大的缺点，因此有些匣钵厂家在此基础上开发出了锆–莫来石质的匣钵，相比而言具有更好的抗腐蚀性，使用寿命也更长。

8.5.4　三元材料匣钵自动装卸料系统简介

三元材料混合好后，需要人工将混合物料放入匣钵，并将混合物料整平和切小块，然后由人工将装好物料的匣钵和相应的垫板放到窑炉入口辊棒上。在窑炉的出端，需要人工将匣钵中煅烧好的物料倒入料筒，并清扫匣钵，并检查匣钵是否有破损或裂缝，若匣钵完好，则将匣钵运至窑炉入端可再次使用，若匣钵破损不能再用，则将匣钵运至废匣钵放置区域等待处理。垫板也做相应处理。一般情况下，三元材料煅烧常用匣钵的重量在3～5kg左右，一快垫板的重量是2～5kg左右，一个匣钵的装料量在3～6kg左右。若以匣钵质量为4kg、垫板质量为3kg、装料量为3kg计算，煅烧3kg混合物料需要人工搬运总重为10kg的物品。若一个工厂一天的产能是10t，烧失率按25%计算，则需要前驱体和锂源的混合物料共13.3t，需要进行4000多次匣钵装料、整平、切小块，对应的窑炉出料口的匣钵倒料和匣钵检查也有4000多次。如此巨大的工作量需要大量的人工。为了解决这个问题，设备厂家将上述工序用自动化设备来完成，即“三元材料匣钵自动化装卸料系统”。该系统主要由供料机、摇匀机、切块机、碎块机、倒料装置、匣钵清扫装置、匣钵裂纹检测装置、传送系统8部分组成。各个单体功能设备的链接方式和布局如图8-27所示。

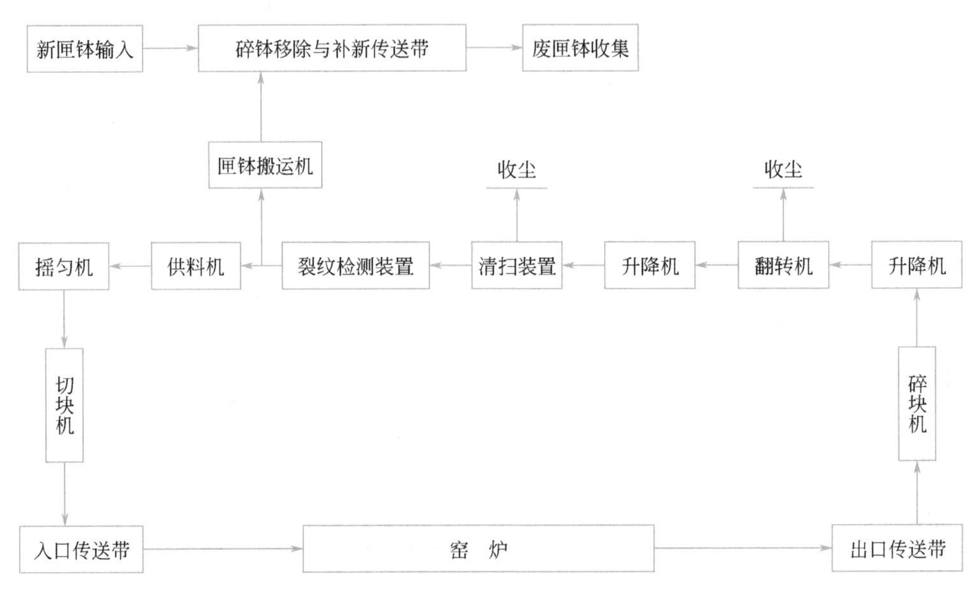

图8-27 匣钵自动装卸料系统布局图

其中，8个单位功能设备的工作内容如下：

供料机：向空匣钵内装填料，精确控制填料量，以便循环入炉。

摇匀机：通过匣钵的往复运动，使粉料在匣钵中均布。

切块机：将匣钵内的待煅烧物料切小块，以便内部物料能和空气充分接触。

碎块机：匣钵出炉后，粉料会有板结，本装置对板结粉料进行解碎，以便粉料在下一翻转工位能被顺利地取出。

倒料装置：将单只匣钵提升后，进行翻转动作，将粉料收集到指定的容器中。该装置装有透明有机玻璃护罩，可以避免扬尘。翻转部分可加装局部抽风，扬尘可收集。

匣钵清扫装置：将空的匣钵进行清扫，回收残留粉料，避免其二次煅烧。

匣钵裂纹检测装置：通过视觉技术对匣钵进行检测，对有裂隙的不良匣钵进行筛除，以满足再次入炉的需要。

以上7个装置通过传送装置和窑炉首尾相连，自动运行。

设备布置图如图8-28所示。该自动线完全可以替代人工上料、下料，完成整个系统的无人化作业；整条线体可以做到全封闭，粉料扬尘部位都有集尘设备，改善了现场的作业环境；改变了人工装填料的不确定性，改由设备自动称量加料，精确控制加料量，提高了工艺一致性。

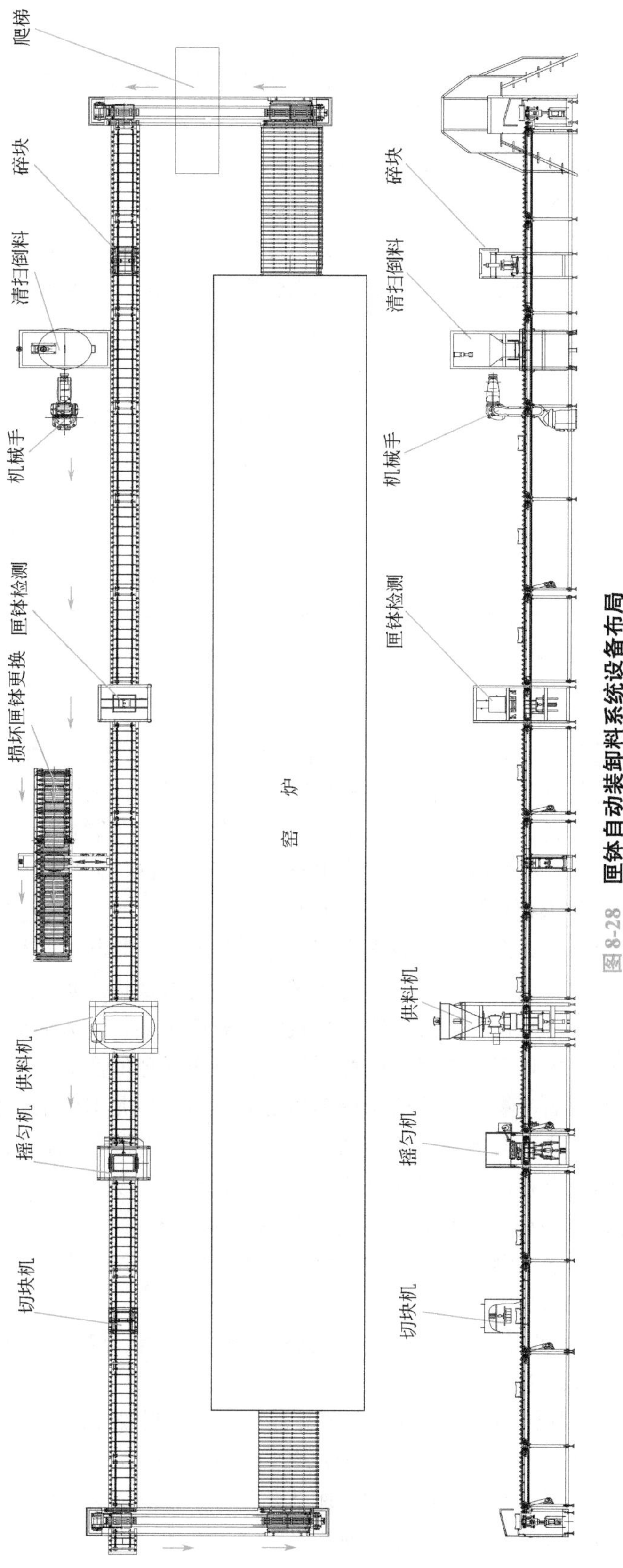

图8-28 匣钵自动装卸料系统设备布局

8.6 煅烧工艺

烧成过程包括多种物理化学变化，例如脱水、多相反应、熔融、煅烧等。三元材料的烧成反应是固相反应，指在一定的温度下前驱体和锂源发生固相反应生成$LiMO_2$，经过一定时间的煅烧，得到完整晶型的层状结构的$LiMO_2$的过程。氢氧化物前驱体和不同锂源的反应如式（8-3）和式（8-4）。其中式（8-3）的锂源为碳酸锂，式（8-4）的锂源为单水氢氧化锂。

$$M(OH)_2+0.5Li_2CO_3+0.25O_2 = LiMO_2+0.5CO_2\uparrow+H_2O\uparrow \quad (8-3)$$

$$M(OH)_2+LiOH\cdot H_2O+0.25O_2 = LiMO_2+2.5H_2O\uparrow \quad (8-4)$$

从反应方程式中可以看出，三元材料的烧成是氧化反应，需要一定的氧气参与反应。

三元材料煅烧工艺中最重要的是煅烧温度、煅烧时间、煅烧气氛。

8.6.1 煅烧温度和时间

煅烧温度和煅烧时间是影响三元材料性能的重要因素。但两者不是完全独立的，当煅烧温度略高时，可适当缩短煅烧时间；若煅烧时间过长，可适当调低煅烧温度。

8.6.1.1 煅烧温度

在晶体中晶格能越大，离子结合也越牢固，离子扩散也越困难，所需煅烧温度也越高。各种晶体由于键合情况不同，煅烧温度相差也很大，因此不同比例的三元材料煅烧温度具有较大的差异性，这跟镍氧、锰氧、钴氧的键合情况具有很大的关联性。即使对于同一种晶体的结晶度也不是一个固定不变的值，所以采用不同厂家或不同工艺路线所生产出的三元前驱体生产三元材料时确认的较佳煅烧温度各不相同。

温度对材料性能的影响很大，一般来说随着温度的升高，物料的扩散系数增大，从而促进了离子和空位的扩散、颗粒重排等物质传递过程，使得煅烧速度加快，温度升高对材料的松装密度影响不大，而对产物的振实密度影响较大。温度升高，一方面促使产物中的一次颗粒生长得粗大、致密，提高振实密度。另外原料中许多未成球的团聚小颗粒也由于固相反应而重新生长成结构致密的产物，因此适当提高煅烧温度对反应是有利的，但是温度过高，容易生成缺氧型化合物而且还会促使二次再结晶，同时材料的晶粒变大，比表面积变小，不利于锂离子在材料中的脱出和嵌入；温度过低，反应不完全，容易生成无定形材料，材料的结晶性能不好，且易含有杂相，对材料的电化学性能影响也较大。所以只有当煅烧温度适中，才能使材料的加工性和电化学性能达到最佳状态。不同比例的产品煅烧温度必须配合差热和热重分析，仔细分析来确定。

不同组分的三元材料煅烧温度也不同。一般情况下，镍含量越高，煅烧温度越低。图8-29所示为几种常见三元材料的煅烧温度趋势图。

煅烧温度直接影响材料的容量、效率和循环性能，对材料表面碳酸锂和材料pH值影响较为明显，对材料的振实密度、比表面积有一定影响。图8-30所示为不同煅烧温度下NCM622产品的性能，图中几个产品品制备所用的前驱体、锂源、混料工艺、煅烧时间和煅烧设备完全相同。图8-31为图8-30中对应样品的SEM图。

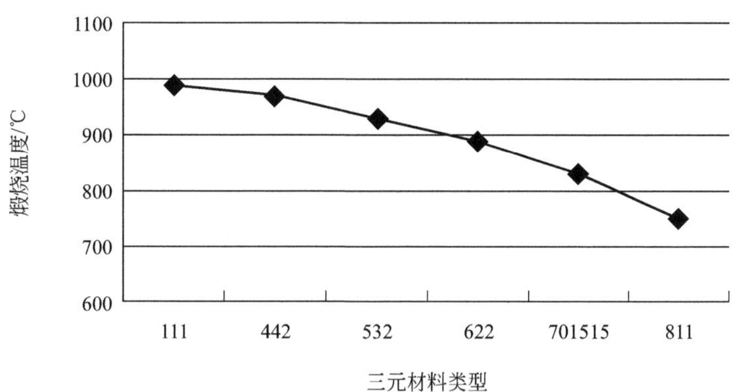

图8-29　几种常见三元材料煅烧温度趋势

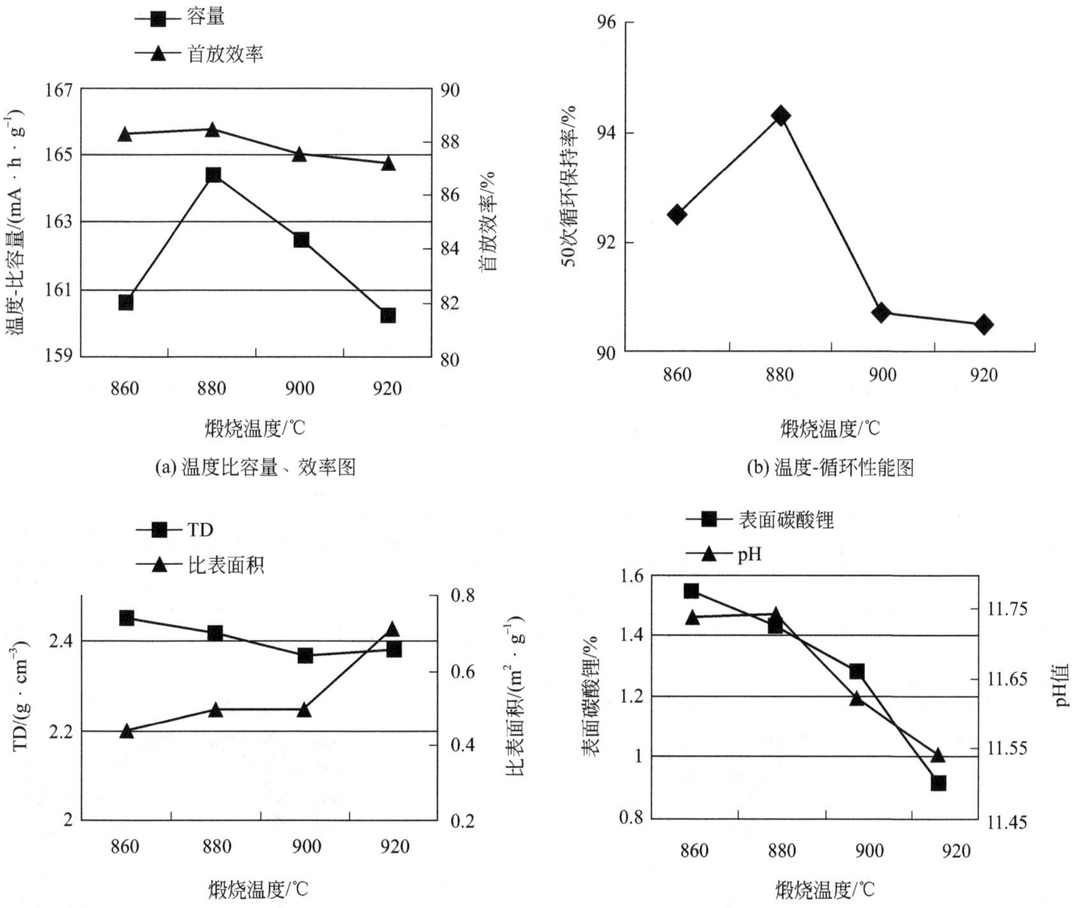

(a) 温度比容量、效率图

(b) 温度-循环性能图

(c) 温度-TD\比表面积图

(d) 温度-表面碳酸锂，pH图

图8-30　不同煅烧温度下NCM622产品的性能

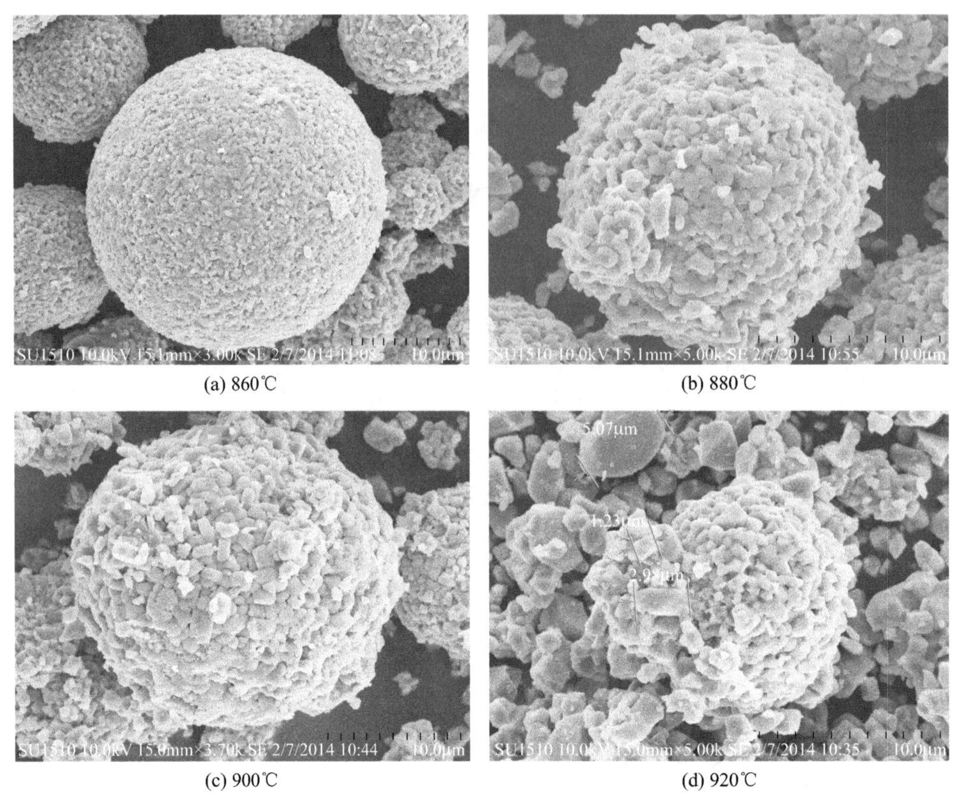

(a) 860℃ (b) 880℃

(c) 900℃ (d) 920℃

图8-31 **NCM622不同煅烧温度下SEM图**

8.6.1.2 煅烧时间

在一定范围内，煅烧时间对材料容量、比表面积、振实密度、pH的影响不太明显，但对材料表面锂残留量和产品单晶颗粒大小影响较大。表8-15为NCM523在不同煅烧时间下的产品的性能；图8-32对应为不同煅烧时间下产品的SEM图。

表8-15 **NCM523不同煅烧时间下的样品性能**

编号	煅烧时间/h	容量/(mA·h·g^{-1})	TD/(g·cm^{-3})	比表面积/（m^2·g^{-1}）	表面碳酸锂/%	pH
523–1	9	156.5	2.48	0.32	0.96	11.75
523–2	11	156.2	2.43	0.31	0.61	11.71
523–3	14	156.3	2.44	0.29	0.31	11.69

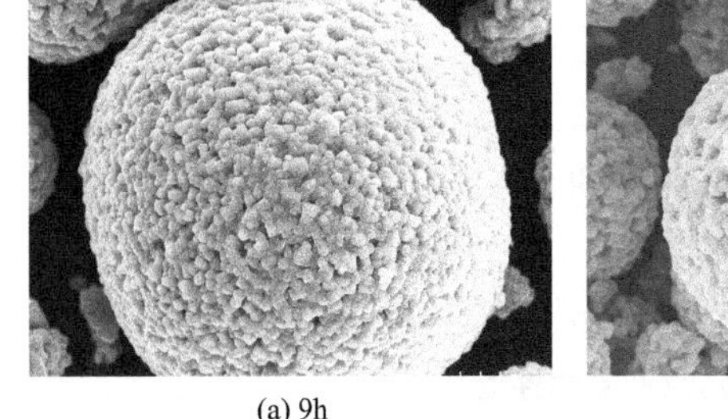

(a) 9h

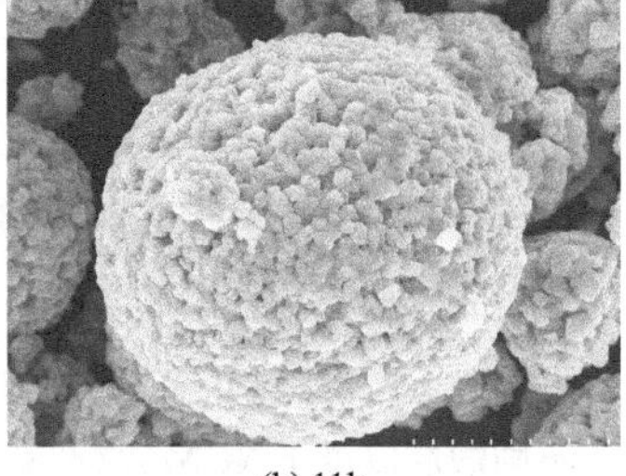

(b) 11h

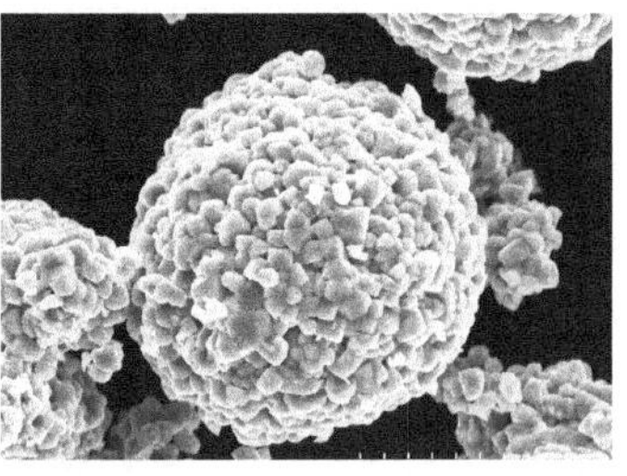

(c) 14h

图8-32 **NCM523在不同煅烧时间下的产品SEM图**

8.6.2 烧失率和煅烧气氛

烧失率是指物质经过某些反应后损失的质量与之前的质量的比值。本书中的烧失率指物料经过窑炉煅烧后损失的质量与物料进入煅烧炉之前质量的比值，得到的百分数就是本文所述的烧失率。由式（8-1）和式（8-2）可以计算出三元材料烧成反应过程的理论烧失率，见表8-16。从表中可以看出，采用碳酸锂为锂源时，三元材料烧失率约为25%，采用氢氧化锂为锂源时，三元材料烧失率约为28%。这部分质量的损失主要是废气的产生造成的。从化学反应式（8-1）和化学反应式（8-2）可以看出，三元材料煅烧过程中，吸收了一定量的氧气参加反应，同时也排出了大量的气体，锂源不同时，排出的废气不同。用碳酸锂为锂源时，废气是二氧化碳和水蒸气；用氢氧化锂为锂源时，废气主要是水蒸气。

表8-16 部分三元材料的理论烧失率

锂源	NCM111	NCM424	NCM523	NCM622	NCM71515	NCM811	NCA81505
碳酸锂	24.91%	24.97%	24.89%	—	—	—	—
氢氧化锂	27.72%	27.78%	27.70%	27.63%	27.59%	27.55%	27.80%

因为前驱体和锂源一般都含有一定量的水分，且不同工艺采用的锂化配比不一样，一般情况下是锂源稍多，所以从反应方程式计算的烧失率一般都比实际生产过程中的烧失率偏低。我们将前驱体和锂源混合后的材料进行差热分析，得到的结果都高于理论烧失率。表8-17中数据为NCM523的理论计算结果和DSC测试结果对比。

表8-17 NCM523烧失率的理论计算结果和DSC测试结果对比

锂源	理论计算结果	DSC测试结果
NCM523+碳酸锂	24.89%	25.28%
NCM523+氢氧化锂	27.70%	28.04%

烧成气氛一般分为氧化、还原、中和三种。从化学反应式（8-1）和化学反应式（8-2）可以看出，三元材料的煅烧过程是氧化反应，需要消耗氧气。在扩散控制的三元材料的煅烧中，气氛的影响与扩散控制因素有关，与气孔内气体的扩散和溶解能力有关，三元材料煅烧过程中，是由阳离子扩散速率控制的，因此，在氧化气氛中煅烧，表面会聚集大量的氧气，使阳离子空位增加，有利于阳离子扩散的加速和促进煅烧，所以，三元材料的煅烧过程中要确保有足够多的氧分压。增加氧分压的方法有：① 增加进气量和增加排气量，稀释反应产生的气体浓度；② 减少煅烧量从而减少废气的量；③ 纯氧气煅烧。

综合生产成本来考虑，在提高产能的同时，厂家一般会选择增加进气量和排气量的方法来增加氧气分压。

使用碳酸锂为锂源时，煅烧反应过程中会有二氧化碳和水蒸气产生；使用单水氢氧化锂为锂源时，则只产生水蒸气。按照化学反应方程式（8-1）和式（8-2）可以计算出反应过程中的理论耗氧量和产气量。以NCM523为例，计算煅烧出1kg NCM523所需要的氧气和产生的气体量见表8-18。

表8-18　煅烧出1kg NCM523的耗氧量和排气量　　单位：mol

锂源	二氧化碳	水蒸气	耗氧量	氧气对应的空气量
碳酸锂	5.2	10.4	2.6	12.4
氢氧化锂	0	26.0	2.6	12.4

从表8-18中可以看出，锂源为碳酸锂时，每公斤成品的产物为5.2mol的CO_2和10.4mol的水蒸气，锂源为氢氧化锂，每公斤成品的产物为26mol的水蒸气。不同的锂源消耗的氧气相同。按照气体体积公式，在标准态下，每摩尔气体的体积是22.4L。将理论耗氧量和废气产生量计算成标准态下的体积，5.2mol二氧化碳体积为116.5L，10.4mol水蒸气体积为233L，26mol水蒸气体积为582L，2.6mol的氧气体积为58L，对应空气为278L。煅烧过程中的产气体积大于耗气体积，所以在煅烧过程中既要保证产生的废气及时排出，也要保证有足够的氧气供应。若废气排出不及时或氧气短缺，会造成煅烧炉的炉膛内氧分压不断降低，反应平衡向左移动，导致反应速度的减慢，不利于晶粒的生成以及长大。最终会导致反应不完全，影响材料性能。

将前驱体和锂源混合均匀后做DSC分析，可以找到煅烧过程中开始产生气体的温度和消耗氧气的温度，在这些特定的温度区间，应补充足够的氧气，及时排出废气，保证反应正常进行。

8.6.3 匣钵层数和装料量

在实验室中得到的最佳煅烧温度和时间，或者根据材料DSC分析出的温度，应用在实际生产过程中并不能得到最优的三元材料，因为煅烧量越大，影响因素越多。使用辊道窑煅烧三元材料的过程中，影响最大的是匣钵的层数和匣钵的装料量。

前面已经介绍过，目前最常用的三元材料辊道窑为双列辊道窑，不同厂家使用辊道窑煅烧三元材料时，匣钵堆放层数不同，一般有单层双列、双层双列、三层双列。随着层数的增加，不同位置物料的实际升温曲线和设定的升温曲线有所偏差，前面已经详细分析过，如图8-22所示。匣钵层数除了对温度有影响，还对煅烧气氛有影响。摆放层数太多，会造成窑炉中气体流通受阻，且位于下层的匣钵也不能和空气充分接触，不仅不能得到充分的氧气，产生的废气也不能及时排走，对产品品质产生很大影响。

综上所述，层数不同时，不同层数之间传热速率不同，不同层数物料周围的气氛也不同，物料的反应和煅烧条件有一定的差异，导致不同层数的物料煅烧完毕后的物化性能也不相同，随着匣钵层数的增多，上层物料和下层物料的物化性能上也表现出一定的差异，主要表现在材料表面游离锂含量、材料的pH值和比表面积。表8-19数据为同一窑炉，不同匣钵层数煅烧出产品的表面游离锂、pH值、比表面积大小。其中双层匣钵煅烧的产品又分为上层匣钵产品和下层匣钵产品[图8-33(a)]。三层匣钵煅烧的产品分为上层匣钵产品、中层匣钵产品、下层匣钵产品[图8-33(b)]。从表8-19中可以看出，随着匣钵层数的增加，不论是上层匣钵产品还是下层匣钵产品的碳酸根、pH值、比表面积都有所增加，处于中层和下层的产品增加更明显。

表8-19 不同匣钵层数煅烧出产品的pH值、表面游离锂和比表面积

放置层数		代表数据		
		pH	碳酸根/(mg·kg^{-1})	比表面积/(m^2·g^{-1})
单层双列	单层	11.29	1768	0.29
双层双列	上层产品	11.32	1870	0.29
	下层产品	11.33	2885	0.32
三层双列	上层产品	11.41	2119	0.33
	中层产品	11.39	3178	0.38
	下层产品	11.39	4000	0.42

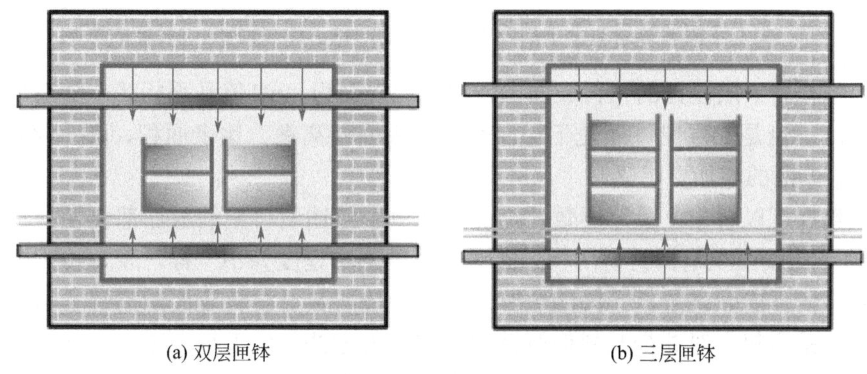
(a) 双层匣钵　(b) 三层匣钵

图8-33 两列双层和两列三层匣钵放置示意图

匣钵的装料量和匣钵层数对材料产生的影响类似，装料量越多，处于内部的物料升温越慢，氧气的进入和废气的排出也越慢，最直接的就是导致材料表面游离锂残余量增加、比表面积增加。图8-34（a）所示为单个匣钵装料量分别为2kg、3kg、4kg、5kg时，处于上层的匣钵中产品表面游离锂含量和处于下层匣钵中产品表面游离锂含量典型值。图8-34（b）为对应的比表面积；图8-34（c）为对应的pH值。从图中可以看出，当单个匣钵的装料量为2kg时，

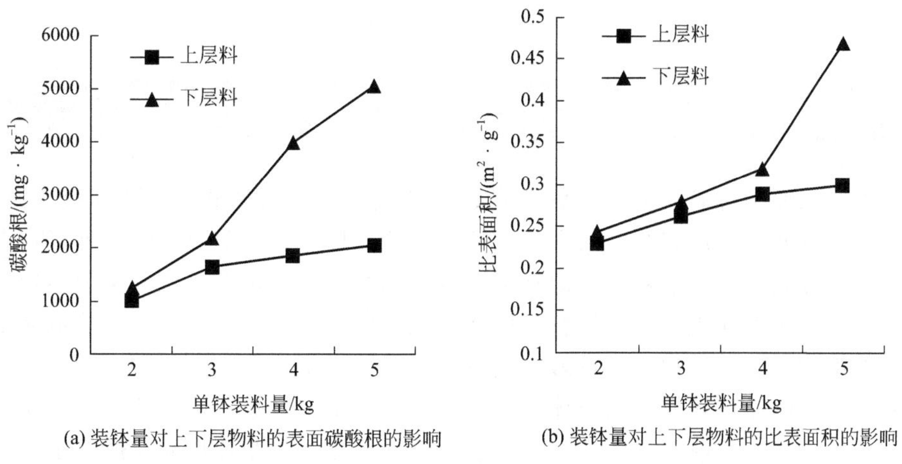

(a) 装钵量对上下层物料的表面碳酸根的影响　(b) 装钵量对上下层物料的比表面积的影响

图8-34

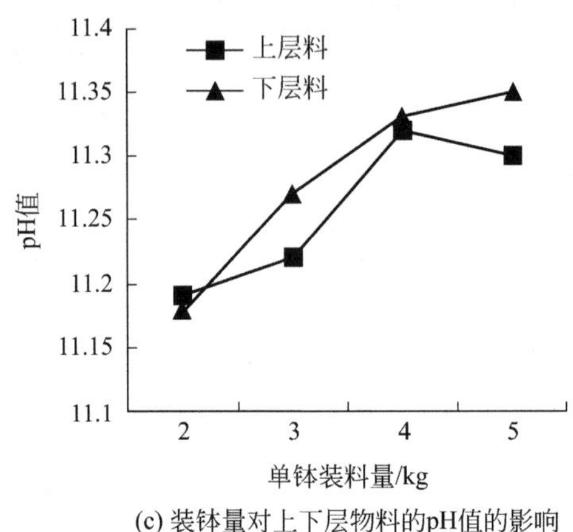

(c) 装钵量对上下层物料的pH值的影响

图 8-34 不同装钵量对上下层物料的表面碳酸根、比表面积、pH值的影响

上层匣钵的物料和下层匣钵的物料表面碳酸根、比表面积、pH值几乎相等；随着单个匣钵装料量的增加，不论是上层匣钵还是下层匣钵，其表面游离锂、比表面积、pH值都相应增加，但下层匣钵中产品的增加更明显。

由以上数据可以看出，匣钵层数的增加或者单个匣钵装料量的增加都会使材料的表面游离锂、pH值、比表面积增加。但两种方式对材料的影响程度并不一样，表8-20中数据为相同的煅烧炉中，同样的煅烧量，不同的单钵重量和煅烧层数对材料表面游离锂含量影响。从表中可以看出，采用每个匣钵少装料但匣钵层数较多的方法，优于每个匣钵多装料以降低匣钵层数的方法。因为虽然匣钵堆叠起来后匣钵之间的空隙很小，但仍然比物料直接堆积起来的情况要好。

表 8-20 不同堆积方式对产品表面游离锂的影响

单钵重量/kg	层数	总重量/kg	碳酸锂含量代表数据/(mg·kg^{-1})
4.5	2	9	3500
3.0	3	9	2300

8.7 前驱体对煅烧工艺及成品性能的影响

前驱体的主要指标有镍含量、钴含量、锰含量、总金属含量、杂质含量、振实密度、粒度分布、比表面积、形貌等。其中镍、钴、锰的含量是判断前驱体组分是否符合要求的唯一指标；总金属含量是配锂的关键指标，也是判断前驱体是否氧化的重要参数；振实密度、粒度分布、比表面积、形貌等影响煅烧工艺和成品性能；杂质主要影响成品电化学性能。当采用不同厂家的前驱体进行煅烧的时候，需要对工艺参数进行调整，才能得到性能相同的成品。有些品质较差的前驱体，无论如何调整工艺参数，都无法得到品质优异的成品。下面具体介绍一下前驱体的氧化、前驱体粒度分布、前驱体形貌对煅烧工艺和成品性能的影响。

8.7.1 前驱体的氧化

三元材料前驱体的理论总金属含量为固定值。一般情况下，因前驱体含有水分和杂质，实际金属含量都低于理论金属含量。但氧化的前驱体，因其分子式已经发生变化，所以金属含量高于氢氧化物的金属含量。氧化的原因有反应过程中的氧化、烘干温度过高氧化等。氧化前驱体和未氧化物前驱体的煅烧制度不一样，若用未氧化物前驱体的煅烧制度煅烧氧化前驱体，则成品性能将大大降低。图8-35中$1^{\#}$样品为反应过程中氧化的前驱体，$2^{\#}$样品为未氧化的前驱体，两个样品的金属含量和煅烧后的成品容量见表8-21，从表中可以看出，氧化前驱体的金属含量已经高于理论值，煅烧出来的成品容量比未氧化的低10mA·h·g^{-1}左右，为不合格品。

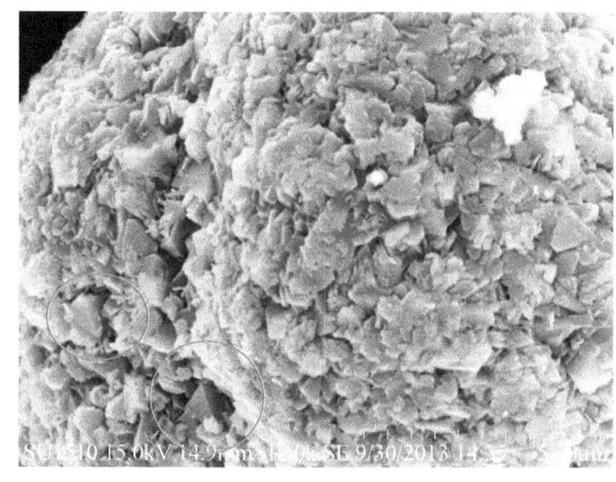

(a) $1^{\#}$样品

(b) $2^{\#}$样品

图8-35　氧化、未氧化前驱体SEM图对比

表8-21　氧化、未氧化前驱体金属含量和成品性能对比

样品	前驱体总金属含量/%	成品容量/(mA·h·g^{-1})
$1^{\#}$	63.46	135.4
$2^{\#}$	62.08	145.8

8.7.2 粒度分布

前驱体粒径大小不一样，需要的煅烧温度也不相同。粒径越小，从颗粒表面到中心的传热需要的时间越短，如果煅烧温度相同，颗粒越小，煅烧需要的时间越短，单晶成长越快。粒径分布越窄的前驱体，反应烧成过程中从颗粒表面到中心的传热需要的时间越一致，晶粒的生成长大时间也一致，得到的单晶颗粒大小也基本趋于一致。而粒径分布不均匀的前驱体，得到成品的单晶颗粒大小也不相同，如图8-36所示，图（a）、（b）为粒度分布较宽的前驱体煅烧出的成品的SEM图，图（c）、（d）为粒度分布较窄的前驱体煅烧出的成品SEM图。从图中可以看出，（a）、（b）中不同颗粒的粒径不同，且小粒径颗粒的单晶较大，而大粒径颗粒的单晶较小。（c）、（d）中颗粒的粒径很接近，单晶大小也没有太大差别。

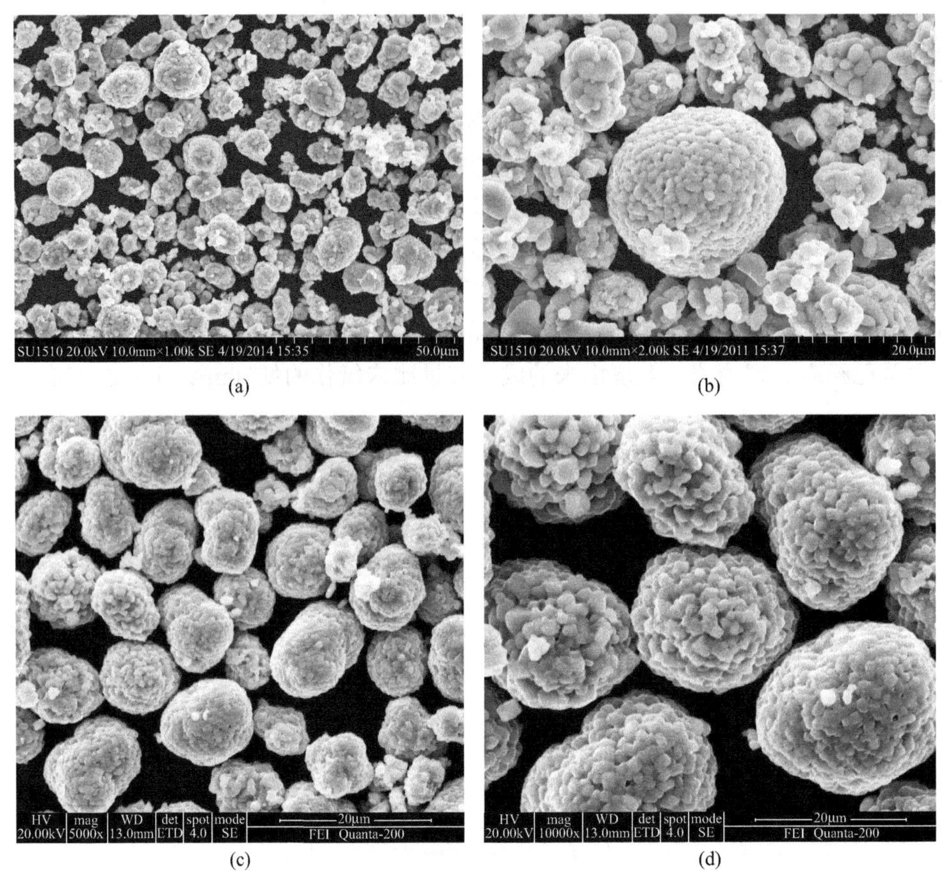

(a) (b) (c) (d)

图8-36　前驱体粒度分布对煅烧产品形貌的影响

8.7.3 形貌

不同工艺参数生产出来的前驱体形貌各不相同，如第七章图7-13所示。单晶颗粒细小的前驱体，需要的煅烧温度较低，成品单晶也较小，如图8-37（a）、（b）所示，其中（a）为单晶细小的前驱体SEM图，（b）为（a）煅烧后成品的SEM图；前驱体单晶成厚片状的，煅烧的成品单晶也较大，如图8-37中（c）、（d）所示，其中（c）为前驱体SEM图，（d）为成品SEM图。两种形貌的成品压实密度和倍率性能都会有所不同。

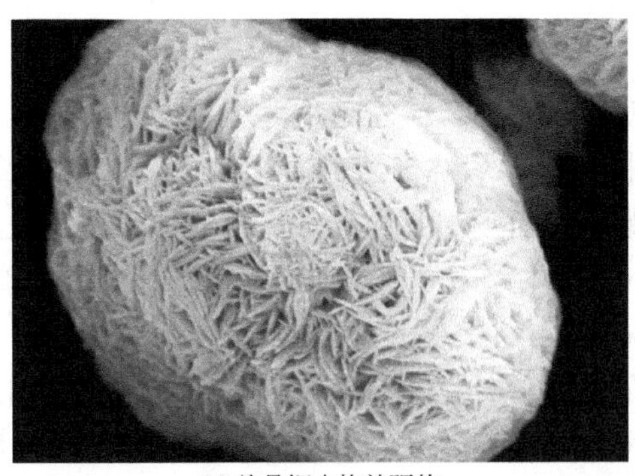

(a) 单晶细小的前驱体

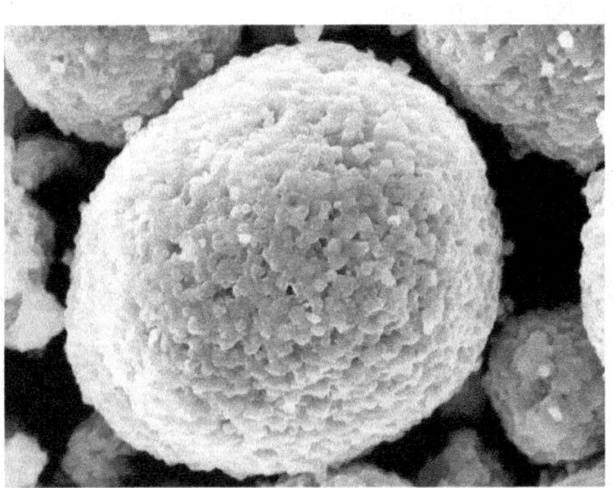

(b) 单晶细小的前驱体煅烧后成品

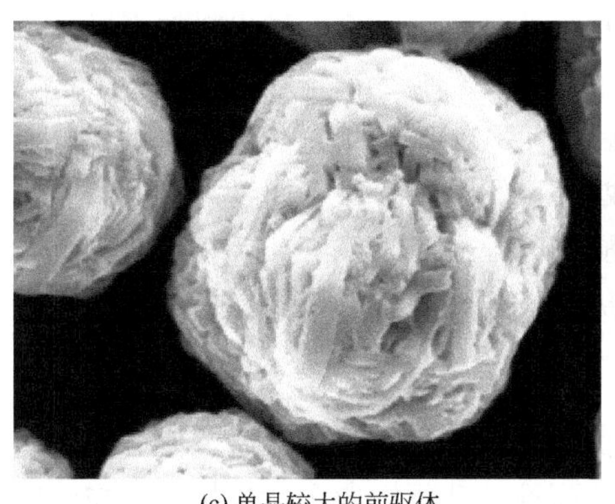

(c) 单晶较大的前驱体

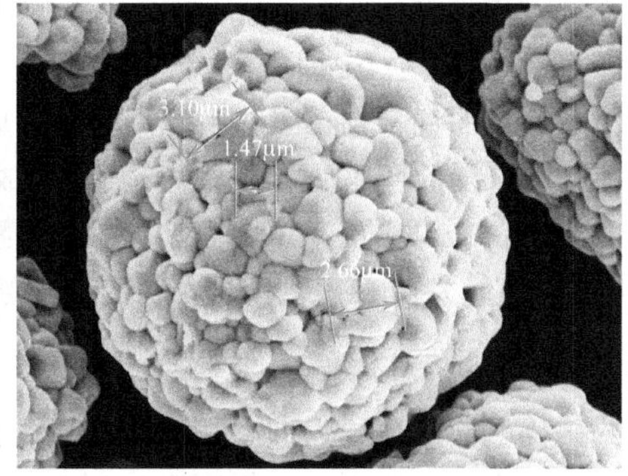

(d) 单晶较大的前驱体煅烧后成品

图8-37 前驱体形貌不同对应的煅烧产品形貌

8.8 粉碎工艺及设备

三元材料重要的质量指标之一是粒度及粒度分布，粒度及粒度分布会影响三元材料的比表面积、振实密度、压实密度、加工性能及电化学性能。所以锂离子电池用三元材料需严格控制粒度及粒度分布。

8.8.1 粉碎设备的分类

粉碎设备按照粉碎产品的粒度可分为：① 粗碎设备，如颚式破碎机、辊式破碎机、锤式粉碎机等；② 细碎设备，如球磨机、棒磨机等；③ 超细粉碎设备，如离心磨、搅拌磨、气流磨、砂磨机和雷蒙磨等。

按是否利用磨碎介质可分为：① 有介质磨碎设备，如球磨机、砂磨机；② 无介质磨碎设备，如气流磨、胶体磨、雷蒙磨等。

表8-22为几种常见粉碎设备的对比。

表8-22 常见粉碎设备对比

粉碎设备	粉碎机理	给料粒度/mm	产品粒度/μm	适用场合
颚式破碎机	压劈折	300～1000	2000～20000	粗、中碎硬质料
辊式破碎机	压	＜40	1000～20000	中、细碎硬、软质料
球磨机	磨碎、冲击	＜5	20～200	粗、细磨硬质料和磨蚀性料
气流粉碎机	撞击、研磨	＜2	1～30	细磨软、中硬质料

8.8.2 常见三元材料粉碎设备

按照产出颗粒大小不同，粉碎可细分为破碎和粉磨。破碎是指使大块物料碎裂成小块物料的加工过程；粉磨是指使小块物料碎裂成细粉末状物料的加工过程。

在进行破碎机选型时，应充分考虑所破碎物料的种类、硬度、进出料粒度以及产量和施工场地。三元材料是由1μm左右的单晶团聚而成的二次球体，二次球粒径在3～40μm。三元材料前驱体和锂源的混合物在匣钵中经高温煅烧后，有24%以上的烧失率，所以材料板结严重，需要先使用破碎设备将几厘米的大块物料破碎成几毫米的小块，再用粉磨设备将几毫米的小块粉磨成最终产品。常见的三元材料工艺流程是：颚式破碎→辊式破碎→气流粉碎。需要注意的是，三元材料的硬度较大且pH值大于10，属于碱性物质，粉碎设备需要耐碱腐蚀、耐磨损。

8.8.2.1 颚式破碎机

颚式破碎机破碎方式为曲动挤压型，电动机驱动皮带和皮带轮，通过偏心轴使动颚上下运动，当动颚上升时肘板和动颚间夹角变大，从而推动动颚板向定颚板接近，与此同时物料被挤压、搓、碾等多重破碎；当动颚下行时，肘板和动颚间夹角变小，动颚板在拉杆、弹簧的作用下离开定颚板，此时已破碎物料从破碎腔下口排出，随着电动机连续转动破碎机动颚作周期性的压碎和排料，实现批量生产。

颚式破碎机的结构主要有机架、偏心轴、大皮带轮、飞轮、动颚、侧护板、肘板、肘板后座、调隙螺杆、复位弹簧、固定颚板与活动颚板等组成，其中肘板还起到保险作用。

颚式破碎机的优点为：破碎比大，产品粒度均匀；结构简单，工作可靠，运营费用低；排料口调整范围大，可满足不同用户的要求。缺点是存在空转行程，因而增加了非生产性功率消耗；破碎黏湿物料时会使生产能力下降，甚至发生堵塞现象。

8.8.2.2 辊式破碎机

辊式破碎机通过电机带动辊轮，按照相对方向运动旋转。在破碎物料时，物料从进料口通过辊轮，经碾压而破碎，破碎后的成品从底架下面排出。辊式破碎机辊轮之间装有楔形或垫片调节装置，楔形装置的顶端装有调整螺栓，当调整螺栓将楔块向上拉起时，楔块将活动辊轮顶离固定轮，即两辊轮间隙变大，出料粒度变大，当楔块向下时，活动辊轮在压紧弹簧的作用下两轮间隙变小，出料粒度变小。辊式破碎机分为：对辊式破碎机，四辊式破碎机，齿辊式破碎机。

辊式破碎机主要由辊轮、辊轮支撑轴承、压紧和调节装置以及驱动装置等部分组成。其结构如图8-38所示。

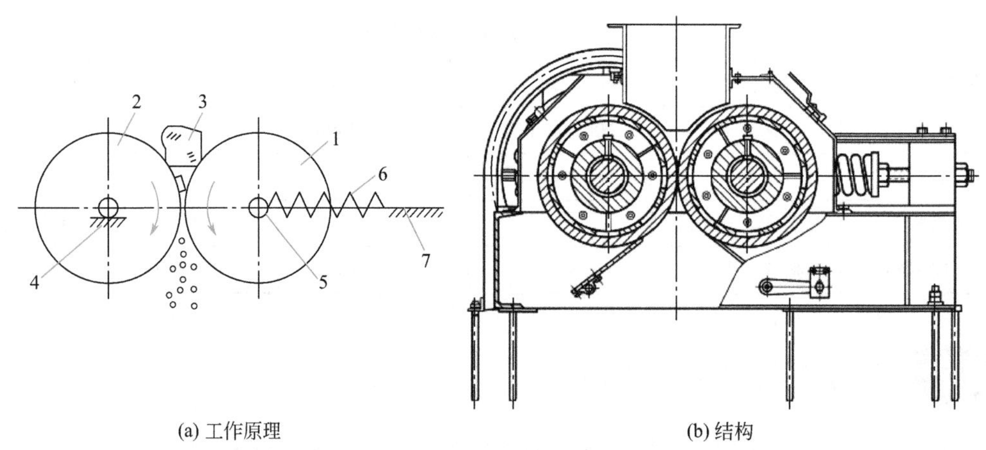

(a) 工作原理　　(b) 结构

图8-38　双辊式破碎机的工作原理及结构示意图[13]

1，2—辊子；3—物料；4—固定轴承；5—可动轴承；6—弹簧；7—机架辊式破碎机的主要优点为：结构简单，机体不高，紧凑轻便，造价低廉，工作可靠，调整方便，能粉碎黏湿物料。主要缺点是：生产能力低；不能破碎大块物料，也不宜破碎坚硬物料，通常用于中硬或松软物料的中、细碎。

辊式破碎机的进料粒度需小于200mm，不同型号的机型规定的进料粒度不一样，表8-23为国内中泰机械设备有限公司不同型号的辊式破碎机的进料粒度、出料粒度、生产能力和对应电机功率。从表中可以看出，辊式破碎机的出料粒度在几毫米到几十毫米之间。

表8-23　不同型号辊式破碎机性能对比[14]

型号	进料粒度/mm	出料粒度/mm	生产能力/($t \cdot h^{-1}$)	电机功率/kW
2PG400×250	≤25	1～8	5～10	2×5.5
2PG610×400	≤40	1～20	13～35	2×15
2PG800×600	≤60	0.5～30	10～100	2×45
2PG1000×800	≤80	0.5～30	15～130	2×55
2PG1600×1200	≤110	0.5～30	60～420	2×110

8.8.2.3　气流粉碎机

气流粉碎机以高速气流为动力和载体，通过粉碎室内的喷嘴把压缩空气形成的气流束变成速度能量，使物料通过本身颗粒之间的撞击，气流对物料冲击剪切作用以及物料与其他部件的冲击、摩擦、剪切而使物料粉碎。

气流粉碎体系主要由空压机、空气净化器系统、气流粉碎机、分级机、旋风分离器、除尘器、排风机等组成。气流粉碎机由料仓、螺杆加料器、进料室、喷嘴、粉碎室等组成。

影响气流粉碎效果的因素包括原料初始粒度、喷嘴直径、分级轮转速、工作压力、进料速度等。

气流粉碎机的优点有：粉碎过程温度不升高；产品平均粒度小，粒度分布较窄，颗粒表面光滑，颗粒形状规整；自控、自动化程度高。缺点是：批处理的物料不能含水，气流中湿度不能高，因此气流进入前应有去湿（或油气）装置；设备制造成本高，能耗大，加工成本也较大；单机处理能力较差（产量均小于$2t \cdot h^{-1}$），气流磨比机械方式粉碎的能耗要高出数倍。

气流粉碎机适用于微粉和超微粉碎，产品粒度一般可达1～5μm。但进料粒度要在3mm以下。

气流粉碎机主要有：水平圆盘式气流粉碎机、O型循环管式气流粉碎机、对喷式气流粉碎机、靶式气流粉碎机、流化床式气流粉碎机几种类型。

（1）圆盘式气流粉碎机

圆盘式气流粉碎机工作时物料由喷嘴加速到超音速导入粉碎室；高压气流进入气流分配室，分配室与粉碎室相通，气流在自身压力下，强行通过研磨喷嘴时，产生高达每秒几百米至上千米的气流速度，物料在高速旋流的带动下作循环运动，颗粒间、颗粒与机体间产生相互冲击、碰撞、摩擦而被粉碎。粗粉在离心力作用下甩向粉碎室周壁作循环粉碎。而微粉在离心气流带动下被导入粉碎机中心出口管进入旋风分离器加以捕集。

（2）超音速喷射式粉碎机

超音速喷射式粉碎机亦称P.J.M气动射流磨。该粉碎机适用于粉碎低熔点食品和热敏性物

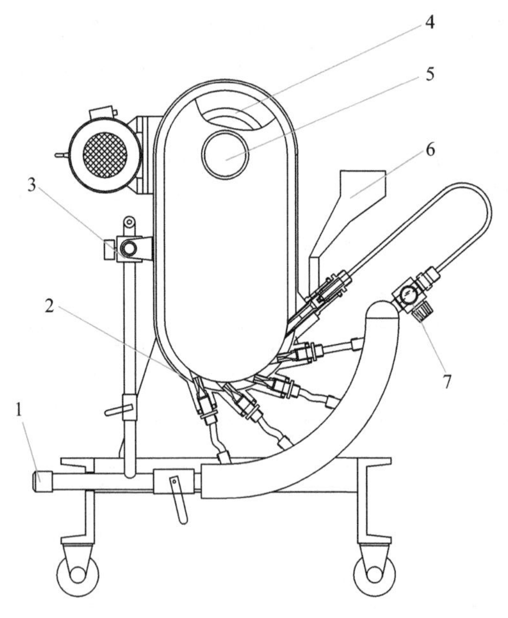

图8-39 O型循环管式粉碎机的结构

1—压缩空气进口；2—喷嘴；3—密封气减压；4—百叶分级轮；5—出料口管；6—进料口；7—进料口吸气

料，能保存物料原有的芳香味。国产超音速喷射式粉碎机主要有GTM–10型、BQF–200型和BQF–280型等气流超音速喷射式粉碎机。

（3）O型循环管式粉碎机

O型循环管式粉碎机的结构如图8-39所示。工作原理为：原料由文丘里喷嘴进入粉碎区，气流经多个喷嘴喷入不等径变曲率的O型循环管式粉碎室，并加速颗粒使之相互冲击、碰撞、摩擦而粉碎。同时旋流还带动被粉碎的颗粒沿上行管向上运动进入分级区。在分级区离心力场的作用下，使密集的料流分流，细粒在内层经百叶分级轮分级后由出料口排出，即为产品；粗粒在外层沿下行管返回继续循环粉碎。

O型结构既能加速颗粒运动，又能增强离心力场的作用，从而提高了粉碎和分级效率；分级区的弯曲管壁设计，使磨损大大减轻。但是，与其他气流粉碎机相比，O型循环管式粉碎机中气流及物料对管道内壁的冲刷、磨损太严重，一般做成陶瓷衬里，不适用于硬度较高的材料的超细化。常用于热敏性化学品、纤维、金属、药物、食品、颜料、填料等的粉碎。

（4）靶式气流磨

靶式气流磨是利用高速气流夹带物料冲击在各种形状的靶板上进行粉碎的设备。适用于粉碎高分子聚合物、低熔点热敏性物料以及纤维状物料。可以根据原料性质和产品粒度的要求选择不同形状的靶板。靶板作为易损件，应采用耐磨材质制作。

（5）对喷式气流磨

对喷式气流磨又称逆向喷射磨，是利用物料在一对喷嘴相对喷射的超音速气流中相撞而粉碎的设备。可用于粉碎莫氏硬度9.5级以下硬质、脆性、韧性的各种物料。

（6）流化床对喷式气流粉碎机

流化床对喷式气流粉碎机的结构如图8-40所示。其工作原理为：气流粉碎机与旋风分离器、除尘器、引风机组成一整套粉碎系统。压缩空气经过滤干燥后，通过喷嘴高速喷射入粉碎腔，在多股高压气流的交汇点处物料被反复碰撞、摩擦、剪切

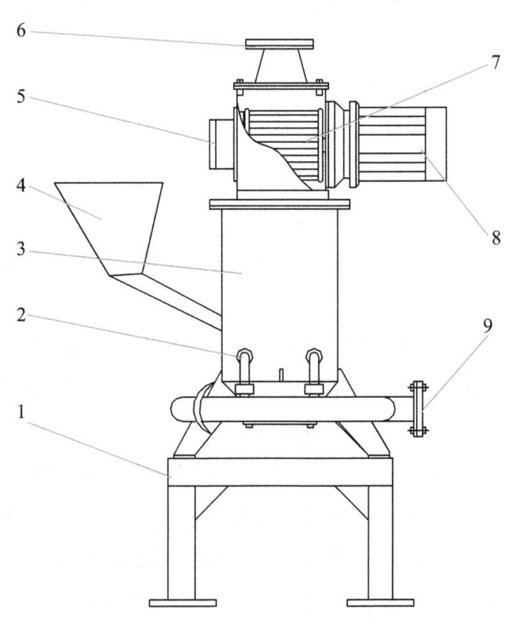

图8-40 流化床对喷式气流粉碎机的结构

1—支架；2—喷嘴口；3—磨腔；4—进料口；5—出料口；6—观察口；7—分级轮；8—分级电机；9—压缩空气进口

而粉碎，粉碎后的物料在风机抽力作用下随上升气流运动至分级区，在高速旋转的分级涡轮产生的强大离心力作用下，使粗细物料分离，符合粒度要求的细颗粒通过分级轮进入旋风分离器和除尘器收集，粗颗粒下降至粉碎区继续粉碎。

流化床对喷式气流磨是20世纪90年代最新的超细粉碎设备。其特点是产品细度达3～10μm，粒度分布窄；粉磨效率高，能耗低，比其他类型气流粉碎机节能50%；产品污染少，可加工无铁质污染的粉体产品和莫氏硬度10级的物料；结构紧凑、操作自动化，但成本高。

8.8.2.4　机械粉碎机

机械粉碎机由磨机内动盘、定盘及分级轮构成，具体如图8-41所示，动盘和定盘上都装有刀片等，物料在高速旋转的动盘和定盘之间反复摩擦、冲击、剪切、挤压等多种作用力下粉碎，符合粒度要求的产品通过百叶分级轮出去进入旋风分离器及收尘器收集，粗颗粒继续粉碎。

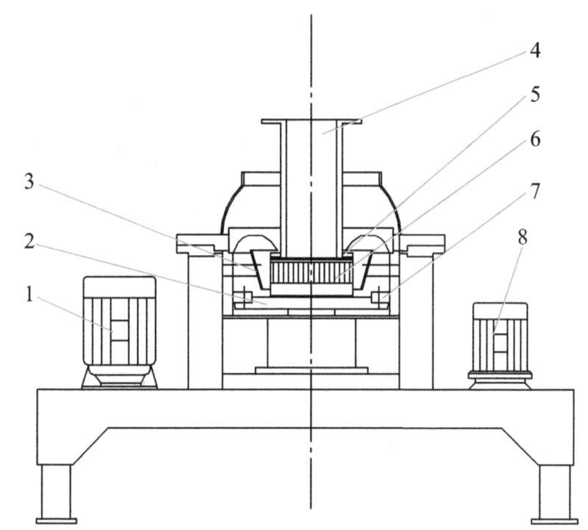

图8-41　机械粉碎机结构图

1—粉碎电机；2—粉碎刀盘；3—导料圈；4—排料口；5—下衬板；6—分级轮；7—粉碎刀片；8—分级电机

机械粉碎机的特点是：

① 低能耗：集离心粉碎、冲击粉碎、挤压粉碎于一身，比其他类机械粉碎机节能高达40%～50%。

② 高细度：配备自分流式分级系统，产品细度≥2500目。

③ 入料范围大：入料粒度≤10mm。

④ 低磨损：粉碎；分级部分易损件采用刚玉陶瓷材料，使用寿命长，无带入铁杂质污染。

⑤ 机械稳定性强：可长期24h不停机生产。

⑥ 粉碎过程无温升，适合于热敏性材料的粉碎。

⑦ 可用于氮气保护系统，闭路循环。

⑧ 负压生产，无粉尘污染，环境优良。

在三元材料的粉碎中，可以使用气流粉碎机，也可选择机械粉碎机，两种粉碎设备各有优缺点。气流粉碎机和机械粉碎机的性能对比见表8-24。

表8-24　气流粉碎机和机械粉碎机性能对比

项目	原理	结构	能耗	磨损	产能
气流粉碎机	利用压缩气体作动力	简单，有专门的磨腔	高	高	高
机械粉碎机	利用机械能作动力	动盘与定盘上安装刀片	低	低	一般

8.8.3　粉碎工艺

不同粉碎设备的给料粒度和产品粒度各不相同，需要根据设备具体情况将板结的三元材料逐级破碎。表8-25为三元材料常用四种设备的对比。根据四种设备的性能对比，可设计出三元材料常见的破碎工艺流程为：颚式破碎——►辊式破碎——►气流粉碎（或机械粉碎）。如图8-42所示。

表8-25　三元材料常用粉碎设备对比表

粉碎设备	给料粒度/mm	产品粒度/μm	常见功率/kW	功率对应的产能/(kg·h^{-1})
颚式破碎机	300～1000	2000～20000	1.5	450
辊式破碎机	＜200	1000～20000	2.2	500
气流粉碎机	＜3	1～50	60（含压缩空气）	300
机械粉碎机	＜10	1～15	12	100

图8-43（a）为窑炉中煅烧出的物料照片，（b）为（a）料经过颚式破碎机后的照片，（c）为（b）料经过辊式破碎机后的物料照片，（d）为（c）料经过气流粉碎机的物料照片。

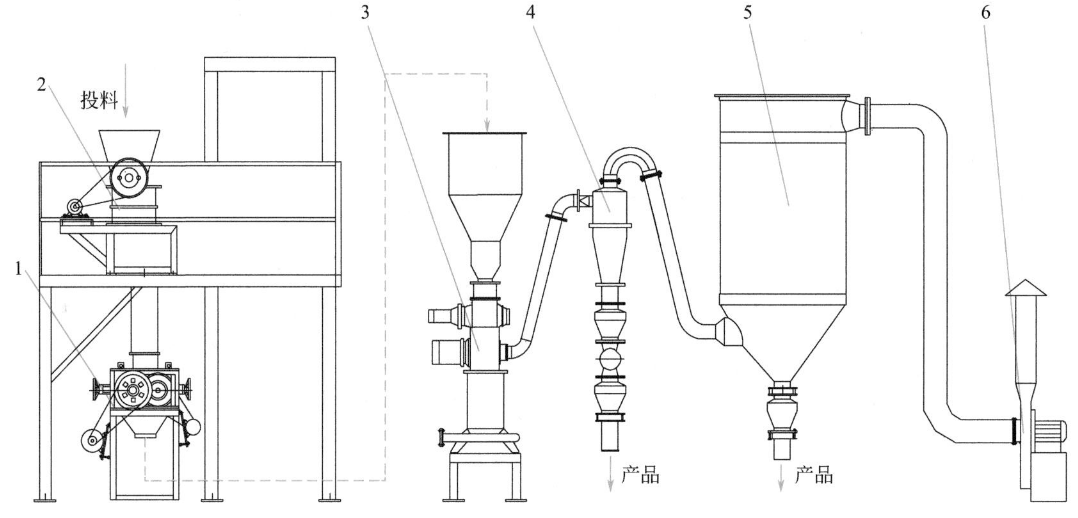

图8-42　常见三元材料粉碎工艺流程图

1—对辊式破碎机；2—颚式破碎机；3—气流粉碎机；4—旋风分离器；5—收尘器；6—风机

(a)

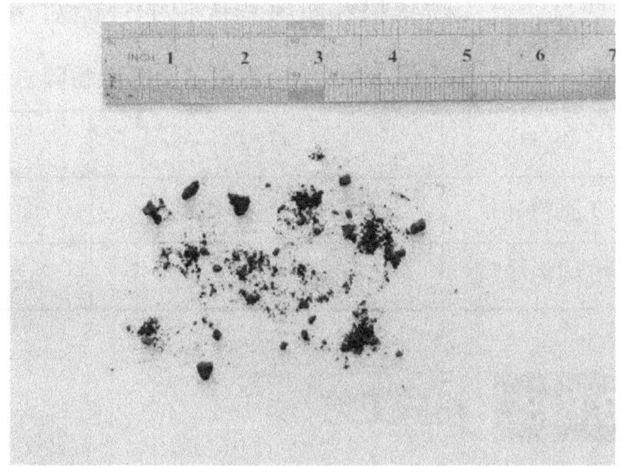

(b)

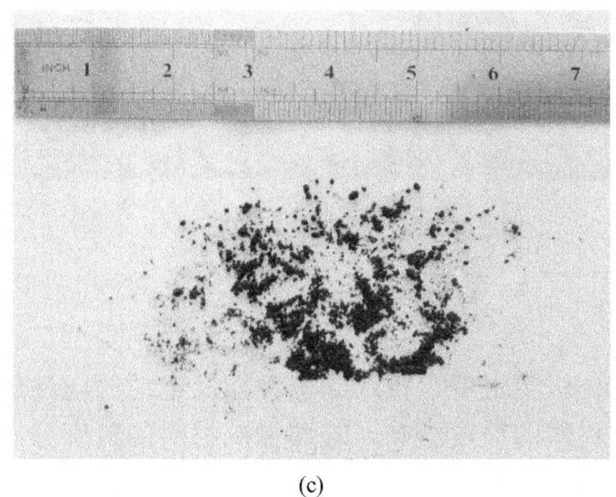

(c)

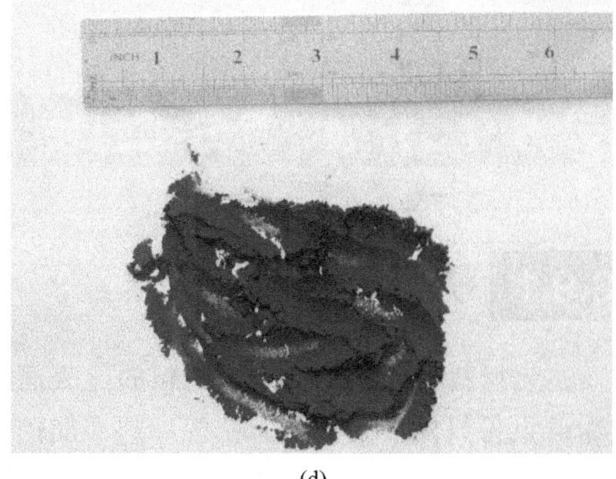

(d)

图8-43　**不同破碎设备处理后的材料照片**

为了防止金属污染，在使用上述设备粉碎三元材料时，设备与三元材料接触的部分需要有耐磨涂层或使用三氧化二铝等不会带入金属杂质的材质。图8-44（a）为陶瓷颚式破碎机，（b）为陶瓷对辊机，（c）为气流粉碎机陶瓷分级轮，（d）为O型循环式气流磨的陶瓷腔体。

(a) 陶瓷颚式破碎机

(b) 陶瓷对辊机

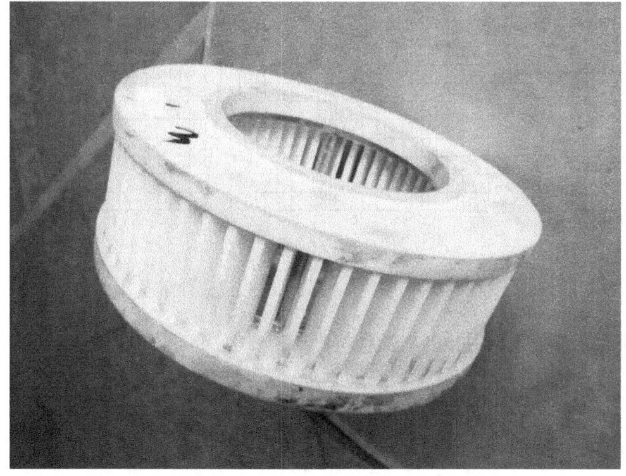

(c) 气流粉碎机陶瓷分级轮

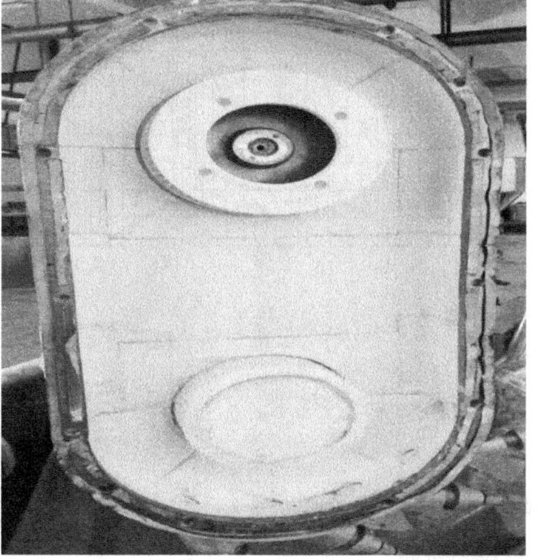

(d) O型循环式气流磨的陶瓷腔体

图8-44　**破碎设备的陶瓷部件**（见彩图33）

8.9 分级、筛分和包装

8.9.1 分级

三元材料粒度分布会影响材料的比表面积、压实密度、极片加工性能及电池的电性能。而粉碎设备只能控制材料的粒径，却不能控制材料的粒度分布，若要控制材料的粒度分布，就要用到分级设备。三元材料的分级一般在气流粉碎机之后加上气流分级装置，直接对粉碎后的产品进行分级。

根据三元材料的粒度分布要求，可选择不同的气流分级机和分级工艺。图8-45所示为分级前和分级后产品的SEM图和粒度分布图。从粒度分布图中可以看出，分级后产品的粒度分布比分级前产品的粒度分布窄了很多，从SEM图中可以看出，一些粒径很小的颗粒已经被分离出去了。

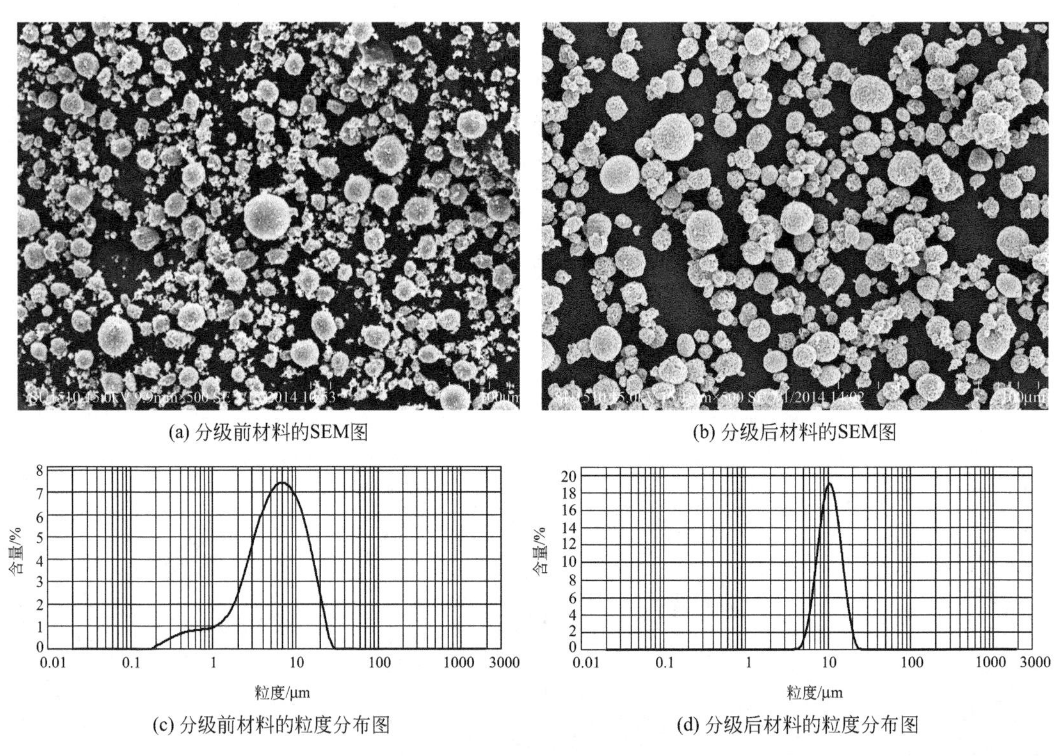

(a) 分级前材料的SEM图　(b) 分级后材料的SEM图

(c) 分级前材料的粒度分布图　(d) 分级后材料的粒度分布图

图8-45　分级前后产品SEM图和粒度图对比

8.9.2 筛分

为了避免材料中含有异物或粗大颗粒，还需对三元材料进行筛分。三元材料的D_{max}应至少小于50μm，但有时会出现D_{max}超标的情况，如图8-46所示。

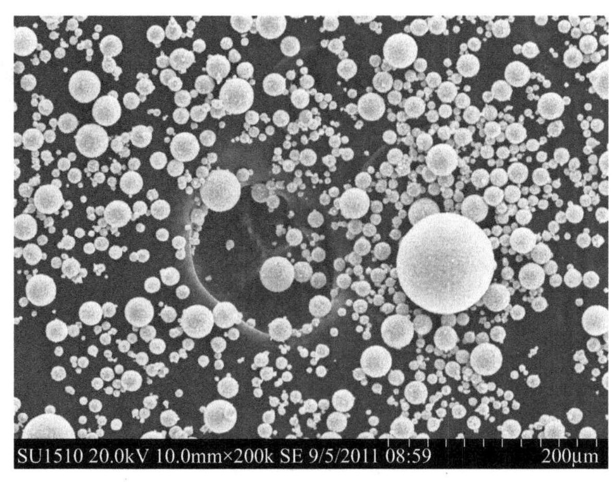

图8-46 三元材料中的大颗粒SEM图

选择合适目数的筛网可以控制材料的D_{max}。表8-26所示为目数与筛网对照表（节选），从表中可以看出，三元材料需要选择300目或者400目的筛网。

表8-26 目数与筛网对照表（节选）

目数（mesh）	微米/μm	目数（mesh）	微米/μm
100	150	500	25
150	106	600	23
200	75	800	18
250	58	1000	13
300	48	5000	2.6
400	38	10000	1.3

常见的筛分机有固定格筛、圆筒筛、振动筛等，三元材料常用的筛分机是振动筛。振动筛是工业上使用最广泛的筛子，它利用筛网的振动来进行筛分。筛网振动的次数为900～3000次·min^{-1}。振幅的范围在0.5～12mm，振幅越小，振动次数越多。筛子的倾斜角在0°～40°之间。

振动筛筛分效率高，一般是80%～95%；筛分原料粒度的范围大，从大于250mm到0.1mm或0.01mm；单位面积产量大；易于调整，筛孔较少堵塞。这种筛子需要专门的传动设备且消耗动力。

将超声波控制器与振动筛有机结合在一起即超声波振动筛，如图8-47所示：在筛网上面叠加一个高频率低振幅的超声振动波，粉体接受巨大的超声加速度，使筛面上的物料始终保持悬浮状态，从而抑制黏附、摩擦、平降、楔入等堵网因素，性能较振动筛更为优异。

超声波振动筛的特点有：① 具备自洁功能，网孔不易堵塞；② 无须添加弹跳球等防堵网装置，防止造成污染，使筛网寿命延长；③ 筛分精度很高，适用于40～635目，尤其是筛分100目以下颗粒。

对于振动筛的整个工作而言，最主要的部件是筛网、电机和轴承。在三元材料的使用中，筛网的选择很关键。因为三元材料的制程过程应避免带入铁杂质或者其他金属杂质，所以筛网的材质需要选择非金属材质，且要耐碱腐蚀。

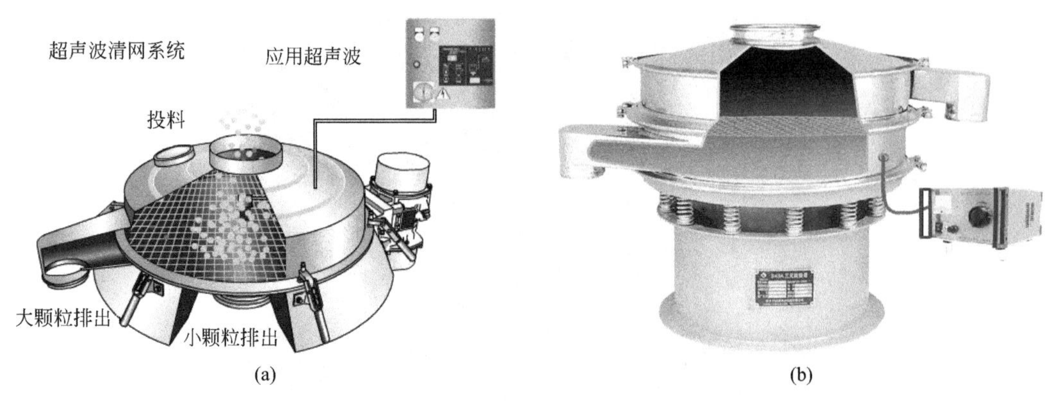

(a) (b)

图 8-47 超声波振动筛[15]

8.9.3 包装

三元材料包装一般采用真空包装或真空后再充入惰性气体。

真空包装机品种较多，通常分为机械挤压式、插管式、室式输送带式、旋转台式和热成型式等。下面简单介绍一下机械挤压式真空包装机、插管式真空包装机和室式真空包装机。

机械挤压式真空包装原理是：包装袋充填结束后，在其两侧用海绵等弹性物品将袋内的空气排除，然后进行封口。这种方法最简单，但真空度低，用于真空度要求不高的场合。

插管式真空包装机最大特点是没有真空室，操作时将包装袋套在吸管上，直接对塑料袋抽气或抽气-充气。此机型省去真空室后结构大大简化，体积小，重量轻，造价低，故障率低；生产效率高，平均比室式真空包装机高2～3倍；缺点是产品真空度低于室式真空包装机。

室式真空包装机的形式有台式、单室式和双室式，其基本结构相同，由真空室、真空/充气系统和热封装置组成。真空/充气系统由一组电磁阀和真空泵组成，通过控制器控制各阀启闭，自动完成抽真空–充气–热封的操作或抽真空–热封操作。

室式真空包装机的特点是：结构紧凑，外形美观，安装方便；真空度较高；需人工放袋、取袋，因此生产率不是很高，其中台式及单室较低，双室要略高。

真空包装机品种繁多，在选择真空包装机时，由于各个用户包装尺寸不尽一样，真空包装的技术等级要求不同，工作效率的要求不同，应根据用户自己产品的特点、包装袋尺寸的大小等。用户确定机型的依据除了包装机的封口长度，双排间距、真空室最大可利用高度等，还应考虑下列因素：

① 包装速度：出于提高生产效率的考虑，可选用双室或多室的真空包装机，以提高整个生产的进度。

② 真空泵：是真空包装机中最主要的部件，真空泵的好坏直接影响着真空包装机的包装效果。

③ 包装机材质：现在有喷漆的冷板机柜和不锈钢机柜，真空机包装机上用得最好的是304不锈钢。

④ 真空度：真空包装使用的包装材料是塑料复合薄膜或塑料铝箔复合薄膜，如涤纶/聚乙

烯、涤纶/聚丙烯、尼龙/聚乙烯、尼龙/聚丙烯、聚丙烯/聚乙烯、涤纶/铝箔/聚乙烯、双向拉伸聚丙烯/铝箔/聚乙烯、聚丙烯/尼龙/聚乙烯等。

8.10 磁选除铁

这部分内容写在包装之后是因为磁选除铁贯穿了三元材料制备的整个过程。金属杂质，特别是单质铁的存在会造成电池的短路，情况严重时会导致电池失效。三元材料成品中的磁性物质主要是金属设备磨损杂质和原材料带入的金属杂质等，表8-27为三元材料制程过程中金属杂质的带入点。

表8-27 三元材料制程过程中金属杂质来源

编号	工段	金属杂质来源
1	原材料及辅料	硫酸镍、硫酸钴、硫酸锰、氢氧化钠、碳酸锂等
2	前驱体反应	金属反应釜及金属部件的磨损或腐蚀
3	混料	混料设备的磨损或腐蚀
4	粉碎和分级	破碎机和粉碎机的磨损
5	物料输送环节	管道磨损或腐蚀

8.10.1 磁选除铁设备

磁选机的结构多种多样，分类方法也比较多。通常根据以下特征来分类。

根据承载介质的不同，可分成干式和湿式两种；根据磁选机磁场强度的高低，分为弱磁场磁选机和强磁场磁选机两大类；根据给入物料的运动方向和从分选区排出分选产品的方法可分为顺流型磁选机、逆流型磁选机、半逆流型磁选机；根据磁性矿粒在磁场中的行为特征可分为有磁翻转作用的磁选机和无磁翻转作用的磁选机；根据磁场类型可分为恒定磁场磁选机、旋转磁场磁选机、交变磁场磁选机、脉动磁场磁选机；根据产生磁场的方法又可分为永磁型磁选机、电磁型磁选机、超导型磁选机等。

三元材料制备过程中常用的除铁设备有管道除铁器和电磁型磁选机。

（1）管道除铁器

管道除铁器安装在物料输送管道上，物料从管道通过时，即可将混于其中的铁杂质自动分离。在三元材料的制程过程中，管道除铁器应用于各个输送环节，如前驱体制备中原材料溶液输送至反应釜时的除铁；前驱体浆料输送至过滤洗涤设备时的除铁等。图8-48所示为宁波西磁磁业发展有限公司管道除铁器外形图。

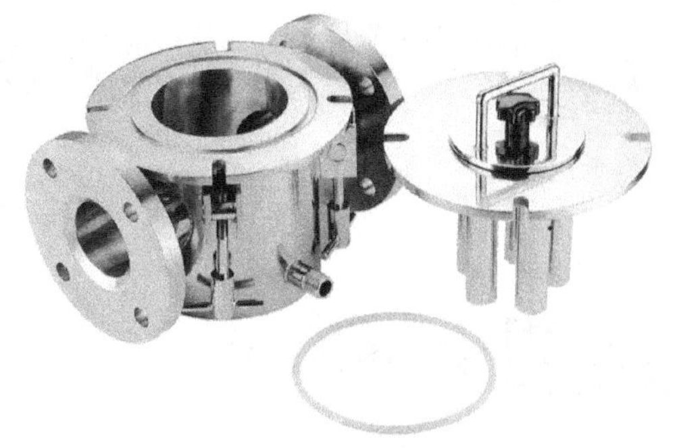

图8-48 管道除铁器外形图[16]

管道除铁器的进出口可以根据使用要求设计成法兰，快速接口或者螺纹管连接形式，表磁一般为12000Gs，耐温300℃，筒体材料可选择304或316不锈钢，可以根据要求设计成耐高压型。

（2）电磁型磁选机

常见电磁型磁选机的外形如图8-49（a）所示，其构造如图8-49（b）所示。该电磁磁选机的工作原理是：通过电磁感应产生磁场，使筛网磁化，具有磁性。物料从设备上面的喂料口供料时，不带磁性的物料可以通过，带磁性的物料则被筛网吸附。为了确保物料顺利通过，筛子和振动器连结以一定频率振动。设备需要控温冷却以确保磁力强度。

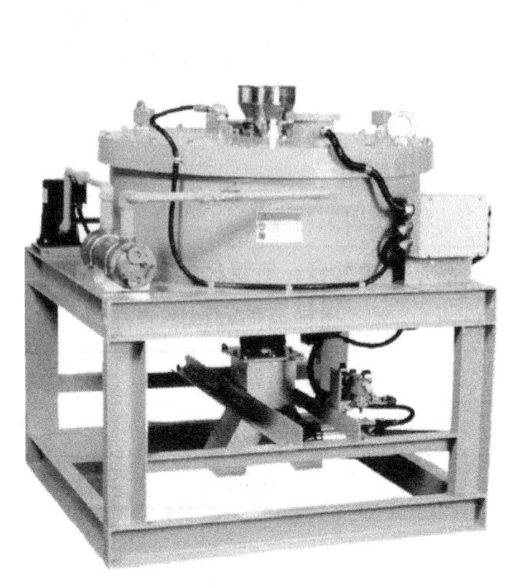

(a) 电磁型磁选机外形图

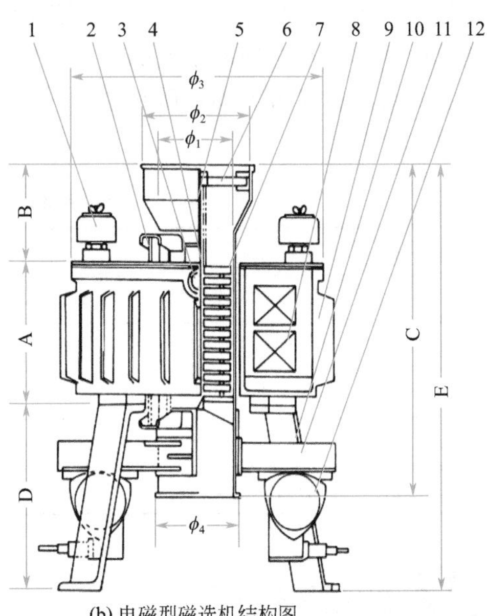

(b) 电磁型磁选机结构图

图8-49 常见电磁型磁选机的外形图和结构图[17]

1—空气入口；2—弹簧；3—油位计；4—筛网轴；5—筛网接斗；6—筛网柄；7—筛网；8—励磁线圈；9—线圈外壳；10—支脚；11—振动托盘；12—振动机

三元材料的制备过程中，电磁型磁选机主要用于三元材料成品包装前的除铁。但三元材料成品本身带有一定的弱磁性。从图8-50中可以看出，当磁力高达12000Gs时，对三元材料的吸附已经很明显了。所以在磁选过程中需要使用电磁锤进行打击。

(a) 6000Gs

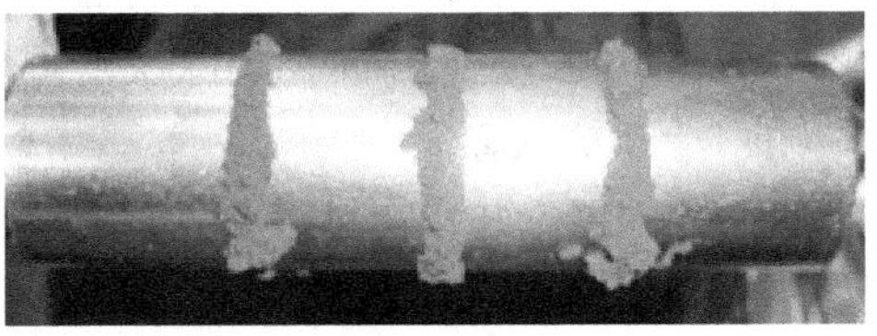

(b) 12000Gs

图8-50 三元材料在不同磁力强度的磁棒表面附着情况

8.10.2 磁选除铁案例

使用某厂家电磁型磁选机，分别进行磁力强度为12000Gs和6000Gs两个实验。每个实验样品通过筛网的次数为3次，样品在通过筛网3次以后，将磁力关掉，回收磁性物质后，将筛网取出，并回收筛网上附着的磁性物质。在未除铁前，样品的铁含量为16mg·kg^{-1}。除铁过程数据见表8-28，除铁后的结果见表8-29。从表中可以看出，在磁力强度为12000Gs情况下除铁一次后，产品铁含量由16ppm下降为1ppm，但产品率较低，只有93.6%。若磁力强度改为6000Gs，除铁两次后，产品铁含量仍然为5ppm，但产品率略高，大于98%

表8-28　**磁选机实验数据**

试验No.	通过次数	磁力强度/Gs	产品出口/%	磁性物质出口/%	筛网附着/%	处理速度/(kg·h^{-1})
1	1	12000	93.6	5.7	—	700
	2	12000	90.3	6.3	—	697
	3	12000	92.2	7.7	0.03	697
2	1	6000	98.5	1.5	—	708
	2	6000	98.3	1.6	—	702
	3	6000	98	1.7	0.05	707

表8-29　**磁选机实验结果**

试验No.	内容	Fe含量/(mg·kg^{-1})
1	第一次通过后产品出口样品	1
	第二次通过后产品出口样品	1
	第一次通过后磁性物质出口样品	32
	第二次通过后磁性物质出口样品	38
	第三次通过后磁性物质出口样品	50
	第三次通过后筛网附着样品	97
2	第一次通过后产品出口样品	5
	第二次通过后产品出口样品	5
	第一次通过后磁性物质出口样品	5
	第二次通过后磁性物质出口样品	5
	第三次通过后磁性物质出口样品	39
	第三次通过后筛网附着样品	70

8.11　成品的各项指标及检测方法

三元材料成品的指标有总金属含量（Ni+Co+Mn）、各个组分金属含量、杂质含量、pH值、比表面积、粒度分布、振实密度、电化学性能等。

三元材料行业标准YS/T 798—2012中规定了三元材料各指标的控制范围和检测标准，见表8-30。其中，总金属含量一般选用络合滴定法检测，杂质元素和锂元素一般使用ICP测试。国内不同厂家的NCM523指标见表8-31。

表 8-30 三元材料行业标准对各项指标和检测方法的规定[18]

控制指标	项目		控制标准	检测标准
主元素	Ni+Co+Mn/(g/100g)		58.8±1.5	标准YS/T 798—2012中规定：材料化学成分测定按供需双方协商认可的方法进行
	Li/(g/100g)		7.5±1.0	
杂质元素	Fe/(mg/kg)≤		300	
	Cu/(mg/kg)≤		300	
	Zn/(mg/kg)≤		300	
	Ca/(mg/kg)≤		300	
	Mg/(mg/kg)≤		300	
	Na/(mg/kg)≤		300	
	Cl^-/(g/100g)≤		0.05	
	SO_4^{2-}/(g/100g)≤		0.5	
物理指标	H_2O/(g/100g)≤		0.05	GB/T 6283
	粒度	D_{10}/μm≥	2.0	GB/T 19077.1
		D_{50}/μm	5.0～15.0	
		D_{90}/μm≤	30	
	pH		10.0～12.5	GB/T 1717
	振实密度/(g·cm^{-3})≥		1.8	GB/T 5162
	比表面积/(m^2·g^{-1})≤		1.0	GB/T 19587

表 8-31 国内部分厂家NCM523产品指标

项目		A厂家	B厂家	C厂家	D厂家
Ni+Co+Mn/(g/100g)		58.0～60.0	57.00～59.50	58.8±1.8	58.8±1.8
Li/(g/100g)		7～8	7.00～7.65	7～8	7～8
Fe/(mg/kg)≤		100	150	200	100
Cu/(mg/kg)≤		50	50	—	50
Zn/(mg/kg)≤		—	200	—	—
Ca/(mg/kg)≤		300	200	300	300
Mg/(mg/kg)≤		400	300	—	300
Na/(mg/kg)≤		300	300	500	300
Cl^-/(g/100g)≤		—	—	—	—
SO_4^{2-}/(g/100g)≤		0.1	0.06	0.08	—
H_2O/(g/100g)≤		0.05	0.1	0.05	0.05
粒度	D_{10}/μm≥	5.0	5.0	4.0	5.0
	D_{50}/μm	9.0～12.0	11.0～16.0	8.0～12.0	8.0～12.0
	D_{90}/μm≤	25.0	25.0	25.0	15.0
pH		≤11.5	10～11.6	≤11.5	≤11.5
振实密度/(g·cm^{-3})≥		2.3	1.9	2.3	2.3
比表面积/(m^2·g^{-1})		0.2～0.5	≤0.35	0.3～0.6	≤0.5

8.12　三元材料关键指标控制方法

8.12.1　容量

不论是在实验室中还是在生产过程中，影响三元材料容量最主要的两个因素都是锂化配比和煅烧温度。但生产过程中的情况要复杂得多。下面简单总结一下生产过程中控制产品容量稳定一致的关键点。

锂化配比不同的锂化配比对三元材料容量的影响，我们已经在前面章节论述过。最合适的锂化配比值很容易在实验室中找出，但在生产过程中，我们需要控制每个批次的产品都达到相同的容量值，这就需要做到以下几点：① 严格控制三元材料前驱体和锂源供应商的产品品质和批次稳定性；② 准确检测出三元材料前驱体的总金属含量和锂源的锂含量；③ 采用混合效果好的混合设备，保证混合物料每个点的锂化值都基本一致。

煅烧温度三元材料的最佳煅烧温度也很容易在实验室中找到，但在生产过程中，还需注意：① 固定匣钵装料量和匣钵层数，不同的装料量和匣钵层数所需的煅烧温度略有差别，若调整匣钵装料量和匣钵层数后，需要调整相应的煅烧温度；② 窑炉测温元件的定期校正。

8.12.2　倍率

不同组分三元材料的倍率性能不同，这里不做论述。本节内容主要介绍相同组分三元材料倍率差别的原因。引起三元材料倍率性能差异的原因主要有材料的粒径、形貌、锂化配比、煅烧气氛等。

（1）粒径

粒径小的材料比表面积较大，材料与电解液的接触面积较大，同时锂离子的扩散路径变短，有利于大电流密度下锂离子在材料的嵌脱，因此小粒径材料的倍率性能较好。

要得到小粒径的三元材料，需要用小粒径的前驱体煅烧；或将大粒径的三元材料破碎成小颗粒后进行煅烧。

（2）形貌

不同形貌的三元材料倍率性能不同，疏松多孔的形貌有利于电解液的浸润，缩短锂离子的扩散路径，所以倍率性能好于密实的形貌。疏松多孔的三元材料SEM如图8-51（a）所示。密实的三元材料SEM如图8-51（b）所示。

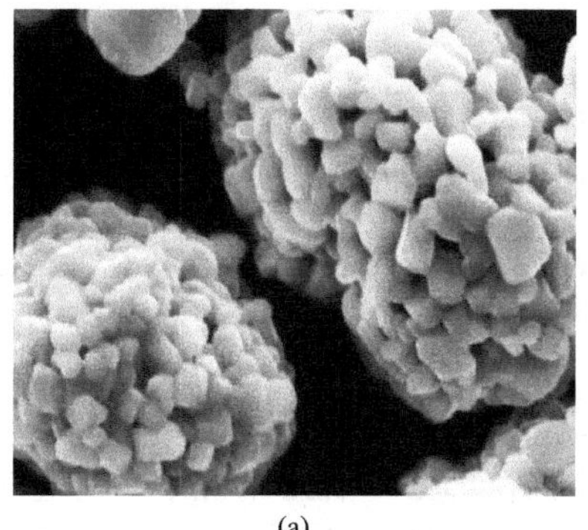

(a)

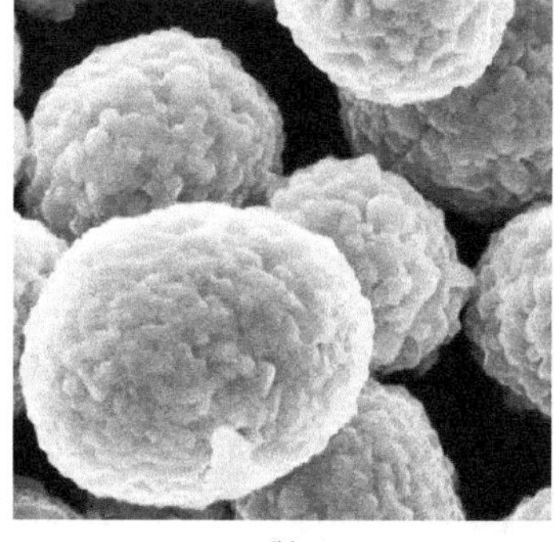

(b)

图8-51　用于不同倍率产品的SEM图

三菱化学用MCC方法制备出一种内部为多孔结构的三元材料，如图8-52（a）所示。图中左边为常规共沉淀法制备的材料，可见材料内部密实无孔洞。图中右边为MCC法制备的材料，其内部有大量孔隙。两种材料的倍率性能见图8-52（b），可看出内部有孔隙的材料倍率性能明显优于内部密实的材料。

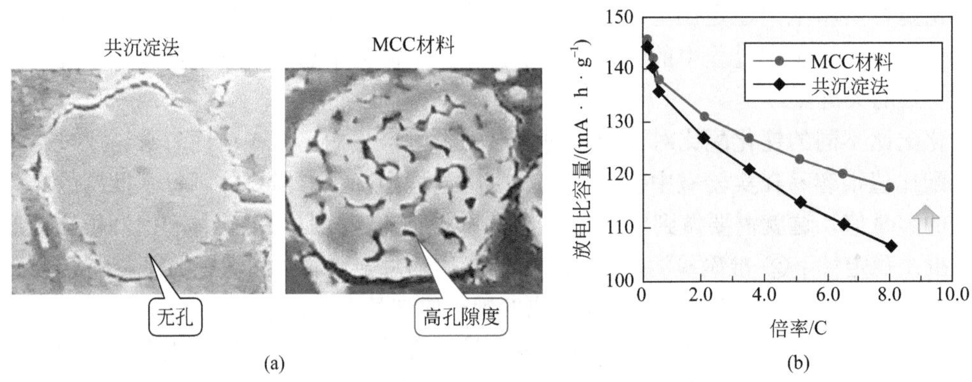

图8-52　三菱化学不同倍率性能产品对比[19]

（3）锂化配比

锂化配比会影响材料的倍率性能。美国Argonne实验室的Sun–Ho Kang等[20]对比了锂化配比相差0.05的两个样品的倍率性能，结果如图8-53所示，图中“x=0”表示样品分子式分为：$Li_{1.0}(Mn_{4/9}Co_{1/9}Ni_{4/9})O_2$；“$x$=0.05”表示样品分子式为：$Li_{1.05}(Mn_{4/9}Co_{1/9}Ni_{4/9})_{0.95}O_2$。从图中可以看出，在低倍率下（C/12）两种样品的容量无差别，但随着充放电倍率的增大，高锂化配比的样品倍率性能明显好于低锂化配比的样品。Sun–Ho Kang等认为高锂化配比材料倍率性能优异的原因是其具有较高的电子电导率。

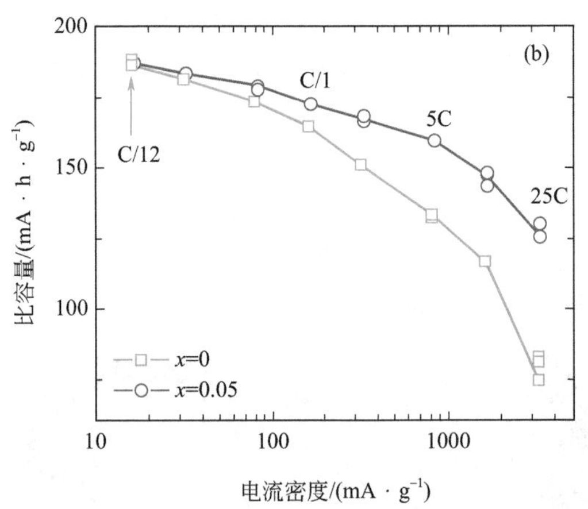

图8-53　不同锂化配比的三元材料倍率性能对比[20]

（4）煅烧气氛

J.Choi等[21]研究了不同煅烧气氛下$LiNi_{0.5-y}Mn_{0.5-y}Co_{2y}O_2$材料的倍率性能，如图8-54所示。煅烧气氛分别为氧气和空气。从图中可以看出，在0.1C和0.2C情况下，空气气氛和氧气气氛材料并无明显差别，但随着倍率的上升，氧气气氛下煅烧的材料倍率性能优于空气煅烧的材料。且五种不同组分的材料都有相同的变化趋势。但气氛对不同组分的材料影响效果略有差异。J.Choi等认为氧气气氛减少了材料的阳离子混排，从而使材料拥有较好的倍率性能。

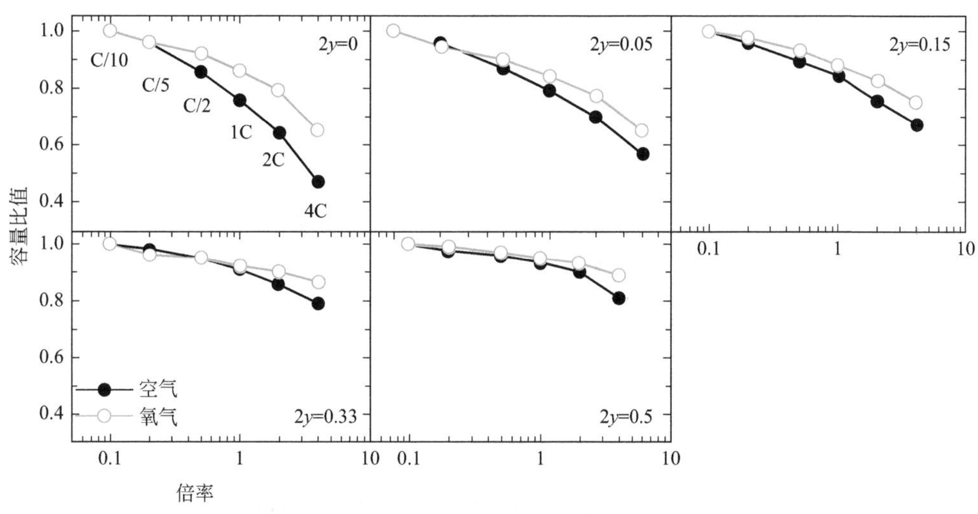

图8-54　不同气氛下煅烧出的三元材料倍率性能对比[21]

8.12.3 游离锂

游离锂是指三元材料表面的锂的氧化物、氢氧化物及碳酸盐等。由于锂的化合物（氧化锂、碳酸锂、氢氧化锂）为碱性，游离锂离子含量升高，会使材料pH值升高，使粉体更容易受潮吸水；强碱性也容易使黏结剂PVDF出现团聚现象，使电池浆料黏度增大甚至出现凝胶状，材料无法进入下一段工序。

三元材料在国内量产初期，并未严格控制材料表面的游离锂，在中后期才逐步将材料表面的游离锂含量纳入成品控制之一。

三元材料的游离锂主要和材料的锂化配比、煅烧制度有关。一般情况下，锂化配比越高，材料表面的游离锂含量越高，如图8-55所示。

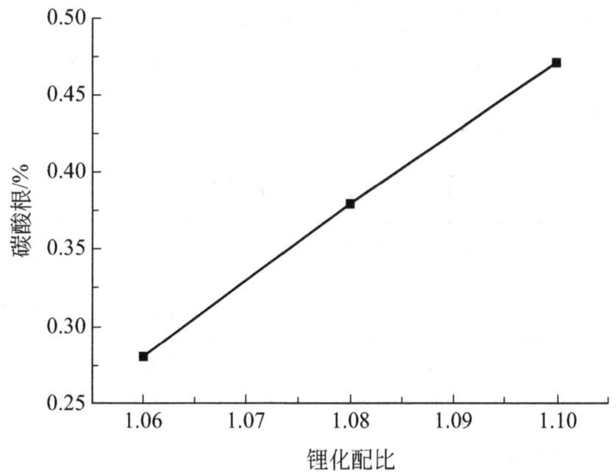

图8-55　三元材料游离锂与锂化配比关系图

煅烧制度包括煅烧温度、煅烧时间、煅烧量等。煅烧温度越高，煅烧时间越长，煅烧量越少（单钵装样量），则材料表面残留的游离锂越少，如图8-56所示。

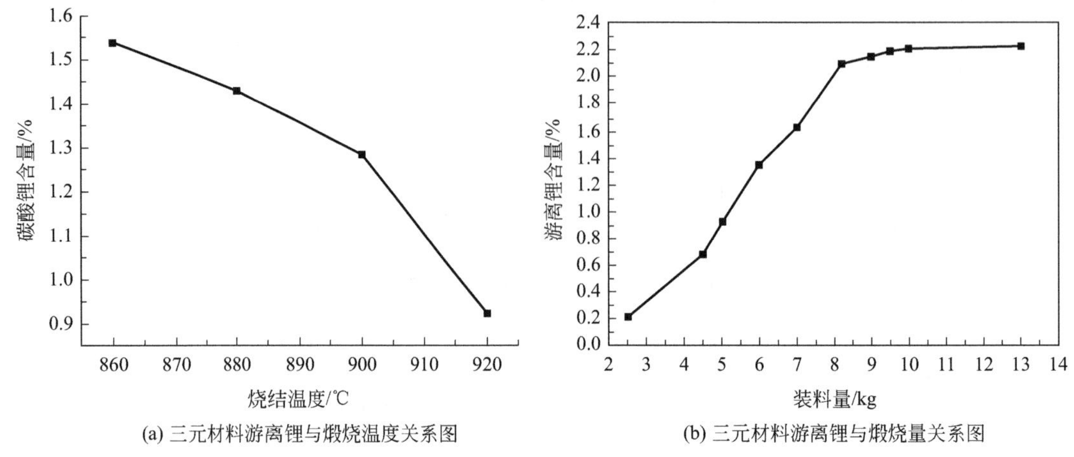

(a) 三元材料游离锂与煅烧温度关系图　　(b) 三元材料游离锂与煅烧量关系图

图8-56　不同煅烧制度对材料表面游离锂含量的影响

8.12.4 比表面积

三元材料的比表面积主要影响电池制备过程中的正极材料调浆过程，大比表面积材料容易吸水，需要控制调浆环境水分，不然产生浆料黏度大、分散不易、颗粒团聚快、过筛易堵住筛网、涂布颗粒多等问题。

影响材料比表面积的因素主要有三元材料的粒度分布以及一次单晶大小。

（1）粒度分布

三元材料粒度分布对材料比表面积的影响可以从表8-32中看出。表8-32所示为不同粒度分布的NCM523及其对应的比表面值，两类产品的SEM图如图8-57所示。从图8-57 SEM图中可以看出，产品1和产品2的一次单晶大小基本一致，二次球的形貌也基本相同。从表8-32中可以看出，产品1和产品2的D_{10}、D_{50}、D_{90}、D_{max}都很接近，唯一不同的是D_{min}，产品1为0.77μm，产品2为4.17μm，且产品1小于3μm的颗粒占比为2.96%，这点粒度分布上的差别，使产品1的比表面积几乎是产品2的一倍。

表8-32　不同粒度分布产品的比表面积对比

项目	D_{10}/μm	D_{50}/μm	D_{90}/μm	D_{min}/μm	D_{max}/μm	＜3μm/%	比表面积/($m^2 \cdot g^{-1}$)
产品1	6.14	12.15	21.70	0.77	33.47	2.96	0.40
产品2	7.20	12.14	20.24	4.17	33.01	0.00	0.22

三元材料粒度分布的控制方法为：① 严格控制前驱体的粒度分布；② 严格控制三元材料成品粉碎和分级工序的工艺参数。

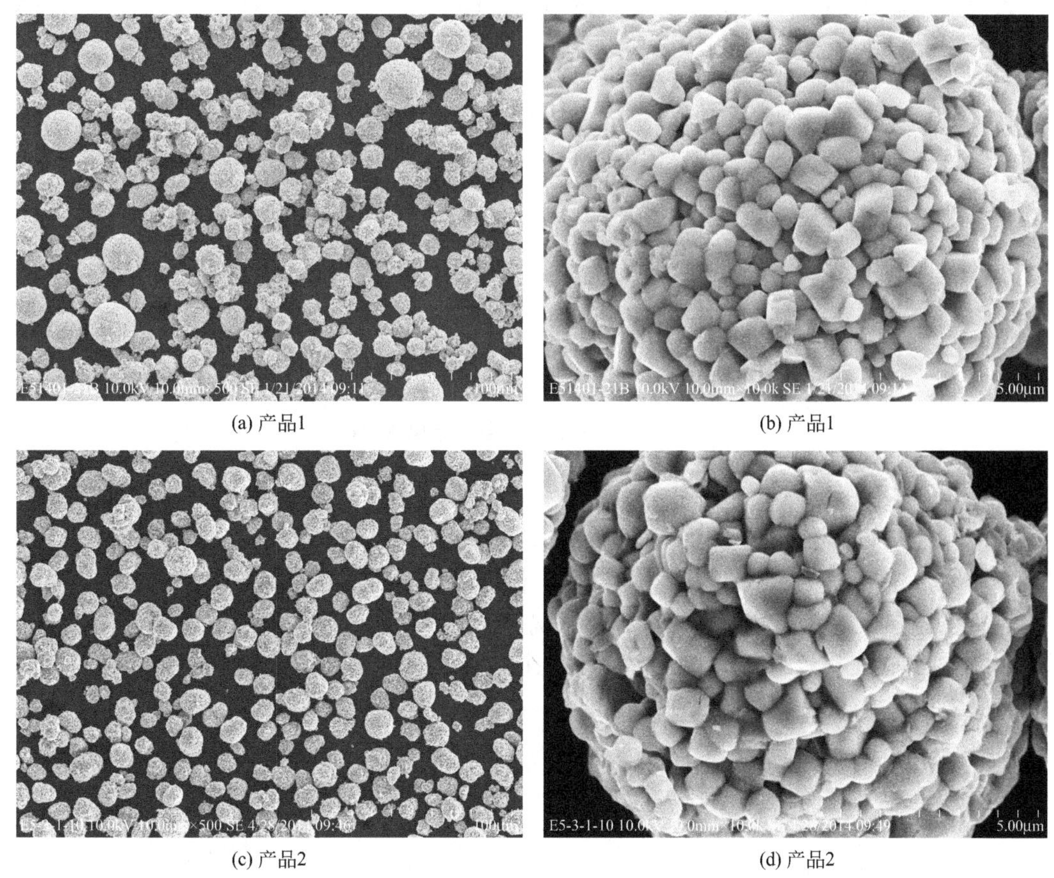

(a) 产品1 (b) 产品1

(c) 产品2 (d) 产品2

图8-57 不同比表面积产品的SEM图

（2）一次单晶

有些三元材料的粒度分布基本相同，但比表面积却有差异，这时需要查看三元材料的单晶大小是否有差异，因为单晶大小的不同也会引起三元材料比表面积的不同。三元材料一次单晶大小对材料比表面积的影响可以从表8-33中看出。表8-33为不同单晶大小、相同粒度分布的两个样品对应的比表面值。图8-58为两个样品的SEM图。从图中可以看出，样品1的单晶大于3μm，最大的有10μm左右；而样品2的单晶只有500nm左右。对照表8-33可以看出，单晶大的产品比表面积要小。产品单晶大小主要和产品的煅烧温度有关。

表8-33 不同单晶大小产品比表面对比

项目	D_{10}	D_{50}	D_{90}	D_{min}	D_{max}	＜3μm /%	比表面积/($m^2 \cdot g^{-1}$)
样品1	4.72	10.27	20.90	0.77	38.91	2.96	0.26
样品2	4.30	10.64	20.32	0.77	36.36	3.05	0.39

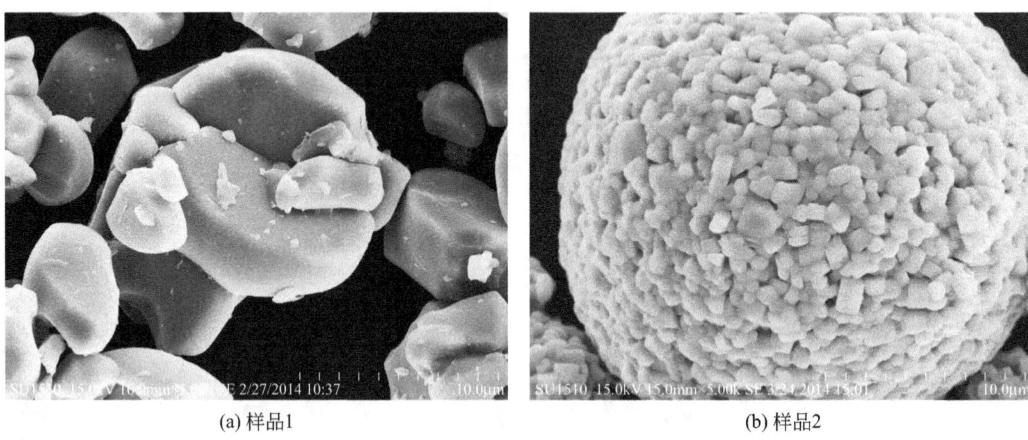
(a) 样品1　　(b) 样品2

图8-58　不同比表面积产品SEM图

（3）水洗

因成品的杂质含量如硫酸根、表面游离锂等超标，有的厂家需要在三元材料成品煅烧后多加一个水洗工序，以去除这些超标的杂质。但水洗烘干后的三元材料比表面积会比未水洗时上升很多，图8-59为25个NCM523样品水洗前的比表面积和水洗后的比表面积，从图中可以看出，水洗前NCM523样品的比表面积都在0.2～$0.4m^2 \cdot g^{-1}$之间，但样品水洗之后，比表面积变大很多，但变大的数据无规律可循。

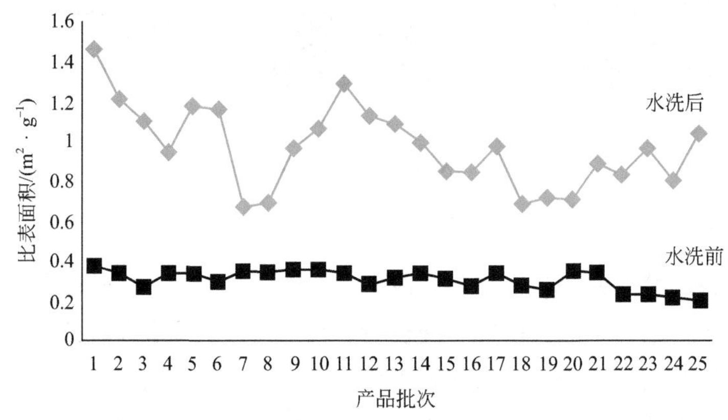

图8-59　三元材料水洗前和水洗后比表面积对比

8.13　成品改性工艺及设备

8.13.1　水洗

不同组分的三元材料中，镍含量越高的材料，容量也越高，但其表面的碳酸锂和氢氧化锂杂质越不易控制，很容易出现杂质超标的情况。关于富镍材料表面碳酸锂和氢氧化锂的形成原因，以NCA为例，有以下几种观点：

第一种观点认为富镍系$LiNiO_2$正极材料表面Li_2CO_3的生成是在环境O_2的参与下与CO_2反应完成的。如K.Matsumoto等[22]将$LiNi_{0.81}Co_{0.16}Al_{0.03}O_2$放置在25℃和55%相对湿度的空气中500h后，生成了约8%的Li_2CO_3。G.V.Zhuang等[23]则将$LiNi_{0.8}Co_{0.15}Al_{0.05}O_2$材料在空气中放置2年后测得其表面生成了约10nm厚的Li_2CO_3。

第二种观点认为富镍系$LiNiO_2$基正极材料表面Li_2CO_3的生成是在材料表面晶格氧的参与下与CO_2反应完成的。如H.S.Liu等[24]认为富镍系$LiNiO_2$基正极材料表面的Ni^{3+}不稳定，在储存过程中会缓慢地自发还原成Ni^{2+}，同时材料晶格中的氧负离子O^{2-}被氧化成活性氧负离子O^-，使得Ni—O和Li—O键削弱。位于材料表面的活性氧负离子O^-非常不稳定，容易发生歧化反应生成活性氧负离子和中性氧原子O。一部分中性氧原子O与活性氧负离子O^-结合形成活性氧负离子O^{2-}，吸附在材料表面；另一部分又可相互结合生成O_2，逸出材料表面。材料表面的活性氧负离子则与空气中的CO_2和H_2O结合生成CO_3^{2-}和OH^-，CO_3^{2-}和OH^-再与因Li—O键削弱而自由度增大的表面Li^+反应生成Li_2CO_3和LiOH，LiOH再与CO_2反应生成Li_2CO_3。

第三种观点认为富镍系$LiNiO_2$基正极材料表面Li_2CO_3的生成是由空气中的H_2O和CO_2相互作用引起的。J.Eom等[25]认为吸附在材料表面的H_2O与空气中的CO_2反应生成Li_2CO_3，致使材料表面水分的pH降至5.5左右，弱酸性的CO_3^{2-}很容易从材料表面晶格中夺取Li^+，生成LiOH和Li_2CO_3。与此同时，晶格中的氧负离子O^{2-}被氧化成氧原子O，再结合成O_2逃逸；而晶格中的Ni^{3+}被还原成Ni^{2+}，生成NiO。N.Mijung等[26]的研究亦验证了第三种观点，他们认为在镍含量较低的三元正极材料$LiNi_{1/3}Co_{1/3}Mn_{1/3}O_2$的表面同样生成了LiOH和$Li_2CO_3$。

关于怎样降低富镍材料的表面活性、降低材料的表面碳酸锂和氢氧化锂杂质，人们做了大量的研究。从目前公开的方法来看，水洗成品是最有效的去除富镍材料表面锂杂质的方法。

（1）洗涤次数对材料pH值的影响

Xunhui Xiong等[27]对$LiNi_{0.8}Co_{0.1}Mn_{0.1}O_2$进行水洗处理，处理方法为：将20g $LiNi_{0.8}Co_{0.1}Mn_{0.1}O_2$粉末放入40mL纯水中搅拌20min，将洗涤后的材料在120℃烘干，并在700℃进行二次煅烧处理。图8-60对比了原始样品、水洗后干燥样品、水洗后700℃煅烧的样品、原始样品直接700℃煅烧的样品四种材料的pH值。从图中可以看出，水洗后样品的pH值明显低于未水洗样品，说明洗涤对降低材料的pH值起了一定的作用。

刘万民[28]也进行了pH值测试实验，用15℃的去离子水对材料$LiNi_{0.8}Co_{0.15}Al_{0.05}O_2$进行洗涤（材料与水分的质量比为1 ：5)，实验结果如图8-61所示。

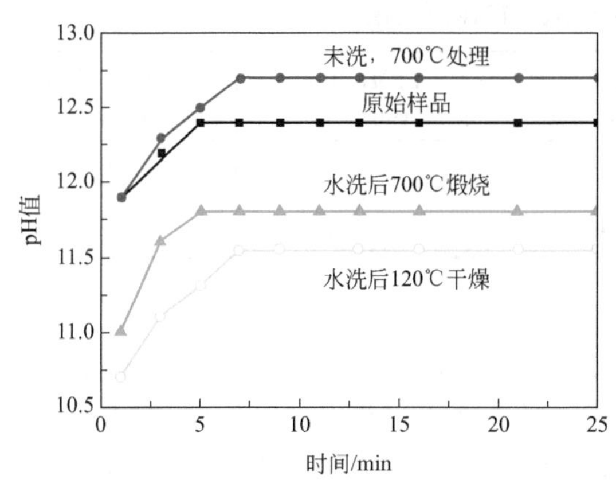

图8-60 不同处理条件下材料的pH值[27]

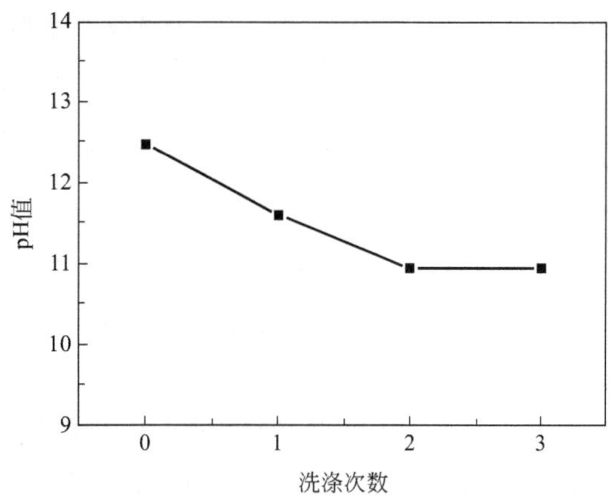

图8-61 洗涤次数对pH值的影响[28]

大部分的试验结果都表明材料经过一定的洗涤后都能达到降低pH值的目的。根据洗涤时间以及洗涤方式的不同，需要的次数也不相同。

（2）水洗对材料表面杂质的影响

J.Kim等[29]将未水洗和经水洗后的$LiNi_{0.83}Co_{0.15}Al_{0.02}O_2$在不同的存放条件下做了详细的对比见表8-34。图中A列样品的存储条件为环境湿度50%，存储时间48h；B列样品的存储条件为环境湿度10%，存储时间48h。结果表明，水洗对降低材料表面碳含量以及材料吸水性有明显作用，水洗二次的样品效果更明显。水洗二次后在700℃处理的样品，即使是存储在50%的湿度下48h，水分含量也只有210mg · kg^{-1}，碳含量只有120 mg · kg^{-1}。

表8-34 水洗对材料存储性能影响[29]

项目	A/(mg · kg^{-1})		B/(mg · kg^{-1})	
	水分	碳含量	水分	碳含量
未处理（水洗前）	1270	1300	570	490
未处理，经过700℃煅烧	2576	2670	250	210
水洗第1次（1）	1139		220	
（1）样品在700℃煅烧	870	540	150	140
水洗第2次（2）	994		246	
（2）样品在700℃煅烧	210	120	110	70

A.热处理后，存储于相对湿度50%的环境中48h。

B.热处理后，存储于相对湿度10%的干燥环境中48h。

但Xunhui Xiong等[27]对NCM811的水洗处理结论却完全相反，结果如表8-35所示。表中F1为原始$LiNi_{0.8}Co_{0.1}Mn_{0.1}O_2$，将F1以1 ∶ 2（物料 : 水）的比例放入纯水中搅拌洗涤过滤，过滤后的样品在700℃二烧处理，得到W2。将F1和W2在空气中存储7天和30天时，分别进行了LiOH和Li_2CO_3的检测。从表中的数据看出，经过洗涤后700℃煅烧的样品W2表面的LiOH和Li_2CO_3含量明显增加。

表8-35 水洗对NCM811材料表面游离锂的影响[27]

项目	LiOH(7天) /(mg · kg^{-1})	$LiCO_3$(7天) /(mg · kg^{-1})	LiOH(30天) /(mg · kg^{-1})	$LiCO_3$(30天) /(mg · kg^{-1})
放置在空气中后的F1	412	1287	1222	4506
放置在空气中后的W2	623	1899	2291	7069

（3）水洗对材料电化学性能的影响

J.Kim等[29]将水洗后和未水洗的$LiNi_{0.83}Co_{0.15}Al_{0.02}O_2$做成半电池进行测试，测试条件为90℃，4.2V充电。随着时间的变化，半电池厚度的变化如图8-62所示。从图中可以看出，随着时间的增加，经过两次洗涤处理后的材料厚度增加是最小的，说明经过洗涤处理的材料表面副反应最小。

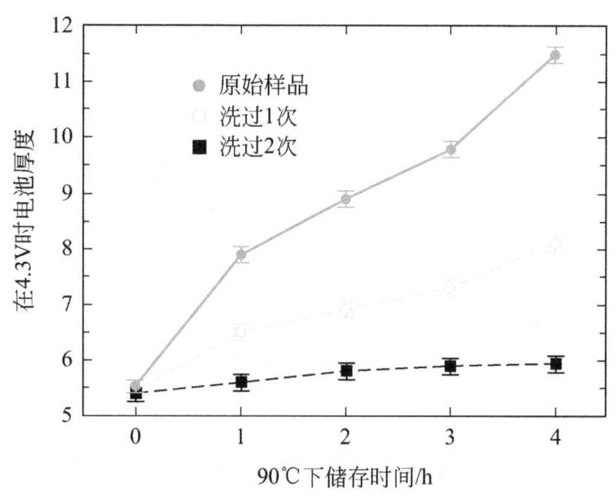

图8-62　不同材料电池的厚度对比[29]

8.13.2　湿法包膜

三元材料的湿法包膜处理主要有无机包膜和有机包膜两种方法。无机包膜即在无机体系下将改性材料包覆在三元材料表面。有机包膜即在有机体系下对三元材料的包覆处理。包膜工艺一般在包膜罐中完成。下面简单介绍一下无机包膜罐和有机包膜罐。

（1）无机包膜罐

无机包膜罐结构图如图8-63所示，主要部件为罐体、搅拌器、pH控制系统、温度控制系统。包膜过程为：将三元材料和纯水以一定比例放入包膜罐，搅拌混合均匀后，调节温度和浆料pH到合适范围，之后缓慢加入包覆物质，使其均匀包覆在三元材料表面。

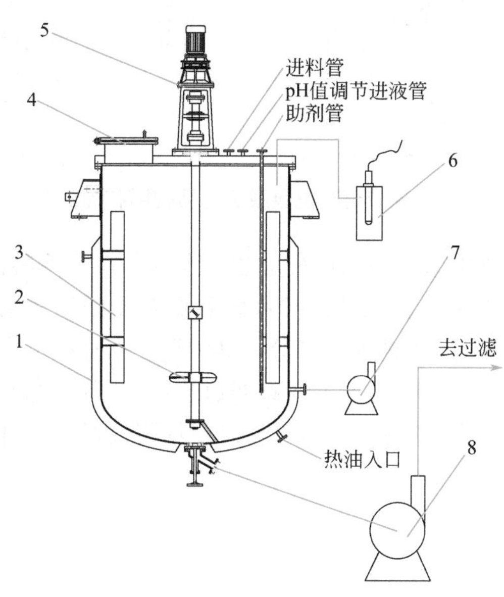

图8-63　无机包膜罐结构图

1—包膜罐；2—螺旋搅拌桨；3—挡板；4—视窗；5—传动电机；6—pH计，反馈控制；7—pH浆料泵；8—排出浆料泵为保证包膜的质量，需要严格控制包膜过程中的溶液pH值、温度、包覆物质的进料速度和液位、各种包膜助剂的加料量和速度等。包覆不同物质时需要的温度和pH值不同，应区别工艺。

在三元材料中最常见的包覆物质就是氢氧化铝。包覆氢氧化铝可用的包膜剂是硫酸铝、氯化铝等。包膜剂水解时生成氢氧化铝或其聚合物。包膜剂的用量以Al_2O_3计一般为三元材料质量的0.1%～1.0%。根据用途可以调节Al_2O_3包膜量。当采用硫酸铝包膜时，为了保持材料的均匀分散，可同时加碱保持浆液pH值为8.5～10，当硫酸铝溶液滴加完毕后，再调节浆料pH值至中性使铝盐完全水解。包膜操作温度一般控制在50～80℃，使生成的膜结构致密。

（2）有机包膜罐

有机包膜的均匀度要好于无机包膜，但其涉及有机物的使用和回收，工艺较无机包膜复杂。图8-64所示为一种小型有机包膜罐。

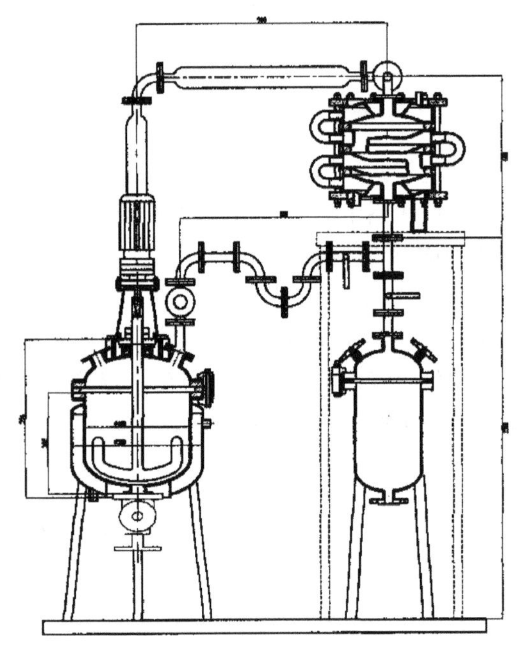

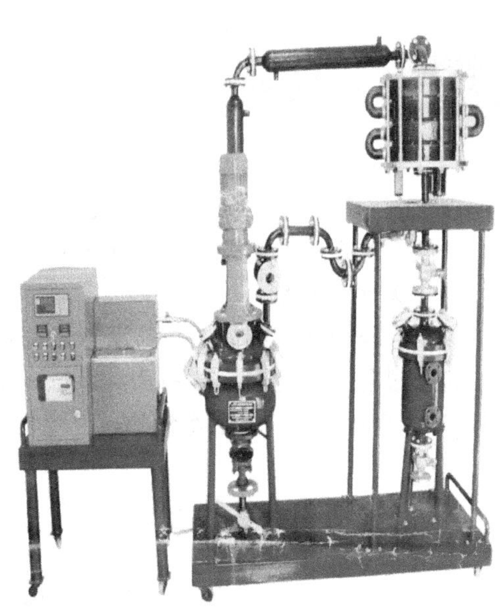

微型搪玻璃反应釜成套系统

图8-64 搪玻璃有机包膜罐的结构图和外形图[30]

小型搪玻璃包膜罐系统由微型搪玻璃反应釜、塔片、片式冷凝器、储罐以及搪玻璃管道组成，并配置了相应的外循环油浴加热温控系统和搅拌变频调速系统。可完成反应、回流、蒸馏等过程。系统含自动温控和调速两个部分；其中温控部分在反应釜上有2个测温点，分别为夹套和反应釜底测温。调速部分配置了变频调速装置，可以达到0～110r·min^{-1}的任意转速。微型搪玻璃反应釜体积小、密封性好。釜底出料阀带测温点，同时具有通常反应釜的全部功能。

8.13.3 机械融合

机械融合技术是一种新复合材料的加工工艺，它的基本原理是颗粒表面机械力作用产生的机械化学效应，将不同材料制备为复合材料。日本细川密克朗公司的融合机的原理如图

8-65所示。物料在离心力的作用下向圆筒内壁运动，被迫通过圆筒内壁和冲头之间的间隙，在这里物料受到挤压、摩擦、剪切等应力作用，表面改性剂或添加剂便包覆在待改性颗粒表面。

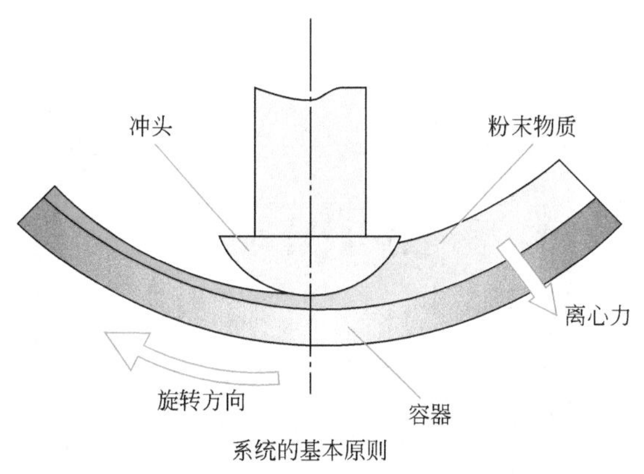

图8-65　机械融合机原理图[31]

机械融合机可以将两种或多种粉体材料构成一种复合粉体材料，包括固定化处理、成膜化处理、球形化处理等，如图8-66所示。三元材料改性中，多用到融合设备的固定化处理和成膜化处理两种功能。

固定化处理主要是指，以三元材料为母粒子，用融合机将改性添加剂如纳米三氧化二铝、纳米导电剂等均匀分散并固定在三元材料表面，如图8-67（a）、（b）所示，其中（b）为（a）的局部区域放大图。成膜化处理是指，以三元材料为母粒子，用融合机将改性添加剂均匀包覆在三元材料表面，使添加剂成为一层膜物质，多用于改善三元材料安全性能，如图8-67（c）、（d）所示，其中（d）为（c）的局部区域放大图。

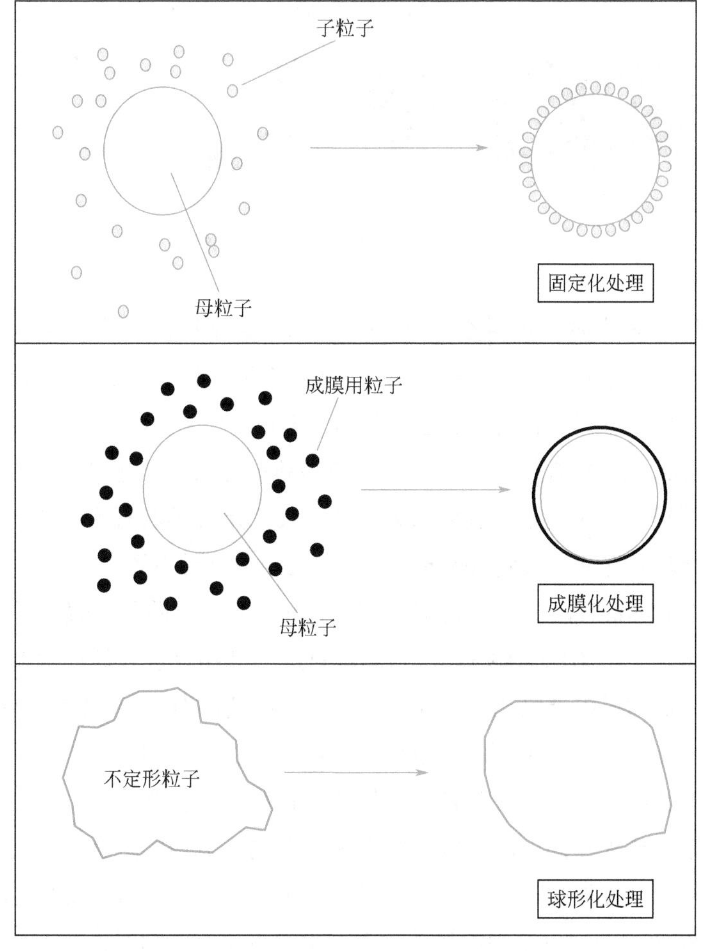

图8-66　机械融合机的主要功能

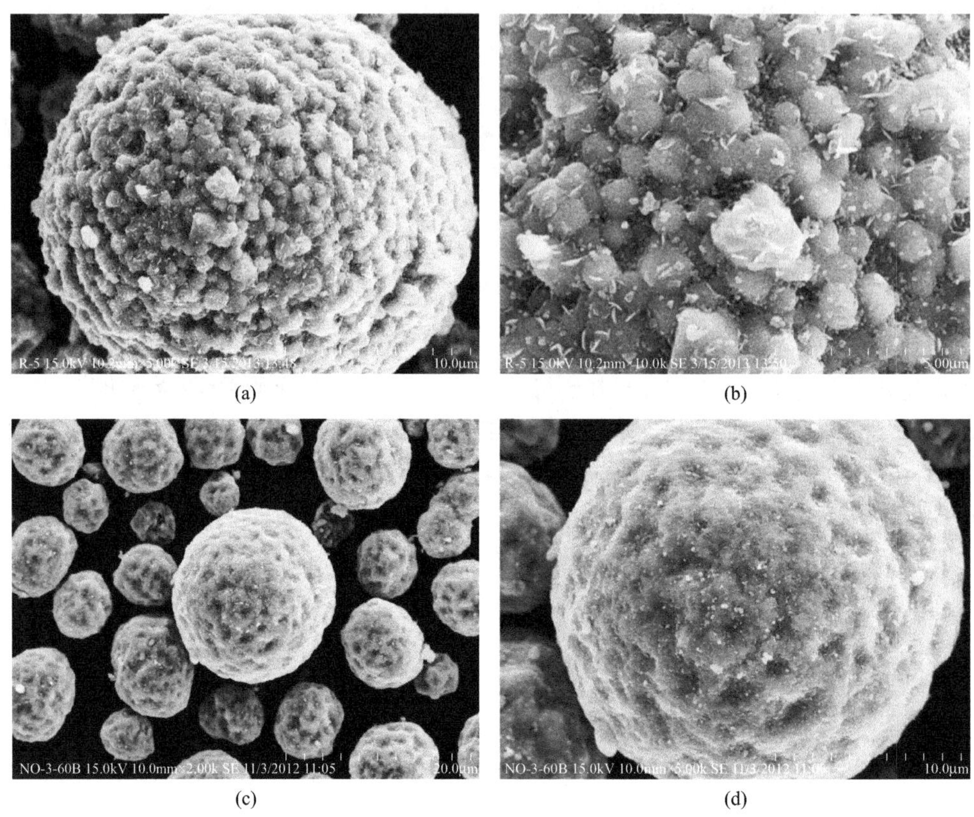

图8-67　不同融合效果产品SEM图

采用不同的融合时间或融合添加剂，可以达到不同的融合效果，图8-68所示为不同融合时间对应的三元材料SEM图。添加剂纳米三氧化二铝的加入量为0.5%（质量分数）。从图中可以看出，当融合时间为5min时，纳米三氧化二铝均匀地分布在NCM111表面，还能清楚地看到三元材料的单晶颗粒。当融合时间延长到15min时，已经看不到明显的纳米三氧化二铝颗粒，且三元材料表面的一部分单晶已经被磨平。当融合时间继续加长到30min时，我们已经完全看不到三元材料表面的单晶。当融合时间为60min时，三元材料形貌和30min时无太大差异，表面看起来像是被包覆了一层膜物质。图8-68中（b）～（f）对应的产品容量和循环性能如图8-69所示，电性能测试为纽扣半电池，负极为锂片，测试条件为4.2～2.7V、0.2C、25℃。从图8-69中可以看出，材料的容量随着融合时间的加长而降低，但循环效率随着融合时间的加长而提升。考虑到融合机的能耗较高，且各个电池厂家对材料的循环性能和容量指标要求不同，所以应根据具体情况选择适当的融合时间。另外，融合处理后的材料安全性能也显著提升，经融合包覆三氧化二铝处理后的NCM111做成1.5A·h的18650电池，安全性能显著改善，主要表现在针刺通过率上。

(a) 添加剂纳米三氧化二铝未融合前的SEM图

(b) NCM111未融合前的SEM图

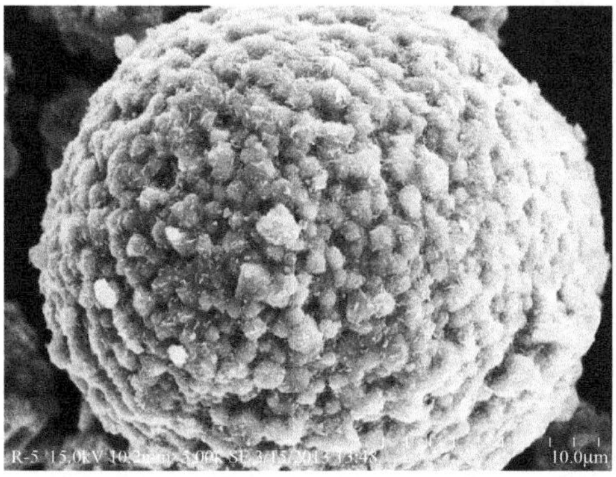

(c) 融合时间为5min的产品SEM图

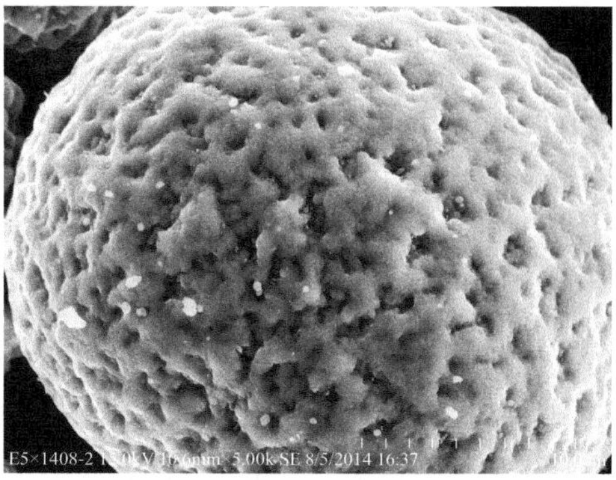

(d) 融合时间为15min的产品SEM图

(e) 融合时间为30min的产品SEM图

(f) 融合时间为60min的产品SEM图

图8-68　不同融合时间产品的形貌

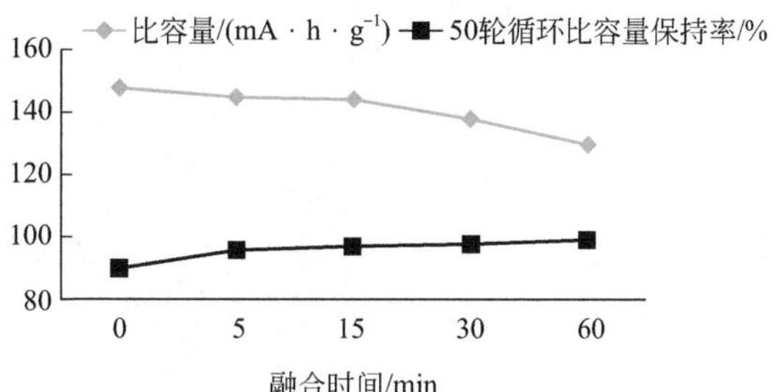

图8-69　融合时间对产品容量和循环性能的影响

8.13.4 喷雾造粒

为提高三元材料的倍率性能，可将材料一次单晶研磨成纳米级材料，再用喷雾造粒的方法将纳米级三元材料加工成十几微米的二次球团聚体，以改善纳米材料在电池制备过程中的加工性能。其制备工艺流程如图8-70所示。该工艺过程所需的设备有搅拌磨、砂磨机、喷雾干燥机。下面简单介绍一下这三种设备。

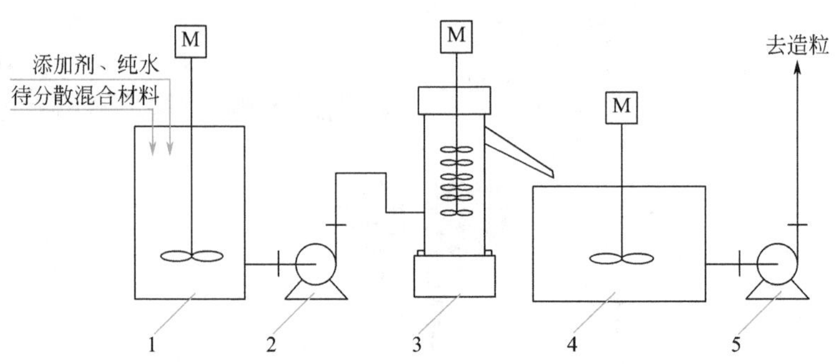

图8-70 三元材料喷雾造粒工艺流程图

1—搅拌分散；2—分散浆料泵；3—砂磨机；4—磨后浆料罐；5—造粒送料泵

（1）搅拌磨

搅拌磨主要用于三元材料的初步混合与研磨，10μm左右的三元材料经搅拌磨研磨后的粒度能降低到2～5μm。研磨介质一般选择氧化锆球，直径为5mm左右。混合时按一定比例加入纯水、黏结剂和三元材料。若每天的产量定为500kg，则搅拌磨体积选用600L，每批处理量为300L，固含量为30%，每个批次的处理时间为1h左右。

（2）卧式砂磨机

砂磨机具有高效分散作用和超细研磨作用，是制备超细研磨、纳米研磨的主要设备。卧式砂磨机主要组成部分有：主机、研磨桶、循环泵、冷却系统、电器箱、配套连接管路等。图8-71所示为实验室小型卧式砂磨机示意图。

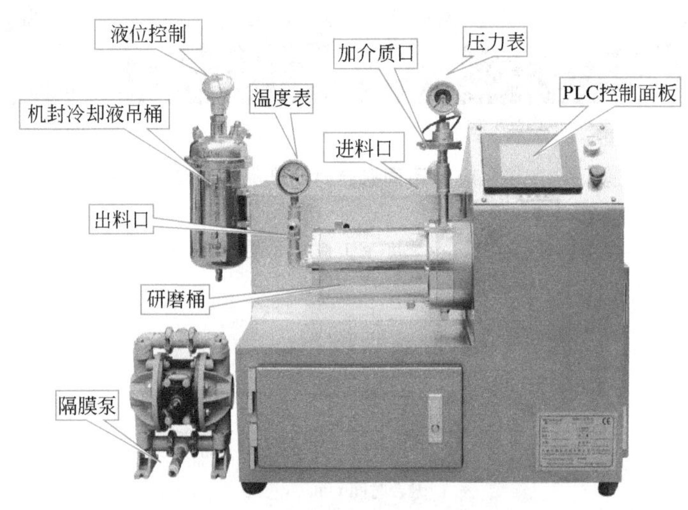

图8-71 实验室卧式砂磨机示意图[32]

研磨桶分为内桶和外桶，中间带冷却夹层，外桶一般是不锈钢材质；内桶材质可以是金属、氧化锆陶瓷、碳化硅、碳化钨、聚氨酯等。金属材质成本低，但会对产品造成金属污染；氧化锆陶瓷无金属污染，但散热性较差、成本高；碳化硅无金属污染，散热性比陶瓷好，但成本高；碳化钨因为成本很高，目前市场上很少使用；聚氨酯散热性很差。几种材质的优缺点见表8-36。为防止金属污染，三元材料用砂磨机的内衬多采用氧化锆材质。

表8-36　砂磨机内筒材质优缺点对比表

性能 材质	成本	散热性	金属污染
金属	低	好	有
氧化锆陶瓷	高	差	无
碳化硅	高	稍好	无
碳化钨	很高	稍好	无
聚氨酯	低	很差	无

转子是砂磨机很重要的一部分，可分为盘片式、棒销式、涡轮式等。盘片式多用于分散微米级材料，成本低，剪切力小；棒销式剪切力大，多用于分散纳米级材料；涡轮式用于低黏度物料的纳米级研磨，剪切力比棒销式小，产能稍低。转子的质料可选择金属、氧化锆陶瓷、聚氨酯等几种。

卧式砂磨机的工作原理为：将预先分散润湿处理后的固–液相混合物料输入主机的研磨槽，研磨槽内填充适量的研磨介质，经由转子高速转动，赋予研磨介质足够的动能，与被分散物料中的固体微粒冲击产生剪切力，产生更加强烈的碰撞、摩擦、剪切作用，达到加快磨细微粒和分散聚集体的目的。再经由分离装置，将被分散物料与介质分离，并从出料口排出。

影响砂磨机工作效率的因素如下：

① 砂磨机线速度。线速度越高，传递给珠子的动能就越大，研磨效率就越高。但线速度也不能过高，线速度过高会导致设备温度过高、研磨介质破碎、设备损伤、零件磨损等问题。砂磨机的线速度一般在9～12m·s^{-1}之间，砂磨机真正有效的研磨区域是在研磨盘与桶壁之间的狭小区域，其他部位都是发热区。所以最高效的砂磨机是利用合适的线速度把研磨介质都集中在有效研磨工作区内。各个砂磨机厂家的砂磨机线速度各不相同，这取决于机器的材质好坏，由所用的研磨介质强度大小来决定。

② 研磨介质。研磨介质的关键点为研磨介质的密度、直径、填充率。

a.研磨介质密度的影响：不同材质研磨介质的密度各不相同。研磨介质的密度越大，它所获得的能量就越大，撞击力和剪切力也就相应增大，研磨效率就增大，另外，研磨介质与被研磨物料的密度差越大，研磨效果就越好，一般选用锆珠作为研磨介质。

b.研磨介质直径的影响：要获得超细粒径产品需要使用粒径较小的研磨介质。研磨介质直径越小，相同体积内的数量就越多，研磨介质总表面积就越大，研磨介质之间的空隙就越小，因而就具有越大的分散研磨作用面积，并限制了物料的聚集，从而提高分散研磨效率。

c.研磨介质填充率的影响：研磨介质少，研磨效率较低；研磨介质过多，介质和浆料的混合物难以搅动，有“冻结”现象，易在旋转盘上滑动，消耗功率高，研磨效果差，并且易使轴、旋转盘、筒体衬里磨损严重。另外，研磨介质的填充率与物料的黏度，研磨时物料的温度有关，对低黏度溶剂及水性物料而言，充填率可以稍大一些。湿法砂磨机的填充率为70%～80%最为理想。

③ 冷却系统装置.研磨机都设有冷却系统装置，冷却系统控制研磨机在工作时研磨桶内工作的温度，从而影响研磨介质的填充量和线速度的高低。

砂磨机最常出现的问题是机械密封泄漏、堵机、设备温度过高等。机械密封泄漏是目前砂磨机行业内最主要的一个故障，这跟设备的稳定性、精密度、使用材质有关。堵机也是砂磨机在工作时经常出现的一个故障，造成堵机的原因有：① 浆料在预分散时没有分散好，进入砂磨机后堵塞分离器；② 分离器规格选择错误，浆料粒径太大，分离器缝隙太小；③ 锆珠质量差，破碎后堵塞分离器等。设备温度过高的原因可能是冷却水的压力太小，进水温度高，锆珠填充量过大，转速过高等。

（3）喷雾干燥

喷雾干燥原理是在干燥塔的顶部导入热风，同时将液料送至塔顶，经过雾化器喷成雾化颗粒，这些颗粒的表面积大，遇高温热风后，水分迅速蒸发，在极短的时间内便成干燥品，从塔底排出，其热风与液滴接触后，温度迅速降低而引起湿度增大，作为废气从排风机排出。废气夹带的颗粒由分离装置收尘器回收。

喷雾干燥塔的结构有很多种，造粒用的喷雾干燥塔如图8-72所示，它通常包括如下几部分：

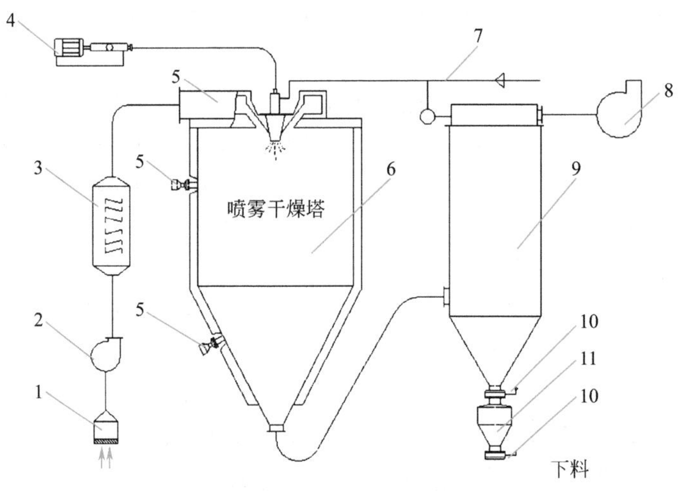

图8-72 喷雾干燥塔结构图[33]

1—空气过滤器；2—送风机；3—加热器；4—料浆泵；5—热风分配器；6—喷雾干燥器；7—压缩空气管；8—引风机；9—布袋收尘器；10—蝶阀；11—料仓

① 料浆供应系统：包括浆料搅拌机、浆料泵、浆料筛、输浆管道、流量计等。

② 雾化器：雾化器是喷雾干燥塔最重要的部件。它的作用是将输入的料浆雾化成微细的液滴，以便干燥。雾化器有以下三种类型：气流式雾化器、旋转式雾化器和压力式雾化器。

a.气流式雾化器：采用压缩空气以很高的速度（$300m \cdot s^{-1}$或更高）从喷嘴喷出，利用气液二相的速度差产生的摩擦力，使液滴分裂为雾滴。雾滴大小取决于相对速度和料液的黏度。料雾的分散度取决于气体的喷射速度、料液的物理性质、雾化器的几何尺寸、气液量之比。这种雾化器出来的颗粒相对较小并且可控，球形度较好。

b.旋转式雾化器：料液从中心输入到高速旋转（圆周速度达$90 \sim 140m \cdot s^{-1}$）的转轮或转

盘，然后在轮或盘的表面加速流向边缘，在离开边缘时分散成由微细的雾滴组成的料雾。可以通过控制轮的转速调节颗粒的大小。平均粒度与进料速度、料液黏度成正比，与转轮速度和转轮半径成反比，通常颗粒D_{50}大于20μm，三元材料不适用。

c.压力式雾化器：料浆用泵以较高压力沿切线槽进入旋流室，在旋流室内，料浆高速旋转，形成近似的自由涡流。在压力作用下，料液从小孔喷出，形成锥形料雾。由于压力式雾化器中，料浆的压力达到2MPa以上，很容量磨损喷嘴材料，尤其是喷嘴孔板，因此喷嘴孔板一般采用硬质合金。

③ 干燥塔：它是整个工艺过程的主体设备，它的主要作用是容纳雾化后的料浆液滴与热风交汇，完成干燥过程。

④ 热风系统：包括空气加热器（热风炉）、调温冷风机、分风器、热风管道等。它的作用是为喷雾干燥塔提供热风，作为干燥介质。分风器的作用是均匀分配热风，使热风以一定的角度下旋，使料浆均匀受热。如果分风器倾斜，将导致粉料干湿严重不均。

⑤ 废气排放和除尘系统：包括除尘机、排风机、废气烟囱、脱硫机等。该系统的作用是回收废气中的粉料，并且对废气进行处理，使之达到国家规定的排放标准，保护环境。

⑥ 卸料及粉料输送系统。

（4）三元材料处理工艺实例

下面的实例中，以10kg常规三元材料为原料，利用搅拌磨、砂磨机、喷雾干燥机制备出一次单晶为纳米级的倍率型三元材料。具体步骤如下：

① 搅拌磨研磨。将三元材料10kg、葡萄糖300g、纯水7kg加入搅拌磨研磨60min，研磨后的粒度分布主要数据如下：D_{10}=1.99μm、D_{50}=2.64μm、D_{90}=3.48μm、D_{min}=1.97μm、D_{max}=8.98μm。

② 砂磨机研磨。将搅拌磨中研磨好的浆料转移到砂磨机中研磨90min。并分别在研磨时间达到20min、40min、90min时取样品测试粒度分布，结果见表8-37。从表中可以看出，研磨到20min时，材料的粒度由初始的2.64μm降到了1.3μm，但继续加长时间到40min时，D_{50}并未有明显变化，只从1.3μm降到1.2μm，当时间延长到90min时，材料D_{50}才发生明显的变化，由1.2μm降到0.47μm。砂磨机研磨90 min后产品的粒度分布为D_{10}=0.36μm、D_{50}=0.47μm、D_{90}=0.61μm、D_{min}=0.09μm、D_{max}=0.76μm。

表8-37　不同研磨时间产品D_{50}

研磨时间	20min	40min	90 min
D_{50}	1.3μm	1.2μm	0.47μm

③ 喷雾造粒。将砂磨机研磨90min后的浆料进行喷雾造粒，浆料固含量为60%。喷雾工艺参数设置见表8-38。

表8-38　喷雾造粒工艺参数

工段	控制参数
进料口气流温度/℃	170±10
出料口气流温度/℃	120±10
设备升温时间/ min	30
喷雾干燥时间/ min	200

喷雾造粒后的产品有两种，一种是旋风收集的产品，一种是喷雾塔底部收集的产品。我们这里将旋风收集的产品命名为常规产品，将喷雾塔底部收集的产品命名为粗粉。

上述浆料经过喷雾造粒后，常规产品为7.8kg，占产出总量83%；粗粉1.6kg，占产出总量17%。常规产品和粗粉的粒度分布和振实密度见表8-39。SEM图见图8-73，其中（a）对应常规产品，（b）对应粗粉。从表8-39和图8-73中可以看出，产品一次颗粒为纳米级，且二次颗粒球形度好，振实密度也能达到2.0g·cm^{-3}以上。但是粒度分布不均匀，有很多颗粒的粒径小于5μm。粗粉的粒径大于20μm的较多。想要得到粒度分布均匀的产品，还需要调整砂磨机参数和喷雾干燥的参数。

表8-39 喷雾造粒后产品部分物理性能

项目	D_{10}/μm	D_{50}/μm	D_{90}/μm	D_{min}/μm	D_{max}/μm	<3μm(%)	TD/(g·cm^{-3})
常规产品	4.74	9.09	17.47	2.57	35.56	0.61	2.01
粗粉	8.26	17.11	34.12	1.05	61.3	0.75	2.30

(a)

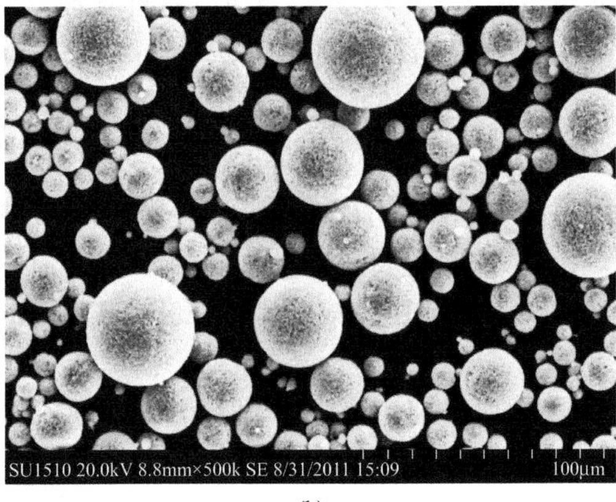

(b)

图8-73 喷雾造粒产品SEM图

参考文献

[1] 赣锋锂业. 锂辉石制备碳酸锂的流程图.
[2] 赣锋锂业. 卤水制备碳酸锂的流程图.
[3] YS/T 582—2013.
[4] 赣锋锂业. 锂辉石制备单水氢氧化锂生产流程图.
[5] GB/T 26008—2010.
[6] 上海川田机械. 自动配料混合系统示意图.
[7] 倾斜型圆筒型混合机工作原理图.
[8] 上海川田机械宣传册. 高速混合机结构图.
[9] 上海川田机械宣传册. 高速混合机常见叶轮.
[10] 佛山市三英精细材料有限公司. 辊棒.
[11] 苏州汇科机电. 辊道窑和推板窑结构对比图.

[12] 日本Noritake公司 . 产品宣传册：不同材料匣钵性能对比 .
[13] 上海中博重工机械有限公司 . 辊式破碎机的分类及构造机理 .
[14] 河南中泰机械设备有限公司 . 对辊破碎机 . http://www. hnztjq. cn/pro/69. html
[15] 新乡市先锋振动机械有限公司 . 超声波振动筛 . http://www. xfzds. com/product/html/95. html
[16] 宁波西磁磁业发展有限公司 . 管道除铁器 .
[17] 北京恩迪新材料有限公司产品宣传册 . 电磁型磁选机 .
[18] YS/T 798—2012.
[19] 三菱化学产品宣传册 . 三菱化学不同倍率性能产品 .
[20] Sun–Ho Kang，Wenquan Lu，et al. Study of $Li_{1+x}(Mn_{4/9}Co_{1/9}Ni_{4/9})_{1-x}O_2$ Cathode Materials for Vehicle Battery Applications[J]. Journal of The Electrochemical Society，2011，158（8）：A936-A941.
[21] JChoi，A Manthiram. Structural and electrochemical characterization of the layered $LiNi_{0.5-y}Mn_{0.5-y}Co_{2y}O_2(0 \leqslant 2y \leqslant 1)$ cathodes. Solid State Ionics，2005，176：2251-2256.
[22] K Matsumoto，R Kuzuo，K Takeya，et al. Effects of CO_2 in air on Li Deintercalation from $LiNi_{1-x-y}Co_xAl_yO_2$[J]. Journal of Power Sources，1999，81-82：558-561.
[23] Zhuang G V，Chen G，Shim J，Song X，et al. J Power Sources，2004，134：293.
[24] Liu H S，Yang Y，Zhang J J. Investigationand improvement on the storageproperty of $LiNi_{0.5}Co_{0.2}O_2$ as a cathode materialfor lithium–ion batteries[J]. Journal of Power Sources，2006，162：644-650.
[25] Eom J, Kim M G, Cho J. Storage characteristics of$LiNi_{0.8}Co_{0.1+x}Mn_{0.1-x}$（$x$=0, 0. 03, and 0.06）cathode materials for lithium batteries[J]. Journal of the Electrochemical Society, 2008, 155(3): A239-A245.
[26] N Mijung，Lee Y，Cho J. Water adsorption and storage characteristics of optimized $LiCoO_2$ and $LiNi_{1/3}Co_{1/3}Mn_{1/3}O_2$ composite cathode material for Li–ion cells[J]. Journal of the Electrochemical Society，2006，153（5）：A935-A940.
[27] Xiong Xunhui，Wang Zhixing，Yue Peng，et al. Journal of Power Sources，2013，222：318-325.
[28] 刘万民 . 锂离子电池$LiNi_{0.8}CO_{0.15}Al_{0.05}O_2$正极材料的合成、改性及储存性能研究，长沙：中南大学，2012.
[29] Kim J，Hong Y，Ryu K S，et al. Washing effect of a $LiNi_{0.83}Co_{0.15}Al_{0.02}O_2$ Cathodein water[J]. Electrochemical and Solid–State Letters，2006，9（1）：A19-A23.
[30] 常州泰艾特化工设备有限公司产品宣传册 . 微型搪瓷反应釜 . www. titchem. com
[31] 日本细川密克朗公司产品宣传册 . 机械融合原理图 .
[32] 东莞市琅菱机械有限公司颜安提供 . 卧式砂磨机示意图 .
[33] 卢寿慈，等 . 粉体技术手册 . 北京：化学工业出版社，2004.

9

三元材料性能的测试方法、原理及设备

本章主要介绍三元材料生产过程中材料性能指标的测试项目及测试中常用的方法和设备。某些较为简单的测试，如材料硫酸根、氯根、材料pH值的测试等，在本章未作讨论，可参考相关测试标准。

9.1 X射线衍射

9.1.1 基本原理[1]

X射线是一种波长很短（约为0.06～20Å）的电磁波，能穿透一定厚度的物质。利用X射线可以研究样品中的晶体结构、晶胞参数、不同结构相的含量及内应力，它主要是通过X射线在晶体中所产生的衍射现象进行的（图9-1）。当X射线照射到晶体结构上面与晶体结构中的电子和电磁场发生相互作用时，晶体结构将发生一些物理效应。其中X射线被电子衍射（相干散射）而引起的衍射效应将反映出晶体结构空间中电子密度的分布状况，因而也就反映出晶体结构中原子的排列规律，所以可以用X射线衍射效应来确定晶体的原子结构。

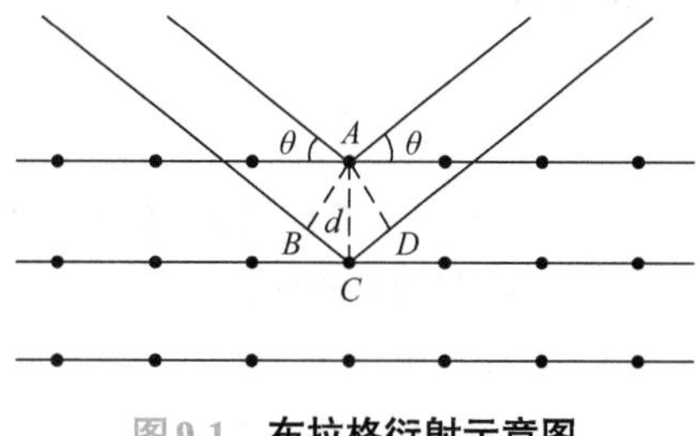

图9-1　布拉格衍射示意图

布拉格（Brag）在忽略晶体表面粗糙度的条件下，按照镜面反映设计了X射线在晶面上的反射实验。演示实验用CuK_α辐射，用岩盐晶体（NaCl）作光栅。当晶面和入射线成其他角度时，记录到的反射线强度较弱甚至不发生反射。可见，X射线在晶面上的反射和可见光在镜面上的反射有共同点即都满足反射定律。X射线以某些特定的角度入射时才能发生反射，求得各晶面反射线加强的条件是：

$$2d\sin\theta=n\lambda \tag{9-1}$$

这就是布拉格（Brag）公式。式中，d为晶面间距，是相邻平面间的垂直距离；θ为入射X射线和晶面间的夹角，由于它等于入射线和反射线夹角的一半，又称为半衍射角，2θ称为衍射角；n为任意整数，称为相干级数；λ为X射线波长。用布拉格公式描述X射线在晶体中的衍射几何时，是把晶体看作是由许多平行的原子面堆积而成，把衍射线看作是原子面对入射线的反射。

布拉格方程是X射线在晶体中产生衍射必须满足的基本条件，它反映了衍射方向与晶体结构之间的关系。只有当λ、θ、d三者之间满足布拉格方程时才能发生反射。布拉格方程只能反映晶胞大小及形状的变化，但不能反映原子种类、数量和位置。这就需要结构因子和衍射强度理论。

当X射线波长λ已知时（选用固定波长的特征X射线），测出θ角后，利用布拉格方程即可确定点阵晶面间距、晶胞大小和类型；根据衍射线的强度，还可进一步确定晶胞内原子的排布。

也就是说我们从实验测试得到的XRD图中可以看到2个信息：

① 衍射峰的位置–2θ角，它与晶胞的大小、形状和位相有关；

② 衍射峰的强度，它与原子在晶胞的位置、数量和种类有关。另外一般认为，XRD图谱中衍射峰的强度越高，表明材料的结晶度越好。

通过谢乐（Scherrer）公式还可以估算材料颗粒的晶粒尺寸：

$$D=K\lambda/(B\cos\theta) \tag{9-2}$$

式中，D为晶粒垂直于晶面方向的平均厚度，nm；K为Scherrer常数，若B为衍射峰的半高宽，则K=0.89；若B为衍射峰的积分高宽，则K=1；λ为X射线波长；B为实测样品衍射峰半高宽度（必须进行双线校正和仪器因子校正），在计算的过程中，需转化为弧度。

9.1.2 XRD分析实例

9.1.2.1 前驱体的XRD分析实例

采用XRD检测三元前驱体，可以分析前驱体的相结构、晶胞参数的大小、原子占位情况、是否存在杂质相等。

（1）实例1

J.R.Dahn小组[2]用金属硫酸盐、NaOH、氨水作为原材料通过共沉淀的方法制备了致密、球形$Ni(OH)_2$、$Ni_{1/2}Mn_{1/2}(OH)_2$和$Ni_{1/3}Mn_{1/3}Co_{1/3}(OH)_2$。为防止过渡金属的氧化，所有溶液均采用脱气去离子水制备。虽然三种前驱体的结构一样，但通过XRD测试可以看出3种材料晶胞参数的差异。图9-2给出$Ni(OH)_2$、$Ni_{1/2}Mn_{1/2}(OH)_2$和$Ni_{1/3}Mn_{1/3}Co_{1/3}(OH)_2$的X射线衍射（XRD）图，他们使用Reitica软件计算出晶胞参数，还进行了Rietveld图形分析。用P$\overline{3}$m空间群计算出金属原子占据1a位置，氧原子在2d位置。精确的晶格常数和氧的位置参数列于表9-1。由表9-1可以看出，晶胞参数与离子半径有关，Mn^{2+}、Co^{2+}、Ni^{2+}的离子半径分别为0.80Å、0.72Å、0.69Å，因此Mn含量越高，晶胞参数越大，$Ni(OH)_2$晶胞参数最小。由XRD图没有发现氧化成碱式氧化物的峰，阳离子排布也是均匀的。

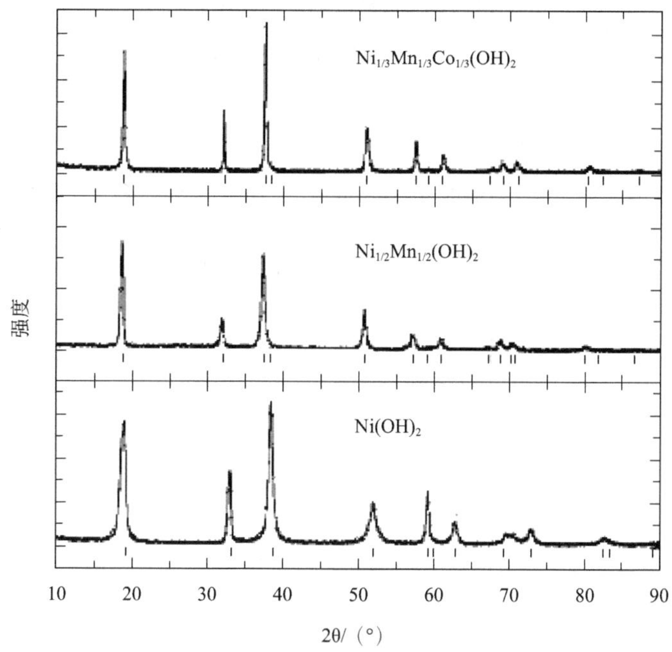

图9-2 $Ni(OH)_2$、$Ni_{1/2}Mn_{1/2}(OH)_2$和$Ni_{1/3}Mn_{1/3}Co_{1/3}(OH)_2$的XRD图谱[2]

表9-1 由$Ni(OH)_2$、$Ni_{1/2}Mn_{1/2}(OH)_2$和$Ni_{1/3}Mn_{1/3}Co_{1/3}(OH)_2$计算的六方晶胞参数和氧原子的$z$位置[2]

材料	z_0	a/Å	c/Å
$Ni(OH)_2$	0.239	3.128	4.643
$Ni_{1/2}Mn_{1/2}(OH)_2$	0.252	3.224	4.705
$Ni_{1/3}Mn_{1/3}Co_{1/3}(OH)_2$	0.247	3.207	4.688

（2）实例2

在三元材料共沉淀过程中，由于Mn^{2+}很容易氧化成Mn^{3+}，而M^{3+}的存在很容易形成第二相，$M(OH)_2$和层状双氢氧化物（layered double hydroxide，LDH）共存。阳离子在两相中的分布不同，为了对M^{3+}进行电荷补偿，在LDH相层间有NO_3^-、CO_3^{2-}或SO_4^{2-}。在空气条件下共沉淀$Ni_xMn_{1-x}(OH)_2$材料时，随着x值的变化结构会发生变化，当Ni含量低时可能形成尖晶石Mn_3O_4。不同的合成过程会导致合成样品具有不同结构，粒度，形貌的混合氢氧化物，进而会导致电极材料具有不同的电化学性能。

J.R.Dahn小组[3]用XRD研究了合成路径对不同x值的$Ni_xMn_{1-x}(OH)_2$材料结构影响。他们采用硝酸盐作为原材料，采用4种共沉淀路线制备了Ni_xMn_{1-x}混合氢氧化物，其中x =1，5/6，2/3，1/2，1/3和0。他们对4种路线制备样品的结构和形貌进行了X射线衍射和扫描电子显微镜的研究。在共沉淀中过程中通入空气发现对于x =5/6产生层状双氢氧化物相（LDH），当5/6＞x＞0时发现LDH和Mn_3O_4共存的相，对于x=0为Mn_3O_4相，这些趋势可能归因于Mn^{2+}相对容易氧化成Mn^{3+}。当采用N_2进行共沉淀时对于所有x值的样品均可以制成所期望的$Ni(OH)_2$结构。通过添加氨水和在无氧条件下进行共沉淀，对于所有组分的材料均可制备成球形和致密颗粒。见表9-2。

表9-2 四种不同的共沉淀合成Ni_xMn_{1-x}混合氢氧化物中间体路径的参数[3]

反应路径编号	反应器	气氛	溶剂	金属硝酸盐溶液浓度	LiOH/NaOH溶液浓度	络合剂	pH控制	温度控制
1	连续反应器	鼓入空气	蒸馏水	2mol/L	NaOH 4mol/L	没有	没有	没有
2	小型泵实验系统	静止空气	蒸馏水	0.4mol/L	LiOH 0.8mol/L	没有	没有	没有
3	小型泵实验系统	静止空气	除去空气的蒸馏水	2mol/L	LiOH 4mol/L	没有	没有	没有
4	连续反应器	N_2	除去空气的蒸馏水	2mol/L	NaOH 5mol/L	氨水1mol/L	9.8	60℃

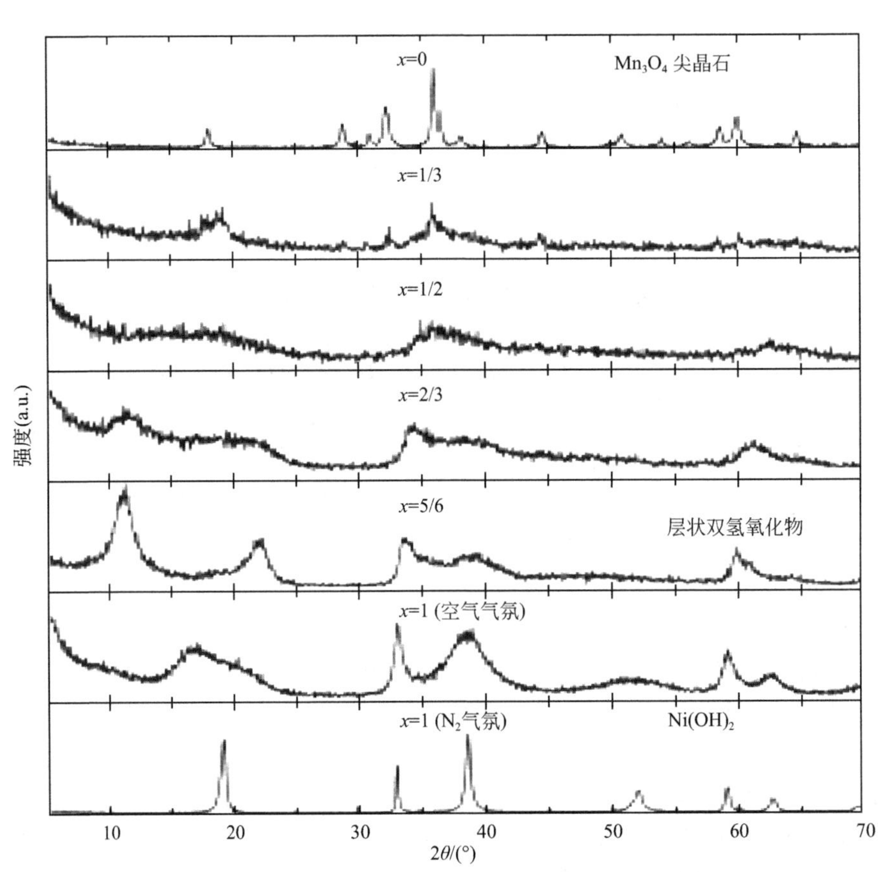

图9-3 采用路径1合成Ni_xMn_{1-x}(x=1，5/6，2/3，1/2，1/3和0)混合氢氧化物样品的XRD图[3]

底部图为采用路径4合成x=1样品，在N_2气氛。

图9-3给出Ni_xMn_{1-x}混合氢氧化物XRD图谱，其中x=1，5/6，2/3，1/2，1/3和0的样品使用路线1合成，底部的XRD图是路线4合成的前驱体，路线4合成的前驱体是β-$Ni(OH)_2$。路线1合成过程中鼓入空气，使前驱体结构有很大的不同。x=5/6和x=2/3的前驱体在11.5°显示出一个强的衍射峰，这表明在$M(OH)_2$层间有较大的间距。这是由于在空气合成条件下，为补偿M^{3+}电荷而掺入阴离子所造成的。这种材料具有如下通式$M_x^{2+}M_{1-x}^{3+}(OH)_2(A^{n-})_{(1-x)/n}$并被称为“层状双氢氧化物（LDH）”。如图9-4所示。

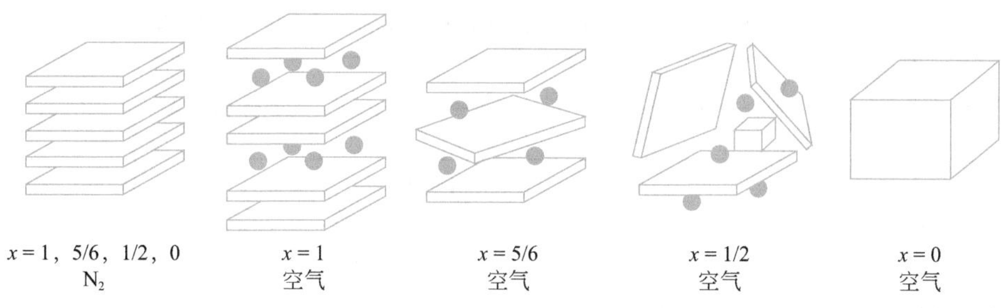

图9-4 Ni_xMn_{1-x}混合氢氧化物示意图[3]

图中的平板代表$M(OH)_2$，立方体代表Mn_3O_4尖晶石，圆点代表NO_3^-或CO_3^{2-}

9.1.2.2 成品的XRD分析实例

（1）优化合成温度

于凌燕[4]采用低热固相法合成了$LiNi_4Co_2Mn_4O_2$三元材料，对比了700℃和800℃两个合成温度对材料结构的影响。

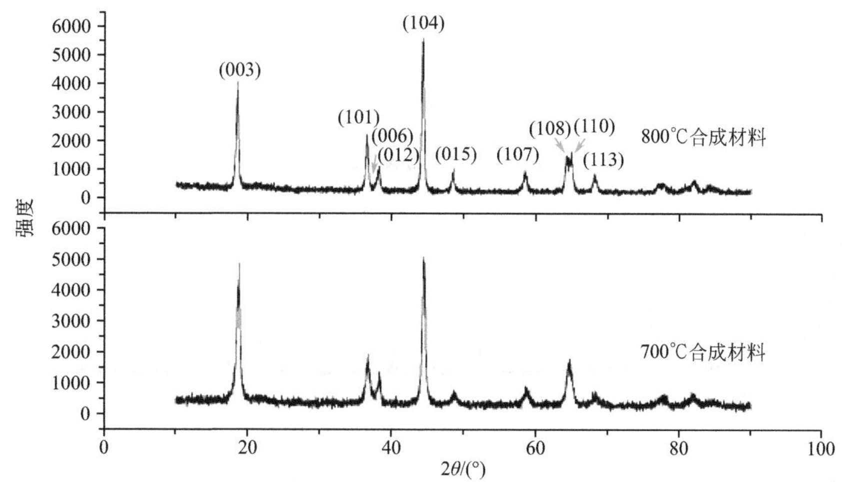

图9-5 两个温度下合成的$LiNi_4Co_2Mn_4O_2$材料的XRD图谱[4]

从图9-5中可以看出，两种温度下合成材料的XRD图谱衍射峰位置与$R\bar{3}m$空间群的衍射峰一致，均未产生杂质相；800℃合成材料的衍射峰比较尖锐，结晶度较好，另外，800℃合成材料的（108）和（110）峰分裂明显，说明形成了较好的层状结构，而700℃合成物质的衍射曲线的（108）和（110）峰分裂不明显，且峰值较低，结晶度较差。

对两种温度下合成$LiNi_4Co_2Mn_4O_2$材料的XRD图谱进行的Rietveld 结构精修结果见表9-3。据文献[5]，材料晶胞参数$c/a > 4.9$时代表形成了层状结构，并且该值越大，层状结构形成得越好，从表中的精修结果看出，随温度的升高，材料晶胞参数中a值减小、c值增加，c/a的值增大，并且c/a均大于4.9，说明两个温度下合成的材料均形成了层状结构，并且随温度的升高层状结构逐渐变好；$(I_{006}+I_{102})/I_{101}$值常被用来判断六方密排结构的有序性，该值代表六方晶体结构的有序性，一般在0.5左右为佳[5]，随温度的升高合成的材料该值减小，六方密排结构的有序性提高。综上，800℃合成的材料具有最佳的层状结构，故选定800℃为合成温度。

表9-3 两个温度下合成$LiNi_4Co_2Mn_4O_2$材料的Rietveld精修结果[4]

合成温度	晶胞参数			晶胞体积V/Å^3	$(I_{006}+I_{102})/I_{101}$
	a/Å	c/Å	c/a		
700℃	2.870	14.210	4.951	101.427	1.282
800℃	2.868	14.239	4.965	101.468	0.996

（2）不同x值对$LiCo_xNi_{0.5-0.5x}Mn_{0.5-0.5x}O_2$材料结构的影响

为了比较不同x值$LiCo_xNi_{0.5-0.5x}Mn_{0.5-0.5x}O_2$材料结构的影响，于凌燕[4]在800℃分别合成了$x$值为0.1、0.2、0.3三种配比的正极材料，即$LiCo_{0.1}Ni_{0.45}Mn_{0.45}O_2$、$LiCo_{0.2}Ni_{0.4}Mn_{0.4}O_2$、$LiCo_{0.3}Ni_{0.35}Mn_{0.35}O_2$，并对合成材料进行X射线衍射测试。图9-6是三种材料的XRD图谱，可以看出，在800℃合成的三种材料的XRD图谱衍射峰位置与R $\bar{3}$m空间群的衍射峰一致，均未产生杂质相；其中的（006）和（012）、（108）和（110）峰的分裂随Co含量的增加而愈加明显，三种材料中只有$LiCo_{0.1}Ni_{0.45}Mn_{0.45}O_2$的（006）和（012）、（108）和（110）峰分裂不明显，说明材料中Co含量的增加有利于层状结构的形成。

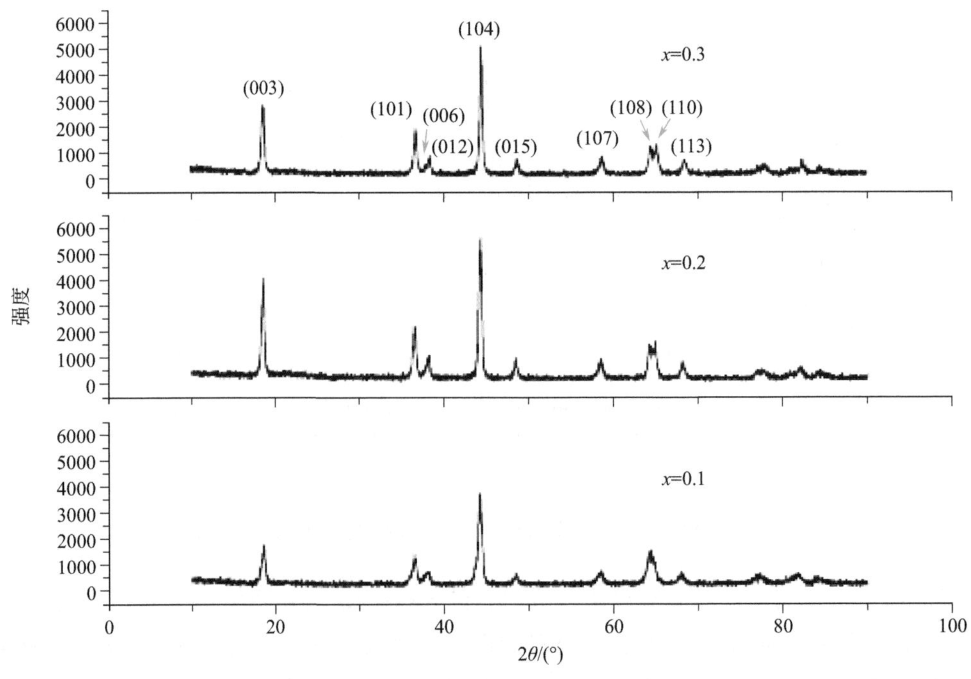

图9-6 800℃合成的不同x值$LiCo_xNi_{0.5-0.5x}Mn_{0.5-0.5x}O_2$材料的XRD对比图[4]

对三种不同配比材料的XRD结果进行的Rietveld结构精修结果见表9-4。从精修结果可以看出随着Co含量的增加，晶胞参数a、c及晶胞体积V逐渐减小。这是由于较小离子半径的Co^{3+}（0.63Å）取代了较大离子半径的Ni^{2+}（0.690Å）和离子半径相近的Mn^{4+}（0.60Å）引起的；三种材料c/a的值均大于4.9，说明三种不同配比的材料均形成了层状结构；随Co含量增加c/a的值增大，表明随Co含量增加，材料的层状结构愈加完好，与（006）和（012）、（108）和（110）两对峰的分裂程度变化一致；$(I_{006}+I_{102})/I_{101}$的值随Co含量的增加而减小，六方密排结构的有序性提高。

表9-4　不同x值$LiCo_xNi_{0.5-0.5x}Mn_{0.5-0.5x}O_2$材料晶体结构的Rietveld精修结果[4]

x值	晶胞参数			晶胞体积$V/Å^3$	$(I_{006}+I_{102})/I_{101}$
	a/Å	c/Å	c/a		
0.1	2.880	14.274	4.956	102.548	1.033
0.2	2.868	14.239	4.965	101.468	0.996
0.3	2.860	14.224	4.973	100.801	0.883

9.1.2.3　采用原位XRD研究反应过程材料结构变化

为了研究电池反应过程中的结构变化，可以借助于原位XRD设备进行研究。

安全性是高性能锂离子电池必须解决的问题，研究充电状态正极材料的热稳定性是非常重要的，这与电池在高温下的放热反应有关，控制不当会引起电池热失控和严重灾难。热失控是由于充电状态的电极与电解质反应引起的。深入理解在热分解时充电状态电极材料的结构变化是非常重要的，Won-Sub Yoon等[6]通过原位XRD在25～450℃研究了有无MgO涂层$LiNi_{0.8}Co_{0.2}O_2$材料的结构与热稳定性之间的关系。他们的结论是改进充电状态电池热稳定性的一个有效方法是用稳定氧化物对正极材料进行表面涂层。

（1）高脱锂状态$Li_{0.33}Ni_{0.8}Co_{0.2}O_2$结构随温度的变化

图9-7中给出$Li_{0.33}Ni_{0.8}Co_{0.2}O_2$在有电解液情况下的XRD图，在更低的温度发生热分解，NiO相的形成温度低于225℃。由图中非常清楚地看出有Ni_2O_3相存在。从层状结构向Ni_2O_3、NiO的转变温度几乎相同，伴随着Ni^{4+}向Ni^{3+}、Ni^{2+}的还原，Ni—O键的长度也随着Ni离子的还原而变大。这可以从两相（岩盐结构的Fm3m到尖晶石结构Fd$\bar{3}$m的转变）变化过程中2θ角的位移看出。具有Ni^{3+}的Ni_2O_3在有大的能级差的Ni^{4+}和Ni^{2+}之间起到一个桥的作用，Ni_2O_3结构的形成在开始时非常重要，它有助于层状结构向岩盐型的NiO结构的转变。所以说Ni_2O_3的形成加速了Ni^{4+}的还原和氧从结构中的脱出。

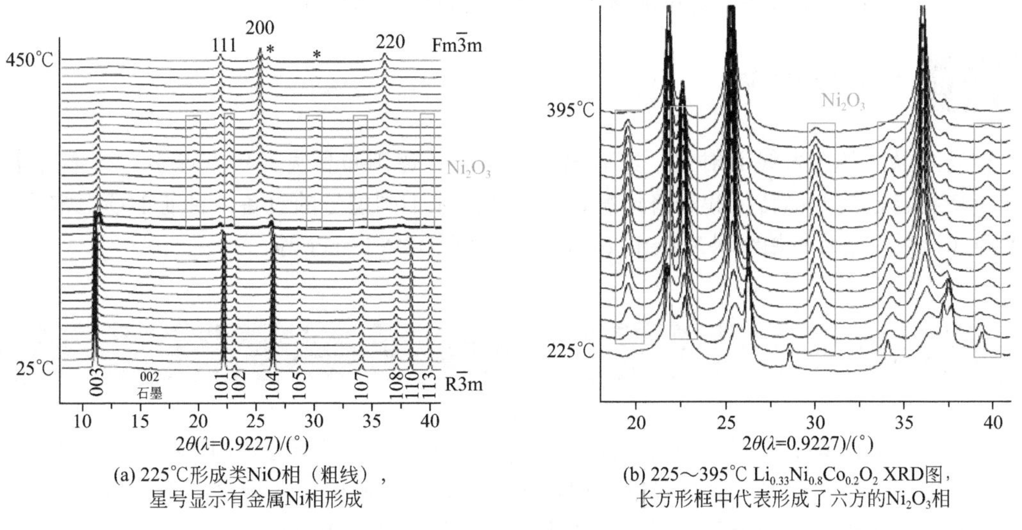

(a) 225℃形成类NiO相（粗线），星号显示有金属Ni相形成

(b) 225～395℃ $Li_{0.33}Ni_{0.8}Co_{0.2}O_2$ XRD图，长方形框中代表形成了六方的Ni_2O_3相

图9-7　$Li_{0.33}Ni_{0.8}Co_{0.2}O_2$随温度变化的XRD图[6]

（2）高脱锂状态Mg-$Li_{0.33}Ni_{0.8}Co_{0.2}O_2$结构随温度的变化

图9-8给出高脱锂态（Mg–$Li_{0.33}Ni_{0.808}Co_{0.2}O_2$）有电解液存在25～450℃的XRD图，与前面的讨论类似，随着锂含量的降低，热稳定性也有所降低。但是令人兴奋的是，在整个加热过程中没有NiO的形成，说明MgO涂层抑制了高充电状态NiO结构的形成。在220～270℃范围内，（108）和（110）峰合并，形成无序尖晶石相，Fd$\bar{3}$m的（440）峰出现。（220）衍射峰的出现也可以证明尖晶石相的形成。在245℃以上，立方结构的$LiNi_2O_4$相被观察到。对于涂层和未涂层材料的对比可以看出涂层样品的热性能与未涂层样品无电解液的情况类似，这从实验上支持了以下的机理：镍基阴极材料的热分解被反应阴极和电解液表面的界面反应触发和加速，氧化物涂层可以抑制这一反应。

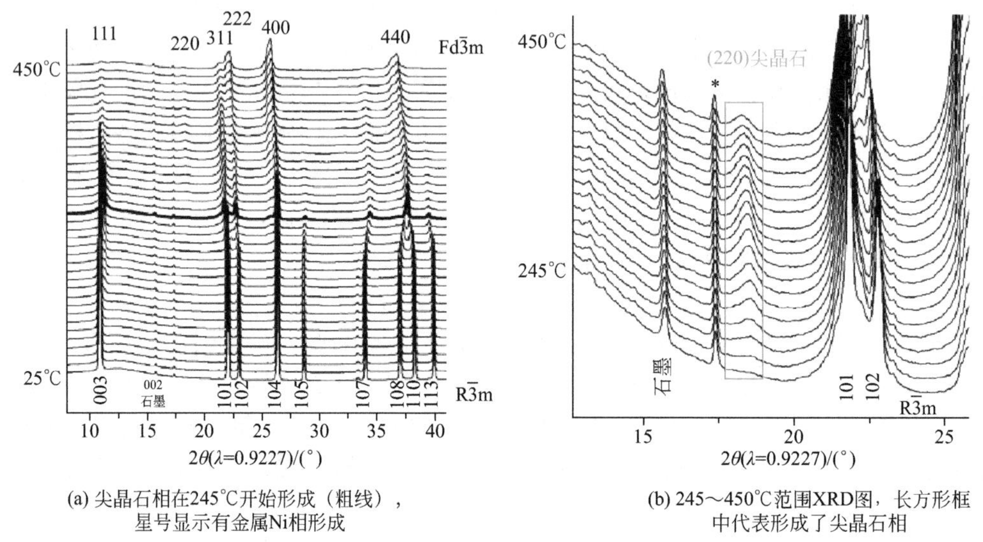

(a) 尖晶石相在245℃开始形成（粗线），星号显示有金属Ni相形成

(b) 245～450℃范围XRD图，长方形框中代表形成了尖晶石相

图9-8 MgO-涂层$Li_{0.33}Ni_{0.8}Co_{0.2}O_2$不同温度下的XRD图[6]

所以，X射线衍射设备在锂电池材料结构研究方面有重要作用。

9.1.3 主要设备厂家

市场上品牌的X射线衍射仪厂家有荷兰帕纳科、德国布鲁克、日本理学、日本岛津等。公司可依据自己的产品特征和经济情况选择不同厂家不同型号的设备。目前市场上常用的粉体X射线衍射仪型号有帕纳科X'Pert Powder、布鲁克D8 Advance等。

9.2 扫描电子显微镜（SEM）

扫描电子显微镜于20世纪60年代问世，它最基本的功能是对各种固体样品表面进行高分辨形貌观察。观察可以是一个样品的表面，也可以是一个断面。SEM是用聚焦电子束在试样表面逐点扫描成像，成像信号可以是次级电子、背散射电子或吸收电子。其中次级电子是最主要的成像信号，可用来观察块状或粉末颗粒试样的表面结构和形貌。

9.2.1 SEM基本工作原理及应用

扫描电镜的工作原理是由电子枪发射高能电子束入射到样品的某个部位时，聚焦电子束与试样相互作用，产生二次电子发射以及其他物理信号，扫描电镜设备就是通过这些信号得到样品表面一系列信息，从而达到对样品进行分析的目的。由于入射电子与样品之间的相互作用，从样品中激发出的二次电子通过收集极的收集，可将向各个方向发射的二次电子收集起来。这些二次电子经加速并射到闪烁体上，使二次电子信息转变成光信号，经过光导管进入光电倍增管，使光信号再转变成电信号。这个电信号又经视频放大器放大，并将其输入到显像管的栅极中，调制荧光屏的亮度，在荧光屏上就会出现与试样上一一对应的相同图像。入射电子束在样品表面上扫描时，因二次电子发射量随样品表面起伏程度（形貌）变化而变化。

扫描电镜的用途很广，近年来在锂离子电池材料的研究方面得到了广泛的重视和应用。扫描电镜配上其他一些配套设备可以得到更多的信息：除了可以进行形貌分析（表面几何形态，形状）和形态分析（尺寸）外，配合配套设备还可做显微化学成分分析，显微晶体结构分析等，这更加扩大了扫描电镜的广泛应用度。常见的扫描电镜配套设备主要有：X射线能谱仪、X射线波谱仪、结晶学分析仪等[7,8]。

目前市场上提供的商品扫描电镜分为两类：场发射扫描电镜（FEG SEM）和常规扫描电镜（SEM），两类电镜主要性能对照见表9-5。

表9-5 场发射扫描电镜（FEG SEM）和常规扫描电镜（SEM）主要性能对照表

类型	照明电子源	分辨率/nm	放大倍率（k×）	加速电压/kV	价格比
FEG SEM	场发射电子枪：冷场阴极，Schottky阴极	1～1.5	10～900	0.1～30	2～3
SEM	热发射电子枪：钨阴极，LaB_6阴极	3～3.5	10～300	0.5～30	1

场发射电镜属于高分辨型电镜，可以把样品1nm尺度的细节成像，可以真正实现低加速电压下工作。图9-11给出相同三元材料样品用常规扫描电镜（a）与场发射扫描电镜（b）照片对比，由图可见场发射样品分辨率更高。但由于其价格相对较高，在一般企业使用常规扫描电镜的较多。

在扫描电镜中，一幅高质量的图像应该满足3个条件：首先是分辨率高，显微结构清晰可辨；其次是衬度适中，图像中无论是在黑区还是在白区中的细节都能看清楚；最后是信噪比好，没有明显的雪花状噪声。三者之间有着必然的内在联系，其中分辨率是最重要的指标。

9.2.2 SEM应用实例

9.2.2.1 三元材料形貌分析

扫描电镜最常用于材料的形貌分析，可以用来研究合成条件对材料形貌的影响，结合其他测试方法可以确定合成路线，或对材料的性能进行解释。图9-9给出深圳市天骄科技开发有限公司在不同的合成条件下生产的NCA样品，除了可以观察形貌还可以看出一次颗粒的大小。由图可见，合成条件对一次颗粒的大小有较大影响。

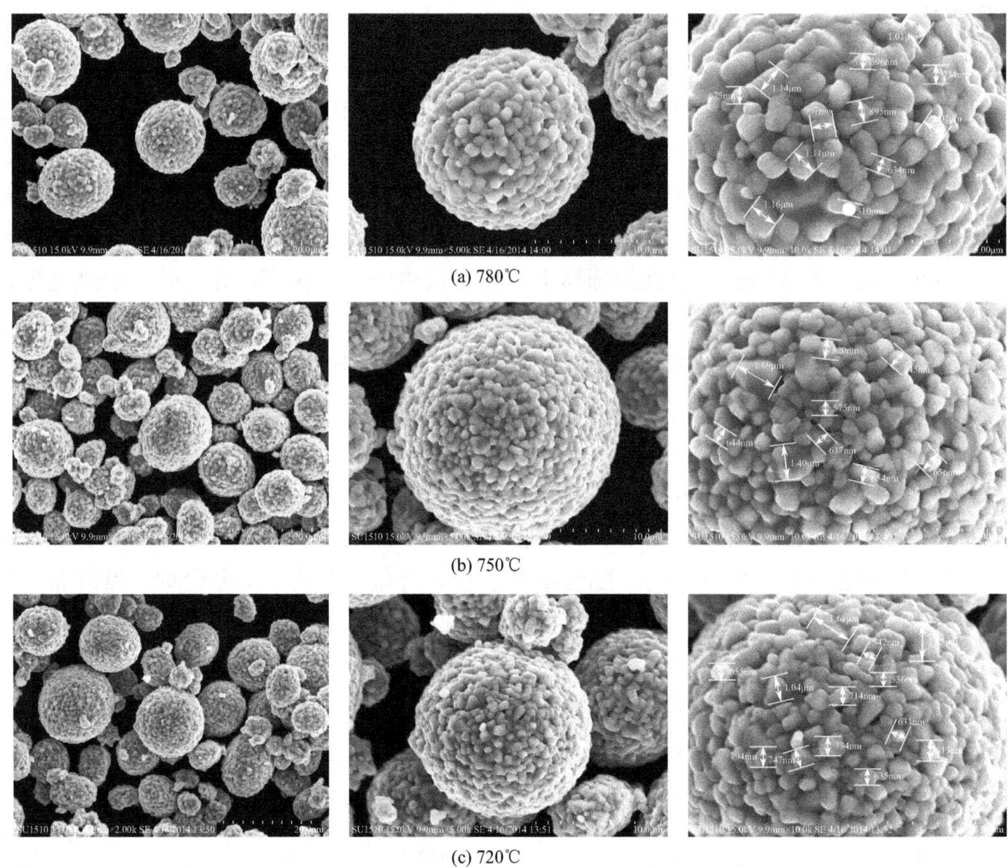
(a) 780℃
(b) 750℃
(c) 720℃

图9-9 深圳市天骄科技开发有限公司生产的不同温度合成的NCA样品不同放大倍数的扫描电镜图

为了提高图像分辨率，必须设法抑制那些造成背景的二次电子SE_2，在常规扫描电镜中只能减小加速电压，使作用区变小，但电子束亮度会明显下降，图像衬度和信噪比变差。图9-10给出深圳市天骄科技开发有限公司生产的NCM811前驱体样品在不同加速电压下的扫描电镜图。由图可以看出在5kV加速电压下样品的分辨率较好。

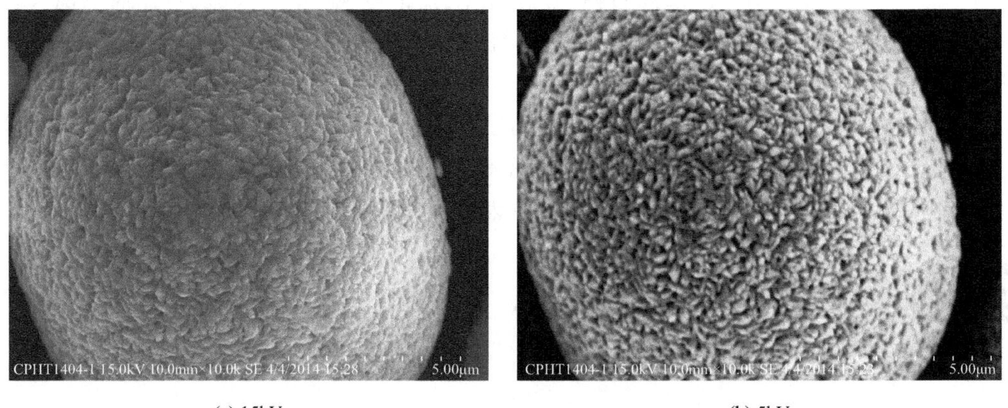

(a) 15kV (b) 5kV

图9-10 深圳市天骄科技开发有限公司生产的NCM811前驱体样品在不同加速电压下的扫描电镜图

但是在场发射扫描电镜中，物镜内安装了环形二次电子探测器，分辨率显著改善。见图9-11。

(a) 常规扫描电镜照片

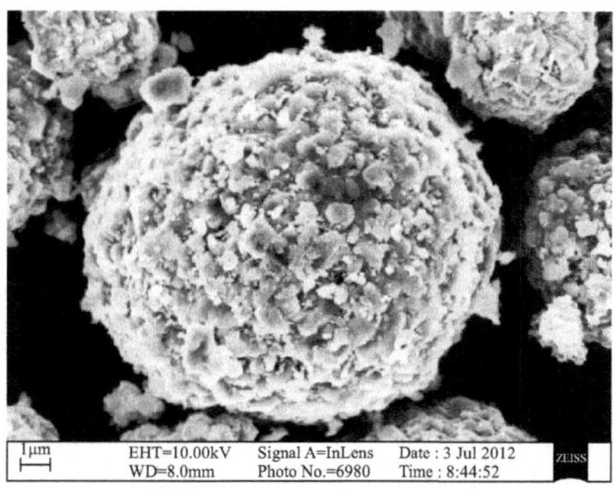

(b) 场发射扫描电镜照片

图9-11　深圳市天骄科技开发有限公司生产的NCM523常规扫描电镜与场发射扫描电镜照片对比

9.2.2.2　三元材料X射线能谱分析

如果需要了解材料微米量级区域内的元素种类与含量的情况，可以在扫描电镜上配X射线能谱仪，这样就可以得到更多的信息。

能谱分析的基本原理是：各种元素具有自己的X射线特征波长，特征波长的大小则取决于能级跃迁过程中释放出的特征能量 ΔE，能谱仪就是利用不同元素X射线光子特征能量不同这一特点来进行成分分析的。

若把所含元素在一定时间内所发射出来的特征X射线强度累加起来再与标准样品在相同时间内所发射出来的特征X射线的强度加以对比，排除干扰因素，就可得出每种元素的质量百分比，这就是能谱仪的定性，定量分析。

利用X射线能谱仪，可以对样品元素进行定性和定量分析。定性分析涉及两个内容：确定样品中各元素的组成和确定元素在样品中的分布状态。

（1）定性分析

定性分析就是要识别和标定能谱中出现的所有谱峰分别属于哪个元素。它的依据是识别元素的特征X射线能量，现在的能谱仪中已经可以自动识别。另外对于已知体系也可以手动识别，利用周期表选取或去掉某个由于和峰和逃逸峰造成的假峰。

图9-12给出深圳市天骄科技开发有限公司生产的NCA样品的能谱图。由图中可以明显看出样品中含有Ni、Co、Al元素。

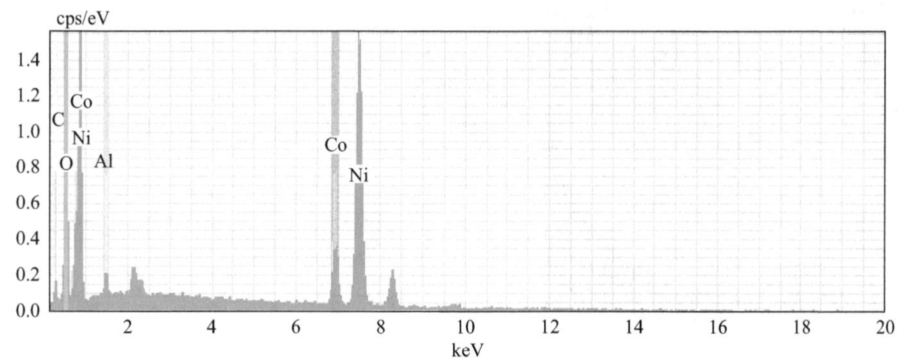

图9-12　深圳市天骄科技开发有限公司生产的NCA样品的能谱图（见彩图34）

对掺杂或包覆样品也可以进行定性分析，检测掺杂元素的分布情况和包覆样品的表面状况。通常可以通过X射线面分布图和线扫描来完成。

① X射线面分布图。X射线面分布是让电子束在样品某个感兴趣区域内反复做光栅扫描，采集区域内所有元素的特征X射线，每采集一个特征X射线光子，在荧屏上的对应位置打一个亮点，亮点集中的部位，该元素含量高，这就是该元素的面分布图。

图9-13给出深圳市天骄科技开发有限公司生产的NCM掺Mg样品的面分布图，由图中可以清楚地看出，掺杂元素Mg能够均匀分布在颗粒中。

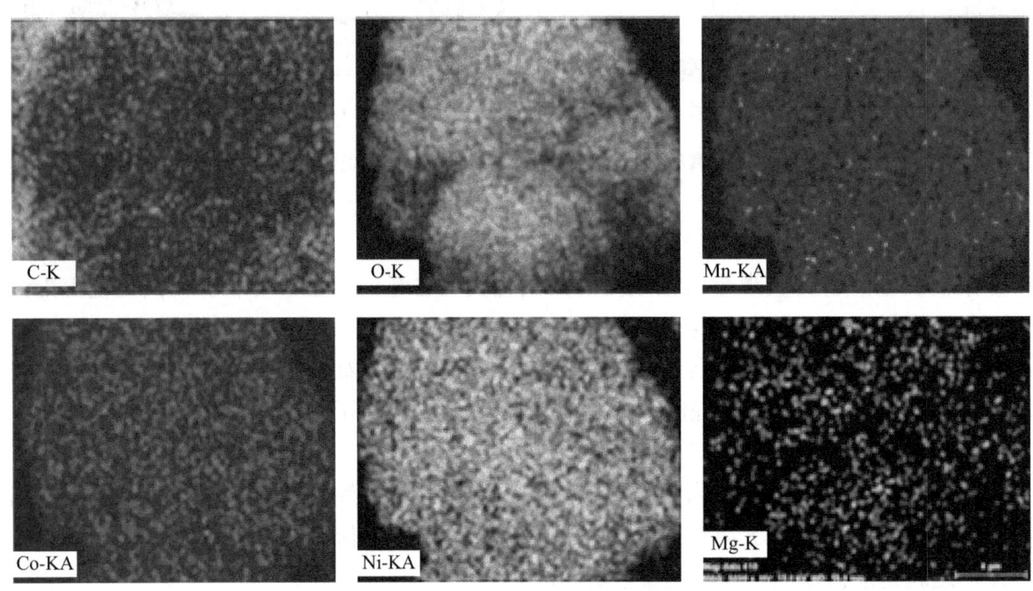

图9-13 深圳市天骄科技开发有限公司生产的NCM掺Mg样品的元素面分布图（见彩图35）

② X射线线扫描。X射线线扫描可以提供样品中元素沿某条扫描线上的分布。例如对三元材料的包覆或制备梯度材料，可以通过线扫描确定样品由内到外的元素分布。X射线线扫描是将样品颗粒切开，从样品的内部向表面拉一条直线，当电子束沿线扫描过程中，采集元素的特征X射线，将它们的计数值变化分别以曲线形式显示在荧屏上，每条曲线的高低起伏反映该元素在扫描线上的浓度变化。

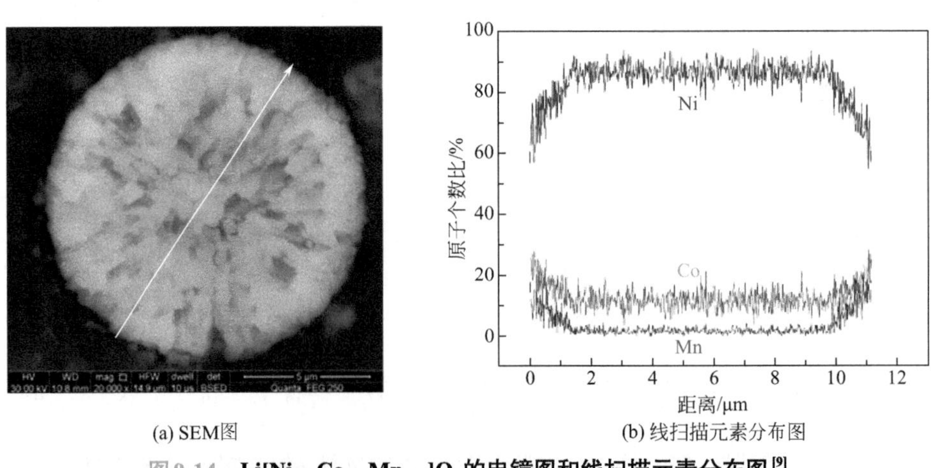

(a) SEM图 (b) 线扫描元素分布图

图9-14 $Li[Ni_{0.64}Co_{0.18}Mn_{0.18}]O_2$的电镜图和线扫描元素分布图[9]

Ke Du等[9]采用共沉淀的方法制备了NCM高镍三元核壳材料，内部核采用高Ni组分，壳采用低Ni组分，这种核壳材料既保持了高的比容量又提高了材料的循环性能和热稳定性。他们采用线扫描的方法检测了元素的分布。如图9-14可以清楚地看到颗粒内部有高的Ni含量，外部有相对高的Co、Mn含量。

准确的定性分析是定量分析的第一步，如果定性分析时发生元素误识别，或者漏掉某个元素，后续的定量分析没有任何意义。

（2）定量分析

依据能谱中各元素特征X射线的强度值，可确定样品中各元素含量或浓度。这些强度值与元素含量有关，谱峰高意味着含量高。

也可以在样品上选多个点，根据微区扫描分析样品化学组分，将所测多点化学组分的值进行平均，可以确定样品的大致组分。

表9-6 微区扫描样品化学组分（原子比）

选区	1	2	3	4	5	6	平均值
Ni	0.53	0.50	0.53	0.51	0.53	0.49	0.515
Co	0.20	0.19	0.20	0.21	0.20	0.21	0.202
Mn	0.27	0.31	0.27	0.28	0.27	0.30	0.283
O/(Ni+Co+Mn)	1.93	1.97	1.97	1.94	1.87	2.13	1.97

由表9-6分析结果可以看出样品的Ni ∶ Co ∶ Mn=0.515 ∶ 0.202 ∶ 0.283，从而推测样品为$LiNi_{0.5}Co_{0.2}Mn_{0.3}O_2$。

9.2.3 主要设备厂家

SEM设备的代表性厂家有美国FEI、日本日立（Hitachi）、日本电子（JEOL）等，不同厂家都有推出不同型号性能的设备，需求者可依据自己的产品检测需求和经济情况进行选择。

9.3 粒度分析

粉体粒度是粉体材料的主要指标之一，它直接影响产品的工艺性能和使用性能。目前常用的粉体粒度测试方法有筛分法、沉降法、显微镜法、电感计数法、激光粒度法以及电超声法等。表9-7列出了以上几种方法的适用范围、测试原理及方法参考标准等[10,11]。

表9-7 几种粒度测试的方法、原理及适用范围

测试方法	适用范围	测试原理	参考标准
筛分法	大颗粒，颗粒直径大于38μm	筛分	BS 8471—2007颗粒筛分法指南等
沉降法	粒度分布广的球形颗粒，颗粒直径在0.1～100μm	离心力、重力	GB/T 6524—2003金属粉粒度分布的测量重力沉降光透法等

续表

测试方法		适用范围	测试原理	参考标准
显微镜法	光学显微镜	微米颗粒，颗粒直径在1～100 μm	光学	GB/T 27668.1—2011 显微术语 第1部分光学显微术语等
	电子显微镜	亚微米和纳米颗粒，颗粒直径在0.001～100 μm	光学	JY/T 010—1996分析型扫描电子显微镜方法通则；JY/T 011—1996透射电子显微镜方法通则
光散射法	静态光散射法	微米颗粒，测量范围在一般在0.5～300μm	光散射和夫琅和费衍射原理	GB/T 19077.1—2008粒度分析激光衍射法第1部分通则等
	动态光散射法	亚微米到纳米颗粒，测量范围一般在3～1000nm	布朗运动和动态光散射	GB/T 19627—2005粒度分析光子相关光谱法等
电感计数法		不同材料组成的混合物	电感计数	ISO 13319—2007粒径分布的测定电感线圈法等
电感超声法		高浓度含量	超声波衰减法	ISO 20998-1—2006 利用声学法测量和表征粒子特性 第1部分：超声波衰减光谱法等

三元材料产品的颗粒大小在微米级，依据以上粒度测试方法的优缺点可知，选用静态光散射法即激光衍射法最为适合，目前行业内三元材料粒度测试基本上都采用激光衍射法。

9.3.1 激光粒度仪

激光粒度仪粒度测试基本原理是根据颗粒能使激光产生散射的物理现象来测试粒度分布。米氏散射理论表明，当光束遇到颗粒阻挡时，一部分光将发生散射现象，散射光的传播方向将与主光束的传播方向形成一个夹角θ，θ角的大小与颗粒的大小有关，颗粒越大，产生的散射光的θ角就越小；颗粒越小，产生的散射光的θ角就越大。即小角度θ的散射光是由大颗粒引起的，大角度θ的散射光是由小颗粒引起的。散射光的强度代表该粒径颗粒的数量，这样，测量不同角度上的散射光的强度，就可以得到样品的粒度分布。

激光粒度仪主要厂家有马尔文、贝克曼库尔特、布鲁克海文、HORIBA、珠海欧美克仪器有限公司、丹东百特仪器有限公司等。根据马尔文官网[12]提供的三款不同的激光粒度仪信息可知，主要差别在于测试材料颗粒粒度范围上，Mastersizer2000测试颗粒粒度范围在0.02～2000μm之间，Mastersizer3000测试颗粒粒度范围在0.01～3500μm之间，Mastersizer3000E测试颗粒粒度范围在0.1～1000μm之间，一般三元材料行业选用Mastersizer2000就可以满足测试要求了，且Mastersizer2000也可以依据需求配置不同的样品分散器，如针对水溶性（如碳酸锂）材料或非水溶性材料（如三元材料）的样品分散器。

9.3.2 影响测试结果的因素

在使用激光粒度仪对三元材料进行粒度测试时，影响粒度测试结果的因素主要包括样品分散、测试中遮光度的控制、样品折射率和吸光率的设定、仪器使用过程的维护保养、取样制样过程、不同厂家设备的选择等。样品的折射率和吸光率都是确定的，日常测试中要依据测试样品的不同而设置，可查看参考文献[13]，在此不做讨论；仪器使用过程的维护保养主要是指对仪器进样管道和反傅立叶透镜的清洗和清洁。下面是对三元材料粒度测试中几种常见的影响粒度测试结果因素的分析。

9.3.2.1 样品分散对测试结果的影响

三元材料为微米级的颗粒物质，颗粒容易团聚，尤其是小颗粒。在三元材料粒度的测试中样品分散很关键，样品分散的关键点是对分散介质、分散剂、分散方法等的选择。三元材料粒度测试中分散介质选用超纯水，分散剂一般选用2%的六偏磷酸钠溶液（依据不同公司情况而定，常见的分散剂有六偏磷酸钠、焦磷酸钠、氨水、水玻璃、氯化钠等），同时采取搅拌、超声等措施相结合来实现样品的充分分散。表9-8中测试数据是在保证其他测试条件不变的情况下，验证样品分散好坏对测试结果的影响，表中测试数据只是控制三元材料样品分散时是否添加分散剂，其他分散措施如搅拌、超声按正常操作进行。

表9-8 有无添加分散剂对三元材料粒度测试的影响

粒度指标	平行样	D_{10}/μm	D_{50}/μm	D_{90}/μm	D_{min}/μm	D_{max}/μm
加分散剂①	1	7.302	12.502	21.100	4.10	33.33
	2	7.372	12.690	21.479	4.09	33.44
	3	7.374	12.620	21.233	4.11	33.36
不加分散剂②	1	7.449	13.571	24.643	4.09	49.36
	2	7.726	14.401	27.174	4.13	197.12
	3	7.724	14.474	27.965	4.12	175.12

注：① 指样品分散时用2%的六偏磷酸钠溶液，② 指样品分散时用高纯水。

由表中测试结果可知，在保证其他测试条件一致的情况下，样品分散时使用分散剂，三次平行测试结果的一致性好；不使用分散剂时，三次测试结果偏差较大，尤其是D_{max}。由此可见，样品分散时不加分散剂，样品在水中出现团聚现象，导致D_{max}很大而且不均。

9.3.2.2 遮光度对测试结果的影响

三元材料粒度测试中，遮光度的控制也很关键。激光粒度仪测试原理是通过样品的激光损失确定样品浓度，遮光度就是反映测量时每次激光束中存多少样品的指标，其大小与颗粒多少成正比[14]。遮光度过高说明样品量多，遮光度过低说明样品过少。在三元材料粒度测试中，遮光度控制在10～20之间较为合适。表9-9中数据是对不同遮光度下同一三元材料粒度测试的结果（保证其他条件按正常操作，只改变每次测试时遮光度的大小）。

表9-9 三元材料在不同遮光度下粒度测试结果

遮光度＼粒度	D_{10}/μm	D_{50}/μm	D_{90}/μm	D_{min}/μm	D_{max}/μm
10～20	7.302	12.502	21.100	4.10	33.33
	7.372	12.690	21.479	4.09	33.44
	7.374	12.620	21.233	4.11	33.36
＞20	7.186	12.718	22.049	4.06	33.49
	7.050	12.673	22.257	4.05	33.50
	6.934	12.581	22.049	4.05	33.49

续表

遮光度＼粒度	D_{10}/μm	D_{50}/μm	D_{90}/μm	D_{min}/μm	D_{max}/μm
＜10	7.642	13.172	22.341	4.07	33.51
	7.429	12.693	21.357	4.17	33.40
	6.946	11.688	19.442	4.07	28.80

由表9-9测试数据可知，当遮光度过大或过小时都会导致测试结果一致性变差。遮光度过大时，样品分散不好或测试中会发生复散射现象，导致测试结果不准确；折光度过小时散射光线对检测器来说不足，会造成信噪比下降，重复性变差。因此测试中控制遮光度在合理的范围内还是很有必要的。

9.3.2.3 不同设备对测试结果的影响

不同厂家生产的仪器，即使都是激光衍射测量原理，由于设计方法、加工精度、数据处理、技术参数、性能等方面的不同，同一样品所得到的结果也往往存在差异。表9-10是同一个批次的三元材料在不同激光粒度仪上测出的结果对比。表中激光粒度仪A为Mastersizer2000，激光粒度仪B为国内某厂家设备，对比表9-10中测试结果可知，设备的选择对测试结果的影响也很大。该批三元材料的电镜图中并没有看到小颗粒的存在，但激光粒度仪B的测试结果中显示有小于3μm的颗粒，可见其测试精度不好。建议行业内尽量统一粒度测试的原理和所用设备的精度，以保证测试结果的准确度和可比性。

表9-10 不同设备对三元材料粒度测试结果的影响

项目	平行样	D_{10}/μm	D_{50}/μm	D_{90}/μm	D_{min}/μm	D_{max}/μm	＜3μm
激光粒度仪A	1	7.302	12.502	21.100	4.10	33.33	0
	2	7.372	12.690	21.479	4.09	33.44	0
	3	7.374	12.620	21.233	4.11	33.36	0
激光粒度仪B	1	7.28	10.91	14.11	1.63	19.50	0.08
	2	7.17	10.72	13.84	1.63	19.50	0.09
	3	7.08	10.35	13.19	1.63	19.50	0.08

9.4 比表面分析

比表面积即单位质量固体的总表面积，国际单位$m^2 \cdot g^{-1}$。比表面积是衡量物质特性的重要参量，其大小与颗粒的粒径、形状、表面缺陷及孔结构密切相关。比表面积的分析方法依据思路不同分为吸附法、透气法等。其中物理低温氮吸附法是最通用和成熟的方法，主要分为静态容量法和动态色谱法（即连续流动法），目前三元材料比表面积的测试也主要是采用这两种方法。

9.4.1 比表面仪

以测试原理来分，比表面仪可分为动态法比表面仪和静态法比表面仪。国内比表面测试仪器静态法和动态法都有应用，国外则以静态法为主。相对而言，动态色谱法比较适合材料比表面积的测试，静态容量法比较适合材料的孔径分析。静态容量法作为一种国际通用方法，很多品牌比表面仪器都采用此方法，目前国产高端的比表面仪也采用静态容量法。静态容量法测试材料比表面积的具体过程是：试样放在氮气体系中时，在低温（液氮温度）下，材料表面将发生物理吸附。在密闭的真空系统中，精密的改变粉体样品表面的氮气压力，从0逐步变化到接近1个大气压，用高精度压力传感器测出吸附前后样品体系压力的变化，通过气体状态方程式得到不同分压点的吸附量。测出氮吸附量后，根据氮吸附理论计算公式，便可求出材料比表面的大小。

目前市场上的比表面仪都趋向于一机多能，即可以完成对样品比表面积和孔径分布的测试。美国麦克、美国康塔、北京金埃谱科技有限公司、北京精微高博科学技术、北京贝士德仪器科技有限公司等都有比表面仪设备。在对比表面仪进行选择时，主要考虑仪器的分析功能、分析原理、样品分析个数及仪器测试精度、仪器价格等。静态容量法技术的关键因素是仪器配置的压力传感器精度、死容积测量精度、真空密封性等，选用以上配置好的仪器会提高对比表面和孔径分析的准确度。表9-11[15]为美国麦克几种型号比表面仪的基本信息，其测试方法均是静态容量法。

表9-11 美国麦克不同型号比表面仪

仪器型号	可同时测样品数/个	比表面积分析范围/($m^2 \cdot g^{-1}$)	中孔分析范围/nm	微孔分析/nm	备注
TriStar Ⅱ 3020	3	0.01～无上限	2～50	无	Gemini Ⅶ 2390比表面分析时引用参比管，使比表面积小的样品分析更精确
Gemini Ⅶ 2390	1	0.01～无上限	2～50	无	
ASAP2020	1	0.01～无上限	2～50	＜2	
ASAP2420	6	0.01～无上限	2～50	＜2	
ASAP2460	2	0.01～无上限	2～50	＜2	

上表所列几种型号比表面仪主要区别是同时可分析样品数量不同，以及孔径分析时测试孔的大小范围不同，使用厂家可依据自己的测试需求进行选择。

9.4.2 比表面积测试结果的影响因素

三元材料前驱体的比表面积大概在3.0～20.0$m^2 \cdot g^{-1}$之间，三元材料成品的比表面积通常在0.1～1.0$m^2 \cdot g^{-1}$之间，相对而言属于比表面积较小的材料。静态容量法在测试比小表面积的材料时往往会出现较大的测试误差，虽然选择品牌好的仪器可以减小测试中带来的误差，但也不可避免。总结以往测试经验可知，三元材料成品比表面积会出现测试结果较真实值偏低问题。影响三元材料比表面积测试结果异常的主要原因有样品量、样品预处理情况、人员操作、仪器维护保养以及所用氮气、氦气及液氮的纯度等。以下是对三元材料比表面积日常生产测试中的常见问题的分析。

9.4.2.1 样品量对比表面积测试结果的影响

在用静态容量法测三元材料比表面积时，对样品量并没有明确的规定，各厂家依据所用仪器配置的不同而异。静态容量法测试材料比表面时，在用高纯氮气做吸附质的情况下，吸附量的确定是由转移到样品管中高纯氮气的体积减去样品管中未被吸附的高纯氮气的体积。对比表面很小的样品，吸附量的确定往往会存在一定的误差。以三元材料成品为例，验证样品量对三元材料比表面积测试结果的影响如图9-15所示。该测试由同一人员使用同一组样品管在同一台仪器上完成。

由图9-15可知，对三元材料成品进行比表面积测试时，称取的样品量越少，测试的比表面积结果相对偏小。分析原因是三元材料成品的比表面积值本身就小，采用静态容量法对其比表面测试中材料对氮的吸附量很小，当达到吸附平衡后，残留在样品管中的氮气量依然很大，与起初相差无几，在确定样品的吸附量时会有一定的误差存在，吸附量不易测准。适当增加称样量，可以增大测试过程中样品对氮的吸附量，样品吸附量确定时所产生的误差也会相对降低，测试出三元材料比表面积的结果也会越准确。采用静态容量法对三元材料成品比表面积测试时，通常采用增加称样量来减小测试误差。由于比表面管的体积一定，称样量也不可能无限地增大，也可要求比表面仪厂家配备大容量的样品管来实现增加称样量。

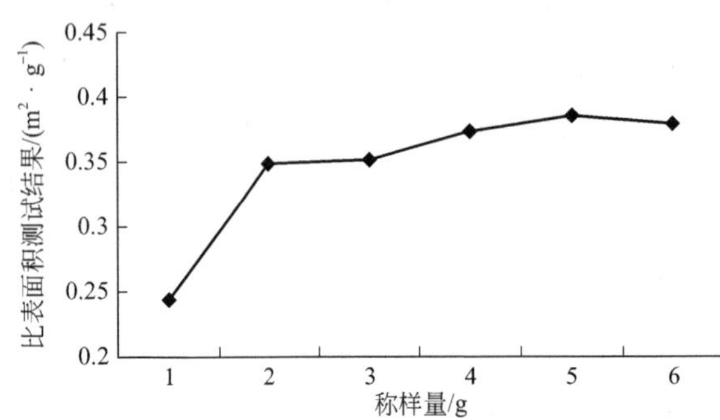

图9-15 样品量对三元材料比表面积测试结果的影响

9.4.2.2 样品有无预处理对比表面积测试结果的影响

三元材料比表面积测试中，样品的预处理一般是指样品中水分和表面杂质的脱除，通常采用的方法是120℃高温加热，同时用高纯氮气对材料表面进行吹扫（真空状态下最佳）。具体的处理措施因所选仪器厂家设备而异，不同比表面仪厂家会配置不同的样品处理装置。表9-12是对三元材料中间产品前驱体比表面积测试时有无进行高温脱气处理测试结果的对比，其中所用三元材料前驱体样品的初始水分含量为0.374%，该测试为同一人员在同一台仪器操作（仪器可同时进行三个样品测试），保证称样量大于样品管球形体积的2/3，但不超出球形管。样品预处理方式为：在比表面积脱气站上对样品进行高温加热（120℃）2h，加热过程中同时对样品进行高纯氮气表面吹扫，直至样品加热后冷却下来停止氮气吹扫，然后称量测试。

表9-12 样品有无预处理对三元材料比表面积测试结果的影响

控制条件	样品进行预处理			样品不进行预处理		
仪器管道	1	2	3	1	2	3
称样量/g	5.7131	5.2816	5.4937	5.8495	5.4996	6.1812
比表面积结果/($m^2 \cdot g^{-1}$)	7.6018	7.5872	7.5375	6.0735	6.0523	6.0657

由表9-12中测试结果可知，在对三元材料比表面积进行测试时，水分以及混杂在材料中其他气体的存在，会导致材料比表面积测试结果偏低。原因是材料中水分及其他气体的存在

会占据一定的空隙，测试中会使吸附量减少，从而导致测试结果偏低。另外，当水分含量太高时，会使测试过程中真空度达不到要求，最终导致测不出结果或测试结果异常。可见，测试前对样品进行预处理是很有必要的，尤其是在不清楚所测样品具体情况的前提下。

9.5 水分分析

水分分析按测定原理可以分为物理测定法和化学测定法两大类。物理测定法常用的有失重法、蒸馏分层法、气相色谱分析法等；化学测定方法主要有卡尔·费休（Karl Fischer）法、甲苯法等。国际标准化组织把卡尔·费休（Karl Fischer）法定为微量水分测试的国际标准，我国也把这个方法定为国家标准。

9.5.1 水分分析仪

常见的水分仪有卤素灯水分测定仪、红外水分测定仪、微波水分测定仪、卡尔·费休水分测定仪等。一般采用物理法的水分分析仪测试精确度相对化学法低，但其操作便捷，适合于生产过程控制中应用，如三元材料生产过程中中间品水分的测定可选择采用热失重分析原理的卤素灯水分测定仪，其操作简单，测试速度较快。化学法如卡尔·费休水分测定仪的测试精度高，应用范围广泛，可以实现对样品痕量水分测试。三元材料生产过程中对最终产品的水分管控要求较高，一般控制在500mg·kg^{-1}以下，对三元材料成品水分的测试一般都是在卡尔·费休水分测定仪上完成。市面上的水分测试仪品牌较多，常用品牌有梅特勒–托利多、瑞士万通等。

物理法卤素灯水分测定仪的原理是热失重，其测试的关键点是仪器配置天平的精度以其测试条件的设置，在此不做详细介绍。卡尔·费休水分测定仪测量水分含量的原理如下：

$$H_2O+I_2+SO_2+3RN+ROH \longrightarrow 2(RNH)I+(RNH)\cdot SO_4R \tag{9-3}$$

式中，RN表示有机碱，通常是多种有机碱的混合物；ROH常指甲醇。

卡尔·费休法水分测量又有容量法和库仑法（电量法）之分，其测量原理完全相同，不同点是活性物质I_2（碘）的来源不同。容量法中的I_2来自于滴定剂，而库仑法的卡尔·费休试剂内不含I_2，I_2是通过电解含I^-的电解液产生，即$2I^- - 2e \longrightarrow I_2$。库仑法（电量法）对样品水分测量过程中，只要准确获得全部电解反应的电量（库仑）就能精确计算得到样品中水分的含量。通过电解池的电量与I（碘）量是有着严格的定量关系的，因此库仑法测量精度更高。就应用而言，容量法更适用于含水量高的样品，而库仑法则适用于微量、痕量水的测定。

9.5.2 影响三元材料水分分析结果的因素

以三元材料生产中对水分的测试来说，影响卤素灯水分仪测试结果的主要原因是仪器内置天平的校准、测试条件的设置以及实际测试中样品量的多少。影响库仑法卡尔·费休水分测定仪测试结果的原因主要有：① 仪器所处环境的温湿度；② 干燥单元中的硅胶和分子筛的状态；③ 滴定杯、电极等表面的清洁；④ 空白值的结果；⑤ 样品量。在使用库仑法卡尔·费休水分测定仪对三元材料产品进行水分测试时，环境湿度过大、干燥单元中硅胶和分子筛过

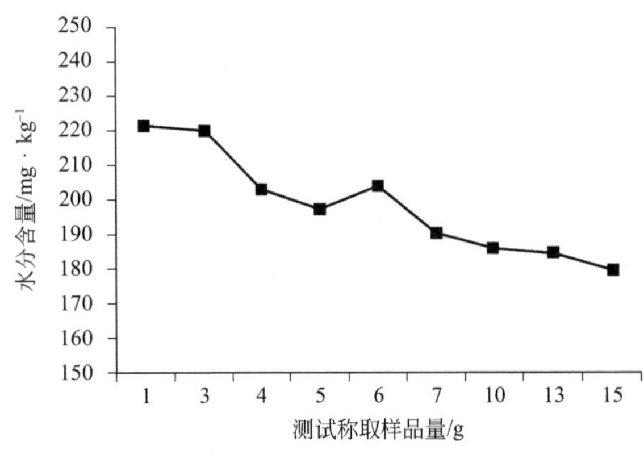

图9-16 三元材料成品水分测试结果与样品量的关系

长时间不更换、滴定杯和电极等表面不清洁都会影响到测试中漂移值的结果，或使仪器漂移值过大最终导致测试无法进行。空白值将影响到产品测试的最终结果，空白值控制不好有可能使测试结果偏小或为负值，因此要尽量保证空白样和测试样品是在同一环境体系下完成样品制作和测试。测试中称取的样品量的多少也会对测试结果产生影响，不同水分仪对不同含水量的样品测试时的取样量是有规定的，实际测试操作中应先确定所测样品水分含量的大致范围，然后结合所用水分仪厂家的建议来确定最佳的称样量。

以三元材料成品水分测试为例，在配置有加热干燥炉的库仑法卡式水分测定仪上对同一样品不同称样量时的水分测试结果如图9-16所示。大概知道测试样品的水分在200mg · kg^{-1}左右，仪器厂家建议的称样量为3～4g，仪器设置的最大称样量为15g；测试条件为外界环境温度26.2℃，相对环境湿度61%，加热干燥炉的温度设置到120℃，所用称样天平的精确度为0.0001。

从图9-16看出，随着样品质量的增加，水分测试结果有减小趋势，但总体偏差并不大。分析以上测试结果的原因是，称样操作是在外界环境中进行的，外界环境有一定的湿度，空白测试时样品量为0，所测出的空白值的大小是反应环境体系中水分含量的大小。当测试样品的称样量不断增加时，样品占据测试体系的体积也不断增大，故环境带入测试体系的水分会减少，即较所测出的空白值会偏小。而计算样品水分测试的最终结果时，仪器会自动减去空白值的大小，所以会导致样品量多时较样品量少时的测试结果偏小。但并不是样品量越少就越好，样品过少不具备代表性，同样也会导致较大的分析误差，所以对材料水分测试时，应结合所用仪器和测试样品的含水量取一个最佳的测试称样量。在用库仑法卡尔 · 费休水分测定仪对水分含量在200mg · kg^{-1}左右的三元材料成品进行水分测试时，一般称样量控制在4g左右最佳。

9.6 振实密度

三元材料粉体的密度有真实密度、松装密度、振实密度、压实密度之分。真实密度指材料质量与其真实体积的比值，真体积不包括存在于粉体颗粒内部的封闭空洞；材料松装密度是指材料在规定条件下自由充满标准容器后所测得的堆积密度，即材料粉末松散填装时单位体积的质量；振实密度是指盛在容器中的粉末在规定条件下被振实后的密度；压实密度是材料能量密度的参考指标之一。

三元材料振实密度的测试可以在振实密度仪上完成，也可以人工完成，其要求是振到振实管中样品的体积不再变化为止，振实密度的大小就是振实管中样品的质量除以振实后样品的体积。日常分析中影响三元材料振实密度测试结果的原因较少，在保证所用仪器稳定，人员操作严谨的情况下一般不会出现结果异常。国标GB/T 21354—2008 中对不同松装密度样品测试时振实管规格的选择及测试时的样品量有规定，三元材料产品的松装密度介于1～2g·cm^{-3}之间，依据国标GB/T 21354—2008中要求，当测试选用25mL的振实管时，测试时取样量应为20g[16]。以三元材料成品为例，做不同样品量对三元材料振实测试结果的影响见表9-13中数据。本实验由同一个人在同一台仪器上对同一批次的三元材料进行测试，振实密度测试选用25mL的振实管。

表9-13 不同取样量对振实密度测试结果的影响

样品量/g	11.48	15.98	19.78	26.74	30.00	35.64
TD/（g·cm^{-3}）	2.47	2.50	2.51	2.44	2.43	2.42

由表中测试结果可知，三元材料振实密度测试中，当取样量偏离国标中的规定时，测出的振实结果会有所不同。所以三元材料振实密度的测试应严格按照所采取方法的国家标准中的要求执行，以便测出的结果具有可比性。

9.7 金属元素含量分析[17～20]

三元材料生产中金属元素含量测试主要是对原材料及三元材料中主金属含量和杂质含量的测试。主金属含量测试是指对三元材料中镍、钴、锰、锂的测试，杂质含量测试是指对材料中钠、镁、铁、铜、钙、锌等元素含量的测试。微量金属的测试一般在原子吸收分光光度计（AAS）或电感耦合等离子体原子发射光谱分析仪（ICP–AES）上完成，而对原材料主含量以及三元材料镍钴锰含量的精准分析一般使用化学滴定法或重量法。下面对AAS、ICP–AES、化学滴定在三元材料生产过程中的应用做一下分析。

9.7.1 原子吸收分光光度计（AAS）

原子吸收分光光度计又称原子吸收光谱仪，依据仪器原子化的方法不同，原子吸收分光光度计又有火焰原子吸收分光光度计（FAAS）和石墨炉原子吸收分光光度计（CFAAS）之分，二者的主要区别在于原子化效率和对某些元素的检出限、灵敏度不同，后者较前者要好。其工作的基本原理是仪器通过火焰、石墨炉等将待测元素在高温或是化学反应作用下变成原子蒸气，待测元素的阴极灯辐射出待测元素的特征光，在通过待测元素的原子蒸气时发生光谱吸收，透射光的强度与待测元素的浓度成反比，通过测试透射光的强度就可以得到样品中待测元素的含量。原子吸收光谱仪分析测量的是吸收信号，透射光强度的变化在测量中服从朗伯–比尔定律。

原子吸收分光光度计（AAS）在三元材料生产中的应用具有局限性，虽然它可以完成三元材料中大部分金属元素含量的分析，但部分元素测试结果较差，测试中受其他元素干扰严重，如Ca等。而且AAS每次只能对一种元素进行测试，测试效率较低。但AAS也有优点，如操作简便，测试速度较快，测试成本相对较低，因此可用于三元材料生产过程控制中对某一种元素含量的控制分析。如生产过程中控制前驱体中钠含量的测试就可以在原子吸收分析仪上完成。

9.7.2 电感耦合等离子体原子发射光谱分析仪（ICP-AES）

电感耦合等离子体原子发射光谱分析仪（简称：ICP-AES）的基本工作原理是：液体样品由载气（氩气）带入雾化系统进行雾化，雾化后的样品以气溶胶形式进入等离子体的轴向通道，在高温和惰性气氛中被充分蒸发、原子化、电离和激发，发射出所含元素的特征谱线。仪器根据检测特征谱线的存在与否和特征谱线的强度确定样品中相应元素的含量，其中光谱的强度与待测元素的浓度成正比。

ICP-AES主要用于定量分析，可同时进行多种元素的测试，具有很高的灵敏度和稳定性。三元材料生产过程中，ICP-AES不仅可用于痕量元素如原材料及三元材料中杂质含量的测试，也可以用于三元材料中主元素如镍、钴、锰、锂、铝含量的测试。其应用范围较AAS广泛，并且测试效率高，稳定性好。9.7.4节是对ICP-AES测试三元材料主含量元素的具体分析，验证了ICP-AES应用的广泛性。

9.7.3 化学滴定分析

化学滴定按滴定方式分有直接滴定法、返滴定法、置换滴定法和间接滴定法。化学滴定分析是以化学反应为基础，根据所依据的化学反应不同，化学滴定分析一般可分为氧化还原滴定、络合滴定、酸碱滴定和沉淀滴定四大类。

酸碱滴定是以酸、碱之间质子传递反应为基础的一种滴定分析法，是各类滴定的基础，可用于测定酸、碱和两性物质，其基本反应为$H^+ + OH^- = H_2O$；配位滴定，又称络合滴定，它是以配位反应为基础的一种滴定分析法，可用于金属离子的测定，若采用EDTA作配位剂，其反应为$M^{n+} + Y^{4-} = MY^{(n-4)-}$，式中$M^{n+}$表示金属离子，$Y^{4-}$表示EDTA的阴离子；氧化还原滴定是以氧化还原反应为基础的一种滴定分析法，可用于对具有氧化还原性质的物质或某些不具有氧化还原性质的物质进行测定，如重铬酸钾法测定铁，其反应为$Cr_2O_7^{2-} + 6Fe^{2+} + 14H^+ = 2Cr^{3+} + 6Fe^{3+} + 7H_2O$；沉淀滴定是以沉淀生成反应为基础的一种滴定分析法，可用于对Ag^+、CN^-、SCN^-及类卤素等离子进行测定，如银量法，其反应如下：$Ag^+ + Cl^- = AgCl$。

在滴定分析过程中，误差是客观存在的，即使是技术熟练的人，采用同一种方法对同一试样进行多次分析，也不能达到完全一样的结果。这就需要了解产生误差的原因和规律，采取有效措施减小分析误差，对分析结果进行合理评价，提高分析结果的合理程度。化学滴定分析中，提高分析结果准确度的方法有：

（1）检验和消除滴定中的系统误差

化学滴定中，减小系统误差的途径有：采用对照实验减小方法误差；采用空白试验减小试剂误差；对滴定过程中样品制备和分析时用到的分析天平、砝码、滴定管、移液管和容量瓶等计量仪器进行校准。

（2）控制测量的相对误差

滴定分析中所用滴定管的测量精度都是有限的，例如滴定管的最小刻度精确到0.1mL，要求精确到0.01mL，则最后一位数字只能估计，因此会引起读数误差，一般认为读数误差在±0.01mL。这是滴定管本身精度决定的，可以通过设法控制体积值本身的大小，使由此引起的相对误差在所要求的±0.1%之内。由于$E_r = E_a/V$，当相对误差$E_r = \pm 0.1\%$，绝对误差$E_a = 0.02mL$，则$V = 20mL$，可见，只要控制滴定时总体积不小于20mL，就可以保证滴定管读数造成的相对性误差在±0.1%之内，通常V在20～30mL。

同样，分析天平测量精度为万分之一，为保证相对误差在±0.1%之内，那么称量试样质量不小于0.2g。

（3）增加平行测定次数

系统误差被消除后，平行测定次数越多，测定结果的平均值就越接近于真值。一般测定3～5次已经足够。

9.7.3.1　镍钴锰的滴定分析

采用络合滴定法测试原材料硫酸镍/氯化镍中镍含量。

称取4.0000g试料，精确至0.0001g。用50mL水溶解，移入250mL容量瓶中，定容，摇匀。取10mL置于250mL锥形瓶中，加入70mL水，加入10mL氨缓冲液及0.2g紫脲酸铵指示剂摇匀，用0.03 mol·L^{-1}的EDTA滴定至溶液突跃为蓝紫色即为终点，随同试料作空白试验。独立进行两次试验，结果取其平均值。

镍的质量分数按下式计算：

$$w(\mathrm{Ni})=\frac{c(V_1-V_0)\times 2.5\times 58.69\mathrm{g/mol}}{m}\times 100\% \tag{9-4}$$

式中　c——EDTA标准滴定溶液的实际浓度，mol·L^{-1}；

V_1——滴定试液消耗EDTA标准滴定溶液的体积，mL；

V_0——滴定空白溶液消耗EDTA标准滴定溶液的体积，mL；

m——硫酸镍的质量，g。

针对以上镍含量的测定过程中引入误差的方面很多，其中主要有：① 物料称量时带入的称量误差；② 溶解定容时带入的溶液体积误差；③ 移液过程的体积误差；④ 滴定过程中终点判定时的人为误差；⑤ 读取EDTA使用体积时的读数误差。

硫酸钴/氯化钴中钴含量的测定及硫酸锰/氯化锰中锰含量的测定可见附录。

采用络合滴定法测试三元正极材料中的镍钴锰总含量。

称取2.0000g试料，精确至0.0001g，于150mL烧杯中，缓慢加入15mL盐酸盖上表面皿，于电热板上加热溶解（可适量滴加双氧水），将样品溶至湿盐状，用水溶解，移入250mL容量瓶中，定容，摇匀。随同试料作空白试验。

将试料分取10mL置于250mL锥形瓶中，加入约70mL水，0.2g抗坏血酸，0.2g紫脲酸铵，用氨水溶液调节溶液呈亮黄色并无沉淀出现，用EDTA标液滴定。滴定近终点时，加入氨–氯化氨缓冲溶液10mL，继续滴定，溶液突变为亮紫色，且1min后紫色不褪即为终点。记录下此时的EDTA的用量（mL）。独立进行两次试验，结果取其平均值。

总金属的质量分数按下式计算：

$$w(\mathrm{M})=\frac{c(V_1-V_0)\times 2.5\times M(\mathrm{M})}{m}\times 100\% \quad (9\text{-}5)$$

式中　c——EDTA标准滴定溶液的实际浓度，$mol \cdot L^{-1}$；

V_1——滴定试液消耗EDTA标准滴定溶液的体积，mL；

V_0——滴定空白溶液消耗EDTA标准滴定溶液的体积，mL；

m——试样的质量，g；

$M(\mathrm{M})$——镍锰钴的理论摩尔质量，$g \cdot mol^{-1}$。

针对以上材料中镍钴锰总金属含量的测定过程中引入误差的方面主要有：① 物料称量时带入的称量误差；② 溶解定容时带入的溶液体积误差；③ 移液过程的体积误差；④ 滴定过程中终点判定时的人为误差；⑤ 读取EDTA使用体积时的读数误差。⑥ 计算过程中M（M）的取值是理论值，与实际值相比不会完全吻合，所以这也是一项主要的误差来源。

前驱体中镍钴锰的总含量测试方法同上。采用络合滴定法对三元材料生产中前驱体、最终产品的分析结果见表9-14，表中分析的三元材料是从生产用料中抽取的某一批次。

表9-14　滴定分析对前驱体、最终产品中主含量的分析结果

样品名称	M^{2+}理论含量/%	M^{2+}生产应用中的控制范围/%	实际滴定分析结果/%
前驱体NCM523	62.89	61.50 ～ 62.80	62.04
最终产品NCM523	59.40	58.00 ～ 59.4	58.63

9.7.3.2　原材料Li_2CO_3中Li含量的滴定

原材料Li_2CO_3中锂含量的分析方法采用酸碱滴定法，NaOH、氨水主含量的分析也可采用酸碱滴定法。

原料碳酸锂中锂含量的测定。

称取0.2500g试料，精确至0.0001g。置于250mL锥形瓶中，加入20mL水，加入0.1 ～ 0.2mL甲基红–溴甲酚绿指示剂，用HCl标准滴定溶液滴定至试液由绿色变为红色，煮沸2min驱除CO_2，冷却，继续滴定至溶液突跃为酒红色即为终点。随同试料作空白试验。独立进行两次试验，结果取其平均值。

锂的质量分数按下式计算：

$$w(\mathrm{Li})=\frac{c(V_1-V_0)\times 6.94\mathrm{g/mol}}{1000m}\times 100\% \quad (9\text{-}6)$$

式中　c——HCl标准滴定溶液的实际浓度，$mol \cdot L^{-1}$；

V_1——滴定试液消耗HCl标准滴定溶液的体积，mL；

V_0——滴定空白溶液消耗HCl标准滴定溶液的体积，mL；

m——碳酸锂的质量，g。

电池级碳酸锂的主含量都在99.5%以上。测试过程中主要引入误差的地方有：① 物料称量的准确性；② 滴定接近终点时滴定速度的控制；③ 使用一定浓度的HCl滴定剂标定结果的

准确性；④ 滴定剂用量读取时的读数误差；⑤ 加热滴定液去除溶液中溶解的CO_2的程度。因此，实际操作中必须严格控制以上的每一个条件，这样才能测试出可靠的结果。

9.7.4 ICP-AES对三元材料中镍、钴、锰、锂的分析

三元材料主含量镍、钴、锰、锂的测试可以在AAS上进行，但AAS每进行一种元素的测试都要更换灯源，而且标准溶液配制的浓度有限。以FAAS测试三元材料中主元素和杂质元素为例，其测试高浓度含量的元素时原液往往需要稀释，会带来很大的稀释误差；由于FAAS的检出限有限，其测试材料中含量很低的杂质元素往往测试精度达不到。ICP-AES对同一样品可以一次性完成多种元素的测试，测试中元素之间干扰较小，测试效率高。ICP-AES通常对于痕量元素的分析有较好的效果，应用于三元材料中钠、镁、铁、铜、钙、锌等杂质的测试时，不仅样品用量少，而且分析效率高，结果平行性好。在用其对高浓度含量元素进行分析时往往准确度较差，但在控制好测试条件的前提下，可用ICP定量分析三元材料组分。ICP使用中的关键点是方法的确定，测试中选择好各元素合适的分析线以及良好的仪器工作参数、配制合理浓度成分的标准溶液样品。下面以三元材料中镍、钴、锰、锂主含量的测试为例，来说明ICP-AES对高浓度元素含量测试的可行性。

深圳市天骄科技开发有限公司运用ICP-AES对三元材料主含量镍、钴、锰、锂的定量分析时，为节约样品用量、提高工作效率、节约仪器运行成本，采用高含量的镍、钴、锰、锂混标，一次性完成对镍、钴、锰、锂的溶样测试。对三元材料生产中前驱体以及成品中主含量元素在ICP-AES上的测试结果见表9-15，其中测试的取样量保持一致，表中A方法是采用高浓度混标对原液的测试结果（最高浓度的标准溶液配置到500mg·kg^{-1}），B方法是采用低浓度混标（最高浓度的标准溶液配置到5mg·kg^{-1}）对原液稀释50倍后的测试结果，原液指称取0.2000g的样品溶解定容在250mL容量瓶中的液体样品。

表9-15　ICP-AES对三元材料中主元素含量的测试结果对比

样品名称	质量/g	Li/%		Co/%		Mn/%		Ni/%	
		A方法	B方法	A方法	B方法	A方法	B方法	A方法	B方法
前驱体	0.2030	—	—	12.90	12.93	17.20	18.35	32.82	33.31
	0.2047	—	—	13.03	13.07	16.84	18.99	32.32	33.16
成品	0.2057	7.17	7.29	11.79	11.85	15.08	17.08	29.89	30.75
	0.2085	7.30	7.37	11.73	12.35	15.16	17.09	30.02	31.00

注：各测试条件下几种元素的线性方程均满足$r>0.999$，每个样品均做两个平行样。

对比以上测试结果可知，采用高浓度混标在ICP-AES上测试三元材料中主含量元素的方法是可行的，A、B方法部分结果存在一定的偏差，但B方法测试中存在样品稀释带入的误差。以表9-15中成品样品为例，检验A、B两种方法测试结果的稳定性数据见表9-16，分别对两种测试条件下的样品进行10次重复性测量，计算测试结果的相对平均偏差。

表 9-16 ICP-AES不同测试方法下结果重复性情况

样品名称	三元材料成品（质量0.2057g）							
测试项目	Li/%		Co/%		Mn/%		Ni/%	
重复性次数	A方法	B方法	A方法	B方法	A方法	B方法	A方法	B方法
1	7.22	7.05	11.73	12.09	15.12	16.83	29.91	30.51
2	7.19	6.93	11.93	12.15	15.32	16.77	29.69	30.69
3	7.27	7.11	11.86	12.03	15.40	16.83	30.07	31.05
4	7.26	7.23	11.86	12.15	15.28	16.95	29.90	31.23
5	7.26	7.11	11.74	12.09	15.15	16.89	29.51	31.05
6	7.18	7.23	11.95	12.09	15.24	17.08	29.84	30.69
7	7.18	7.23	11.85	12.15	15.15	16.89	30.03	30.99
8	7.28	7.41	11.87	12.03	15.34	17.02	29.72	30.69
9	7.23	7.29	11.71	12.28	15.35	16.89	30.25	31.66
10	7.28	7.17	11.80	12.03	15.42	17.38	30.32	31.42
平均值	7.23	7.18	11.83	12.11	15.28	16.95	29.93	31.00
RSD/%	0.58	1.89	0.69	0.63	0.70	1.03	0.84	1.18

由表中计算出的RSD的数据可知，A方法测试结果的重复性较B方法好，主要原因是B方法中存在稀释误差。

9.7.5 三元材料镍钴锰滴定分析与ICP-AES分析结果比对

通常化学滴定分析方法适合常量分析，仪器分析方法适合微量分析。以三元材料中主金属含量分析为例，镍钴锰总金属含量用化学滴定分析的结果更为准确可靠，表9-17是三元材料生产中前驱体、最终产品的镍钴锰总含量采用滴定分析和ICP-AES分析的结果对比，表中的平行样1、平行样2是指同一样品的两个平行样结果，其中采用ICP测试时的取样量为0.2000g，采用滴定分析时的取样量为2.0000g。

表 9-17 三元材料中镍钴锰总金属含量不同分析方法的结果对比

样品名称	前驱体		成品	
	平行样1	平行样2	平行样1	平行样2
ICP测试结果/%	62.91	62.20	56.76	56.73
滴定测试结果/%	62.09	62.15	58.71	58.75

由以上测试结果可知，采用滴定法测试三元材料中镍钴锰总含量的分析结果一致性较好，ICP-AES测试出的总金属含量结果是对每一种金属元素（Ni、Co、Mn）含量测试结果的累加，由于取样量少，仪器测试中存在波动等原因使测试结果偏差较大。所以对常量元素的分析采用化学法比较合适，其测试误差在可控范围之内。

9.8 热分析[21 ~ 23]

9.8.1 基本原理

热分析技术的基础是当物质的物理状态和化学状态发生变化时（如升华、氧化、聚合、固化、硫化、脱水、结晶、熔融、晶格改变或发生化学反应时），往往伴随着热力学性质（如热焓、比热容、热导率等）的变化，因此可通过测定其热力学性能的变化，来了解物质物理或化学变化过程。现在把根据物质的温度变化所引起的性能变化（如热能量、质量、尺寸、结构等）来确定状态变化的方法统称为热分析。

传统的热分析技术有热重分析法（TGA）、差热分析法（DTA）和差示扫描量热分析法（DSC）。

（1）热重分析法（TGA）

许多物质在加热或冷却过程中往往伴有质量变化，其变化的大小及出现的温度与物质的化学组成和结构密切相关。因此，利用加热或冷却过程中物质质量变化的特点，可以区别和鉴定不同的物质。这种方法就叫热重分析法。利用热重分析法可以研究物质的热稳定性、热分解温度、分解反应温度等。如果同时将分解产生的挥发组分输入气相色谱仪，测定分解产物的组成，则可以研究物质的热降解机理。把试样的质量作为时间或温度的函数纪录分析，得到的曲线称为热重曲线。热重曲线的纵轴方向表示试样质量的变化，横轴表示时间或温度。

利用热重分析法可以研究物质的热稳定性、热分解温度、分解反应温度等。如果同时将分解产生的挥发组分输入气相色谱仪，测定分解产物的组成，则可以研究物质的热降解机理。记录TG曲线对温度或时间的一阶导数，也就是质量的变化率与温度或时间的函数关系为DTG曲线，可以进一步得到质量变化速率等更多信息。从失重曲线上各点的斜率可以计算在各温度下的失重速度（dW/dt），从而可以计算分解速度常数（K）及反应活化能。

（2）差热分析法

差热分析法（DTA）是测量与材料内部热转变相关的温度、热流的关系，研究样品在可控温度程序下的热效应。通过差热分析仪，能够快速而准确地分析样品的熔点、相转变温度等各种特征温度。应用范围非常广，特别是材料的研发、性能检测与质量控制。

在程序控温条件下，测量试样与参比的基准物质之间的温度差与环境温度的函数关系。当炉温等速上升，经一定时间后，样品和参比物的受热达到稳定态，即二者以同样速度升温。如果试样与参比物温度相同，$\Delta T=0$，那么它们热电偶产生的热电势也相同。由于反向连接，所以产生的热电势大小相等方向相反，正好抵消，记录仪上没有信号；如果样品升温过程有热效应发生，而参比物是无热效应的，这样必然出现温差，$\Delta T\neq0$，记录仪上的信号指示了ΔT的大小。

如果试样在加热过程中产生熔化、分解、吸附水与结晶水的排除或晶格破坏等，试样将吸收热量，这时试样的温度T_1将低于参比物的温度T_2，即$T_2>T_1$，闭合回路中便有温差电动势产生，随着试样吸热反应的结束，T_1与T_2又趋相等，构成一个吸热峰。显然，过程中吸收的热量越多，在差热曲线上形成的吸热峰面积越大。

当试样在加热过程中发生氧化、晶格重建及形成新矿物时一般为放热反应，试样温度升高，热电偶两焊点的温度为$T_1 > T_2$，闭合回路中产生的温差电动势，形成一个放热峰。

差热分析的基本原理是由于试样在加热或冷却过程中产生的热变化而导致试样和参比物间产生的温度差，这个温度差由置于两者中的热电偶反映出来，其大小主要决定于试样本身的热特性，因此，对差热曲线的判读，有可能达到物相鉴定的目的。

（3）*差示扫描量热法*

差示扫描量热分析是在试样与参比材料处于控制速率下进行加热或冷却的环境中，在相同的温度条件时，记录两者之间建立0温差所需要的能量随时间或温度的变化。记录称为差示扫描量热曲线。纵轴表示单位时间所加的热量。差热分析和差示扫描量热分析曲线反映了所测试样在不同的温度范围内发生的一系列伴随着热现象的物理或化学变化。

关于差热曲线上的转变点的确定，曲线开始偏离基线那点的切线与曲线最大斜率切线的交点最接近热力学的平衡温度，因此用外推法确定此点为差热曲线上反应温度的起始点或转变点。外推法即可确定起始点，亦可确定反应终点。如图9-17所示的差热曲线。*a*点是试样吸热反应的起始点，又称为反应或相转变的起始温度点，它表示在该点温度下，反应过程开始被差热曲线测出。图中*b*对应于差热电偶测出的最大温差变化，*b*点温度称为峰值温度。该点既不表示反应的最大速度，亦不表示放热过程的结束。通常峰值温度较易确定，但其数值亦受加热速率及其他因素的影响，较起始温度变化大。吸热过程形成*abd*峰于*b*点和*d*点间的某一温度内完成（图中于*c*点完成）自*c*点后不再释放热量，曲线上出现新的基线。

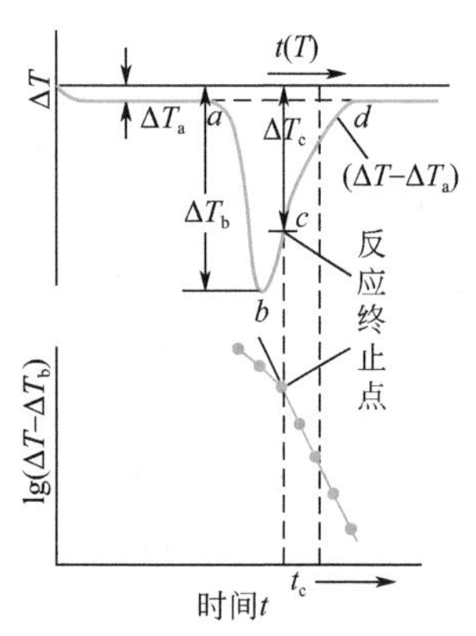

图9-17 确定反应终点的作图法

关于反应终点*c*的确定是十分必要的，因为可以得到反应终止的温度。假设物质的自然升温（或降温）过程是按指数规律进行的，则可以用*b*点以后的一段曲线数据，以lg（$\Delta T-\Delta T_a$）对*T*作图，即可得到图9-17下端的曲线。曲线上开始偏离直线（即不服从指数规律）的点即*c*点。

9.8.2 应用实例

热分析对于确定高温固相合成工艺、结合XRD确定分解产物的结构等方面都是十分有用的。合成工艺的确定在第6章已进行了讨论。用差热分析方法还可以研究三元材料脱锂时的热稳定性。

为了了解Mn和Co含量对$Li[Ni_{0.52}Co_{0.16+x}Mn_{0.32-x}]O_2$($x$=0，0.08，0.16)材料性能影响，Sun[24]研究小组研究了Co和Mn对材料结构、形貌、电化学性能和热稳定性的影响。热稳定性是采用差热分析进行研究的。首先把电池充电到4.5V（相对于Li^+/Li）后，将电池在氩气干箱中拆开，转移到热分析系统进行测试。扫描速度5℃·min^{-1}，扫描温度范围50～400℃。实验结果如图9-18所示。

图9-18显示了$Li/Li[Ni_{0.52}Co_{0.16+x}Mn_{0.32-x}]O_2$($x$=0，0.08，0.16)电池充电至4.5V的DSC结果。由图可以看出，$Li_{1-x}[Ni_{0.52}Co_{0.16}Mn_{0.32}]O_2$放热峰温度和放热量分别为288.9℃和439.1J·g^{-1}。随着Mn含量的减少，放热峰温度降低，放热量增加。这个结果表明电化学非活性的Mn^{4+}含量增加，不仅导致了良好的电化学性能，也提高了脱锂状态材料的热稳定性。

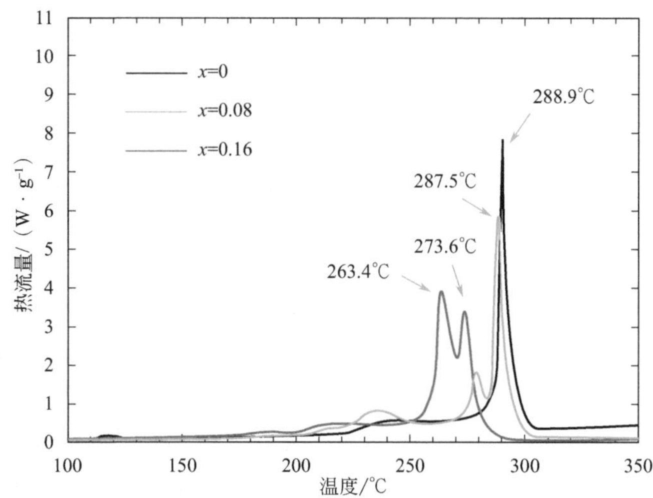

图9-18　Li/Li[$Ni_{0.52}Co_{0.16+x}Mn_{0.32-x}$]$O_2$($x$ =0，0.08，0.16)电池充电到4.5V后的DSC结果

9.9　材料电化学性能测试

在进行材料电化学性能测试前，首先要组装实验电池。为了避免多因素的影响，常组装成半电池进行实验。进行恒电流充放电时，组装成2电极电池，活性材料做正极，金属Li做负极。在进行循环伏安、交流阻抗等实验时，一般采用三电极实验电池，活性材料作为工作电极，金属Li分别作为辅助电极和参比电极。

9.9.1　恒电流充放电测试

恒电流充放电实验采用恒电流充放电仪进行，它可用于检测电极材料的脱/嵌锂比容量及循环性能。充放电制度不同测试材料的比容量不同。对于三元材料常规测量的充放电制度是采用0.2C倍率，2.7～4.2V电压范围进行测量。一般在恒电流充放电仪上可以进行倍率性能测试，耐过充、过放测试和循环寿命测试。但由于实验电池采用Li作为负极，在充电过程容易生成锂枝晶，所以测试的循环次数不及全电池的试验结果。但在相同条件下可以对不同材料进行对比。

9.9.2　循环伏安法

循环伏安法是常用的电化学测试方法，通过循环伏安法可以得到较多的信息。例如可以观察到在嵌/脱锂时反应速度、可逆程度、材料的相变，还可以通过采用不同扫描速度的循环伏安曲线计算锂离子的扩散系数等。

9.9.2.1　基本原理

循环伏安法具有实验比较简单，可以得到的信息数据较多等特点，因此它是电化学测量中经常使用的一个重要方法。循环伏安法又叫做线性电势扫描法，即控制电极电势按恒定速

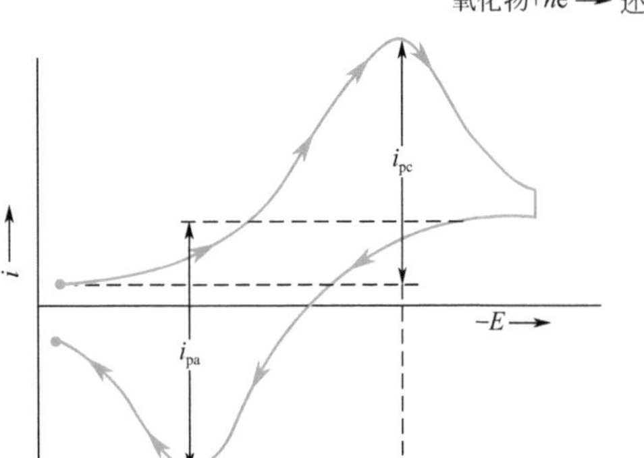

图9-19 循环伏安法所得到的电流–电位曲线

度，从起始电势Φ_I变化到某一电势Φ_λ，然后再以相同的速度从Φ_λ反向扫描到Φ_I，同时记录相应的电流变化。控制电极电势从比体系标准平衡$\Phi_平$电势正得多的起始电位（Φ_I）开始作正向电势扫描，如溶液体系仅有氧化态，则开始时电极上只有非法拉第电流（双层电容充电电流）通过。当电极电势逐渐负移到$\Phi_平$附近时，电极反应开始进行，并有法拉第电流通过。随着电极电势进一步变负，一方面电极反应被加速，电流越来越大，另一方面电极表面附近液层中的反应粒子不断被消耗使浓度减低，扩散层厚度逐渐增加，电流越来越小。初始阶段前者起主导作用，后期后者占优势，因而得到呈峰状的电流–电势（或电流–时间）曲线。这一方法称为电势扫描法。当电势从Φ_λ处改为反向扫描后，电极附近的大量还原物重新被氧化，随着电势接近并通过$\Phi_平$电流不断增大直到峰值氧化电流；随后出现电流衰减。整个反向扫描的电流变化与正向扫描时的峰状电流电势曲线很相似。这种包括正向、反向的电势扫描法，通常称为“循环伏安法”。所得到的电流–电位曲线如图9-19所示。

对于可逆的氧化还原反应，电流与扫描时间的关系为：

$$i(t)=nFD^{1/2}a^{1/2}p\left(\frac{nF}{2RT}vt\right) \tag{9-7}$$

氧化和还原过程都存在峰电流，峰电流大小如下：

$$i_p=KnFAC\left(\frac{nF}{RT}\right)^{1/2}v^{1/2}D^{1/2} \tag{9-8}$$

式中，K为0.4463。2个峰电流的大小、2个峰电流之比以及2个峰电位的大小是循环伏安法中最重要的参数。

对于符合Nernst方程的电极反应，在25℃时，2个峰电位之差ΔE_p如下：

$$\Delta E_p=E_{pa}-E_{pc}=\frac{57\sim63}{n}\text{mV} \tag{9-9}$$

ΔE_p一般为58/n mV，根据氧化还原电位差可判断反应的可逆性，若反应速率常数小，偏离Nernst方程，则$E_{pa}-E_{pc}>58/n$ mV。速率常数越小，两峰电位的差别越大。

9.9.2.2 应用实例

王海涛等人[25]采用溶胶凝胶法在$Ni_{0.8}Co_{0.1}Mn_{0.1}(OH)_2$前驱体表面进行AlOOH包覆，再配入适量LiOH焙烧成Al_2O_3包覆型$LiNi_{0.8}Co_{0.1}Mn_{0.1}O_2$材料。包覆$Al_2O_3$有效改善了$LiNi_{0.8}Co_{0.1}Mn_{0.1}O_2$材料高电压、高温循环性能以及高温贮存性能。

Li_xNiO_2在嵌脱Li过程中会发生六方（H1）⟷单斜（M）⟷六方（H2）⟷六方（H3）之间的相变，当脱锂量增加时[NiO_2]层间距会缓慢连续增加，但当脱锂量继续增加大于0.7时，层间距会减小，导致容量衰减。通过掺杂其他元素可以有效抑制相变改善电池的循环性能。由于811材料中有10%（摩尔分数）的Mn和Co已经较好地抑制了脱嵌锂过程中的相变，但通过图9-20循环伏安曲线可以看出，涂层后对相变的抑制更加明显，4.2V以下为单相反应，但未涂层样品还可见相变峰的存在。通过循环伏安实验也可说明包覆后由于有效抑制了相变，因此提高了电池的循环性能，尤其是高电压下的循环性能。

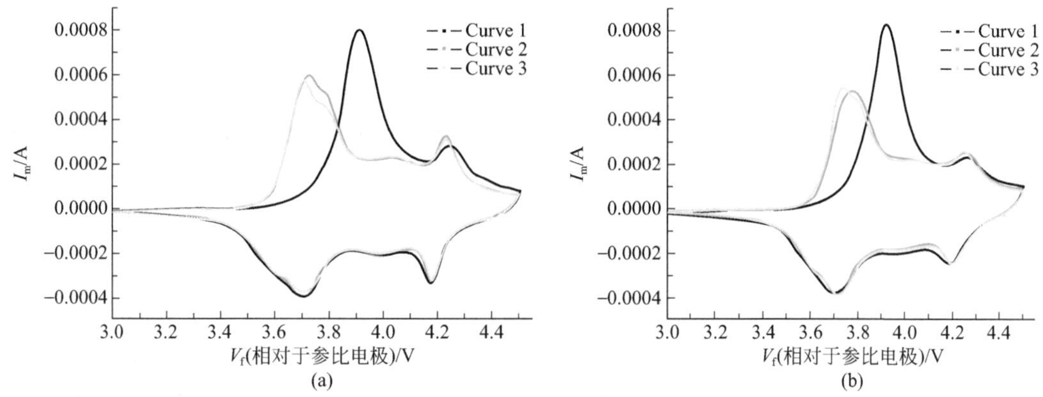

图9-20 （a）Li/pristine-H8、（b）Li/coated-H8的循环伏安曲线扫描速度0.05 mV·s^{-1}，3 ~ 4.5V（见彩图36）

9.9.3 交流阻抗法

交流阻抗方法被广泛应用于电极过程动力学的研究，特别适合于分析复杂电极过程。它可以帮助我们了解界面的物理性质及所发生的电化学反应的情况（如电极反应的方式，扩散系数，交换电流密度的大小等）。

9.9.3.1 基本原理

交流阻抗方法是施加一个小振幅的正弦交流信号，使电极电位在平衡电极电位附近微扰，在达到稳定状态后，测量其响应电流（或电压）信号的振幅和相，依次计算出电极的复阻抗。然后根据设想的等效电路，通过阻抗谱的分析和参数拟合，求出电极反应的动力学参数。由于这种方法使用的电信号振幅很小，又是在平衡电极电位附近，因此电流与电位之间的关系往往可以线性化，这给动力学参数的测量和分析带来很大方便。

二次锂离子电池的充放电过程中，锂离子在正极材料上的嵌入反应是：锂离子从液态电解质内部迁移到电解液与固体电极的交界面；锂离子在电极/电解液界面处吸附形成表面层；吸附态的锂离子进入正极材料；锂离子由固体电极表面向内部扩散。脱出反应为上述过程的逆过程。以上几个过程分别在不同程度上影响电极系统的动力学性能，在电解液相同的情况下，电极过程的动力学参数取决于电极材料及其界面性质。如果电极反应只受界面电荷迁移和物质扩散所支配，则其典型的复数阻抗图如图9-21所示。图中的R_E为溶液电阻，R_{ct}为界面

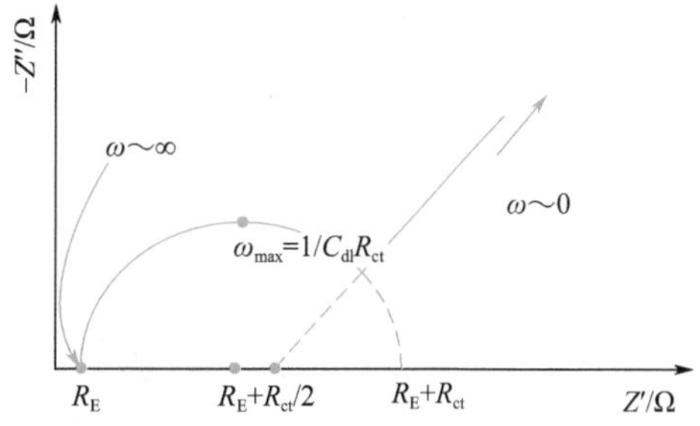

图9-21 电荷迁移和物质扩散混合控制电极反应的复数阻抗图

反应电阻，Z_w表示锂离子在界面附近扩散的Warburg阻抗，由于锂离子在电解质中的扩散速率远大于在固相活性物质中的扩散速率，因此可认为Z_w描述的是锂离子在固相活性物质中的扩散过程。所以通过交流阻抗法可以计算锂离子在固相材料中的扩散系数。

在半无限扩散条件下，锂离子在固相中的扩散系数可以用下面公式计算：

$$D(\mathrm{Li})^{1/2}=\frac{RT}{n^2F^2A\sqrt{2}}\cdot\frac{1}{\sigma c(\mathrm{Li})} \tag{9-10}$$

式中，D（Li）是Li^+在材料中的扩散系数；R=8.314J·K^{-1}·mol^{-1}；n为得失电子数；F为法拉第常数；A为电极反应面积；c（Li）为锂离子在固相材料中的浓度，可根据下式计算得到：

$$c(\mathrm{Li})=\frac{x\rho}{M} \tag{9-11}$$

式中，x为嵌锂量；ρ为材料密度；M为材料的相对分子质量。

电极真实表面积A：可以采用电化学方法测定，其基本原理为电极浸在电解液中，电极/溶液界面间存在着双电层。双电层微分电容C_{dl}与电极的真实表面积成正比，纯汞的表面最光滑，可以认为它的表观面积等于其真实面积，以它的双电层电容值20μF·cm^{-2}为标准，则根据下式可以求出电极的真实反应面积：

$$A=C_{dl}/20\ (\mathrm{cm}^2) \tag{9-12}$$

双电层电容C_{dl}的测量方法有很多种，如电流阶跃法、电位阶跃法、方波电位法、循环伏安扫描法、交流阻抗法等。一般采用交流阻抗法来测量双电层电容，由复数阻抗图中可以根据公式求出双电层电容，然后得到电极反应面积A。

$$C_{dl}=\frac{1}{\omega_{max}R_{ct}} \tag{9-13}$$

σ值的计算：选取交流阻抗图谱中的线性部分所对应的频率范围（0.1～0.01Hz）作Z'–$\omega^{-1/2}$图，对应直线的斜率即为σ值。

9.9.3.2 应用实例

刘静静[26]采用交流阻抗法分析了$Li/Li(Ni_{1/3}Co_{1/3}Mn_{1/3})O_2$在充放电过程中的阻抗变化。在3.8V嵌锂状态和4.5V脱锂状态下的交流阻抗曲线如图9-22所示。高频区起点与实轴的交点是溶液电阻，两个电池的溶液电阻相等，为几个欧姆；高频区较小的压缩半圆对应于电极材料表面膜阻抗R_f，两条曲线的高频半圆基本重合，说明电极表面膜阻抗在充放电过程中变化

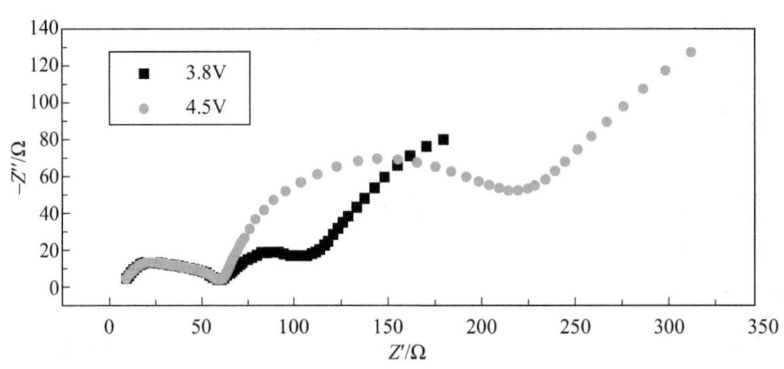

图9-22 $Li/Li(Ni_{1/3}Co_{1/3}Mn_{1/3})O_2$交流阻抗图谱（见彩图37）

很小；中频半圆则对应于电荷传递阻抗R_{ct}，低频区直线对应于Warburg阻抗Z_w。根据扩散系数公式可以计算4.5V时对应的D(Li)计算结果为$3.132\times10^{-13}cm^2\cdot s^{-1}$，3.8V所对应的$D$(Li)为$4.840\times10^{-12}cm^2\cdot s^{-1}$。

9.9.4 锂离子电池性能测试设备和方法

锂离子电池的性能测试主要是对电池容量、效率、倍率、高温性能、低温性能、存储性能、内阻等的测试，测试所用设备是电池性能测试系统。电池性能测试系统由硬件（电池精密测试柜、高温控制箱、低温控制箱）和软件两大部分组成，电池测试柜主要用于检测电池的容量、效率、倍率、内阻等。选择电池测试系统时要考虑待检电池或电池组的容量范围和需要的电压范围，电池测试系统按电流量程可分为微电流量程设备和大电流量程设备。微电流量程设备的电流量程为几毫安到几安，如蓝电产品有1mA、2mA、5mA、10mA、100mA、500mA、1000mA、1800mA、3000mA、5000mA等多个量程的测试设备；大电流量程测试设备的电流量程为几安到几百安，如蓝电有10A、20A、40A、60A、100A等规格的测试设备。

锂离子电池性能测试系统的国外知名厂商有美国Arbin公司、美国MACCOR公司、德国迪卡龙公司、法国Bio-Logic公司、日本日置公司、韩国Elicopower公司等，国内代表厂商有广州市蓝电电子科技有限公司、深圳新锐电子设备有限公司、深圳创卓为科技有限公司、广州斯泰克电子科技有限公司、深圳新威尔电子有限公司、深圳泰斯电子有限公司、广州蓝奇电子实业有限公司、广州擎天实业公司等。

对锂离子电池性能如容量、效率、高温性能、低温性能、存储性能、内阻等测试法依据GB/T 18287—2000标准[27]进行。

9.9.5 扣式电池制备工艺及设备

锂离子纽扣电池尺寸编号通常使用IEC的新编号方式，前两位数字为直径（单位mm），后两位数字为厚度（单位0.1mm），取两者的接近数字。例如CR2032的大略尺寸为直径20mm，厚度3.2mm。目前常见型号有CR2032、CR2025、CR2016等，实验室一般将材料制备成CR2032纽扣电池。纽扣电池制备工艺包括调浆、极片制备、电池装配和封口，其具体制备流程如图9-23所示，其中扣式电池制备中所用到的仪器设备及相关用途见表9-18。

表9-18　扣式电池制备中用到的仪器设备及相关用途

序号	仪器设备名称	用途
1	电子分析天平（精度0.0001g）	待测样品称样，待测样品极片称重
2	玛瑙研钵	配料、混料、研磨样品及其他配料用辅助材料
3	电热鼓风干燥箱	粉料干燥及涂片后极片干燥
4	小型对辊机	极片辊压
5	小型涂布机	测试样品混合浆涂片
6	冲片机	极片冲片
7	手套箱	电池组装提供干燥环境
8	电池测试柜	电池性能测试，容量、效率、循环等

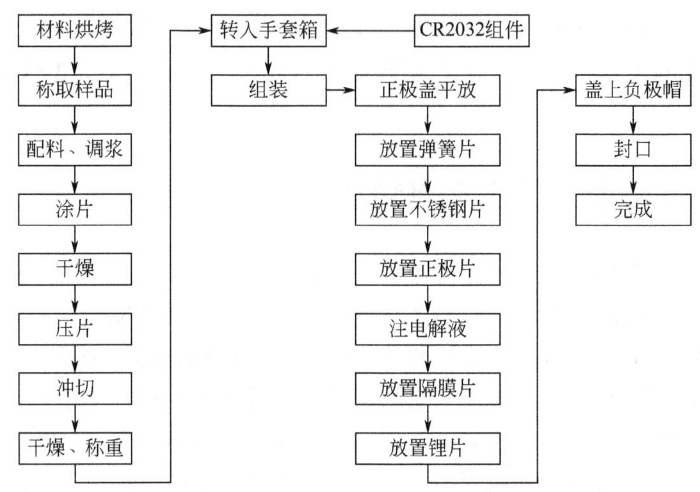

图9-23 CR2032扣式电池制作工艺流程图

9.9.6 软包电池制备工艺及设备

软包电池的制备工序包括正负极配料、涂布、辊压、分切及制片、极片干燥、电芯组装、电池干燥、电池注液、电池化成、电池真空封口、分容等。其制备的工艺流程如图9-24所示。

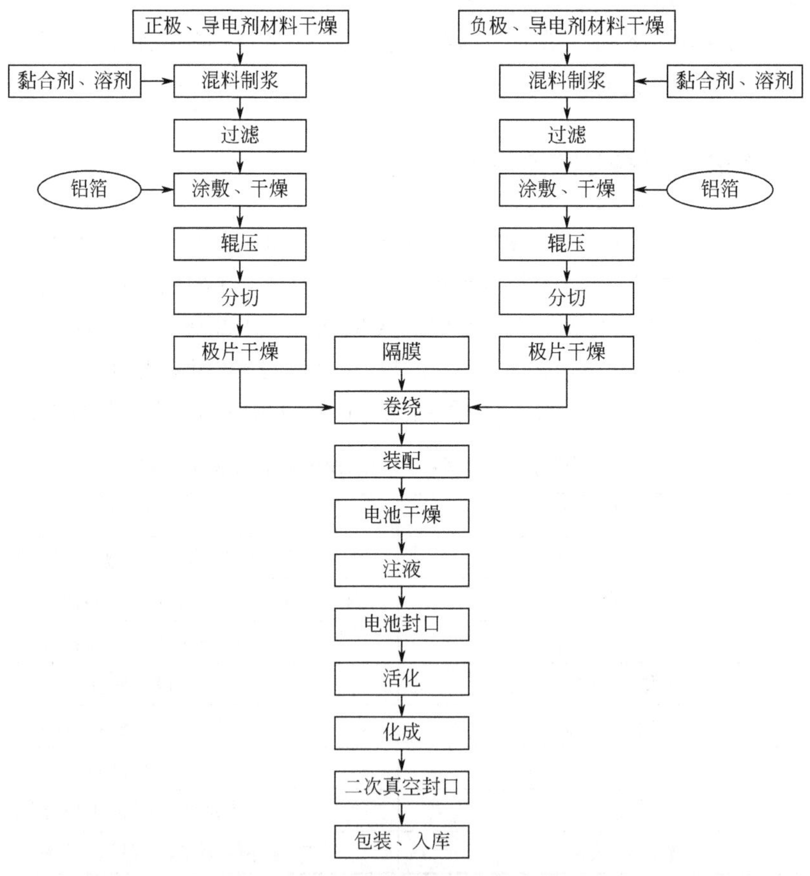

图9-24 软包电池制备工艺流程图

软包电池制备中的具体操作工序见附录Ⅱ.1。

软包电池制备中用到的设备包括混料机、涂布机、辊压机、分切机、真空烘烤箱、超声波焊接机、卷绕机、软包电池顶侧封口机、铝塑膜成型机、预封封口机、软包注液机、化成分容柜等。其主要设备用途及设备代表厂家见表9-19。

9.9.7 圆柱电池制备工艺及设备

圆柱电池的制备工序大体分为电池极片的制片、电池组装、电池检测三大部分，其制作的详细工艺流程如图9-25所示。

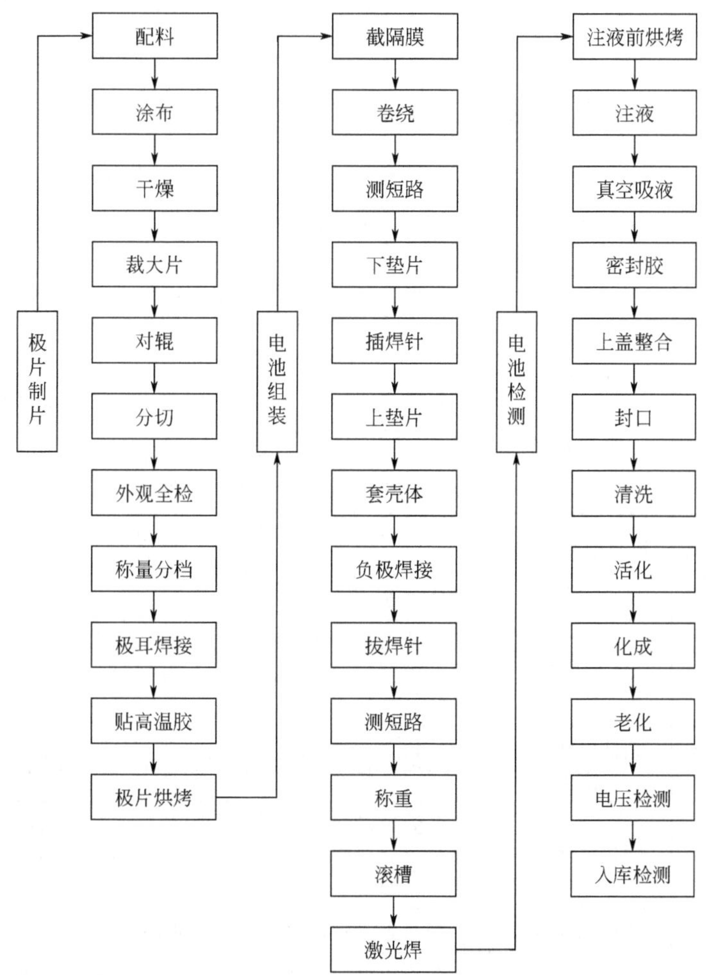

图9-25　圆柱电池的制作流程图

圆柱电池制作的具体工序见附录Ⅱ.2。

圆柱电池制作的主要设备包括混料机、极片涂布机、辊压机、分切机、真空烘烤箱、超声波焊接机、卷绕机、圆柱电池滚槽机、圆柱电池注液机、圆柱电池封口机、点焊机、激光焊接机、化成分容柜、成品包装机等，其极片制作部分所用设备和软包电池所用设备基本相同。关于软包电池和圆柱电池制作的主要设备、设备用途及代表厂家见表9-19。

表9-19 软包及圆柱电池制备主要设备信息

序号	设备名称	用途	主要设备厂家
1	双行星动力混料机	正负极材料配料、混料、真空分散	广州红运机械厂、柳州豪杰特、东莞市科锐机电设备有限公司、深圳市美森机电设备有限公司、深圳鹏翔运达电池设备厂、深圳市联强鑫科技有限公司、广州恒基染整设备有限公司、罗斯（无锡）设备有限公司等
2	极片涂布机	将正负极浆料涂布成极片	日本富士机械、日本平野株式会社、北京706所、深圳市浩能、深圳市嘉拓、东莞雅康、深远大科技、广州兰格、邵阳达力、深圳市联强鑫科技有限公司、深圳市善营自动化设备有限公司、北京中新力科技等
3	辊压机	极片辊扎	邢台海裕、邢台纳科诺尔、北京706所、邵阳达力、邢台欧凯龙等
4	分切机	成卷极片分条（小片）	邵阳达力、东莞市昕荣机械厂、深圳市吉阳科技、深圳市雅康精密机械有限公司、深圳市浩能科技有限公司、武汉千里马、北京中新力科技、北京七星华创、宝鸡市百瑞分切技术有限公司、凯斯俊山科技、惠州市园方机械等
5	真空烘烤箱	极片及电池芯真空干燥	吴江松凌、广州番中电气设备有限公司、深圳鹏翔运达电池设备厂等
6	超声波焊接机	正负极片极耳焊接	深圳杰之冠科技有限公司、深圳市爱维特赛威电子科技有限公司、广州市新栋力、必能信超声、江苏省镇江天华、镇江美华机、广州市科普等
7	卷绕机	电芯卷绕	东莞市鸿宝锂电科技有限公司、深圳市吉阳自动化科技有限公司、深圳市赢合科技有限公司、深圳市雅康精密机械有限公司、广州市宏耀自动化设备有限公司、东莞市富信成、东莞市骏泰精密机械有限公司、超源精密电子等
8	软包电池顶、侧封口机	软包电池封顶、封边	东莞市鸿宝锂电科技有限公司、东莞名优自动化设备有限公司、东莞市骏泰精密机械有限公司、深圳市吉阳自动化科技有限公司等
9	铝塑膜成型机	软包电池铝塑膜冲坑	东莞市鸿宝锂电科技有限公司、东莞名优自动化设备有限公司、东莞市骏泰精密机械有限公司、深圳市吉阳自动化科技有限公司等
10	圆柱电池滚槽机	圆柱电池壳体滚槽	邵阳市达力电源实业有限公司、惠州市园方机械等
11	注液机	软包电池注液	东莞市鸿宝锂电科技有限公司、东莞名优自动化设备有限公司、东莞市骏泰精密机械有限公司、深圳市吉阳自动化科技有限公司等
11		圆柱电池注液	加拿大海霸公司、惠州市新科华等
12	封口机	软包电池注液后封口	东莞市鸿宝锂电科技有限公司、东莞名优自动化设备有限公司、东莞市骏泰精密机械有限公司、深圳市吉阳自动化科技有限公司等
12		圆柱电池封口	邵阳市达力电源实业有限公司、惠州市园方机械等
13	圆柱电池点焊机	圆柱电池负极耳点焊	江苏省镇江天华、北京商驰科技、深圳市超思思等
14	激光焊接机	圆柱电池-18650正极耳点焊	武汉市楚源、武汉赛斐尔激光、武汉华工激光、武汉楚天、珠海市粤茂激光、深圳市光大激光等

续表

序号	设备名称	用途	主要设备厂家
15	化成、分容柜	电池化成、分容测试	武汉市金诺电子有限公司、宁波拜特测控技术有限公司、广州擎天实业有限公司、广州市晨威电子科技有限公司、深圳市超思思科技有限公司、深圳市齐每科技有限公司、新威尔电子有限公司、北京泛德伟业、杭州可靠性仪器厂、惠州市新科华、广州市威亦旺电子、广州蓝奇电子实业、广州矿泉电子仪器厂等
16	成品包装机	圆柱电池-18650成品封装	珠海华冠等

9.9.8 锂离子电池安全性能测试

锂离子电池安全性能测试一般包括过放电、过充电、短路、跌落、加热、挤压、针刺等。依据锂离子电池的应用领域不同，其安全测试的要求也不相同，以电动汽车用锂离子蓄电池的安全性能测试为例，其具体的测试方法及测试结果要求见表9-20，相关检验依据QC/T 743—2006《电动道路车辆用锂离子蓄电池》。

对动力锂离子电池进行过放电、过充电、短路、跌落、加热、挤压、针刺等安全指标测试之前，要先对蓄电池进行测试前充电。依据标准QC/T 743—2006中规定电池充电方式可按厂家提供的专用规程进行充电，若厂家未提供充电器，在20℃ ±5℃条件下，蓄电池以$1I_3$(A)电流放电，至蓄电池电压达到3.0V（或企业技术条件中规定的放电终止电压）时停止放电，静置1h，然后在20℃ ±5℃条件下以$1I_3$(A)恒流充电，至蓄电池电压达4.2V（或企业技术条件中规定的充电终止电压）时转恒压充电，至充电电流降至$0.1I_3$时停止充电。充电后静置1h。

表9-20 动力单体锂离子电池安全测试方法及要求[28]

测试项目	测试方法	对测试结果要求	所用设备
过放电	蓄电池完全充电后，在20℃ ±5℃下以$1I_3$(A)电流放电，直至蓄电池电压0V	蓄电池应不爆炸、不起火、不漏液	大电流充放机
过充电	蓄电池完全充电后，以$3I_3$(A)电流充电，至蓄电池电压达到5V或充电时间达到90min，停止试验	蓄电池应不爆炸、不起火	大电流充放电机
短路	蓄电池完全充电后，将蓄电池经外部短路10min，外部线路电阻应小于5mΩ	蓄电池应不爆炸、不起火	电池短路试验机
跌落	蓄电池完全充电后，蓄电池在20℃ ±5℃下，从1.5m高度处自由跌落到厚度为20mm的硬木地板上，每个面1次	蓄电池应不爆炸、不起火、不漏液	电池跌落试验机
加热	蓄电池完全充电后，将蓄电池置于85℃ ±2℃恒温箱内，并保温120min	蓄电池应不爆炸、不起火	带防爆的电加热箱
挤压	蓄电池完全充电后，垂直于蓄电池极板的方向，以面积不小于20cm^{2}的挤压头施压，直至蓄电池壳体破裂或内部短路（蓄电池电压变为0V）	蓄电池应不爆炸、不起火	电池挤压试验机
针刺	蓄电池完全充电后，用ϕ3～8mm的耐高温钢针，以10～40mm·s^{-1}的速度，从垂直于蓄电池极板的方向贯穿（钢针停留在蓄电池中）	蓄电池应不爆炸、不起火	电池针刺试验机

动力电池模块的安全性测试方法及要求见QC/T 743—2006《电动道路车辆用锂离子蓄电池》中规定，其和单体动力电池的安全性测试方法大致相同。

参考文献

[1] 黄可龙，王兆祥，刘素琴. 锂离子电池原理与关键技术. 北京：化学工业出版社，2011.

[2] Andrew van Bommel，Dahn J R. Analysis of the Growth Mechanism of Coprecipitated Spherical and Dense Nickel，Manganese，and Cobalt-Containing Hydroxides in the Presence of Aqueous Ammonia. Chem Mater，2009，21：1500-1503.

[3] Zhou Fu，Zhao Xuemei，Andrew van Bommel，et al. Dahn Coprecipitation Synthesis of $Ni_xMn_{1-x}(OH)_2$ Mixed Hydroxides. Chem Mater，2010，22：1015-1021.

[4] 于凌燕. 锂离子电池多元锰基固溶体正极材料的研究. 北京：北京科技大学，2008.

[5] Kim J H，Park C W，Sun Y K. Synthesis and electrochemical behavior of Li$[Li_{0.1}Ni_{0.35-x/2}Co_xMn_{0.55-x/2}]O_2$ cathode materials. Solid State Ionics，2003，164：43-49.

[6] Yoon Won-Sub，Nam Kyung-Wan，Jang Donghyuk，et al. Structural study of the coating effect on the thermal stability of charged MgO-coated $LiNi_{0.8}Co_{0.2}O_2$ cathodes investigated by in situ XRD. Journal of Power Sources，2012，217：128-134.

[7] 杨军，解晶莹，王久林. 化学电源测试原理与技术. 北京：化学工业出版社，2006.

[8] 张大同. 扫描电镜与能谱仪分析技术. 广州：华南理工大学出版社，2009.

[9] Du Ke，Hua Chuanshan，Tan Chaopu，Peng Zhongdong，et al. A high-powered concentration-gradient $Li(Ni_{0.85}Co_{0.12}Mn_{0.03})O_2$ cathode material for lithium ion batteries. Journal of Power Sources，2014，263：203-208.

[10] 倪寿亮. 粒度分析方法及应用. 广东化工，2011，38（2）：223.

[11] 沙菲. 几种常用的粉体粒度测试方法. 理化检验：物理分册. 2012，48（6）：374.

[12] 马尔文仪器中国网站. Mastersizer系列激光粒度分析仪.
http://www. malvern. com. cn/products/product-range/mastersizer-range/default. aspx

[13] 廖寄乔. 粉体材料科学与工程实验技术原理及应用. 长沙：中南大学出版社，2011.

[14] 刘引定，霍彩霞，滕秋霞. 激光粒度测试技术的应用. 甘肃联合大学学报：自然科学版，2009，23（4）.

[15] 麦克默瑞提克（上海）仪器有限公司. 比表面仪器. http://mic. cnpowder. com. cn/

[16] GB/T 21354—2008. 粉体产品振实密度测定通用方法.

[17] 武汉大学. 分析化学. 第4版. 北京：高等教育出版社，1997.

[18] 于世林，苗凤琴. 分析化学. 北京：化学工业出版社，2001.

[19] 魏琴. 无机及分析化学教程. 北京：科学出版社，2010.

[20] 胡乃非，欧阳津，晋卫军，曾泳淮. 分析化学：化学分析部分. 第3版. 北京：高等教育出版社，2010.

[21] 于伯龄，姜胶东. 实用热分析. 北京：纺织工业出版社，1990：141.

[22] 胡荣祖，史启祯. 热分析动力学. 北京：科学出版社，2001.

[23] Kissinger H E. Reaction kinetics in differential thermal analysis. Analytical Chemistry，1957，29（11）：1702-1706.

[24] Kim Hg-G，Myung S-T，Leed J K，Sun Y-K. Effects of manganese and cobalt on the electrochemical and thermal properties of layered Li[$Ni_{0.52}Co_{0.16+x}Mn_{0.32-x}$]$O_2$ cathode materials. Journal of Power Sources，2011，196：6710-6715.

[25] 王海涛，段小刚，仇卫华. Al_2O_3包覆$LiNi_{0.8}Co_{0.1}Mn_{0.1}O_2$的结构和性能. 电池，2014，44（2）：84-87.

[26] 刘静静. $LiNi_{1/3}Co_{1/3}Mn_{1/3}O_2$作为锂离子电池正极材料的研究. 北京：北京科技大学，2006.

[27] GB/T 18287—2000. 蜂窝电话用锂离子电池总规范.

[28] QC/T 743—2006. 电动道路车辆用锂离子蓄电池.

10

三元材料使用建议

10.1 首放效率及正负极配比

在设计电池时，计算正负极合理的配比系数很关键。如果正极过量，在充电时，正极中出来的多余的锂离子无法进入负极，会在负极表面形成锂的沉积以致生成枝晶，使电池循环性能变差，也会造成电池内部短路，引发电池安全问题。一般电池中负极都会略多于正极，但也不能过量太多，过量太多会造成首轮充放电效率下降，消耗较多的正极中的锂；另外也造成负极浪费，降低电池能量密度，提高电池成本。图10-1所示为负极不足和负极过量时电池的性能趋势图。

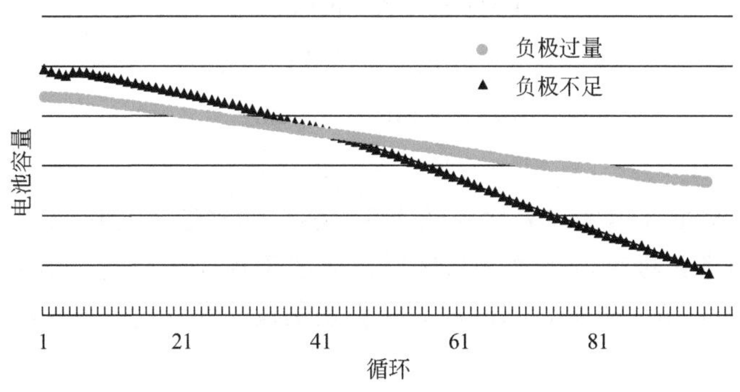

图10-1　负极不足和负极过量时电池性能趋势图

一般情况下，电池中的正负极配比主要由以下因素决定：① 正负极材料的首次效率；② 设备的涂布精度；③ 正负极循环的衰减速率；④ 电池所要达到的倍率性能。

$LiCoO_2$在4.2～3.0V电压范围，25℃下，首轮充放电效率为95%左右。但三元材料首放充放电效率在86%～90%之间。表10-1为商业NCM111的前三个充放电循环的质量比容量，这些数据是2～5A·h的商品电池1C放电的结果。

表10-1 商业NCM111电池前三个充放电循环的比容量

循环次数	充电比容量/(mA·h·g^{-1})	放电比容量/(mA·h·g^{-1})
1	168	145
2	145	145
3	145	145

所以在使用材料前，最好先用扣式半电池测试材料的首轮效率，以便做正负极配比计算。也可以根据材料厂家提供的首轮效率数据进行计算。

目前正负极配比可以按照经验公式*N*/*P*=1.08来计算，*N*、*P*分别为负极和正极活性物质的质量比容量，计算公式如式（10-1）和式（10-2）所示。负极过量有利于防止电池过充时带来的锂在负极表面的沉积，有利于提高电池的循环寿命和安全性。

$$N=负极面密度\times活性物质比率\times活性物质放电比容量 \tag{10-1}$$

$$P=正极面密度\times活性物质比率\times活性物质放电比容量 \tag{10-2}$$

假设正极面密度为200mg·cm^{-2}，活性物质比率为90%，放电比容量为145mA·h·g^{-1}，那么P=200mg·cm^{-2}×0.9×145mA·h·g^{-1}=26.1mA·h·cm^{-2}。假设负极活性物质比率为95%，放电比容量为320mA·h·g^{-1}，那么负极的面密度设计为93 mg·cm^{-2}较为合适，此时N=93mg·cm^{-2}×0.95×320mA·h·g^{-1}=28.3 mA·h·cm^{-2}，N/P=1.084。

因为电池材料首轮不可逆容量也会影响正负极的配比，所以还应当用首轮的充电容量对上面的计算进行验证。根据表10-2所示，$LiCoO_2$首轮充放电效率95%，NCM111首轮充放电效率86%，负极的首轮充放电效率90%，它们的充电容量分别为153mA·h·g^{-1}、169mA·h·g^{-1}、355mA·h·g^{-1}。

$$P_{LCO}=27.54mA\cdot h\cdot cm^{-2}$$

$$N=31.36\ mA\cdot h\cdot cm^{-2}$$

$$N/P_{LCO}=1.138$$

$$P_{111}=30.42mA\cdot h\cdot cm^{-2}$$

$$N/P_{111}=1.03$$

一般讲用充电容量算出的*N*/*P*比应该大于1.03，如果低于1.03 就要重新对正负极的比例进行微调。例如当正极首轮效率为80%时，上述正极充电容量为181 mA·h·g^{-1}，那么P=32.58mA·h·cm^{-2}，N/P=0.96，这时就要调整正负极的面密度，使*N*/*P*大于1，最好在1.03左右。

表10-2 正负极材料首放容量和效率（典型值）

正负极材料	NCM111	$LiCoO_2$	天然石墨
1C放电克容量/(mA·h·g^{-1})	145	145	320
1C充电克容量/(mA·h·g^{-1})	169	153	355
1C首放效率	0.86	0.95	0.90

对于混合正极材料，也需按照上述方法进行计算。

10.2 水分控制

由于煅烧温度偏低等原因，三元材料的表面残留碱性物质相对于钴酸锂来说偏高，这些残留碱性物质基本上都是锂的化合物，如Li_2O、$LiOH \cdot H_2O$、Li_2CO_3等。且不同组分的三元材料表面残余锂量不同，镍含量越高的三元材料，表面残余锂越高。材料的pH值也从一定程度上反映了这个现象。表10-3所示为不同正极材料的典型pH值和表面残余锂量。

表10-3　不同正极材料pH值和表面残余锂（典型值）

材料型号	LCO	NCM111	NCM442	NCM523	NCM71515	NCA
pH值	10.3	10.7	10.7	11.4	11.6	12.0
残锂/($mg.kg^{-1}$)	56	100	100	300	500	1000

碱性物质在空气中容易吸潮，导致材料表面和水反应，或使材料在调浆时黏度变大，或者将多余的水分带入电池中，造成电池性能下降。对于水和正极材料表面的反应，请查看8.13.1节。碱性物质及其吸附的水分造成调浆时黏度变大的原因是：黏结剂PVDF团聚，使正极浆料黏度变大难以过筛，情况严重时浆料甚至变成果冻状，成为废料。

水分对于电池的影响是：过量的水被带到电池中后，消耗锂盐量增加，副反应增加，使电池内阻变大、自放电高、衰减快，而且还会伴随大量气体产生；电池内气体的产生会使软包电池发生气胀、铝壳电池鼓壳、圆柱电池高度超标，严重时防爆阀开裂，导致电池失效等。过量的水还会和电解液反应生成强酸氢氟酸，腐蚀电池内部的金属零件，造成电池漏液。当负极有锂析出时，析出的锂遇到水会发生剧烈反应，产生热量，引发更为严重的安全问题。

颜雪冬等[1]研究了水在电池中的反应，水分在电芯内部会发生一系列的反应，在整个反应过程中首先是水本身在充电时被电解，产生氢气，如反应如式（10-3）所示；其次是水与电解液中锂盐发生反应，生成氟化氢气体，反应如式（10-7）所示：

$$H_2O+e \longrightarrow OH^-+1/2H_2(g) \tag{10-3}$$

$$OH^-+Li^+ \longrightarrow LiOH(s) \tag{10-4}$$

$$LiOH+Li^++e \longrightarrow Li_2O(s)+1/2H_2(g) \tag{10-5}$$

$$LiPF_6 \longrightarrow LiF+PF_5 \tag{10-6}$$

$$PF_5+H_2O \longrightarrow 2HF+POF_3 \tag{10-7}$$

水分超标电芯在化成时会产生大量气体，研究发现，气体成分中氢气含量明显增大，因氟化氢气体极易与铝箔发生腐蚀反应，所以并未检测到氟化氢气体，分析结果见表10-4。

表10-4　正常电芯和胀气电芯气体成分分析[1]

气体成分/%	CO_2	C_2H_4	C_2H_6	C_3H_6	C_3H_8	H_2	CH_4	CO
正常电芯	0.13	62.21	1.99	0.32	0.58	15.05	3.08	16.63
	0.11	52.90	1.69	0.27	0.49	15.98	2.62	14.14
胀气电芯	0.05	59.83	13.49	0.42	0.36	57.98	1.17	9.20

氟化氢气体不仅会和铝箔反应，也会和正极材料反应造成电池性能变差。图10-2所示为水分超标电芯和正常电芯的循环性对比。

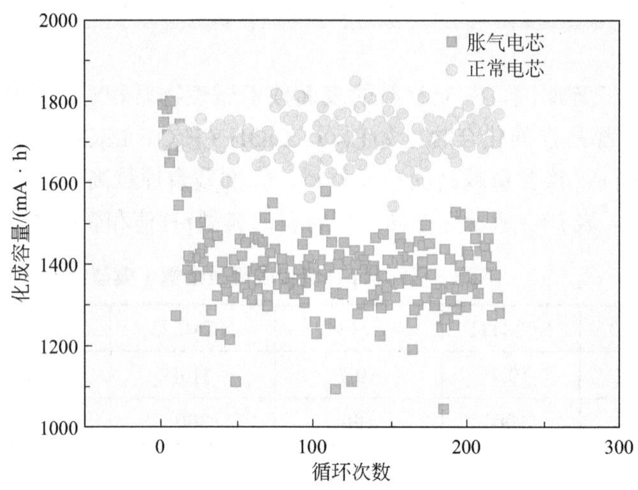

图10-2 胀气电芯与正常电芯化成充电容量对比[1]

所以在使用三元材料的过程中，需要严格控制材料水分和环境水分。

10.3 压实密度

10.3.1 影响压实密度的因素

影响正极极片压实密度的因素主要有以下四点：① 材料真密度；② 材料形貌；③ 材料粒度分布；④ 极片工艺。

（1）材料真密度

几种商业正极材料的真密度和目前所能达到的压实密度见表10-5，可以看出，几种材料的真密度：钴酸锂＞三元材料＞锰酸锂＞磷酸铁锂，这和压实密度的规律一致。需要指出的是，不同组分三元材料的真密度随组分的变化而变化，表中所选三元材料为NCM111。

表10-5 几种商业正极材料的真密度和压实密度范围

正极材料	钴酸锂	三元材料	磷酸铁锂	锰酸锂
真密度/($g\cdot cm^{-3}$)	5.1	4.8	3.6	4.2
压实密度/($g\cdot cm^{-3}$)	4.1～4.3	3.4～3.7	2.2～2.3	2.9～3.2

（2）材料形貌

三元材料和钴酸锂的真密度差别并不大，从表10-5可以看出，NCM111和钴酸锂的真密度只相差$0.3g\cdot cm^{-3}$，压实密度却比钴酸锂低$0.5g\cdot cm^{-3}$甚至更高，导致这个结果的原因很多，但最主要的原因是钴酸锂和三元材料的形貌差别。目前商业化的钴酸锂是一次颗粒，单晶很大，三元材料则为细小单晶的二次团聚体，如图10-3所示。从图中可看出，几百纳米的一次颗粒团聚成的三元材料二次球，本身就有很多空隙；而制备成极片后，球和球之间也会有大量的空隙。以上原因使三元材料的压实密度进一步降低。

(a) 钴酸锂

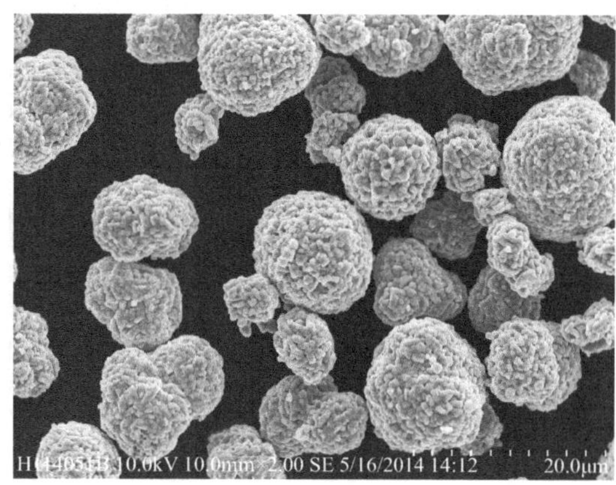

(b) 三元材料

图10-3 钴酸锂和三元材料SEM图

（3）材料粒度分布

三元材料的粒度分布对其压实密度产生影响的原因和三元材料的球形形貌有关，等径球在堆积时，球体和球体之间会有大量的空隙，若没有合适的小粒径球来填补这些空隙，堆积密度就会很低。所以合适的粒度分布能提高材料的压实密度，而不合理的粒度分布则造成压实密度显著降低。

（4）极片工艺

极片的面密度，黏结剂和导电剂的用量都会影响压实密度。常见导电剂和黏结剂的真密度见表10-6。从表中可以看出，导电剂和黏结剂的真密度非常低，加入量越多则极片压实密度越低。

表10-6 常见导电剂和黏结剂的真密度

项目	炭黑	PVDF
真密度/($g \cdot cm^{-3}$)	1.8～2.0	1.78

10.3.2 如何提升压实密度

10.3.1节中分析了影响压实密度的四个主要因素。材料的真密度对压实密度的影响是无法改变的，但从压实密度和真密度的对比中可以看出，三元材料的压实密度还有很大的提升空间。目前钴酸锂压实密度和真密度的差值已经小于$1.0g \cdot cm^{-3}$，若三元材料也将压实密度和真密度的差值缩小到$1.0g \cdot cm^{-3}$，那材料的压实密度可达到$3.8g \cdot cm^{-3}$以上。目前提高压实密度的方法主要从材料形貌、材料粒度分布、极片工艺三方面入手。例如将三元材料的形貌制备成和钴酸锂类似的大单晶；优化三元材料粒度分布；极片制作时使用导电性好的导电剂以降低导电剂用量，调浆过程高速分散，使导电剂和黏结剂均匀分散等等。下面是从优化三元材料形貌和粒度方面来提升三元材料压实密度的几个实例。

（1）优化形貌

常见几种三元材料的形貌及其极片（辊压后）的SEM图如图10-4所示。其中（a）、（c）、（e）为三种不同形貌的三元材料的SEM图，放大倍数相同。（b）、（d）、（f）分别为（a）、

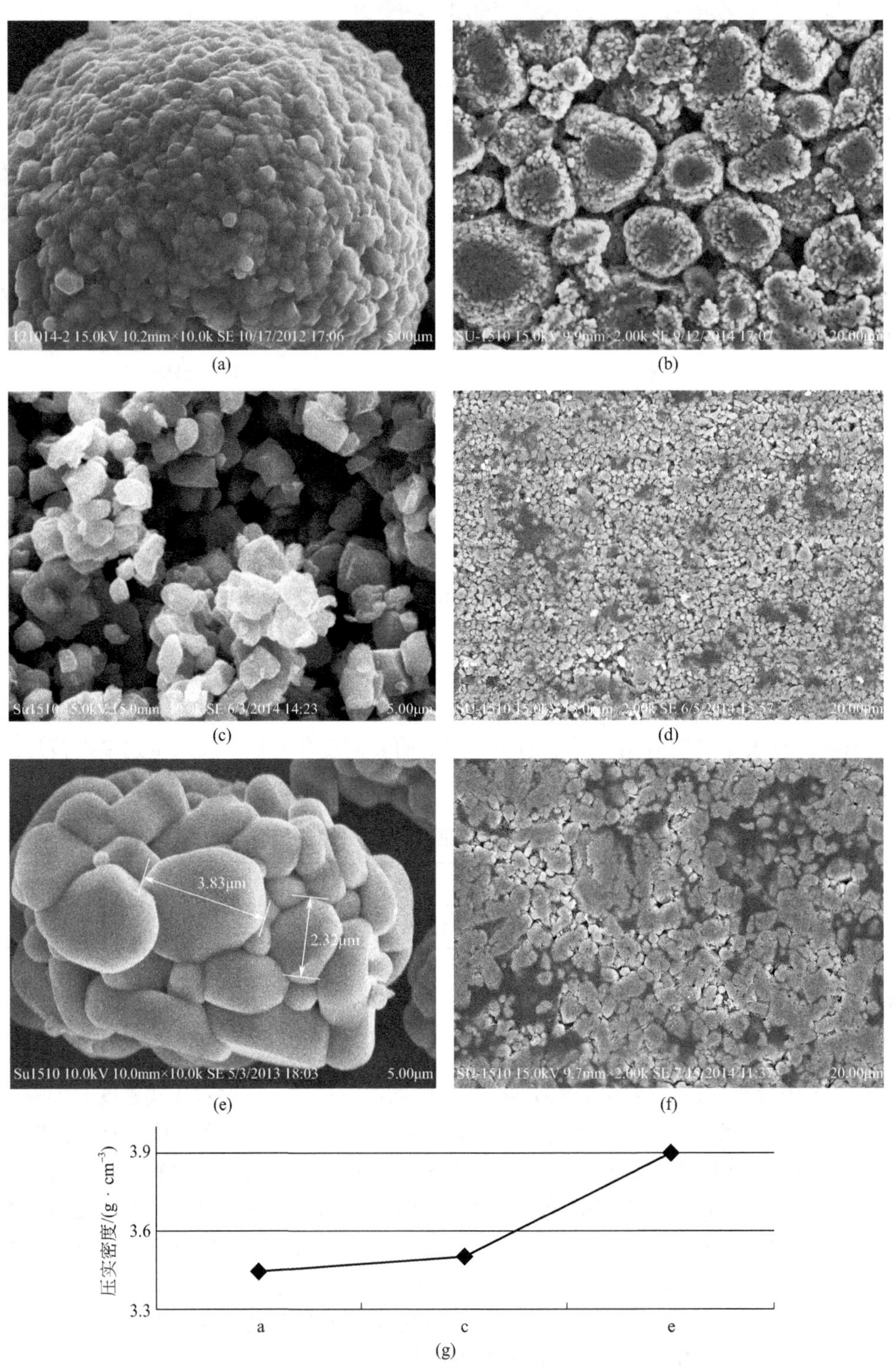

图10-4 不同形貌三元材料及其极片SEM图、压实密度对比

（c）、（e）的辊压后极片低倍SEM图。（a）所示是最常见的三元材料形貌，即小单晶的二次团聚体，其辊压后的极片SEM图如（b）所示，二次颗粒之间有较大空隙，且部分二次颗粒已经被压碎，部分没有接触到黏结剂的小单晶已经脱落；（c）的形貌为一次单晶三元材料，但比（a）的单晶稍大一些，从其对应极片（d）可以看出，单晶颗粒之间有少量空隙，因为不存在二次颗粒破碎的问题，所以只要黏结剂分散均匀，便不存在单晶从极片脱落的问题；（e）虽然也是二次团聚体，但是单晶很大，单晶和单晶之间接触并不是很紧密，从其对应极片（f）可以看出，颗粒和颗粒之间的空隙很少，如果使用高速混合机来制备浆料，效果会更好。图10-4中（a）、（c）、（e）三种形貌的材料对应的压实密度结果对应（g）中的a、c、e。从图中可以看出，（a）形貌的材料压实密度最低，但和（c）的压实密度相差不多，（e）的压实密度比（a）和（c）的高很多，已经达到3.9g · cm^{-3}。

三元材料也可以制备成和钴酸锂一样的大单晶颗粒，其压实密度较高，能达到3.8g · cm^{-3}以上，但目前制备工艺还不成熟，产品容量和首放效率都比常规产品低。该类产品以及钴酸锂的SEM如图10-5所示，图（a）、（b）为单晶在3μm左右的三元材料不同放大倍率SEM图；（c）、（d）为单晶大小在7μm左右的三元材料不同放大倍率SEM图；（e）、（f）为大单晶钴酸锂的不同放大倍率SEM图。三种形貌产品的压实密度如图10-5（g）所示，从图中可以看出，单晶越大的产品压实密度越高。图10-5（c）、（d）所示三元材料的压实密度已经达到4.0g · cm^{-3}，但目前工艺制备出的产品容量和循环性能都较差，不能商业化使用。

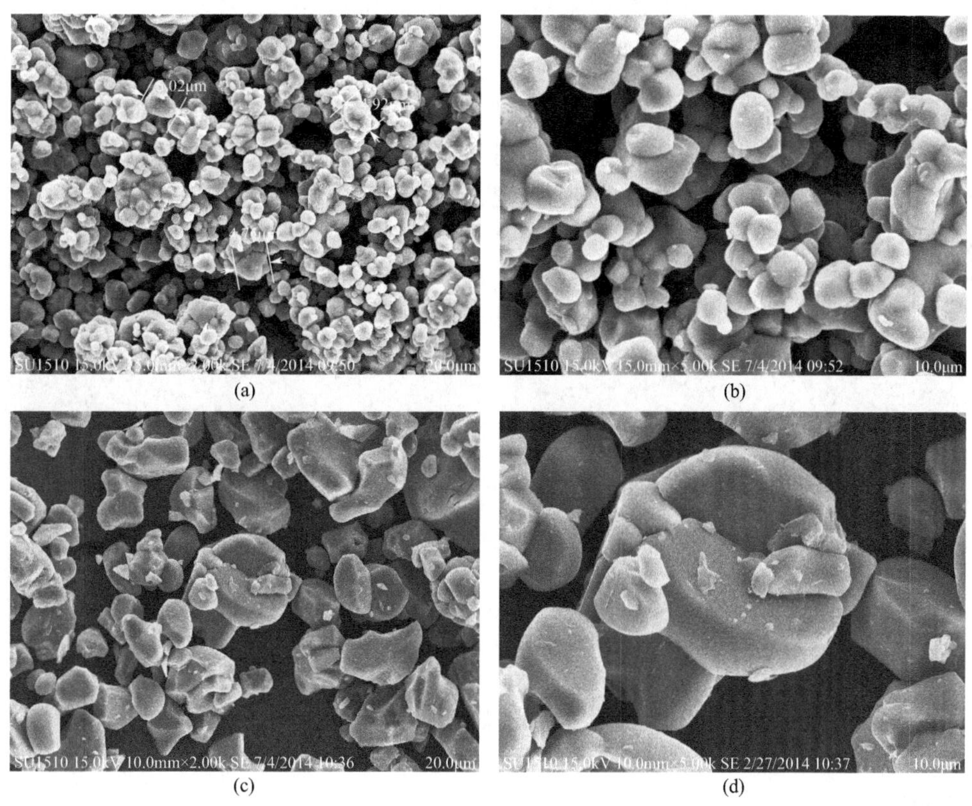

图10-5

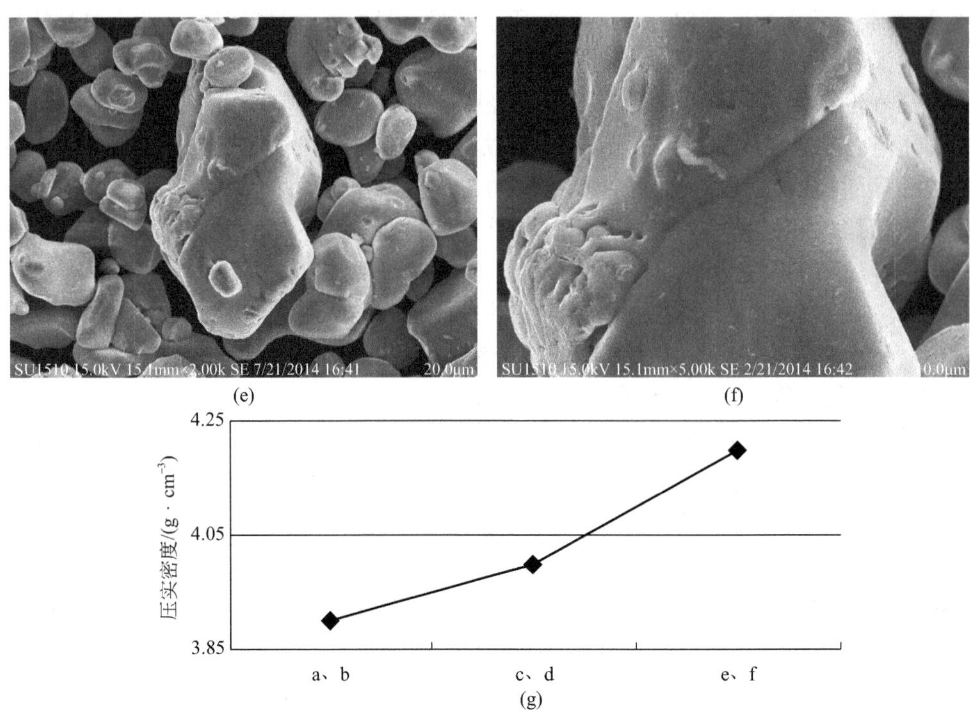

图10-5 大单晶三元材料和钴酸锂SEM图及压实密度对比

(2) 优化粒度分布

D_{50}接近的材料，若D_{10}、D_{90}、D_{min}、D_{max}有差别，也会造成压实密度不同。粒度分布太窄或粒度分布太宽都会使材料压实密度降低。对于粒度分布的影响，有的电池厂家会对正极材料生产商提出要求，而有的电池厂家则通过混合不同粒度分布的产品来达到提高压实密度的目的，如图10-6所示。

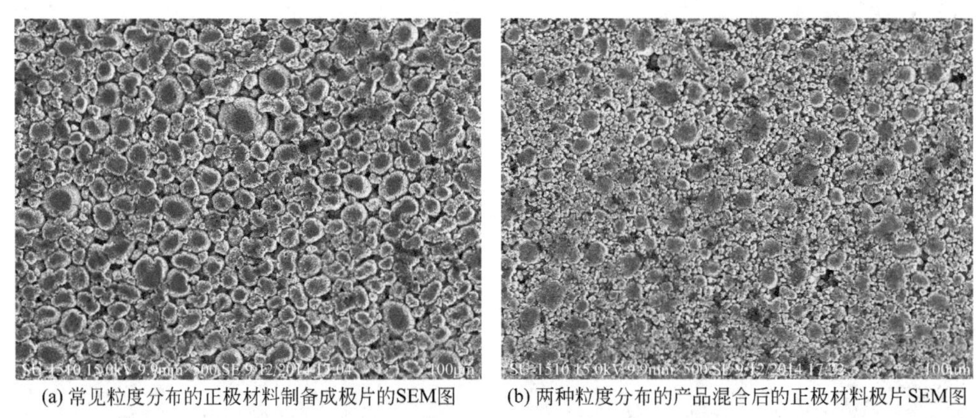

(a) 常见粒度分布的正极材料制备成极片的SEM图　(b) 两种粒度分布的产品混合后的正极材料极片SEM图

图10-6 不同粒度分布的正极材料极片SEM图

10.3.3 过压

造成三元材料极片过压的原因有两种，一种是电池厂家为了追求电池的高能量密度导致极片过压，例如将压实密度只有3.6g·cm^{-3}左右的三元材料压至3.7g·cm^{-3}甚至更高；另一种是材料厂家制程控制不严格，使不同批次三元材料的压实密度不一致，电池厂家未分析材料的具体情况，按照常规工艺参数制备极片时将极片过压。过压后的极片SEM图如图10-7所示。

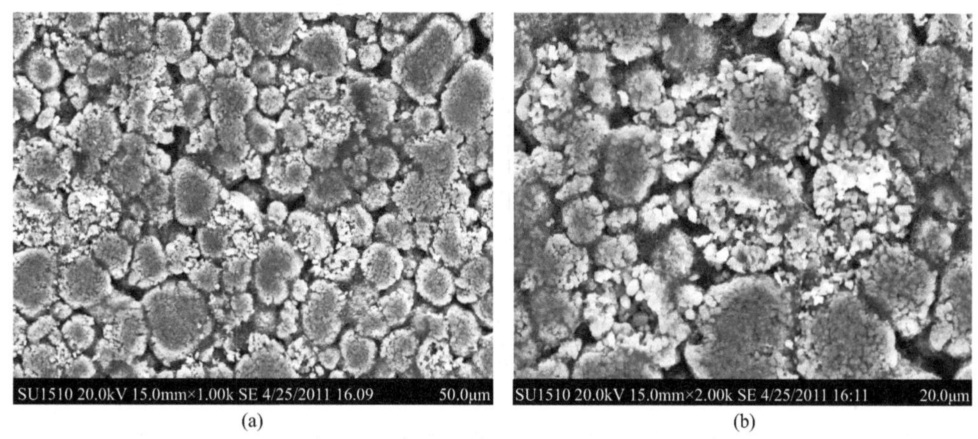

图10-7 过压后极片的SEM图

极片过压会造成电池容量降低，循环恶化，内阻增加等问题。首先，极片过压会使球形三元材料大面积破碎，新产生的表面有很多脱离了二次球的一次小颗粒，它们要么因为没有接触到PVDF而从极片上掉落，要么因为没有接触到导电剂而使极片导电性能局部恶化。新表面的产生也使比表面增大，与电解液的接触面增大，副反应增加，从而造成电池性能降低，如电池气胀、循环衰减等。过压还会造成铝箔变形，极片脆片，容易折断，电池内阻增加。另外，过压的极片中，材料颗粒之间的挤压程度过大，造成极片孔隙率低，极片吸收电解液的量也会降低，电解液难以渗透到极片内部，直接的后果就是材料的比容量发挥变差。保液能力差的电池，循环过程中极化很大，衰减很快，内阻增加明显。

极片是否过压可以通过观察极片是否脆片、做电镜查看材料是否被破碎、估算极片孔隙率等方法来判断。其中极片孔隙率是判断极片吸液量、吸液速率的一项重要指标，对电池性能产生直接影响。

极片孔隙率是指极片辊压后内部孔隙的体积占辊压后极片总体积的百分率。极片孔隙率过低会降低电解液量对极片浸润速率，影响电池性能发挥，过高会降低电池能量密度，浪费有效空间。不能为了追求能量密度而过度提高压实密度。

孔隙率的测试可以采用压汞法、氮吸附、吸液法、估算法等，压汞法为常用方法。吸液法[2]具体操作步骤如下：裁取适量极片，并计量所述极片的质量m_0；计量所述极片的体积V；将所述极片放置到容器中，所述容器内设置有电解液或其他溶剂（溶剂密度为ρ），将所述极片完全浸泡，并浸泡一定时间；取出所述极片，放置于滤纸上，吸拭至恒重，计量所述极片的质量m_1；根据公式$\varepsilon=(m_1-m_0)/\rho V\times100\%$，计算极片的孔隙率$\varepsilon$。估算法较为简单，根据材料的真密度与极片压实密度的差值可以估算极片的孔隙率。极片孔隙率计算方程式如下：

极片孔隙率（%）=（混合物真密度－极片压实密度）/混合物真密度×100% （10-8）

表10-7给出了三元材料和钴酸锂在不同压实密度下的孔隙率，数据由公式（10-8）计算得出。表10-7的计算基础为：三元极片中包含95%的三元材料，3%导电剂，2%黏结剂（均

为质量分数），三元材料的真密度为4.8g·cm^{-3}，导电剂的密度为1.9g·cm^{-3}左右，黏结剂的密度为1.78g·cm^{-3}，那么混合物的真密度约为4.65g·cm^{-3}。钴酸锂极片中包含95%的钴酸锂，3%导电剂，2%黏结剂，$LiCoO_2$的真密度为5.1g·cm^{-3}，导电剂的密度为1.9g·cm^{-3}左右，黏结剂的密度为1.78g·cm^{-3}，那么混合物的真密度约为4.94g·cm^{-3}。

表10-7　三元材料和钴酸锂在不同压实密度下的孔隙率典型值

三元材料	极片压实密度/(g·cm^{-3})	3.0	3.2	3.4	3.6	3.7	3.8	3.9
	极片孔隙率/%	35.5	31.2	26.9	22.6	20.5	18.3	16.2
钴酸锂	极片压实密度/(g·cm^{-3})	3.8	3.9	4.0	4.1	4.2	4.3	4.4
	极片孔隙率/%	23.0	21.0	19.0	17.0	14.9	12.9	10.9

10.4　极片掉粉

极片掉粉是指制备好的极片或极片分切边缘有粉体脱落的现象。极片掉粉易造成后续电池工序的短路率提高，或制备好的电池电化学性能差。

极片掉粉的原因有：

① 黏结剂太少或使用的黏结剂相对分子质量太小；

② 浆料搅拌时间不够或搅拌容器设计不合理，导致黏结剂、导电剂、活性物质等质混合不均匀；

③ 浆料水分超标；

④ 涂布时温度太低或时间太短，导致极片未烘干；

⑤ 涂布厚度不均匀；

⑥ 极片烘烤温度太高，使黏结剂结构破坏；

⑦ 极片在辊压前含水量超标；

⑧ 极片辊压时压力过大，极片过压；

⑨ 辊压时极片的放送方式不对或辊压机变形，使极片受力不均。

不管是什么材料，以上几个原因都会造成极片掉粉。

三元材料的极片比钴酸锂极片易出现掉粉现象，分析可能为以下几个原因造成：

① 三元材料的导电性和形貌与钴酸锂有区别，调浆时需要加入的导电剂和黏结剂也比钴酸锂稍多，导电剂和黏结剂搅拌不均匀，容易造成三元材料极片掉粉。

② 形成三元材料二次球的单晶颗粒之间的结合力并不那么强，若极片过压，很容易破坏二次球的形貌，使单晶颗粒脱离球体而使极片掉粉。

③ 三元材料比钴酸锂易吸水，若环境湿度控制不严格，则容易引起由水分超标而造成的掉粉问题。

10.5　高低温性能

在关于锂离子电池正极材料的国家标准和行业标准中，对于正极材料容量测试的环境温度都规定为室温，默认为25℃。其实在测试钴酸锂容量时，环境温度高于10℃后的变化对其容量结果不会产生较大影响，但三元材料的情况则大为不同。表10-8所示为不同正极材料在25℃和55℃下的容量对比，测试条件为0.2C充放，电压2.7～4.2V。从表中可以看出，当环境温度提高到55℃后，钴酸锂的容量提高了1.3%，而三元材料的容量提高幅度在7%～9%。

表10-8 不同正极材料在25℃和55℃下的容量典型值 单位：$mA \cdot h \cdot g^{-1}$

正极材料	LCO	111	424	523	622	71515	811	NCA
25℃	146	145	145	155	162	165	175	182
55℃	148	157	157	165	175	178	188	199

注：测试条件为2.7～4.2V，0.2C充放，纽扣半电池。

图10-8所示为Ni：Co：Mn摩尔比为5：2：3的三元材料制备的电池，分别在室温时和55℃时的充放电曲线图，从图中可以看出，不同环境温度下，三元材料的充放电曲线有很大不同。室温测试的电池极化大于55℃充放电的电池，且室温时电池恒压充电时间长。55℃下电池的容量从室温时的0.70A・h提高到了0.78A・h，容量增长了11.4%。

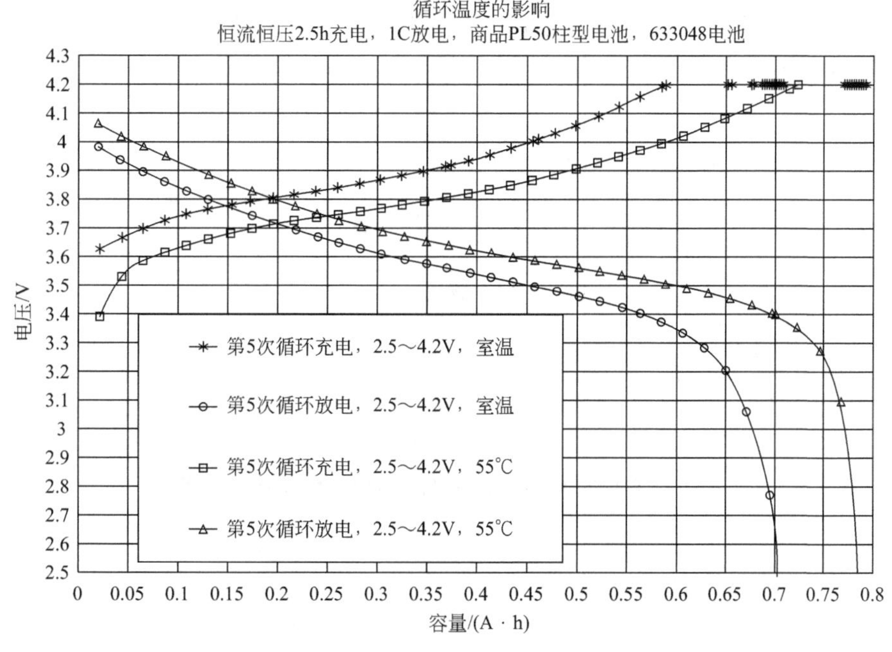

图10-8 三元材料电池（正极为NCM523）不同温度下的充放电曲线图

图10-9所示为钴酸锂纽扣半电池和三元材料纽扣半电池在室温下的循环图，因环境温度在白天和夜晚有所不同，而导致三元材料循环图呈现锯齿状，钴酸锂电池的循环图则较为平直。

从上面的讨论中可以看出，高温下三元材料的性能更加优异，但因为电解液的影响，高温环境下三元材料电池的循环性能并不能达到室温环境下电池的循环次数。但随着电解液技术的发展和电池制备技术的改进，常温和高温环境下电池的循环性能正在逐步接近，如目前某电池厂家制作的容量为2.3A・h的18650电池，在室温下以1C电流充放，电压范围为3.0～4.2V，循环1000轮容量保持率为90%，而以相同的充放电制度在60℃下循环时，循环1000轮的容量保持率大于80%。

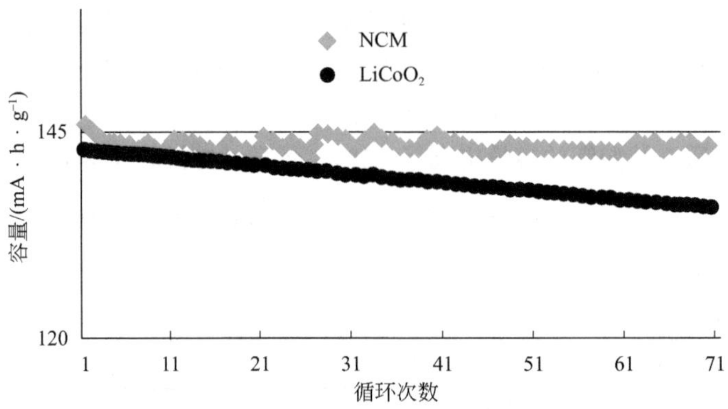

图10-9 钴酸锂纽扣半电池和三元材料纽扣半电池在室温下的循环图

但并不是所有的三元材料都能得到如此优异的高温循环结果，杂质含量超标或制程控制不严格的三元材料，其电池在高温下循环表现很不理想，高温下循环容量衰减较快。

随着环境温度的降低，三元材料的容量发挥也随之降低，一般情况下，当环境温度降至0℃以下时，三元材料电池的容量降低为室温时的90%以下。图10-10所示为某厂家用NCM523制备的5A · h电池在不同环境温度下的容量值，测试条件为电压2.75 ～ 4.20V，电流1C/1C充放。图10-11所示为某厂家用NCM523制备的1.5A · h软包电池在不同温度下的放电曲线图。

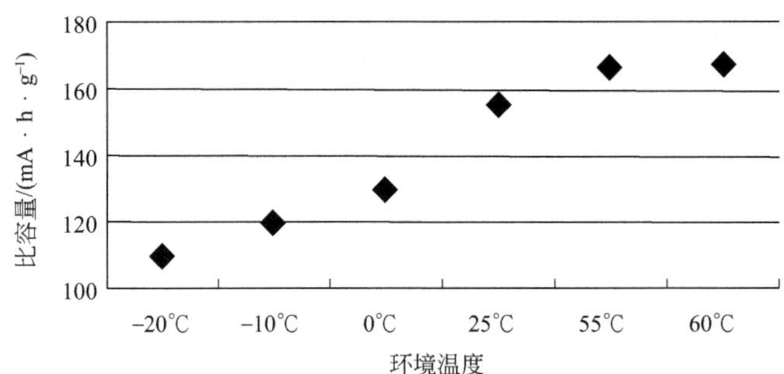

图10-10 某厂家NCM523电池在不同温度下的放电比容量

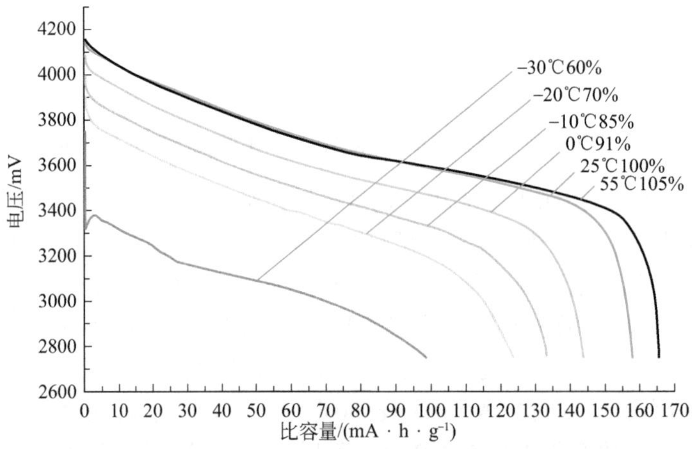

图10-11 三元材料电池（1.5A · h NCM523软包电池）不同温度下放电曲线图

10.6　三元材料混合使用

目前正极材料的混合使用主要是三元材料、钴酸锂、尖晶石锰酸锂、磷酸铁锂这四种商业化材料的混合。四种材料都各有优缺点。容量方面，三元材料的比容量是四种材料中最高的；循环性能方面，三元材料比磷酸铁锂略差，但优于钴酸锂和尖晶石锰酸锂；安全性能方面，三元材料虽然比钴酸锂好，但并不像尖晶石锰酸锂和磷酸铁锂那么优异；价格方面，锰酸锂价格最为低廉，钴酸锂价格较高，磷酸铁锂的原材料虽然价格便宜，但由于其制备条件苛刻且成品率低，所以磷酸铁锂电池的价格并不便宜，三元材料的价格介于钴酸锂和磷酸铁锂之间。

有时电池厂家为了弥补某种正极材料的缺点而混入另一种正极材料，制成优缺点互补的混合正极材料。混合正极材料是为了满足不同电器设备的需求，利用性能互补的两种或几种正极材料进行物理混合后应用于锂离子电池中，在强化单一组分材料优点的同时弥补其缺点，还因为只是物理机械混合，工艺简单，使得成本较低。例如，将价格低廉、倍率性能和安全性能优异的尖晶石锰酸锂和价格较高但倍率性能和安全性能略差的三元材料混合，可以制备出价格适中、倍率性能满足要求的电池。

10.6.1　尖晶石锰酸锂和三元材料的混合

三元材料中混入尖晶石锰酸锂，不仅可以降低材料成本，还能提高正极材料的倍率性能和改善安全性能。两种材料混合制备的正极极片如图10-12所示。

图10-12　尖晶石锰酸锂和三元材料混合使用电镜图

J.R.Dahn小组[3]研究了尖晶石锰酸锂和NCM111混合使用的情况，$LiMn_2O_4$和NCM111的混合比例（质量百分比）分别为：100%∶0；75%∶25%；50%∶50%；25%∶75%；0∶100%。混合材料在不同温度下的循环性能如图10-13（a）所示。

从图10-13（a）中可以看出，在高温下$LiMn_2O_4$的衰减很快。为了更明显地区分出各种材料的衰减情况，将上图中的容量归一化处理，结果如图10-13（b）所示，从图中可以看出，

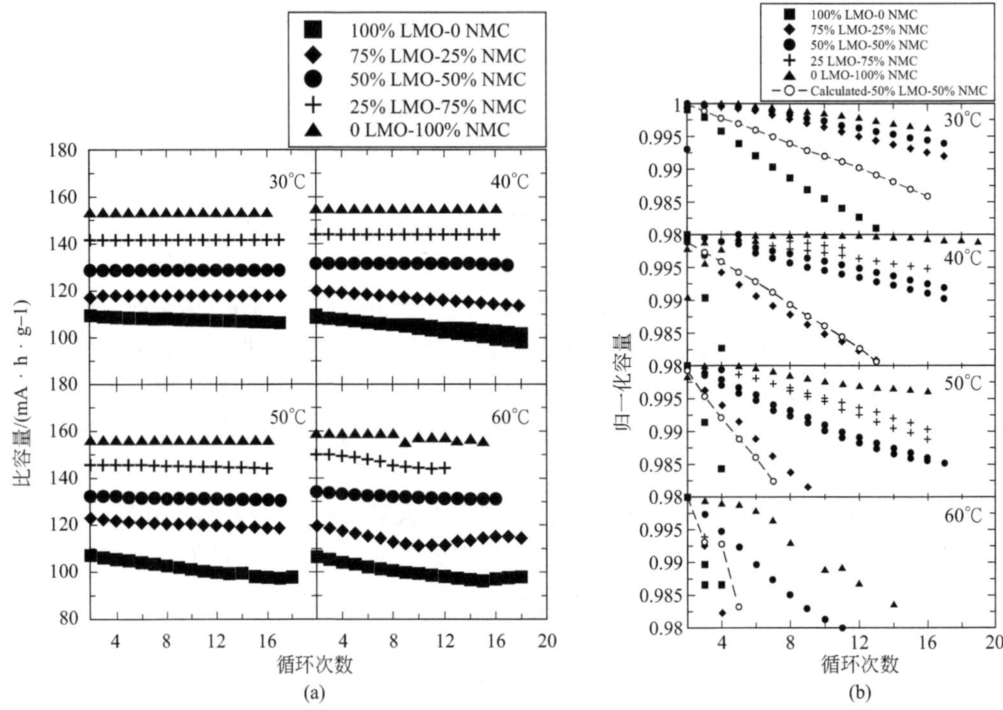

图 10-13　混合材料在不同温度下的（a）循环性能和（b）容量衰减情况[3]

混合正极材料中$LiMn_2O_4$的含量越高，电池衰减越快。随着温度的升高，电池的衰减速度也越快。但是混合正极的衰减速率并不是$LiMn_2O_4$和NCM111两种材料单独衰减速率的简单加和，图10-13（b）还用100%的$LiMn_2O_4$电池的衰减速度和100% NCM111电池的衰减速度计算出$LiMn_2O_4$ ∶ NCM111为50% ∶ 50%的混合正极的衰减速度，发现实际测试结果比计算出的结果要好。J.R.Dahn小组研究后发现，这种现象产生原因是三元材料的加入，抑制了$LiMn_2O_4$中Mn的溶解，而Mn溶解是$LiMn_2O_4$容量衰减和库仑效率降低的主要原因，降低Mn离子的溶解可以阻止材料因颗粒表面Li富集而造成的容量衰减。

Albertus等[4]将NCA和$LiMn_2O_4$按质量比1 ∶ 1混合，对比了混合材料与单个材料在不同倍率下电压平台，如图10-14所示，混合正极材料在高倍率（如5C）拥有比NCA更高的电压平台，倍率性能更优。德国的Hai Yen Tran等[5]研究了尖晶石锰酸锂和NCA混合的正极材料性能。$LiMn_2O_4$和NCA的混合比例分别为66.7% ∶ 33.3%，50% ∶ 50%，33.3% ∶ 66.7%，0 ∶ 100%。

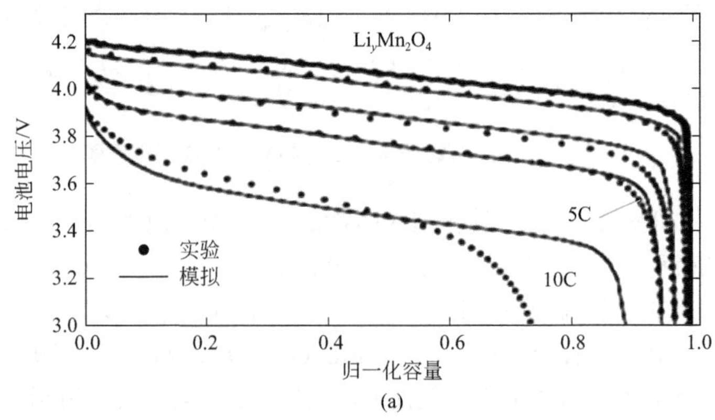

(a)

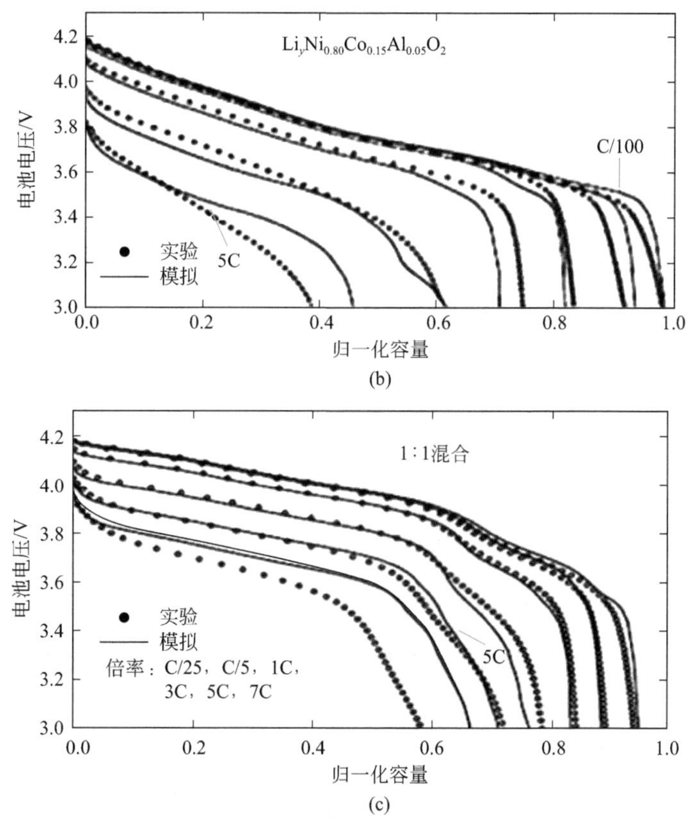

图10-14 NCA和$LiMn_2O_4$混合材料放电曲线

研究结果表明：① 比例合适时，混合材料的振实密度提高，如图10-15（a）所示；② 混合材料具有较好的倍率性能，如图10-15（b）所示；③ 混合材料的安全性能优于纯NCA，如图10-15（c）所示；④ 混合材料的Mn溶解大大减低，如图10-15（d）所示。

H.Kitao[6]等用$LiNi_{0.4}Mn_{0.3}Co_{0.3}O_2$和$LiMn_2O_4$的混合正极做成18650电池，测试电池在45℃下保存30天的容量恢复，发现混合正极的存储性能大为提高，如图10-16所示，图中所示混合正极的比例为$LiMn_2O_4$ ∶ $LiNi_{0.4}Mn_{0.3}Co_{0.3}O_2$=40% ∶ 60%。

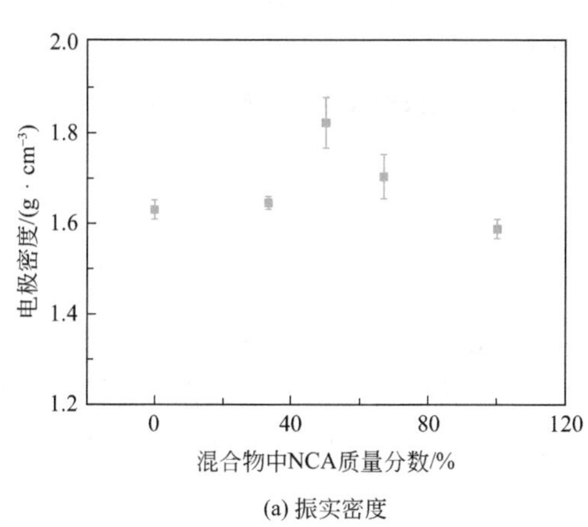

(a) 振实密度

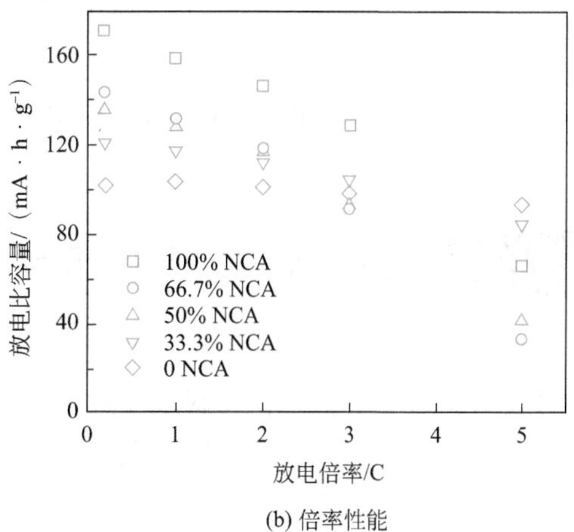

(b) 倍率性能

图10-15

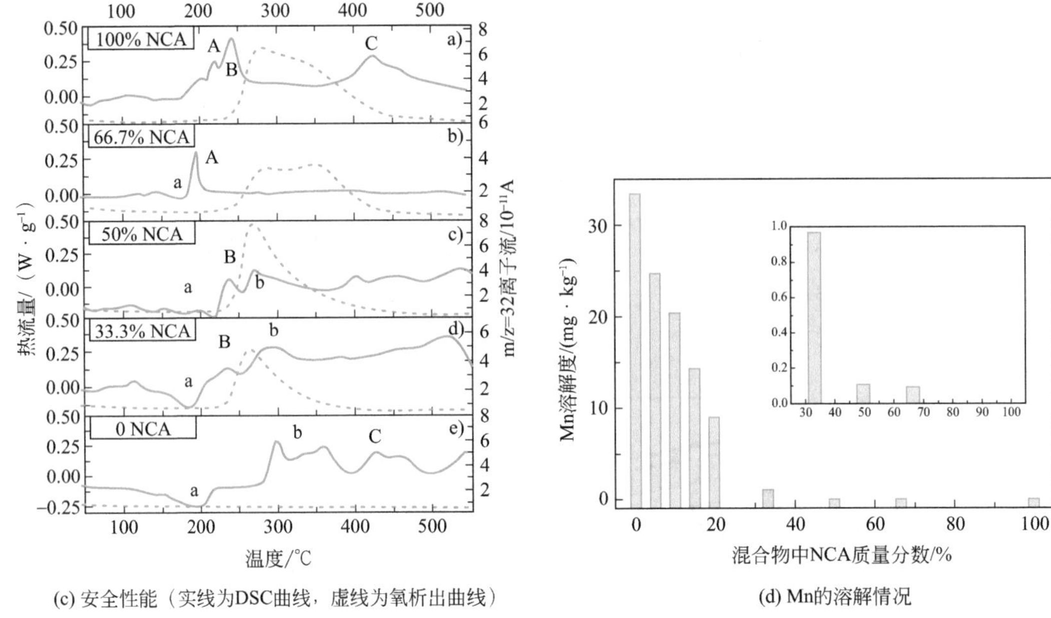

(c) 安全性能（实线为DSC曲线，虚线为氧析出曲线）　　(d) Mn的溶解情况

图10-15　尖晶石锰酸锂混合不同量NCA材料后的相关性能

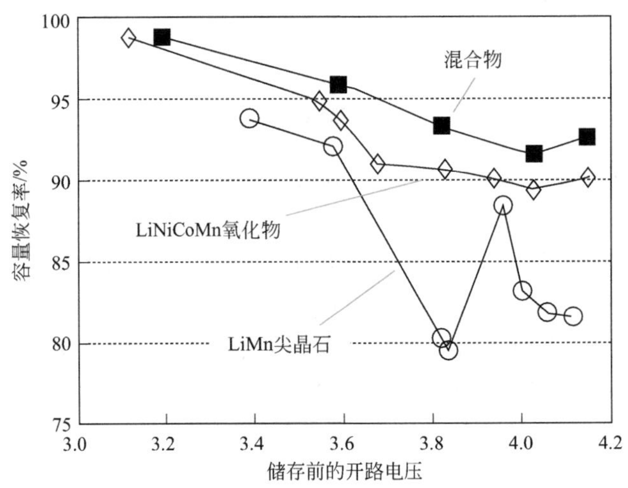

图10-16　$LiNi_{0.4}Mn_{0.3}Co_{0.3}O_2$和$LiMn_2O_4$的混合正极做成18650电池的存储性能

10.6.2 钴酸锂和三元材料的混合

钴酸锂和三元材料的混合在业内被广泛采用，和钴酸锂相比，三元材料价格低廉，循环性能优异，容量较高，但材料加工性能、压实密度、电压平台等略低于钴酸锂，将两者按一定比例混合，不仅可以改进钴酸锂（$LiCoO_2$）的耐过充性能，而且可以改善三元材料（NCM和NCA）的倍率性能和能量密度。

H.S.Kim等[7]$LiNi_{1/3}Co_{1/3}Mn_{1/3}O_2$与$LiCoO_2$按不同比例混合，并对其电化学性能进行了测

试，如图10-17所示，随着$LiNi_{1/3}Co_{1/3}Mn_{1/3}O_2$在组分中的比例增加，电池的可逆比容量与循环稳定性得到明显的改善，但其倍率性能变差；当混合比为1 ∶ 1时，倍率与循环性能最佳。

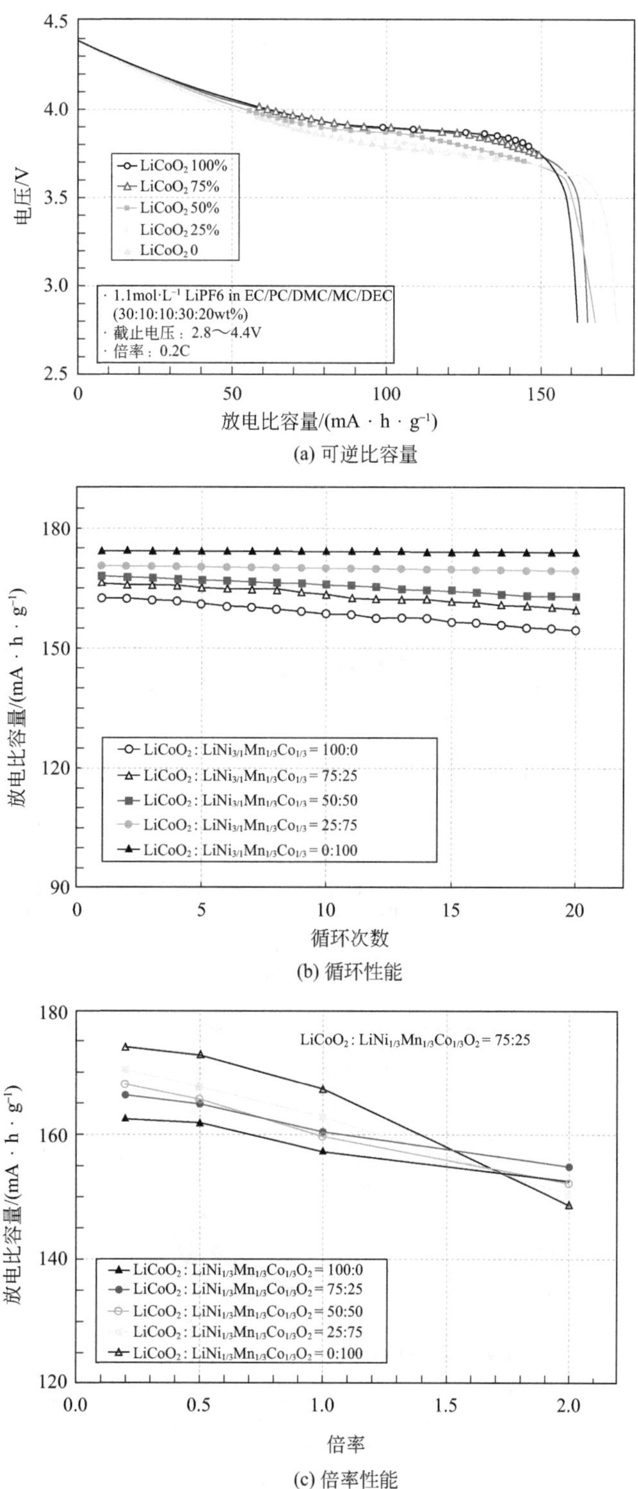

图10-17　$LiCoO_2/LiNi_{1/3}Co_{1/3}Mn_{1/3}O_2$混合材料电化学性能

X.J.Liu等[8]将$LiNi_{1/3}Co_{1/3}Mn_{1/3}O_2$与$LiCoO_2$混合后，以10C放电，不仅放电比容量高于纯相的$LiNi_{1/3}Co_{1/3}Mn_{1/3}O_2$材料，而且电池的耐过充、安全性能更为优异，如图10-18所示。

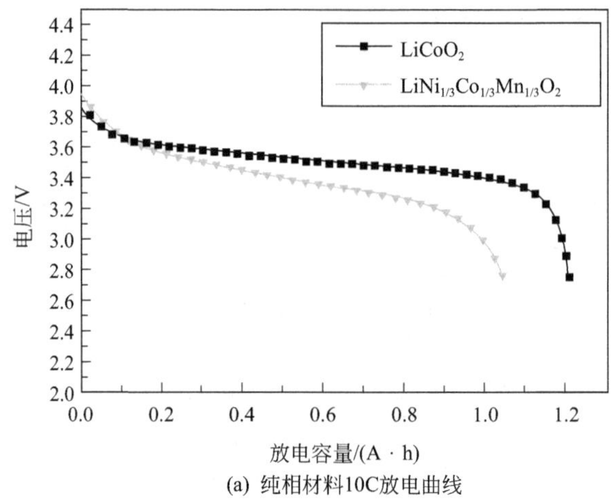

(a) 纯相材料10C放电曲线

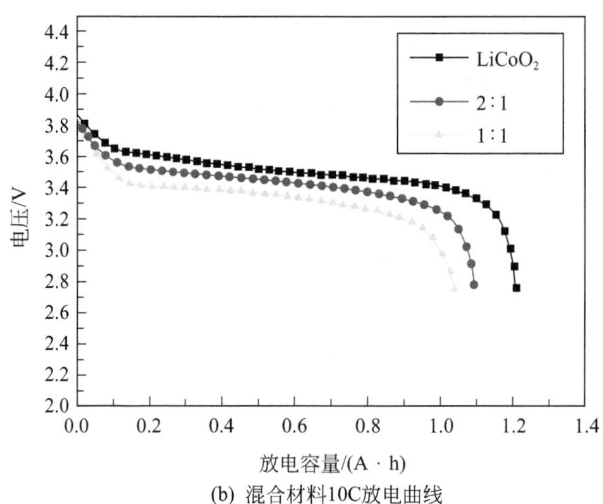

(b) 混合材料10C放电曲线

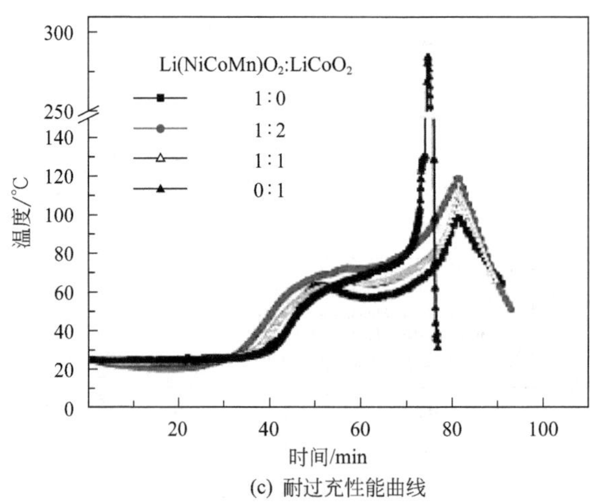

(c) 耐过充性能曲线

图10-18 $LiCoO_2$与$LiNi_{1/3}Co_{1/3}Mn_{1/3}O_2$混合材料高倍率放电曲线和过充性能曲线

J.Kim等[9]研究了$LiNi_{0.8}Co_{0.1}Mn_{0.1}O_2$与$LiCoO_2$混合材料的12V过充性能，如图10-19所示，$LiCoO_2$在2C过充时，就会出现热失控，而且电池表面温度达到400℃以上；当混入40%、50%、60%（质量分数）的$LiNi_{0.8}Co_{0.1}Mn_{0.1}O_2$后，在2C过充时电池并无热失控，尤其在混入量为60%，3C过充时的电池表面温度最低（＜90℃）。

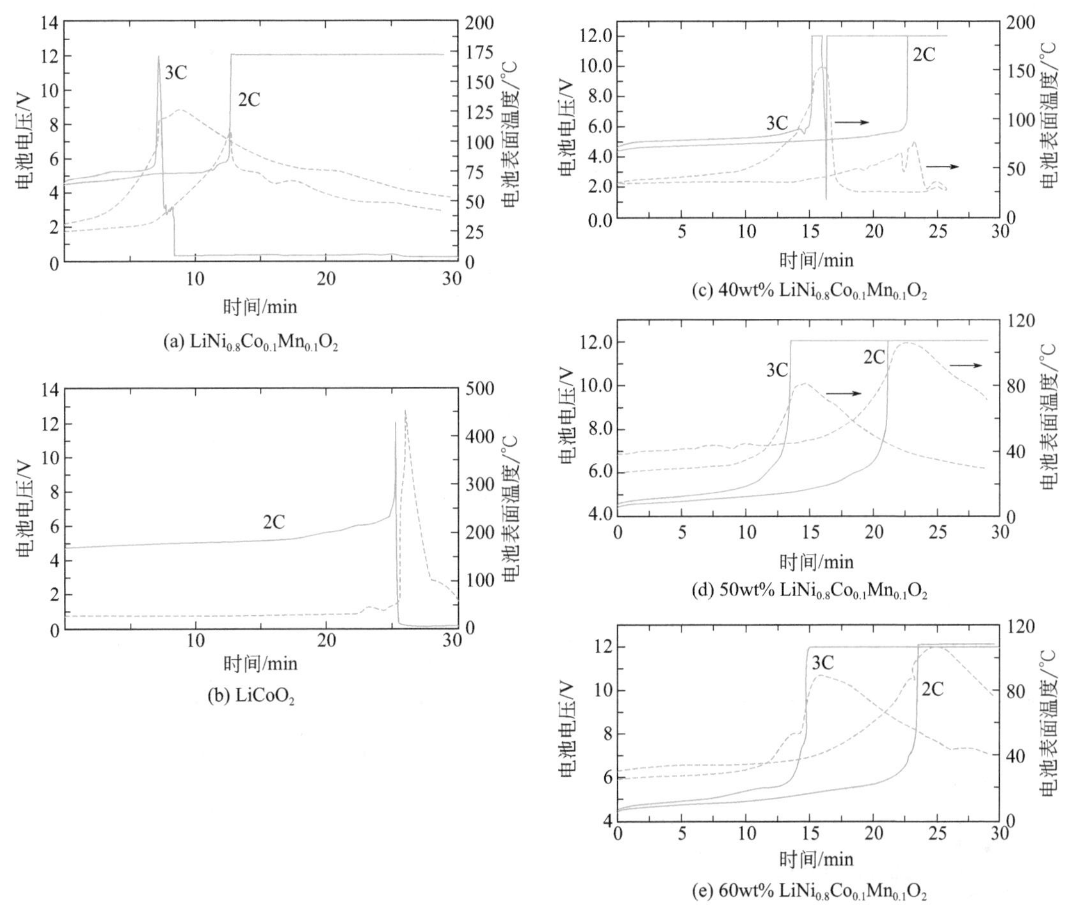

图10-19 **$LiNi_{0.8}Co_{0.1}Mn_{0.1}O_2$与$LiCoO_2$混合材料的12V过充性能曲线**（见彩图38）

C.H.Lin等[10]将$LiNi_{0.8}Co_{0.17}Al_{0.03}O_2$与$LiCoO_2$材料混合，当两者质量比为1∶1时，20次循环后，混合材料的放电比容量仍保持初始放电比容量（$161.4mA \cdot h \cdot g^{-1}$）的93.6%。

10.7 三元材料电池安全性能

三元电池的安全性是动力电池最关注的问题之一。电池的安全性和电池组的设计、滥用条件有很大关系。对于单电池来讲，安全性除了和正极材料有关，与负极，隔膜以及电解液都有很大关系。

10.7.1 电池的热失控

锂离子动力电池的热失控基本过程如下[11,12]：由于内部短路、外部加热，或者电池自身在大电流充放电时自身发热，使电池内部温度升高到90～100℃左右，锂盐$LiPF_6$开始分解；对于充电状态的碳负极化学活性非常高，接近金属锂，在高温下表面的SEI膜分解，嵌入石墨的锂离子与电解液、黏结剂会发生反应，进一步把电池温度推高到150℃，此温度下又有新的剧烈放热反应发生，例如电解质大量分解，生成PF_5，PF_5进一步催化有机溶剂发生分解反应等。电池温度再进一步升高到180～300℃，充电态正极材料开始发生剧烈分解反应，电解液发生剧烈的氧化反应，释放出大量的热，产生高温和大量气体，电池发生燃烧爆炸。

因此，在滥用的情况下，安全设计不足的锂离子电池会有热失控的可能，如冒烟、起火甚至爆炸等。如果能在初期控制电池温度的上升，就可以控制电池热失控。因此，可以通过改进材料的热稳定性，使用安全性能高的电解液和隔膜控制电池温度的上升，从而解决动力锂离子电池的安全问题。

表10-9 锂离子电池各种放热反应的温度区间与反应焓[12]

反应	温度区间/℃	反应焓/(J·g^{-1})
SEI膜分解	100～130	186～257
LiC_6/溶剂	110～290	1460～1714
LiC_6/PVDF	220～400	1100～1500
Li_xCoO_2分解	178～250	146
$Li_xNi_{0.8}Co_{0.2}O_2$分解	175～340	115
Li_xCoO_2/溶剂	167～300	381～625
Mn_2O_4/溶剂	200～400	350～450
$Li_xNi_{0.8}Co_{0.2}O_2$/溶剂	180～230	600～1256
电解质分解	225～300	155～285

对于正极材料的热稳定性我们已经在第2、3章进行了讨论，这里主要讨论负极、电解液和隔膜的选择和使用。

10.7.2 负极的选择

负极与电解液之间的反应包括以下三个部分[12]：SEI的分解；嵌入负极的锂与电解液的反应；嵌入负极的锂与黏结剂的反应。

常温下电子绝缘的SEI膜能够防止电解液的进一步分解反应。但在100℃左右会发生SEI膜的分解反应。SEI放热分解反应的反应式如下：

$$(CH_2OCO_2Li)_2 \longrightarrow Li_2CO_3+C_2H_4+CO_2+1/2O_2 \tag{10-9}$$

尽管SEI分解反应热相对较小（见表10-9），但其反应起始温度较低，会在一定程度上增加负极片的“燃烧”扩散速度。

在更高温度下，负极表面失去了SEI膜的保护，嵌入负极的锂将与电解液溶剂直接反应有C_2H_4O产生，可能为乙醛或氧化乙烯[13]。

Du Pasquier等[14]认为嵌入锂的石墨在300℃以上与熔融的PVDF–HPF共聚物发生如下反应：

$$—CH_2—CF_2— +Li^0 \xrightarrow{\Delta T} LiF+ —CH=CF— +1/2H_2 \tag{10-10}$$

反应热随着嵌锂程度的增加而增加。他们还发现，反应热随黏结剂种类不同而不同。

在负极方面改善的途径主要是通过成膜添加剂或锂盐增加其热稳定性。降低嵌入负极的锂与电解液反应热的途径包括以下两个方面：减少嵌入负极的锂和减小负极的比表面积。减少嵌入负极的锂是说在正负极的配比上一定要适当，负极要过量3% ~ 8%左右，这在上面已经讨论过。降低负极的比表面也可以有效改进电池的安全性，有文献报道[12]，碳负极材料比表面从$0.4m^2 \cdot g^{-1}$增加到$9.2m^2 \cdot g^{-1}$时，反应速率增加了两个数量级。但如果比表面过低将会降低电池的倍率性能和低温性能。这需要通过合理的负极结构设计和电解液配方优化，提高锂离子在负极固相扩散速率和获得具有良好离子导电率的SEI膜，另外，尽管黏结剂在负极中的重量比十分小，但是其与电解液的反应热十分可观。因此，通过减少黏结剂的量或选择合适的黏结剂将有利于改善电池的安全性能。

文献通过对专利的分析也认为解决碳负极材料安全性的方法主要有降低负极材料的比表面积、提高SEI膜的热稳定性。在现有的国内专利申请中，改进负极材料及结构进而提高电池安全性能的相关技术见表10-10。

表10-10 专利文献中对负极材料及负极结构的改进研究[15]

	技术手段	作用效果
负极结构的改进	在负极活性材料表面涂覆绝缘层陶瓷层、氧化物层	避免电池正负极间短路，提高了电池的案例性能、循环性能以及大倍率放电性能
	在负极集流体与活性材料层交界处设置绝缘胶带	
	在负极集流体上涂布一层油基涂层，再在油基涂层上涂布一层水基涂层	
负极材料的改进	包覆改性石墨与人造石墨或天然石墨混合	具有高放电容量、长循环寿命，解决了在高温过程电极的膨胀问题，提高电池的安全性能
	钛酸锂/活性碳纤维复合	
	在石墨表面包覆丁苯橡胶（SBR）	
	纳米硅/无定形碳/一维纳米碳复合材料	

10.7.3 电解液的选择

锂离子电池电解液基本上是有机碳酸酯类物质，是一类易燃物。常用电解质盐六氟磷酸锂存在热分解放热反应。因此提高电解液的安全性对动力锂离子电池的安全性控制至关重要。

Gnanara等[16]采用NMR、FT–IR等手段研究表明，电解液分解固相产物包括HO—CH_2—CH_2—OH、FCH_2CH_2—OH、F—CH_2CH_2—F和聚合物，气相产物包括PF_5、CO_2、CH_3F、CH_3CH_2F和H_2O。Ravdel等人[17]采用NMR、GC–MS等研究发现，电解液的分解产物包括CO_2、R_2O、RF、OPF_3和OPF_2OR，认为这是$LiPF_6$分解产生的PF_5与烷基碳酸酯反应而生成的。Campion等[18]认为痕量的质子性杂质会导致OPF_2OR的生成，这催化了PF_5与烷基碳酸酯的反应，因此通过降低电解液中H_2O和HF的含量可以提高电解液的热稳定性。当然降低材料中的水也是很重要的。

从上面的文献可以看出来，$LiPF_6$的热稳定性是影响电解液热稳定的主要因素。因此，目前主要改善方法是采用热稳定性更好的锂盐。但由于电解液本身分解的反应热十分小，对电池安全性能影响十分有限。对电池安全性影响更大的是其易燃性。降低电解液可燃性的途径主要是采用阻燃添加剂。

目前，引起人们重视的锂盐有LiFSI[双（氟磺酸）亚胺锂]和硼基锂盐。其中，双草酸硼酸锂（LiBOB）的热稳定性较高，分解温度为302℃，可在负极形成稳定的SEI膜。多篇文献[19～21]报道了LiBOB作为锂盐和添加剂可以改进电池的热稳定性。另外，二氟草酸硼酸锂（LiODFB）结合了LiBOB和四氟硼酸锂（$LiBF_4$）的优势，也有希望用于锂电池的电解液中。

除了电解质盐的改进，还应采用阻燃添加剂改进电池的安全性能。电解液中的溶剂之所以会发生燃烧，是因其本身发生了链式反应，如能在电解液中添加高沸点、高闪点的阻燃剂，可改善锂离子电池的安全性[15]。已报道的阻燃添加剂主要包括三类：有机磷系、氟代碳酸酯和复合阻燃添加剂。尽管有机磷系阻燃添加剂，具有较好的阻燃特性和良好的氧化稳定性，但其还原电位较高，与石墨负极不兼容，黏度也较高，导致电解液电导率降低和低温性能变差。加入EC等共溶剂或成膜添加剂可以有效提高其与石墨的兼容性，但降低了电解液的阻燃特性。复合阻燃添加剂通过卤化或引入多官能团能提高其综合性能。另外氟代碳酸酯由于其闪点高或无闪点、有利于在负极表面成膜、熔点低等特点，也具有较好的应用前景。

Lin等[22]采用一种纳米级树枝状结构的高分子化合物（STOBA）对NCM（424）进行涂层，当锂电池发生异常，产生高温时，会形成一道薄膜阻隔锂离子间的流动，稳定锂电池，借以提高电池安全度（图10-20）。由图10-21可见，针刺实验时，正极材料未涂STOBA涂层的电池内部温度在几秒钟内升至700℃，而用STOBA涂层正极材料的电池温度最高只有150℃。

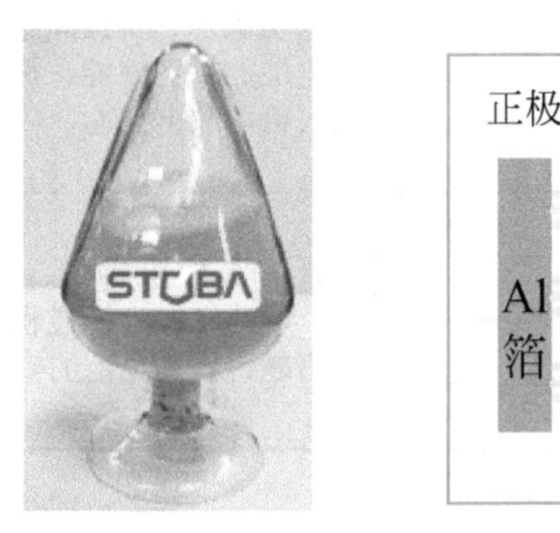

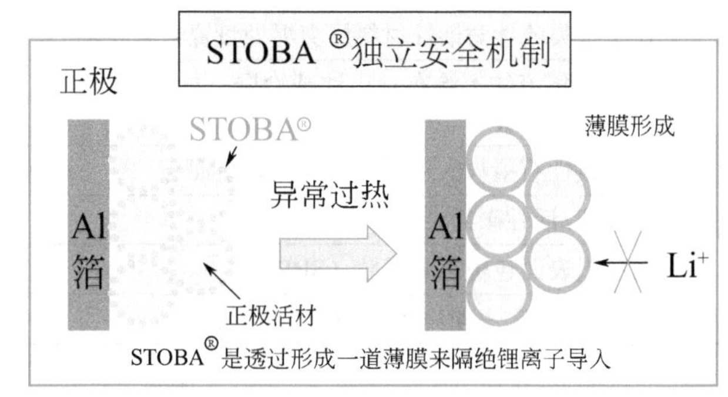

图10-20 STOBA涂层提高安全性的示意图[22]

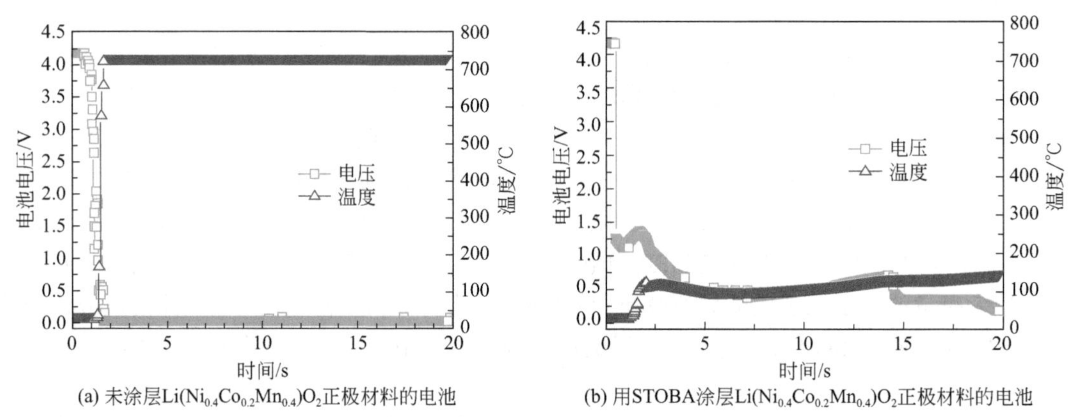

图10-21 18650电池在针刺实验中内部温度和电压变化图[22]

10.7.4 隔膜的改进

目前，已商品化的锂离子电池隔膜主要有3类，分别为PP/PE/PP多层复合微孔膜、PP或PE单层微孔膜和涂布膜[15]。广泛使用的隔膜主要为聚烯烃微孔膜，这种隔膜的化学结构稳定，力学强度优良，电化学稳定性好。

隔膜垂直方向上的机械强度越高，电池发生微短路的概率就越小；隔膜的热收缩率越小，电池的安全性能越好。隔膜的微孔关闭功能也是改进动力电池安全性的另一方法；凝胶类聚合物电解质具有较好的保液性，采用这种电解质的电池比常规液态电池具有更好的安全性；除此，陶瓷隔膜也可以改进电池的安全性。艾娟等总结了国内专利文献对锂电池隔膜的制备和处理类型，见表10-11。

表10-11　专利文献中对隔膜的改进情况[15]

技术手段	性能和效果
在隔膜的表面涂覆无机陶瓷层	具有更好的耐击穿和绝热特性，提高安全性
直接对隔膜进行热处理	降低横向和纵向的收缩率，穿刺强度提高；提高散热效率，改善电池的过充安全性能
在隔膜上附胶带或胶膜作保护膜	提高隔膜的强度，从而提高电池的安全性
凝胶填充微多孔隔膜	有效防止高强度可关断聚烯烃微孔隔膜在高温下因收缩过大造成的正负极片短路
在纳米纤维素上复合纳米氧化物、氮化物形成无纺布纳米纤维膜	具有较高的热稳定性，可提高动力电池的安全性
由两种组分的聚合物复合而成高温自封闭机制的微孔聚合隔膜	温度升高时，低熔点组分熔融将微孔堵塞，隔膜封闭，该隔膜有较高机械强度，安全性好、循环寿命长
隔膜为氧化锆和氧化钇的陶瓷膜	很好的隔离正极和负极的作用，不造成电池短路，抑制电池温度的升高，避免电池发生剧烈的燃烧或爆炸
隔膜采用的是含有改性聚硅氧烷、溶剂和无机填料的组合物	无机硅氧链段，与无机填料具有很好的相容性，使得温度过高发生皱缩时仍然能保证正负极断路，提高电池的安全性能
电压敏感隔膜	利用聚合物在一定电位下的导电能力，当电池过充时，电聚合隔膜成为电子导体，使电池内部短路，防止电压进一步升高从而提高电池的安全性

锂离子电池安全性问题是个复杂的综合性问题。电池安全性最大的隐患是电池随机发生的内短路，产生现场失效，引发热失控。所以开发和使用热稳定性高的材料是将来改善锂离子电池安全性能的根本途径和努力的方向。

参考文献

[1] 颜雪冬，马兴立，李维义，等. 浅析软包装锂离子电池胀气问题. 电源技术，2013，37（9）：1536-1528.

[2] 李慧芳，马佳鑫，高俊奎. 锂离子电池极片有效孔体积及孔隙率的测试方法. CN 103278438A. 2013-09-04.

[3] Smith A J，Smith S R，Byrne T，Burns J C，Dahn J R. Synergies in Blended $LiMn_2O_4$and $Li[Ni_{1/3}Mn_{1/3}Co_{1/3}]O_2$ Positive Electrodes. J. Electrochem. Soc. 2012，159（10）：A1696-A1701.

[4] Albertus P，Christensen Z J，Newman J. J Electrochem Soc，2009，156：A606-A618.

[5] Hai Yen Tran，Corina Taubert，zMeike Fleischhammer，PeterAxmann，et al. $LiMn_2O_4$ Spinel/ $LiNi_{0.8}Co_{0.15}Al_{0.05}O_2$ Blends as Cathode Materials for Lithium-Ion Batteries. Journal of The Electrochemical Society. 2011，158（5）：A556-A561.

[6] Kitao H, Fujihara T, Takeda K, et al. Electrochem. Solid- State Lett. 2005, 8 : A87-A90.

[7] Kim H S, Kim S I, Kim W S. A study on electrochemical characteristics of $LiCoO_2/LiNi_{1/3}Co_{1/3}Mn_{1/3}O_2$ mixed cathode for Li secondary battery. Electrochem Acta, 2006, 52 (4): 1457-1461.

[8] Liu X J, Zhu G Y, Yang K, et al. A mixture of $LiNi_{1/3}Co_{1/3}Mn_{1/3}O_2$ and $LiCoO_2$ as positive active material of LIB for power application. J Power Sources, 2007, 17 (2): 1126-1130.

[9] Kim J, Noh M, Cho J. Improvement of 12V overcharge behavior of $LiCoO_2$ cathodematerial by $LiNi_{0.8}Co_{0.1}Mn_{0.1}O_2$ addition in a Li-ion cell. J Power Sources, 2006, 153 : 345-349.

[10] Lin C H, Shen C H, Prince A A M, et al. Electrochemical studies on mixtures of $LiNi_{0.8}Co_{0.17}Al_{0.03}O_2$ and $LiCoO_2$ cathode materials for lithium ion batteries. Solid State Commun, 2005, 133 (10): 687-690.

[11] 李建军，王莉，高剑，等. 动力锂离子电池的安全性控制策略及其试验验证. 汽车安全与节能学报，2012，3 (2): 151-157.

[12] 吴凯，张耀，曾毓群. 锂离子电池安全性能研究. 化学进展，2011，23 (2/3): 401-409.

[13] Izumi Watanabe, Jun-ichi Yamaki. Thermalgravimetry-mass spectrometry studies on the thermal stability of graphite anodes with electrolyte in lithium-ion battery. Journal of Power Sources, 2006, 153 : 402-404.

[14] Pasquier A Du, Disma F, Bowmer T, et al. Differential scanning calorimetry study of the reactivity of carbon anodes in plastic Li-ion batteries. J Electrochem Soc, 1998, 145 (2): 472-477.

[15] 艾娟，张瑞雪，徐国祥，等. 电动汽车锂离子电池安全性能的专利分析研究. 石油和化工设备，2013，16 : 46-50.

[16] Gnanara J S, Zinigrad E, Asraf L, et al. A Detailed Investigation of the Thermal Reactions of $LiPF_6$ Solution in Organic Carbonates Using ARC and DSC. J Electrochem Soc, 2003, 150(11): A1533-A1537.

[17] Ravdel B, Abraham K M, Gitzendanner R, et al. Thermal stability of lithium-ion battery electrolytes. J Power Sources, 2003, 119/121 : 805-810.

[18] Campion C L, Li W T, Lucht B L. Thermal Decomposition of $LiPF_6$ Based Electrolytes for Lithium-Ion Batteries. J Electrochem Soc, 2005, 152 (12): A2327-A2334.

[19] Corina Täubert, Meike Fleischhammer, Margret Wohlfahrt-Mehrens, et al. LiBOB as Electrolyte Salt or Additive for Lithium-Ion BatteriesBased on $LiNi_{0.8}Co_{0.15}Al_{0.05}O_2$/graphite. Journal of The Electrochemical Society, 2010, 157 (6): A721-A728.

[20] Ilya AShkrob, Ye Zhu, Timothy WMarin, Daniel PAbraham. Mechanistic Insight into the Protective Action of Bis (oxalato) borate and Difluoro (oxalate) borate Anions in Li-Ion Batteries. J Phys Chem C, 2013, 117 : 23750-23756.

[21] Ping Ping, Wang Qingsong, Sun Jinhua, et al. Effect of sulfites on the performance of LiBOB/γ-butyrolactone electrolytes. Journal of Power Sources, 2011, 196 : 776-783.

[22] Lin Chun-Chieh, Wu Hung-Chun, Pan Jing-Pin et al. Investigation on suppressed thermal runaway of Li-ion battery by hyper-branched polymer coated on cathode. Electrochimica Acta, 2012, 101 : 11-17.

11

国内外主要三元材料企业

11.1 前驱体生产企业

前驱体是三元材料的中间产品，很多出售三元材料的锂电池正极材料企业自己并不生产前驱体，而是外购前驱体，因此出现了一些专门供应三元材料前驱体的企业。大量专业生产并销售三元材料前驱体的企业有邦普循环科技有限公司、金天能源材料有限公司、江苏优派新能源有限公司、余姚市兴友金属材料有限公司等。国外规模销售三元材料前驱体的企业较少，国外企业如三星SDI、LG化学、住友金属矿山（SMM）、优美科（Umicore）等都从中国购买前驱体或自己制备前驱体来生产三元材料，也有一些企业如日本田中化学（Tanaka）、韩国Ecopro等有三元材料前驱体的出售，但其产量规模并不大。国内邦普循环科技有限公司、金天能源材料有限公司在三元材料行业来说是比较有特点的前驱体生产企业。

邦普循环科技有限公司是国内较大的三元材料前驱体生产企业，其主营业务为废旧镍氢、镍镉、锂离子等二次电池、废镍、废钴资源化回收与处理。据公司介绍，其三元材料前驱体生产使用的原材料是由镍钴废料回收制备而成。公司具备月处理利用废镍、废钴量500t，年产硫酸镍、氯化钴、镍铁合金、电池正极复合材料、四氧化三钴等镍钴新材料5000t的绿色循环生产能力。三元前驱体型号以NCM523、NCM111为主，NCM811、NCM622也有一定的产量。

金天能源材料有限公司主导产品有电子基础材料电解金属锰、四氧化三锰，电池材料球形氢氧化镍、三元材料镍钴锰氢氧化物（NCM111、NCM424、NCM523型）、镍钴铝氢氧化物及镍钴氢氧化物。公司从2008年开始从事锂离子电池正极材料前驱体系列产品的研发和生产，其产品品质相对高端。同时，金天能源是国内较早量产镍钴铝锂（NCA）前驱体的企业，目前镍钴铝锂前驱体年产能约500t，部分出口日本。

国内锂离子电池正极材料生产企业诸如深圳天骄科技开发有限公司、宁波金和新材料股份有限公司、河南科隆新能源有限公司、安徽亚兰德新能源材料有限公司等也生产三元材料前驱体，但大部分都用于生产三元材料成品，少量出售或不出售。一些上游原材料生产企业如广东英德加纳金属科技有限公司、江苏凯力克钴业股份有限公司、新时代集团浙江新能源材料有限公司、江西赣峰锂业股份有限公司等依托自身资源优势也有少量的三元前驱体生产并出售。

11.2 三元材料生产企业

就各国三元材料的生产状况而言，日韩厂商占据大部分高端产品市场，美国3M公司目前掌握核心专利。近年来，中国企业也逐渐掌握三元材料制备技术，产能扩张迅速，但产品质量较日韩仍有差距。下文将分别对欧美、日本、韩国、中国主要的三元材料企业进行介绍。

11.2.1 欧美三元材料企业

欧美三元材料企业主要有比利时优美科（Umicore）、美国3M公司、德国巴斯夫、美国陶氏化学等。

（1）比利时优美科（Umicore）

优美科是拥有近200年历史的老牌企业，最初主要业务是从事有色金属冶炼和回收，后来发展成综合性的无机材料集团公司。得益于公司钴资源优势，在20世纪90年代初公司为日本钴酸锂企业提供高活性四氧化三钴原材料，后来开始自己生产钴酸锂，并在2005年实现镍钴锰酸锂（NMC）的产业化生产。目前优美科的高端钴酸锂年产量已经与日本日亚化学（Nichia）持平，镍钴铝酸锂（NCA）也有一定的量产。2012年，优美科与美国3M公司达成协议，3M将优先向优美科提供专利授权和开展技术方面的合作，并将其客户推荐给优美科。根据2013年全球正极材料销售统计数据，优美科占据全球正极材料10%的市场份额，其中三元材料以约4000t的销量位居行业第一。

（2）美国3M公司

美国3M公司有着强大的基础研发实力，锂离子电池方面涉及三元正极材料、新型负极材料、电解液盐及溶剂等。在三元正极材料方面，3M公司最早申请三元材料的专利，其具体专利情况见表12–2，主要三元材料型号有NCM111、NCM424。从2011年起，3M停止了由湖南瑞翔代工生产三元材料，并且将正极材料客户转移给了比利时优美科。负极材料方面，有硅合金类材料的研发。在电解液方面，有特种电解液添加剂和溶剂的研发。

（3）德国巴斯夫

巴斯夫（BASF）是一家德国化学公司，也是世界最大的化工公司之一。公司的产品涵盖化学品、塑料、特性产品、作物保护产品以及原油和天然气。巴斯夫2012年1月1日正式成立电池材料全球业务部，包括巴斯夫催化剂业务部旗下的正极材料开发部门、中间体业务部旗下的电解质配方部门以及巴斯夫未来业务股份有限公司旗下的下一代锂电池部门。巴斯夫三元正极材料（NCM）型号主要包括NCM111、NCM424和NCM523。

（4）美国陶氏化学

美国陶氏化学（Dow），是一家全球多元化的化学公司，在36个国家运营188家工厂，产品达5000多种。业务涉及特种化学、高新材料、农业科学和塑料等。陶氏能源材料（Dow Energy Materials）成立于2010年，主要研发生产锂离子电池材料，包括正负极材料和电解液。新产品有高电压三元（HV–NCM）、磷酸锰铁锂（LMFP）、包覆型负极。其中磷酸锰铁锂（LMFP）相对于磷酸铁锂（LFP）而言具有更高的能量密度，同时也具有和磷酸盐材料相同的安全性。电解液方面，陶氏化学和日本宇部兴产集团于2011年各自出资50%投资成立了合资公司——安逸达电解液技术有限公司。

11.2.2 日本三元材料企业

从研发和生产锂离子电池三元材料的情况来看，日本三元材料产品一直占据着高端市场，日本一开始大量生产的三元材料是镍钴铝酸锂（NCA），之后才是镍钴锰酸锂（NCM），产业自动化程度很高。日本主要的三元材料企业有日亚化学工业（Nichia Corp）、日本户田工业（Toda Kogyo）、AGC清美化学（AGC Seimi Chemical）、日本矿业金属公司（JX Nippon Mining Metal）、住友金属矿山（SMM）公司、日本JFE公司、日本本庄化学公司、日本化学产业（Nihon kagakusangyo）、日本三菱化学公司（Mitsubishi Chemical Holdings）、日本化学工业（Japan Chemical Industry）、日本田中化学（Tanaka chemical）研究所等。

（1）日亚化学工业（Nichia Corp）

日亚化学工业成立于1956年，一直致力于以荧光粉（无机荧光粉）为中心的精密化学品的制造与销售。公司涉及产品包括荧光粉（CRT用，荧光灯用，X线增感纸用）、激光半导体、发光二极管“LED”、光半导体材料、精细化工品（电子材料，医药品原料，食品添加剂）、过渡金属催化剂、真空镀气材料、电池材料、磁性材料等。1996年开始锂离子电池正极材料钴酸锂（LCO）的生产，多年来一直占据全球正极材料供应的重要地位。在全球所有正极材料厂商里日亚化学的产品链是最全的，产品包括钴酸锂（LCO）、镍钴锰酸锂（NCM）、锰酸锂（LMO）和磷酸铁锂（LFP）所有商业化的正极材料，且产量很大。2013年日亚化学销售正极材料总量达9300t，仅次于优美科，其中三元材料3700t，钴酸锂材料4100t，锰酸锂1200t，磷酸铁锂300t。其锂离子电池正极材料的客户都在日本，并不对日本以外的企业供货。

（2）日本户田工业（Toda Kogyo）

日本户田工业（Toda Kogyo）成立于1823年，公司主要产品涉及磁性材料、着色材料、电子印刷材料、电池材料等。目前锂离子电池正极材料产品线包括钴酸锂（LCO）、三元材料（NCA和NCM）、锰酸锂（LMO）。2010年其与湖南杉杉新材料有限公司合资成立湖南杉杉户田新材料有限公司，但2013年9月杉杉股份将户田工业持有的25%的股份购回，从此户田工业退出中国市场。由于钴价昂贵，目前户田工业正极材料产品以三元材料（NCA和NCM）和锰酸锂（LMO）材料为主，钴酸锂（LCO）基本没有生产。2013年，户田工业正极材料销售量为1350t，较2012年的1650t有所下降，其中三元材料850t（含NCM 250t，NCA 600t），锰酸锂（LMO）500t。

（3）AGC清美化学（AGC Seimi Chemical）

AGC清美化学成立于1947年，1992年开始锂离子电池正极材料的研究，1995年开始锂离子电池正极材料钴酸锂的生产，2003年开始三元材料的生产。在日本有鹿岛和茅崎两个锂离子电池正极材料生产基地，另外在中国的包头投资一家生产稀土材料的公司（包头天骄清美稀土抛光粉有限公司）。其正极材料产品产量并不大，统计其2013年的正极材料销量可知，

2013年AGC清美化学销售钴酸锂600t，三元材料200t，主要客户是已被松下收购的三洋电机公司。

2011年，AGC清美化学收购无锡通达锂能51%股权，与江苏凯力克钴业股份有限公司等合资公司成立清美通达锂能科技公司，生产正极材料。2012年，深圳格林美高新技术股份有限公司发布公告表示，由格林美公司控股的江苏凯力克钴业股份有限公司收购了AGC清美化学等三家合资公司持有清美通达锂能59%的股权。

（4）日本矿业金属公司（JX Nippon Mining Metal）

日本矿业金属公司是日本最大的铜冶炼商，产业涉及铜箔、化合物半导体、表面处理剂、金属粉末、精密冷轧产品、精密加工产品、锂电池正极材料等。日本矿业金属公司研制的锂离子电池正极材料于2009年投产，主要生产三元材料（NCM）。公司三元产品销量2012年为150t，2013年为700t左右，其主要客户是日本AESC电池公司，主要用于日产雷诺电动车。

（5）日本住友金属矿山（SMM）公司

住友金属矿山（SMM）公司锂离子电池正极材料主要是镍钴铝酸锂（NCA），是全球镍钴铝酸锂（NCA）产业规模最大的公司。2012年其镍钴铝酸锂（NCA）销量为2000t，2013年达3500t。住友金属矿山（SMM）公司镍钴铝酸锂（NCA）材料的唯一用户是松下电池。特斯拉电动车上所用的电池就是由松下电池提供的NCA系18650型电池，随着特斯拉电动汽车生产量的不断扩张，今后住友金属矿山（SMM）公司的镍钴铝酸锂（NCA）产量还将不断加大。

（6）日本JFE公司

日本JFE公司是世界大型钢铁企业集团之一。高新材料方面涉及锂离子电池正极和负极材料两个方面，锂离子电池正极材料主要是镍钴铝酸锂（NCA）材料，其产品分为常规性、高密度型、抗鼓胀及高电压型。另外，高镍三元材料NCM811作为公司的新型产品也在生产中。三元镍钴铝酸锂（NCA）2013年销量约70t。

（7）日本其他三元材料企业

日本的三元材料企业除日亚化学工业、日本户田工业、住友金属矿山公司的产量稍大外，其他公司的产量都较少。除以上介绍到的企业外，诸如日本化学产业、日本本庄化学公司、日本三菱化学公司、日本化学工业、日本田中化学研究所等也有三元材料生产。其中日本化学产业、本庄化学2013年产品有NCM和NCA，产量均为200t左右。三菱化学和日本化学工业2013年产品有NCM，产量在100～200t。田中化学2013年产品为NCM，产量在700t左右。

日本化学工业、本庄化学公司除三元材料外，钴酸锂也有一定的产量。以日本化学工业公司来说，其锂离子电池正极材料主要是钴酸锂（LCO）和三元材料（NCM），其中钴酸锂产量较大，2013年正极材料销量1050t中三元材料只有100t，钴酸锂达950t。

11.2.3 韩国三元材料企业

韩国三元材料企业有韩国L&F公司、三星SDI（Samsung SDI）、LG化学（LG Chemical）、韩国ECOPRO公司、GS爱能吉公司（GS Energy Corporation）等。三星SDI（Samsung SDI）和LG化学（LG Chemical）产业链比较复杂，除正极材料外，同时是全球领先的锂离子电池生产企业。以上各企业2013年三元材料产量大致情况见表11-1，表中NCM指三元镍钴锰酸锂，NCA指三元镍钴铝酸锂。

表11-1 韩国三元材料企业产品销量统计

企业名称	三元材料类型	2013年产量/t
韩国L&F	NCM	＞1500
三星SDI	NCM	＞1500
	NCA	＞300
LG化学	NCM	＞3500
ECOPRO	NCM	＞100
	NCA	＞400
GS爱能吉公司	NCM	＞300

注：表中数据为深圳天骄科技开发有限公司统计。

三星SDI（Samsung SDI）、LG化学（LG Chemical）锂离子电池正极材料不对外销售。三星SDI（Samsung SDI）的正极材料产品除三元材料外，钴酸锂也有很大的产量。

（1）韩国L&F公司

韩国L&F公司是韩国第一大锂离子电池正极材料生产企业，正极材料产品相对齐全，主要有钴酸锂（LCO）、三元材料（NCM）和锰酸锂（LMO）。2012年正极材料销量超过6000t，2013年超过8000t，位居全球第四。在2013年的正极材料销量中，三元材料约2000t，其他为钴酸锂和少量锰酸锂。L&F公司主要客户为韩国公司。

（2）韩国ECOPRO公司

韩国ECOPRO公司于1998年10月成立，起初以环境材料事业起步，在经历十多年的发展后将事业领域扩大到锂离子电池正极材料领域，公司主要产品有锂离子电池正极材料、电解质吸附剂、催化剂等。ECOPRO公司成立有专门的电池材料部门，主要生产镍系正极材料和电解质等，镍系正极材料主要指三元材料，具体产品为镍钴铝酸锂（NCA）和镍钴锰酸锂（NCM111、NCM811、NCM622）。公司三元材料前驱体自己生产，但产量较小。2013年三元材料总销量约700t。

（3）GS爱能吉公司（GS Energy Corporation）

GS爱能吉公司（GS Energy Corporation）成立于2012年1月，为韩国GS集团GS加德士能源部下属公司，公司业务主要包括炼油、石油化工、资源勘探与生产、煤气、电力、废弃物回收、锂离子电池材料、废旧塑料再利用等。其中锂离子电池方面包括锂离子电池正负极材料、锂离子电池零件极耳。锂离子电池正极材料主要包括前驱体及三元材料，其中三元材料有镍钴锰酸锂（NCM622）和镍钴铝酸锂（NCA）。2013年公司三元材料销量达400t，是2012年销量的2倍。

11.2.4 中国三元材料企业

中国目前涉及三元材料的企业已有40多家，主要生产企业的状况汇总见表11-2。目前国内三元材料企业的市场基本都在国内，市场集中度比较高，产量能够满足国内电池企业需求，企业之间竞争比较激烈。深圳天骄科技开发有限公司、宁波金和新材料股份有限公司、湖南杉杉新材料有限公司等占据国内三元材料的主要市场。

表 11-2 国内主要三元材料企业状况

序号	厂家名称	主要正极材料	其他正极材料	三元材料前驱体来源	主要三元产品型号	三元材料2013年产量/t
1	深圳天骄	NCM	NCA，LMO	自供并外售	111，424，525，523，622，71515，811，NCA	＞2000
2	深圳振华	NCM	LCO	外购	111，523	＞1000
3	宁波金和	NCM	LCO	自供并外售	523	＞2000
4	河南科隆	NCM前驱体	少量NCM	自供	111，424，523	＞1000
5	湖南金富力	NCM	NCA	外购	NCA，523、424	＞500
6	新乡天力能源	NCM	—	自供并外售	111，523	＞1000
7	江苏科捷	NCM	LCO，LMO	外购	523	＞500
8	江西江特锂电	NCM	LMO	—	111，424，523	＞300
9	江苏菲斯特新能源	NCM	—	—	—	700
10	湖南杉杉	LCO	LMO，NCM	外购	523	＞3000
11	厦门钨业	LCO	NCM	—	111，523	＞1000
12	天津巴莫	LCO	LMO，NCM，NCA	外购	523	＞100
13	北京当升	LCO	LMO，NCM	—	—	＞500
14	湖南瑞翔	LCO	LMO，NCM	自供	523	＞100
15	湖南长远锂科	LCO	LMO，NCM	外购	—	＞100
16	安徽亚兰德	LCO	NCM	自供并外售	523、111	—
17	北大先行	LCO	LMO，NCM，LFP	—	—	＞100
18	中信国安盟固利	LCO	LMO，NCM	—	111	—
19	常州博杰	LCO	NCM，LFP	—	—	—
20	湖南大华	LMO	LCO，NCM	—	523，111	—
21	青岛新正锂业	LMO	NCM	—	—	—
22	济宁无界	LMO	LCO，NCM，LFP	—	—	—
23	成都晶元	LMO	LCO，NCM	—	523，111	—
24	广州鸿森	LMO	NCM少量	—	—	—
25	西安物华	LMO	NCM	—	523，111	—
26	重庆特瑞	LFP	NCM	—	—	—

注：NCM为镍钴锰酸锂；NCA为镍钴铝酸锂；LMO为尖晶石锰酸锂；LFP为磷酸铁锂；LCO为钴酸锂

（1）深圳天骄科技开发有限公司

深圳天骄科技开发有限公司成立于2004年，是国内最早规模化生产三元材料的企业。公司锂离子电池正极材料专注于三元材料研发和生产，其他产品包括锂离子电池正极材料锰酸锂、负极材料钛酸锂、电解液等，其中山东临沂杰能新能源材料有限公司和惠阳天骄锂业发展有限公司为深圳天骄科技开发有限公司属下子公司，产品分别涉及锂离子电池正极材料锰酸锂和电解液。深圳天骄科技开发有限公司是国内三元材料年产销量最大的企业，目前已经具备年产3500t镍钴锰酸锂（NCM）和180t镍钴铝酸锂（NCA）的生产能力。公司三元材料产品型号齐全（具体型号见表11-2），三元材料前驱体全部自己生产并对外出售，国内三元材料市场占有率超过60%。目前镍钴铝酸锂（NCA）产品已经量产并规模销售，NCM811已经具备产业化生产能力。

天骄科技开发有限公司成立的10年内，公司实用新型和发明专利已达26项，并分别参与制定了《镍钴锰酸锂》行业标准（YS/T 798—2012，2012年11月1日实施）、《钛酸锂》行业标准（YS/T 825—2012，2013年3月1日实施）。目前正在参与制定《镍钴铝酸锂》、《磷酸铁锂》、《富锂锰基正极材料》行业标准。

（2）深圳市振华新材料股份有限公司

深圳市振华新材料股份有限公司主要从事新型发光材料及显示器件、新能源材料、功能高分子材料、电子浆料的研制和生产。其中锂离子电池正极材料有三元材料（NCM）、钴酸锂（LCO），三元材料产量在国内算是规模较大的企业之一。三元材料产品特点为单晶大、压实密度高。

（3）宁波金和新材料股份有限公司

宁波金和新材料股份有限公司是专业生产和销售锂离子电池正极材料的企业，公司下辖宁波科博特钴镍有限公司、江苏金和科技有限公司、深圳市芯瑞荣电池科技有限公司等数家子公司。宁波金和锂离子电池正极材料以三元材料为主，少量生产钴酸锂。其三元材料主要型号有NCM111、MCM523等。

（4）湖南杉杉新材料有限公司

湖南杉杉新材料有限公司主要致力于锂离子电池正极材料的研发和生产，得益于集团锂离子电池产业链齐全的优势，目前成为国内最大的锂离子电池正极材料生产企业，公司正极材料以钴酸锂（LCO）为主，后期发展中才涉及三元材料的生产，近两年三元材料产量越来越大，三元材料主要型号有NCM523。

（5）厦门钨业股份有限公司

厦门钨业股份有限公司业务主要分为钨钼有色金属、房地产、新能源材料三大板块。于2011年9月成立厦门钨业海沧分公司，主要从事钴酸锂及三元材料的生产与研发，近几年来锂离子电池正极材料方面发展比较迅速，三元材料的产销量越来越大。

（6）河南科隆新材料有限公司

河南科隆新材料有限公司主要生产镍氢电池用球形氢氧化镍，近年来开始生产三元材料前驱体，并少量生产三元材料成品。

（7）北京当升材料科技股份有限公司

北京当升材料科技股份有限公司成立于2001年，最初产品是超细氧化鈷，目前主要从事电子陶瓷元件材料与新能源材料的研发与生产，主要产品有电子级氧化鈷和电子级氧化钴，锂离子电池正极材料钴酸锂。公司上市以后对三元材料加大投入。

（8）湖南瑞翔新材料股份有限公司

湖南瑞翔新材料股份有限公司创业初期以生产锰酸锂为主，之后逐渐转为钴酸锂为主，钴酸锂使用的原材料四氧化三钴为自己生产。依托四氧化三钴的生产技术，近年来其三元材料前驱体已批量生产并大量销售。

（9）安徽亚兰德新能源材料股份有限公司

安徽亚兰德新能源材料股份有限公司主要产品有泡沫镍、球形氢氧化镍、球形四氧化三钴、三元材料前驱体。

（10）江西江特锂电材料有限公司

江西江特锂电材料有限公司成立初期主要致力于富锂锰基正极材料的研究与开发，并实现产业化。但由于富锂锰基正极材料的缺陷并未得到显著改善，且没有与之相匹配的电解液，市场需求较少，所以公司转型生产常规三元材料。

（11）青岛新正锂业有限公司

青岛新正锂业有限公司的主要产品是尖晶石锰酸锂和三元材料，其三元材料特点为一次单晶较大。

（12）国内其他三元材料企业

北大先行科技产业有限公司、中信国安盟固利、天津巴莫等是几家大型钴酸锂生产企业，近两年得益于智能手机和平板电脑的高速发展，主要生产和销售高电压钴酸锂，目前也都已经开始投入三元材料的生产和研发，但三元材料的市场占有率相对较小。

除表11-2列出的部分三元材料生产企业以外，诸如广州融达电源材料有限公司、内蒙古三信实业有限公司、四川浩普瑞新能源材料有限公司、浙江瓦力新能源科技有限公司、山东寿光雷迈新材料有限公司、曲阜毅威新能源科技有限公司、西安汇杰实业有限公司、新乡锦润科技有限公司、河南福森新能源科技有限公司、新乡升华新能源有限公司、河南思维新能源材料有限公司、赣州市芯隆新能源材料有限公司、厦门首能科技有限公司等也有三元材料的生产，在此不做一一介绍。

12

三元材料专利分析

通常认为，三元材料按不同组分大致可分为$Li_{1+x}(Ni_aCo_bMn_{1-a-b})_{1-x}O_2$(NCM)和$LiNi_xCo_yAl_{(1-x-y)}O_2$(NCA)两种。三元材料专利申请主要涉及材料的保护和制备方法的保护。在材料的保护方面，主要是保护具有不同组成的材料，涉及离子掺杂、表面改性后的材料。在制备方法方面，主要是涉及不同的合成方法，如共沉淀法、固相合成法等。

在大量的专利申请中，对技术进步发挥关键或重要作用的往往是为数不多的重要专利技术，而这些重要专利技术通常掌握在本领域的一些重点企业手中。因此，分析三元材料领域重点企业的专利，有助于预见技术发展方向、借鉴和拓宽技术研发思路。

下面对三元材料的专利申请总体状况以及主要生产企业的专利进行了分析。

在对专利进行分析时，其评价指标很多，包括被引频次、同族数目以及是否发生许可等。

关于被引频次，一般而言，如果被引频次较高，则该项专利可能在产业链所处的位置较关键，为竞争对手所不能回避。因此，被引频次可以在一定程度上反映专利在某领域研发中的基础性和引导性作用。

一项发明可以在多个国家和地区申请专利保护，由于到多个国家申请需要较高的费用，因此，申请人在向他国申请时会根据专利技术和经济价值的大小进行专利地域范围的申请，从这个角度看，同族数目越多，其价值越高。

一件专利如果被许可给多家企业，则证明该专利是生产某类产品时必须使用的专利技术，其重要性不言而喻。

下文在分析中，主要选取上述三个指标来对专利的重要性进行判断，并给出了一些重要专利的相关信息。

12.1 三元材料NCM专利分析

12.1.1 专利申请总体状况

12.1.1.1 申请趋势

1999年，新加坡大学的刘兆麟在Journal of Power Sources上首次发表了有关NCM的文章。

然而，早在1996年，日本电池公司就申请了第一个与NCM有关的专利（专利公开号：JP特开平9-237631A）。图12-1为全球三元材料NCM专利申请量随着年份变化的趋势图。图中也给出了在华的专利申请变化趋势以及中国申请人在华申请的变化趋势。

从全球申请量的变化可以看出，三元材料申请数量一直在波动性增长，2000年之前，增长速度比较缓慢，2001年之后快速增长，在2010年达到高峰，在2012年和2013年的年专利申请量也维持在100件以上，维持着较高的数量。这表明三元材料相关专利技术仍处在活跃期。

首个在华专利申请也是在1996年，专利是前述日本专利（专利公开号：JP特开平9-237631A）在中国申请的同族专利（专利公开号：CN1156910）。在2005年出现第一个申请高峰，在2006～2007年略有下降；2008年以后，专利申请量开始快速增长，尤其是从2009年起，我国三元材料专利申请数量开始急剧增长。在华专利申请的趋势与全球申请的趋势基本相同。

从中国申请人在华申请的变化趋势可以看出，直至2001年才开始出现首个国内申请（专利公开号：CN1359163），申请人是东北大学，遗憾的是该专利申请并未获得授权。从2011年之后，在华专利申请主要是国内申请人的专利申请，这表明2011年之后三元材料NCM的研究成为本国申请人的研发重点，同时也可以看出，本国申请量也占全球申请量的很大比例，这说明在全球范围内，中国最重视三元材料NCM的研究。

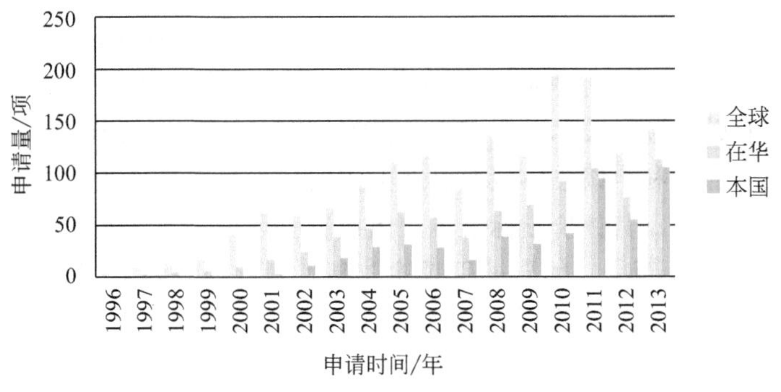

图12-1 三元材料NCM的申请趋势

12.1.1.2 申请人排名

日本电池公司和三洋电机公司是最早对三元材料NCM进行专利申请的企业。韩国的三星SDI和LG化学分别在1998年和2001年开始三元材料NCM的专利申请。而我国的比亚迪起步较晚，在2002年申请第一个NCM专利（专利公开号：CN100417595)。图12-2列出了全球排名前六位的申请人。其中，日本的三洋公司和韩国的LG公司处于专利申请量的第一集团；日本的索尼公司以及韩国的三星公司分列第三、四位；位列第五、六位的申请人也是日本的，三菱和松下。由申请人的排名可以看出，日、韩企业在三元材料NCM领域具有垄断性优势，在该领域已经进行了大量的专利布局。而我国在该领域的发展相对落后，亟需得到我国企业和科研机构的重视。

在中国企业中，比亚迪股份有限公司和深圳比克电池有限公司申请量较多，分别为19项和16项。这表明，在我国申请人中，电池企业在重视技术创新的同时，也注重运用专利手段来保护已有的研发成果。

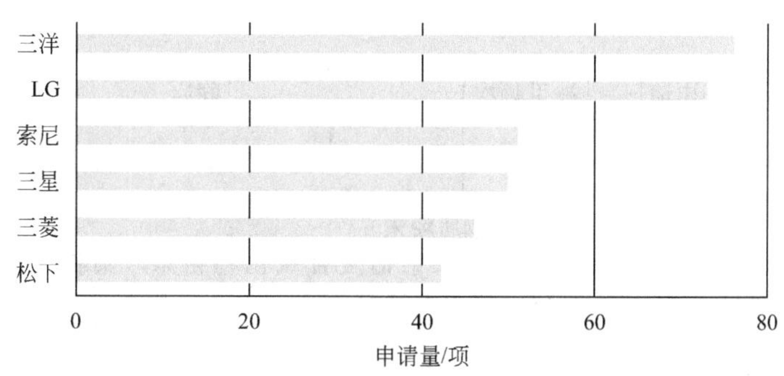

图12-2　全球三元材料NCM的申请人排名

12.1.2 NCM材料的重要专利

根据被引频次、同族数目以及许可情况，三元材料NCM的几项重要专利见表12-1。

表12-1　NCM的重要专利

序号	专利公开号	申请日	被引频次	同族	申请人
1	WO 02089234	20010427	105	JP、US、EP、TW、KR、AU、CN、AT、DE、HK	3M公司
	发明名称：改进的锂离子电池的阴极组合物 该国际专利申请指定了进入中国，在中国已经授权，中国专利号为ZL 02809014.4。该中国专利是有效的发明专利，稳定性好。中国专利的许可信息如下： 专利实施许可合同备案号：2013990000785； 让与人：3M公司； 受让人：湖南瑞翔新材料股份有限公司； 申请日：2002-03-11； 申请公布日：2004-06-16； 授权公告日：2008-07-16； 许可种类：普通许可； 备案日期：2013-11-25。 相关权利要求：一种用于锂离子电池的阴极组合物，组合物结构式为$Li[Ni_yCo_{1-2y}Mn_y]O_2$，其中$0.083<y<0.5$，该组合物具有O3晶体结构的单相形式，在锂离子电池中30℃下完全充放电循环100次后不发生相变变成尖晶石结构，且用30mA·g^{-1}的放电电流，其最终容量为130mA·h·g^{-1}。 这个专利基本涵盖了Ni、Mn等量的三元材料。				
2	CN1221049	20000929	121	EP、JP、DE、CA、US、HK	三洋电机公司
	发明名称：非水电解质二次电池 首项权利要求：一种非水电解质二次电池，其特征在于，使用混合组成式$LiNi_{(1-x-y)}Co_xMn_yO_2$表示的锂镍钴锰复合氧化物和用组成式$Li_{(1+z)}Mn_2O_4$表示的锂锰复合氧化物构成的正极活性物质，其中$0.5<x+y<1.0$，$0.1<y<0.6$，$0\leqslant z\leqslant 0.2$。 这项专利主要针对三元和尖晶石锰酸锂混合使用的电池技术。				
3	JP09237631	19961205	87	EP、DE、US、CN	日本电池公司
	发明名称：用于锂二次电池的正电极活性物质，及其制造方法和锂二次电池 相关权利要求：一种非水电解质二次电池正极活性物质，其特征在于，该物质的组成式为$LiNi_{(1-x-y)}Co_xMn_yAl_zO_2$，其中$0<y\leqslant 0.3$，$0\leqslant x\leqslant 0.25$，$0<z\leqslant 0.15$，$x+y<0.4$。 这项专利是在NCM三元材料的基础上进行Al的掺杂。				

续表

<table>
<tr><th>序号</th><th>专利公开号</th><th>申请日</th><th>被引频次</th><th>同族</th><th>申请人</th></tr>
<tr><td rowspan="2">4</td><td>WO2004082046</td><td>20030314</td><td>33</td><td>US、CN、TW、JP</td><td>清美化学股份有限公司</td></tr>
<tr><td colspan="5">发明名称：锂二次电池用正极活性物质粉末
首项权利要求：锂二次电池用锂镍钴锰复合氧化物粉末，其特征在于，它是由通式$Li_pNi_xCo_yMn_zM_qO_{2-a}F_a$表示的锂镍钴锰复合氧化物的微粒多个凝集而形成的、平均粒径D_{50}为3 ～ 15μm的凝集粒状复合氧化物粉末，且粉末的压缩破坏强度在50MPa以上；式中，M为Ni、Co、Mn以外的过渡金属元素或碱土类金属元素，$0.9 \leqslant p \leqslant 1.1$、$0.2 \leqslant x \leqslant 0.5$、$0.1 \leqslant y \leqslant 0.4$、$0.2 \leqslant z \leqslant 0.5$、$0 \leqslant q \leqslant 0.05$、$1.9 \leqslant 2-a \leqslant 2.1$、$x+y+z+q=1$、$0 \leqslant a \leqslant 0.02$。
这项专利在NCM三元材料的基础上，进行了金属元素和负离子F的掺杂。</td></tr>
<tr><td rowspan="2">5</td><td>WO2005056480</td><td>20031126</td><td>25</td><td>US、EP、JP、CA、IN、BRPI、CN、RU、ZA、KR</td><td>3M公司</td></tr>
<tr><td colspan="5">发明名称：用于锂离子电池正极材料的锂镍钴锰混合金属氧化物的固态合成
首项权利要求：一种制造含钴、锰和镍的锂过渡金属氧化物单相化合物的方法，其包括：① 对含钴、含锰、含镍和含锂的氧化物或氧化物前体进行湿磨，以形成含有充分分散的钴、锰、镍和锂的细粒级浆料；② 加热所述浆料，以提供含有钴、锰和镍并具有基本单相O3晶体结构的锂过渡金属氧化物化合物。
这项专利主要保护固相合成NCM前采用湿混。</td></tr>
<tr><td rowspan="2">6</td><td>CN100440594</td><td>20050427</td><td>31</td><td>JP、EP、US、WO、AT</td><td>三菱化学公司</td></tr>
<tr><td colspan="5">发明名称：用于锂二次电池正极材料的层状锂镍锰钴类复合氧化物粉末及其制造方法和使用其的用于锂二次电池的正极以及锂二次电池
首项权利要求：用于锂二次电池正极材料的层状锂镍锰钴类复合氧化物粉末，其中，其组成为$Li_{1+z}Ni_xMn_yCo_{1-x-y}O_\delta$（I）其中，$0 < z \leqslant 0.91$，$0.1 \leqslant x \leqslant 0.55$，$0.20 \leqslant y \leqslant 0.90$，$0.50 \leqslant x+y \leqslant 1$，$1.9 \leqslant \delta \leqslant 3$。在40MPa的压力下压紧时的体积电阻率为$5 \times 10^5 \Omega \cdot cm$以下，并且，将含碳浓度设为$C$（质量分数，%），将比表面积设为$S(m^2 \cdot g^{-1})$时，$C/S$值为0.025以下。</td></tr>
</table>

12.1.3 国内外主要企业分析

12.1.3.1 3M公司

目前，3M公司拥有三元材料的核心专利，许多生产三元材料（NCM）的企业都必须向3M支付一定的费用以获得专利使用的许可。3M公司有关NCM的专利一共有8项，见表12-2，下文给出了相关专利的简要内容。

表12-2 3M的NCM主要专利

序号	专利公开号	申请日	发明名称	被引频次	同族数目
1	WO 02089234	2002-03-11	改进的锂离子电池的阴极组合物	105	11
2	WO 2004084330	2004-03-10	生产锂离子阴极材料的方法	9	5
3	WO 2005056480	2003-11-26	用于锂离子电池阴极材料的锂镍钴锰混合金属氧化物的固态合成	25	11
4	WO 2008137241	2008-04-09	锂混合金属氧化物阴极组合物以及采用该组合物的锂离子电化学电池	7	5
5	WO 2009045756	2007-09-28	烧结的阴极组合物	0	5

续表

序号	专利公开号	申请日	发明名称	被引频次	同族数目
6	WO 2009045766	2007-09-28	制备阴极组合物的方法	0	4
7	WO 2009120515	2008-03-24	高电压阴极组合物	1	5
8	WO 2013070298	2011-08-31	包含锂镍钴锰成分的高容量锂离子电池正极材料及使用其的电池	0	4

（1）WO 02089234

目前是三元材料NCM的核心专利。

该专利及其同族专利在全球被引用105次，先进性好。在11个国家申请专利布局。

各同族专利中，最早的专利是在美国申请，申请日为2001年4月27日，发明人为Lu Zhonghua和Dahn Jeffrey R.。

该专利保护产品，主要内容为：一种用于锂离子电池的阴极组合物，组合物结构式为$Li[Ni_yCo_{1-2y}Mn_y]O_2$，其中$0.083<y<0.5$，该组合物具有O3晶体结构的单相形式，在锂离子电池中30℃下完全充放电循环100次后不发生相变变成尖晶石结构，且用$30mA \cdot g^{-1}$的放电电流其最终容量为$130mA \cdot h \cdot g^{-1}$。

在其实施例19、实施例20中分别公开了结构式为$LiNi_{0.375}Co_{0.25}Mn_{0.375}O_2$和$LiNi_{0.25}Co_{0.5}Mn_{0.25}O_2$两种物质。

（2）WO 2004084330

该专利及其同族专利在全球被引用9次，先进性较好，在5个国家申请专利布局。

该国际专利申请指定了进入中国，在中国已经授权，中国专利号为ZL 200480006971.1。

提供锂过渡金属氧化物，具有高的密度、低的不可逆容量和增强的阴极性能。

该专利保护方法，主要内容为：一种生产的$Li_y[Ni_xCo_{1-2x}Mn_x]O_2$方法，式中$0.025 \leqslant x \leqslant 0.45$，$0.9 \leqslant y \leqslant 1.3$，该方法包括下列步骤：将$[Ni_xCo_{1-2x}Mn_x]OH_2$的干燥沉淀物与化学计量的LiOH或者$Li_2CO_3$和作为烧结试剂的硼化物一起研磨；加热得到的混合物，直到得到足够致密的用于锂离子电池的组合物$Li_y[Ni_xCo_{1-2x}Mn_x]O_2$，该组合物的颗粒密度为$3.3 \sim 3.5g \cdot cm^{-3}$，其中硼化合物的总量为所述混合物总重量的0.5%～1.0%。

在其实施例中具体公开了x=0.25，x=0.375时样品的制备方法。

（3）WO 2005056480

该专利及其同族专利在全球被引用25次，先进性好。在11个国家申请专利布局。

该国际专利申请指定了进入中国，在中国已经授权，中国专利号为ZL 200480035045.7。

提供一种单相锂过渡金属氧化物及其制备方法，制备方法研磨时间短，制得的锂过渡金属氧化物为单相且颗粒均匀、细小，含有其的电池具有$146mA \cdot h \cdot g^{-1}$的容量，以$75mA \cdot g^{-1}$的放电速率在4.4～2.5V之间充电和放电至少100个循环之后，电池容量没有明显下降。

该专利保护方法，主要内容为：

一种制造含钴、锰和镍的锂过渡金属氧化物单相化合物的方法，其包括：① 对含钴、含锰、含镍和含锂的氧化物或氧化物前体进行湿磨，以形成含有充分分散的钴、锰、镍和锂的细粒级浆料；② 加热所述浆料，以提供含有钴、锰和镍并具有基本单相O3晶体结构的锂过渡金属氧化物。

（4）WO 2008137241

该国际专利申请指定了进入中国，在中国未获得授权。

提供阴极组合物，具有比容量高、热稳定性高、循环特性好、容量稳定性好、安全性好的优点。

该专利请求保护产品，主要内容为：

一种用于锂离子电池的阴极组合物，化学式为$Li[Li_xMn_aNi_bCo_cM^1_dM^2_e]O_2$，其中$M^1$和$M^2$是不同的金属，并且不是Mn、Ni或Co，其中$a$、$b$和$c$中的至少一个大于0，且其中$x+a+b+c+d+e=1$；$-0.5\leqslant x\leqslant 0.2$；$0\leqslant a\leqslant 0.80$；$0\leqslant b\leqslant 0.75$；$0\leqslant c\leqslant 0.88$；$0\leqslant d+e\leqslant 0.30$；且$d$和$e$中的至少一个大于0；所述组合物的形式为具有层状O3晶体结构的单相。

（5）WO 2009045756

该国际专利申请指定了进入中国，在中国已经授权，中国专利号为ZL 200880108955.1。

提供阴极组合物及锂离子电池，该阴极组合物及锂离子电池具有更高容量、高平均电压、良好容量保持能力和更好的循环性能；阴极组合物在高温使用期间不会放出大量热量，从而提高了电池的安全性。

该专利请求保护产品，主要内容为：

一种包含粒子的阴极组合物，所述粒子包含：

第一独立相，所述第一独立相具有包含$Co_aNi_bMn_c$的过渡金属氧化物，其中a介于0.60和0.96之间、b介于0.02和0.20之间并且c介于0.02和0.20之间，其中a、b和c分别为钴、镍和锰的摩尔量，并且其中$a+b+c=1$；以及第二独立相，所述第二独立相具有包含$Co_xNi_yMn_z$的过渡金属氧化物，其中x介于0.40和0.60之间、y介于0.20和0.30之间并且z介于0.20和0.30之间，其中x、y和z分别为钴、镍和锰的摩尔量，并且其中$x+y+z=1$，并且其中所述第一独立相和所述第二独立相的每个都包含层状O3晶体结构。

（6）WO 2009045766

该国际专利申请指定了进入中国，在中国未获得授权。

制得的组合物在重复充放电循环后表现出高初始容量、高平均电压以及良好的容量保持能力、安全性和能量密度高。

该专利保护方法，主要内容为：

一种制备阴极组合物的方法，包括：

混合氧化钴和具有式$Mn_{x_1}Co_{y_1}Ni_{z_1}M_{a_1}(OH)_2$的混合型金属氢氧化物、具有式$Mn_{x_2}Co_{y_2}Ni_{z_2}M_{a_2}O_q$的混合型金属氧化物或它们的组合，其中每个$x_1$、$x_2$、$y_1$、$y_2$、$z_1$和$z_2>0$，$a_1$和$a_2\geqslant 0$，$x_1+y_1+z_1+a_1=1$，$x_2+y_2+z_2+a_2=1$并且$q>0$，同时M是选自除Mn、Co或Ni外的任何过渡金属以形成共混物；将锂盐添加至所述共混物中以形成混合物；以及烧结所述混合物，其中在将所述混合物共混后进行所述烧结。

（7）WO 2009120515

该国际专利申请指定了进入中国，在中国未获得授权。

提供了用于锂离子电化学电池的阴极组合物，其在高电压下具有极好的稳定性。

该专利请求保护产品，主要内容为：

一种阴极组合物，其包括：

具有外表面的多个颗粒；和包含锂电极材料的层，所述层与所述颗粒的外表面的至少一部分接触，其中所述颗粒包含锂金属氧化物，所述锂金属氧化物包括至少一种选自锰、镍和钴的金属，并且其中所述锂电极材料相对于Li/Li^+的再充电电压低于所述颗粒相对于Li/Li^+的再充电电压。

（8）WO 2013070298

该国际专利申请未指定进入中国，没有要求在中国的专利保护。

提供用于锂离子电池的正极，具有很好的容量保持率。

该专利请求保护产品，主要内容为：

一种用于锂离子电化学电池的正极，其包含下列化学式的组合物：$Li_{1+x}[Ni_aCo_bMn_c]_{1-x}O_2$，其中，$0.05 \leqslant x \leqslant 0.10$，$a+b+c=1$，$0.6 \leqslant b/a \leqslant 1.1$，$c/(a+b) < 0.25$，且$a$、$b$和$c$都大于0；其中，当在30℃下相对$Li/Li^+$在2.5～4.7V循环时，当比较第52个循环后的容量与第2个循环后的容量时，该组合物在50次循环后具有95%的容量保持率。

12.1.3.2 日亚化学工业公司

日亚化学工业公司主要是制造及销售以无机荧光粉为中心的精密化学品。同时，日亚化学工业公司也生产锂离子电池的正极材料如$LiCoO_2$、$LiMn_2O_4$以及$LiNi_xCo_yMn_zO_2$。日亚化学主要是采用共沉淀技术生产三元材料。日亚化学工业公司的NCM主要专利见表12-3。

表12-3 日亚化学工业公司的NCM主要专利

序号	专利公开号	申请日	发明名称	被引频次	同族数目
1	WO 2011162157	2010-06-22	非水电解液二次电池用正极组合物以及使用该正极组合物制造正极浆料的方法	0	4
2	CN102760872	2012-04-28	非水电解质二次电池用正极活性物质	0	4
3	CN103456916	2012-04-18	非水电解液二次电池用正极组合物	0	4

（1）WO 2011162157

该国际专利申请指定了进入中国，在中国还处于审查阶段。在美国、日本、欧洲和韩国也申请了专利，在日本已经获得专利权。

该专利提供正极组合物，其输出特性提高且成本低，在制作正极时的操作较为容易，生产效率得以改善。

该专利保护一种产品，保护范围如下：

非水电解液二次电池用正极组合物，其包含正极活性物质和添加粒子，所述正极活性物质由通式$Li_{1+x}Ni_yCo_zM_{1-y-z-w}L_wO_2$表示的锂过渡金属复合氧化物构成，式中，$0 \leqslant x \leqslant 0.50$、$0.30 \leqslant y \leqslant 1.0$、$0 \leqslant z \leqslant 0.5$、$0 \leqslant w \leqslant 0.1$、$0.30 < y+z+w \leqslant 1$，M为选自Mn和Al中的至少一种元素，L为选自Zr、Ti、Mg和W中的至少一种元素，所述添加粒子由酸性氧化物粒子构成。

（2）CN102760872

该中国专利申请没有被授予专利权。

该专利提供一种保存特性、输出特性、循环特性得以提高的正极活性物质。

该专利保护一种产品，保护范围如下：

一种非水电解质二次电池用正极活性物质，其由以通式$Li_aNi_{1-x-y-z}Co_xMn_yM'_zM''_wO_2$表示的锂过渡金属复合氧化物粒子构成，所述通式中，$1.00 \leqslant a \leqslant 1.25$、$0 \leqslant x \leqslant 0.5$、$0 \leqslant y \leqslant 0.5$、$0.002 \leqslant z \leqslant 0.01$、$0 \leqslant w \leqslant 0.05$，M′为选自W、Mo、Nb及Ta中的至少一种元素，M″为选自Zr、Al、Mg、Ti、B及V中的至少一种元素，在所述粒子的表面附近存在锂与M′的复合氧化物。

（3）CN103456916

该中国专利申请还在进行审查阶段。

该专利保护一种产品，保护范围如下：

一种非水电解液二次电池用正极组合物，其包含用通式$Li_aNi_{1-x-y-z}Co_xM^1_yW_zM^2_wO_2$表示的锂过渡金属复合氧化物，其中，$1.0 \leqslant a \leqslant 1.5$、$0 \leqslant x \leqslant 0.5$、$0 \leqslant y \leqslant 0.5$、$0.002 \leqslant z \leqslant 0.03$、$0 \leqslant w \leqslant 0.02$、$0 \leqslant x+y \leqslant 0.7$，$M^1$为选自Mn及Al中的至少一种，$M^2$为选自Zr、Ti、Mg、Ta、Nb及Mo中的至少一种；和至少含有硼元素及氧元素的硼化合物。

12.1.3.3 优美科（Umicore）

优美科（Umicore）公司，又称尤米科尔，于1906年在比利时创立，目前已经成为高级材料、稀贵金属、铜和锌以及相关技术应用产品的领导生产商，其产品广泛应用于汽车、电镀、首饰、电池、光电子产品、建筑、压铸合金、热镀、色料与涂料等诸多与人们日常生活息息相关的领域。优美科于1996年开始在中国的业务，目前在中国已拥有11个工厂、5个贸易机构，1100名员工，公司80%的全球业务已在中国开展。优美科的NCM主要专利见表12-4。

表12-4　优美科的NCM主要专利

序号	专利公开号	申请日	发明名称	被引频次	同族数目
1	CN 102612775	2009-11-05	双壳芯型锂镍锰钴氧化物	0	5
2	FR 2937633	2008-10-24	有利于使用在锂离子电池和锂聚合物电化学发生器中的锂镍锰钴铝氧化物	1	3
3	CA 2748800	2011–08-10	在Li的可再充电电池中结合了高安全性和高功率之正极材料	0	7

（1）CN102612775

该专利还处于审查阶段。

该专利提供了一种用于可再充电电池中的锂过渡金属氧化物粉末，其中以第一内层和第二外层涂覆所述粉末的原粒子表面，所述第二外层包含含氟聚合物，且所述第一内层由所述含氟聚合物和所述原粒子表面的反应产物构成。其中的锂过渡金属氧化物可以为$Li_{1+a}M'_{1-a}O_{2\pm b}M^1_kS_m$，其中$-0.03 \leqslant a \leqslant 0.06$，$b \leqslant 0.02$，$M'=Ni_{a''}Mn_{b''}Co_{c''}$，其中$a''>0$，$b''>0$，$c''>0$和$a''+b''+c''=1$；且$a''/b''>1$，$M^1$由Ca、Sr、Y、La、Ce和Zr之一或多种元素构成，且以质量分数（%）表示，$0 \leqslant k \leqslant 0.1$；且$0 \leqslant m \leqslant 0.6$，$m$是以摩尔分数（%）表示。

（2）FR2937633

在法国、美国和欧洲申请了专利，在法国和美国已经获得了专利权。没有在中国申请专利保护。

该专利提供一种正极材料，具有很好的热稳定性，并且在–20～30℃之间具有很好的化学稳定性。

该专利保护一种产品，保护范围如下：

一种化学式为$Li_{1+x}(Ni_aMn_bCo_cAl_y)_{1-x}O_2$的化合物，其中，$a$，$b$和$c$不为0，$a+b+c+y=1$；$1.05 \leqslant (1+x)/(1-x) \leqslant 1.25$；$0.015 \leqslant y(1-x)$，锰的原子个数是镍的原子个数的95%～100%。

（3）CA2748800

该专利同时还在日本、美国、韩国和欧洲申请了专利，并获得了专利权。2011年8月17日在中国申请专利，目前还处在审查阶段。

该专利提供了一种锂金属氧化物粉末，用作Li电池正极材料，具有优异的功率性能和安全特性。

该专利保护一种产品，专利保护范围如下：

一种在可再充电电池中用作阴极材料的锂金属氧化物粉末，具有通式$Li_aNi_xCo_yMn_{y'}M'_zO_{2\pm e}A_f$，其中$0.9<a<1.1$、$0.3\leqslant x\leqslant 0.9$、$0<y\leqslant 0.4$、$0<y'\leqslant 0.4$、$0<z\leqslant 0.35$、$e<0.02$、$0\leqslant f\leqslant 0.05$并且$0.9<(x+y+y'+z+f)<1.1$；M′由下组中的任一种或多种元素组成：Al、Mg、Ti、Cr、V、Fe以及Ga；A由下组中的任一种或多种元素组成：F、C、Cl、S、Zr、Ba、Y、Ca、B、Sn、Sb、Na以及Zn；

该粉末具有一粒度分布，该粒度分布限定了D_{10}和D_{90}；并且其中以下的任一者：$x_1-x_2\geqslant 0.005$；或$z_2-z_1\geqslant 0.005$；或不仅$x_1-x_2\geqslant 0.005$而且$z_2-z_1\geqslant 0.005$；x_1和z_1是与具有粒度D_{90}的颗粒相对应的参数；并且x_2和z_2是与具有粒度D_{10}的颗粒相对应的参数。

12.1.3.4　清美化学股份有限公司

1947年，为实现合成香料香豆素的国产化，由旭硝子全额出资在东京都原宿成立清美化工，1984年，与旭硝子公司的相关公司Asny进行合并，社名变更为“清美化学”，1995年，开始生产锂离子充电电池正极材料（Selion®）（Co系）；1998年，开始生产锂离子充电电池正极材料（Selion®）（Ni系）；2003年，开始生产锂离子充电电池正极材料（Selion®L）；2007年，公司名称更改为AGC清美化学公司。清美化学的NCM主要专利见表12-5。

表12-5　清美化学的NCM主要专利

序号	专利公开号	申请日	发明名称	被引频次	同族数目
1	WO 2004082046	2004-03-12	锂二次电池用正极活性物质粉末	33	5
2	WO 2005020354	2004-08-20	锂二次电池用正极活性物质粉末	28	4
3	WO 2005124898	2005-06-13	锂二次电池用正极活性物质粉末	20	3

（1）WO 2004082046

该国际专利申请指定了进入中国，在中国已经获得授权，专利号为200480001164.0。

该专利提供锂镍钴锰复合氧化物粉末，具有初期体积和质量能量密度高、初期充放电效率高、循环稳定性好且安全性高的优点。

主要保护一种产品，保护范围：

锂二次电池用锂镍钴锰复合氧化物粉末，其特征在于，它是由通式$Li_pNi_xCo_yMn_zM_qO_{2-a}F_a$表示的锂镍钴锰复合氧化物的微粒多个凝集而形成的、平均粒径D_{50}为3～15μm的凝集粒状复合氧化物粉末，且粉末的压缩破坏强度在50MPa以上；式中，M为Ni、Co、Mn以外的过渡金属元素或碱土类金属元素，$0.9\leqslant p\leqslant 1.1$、$0.2\leqslant x\leqslant 0.5$、$0.1\leqslant y\leqslant 0.4$、$0.2\leqslant z\leqslant 0.5$、$0\leqslant q\leqslant 0.05$、$1.9\leqslant 2-a\leqslant 2.1$、$x+y+z+q=1$、$0\leqslant a\leqslant 0.02$。

（2）WO 2005020354

该国际专利申请指定了进入中国，在中国已经获得授权，专利号为ZL 200480001420.6。

该专利提供一种体积容量密度大、安全性高并且充放电循环耐久性优异的锂二次电池正极用的锂镍钴锰复合氧化物粉末。

该专利保护一种产品，保护范围：

锂二次电池用的正极活性物质粉末，其特征在于，含有通式$Li_pNi_xCo_yMn_zM_qO_{2-a}F_a$所示的锂复合氧化物的微粒大量凝集形成的、平均粒径$D_{50}$为3～15μm的粒状粉末，包含压缩破坏强度在50MPa以上的第1粒状粉末和压缩破坏强度未满40MPa的第2粒状粉末，第1粒状粉末/第2粒状粉末的含有量，以重量比表示，为50/50～90/10；其中M是Ni、Co、Mn以外的过渡金属元素、铝或者碱土类金属元素；$0.9 \leqslant p \leqslant 1.1$、$0.2 \leqslant x \leqslant 0.8$、$0 \leqslant y \leqslant 0.4$、$0 \leqslant z \leqslant 0.5$、$y+z>0$、$0 \leqslant q \leqslant 0.05$、$1.9 \leqslant 2-a \leqslant 2.1$、$x+y+z+q=1$、$0 \leqslant a \leqslant 0.02$。

（3）WO 2005124898

该专利在美国、日本、韩国都已经获得专利权。没有在中国申请专利。

该专利提供一种锂离子电池正极材料，循环性能好。保护范围：

一种锂离子电池正极活性材料，其含有：第一复合氧化物组分，化学式为$Li_pQ_xM_yO_zF_a$，其中Q是Co或Mn，M是Al、碱土金属元素或Q之外的其他过渡金属元素；当Q为Co时，$0.9 \leqslant p \leqslant 1.1$，$0.98 \leqslant x \leqslant 1.000$，$0 \leqslant y \leqslant 0.02$，$1.9 \leqslant z \leqslant 2.1$，$x+y=1$，$0 \leqslant a \leqslant 0.02$； 当Q为Mn时，$1 \leqslant p \leqslant 1.3$，$x=2-y$，$0 \leqslant y \leqslant 0.05$，$z=4$，$a=0$；平均粒径$D_{50}$为5～30μm，具有至少40 MPa的粉末的压缩破坏强度；第一复合氧化物组分，化学式为$Li_pNi_xCo_yMn_zN_qO_rF_a$，其中N为Al、碱土金属元素或Ni、Co、Mn之外的其他过渡金属元素，$0.9 \leqslant p \leqslant 1.1$、$0.2 \leqslant x \leqslant 0.8$、$0 \leqslant y \leqslant 0.4$、$0 \leqslant z \leqslant 0.5$，$0 \leqslant q \leqslant 0.05$，$1.9 \leqslant r \leqslant 2.1$，$x+y+z+q=1$，$0 \leqslant a \leqslant 0.02$， 平均粒径$D_{50}$为2～30μm，具有至少40 MPa的粉末的压缩破坏强度；第一复合氧化物和第二复合氧化物的质量比为95 ∶ 5～30 ∶ 70。

12.1.3.5 比亚迪股份有限公司

比亚迪股份有限公司于1995年2月成立，是一家具有民营企业背景的香港上市公司，总部设于广东深圳，是深圳市高新技术企业。主要从事三大产业：IT、汽车以及新能源。目前比亚迪的镍电池和手机用锂电池销量均已达到全球第一。比亚迪的NCM主要专利见表12-6。

表12-6 比亚迪的NCM主要专利

序号	专利公开号	申请日	同族	发明名称
1	CN 100417595	2002-11-19	无	由碳酸盐前驱体制备锂过渡金属复合氧化物的方法
2	WO 2004114452 WO 2005043667	2004-04-21	CN、US、JP、EP、KR、DE	由碳酸盐前驱体制备锂过渡金属复合氧化物的方法
3	WO 2007048283	2005-10-27	CN、US、JP、EP、KR	锂离子电池正极材料锂镍锰钴氧的制备方法
4	CN 101471441	2007-12-27	无	一种锂离子电池正极活性物质及其制备方法
5	CN 101783408	2009-01-16	无	一种正极材料及其制备方法以及使用该正极材料的电池

（1）WO 2004114452

该国际专利申请指定了进入中国，在中国已经获得授权，专利号为ZL 02151991.9。

该专利保护一种方法，主要内容为：

由碳酸盐前驱体制备锂过渡金属复合氧化物的方法，是先配制含有以钴、镍、锰混合离子的A溶液与含有碳酸根离子的B溶液，A溶液与B溶液混合得到碳酸盐前驱体，与Li_2CO_3混合均匀后，在空气中高温煅烧，经冷却、粉碎后，再在空气中高温煅烧，经冷却、球磨、筛分即可得到化学式为$LiNi_{1-x-y}Co_xMn_yO_2$的锂过渡金属复合氧化物；其粒度分布、颗粒大小平均为10μm，放电容量达到150mA·h·g^{-1}，循环寿命长，适合锂离子电池使用。

（2）WO 2007048283

该国际专利申请指定了进入中国，在中国已经获得授权，专利号为ZL 200510114482.4。

该专利保护一种方法，主要内容为：

一种锂离子电池正极材料锂镍锰钴氧的制备方法，该方法包括将含有锂化合物和镍锰钴氢氧化物的混合物进行一段烧结和二段烧结，其中，该方法还包括在一段烧结后加入黏合剂和/或黏合剂溶液，所述二段烧结是将黏合剂和/或黏合剂溶液与一段烧结产物的混合物进行二段烧结。用本发明方法制得的正极材料锂镍锰钴氧的振实密度达到2.4g·cm^{-3}，体积比容量也高达416.4mA·h·cm^{-3}。而且用本发明方法制得的正极材料锂镍钴锰氧具有比容量高和循环稳定性好的优点。

（3）CN 101471441

该中国专利申请已经获得授权，专利号为ZL 200710307044.9。

该专利保护一种产品及其制备方法，主要内容为：

正极活性物质含有由式（1）表示的氧化物IA和由式（2）表示的氧化物IB。

$LiNi_{1-x-y}Co_xM_yO_2$（1），式中：x和y为摩尔分数，$0\leqslant x+y<1$，M为Al、B、Mn、Fe、Ti、Mg、Cr、Ga、Cu、Zn、Y、Sr和Nb中的一种或几种；

Li（NiMn）$_{(1-a-b)/2}Co_aX_bO_2$（2），式中：a和b为摩尔分数，$0\leqslant a+b<1$，X为Al、B、Fe、Ti、Mg、Cr、Ga、Cu、Zn、Y、Sr和Nb中的一种或几种。

本发明的正极活性物质具有优良的热稳定性、倍率放电性能、循环性能、过充性能。

（4）CN 101783408

该中国专利申请已经获得授权，专利号为ZL 200910105111.8。

该专利保护一种产品及一种制备方法，主要内容为：

一种锂离子二次电池正极材料，其通式为$LiNi_aMn_bCo_cO_{2-x}F_x$，其中$0.1\leqslant a\leqslant 0.45$，$0.1\leqslant b\leqslant 0.45$，$0.1\leqslant c\leqslant 0.45$，且$a+b+c=1$；$0.001\leqslant x\leqslant 0.2$；本发明还公开了其制备方法：将镍盐、钴盐、锰盐的混合溶液和含氟离子的沉淀剂溶液加入到反应釜中反应沉淀，待反应完毕后，将沉淀生成产物洗涤、干燥；制成前驱体；将所述前驱体和含锂化合物以物质的量1∶（1～1.1）的比例混合，在含氧环境气氛中高温烧结。本发明提供的正极材料循环性能好，金属离子沉淀易控制。

12.1.4 小结

目前对于三元材料NCM的研究，主要集中在材料的改性和材料的制备两方面。

美国3M公司掌握三元材料核心专利，且拥有8项关于三元材料NCM的专利。其专利技术主要在于具有O3晶体结构的单相形式，结构式为$Li[Ni_yCo_{1-2y}Mn_y]O_2$（其中$0.083<y<0.5$）的组合物及其制备方法。

日亚、优美科、清美的专利主要保护的是对于NCM材料进行改性，采用金属离子的掺杂和阴离子掺杂的方法提高材料的性能。

比亚迪关于三元材料NCM进行了国际专利（PCT）申请，这表明比亚迪在专利保护上具有国际战略的眼光。深圳比克的研究重点在于采用包覆的方式对三元材料进行了改性，或者是将三元材料与其他的氧化物混合共同作为正极材料使用。

三元材料制备设备方面的专利申请较少，为制备均匀的三元材料制备设备的改进也是很重要的。许开华在2000年申请的锂离子电池正极材料的制备方法和设备（受权公告号CN1137523C）虽然涉及的材料不是三元材料，但可以借鉴。

12.2 NCA专利分析

12.2.1 专利申请总体情况

12.2.1.1 申请趋势

1996年12月5日，日本电池公司申请了第一项组成为锂镍钴铝氧化物的专利（专利公开号：JP09237631A），该专利保护了一种组成为$LiNi_{1-x-z}Co_xAl_zO_2$，其中，$0.15 \leqslant x \leqslant 0.25$、$0 < z \leqslant 0.15$的正极活性物质的共沉淀制备方法。1997年8月11日，富士化学工业公司申请了另外一项组成为锂镍钴铝氧化物的专利（专利公开号：JP4760805B2），这项专利在2003年转让给户田工业公司，主要内容是关于$Li_yNi_{1-x}Co_{x_1}M_{x_2}O_2$的制备方法，其中，M选自Al、Fe和Mn中的至少一种元素的组合，$0 < x \leqslant 0.5$，$x_1+x_2=x$，$0 < x_1 < 0.5$，$0 < x_2 < 0.5$，$0.9 \leqslant y \leqslant 1.3$。

三元材料NCA的专利申请总量远小于三元材料NCM的申请量，从全球的申请趋势来看，在2003年、2011年和2013年有三次高峰。在2007年之前，在华申请趋势与全球申请趋势基本相同，且占全球申请量的很大比例，这表明在申请专利时，全球企业都比较注重在中国进行专利布局，中国被认为是很有潜力的市场。在2009年之后，在华的专利申请量与本国申请人在华申请量基本相同，这表明2009年之后在华的专利申请主要是由本国申请构成，国外来华申请比例急剧减小。2012年之后，本国申请人的在华申请量占全球申请量的绝大部分，这表明NCA的研究主要集中在中国。

1999年，北京有色金属研究总院申请了第一件本国申请人的NCA材料的专利（专利公开号：CN1289738），可见，国内关于NCA的研究起步较晚。除去本国的申请量之后，其他国家关于NCA的研究热潮在2000年、2003年和2011年，而国内NCA的研究热潮在2012年之后，这说明中国关于NCA材料的研发脚步始终落后于国际的研发脚步，在这种技术的开发和敏感度上还有待提高。

NCA材料申请趋势如图12-3所示。

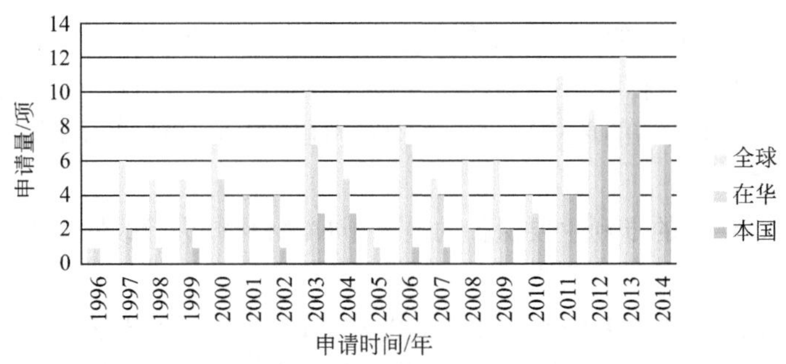

图12-3 NCA材料申请趋势

12.2.1.2 申请人排名

从NCA材料的全球申请人排名（图12-4）中可以看出，处于全球申请量排名前七的企业中，中国企业仅比亚迪一家榜上有名，其余的全是日韩企业。这表明日本和韩国在这方面处于领先的地位。韩国的三星和日本的丰田分别处于第一和第二的位置，而中国的比亚迪与日本的住友金属公司并列第五名。

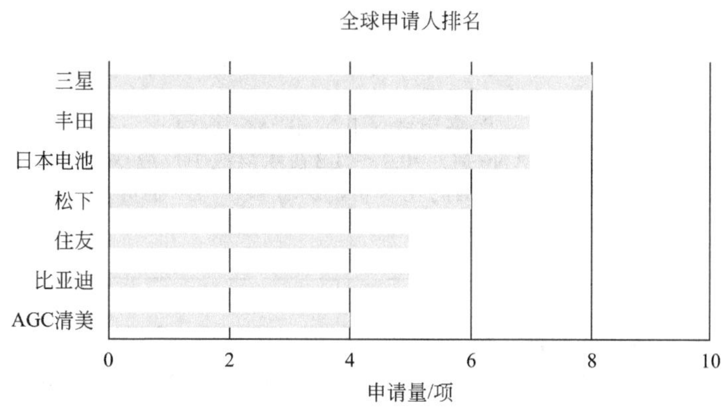

图12-4 **NCA材料全球申请人申请量排名**

12.2.2 NCA材料的重要专利

根据被引频次、同族数目以及许可情况，三元材料NCA的几项重要专利见表12-7。

表12-7 **NCA的重要专利**

序号	专利公开号	申请日	被引频次	同族	申请人
1	CN1155525	1997-08-11	71	WO、JP、DE、EP、US、CA	户田工业公司
	发明名称：锂镍钴复合氧化物及其制法以及用于蓄电池的阳极活性材料 首项权利要求：下面通式（Ⅰ）所代表的复合氧化物的制备方法 $Li_yNi_{1-x}Co_{x_1}M_{x_2}O_2$ （Ⅰ） 其中，M代表B和选自Al、Fe和Mn中的至少一种元素的组合，x表示$0<x\leqslant 0.5$，x1表示$0<x_1<0.5$，$x_1+x_2=x$，x_2表示$0<x_2<0.5$和y表示$0.9\leqslant y\leqslant 1.3$，其特征在于，在水介质中将含$x_4$（摩尔分数，%）的硼化合物（$0<x_4<0.1$，$x_4$、$x_3$和$x_2$的关系以$x_4+x_3=x_2$表示）以及其量相当于以$y$所表示的锂原子摩尔数的锂化合物加入到具有通式（Ⅳ）的碱性金属盐中 $Ni_{1-x}Co_{x_1}N_{x_3}(OH)_{2(1-x+x_1)+3x_3-nz}(A^{n-})_z\cdot mH_2O$ （Ⅳ） 其中，N代表选自Al、Fe和Mn中的至少一种元素，在这一点上，通式（Ⅰ）中的M含有B和N，其中B含量以x_4表示，x表示$0<x\leqslant 0.5$，x_1表示$0<x_1<0.5$，x_3表示$0<x_3\leqslant 0.3-x_4$，$x_1+x_3+x_4=x$，A^{n-}表示具有n价（n=1～3）的阴离子，z和m分别是满足$0.03\leqslant z\leqslant 0.3$，$0\leqslant m<2$的正数，以形成浆料，将所形成的浆料喷雾干燥或冷冻干燥，以及在氧化气氛下，于600～900℃的温度下，加热所得的产物4h或更长。				

续表

序号	专利公开号	申请日	被引频次	同族	申请人
2	EP806397	1995-11-24	103	WO、JP、DE、CA、US	富士化学工业公司
	发明名称：锂镍复合氧化物，及其制造方法，和用于二次电池的正电极活性物质 首项权利要求：一种制备由式（Ⅰ）代表的锂镍复合氧化物的方法 $Li_{y-x_1}Ni_{1-x_2}M_xO_2$　（Ⅰ） 其中M代表选自Al、Fe、Co、Mn和Mg的金属，$x=x_1+x_2$，（i）当M为Al 或Fe时，$0<x\leqslant0.2$，$x_1=0$，$x_2=x$；（ii）当M为Co或Mn时，$0<x\leqslant0.5$，$x_1=0$，$x_2=x$；（iii）当M为Mg时，$0<x<0.2$，$0<x_1\leqslant0.2$，$0<x_2\leqslant0.2$；$0.9\leqslant y\leqslant1.3$ 所述方法包括下列步骤：① 采用式（Ⅱ）$Ni_{1-x}M_{px}(OH)_{2-nz}(A^{n-})[Z^{+}_{(px-2x)/n}]\cdot mH_2O$的物质与水溶性锂化合物以Li/（Ni+M）=0.9～1.3在水溶液中反应获得浆料，式（Ⅱ）中，M选自Al、Fe、Co、Mn和Mg，p是M的化合价，$2\leqslant p\leqslant3$，A^{n-}是价态为n的阴离子，$0<x\leqslant0.2$，$0.03\leqslant z\leqslant0.3$，$0\leqslant m<2$，② 喷雾干燥浆料；③ 在氧化性气氛中600～900℃加热干燥后的材料4h以上。				
3	CN1146062	1998-02-10	73	JP、US、SG、KR	三星电管公司
	发明名称：正极活性材料及其制造方法以及使用该材料的锂二次电池 首项权利要求：一种用于锂二次电池的正极的活性材料，活性材料的表面涂覆有金属氧化物，其中，活性材料的结构式为$LiA_{1-x-y}B_xC_yO_2$，其中$0<x\leqslant0.3$，$0\leqslant y\leqslant0.01$和A是从Ni、Co和Mn组成的组中选择的一种元素；B是从Ni、Co、Mn、B、Mg、Ca、Sr、Ba、Ti、V、Cr、Fe、Cu和Al组成的组中选择的一种元素；C是从Ni、Co、Mn、B、Mg、Ca、Sr、Ba、Ti、V、Cr、Fe、Cu和Al组成的组中选择的一种元素；以及该金属氧化物包括从Mg、Al、Co、K、Na和Ca组成的组中选择的一种元素。				
4	JP2002145623	2000-11-06	73	无	清美化学
	发明名称：含锂过渡金属氧化物及其制造方法 首项权利要求：一种含锂过渡金属复合氧化物，由式$LiNi_xMn_{1-x-y}M_yO_2$表示，其中，$0.30\leqslant x\leqslant0.65$，$0\leqslant y\leqslant0.20$，M选自Fe、Co、Cr、Al、Ti、Ga、In和Sn，当M选自多种时，其平均价态为2.700～2.970，上述氧化物可作为正极活性物质。				

12.2.3 国内外主要企业分析

12.2.3.1 户田工业公司

户田工业公司主要专利见表12-8。

表12-8 户田工业公司主要专利

序号	专利公开号	申请日	被引频次	同族	发明名称
1	CN1155525	1997-08-11	71	WO、JP、DE、EP、US、CA	锂镍钴复合氧化物及其制法以及用于蓄电池的阳极活性材料
2	CN101282911	2006-08-08	11	WO、CA、TW、EP、KR、JP、US	无机化合物
3	CN101595581	2007-12-06	9	WO、JP、KR、EP、US、CA	非水电解质二次电池用Li-Ni复合氧化物颗粒粉末及其制造方法、非水电解质二次电池

续表

序号	专利公开号	申请日	被引频次	同族	发明名称
4	CN102420322	2011-11-21	0	无	一种锂二次电池用多元复合正极材料及其制备方法
5	CN102239118	2009-12-03	0	WO、JP、KR、EP、US、IN	锂复合化合物颗粒粉末及其制造方法、非水电解质二次电池
6	CN103459321	2012-04-12	0	JP、TW、KR、EP、US、WO	Li-Ni复合氧化物颗粒粉末及其制造方法以及非水电解质二次电池
7	CN102496710	2011-12-31	0	无	一种镍基多元正极材料及其制备方法

（1）CN1155525

此项专利在中国已经被授予专利权，是处于有效期内的发明专利。

在中国、日本、德国、欧洲、美国和加拿大六个国家和地区进行了专利布局。

该专利及其同族专利在全球被引用71次，先进性好。

该专利优先权日为1996年8月21日，于2003年由富士化学工业公司将该专利申请转让给户田工业公司，该专利在2004年6月30日授权。

这项专项保护$Li_yNi_{1-x}Co_{x_1}M_{x_2}O_2$的制备方法，其中，M代表B和选自Al、Fe和Mn中的至少一种元素的组合，$0<x\leqslant0.5$，$0<x_1<0.5$，$0<x_2<0.5$，$x_1+x_2=x$，$0.9\leqslant y\leqslant1.3$，在水介质中将含$x_4$（摩尔分数，%）的硼化合物（$0<x_4<0.1$，$x_4$、$x_3$和$x_2$的关系以$x_4+x_3=x_2$表示）以及其量相当于以$y$所表示的锂原子摩尔数的锂化合物加入到具有通式（Ⅳ）的碱性金属盐中，

$$Ni_{1-x}Co_{x_1}N_{x_3}(OH)_{2(1-x+x_1)+3x-nz}(A^{n-})_z\cdot mH_2O \quad (\text{Ⅳ})$$

其中，N代表选自Al、Fe和Mn中的至少一种元素，在这一点上，通式（Ⅰ）中的M含有B和N，其中B含量以x_4表示，x表示$0<x\leqslant0.5$，x_1表示$0<x_1<0.5$，x_3表示$0<x_3\leqslant0.3-x_4$，$x_1+x_3+x_4=x$，A^{n-}表示具有n价（$n=1\sim3$）的阴离子，z和m分别是满足$0.03\leqslant z\leqslant0.3$，$0\leqslant m<2$的正数，以形成浆料，将所形成的浆料喷雾干燥或冷冻干燥，以及在氧化气氛下，于600～900℃的温度下，加热所得的产物4h或更长。

（2）CN101282911

该发明专利还处于审查阶段。

该发明涉及式$Ni_bM^1_cM^2_d(O)_x(OH)_y$的化合物、该化合物的制造方法、其作为制造二次锂电池的阴极材料用的前体的用途，其中M^1是指至少一种选自Fe、Co、Mg、Zn、Cu和/或其混合物的元素，M^2是指至少一种选自Mn、Al、B、Ca、Cr和/或其混合物的元素，其中$b=0.8$，$c=0.5$，$d=0.5$，且x是0.1～0.8的数，y是1.2～1.9的数，且$x+y=2$。

（3）CN101595581

此项专利在中国已经被授予专利权，是处于有效期内的发明专利。

在中国、日本、韩国、欧洲、美国和加拿大六个国家和地区进行了专利布局。

该专利及其同族专利在全球被引用9次，先进性好。

该发明提供充放电容量高、填充性和保存特性均优良的非水电解质二次电池用Li-Ni复合氧化物颗粒粉末。该Li-Ni复合氧化物颗粒粉末的组成为$Li_xNi_{1-y-z}Co_yAl_zO_2$($0.9<x<1.3$，

$0.1<y<0.3$，$0<z<0.3$)的Li-Ni复合氧化物颗粒粉末，以1tf·cm^{-2}加压前后的比表面积的变化率为10%以下，且硫酸根离子含量为1.0%以下。该非水电解质二次电池用Li-Ni复合氧化物颗粒粉末采用下述方法制造：将在Ni-Co氢氧化物颗粒的颗粒表面覆盖有一次粒径为1μm以下的Al化合物且硫酸根离子含量为1.0%以下的Ni-Co氢氧化物颗粒粉末与锂化合物混合，对得到的混合物进行烧制。

（4）CN102420322

已经授权，有效的发明专利，稳定性好。

一种锂二次电池用多元复合正极材料及其制备方法，该锂二次电池用多元复合正极材料的化学式为$Li_aNi_xCo_yMn_{1-x-y}M_zO_2(PO_4)_b$，M是选自Mg、Al、Zr、Ba、Sr及B中的一种或二种以上的元素，$0.8\leqslant a\leqslant 1.2$，$0<x<1$，$0<y<1$，$x+y\leqslant 1$，$0.0005\leqslant z\leqslant 0.02$，$0<b\leqslant 0.02$。其制备方法是：称取$Ni_xCo_yMn_{1-x-y}(OH)_2$、锂盐或氧化锂或氢氧化锂、含元素M的化合物，混合，在700～950℃烧结6～24h，冷却后破碎，筛分，得$Li_aNi_xCo_yMn_{1-x-y}M_zO_2$表示的化合物A；测试化合物A残存的锂元素含量，加入含磷化合物，300～900℃热处理2～10h，冷却后破碎，筛分，即成。

（5）CN102239118

该专利处于审查阶段。

本发明涉及复合化合物颗粒粉末，在$Li_{1+x}Ni_{1-y-z}Co_yM_zO_2$（M=B、Al）所示的锂复合化合物颗粒粉末中，以飞行时间型二次离子质谱仪分析该锂复合化合物颗粒粉末的颗粒表面时的离子强度比A（LiO^-/NiO^{2-}）为0.3以下且离子强度比B（$Li_3CO_3^+/Ni^+$）为20以下。本发明的锂复合化合物颗粒粉末能够作为循环特性良好且高温保存特性优异的二次电池的正极活性物质使用。

（6）CN103459321

该专利处于审查阶段。

本发明提供一种作为非水电解质二次电池用活性物质、高温保存特性良好且周期特性优异的锂复合化合物颗粒粉末以及使用该锂复合化合物颗粒粉末的二次电池。非水电解质二次电池用Li–Ni复合氧化物粉末中，比表面积为0.05～0.8m^2·g^{-1}，颗粒最表面的两性金属的浓度与Ni的浓度的原子比(Ma/Ni)为2～6，且颗粒最表面的两性金属的浓度比从颗粒最表面向中心方向50nm的位置的两性金属的浓度高。

（7）CN102496710

已经授权，有效的发明专利，稳定性好。

一种镍基多元正极材料及其制备方法，该镍基多元正极材料的化学式为$Li_aNi_xCo_yM_{1-x-y}O_2/(zLi_3PO_4\cdot(1-z)M')_b$；所述化学式中M是选自Mn、Al、Zr、Ba、Sr及B中的一种或二种以上的元素，M′是选自Al、Zr、Ti、Mg、La中的一种或二种以上的氧化物，$0.8\leqslant a\leqslant 1.2$，$0.7<x<1$，$0<y<1$，$x+y<1$，$0<z<1$，$0<b<0.05$。本发明还包括所述镍基多元正极材料的制备方法。本发明之镍基多元正极材料，表面采用磷酸锂和金属氧化物复合包覆处理，能减少界面阻抗，提高表面锂离子电导性能，保护镍基多元正极材料，抑制镍基多元材料相变的发生，同时抑制发热，提高热稳定性，使产品制成的锂离子二次电池容量高，安全性好。

12.2.3.2　松下电器产业公司

松下电器产业公司主要专利见表12-9。

表12-9　松下电器产业公司主要专利

序号	专利公开号	申请日	被引频次	同族	发明名称
1	CN1658414	2005-04-08	29	JP、US、KR	二次电池用正极活性物质、其制造方法和二次电池
2	CN101120464	2006-04-17	23	WO、JP、US	非水电解液二次电池
3	CN100466341	2003-08-08	14	JP、US	非水电解质二次电池用正极活性物质及其制造方法
4	CN100559638	2006-06-26	10	WO、JP、US	锂离子二次电池
5	CN101147282	2006-03-22	10	WO、JP、US	锂离子二次电池及其制备方法
6	CN1801521	2006-01-26	6	JP、US	非水电解质二次电池
7	CN102077397	2010-03-03	1	WO、JP、EP、US、KR	非水电解质二次电池用正极活性物质、其制造方法及非水电解质二次电池
8	CN102449818	2010-12-09	1	WO、JP、US、KR	锂离子电池用正极、其制造方法以及使用了所述正极的锂离子电池

（1）CN1658414

有效的发明专利，稳定性好

该专利及其同族专利在全球被引用29次，先进性好。

本发明的非水电解质二次电池用正极活性物质，其包含：含有锂、镍以及与锂和镍不同的至少1种金属元素的锂镍复合氧化物；和在该锂镍复合氧化物的表面上负载的含有碳酸锂、氢氧化铝和氧化铝的层；其中，在上述锂镍复合氧化物中，在镍与至少1种的金属元素的总量中镍所占的比例为30%（摩尔分数）或以上。在上述层中所含碳酸锂的量是，相对于每100mol的锂镍复合氧化物为0.5～5mol，在上述氢氧化铝和氧化铝中所含有的铝原子的总量是，相对于每100mol的锂镍复合氧化物为0.5～5mol。通过使用这样的正极活性物质，可以提供一种初期特性和寿命特性优异的非水电解质二次电池。在上述非水电解质二次电池用正极活性物质中，锂镍复合氧化物进一步优选由下述通式表示：$Li_xNi_{1-y-z}Co_yM_zO_2$（$0.98 \leqslant x \leqslant 1.1$，$0.1 \leqslant y \leqslant 0.35$，$0.03 \leqslant z \leqslant 0.35$，M是 选 自Al、Ti、V、Cr、Mn、Fe和Y之中的至少一种金属元素）。

实施例中公开了：$Li_{1.08}Ni_{0.75}Co_{0.2}Al_{0.05}O_2$、$Li_{1.08}Ni_{0.87}Co_{0.1}Al_{0.03}O_2$、$Li_{1.08}Ni_{0.55}Co_{0.1}Al_{0.35}O_2$等表示的锂镍复合氧化物。

（2）CN101120464

有效的发明专利，稳定性好。

该专利及其同族专利在全球被引用23次，先进性好。

曾发生转让，2008年专利权由住友金属矿山公司和松下电器产业公司转让给松下电器产业公司。

该发明中，非水电解液二次电池用正极活性物质使用$Li_xNi_{1-y-z-v-w}Co_yAl_zM^1_vM^2_wO_2$表示的含锂复合氧化物。其中，元素$M^1$为选自Mn、Ti、Y、Nb、Mo以及W之中的至少1种，元素M^2为选自Mg、Ca、Sr、Ba以及Ra之中的至少2种，且元素M^2至少含有Mg和Ca，其中，$0.97 \leqslant x \leqslant 1.1$、$0.05 \leqslant y \leqslant 0.35$、$0.005 \leqslant z \leqslant 0.1$、$0.0001 \leqslant v \leqslant 0.05$以 及$0.0001 \leqslant w \leqslant 0.05$。而且一次粒子的平均粒径为0.1 ～ 3μm，二次粒子的平均粒径为8 ～ 20μm。

（3）CN100466341

有效的发明专利，稳定性好。

该专利及其同族专利在全球被引用14次，先进性较好。

该发明公开了利用包括如下3个工序的制造方法，就能得到可抑制低温环境下的反应电阻并具有高输出输入功率的非水电解质二次电池的正极活性物质：

① 得到镍氢氧化物的工序：它由一般式$Ni_{1-(x+y)}Co_xM_y(OH)_2$表示，满足$0.1 \leqslant x \leqslant 0.35$及$0.03 \leqslant y \leqslant 0.2$，M是选自Al、Ti及Sn中的至少一种。

② 得到镍氧化物的工序：对上述镍氢氧化物进行600℃以上、1000℃以下温度范围的热处理，得到由一般式$Ni_{1-(x+y)}Co_xM_yO$表示的、满足$0.1 \leqslant x \leqslant 0.35$及$0.03 \leqslant y \leqslant 0.2$、M是选自Al、Ti及Sn中至少一种的镍氧化物。

③ 得到含锂复合氧化物的工序：对上述镍氧化物和锂化合物的混合物进行700℃以上、850℃以下温度范围的热处理，得到由一般式$LiNi_{1-(x+y)}Co_xM_yO_2$表示的、满足$0.1 \leqslant x \leqslant 0.35$及$0.03 \leqslant y \leqslant 0.2$的、M选自Al、Ti及Sn中的至少一种的含锂复合氧化物。

（4）CN100559638

有效的发明专利，稳定性好。

该专利及其同族专利在全球被引用10次，先进性较好。

该发明的目的是提高包含以镍或钴为主要成分的锂复合氧化物作为正极活性物质的锂离子二次电池的间歇循环性能。该发明涉及一种锂离子二次电池，其正极包含活性物质粒子，所述活性物质粒子包含锂复合氧化物，所述锂复合氧化物用通式$Li_xM_{1-y}L_yO_2$表示（其中$0.85 \leqslant x \leqslant 1.25$以及$0 \leqslant y \leqslant 0.50$，元素M是选自由Ni以及Co组成的组中的至少一种，元素L是选自由碱土类元素、过渡金属元素、稀土类元素、ⅢB族元素以及ⅣB族元素组成的组中的至少一种），所述活性物质粒子的表层部包含元素Le，其为选自由Al、Mn、Ti、Mg、Zr、Nb、Mo、W以及Y组成的组中的至少一种，所述活性物质粒子用偶联剂进行了表面处理。

实施例中涉及组成为$LiNi_{0.8}Co_{0.15}Al_{0.05}O_2$的物质。

（5）CN101147282

有效的发明专利，稳定性好。

该专利及其同族专利在全球被引用10次，先进性较好。

该发明的主要内容：锂离子二次电池的活性材料颗粒至少包含形成其芯部分的第一锂–镍复合氧化物：$Li_xNi_{1-y-z}Co_yMe_zO_2$（$0.85 \leqslant x \leqslant 1.25$、$0 < y \leqslant 0.5$、$0 \leqslant z \leqslant 0.5$、$0 < y+z \leqslant 0.75$，并且元素Me是选自Al、Mn、Ti、Mg和Ca中的至少一种）。所述活性材料颗粒的表面层部分包含具有NaCl型晶体结构的氧化镍或者第二锂–镍复合氧化物，并且还包含不形成所述第一锂–镍复合氧化物的晶体结构的元素M。元素M是选自Al、Mn、Mg、B、Zr、W、Nb、Ta、In、Mo和Sn中的至少一种。

（6）CN1801521

有效的发明专利，稳定性好。

该专利及其同族专利在全球被引用6次，先进性较好。

该发明提供一种非水电解质二次电池，其包括：含有含镍的锂复合氧化物的正极，能够进行充放电的负极，介于正极和负极之间的隔膜，以及含有溶解了溶质的非水溶剂的非水电解质，其中非水电解质含有含氟原子的芳香族化合物。另外，含镍的锂复合氧化物例如可用$LiNi_xM_{1-x-y}L_yO_2$来表示，其中元素M是选自Co和Mn之中的至少1种，元素L是选自Al、Sr、Y、Zr、Ta、Mg、Ti、Zn、B、Ca、Cr、Si、Ga、Sn、P、V、Sb、Nb、Mo、W以及Fe之中的至少1种，x和y满足$0.1 \leqslant x \leqslant 1$和$0 \leqslant y \leqslant 0.1$。

（7）CN102077397

失效的发明专利。

该发明的非水电解质二次电池用正极活性物质包含含有锂、镍和元素M且上述元素M为铝及钴中的至少一者的复合氧化物粒子，上述复合氧化物粒子含有在表层部中的上述元素M的含有比例大于在内部中的上述元素M的含有比例的一次粒子，上述一次粒子在上述复合氧化物粒子全体的质量分数为80%～100%。

（8）CN102449818

有效的发明专利，稳定性好。

该发明的目的在于提供包含含锂的镍氧化物作为正极活性物质、输入输出特性、耐久性及可靠性优良的正极以及使用了该正极的锂离子电池。上述正极具备：正极集电体和形成在正极集电体的表面上的正极活性物质层。正极活性物质层包含由通式$Li_xNi_{1-(p+q+r)}Co_pAl_qM_rO_{2+y}$表示的含锂的镍氧化物和碳酸锂，M为过渡元素（除Ni以及Co以外）等，$0.8 \leqslant x \leqslant 1.4$，$-0.1 \leqslant y \leqslant 0.1$，$0 < (p+q+r) \leqslant 0.7$，其中，具备碳酸锂的高浓度区域和碳酸锂的低浓度区域。高浓度区域从正极活性物质层的表面开始占总厚度的2%～80%的范围，低浓度区域占正极集电体侧的剩余的范围。

12.2.3.3 清美化学

清美化学的NCA主要专利见表12-10。

表12-10 清美化学的NCA主要专利

序号	专利公开号	申请日	发明名称	被引频次	同族数目
1	JP2002100357	2002-04-05	锂二次电池	42	1
2	JP2002100356	2002-04-05	锂二次电池	24	1

（1）JP2002100357

该专利仅在日本申请，目前已经获得授权。该专利在全球被引用42次，先进性好。

该专利提供一种用于锂离子电池的正极，具有高容量和优异的循环性能。

主要保护一种产品，保护范围：

一种用于锂离子二次电池的正极材料活性层，其主要成分是锂过渡金属复合氧化物的混合物，其由$Li_xNi_yMn_{1-y-z}M_zO_2$，其中$0.9 \leqslant x \leqslant 1.2$，$0.40 \leqslant y \leqslant 0.60$，$0 \leqslant z \leqslant 0.20$，M选自Fe、Co、Cr或Al，与$Li_xCoO_2$，其中$0.9 \leqslant x \leqslant 1.1$混合而成。

（2）JP2002100356

该专利仅在日本申请，没有获得授权。

该专利提供一种用于锂离子电池的正极，具有宽的电压范围，高容量，优异的循环性和高安全性。

主要保护一种产品，保护范围：

一种用于锂离子二次电池的正极材料活性层，其主要成分是锂过渡金属复合氧化物的混合物，其由$Li_xNi_yMn_{1-y-z}M_zO_2$，其中$0.9 \leqslant x \leqslant 1.2$，$0.40 \leqslant y \leqslant 0.60$，$0 \leqslant z \leqslant 0.20$，M选自Fe、Co、Cr或Al，与$Li_xNi_pN_{1-p}O_2$，其中$0.9 \leqslant x \leqslant 1.1$，$0.75 \leqslant p \leqslant 0.95$，N选自Co或Mn，混合而成。

12.2.3.4 三星公司

三星公司的专利包括三星电管公司和三星SDI公司作为申请人的专利，在NCA材料方面共申请了11件专利，三星公司主要专利见表12-11。

表12-11 三星公司主要专利

序号	专利公开号	申请日	被引频次	同族	发明名称
1	CN1208249	1997-10-30	31	JP、US、DE	锂复合氧化物、其制法及将其作为正极活性材料的锂电池
2	CN1146062	1998-02-10	73	JP、US、KR、SG	用于锂二次电池的正电极活性材料及其制造方法
3	CN1274956	1999-05-25	29	JP、US、KR	可充电锂电池的正极活性材料组合物及其使用该组合物制备正极的方法
4	CN1156044	1999-06-17	18	JP、US、KR	用于锂蓄电池的正极活性材料及其制备方法
5	CN1269244	2001-10-24	37	JP、US、KR	用于可充电锂电池的正极活性物质及其制备方法
6	CN1330022	2003-11-20	8	JP、US、KR	用于锂二次电池的正极和包括该正极的锂二次电池
7	US7547491	2005-02-18	7	KR	阴极活性材料及其制备方法，包括该材料的阴极以及锂电池
8	KR100709177	2001-02-15	0	无	用于锂二次电池的正极活性材料及其制备方法
9	KR100412523	2001-08-10	0	无	一种用于锂二次电池的正极活性材料及包括其的锂二次电池
10	US20130108926	2011-10-28	0	KR	用于锂二次电池的镍复合氢氧化物
11	KR100432649	2002-01-17	0	无	一种用于锂二次电池的正极活性材料

（1）CN1208249

有效的发明专利，稳定性好。

一种锂复合氧化物，$Li_aNi_{(1-x-y)}Co_xM_yO_2$，式中$a$=0.97～1.05，$x$=0.1～0.3以及$y$=0～0.05，其中M选自铝、钙、镁和硼的至少一种金属，其制备方法包括步骤：①将作为络合剂的氨水溶液和作为pH值调节剂的一种碱溶液加至含钴盐、镍盐及任选的M的盐的混合水溶液中，共沉淀Ni–Co–M复合氢氧化物，其中的氨水溶液和碱溶液是一起加入所述混合水溶液中的②将氢氧化锂加至该复合氢氧化物中，然后于280～420℃下热处理此混合物；③于650～750℃下热处理步骤②中所得的产物。

（2）CN1146062

有效的发明专利，稳定性好。

该发明公开了用于锂二次电池的下面结构式1的正极活性材料及其制备方法，活性材料表面涂覆有金属氧化物。方法包括产生结构式1有晶态粉末或半晶态粉末、用金属醇盐溶胶涂覆晶态粉末或半晶态粉末以及热处理涂覆有金属醇盐溶胶的晶态粉末的步骤。

[结构式1]$LiA_{1-x-y}B_xC_yO_2$，其中$0<x\leqslant0.3$，$0\leqslant y\leqslant0.01$和A是从Ni、Co和Mn组成的组中选择的一种元素；B和C分别是从Ni、Co、Mn、B、Mg、Ca、Sr、Ba、Ti、V、Cr、Fe、Cu和Al组成的组中选择的一种元素。

（3）CN1274956

有效的发明专利，稳定性好。

可充电电池的正极活性材料组合物，包括从式（1）～式（13）化合物中选择的正极活性材料和至少一种半金属、金属或其氧化物：Li_xMnA_2（1）；$Li_xMnO_{2-z}A_z$（2）；$Li_xMn_{1-y}M'_yA_2$（3）；$Li_xMn_2A_4$（4）；$Li_xMn_2O_{4-z}A_z$（5）；$Li_xMn_{2-y}M'_yA_4$（6）；Li_xBA_2（7）；$Li_xBO_{2-z}A_z$（8）；$Li_xB_{1-y}M''_yA_2$(9)；$Li_xB_{1-y}M''_yO_{2-z}A_z$(10)；$Li_xNiCoA_2$(11)；$Li_xNiCoO_{2-z}A_z$(12)；$Li_xNi_{1-y-z}Co_yM''_zA_2$(13)。这里$1.0\leqslant x\leqslant1.1$，$0.01\leqslant y\leqslant0.1$，$0.01\leqslant z\leqslant0.5$，M'是从Al、Cr、Co、Mg、La、Ce、Sr和V中选择的至少一种过渡金属或镧系金属，M''是从Al、Cr、Mn、Fe、Mg、La、Ce、Sr或V中选择的至少一种过渡金属或镧系金属，A从O、F、S和P中选择，以及B是Ni或Co。

（4）CN1156044

有效的发明专利，稳定性好。

本发明涉及一种用于锂蓄电池的正极活性材料，其耐久性和放电容量特性高，尤其涉及一种粉末$Li_aNi_{1-x-y}Co_xM_yO_{2-z}F_z$和$Li_aNi_{1-x-y}Co_xM_yO_{2-z}S_z$（其中，M为一种选自Al，Mg，Sr，La，Ce，V和Ti的金属，$0\leqslant x<0.99$，$0.01\leqslant y\leqslant0.1$，$0.01\leqslant z\leqslant0.1$，$1.00\leqslant a\leqslant1.1$），所述粉末是将$Li_aNi_{1-x-y}Co_xM_yO_2$中的氧用F或S取代。因而，本发明的正极活性材料具有高的耐久性，放电容量和结构安全性。

（5）CN1269244

有效的发明专利，稳定性好。

本发明提供一种用于可充电锂电池的正极活性物质。该正极活性物质包括锂化的嵌入化合物及形成于该锂化嵌入化合物上的涂层。该涂层包括固溶液化合物和具有至少两种涂层元素的氧化物，该氧化物由$M_pM'_qO_r$表示。

式中M和M'不相同，且各自独立地为选自Zr、Al、Na、K、Mg、Ca、Sr、Ni、Co、Ti、Sn、Mn、Cr、Fe和V中的至少一种元素；$0<p<1$；$0<q<1$和$1<r\leqslant2$，其中r基于p和q而确定。该固溶液化合物是通过锂化的嵌入化合物与氧化物的反应而制备的。该涂层的断裂韧度至少为$3.5MPa\cdot m^{1/2}$。本发明也提供一种制备正极活性物质的方法。

12.2.4 小结

三元材料NCA的专利申请总量不高，在申请专利时，全球企业都比较注重在中国进行专利布局，中国被认为是很有潜力的市场。2009年之后，国外来华申请比例急剧减小。2012年之后，NCA的研究主要集中在中国。

户田工业公司的专利主要是关于NCA的制造方法以及高镍NCA材料的包覆，同时，为了将其产品与现有的产品相区别，户田工业公司侧重于采用比表面积、离子强度比等参数来表征NCA产品。当采用产品的结构和组成难以描述其与现有技术产品的区别时，采用参数进行产品的表征是一种有效的方式。

松下电器产业公司的专利主要是关注于对NCA产品的改性，比如采用包覆、掺杂金属元素或者表面处理的方式提高产品的性能。

三星的NCA专利较多，其在制备方法上，主要是采用共沉淀法。在产品的改性上，主要是采用包覆和阴离子掺杂的手段。

三元材料相关化学滴定方法

Ⅰ.1 原料硫酸镍/氯化镍中镍含量的测定

（1）适用范围

镍含量大于20%。

（2）引用标准

HG/T 4020—2008化学试剂 六水合硫酸镍（硫酸镍）；

GB/T 1467—2008冶金产品化学分析方法标准的总则和一般规定。

（3）方法提要

试料在一定水中，以紫脲酸胺为指示剂，在pH=10的缓冲体系下，用EDTA标准溶液滴定试料，以消耗EDTA标准滴定溶液的量计算镍含量。

（4）试剂

浓氨水（25% ～ 28%）、氯化铵（AR）、氨水（1+1）、0.5%铬黑T（称取0.5g铬黑T，2.0g盐酸羟胺，溶于乙醇，用乙醇稀释至100mL）、盐酸溶液（1+1）、氨缓冲液（pH=10，54gNH_4Cl溶于水，加350mL氨水，用水稀释至1L）、紫脲酸铵（称取0.05g紫脲酸铵，10g K_2SO_4，研细混匀，保质期三个月）、EDTA标准溶液[c=0.03mol · L^{-1}]。

（5）分析步骤：

称取4.0000g试料，精确至0.0001g。用50mL水溶净，移入250mL容量瓶中，定容，摇匀。分取10mL置于250mL锥形瓶中，加入70mL水，加入10mL氨缓冲液及0.2g紫脲酸铵指示剂，摇匀，用0.03mol · L^{-1}的EDTA滴定至溶液突跃为蓝紫色即为终点，随同试料作空白试验。独立进行两次试验，结果取其平均值。

（6）分析结果的计算与表述

镍的百分含量（%）按下式计算

$$w(\mathrm{Ni})=\frac{c(V_1-V_0)\times 2.5\times 58.69\mathrm{g/mol}}{m}\times 100\%$$

式中　c——EDTA标准滴定溶液的实际浓度，$mol \cdot L^{-1}$；
V_1——滴定试液消耗EDTA标准滴定溶液的体积，mL；
V_0——滴定空白溶液消耗EDTA标准滴定溶液的体积，mL；
m——硫酸钴的重量，g。

I.2 硫酸钴/氯化钴/钴酸锂中钴含量的测定

（1）适用范围

钴含量大于20%。

（2）引用标准

HG/T 2631—2005化学试剂 七水合硫酸钴（硫酸钴）；

GB/T 20252—2006钴酸锂；

GB/T 1467—2008冶金产品化学分析方法标准的总则和一般规定。

（3）方法提要

试料在一定水中，以紫脲酸胺为指示剂，在pH=10的缓冲体系下，用EDTA标准溶液滴定试料，以消耗EDTA标准滴定溶液的量计算钴含量。

（4）试剂

浓氨水（25%～28%）、氯化铵（AR）、氨水（1+1）、0.5%铬黑T（称取0.5g铬黑T，2.0g盐酸羟胺，溶于乙醇，用乙醇稀释至100mL）、盐酸溶液（1+1）、氨缓冲液（pH=10，54g NH_4Cl溶于水，加350mL浓氨水，用水稀释至1L）、紫脲酸铵（称取0.05g紫脲酸铵，10g K_2SO_4，研细混匀，保质期三个月）、EDTA标准溶液[c=0.03$mol \cdot L^{-1}$]。

（5）分析步骤：

称取4.0000g试料，精确至0.0001g。用50ml水溶净，移入250mL容量瓶中，定容，摇匀。分取10mL置于250mL锥形瓶中，加入70mL水，用0.03$mol \cdot L^{-1}$的EDTA滴定至终点前约1mL时，加入10mL氨缓冲液，加入0.2g紫脲酸铵，继续滴定至溶液突跃为紫红色即为终点，随同试料作空白试验。独立进行两次试验，结果取其平均值。

（6）分析结果的计算与表述

钴的百分含量（%）按下式计算：

$$w(\text{Co}) = \frac{c(V_1 - V_0) \times 2.5 \times 58.93\text{g/mol}}{m} \times 100\%$$

式中　c——EDTA标准滴定溶液的实际浓度，$mol \cdot L^{-1}$；
V_1——滴定试液消耗EDTA标准滴定溶液的体积，mL；
V_0——滴定空白溶液消耗EDTA标准滴定溶液的体积，mL；
m——硫酸镍的重量，g。

I.3 硫酸锰/氯化锰中锰含量的测定

（1）适用范围

锰含量大于30%。

（2）引用标准

GB/T 15899—1995 化学试剂 一水合硫酸锰（硫酸锰）；

GB/T 1467—2008 冶金产品化学分析方法标准的总则和一般规定。

（3）方法提要

试料在一定水中，以铬黑T为指示剂，以盐酸羟胺为掩蔽剂，在pH=10的缓冲体系下，用EDTA标准溶液滴定试料，以消耗EDTA标准滴定溶液的量计算锰含量。

（4）试剂

浓氨水（25%～28%）、氯化铵（AR）、氨水（1+1）、0.5%铬黑T（称取0.5g铬黑T，2.0g盐酸羟胺，溶于乙醇，用乙醇稀释至100mL，保质期三个月）、盐酸溶液（1+1）、氨缓冲液（pH=10，54g NH_4Cl溶于水，加350mL浓氨水，用水稀释至1L）、抗坏血酸（AR）、EDTA标准溶液[c=0.03mol·L^{-1}]。

（5）分析步骤

称取2.0000g试料，精确至0.0001g。用50mL水溶净，移入250mL容量瓶中，定容，摇匀。分取10mL置于250mL锥形瓶中，加入70mL水，加入0.1g抗坏血酸，摇匀，用0.03mol·L^{-1}的EDTA滴定至终点前约1mL时，加10mL氨缓冲溶液及5滴铬黑T指示剂，继续滴定至溶液由紫红色突跃为纯蓝色即为终点，随同试料作空白试验。独立进行两次试验，结果取其平均值。

（6）分析结果的计算与表述

锰的百分含量（%）按下式计算：

$$w(\mathrm{Mn})=\frac{c(V_1-V_0)\times 2.5\times 54.94\mathrm{g/mol}}{m}\times 100\%$$

式中　c——EDTA标准滴定溶液的实际浓度，mol·L^{-1}；

V_1——滴定试液消耗EDTA标准滴定溶液的体积，mL；

V_0——滴定空白溶液消耗EDTA标准滴定溶液的体积，mL；

m——硫酸锰的重量，g。

Ⅰ.4　三元材料中的镍钴锰总含量测定

（1）适用范围

镍钴锰总含量≥10%。

（2）引用标准

HG/T 4020—2008 化学试剂 六水合硫酸镍（硫酸镍）；

HG/T 2631—2005 化学试剂 七水合硫酸钴（硫酸钴）；

GB/T 15899—1995 化学试剂 一水合硫酸锰（硫酸锰）；

GB/T 1467—2008 冶金产品化学分析方法标准的总则和一般规定。

（3）方法提要

试料在一定水中，以紫脲酸胺为指示剂，在氨缓介质中，用EDTA标准溶液滴定试料，以消耗EDTA标准滴定溶液的量计算镍钴锰总含量。

（4）试剂

浓氨水（25%～28%）、氯化铵（AR）、氨水（1+1）、0.5%铬黑T（称取0.5g铬黑T，2.0g盐酸羟胺，溶于乙醇，用乙醇稀释至100mL）、盐酸溶液（1+1）、抗坏血酸（AR）、氨缓冲液（pH=10，54g NH_4Cl溶于水，加350mL氨水，用水稀释至1L）、紫脲酸铵（称取0.05g紫脲酸铵，10g K_2SO_4，研细混匀，保质期三个月）、EDTA标准溶液[c=0.03mol·L^{-1}]。

（5）分析步骤

称取2.0000g试料，精确至0.0001g，于150mL烧杯中，缓慢加入15mL盐酸盖上表面皿，于电热板上加热溶解（可适量滴加双氧水），将样品溶至湿盐状，用水溶解，移入250mL容量瓶中，定容，摇匀。分取10mL置于250mL锥形瓶中，加入约70mL水，0.2g抗坏血酸，0.2g紫脲酸铵，用氨水溶液调节溶液呈亮黄色并无沉淀出现，用EDTA标液滴定。滴定近终点时，加入氨-氯化氨缓冲溶液10mL，继续滴定，溶液突变为亮紫色，且1min后紫色不褪即为终点。记录下此时的EDTA的用量（mL）。独立进行两次试验，结果取其平均值。随同试料作空白试验。

（6）分析结果的计算与表述

总金属的百分含量（%）按下式计算：

$$w(\mathrm{M})=\frac{c(V_1-V_0)\times 2.5\times M(\mathrm{M})}{m}\times 100\%$$

式中　c——EDTA标准滴定溶液的实际浓度，mol·L^{-1}；

V_1——滴定试液消耗EDTA标准滴定溶液的体积，mL；

V_0——滴定空白溶液消耗EDTA标准滴定溶液的体积，mL；

m——试样的重量，g；

M(M)——金属的摩尔质量，g·mol^{-1}。

软包电池和圆柱电池制作工序

Ⅱ.1 软包电池制作程序

（1）正极配料

① 原材料烘烤：正极活性物质和导电剂的烘烤温度为120℃，烘烤时间8～12h；PVDF烘烤温度80℃，烘烤时间8～12h；降温至50℃以下使用。

② PVDF溶液配制：将NMP溶剂和PVDF加入分散机，低速分散，时间15～20min；刮壁，高速分散，真空度（–1.0～–0.08MPa），时间2h，直至PVDF完全溶解完毕。

③ 导电剂分散：将导电剂加入分散机，低速分散，时间15～20min；刮壁，高速分散，真空度（–1.0～–0.08MPa），时间1h。

④ 正极活性物质分散：将称量好的正极材料加入分散机，低速分散，时间15～20min；刮壁，高速分散，真空度（–1.0～–0.08MPa），时间2h，调黏度6000～10000mPa·s。

（2）负极配料

① CMC溶液配制：将纯水和CMC加入分散机，低速分散，时间15～20min；刮壁，高速分散，真空（–1.0～–0.08MPa），时间2h，直至CMC完全溶解完毕。

② 导电剂分散：将导电剂加入分散机，低速分散，时间15～20min；刮壁，高速分散，真空（–1.0～–0.08MPa），时间1h。

③ 负极活性物质分散：将负极加入分散机，低速分散，时间15～20min；刮壁，高速分散，真空（–1.0～–0.08MPa），时间2h，调黏度2000～5000mPa.s。

④ 胶黏接剂SBR分散：SBR——低速分散，时间15～20min；刮壁，高速分散，真空（–1.0～–0.08MPa），时间1h。

（3）涂布、辊压、分切及制片

正负极浆料配料完成后，调试涂布机，进行涂布作业。涂布时严格控制涂布厚度，涂布面密度，合理调整涂布速度和温度，确保涂布好的极片干燥。

涂布干燥的正负极片经过辊压（注：辊压厚度需结合正负材料压实密度和设计参数），分切后制作成正负极小片。

（4）正负极片干燥

正极片干燥：温度110℃，时间6～10h，真空度（–0.08～1.0MPa）。

负极片干燥：温度120℃，时间6～10h，真空度（–0.08～1.0MPa）。

（5）电芯组装

将干燥好的正负极片与隔膜一起采用方形卷绕机卷绕成电池芯，要求正负极片边缘、隔膜边缘对齐。卷绕后的电池芯经压芯、测短路然后放入冲好壳的铝塑复合膜中。再经过顶封、侧封工序后完成软包电池组装工作。

（6）软包电池干燥

封装好的软包电池及时进行真空干燥。烘烤温度80℃±2℃，真空度–0.08～1.0MPa，时间48～72h。

（7）软包电池注液

软包电池注液采用氩气手套箱或带除湿系统手套箱结合注液机和预封机完成。注液环境控制，水分≤10mg·kg^{-1}，温度＜25℃。注液量根据电池容量计算：300～350mA·h·g^{-1}。注液后软包电池在手套箱内采用预封机进行封口，取出，活化。

（8）化成、二次真空封口、分容

按化成工艺进行化成。化成完成后二次抽气封口、分容及其他性能测试，软包电池制作全部完成。

① 电池活化：环境温度20～40℃，环境湿度40%～60%条件下，电池气囊朝上竖直放置12～40h。

② 化成：恒流充电，时间150min，电压4.2V，电流0.2C（mA），要求电压＜3.8V，进行预充电返工；停止。

③ 抽气、二次真空封口：电池气囊朝上竖直放置，静置12～48h；二次真空抽气封口、切边、折边。

④ 分容设置

a.恒流充电：电流0.5C（mA），限制电压4.20V。

b.恒压充电：限制电压4.20V，截止电流0.05C（mA）。

c.静置10min。

d.恒流放电：电流0.5C（mA），限制电压2.75V。

e.静置10min。

f.恒流充电：电流1.0C（mA），限制电压4.20V。

g.恒压充电：电压4.20V，截止电流0.05C（mA）。

h.静置10min。

i.恒流放电：电流1.0C（mA），限制电压2.75V。

j.静置10min。

k.恒流恒压充电：电流1.0C（mA），限制电压3.85V，截止电流0.01C（mA）。

l.停止。

Ⅱ.2 圆柱电池18650制作程序

（1）正极配料

同附录Ⅱ.1软包电池制作程序的正极配料工序。

（2）负极配料

同附录Ⅱ.1软包电池制作程序的负极配料工序。

（3）涂布、辊压、分切、制片

根据所设计圆柱电池18650容量，计算所需要正负极粉重及敷料量，操作涂布机将正负片涂好；正负极片结合材料压实和设计压实，辊压到相应厚度或设计厚度；将辊压好的正极片分切成相应长度和宽度，并通过超声波焊接焊上正负极耳，极耳贴上高温胶带。

（4）极片干燥

正极片干燥：温度110℃，时间6～10h，真空度（–0.08～1.0MPa）。

负极片干燥：温度120℃，时间6～10h，真空度（–0.08～1.0MPa）。

（5）卷绕、入壳、辊槽

干燥好的正负极片经除粉后，按负极→隔膜→正极→隔膜分层卷绕（ϕ3.6mm圆柱形钢针）；卷绕后柱形电芯垫上下绝缘片，装配到18650圆柱镀镍钢壳，使用铜针及点焊机将负极焊接到壳底，辊槽；将正极盖帽用激光焊接机与正极耳焊接到一体。

（6）电芯干燥

入壳后电芯经辊槽、焊底、焊盖帽后，短路测试合格的电池芯进真空烘箱干燥。烘烤温度80℃ ±2℃，真空度–0.08～1.0MPa，时间48～72h。

（7）注液

注液环境控制，水分≤10mg·kg^{-1}，温度＜25℃。注液量根据电池容量计算：300～350mA·h·g^{-1}。

注液电池封口后，圆柱18650电池制作基本完成。

（8）圆柱18650电池化成工艺

① 电池活化：注液封口清洗完毕的电池转活化工序。活化温度为45℃ ±5℃，活化时间12～24h，抽真空至–0.10～–0.08MPa。

② 化成参数设置

型号	第一步				第二步			
	电流	时间	上限电压	下限电压	电流	时间	上限电压	下限电压
圆柱型	0.05C	4h	4.2V	0V	0.2C	3.5h	4.2V	0V

③ 分容设置

a.恒流充电：电流0.5C（mA），限制电压4.20V。

b.恒压充电：限制电压4.20V，截止电流：0.05C（mA）。

c.静置10min。

d. 恒流放电：电流0.5C（mA），限制电压2.75V。

e. 静置10min。

f. 恒流充电：电流1.0C（mA）限制电压4.20V。

g. 恒压充电：电压4.20V，截止电流：0.05C（mA）。

h. 静置10min。

i. 恒流放电：电流1.0C（mA），限制电压2.75V。

j. 静置10min。

k. 恒流恒压充电：电流1.0C（mA），限制电压3.85V，截止电流0.01C（mA）。

l. 停止。